이 책을 검토해 주신 선생님

서울
- 구제영 더엠수학전문학원
- 권병진 메이드학원대치점
- 김규진 KY영재토론수학학원
- 김기호 올엠학원
- 김미애 스카이맥에듀학원
- 문주성 문주성수학전문학원
- 박경보 최고수챌린지에듀학원
- 이선수 씨알학원
- 이영인 목동미래탐구학원
- 이창석 핵수학전문학원
- 장영민 장샘수학
- 조영윤 CMS목동입시센터
- 진혜원 더올라수학

경기
- 구수관 M&S아카데미
- 김도완 프라매쓰수학학원
- 김용길 다산잇츠엠수학학원
- 김유선 분당파인만
- 김윤호 배움트리학원
- 도상영 캠프제이수학국어학원
- 박윤미 오엠지수학학원
- 서광진 수학의아침
- 손귀순 남다른수학학원
- 신수연 신수연수학과학
- 유두열 열린고등부학원
- 이두희 알피네수학학원
- 이종한 대세수학학원
- 이화진 매드매쓰수학학원
- 전계원 강현학원
- 정선도 화성남양고대학원
- 조성길 진학학원
- 조희숙 분당파인만수학학원
- 진승철 진선생수학학원
- 최윤수 동탄김샘신수연수학과학학원

인천
- 문성옥 수학의문학원
- 정청용 고대수학원

대전
- 배민수 배쌤수학학원
- 황은실 나린학원

대구
- 조필재 샤인수학학원

광주
- 강석훈 대한영재학원(첨단)
- 기연희 정경태수학학원
- 윤재석 강남에듀수학학원
- 최에나 하이퍼수학

부산
- 박혁 서림학원

울산
- 오종민 수학공작소학원
- 정기천 정기천수학전문학원
- 조재현 피타고라스수학전문학원

경북
- 김대훈 이상렬입시단과학원

경남
- 김상진 유니크수학학원
- 김지혜 멘토르수학독해
- 이정진 1st.정진수학학원
- 이현주 즐거운수학교습소

개념 루트

개념 완성의 올바른 길

공통수학1

Structure 구성과 특징

01 개념 이해

핵심 개념을 빠짐없이 익히자!

친절한 설명으로 개념별 **원리를 이해**하고,
문제로 개념을 확인하세요.

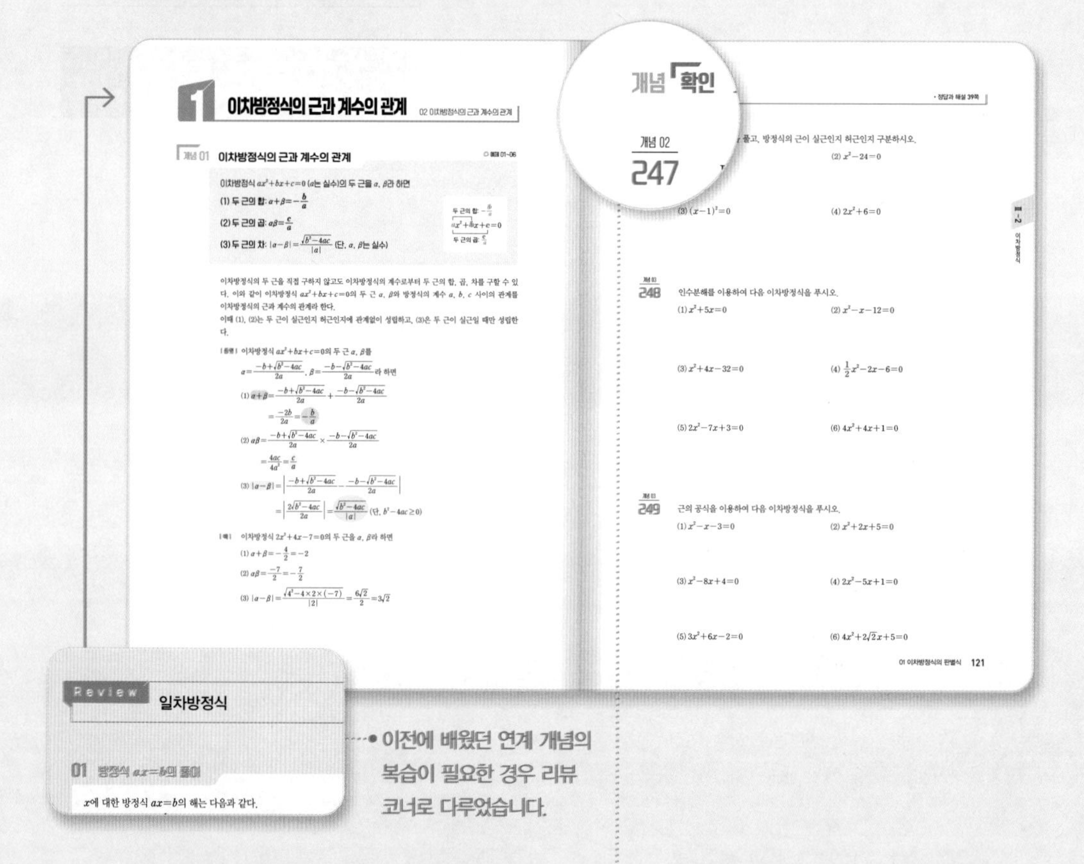

• 이전에 배웠던 연계 개념의 복습이 필요한 경우 리뷰 코너로 다루었습니다.

☑ 개념이 한눈에 잘 보이게 정리하였고, 친절한 설명을 실어주었으며, 서·논술형 시험에 대비하여 증명을 강화했습니다.

☑ 익힌 개념을 바로 확인할 수 있도록 기초 문제를 제공하여 내용을 정확히 이해했는지 확인할 수 있습니다.

• 개념에 대한 | 증명 |, | 예 |, | 참고 |를 다루어 내용을 이해하는 데 도움을 줍니다.

• 문제마다 연계 개념의 번호를 제공하여 개념을 바로 찾아 확인할 수 있습니다.

02 개념 적용

꼭 익혀야 할 유형의 예제와 유제를 풀어 보자!

개념 키워드를 적용하여
수준별 중요 **예제**를 풀며 실력을 다지세요.

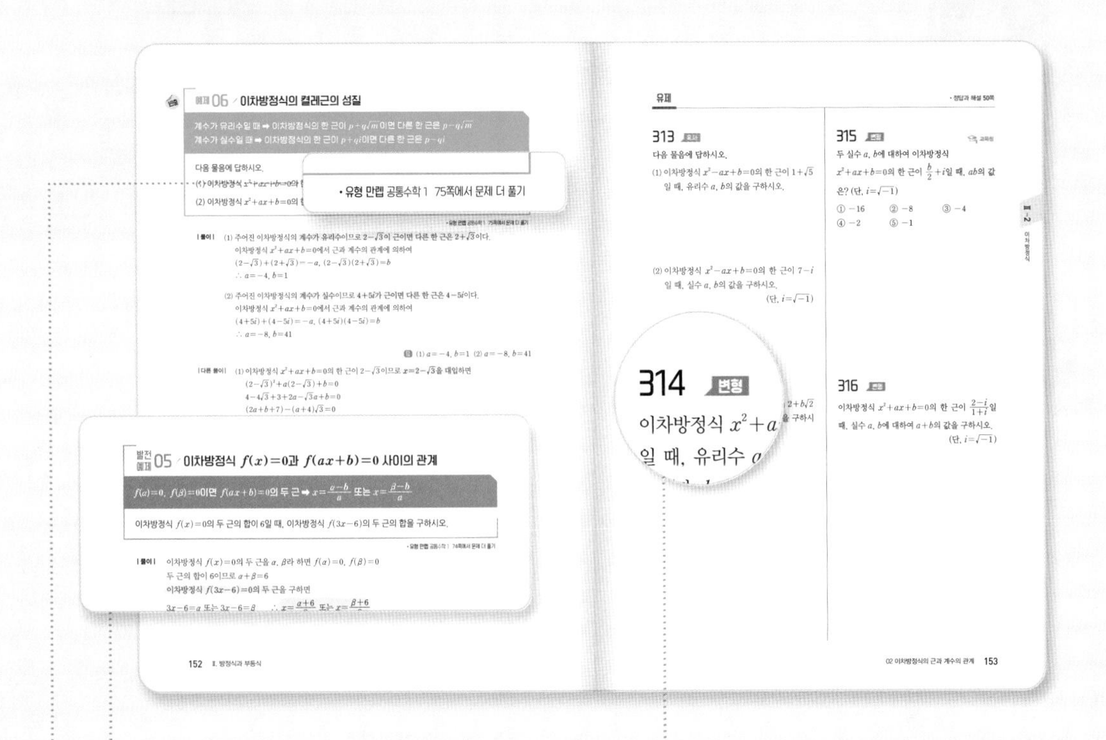

✔ 핵심 개념, 공식을 제공한 '**키워드 개념**'을 통해 예제를 쉽게 해결할 수 있습니다.

✔ 예제를 충분히 학습한 후 **발전 예제**를 풀어 수준별로 실력을 쌓을 수 있습니다.

- 예제별로 더 많은 유형 문제를 『유형 만렙』 교재에서 풀어볼 수 있게 『유형 만렙』 쪽수를 제시합니다.
- | **개념** |을 제시하여 배운 내용을 다시 짚어 보게 하고, | **다른 풀이** |, TIP 을 제공하여 다양한 사고를 하는 데 도움을 줍니다.

✔ 예제에 대한 쌍둥이 문제를 **유사** 에서 풀어 확인하고, 조건을 바꾼 문제를 **변형** 에서 풀어 익힐 수 있습니다.

- 교과서에 실려 있는 문제의 유사 문제를 교과서로 다루었습니다.
- 수능 및 모평·학평 기출 문제를 수능, 평가원, 교육청으로 다루었습니다.

Structure / 구성과 특징

03 개념 확장

빈틈없는 구성으로 내신도 대비하자!

내신 빈출 문제를 풀고,
내신 심화 개념까지 익혀 실력을 완성하세요!

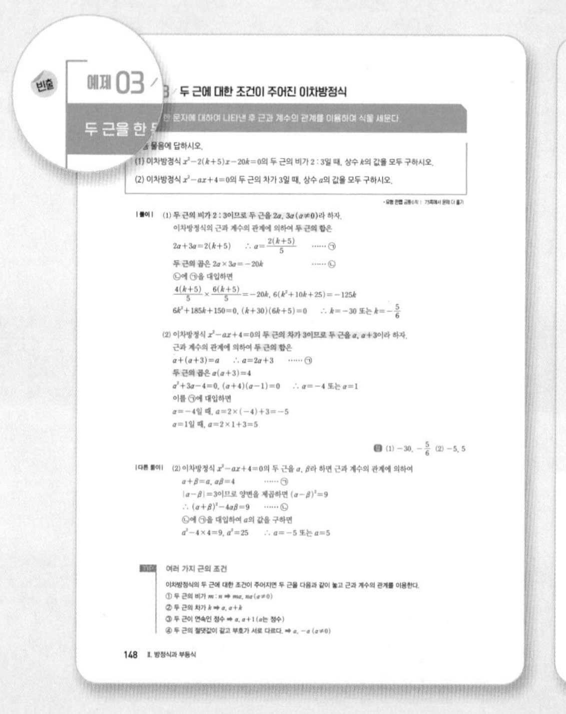

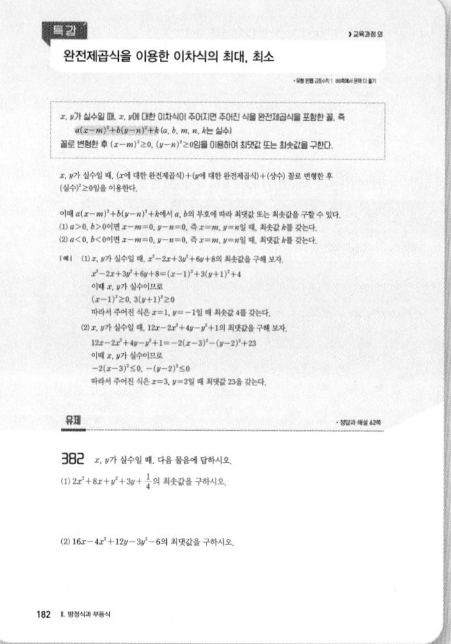

☑ 최근 3개년 전국 내신 기출 문제 분석을 통해 시험에 잘 나오는 문제를 '빈출'로 수록하여 최신 내신 기출 경향을 파악할 수 있습니다.

☑ 교육과정에서 다루지 않더라도 실전 개념 이해에 도움이 되거나 문제를 쉽게 해결할 수 있게 해주는 내용을 수록하였습니다. 또 관련 유제를 수록하여 빈틈없이 개념 학습을 마무리 할 수 있습니다.

수준별 3단계 문제로 단원을 마무리하자!

수준별 다양한 문제와 중요 **기출 문제**를 풀어
문제 해결력을 키우고, 내신 1등급에 도전하세요!

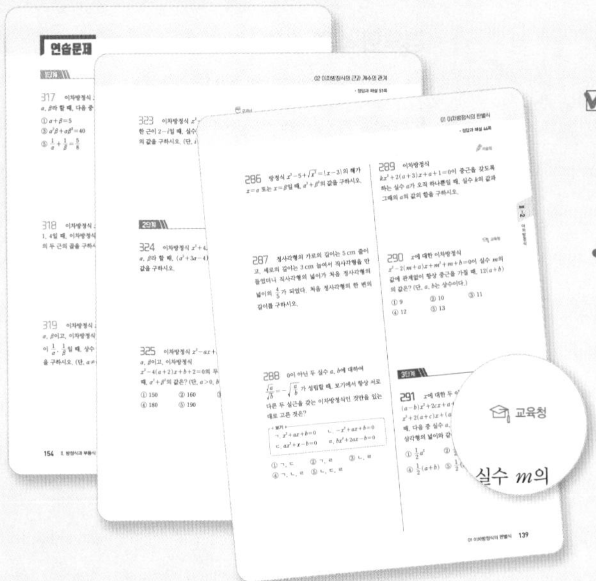

☑ 단원별 1단계, 2단계, 3단계의 수준별 문제, 중요 기출 문제, 서·논술형 문제를 풀어 1등급으로 갈 수 있는 실력을 완성합니다.

- 교과서 유사 문제, 교육청, 평가원, 수능 기출 문제의 동일 문제를 풀어 단원을 마무리합니다.

정답과 해설

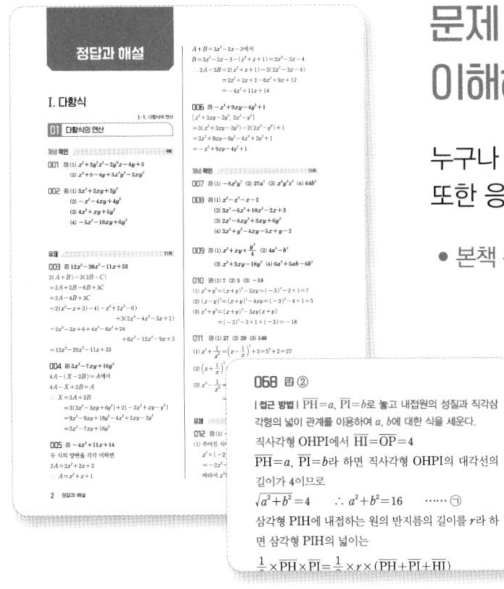

문제 해결을 돕는 접근 장치, 이해하기 쉬운 자세한 풀이 수록!

누구나 문제의 풀이를 쉽게 이해할 수 있도록 자세히 설명하였습니다.
또한 응용 문제에는 문제 해석에 도움이 되도록 **| 접근 방법 |**을 제시하였습니다.

- 본책 뒤에 제공되는 「빠른 정답」을 이용하여 답을 빠르게 확인할 수 있습니다.

Contents 차례

I 다항식

1 다항식의 연산

01 다항식의 연산 008

2 나머지 정리와 인수분해

01 항등식과 나머지 정리 040
02 인수분해 069

II 방정식과 부등식

1 복소수

01 복소수의 뜻과 사칙연산 090

2 이차방정식

01 이차방정식의 판별식 118
02 이차방정식의 근과 계수의 관계 140

3 이차방정식과 이차함수

01 이차방정식과 이차함수의 관계 158
02 이차함수의 최대, 최소 172

4 여러 가지 방정식

01 삼차방정식과 사차방정식 186
02 연립이차방정식 213

5 연립일차부등식

01 연립일차부등식 234

6 이차부등식

01 이차부등식 260
02 연립이차부등식 281

III 경우의 수

1 경우의 수와 순열

01 합의 법칙과 곱의 법칙 298
02 순열 315

2 조합

01 조합 334

IV 행렬

1 행렬의 연산

01 행렬의 덧셈, 뺄셈과 실수배 352
02 행렬의 곱셈 366

I. 다항식

1

다항식의 연산

01 다항식의 연산

1 다항식의 덧셈과 뺄셈

개념 01 다항식

(1) **다항식**: 한 개 또는 두 개 이상의 항의 합으로 이루어진 식

(2) **다항식에 대한 용어**

① **항**: 다항식을 이루고 있는 각각의 단항식

② **상수항**: 특정한 문자를 포함하지 않는 항

③ **계수**: 항에서 특정한 문자를 제외한 나머지 부분

④ **항의 차수**: 항에서 특정한 문자가 곱해진 개수

⑤ **다항식의 차수**: 다항식에서 차수가 가장 높은 항의 차수

⑥ **동류항**: 특정한 문자에 대한 차수가 같은 항

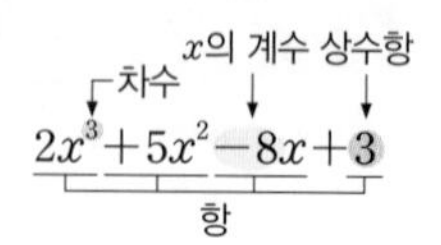

여러 문자가 포함된 다항식에서 특정한 문자를 기준으로 할 때, 이 문자를 포함하는 항에서 이외의 문자는 모두 계수로 생각한다. 이때 이 문자를 포함하지 않는 항은 상수항으로 생각한다.
또한 다항식에서 차수가 가장 큰 항의 차수를 그 다항식의 차수라 하고, 다항식의 차수가 n이면 n차식이라 한다. 예를 들어 다항식의 차수가 1이면 일차식, 2이면 이차식이다.

| 예 | 다항식 $x^2+2+xy-3y+xy^2-4y^3$에 대하여

- xy^2에서 x의 계수는 y^2이다.
- x에 대한 이차식이고, 상수항은 $2-3y-4y^3$이다.
- y에 대한 삼차식이고, 상수항은 x^2+2이다.
- x에 대한 동류항은 xy, xy^2이고, y에 대한 동류항은 xy, $-3y$이다.

개념 02 다항식의 정리

(1) **내림차순**: 한 문자에 대하여 차수가 높은 항부터 낮은 항의 순서로 나타내는 것

(2) **오름차순**: 한 문자에 대하여 차수가 낮은 항부터 높은 항의 순서로 나타내는 것

| 참고 |
- 특별한 언급이 없으면 다항식은 내림차순으로 정리한다.
- 다항식을 내림차순이나 오름차순으로 나타낼 때는 기준이 되는 문자를 정하고, 그 문자를 제외한 나머지 문자는 모두 상수로 생각하여 정리한다.

| 예 | 다항식 $x^3y-x^2y^2+3y^2-2xy+1$을

- x에 대한 내림차순으로 정리하면 $yx^3-y^2x^2-2yx+3y^2+1$
- x에 대한 오름차순으로 정리하면 $3y^2+1-2yx-y^2x^2+yx^3$
- y에 대한 내림차순으로 정리하면 $(-x^2+3)y^2+(x^3-2x)y+1$
- y에 대한 오름차순으로 정리하면 $1+(x^3-2x)y+(-x^2+3)y^2$

개념 03 다항식의 덧셈과 뺄셈

◎ 예제 01

다항식의 덧셈과 뺄셈은 괄호가 있는 경우 괄호를 풀고, 동류항끼리 모아서 계산한다.
이때 뺄셈은 빼는 식의 각 항의 부호를 바꾸어 더한다.

다항식의 덧셈과 뺄셈에서
괄호 앞의 부호가 +이면 괄호 안의 부호를 그대로 쓴다. ➡ $A+(B-C)=A+B-C$
괄호 앞의 부호가 −이면 괄호 안의 부호를 반대로 쓴다. ➡ $A-(B-C)=A-B+C$

| 예 | $(x^2+2x-1)-(3x^2-5x+4)=x^2+2x-1-3x^2+5x-4$ ◀ 괄호를 푼다.
$=(1-3)x^2+(2+5)x+(-1-4)$ ◀ 동류항끼리 모아서 계산한다.
$=-2x^2+7x-5$

개념 04 다항식의 덧셈에 대한 성질

◎ 예제 01

세 다항식 A, B, C에 대하여
(1) 교환법칙: $A+B=B+A$
(2) 결합법칙: $(A+B)+C=A+(B+C)$

| 참고 | • 다항식의 덧셈에 대한 결합법칙이 성립하므로 $(A+B)+C$, $A+(B+C)$를 간단히 $A+B+C$로 나타낼 수 있다.
• 다항식의 뺄셈에서는 교환법칙, 결합법칙이 성립하지 않는다.

개념 확인

• 정답과 해설 2쪽

개념 02
001 다항식 $x^3-2xy^3+3x^2y^2-4y+5$에 대하여 다음과 같이 정리하시오.
(1) x에 대한 내림차순

(2) y에 대한 오름차순

개념 03
002 두 다항식 $A=x^2-xy+3y^2$, $B=2x^2+3xy-y^2$에 대하여 다음을 계산하시오.
(1) $A+B$
(2) $A-B$
(3) $2A+B$
(4) $A-3B$

예제 01 / 다항식의 덧셈과 뺄셈

계산하려는 식을 먼저 정리한 후 주어진 다항식을 대입하여 동류항끼리 계산한다.

다음 물음에 답하시오.

(1) 세 다항식 $A=x^2-3xy+2y^2$, $B=-3x^2+xy+y^2$, $C=x^2+xy-y^2$에 대하여 $-A+2B-3(B-2C)$를 계산하시오.

(2) 두 다항식 $A=2x^3-x^2y+4y^3$, $B=-3x^3+2x^2y-6y^3$에 대하여 $2X-B=2A+3B$를 만족시키는 다항식 X를 구하시오.

• 유형 만렙 공통수학 1 12쪽에서 문제 더 풀기

| 풀이 | (1) $-A+2B-3(B-2C)=-A+2B-3B+6C$

└ 괄호 안의 부호 반대로

$=-A-B+6C$

$=-(x^2-3xy+2y^2)-(-3x^2+xy+y^2)+6(x^2+xy-y^2)$

괄호 안의 부호 반대로 / └ 괄호 안의 부호 그대로

$=-x^2+3xy-2y^2+3x^2-xy-y^2+6x^2+6xy-6y^2$

$=8x^2+8xy-9y^2$

(2) $2X-B=2A+3B$에서 $2X=2A+4B$

$\therefore X=A+2B$

$=(2x^3-x^2y+4y^3)+2(-3x^3+2x^2y-6y^3)$

└ 괄호 안의 부호 그대로

$=2x^3-x^2y+4y^3-6x^3+4x^2y-12y^3$

$=-4x^3+3x^2y-8y^3$

답 (1) $8x^2+8xy-9y^2$ (2) $-4x^3+3x^2y-8y^3$

TIP 동류항의 위치를 맞추어 세로셈을 이용하면 다음과 같이 계산할 수 있다.

(1) $-A-B+6C$

$-(x^2-3xy+2y^2)$
➡ $-(-3x^2+xy+y^2)$ ➡
$+6(x^2+xy-y^2)$

$$\begin{array}{rr} & -x^2+3xy-2y^2 \\ & 3x^2-xy-y^2 \\ +) & 6x^2+6xy-6y^2 \\ \hline & 8x^2+8xy-9y^2 \end{array}$$

$\therefore -A-B+6C=8x^2+8xy-9y^2$

(2) $A+2B$

$2x^3-x^2y+4y^3$
➡ $+2(-3x^3+2x^2y-6y^3)$ ➡

$$\begin{array}{rr} & 2x^3-x^2y+4y^3 \\ +) & -6x^3+4x^2y-12y^3 \\ \hline & -4x^3+3x^2y-8y^3 \end{array}$$

$\therefore A+2B=-4x^3+3x^2y-8y^3$

003 유사

세 다항식 $A=x^3-x+3$, $B=-x^3+2x^2-6$, $C=2x^3-4x^2-3x+1$에 대하여 $2(A+B)-3(2B-C)$를 계산하시오.

004 유사

두 다항식 $A=3x^2-3xy+6y^2$, $B=-2x^2+xy-y^2$에 대하여 $4A-(X-2B)=A$를 만족시키는 다항식 X를 구하시오.

005 변형

교과서

두 다항식 A, B에 대하여

$A+B=3x^2-2x-3$,

$A-B=-x^2+4x+5$

일 때, $2A-3B$를 계산하시오.

006 변형

두 다항식 P, Q에 대하여

$[P, Q]=3P-2Q+1$

이라 할 때, $[x^2+3xy-2y^2, 2x^2-y^2]$을 계산하시오.

개념 01 지수법칙

a, b는 실수, m, n은 자연수일 때, 다음과 같은 지수법칙을 이용하여 단항식의 곱을 계산할 수 있다.

(1) $a^m \times a^n = a^{m+n}$　(2) $(a^m)^n = a^{mn}$　(3) $(ab)^n = a^n b^n$

(4) $\left(\dfrac{b}{a}\right)^n = \dfrac{b^n}{a^n}$ (단, $a \neq 0$)　(5) $a^m \div a^n = \begin{cases} a^{m-n} & (m>n\text{일 때}) \\ 1 & (m=n\text{일 때}) \\ \dfrac{1}{a^{n-m}} & (m<n\text{일 때}) \end{cases}$ (단, $a \neq 0$)

| 예 | $(-a^3b)^2 \times (-2a^2) = (-1)^2 \times a^{3\times2} \times b^{1\times2} \times (-2a^2) = a^6b^2 \times (-2a^2)$
$= -2a^{6+2}b^2 = -2a^8b^2$

개념 02 다항식의 곱셈

예제 02

다항식의 곱셈은 단항식의 곱과 분배법칙을 이용하여 식을 전개한 다음 동류항끼리 모아서 계산한다.
└ $m(a+b) = ma + mb$

| 참고 | 괄호를 풀어 하나의 다항식으로 나타내는 것을 전개한다고 한다.

| 예 | $(x-3)(x^2-x+2) = \underset{①}{x^3} \underset{②}{-x^2} \underset{③}{+2x} \underset{④}{-3x^2} \underset{⑤}{+3x} \underset{⑥}{-6}$ ◀ 단항식의 곱과 분배법칙을 이용하여 전개한다.
$= x^3 - 4x^2 + 5x - 6$ ◀ 동류항끼리 모아서 계산한다.

개념 03 다항식의 곱셈에 대한 성질

예제 02

세 다항식 A, B, C에 대하여
(1) 교환법칙: $AB = BA$
(2) 결합법칙: $(AB)C = A(BC)$
(3) 분배법칙: $A(B+C) = AB + AC$, $(A+B)C = AC + BC$

| 참고 | 다항식의 곱셈에 대한 결합법칙이 성립하므로 $(AB)C$, $A(BC)$를 간단히 ABC로 나타낼 수 있다.

개념 04 곱셈 공식

예제 03, 04, 09

(1) $(a+b+c)^2=a^2+b^2+c^2+2ab+2bc+2ca$

(2) $(a+b)^3=a^3+3a^2b+3ab^2+b^3$

$(a-b)^3=a^3-3a^2b+3ab^2-b^3$

(3) $(a+b)(a^2-ab+b^2)=a^3+b^3$

$(a-b)(a^2+ab+b^2)=a^3-b^3$

(4) $(x+a)(x+b)(x+c)=x^3+(a+b+c)x^2+(ab+bc+ca)x+abc$

(5) $(a+b+c)(a^2+b^2+c^2-ab-bc-ca)=a^3+b^3+c^3-3abc$

(6) $(a^2+ab+b^2)(a^2-ab+b^2)=a^4+a^2b^2+b^4$

| 참고 | 중학 수학에서 배운 곱셈 공식

① $(a+b)^2=a^2+2ab+b^2$, $(a-b)^2=a^2-2ab+b^2$

② $(a+b)(a-b)=a^2-b^2$

③ $(x+a)(x+b)=x^2+(a+b)x+ab$

④ $(ax+b)(cx+d)=acx^2+(ad+bc)x+bd$

| 증명 | (1) $(a+b+c)^2=\{(a+b)+c\}^2$

$=(a+b)^2+2(a+b)c+c^2$ ◀ $a+b$를 한 문자로 생각한 후 $(A+B)^2=A^2+2AB+B^2$ 이용

$=a^2+2ab+b^2+2ac+2bc+c^2$

$=a^2+b^2+c^2+2ab+2bc+2ca$

(2) $(a+b)^3=(a+b)^2(a+b)$

$=(a^2+2ab+b^2)(a+b)$ ◀ $(a+b)^2=a^2+2ab+b^2$ 이용

$=a^3+a^2b+2a^2b+2ab^2+ab^2+b^3$

$=a^3+3a^2b+3ab^2+b^3$

(3) $(a+b)(a^2-ab+b^2)=a^3-a^2b+ab^2+a^2b-ab^2+b^3$

$=a^3+b^3$

(4) $(x+a)(x+b)(x+c)=\{x^2+(a+b)x+ab\}(x+c)$ ◀ $(x+a)(x+b)=x^2+(a+b)x+ab$ 이용

$=x^3+cx^2+(a+b)x^2+(a+b)cx+abx+abc$

$=x^3+(a+b+c)x^2+(ab+bc+ca)x+abc$

(5) $(a+b+c)(a^2+b^2+c^2-ab-bc-ca)$

$=a^3+ab^2+ac^2-a^2b-abc-a^2c+a^2b+b^3+bc^2-ab^2-b^2c-abc$

$+a^2c+b^2c+c^3-abc-bc^2-ac^2$

$=a^3+b^3+c^3-3abc$

(6) $(a^2+ab+b^2)(a^2-ab+b^2)=\{(a^2+b^2)+ab\}\{(a^2+b^2)-ab\}$

$=(a^2+b^2)^2-(ab)^2$ ◀ $(A+B)(A-B)=A^2-B^2$ 이용

$=a^4+2a^2b^2+b^4-a^2b^2$ ◀ $(A+B)^2=A^2+2AB+B^2$ 이용

$=a^4+a^2b^2+b^4$

개념 05 곱셈 공식의 변형

◎ 예제 05~09

문자의 합 또는 차, 곱의 값이 주어질 때, 다음과 같은 곱셈 공식의 변형을 이용하면 여러 가지 식의 값을 편리하게 구할 수 있다.

(1) $a^2+b^2=(a+b)^2-2ab=(a-b)^2+2ab$

(2) $a^3+b^3=(a+b)^3-3ab(a+b)$

$a^3-b^3=(a-b)^3+3ab(a-b)$

(3) $a^2+b^2+c^2=(a+b+c)^2-2(ab+bc+ca)$

(4) $a^2+b^2+c^2-ab-bc-ca=\frac{1}{2}\{(a-b)^2+(b-c)^2+(c-a)^2\}$

$a^2+b^2+c^2+ab+bc+ca=\frac{1}{2}\{(a+b)^2+(b+c)^2+(c+a)^2\}$

(5) $a^3+b^3+c^3=(a+b+c)(a^2+b^2+c^2-ab-bc-ca)+3abc$

곱셈 공식의 변형 (1), (2), (3) 및 (5)는 곱셈 공식을 적절히 이항하여 간단히 확인할 수 있다.

| 증명 | (1) $(a+b)^2=a^2+2ab+b^2$에서 $2ab$를 이항하면

$$a^2+b^2=(a+b)^2-2ab$$

(2) $(a+b)^3=a^3+3a^2b+3ab^2+b^3$에서 $3a^2b+3ab^2$을 이항하면

$$\begin{aligned}a^3+b^3&=(a+b)^3-3a^2b-3ab^2\\&=(a+b)^3-3ab(a+b)\end{aligned}$$

(3) $(a+b+c)^2=a^2+b^2+c^2+2ab+2bc+2ca$에서 $2ab+2bc+2ca$를 이항하면

$$\begin{aligned}a^2+b^2+c^2&=(a+b+c)^2-2ab-2bc-2ca\\&=(a+b+c)^2-2(ab+bc+ca)\end{aligned}$$

(4)
$$\begin{aligned}a^2+b^2+c^2-ab-bc-ca&=\frac{1}{2}(2a^2+2b^2+2c^2-2ab-2bc-2ca)\\&=\frac{1}{2}\{(a^2-2ab+b^2)+(b^2-2bc+c^2)+(c^2-2ca+a^2)\}\\&=\frac{1}{2}\{(a-b)^2+(b-c)^2+(c-a)^2\}\end{aligned}$$

(5) $(a+b+c)(a^2+b^2+c^2-ab-bc-ca)=a^3+b^3+c^3-3abc$에서 $3abc$를 이항하면

$$a^3+b^3+c^3=(a+b+c)(a^2+b^2+c^2-ab-bc-ca)+3abc$$

| 예 | $a+b=1$, $ab=-2$일 때

- $a^2+b^2=(a+b)^2-2ab=1^2-2\times(-2)=5$
- $a^3+b^3=(a+b)^3-3ab(a+b)=1^3-3\times(-2)\times1=7$

| 참고 |
- $x^2+\frac{1}{x^2}=\left(x+\frac{1}{x}\right)^2-2=\left(x-\frac{1}{x}\right)^2+2$
- $x^3+\frac{1}{x^3}=\left(x+\frac{1}{x}\right)^3-3\left(x+\frac{1}{x}\right)$, $x^3-\frac{1}{x^3}=\left(x-\frac{1}{x}\right)^3+3\left(x-\frac{1}{x}\right)$

개념 01

007 다음 식을 간단히 하시오.

(1) $(2xy^2)^3\times(-x^2y)$

(2) $(3a^3b^2)^3\div(ab^3)^2$

(3) $xy^3z^2\times(x^2z)^3\div(xz)^2$

(4) $(-2a^2b)^3\div\left(-\frac{1}{4}a^3b\right)^2\times\left(-\frac{1}{2}b^2\right)$

개념 02

008 다음 식을 전개하시오.

(1) $(x-2)(x^2+x+1)$

(2) $(x^2-2x+3)(3x^2+1)$

(3) $(2x^2-4xy+3y)(x+2y)$

(4) $(x-y-2)(3x-y+1)$

개념 04

009 곱셈 공식을 이용하여 다음 식을 전개하시오.

(1) $\left(x+\frac{y}{2}\right)^2$

(2) $(2a+b)(2a-b)$

(3) $(x-3y)(x+6y)$

(4) $(3a-2b)(2a+3b)$

개념 05

010 $x+y=-3$, $xy=1$일 때, 다음 식의 값을 구하시오.

(1) x^2+y^2

(2) $(x-y)^2$

(3) x^3+y^3

개념 05

011 $x-\frac{1}{x}=5$일 때, 다음 식의 값을 구하시오.

(1) $x^2+\frac{1}{x^2}$

(2) $\left(x+\frac{1}{x}\right)^2$

(3) $x^3-\frac{1}{x^3}$

예제 02 / 다항식의 전개식에서 계수 구하기

계수를 구해야 하는 항이 나오는 부분만 선택하여 전개한다.

다음 물음에 답하시오.

(1) 다항식 $(4x^3+x^2-2x+3)(x^2-3x+5)$의 전개식에서 x^3의 계수와 x^4의 계수를 각각 구하시오.

(2) 다항식 $(2x^2-x+3)(x^2-2x+k)$의 전개식에서 x의 계수가 -5일 때, 상수 k의 값을 구하시오.

• 유형 만렙 공통수학 1 12쪽에서 문제 더 풀기

| 풀이 | (1) $(4x^3+x^2-2x+3)(x^2-3x+5)$에서 x^3항이 나오는 부분만 전개하면

$4x^3\times5+x^2\times(-3x)+(-2x)\times x^2=20x^3-3x^3-2x^3$

$=15x^3$

따라서 x^3의 계수는 15이다.

$(4x^3+x^2-2x+3)(x^2-3x+5)$에서 x^4항이 나오는 부분만 전개하면

$4x^3\times(-3x)+x^2\times x^2=-12x^4+x^4$

$=-11x^4$

따라서 x^4의 계수는 -11이다.

(2) $(2x^2-x+3)(x^2-2x+k)$에서 x항이 나오는 부분만 전개하면

$(-x)\times k+3\times(-2x)=-kx-6x$

$=(-k-6)x$

이때 x의 계수가 -5이므로

$-k-6=-5$

$\therefore k=-1$

답 (1) 15, -11 (2) -1

TIP 두 다항식의 곱의 전개식에서 특정한 차수의 항만을 구할 때

① x^3항이 나오는 경우는

➡ (x^3항)×(상수항), (x^2항)×(x항), (x항)×(x^2항), (상수항)×(x^3항)

② x^2항이 나오는 경우는

➡ (x^2항)×(상수항), (x항)×(x항), (상수항)×(x^2항)

③ x항이 나오는 경우는

➡ (x항)×(상수항), (상수항)×(x항)

012 유사

다음 물음에 답하시오.

(1) 다항식 $(x^2-x+1)(x^3-x^2+x-2)$의 전개식에서 x^2의 계수를 구하시오.

(2) 다항식 $(2x^2-x+3)^2$의 전개식에서 x^2의 계수와 x^3의 계수를 각각 구하시오.

013 유사

다항식 $(2x^2-3x+a)(5x^2-6x+2a)$의 전개식에서 x^2의 계수가 36일 때, 상수 a의 값을 구하시오.

014 변형

다항식 $(x+1)(2x+1)(3x+1)(4x+1)(5x+1)$의 전개식에서 x^4의 계수를 구하시오.

015 변형

교과서

다항식 $(x^2+ax-3)(2x^2+bx+3)$의 전개식에서 x^3과 x^2의 계수가 모두 11일 때, 정수 a, b에 대하여 $b-a$의 값을 구하시오.

예제 03 곱셈 공식을 이용한 식의 전개

적당한 곱셈 공식을 이용하여 주어진 식을 전개한다.

다음 식을 전개하시오.

(1) $(2x+y-z)^2$

(2) $(2x-3y)^3$

(3) $(x-3)(x+2)(x+3)$

(4) $(5x+2y)(25x^2-10xy+4y^2)$

(5) $(9x^2+6xy+4y^2)(9x^2-6xy+4y^2)$

(6) $(x+2)(x-2)(x^2-2x+4)(x^2+2x+4)$

• 유형 만렙 공통수학1 13쪽에서 문제 더 풀기

| 개념 |

- $(a+b+c)^2=a^2+b^2+c^2+2ab+2bc+2ca$
- $(a+b)^3=a^3+3a^2b+3ab^2+b^3$, $(a-b)^3=a^3-3a^2b+3ab^2-b^3$
- $(a+b)(a^2-ab+b^2)=a^3+b^3$, $(a-b)(a^2+ab+b^2)=a^3-b^3$
- $(x+a)(x+b)(x+c)=x^3+(a+b+c)x^2+(ab+bc+ca)x+abc$
- $(a+b+c)(a^2+b^2+c^2-ab-bc-ca)=a^3+b^3+c^3-3abc$
- $(a^2+ab+b^2)(a^2-ab+b^2)=a^4+a^2b^2+b^4$

| 풀이 |

(1) $(2x+y-z)^2=(2x)^2+y^2+(-z)^2+2\times2x\times y+2\times y\times(-z)+2\times(-z)\times2x$
$=4x^2+y^2+z^2+4xy-2yz-4zx$

(2) $(2x-3y)^3=(2x)^3-3\times(2x)^2\times3y+3\times2x\times(3y)^2-(3y)^3$
$=8x^3-36x^2y+54xy^2-27y^3$

(3) $(x-3)(x+2)(x+3)$
$=x^3+(-3+2+3)x^2+\{-3\times2+2\times3+3\times(-3)\}x+(-3)\times2\times3$
$=x^3+2x^2-9x-18$

(4) $(5x+2y)(25x^2-10xy+4y^2)=(5x+2y)\{(5x)^2-5x\times2y+(2y)^2\}$
$=(5x)^3+(2y)^3$
$=125x^3+8y^3$

(5) $(9x^2+6xy+4y^2)(9x^2-6xy+4y^2)=\{(3x)^2+3x\times2y+(2y)^2\}\{(3x)^2-3x\times2y+(2y)^2\}$
$=(3x)^4+(3x)^2(2y)^2+(2y)^4$
$=81x^4+36x^2y^2+16y^4$

(6) $(x+2)(x-2)(x^2-2x+4)(x^2+2x+4)$
$=(x+2)(x^2-2\times x+2^2)(x-2)(x^2+2\times x+2^2)$
$=(x^3+8)(x^3-8)$
$=(x^3)^2-8^2=x^6-64$

답 (1) $4x^2+y^2+z^2+4xy-2yz-4zx$
(2) $8x^3-36x^2y+54xy^2-27y^3$
(3) $x^3+2x^2-9x-18$ (4) $125x^3+8y^3$
(5) $81x^4+36x^2y^2+16y^4$ (6) x^6-64

016 유사

다음 식을 전개하시오.

(1) $(x-2y+3z)^2$

(2) $(4x+y)^3$

(3) $(a-3b)(a+b)(a+4b)$

(4) $(x^2+3xy+9y^2)(x^2-3xy+9y^2)$

(5) $(x+1)(x-1)(x^2+x+1)(x^2-x+1)$

(6) $(a+2b-c)(a^2+4b^2+c^2-2ab+2bc+ac)$

017 변형

다음 식을 전개하시오.

(1) $(x-1)(x+1)(x^2+1)(x^4+1)$

(2) $(a+2)^2(a^2-2a+4)^2$

(3) $(x+y)^3(x-y)^3$

(4) $(a+b)(a-b)(a^4+a^2b^2+b^4)$

018 변형

다음 중 옳은 것은?

① $(a-3b-c)^2$
$=a^2+9b^2+c^2-6ab-6bc+2ca$

② $(x+5)(x-3)(x-1)=x^3-x^2-7x+15$

③ $(4a-3b)(16a^2+12ab+9b^2)$
$=64a^3-48a^2b+32ab^2-27b^3$

④ $(x^2+2xy+4y^2)(x^2-2xy+4y^2)$
$=x^4+2x^2y^2+16y^4$

⑤ $(x-y+z)(x^2+y^2+z^2+xy+yz-zx)$
$=x^3-y^3+z^3+3xyz$

예제 04 / 공통부분이 있는 식의 전개

공통부분을 한 문자로 치환한 후 전개한다.

다음 식을 전개하시오.

(1) $(x^2-x+2)(x^2-x-3)$

(2) $(x+1)(x+2)(x-3)(x-4)$

• 유형 만렙 공통수학 1 14쪽에서 문제 더 풀기

| 풀이 | (1) 공통부분이 x^2-x이므로 $x^2-x=X$로 놓고 전개하면

$$(x^2-x+2)(x^2-x-3)=(X+2)(X-3)$$
$$=X^2-X-6$$

$X=x^2-x$를 대입하여 전개하면

$$X^2-X-6=(x^2-x)^2-(x^2-x)-6$$
$$=x^4-2x^3+x^2-x^2+x-6$$
$$=x^4-2x^3+x-6$$

(2) 공통부분이 생기도록 두 일차식의 상수항의 합이 같게 짝을 지어 전개하면

$$(x+1)(x+2)(x-3)(x-4)=\{(x+1)(x-3)\}\{(x+2)(x-4)\}$$

└합: -2 ─ 합: -2

$$=(x^2-2x-3)(x^2-2x-8)$$

공통부분이 x^2-2x이므로 $x^2-2x=X$로 놓고 전개하면

$$(x^2-2x-3)(x^2-2x-8)=(X-3)(X-8)$$
$$=X^2-11X+24$$

$X=x^2-2x$를 대입하여 전개하면

$$X^2-11X+24=(x^2-2x)^2-11(x^2-2x)+24$$
$$=x^4-4x^3+4x^2-11x^2+22x+24$$
$$=x^4-4x^3-7x^2+22x+24$$

답 (1) x^4-2x^3+x-6 (2) $x^4-4x^3-7x^2+22x+24$

TIP 네 일차식의 곱 ( )( )( )( ) 꼴의 식은 공통부분이 생기도록 두 개씩 짝을 지어 전개한 후 치환한다.

① $(x+1)(x+2)(x-3)(x-4)$는 상수항끼리의 합이 같도록 두 일차식을 묶어 전개한다.
즉, $1+(-3)=2+(-4)$이므로 $x+1$, $x-3$과 $x+2$, $x-4$를 묶어 전개하면 두 다항식 x^2-2x-3, x^2-2x-8의 이차항과 일차항이 같게 되어 공통부분이 생긴다.

② $(x-6)(x-2)(x+1)(x+3)$은 상수항끼리의 곱이 같도록 두 일차식을 묶어 전개한다.
즉, $(-6)\times1=(-2)\times3$이므로 $x-6$, $x+1$과 $x-2$, $x+3$을 묶어 전개하면 두 다항식 x^2-5x-6, x^2+x-6의 이차항과 상수항이 같게 되어 공통부분이 생긴다.

019 유사

다음 식을 전개하시오.

(1) $(x+3y-z)(x+3y+4z)$

(2) $(x-3)(x+3)(x+2)(x+8)$

020 변형

교육청

두 실수 a, b에 대하여
$(a+b-1)\{(a+b)^2+a+b+1\}=8$일 때,
$(a+b)^3$의 값은?

① 5　② 6　③ 7
④ 8　⑤ 9

021 변형

다음은 다항식 $(a+b+c+d)(a-b+c-d)$를 전개하는 과정이다. (가), (나), (다)에 알맞은 식을 구하시오.

$(a+b+c+d)(a-b+c-d)$
$=\{(a+c)+(b+d)\}\{(a+c)-(\boxed{\text{(가)}})\}$
$=(a+c)^2-(\boxed{\text{(가)}})^2$
$=a^2+2ac+c^2-(\boxed{\text{(나)}})$
$=\boxed{\text{(다)}}$

022 변형

다항식 $(x-6)(x-2)(x+1)(x+3)$을 전개한 식이 $x^4+ax^3+bx^2+cx+36$일 때, 상수 a, b, c에 대하여 $3a-2b+c$의 값을 구하시오.

예제 05 / 곱셈 공식의 변형 - $x^n \pm y^n$ 꼴

$a^2+b^2=(a+b)^2-2ab=(a-b)^2+2ab$, $a^3+b^3=(a+b)^3-3ab(a+b)$, $a^3-b^3=(a-b)^3+3ab(a-b)$

$x-y=-1$, $x^2+y^2=15$일 때, 다음 식의 값을 구하시오. (단, $x>0$, $y>0$)

(1) $x+y$

(2) x^3+y^3

• 유형 만렙 공통수학 1 14쪽에서 문제 더 풀기

| 풀이 | $(x-y)^2=x^2+y^2-2xy$이므로

$(-1)^2=15-2xy$, $2xy=14$

$\therefore xy=7$

(1) $(x+y)^2=(x-y)^2+4xy$이므로 ◀ $x-y=-1$, $xy=7$을 대입

$(x+y)^2=(-1)^2+4\times7=29$

이때 $x>0$, $y>0$이므로 $x+y=\sqrt{29}$

(2) $x^3-y^3=(x-y)^3+3xy(x-y)$ ◀ $x-y=-1$, $xy=7$을 대입

$=(-1)^3+3\times7\times(-1)=-22$

답 (1) $\sqrt{29}$ (2) -22

예제 06 / 곱셈 공식의 변형 - $x^n \pm \frac{1}{x^n}$ 꼴

$x^2-kx+1=0$ 꼴 ➡ 양변을 x로 나누어 $x+\frac{1}{x}=k$로 변형한다.

다음 물음에 답하시오.

(1) $x^2+\frac{1}{x^2}=4$일 때, $x^3-\frac{1}{x^3}$의 값을 구하시오. (단, $x>1$)

(2) $x^2-3x+1=0$일 때, $x^3+\frac{1}{x^3}$의 값을 구하시오.

• 유형 만렙 공통수학 1 15쪽에서 문제 더 풀기

| 풀이 | (1) $\left(x-\frac{1}{x}\right)^2=x^2+\frac{1}{x^2}-2=4-2=2$이므로 $x-\frac{1}{x}=\sqrt{2}$ ($\because x>1$)

$\therefore x^3-\frac{1}{x^3}=\left(x-\frac{1}{x}\right)^3+3\left(x-\frac{1}{x}\right)=(\sqrt{2})^3+3\times\sqrt{2}=5\sqrt{2}$

(2) $x^2-3x+1=0$에서 $x\neq0$이므로 양변을 x로 나누면
└ $x=0$을 방정식에 대입하면 성립하지 않는다.

$x-3+\frac{1}{x}=0$ $\quad\therefore x+\frac{1}{x}=3$

$\therefore x^3+\frac{1}{x^3}=\left(x+\frac{1}{x}\right)^3-3\left(x+\frac{1}{x}\right)=3^3-3\times3=18$

답 (1) $5\sqrt{2}$ (2) 18

023 예제 05 유사

$x+y=3$, $x^2+y^2=13$일 때, 다음 식의 값을 구하시오.

(1) $|x-y|$

(2) x^3+y^3

024 예제 06 유사

다음 물음에 답하시오.

(1) $x^2+\frac{1}{x^2}=6$일 때, $x^3+\frac{1}{x^3}$의 값을 구하시오. (단, $x>0$)

(2) $x^2-5x-1=0$일 때, $x^3-\frac{1}{x^3}$의 값을 구하시오.

025 예제 05 변형

$x+y=\sqrt{2}$, $x^2+xy+y^2=4$일 때, $\frac{x^2}{y}+\frac{y^2}{x}$의 값을 구하시오.

026 예제 06 변형

$x^2-4x+1=0$일 때, $x^4+\frac{1}{x^4}$의 값을 구하시오.

예제 07 / 곱셈 공식의 변형 - 문자가 3개인 경우(1)

$a^2+b^2+c^2=(a+b+c)^2-2(ab+bc+ca)$,
$a^3+b^3+c^3=(a+b+c)(a^2+b^2+c^2-ab-bc-ca)+3abc$

$a+b+c=4$, $ab+bc+ca=-7$, $abc=-3$일 때, 다음 식의 값을 구하시오.

(1) $a^2+b^2+c^2$

(2) $a^3+b^3+c^3$

• 유형 만렙 공통수학 1 16쪽에서 문제 더 풀기

| 풀이 | (1) $a^2+b^2+c^2=(a+b+c)^2-2(ab+bc+ca)$ ◀ $a+b+c=4$, $ab+bc+ca=-7$을 대입

$=4^2-2\times(-7)=30$

(2) $a^3+b^3+c^3=(a+b+c)(a^2+b^2+c^2-ab-bc-ca)+3abc$

$=(a+b+c)\{a^2+b^2+c^2-(ab+bc+ca)\}+3abc$ ◀ $a+b+c=4$, $a^2+b^2+c^2=30$, $ab+bc+ca=-7$, $abc=-3$을 대입

$=4\times\{30-(-7)\}+3\times(-3)=139$

답 (1) 30 (2) 139

발전 예제 08 / 곱셈 공식의 변형 - 문자가 3개인 경우(2)

$a^2+b^2+c^2-ab-bc-ca=\frac{1}{2}\{(a-b)^2+(b-c)^2+(c-a)^2\}$

다음 물음에 답하시오.

(1) $a-b=3$, $b-c=4$일 때, $a^2+b^2+c^2-ab-bc-ca$의 값을 구하시오.

(2) $a+b+c=2$, $a^2+b^2+c^2=10$, $abc=-4$일 때, $(a+b)(b+c)(c+a)$의 값을 구하시오.

• 유형 만렙 공통수학 1 16쪽에서 문제 더 풀기

| 풀이 | (1) $a-b=3$, $b-c=4$를 변끼리 더하면 $a-c=7$ $\quad\therefore c-a=-7$

$\therefore a^2+b^2+c^2-ab-bc-ca=\frac{1}{2}\{(a-b)^2+(b-c)^2+(c-a)^2\}=\frac{1}{2}\{3^2+4^2+(-7)^2\}=37$

(2) $a^2+b^2+c^2=(a+b+c)^2-2(ab+bc+ca)$에서 $10=2^2-2(ab+bc+ca)$

$\therefore ab+bc+ca=-3$

$a+b+c=2$에서 $a+b=2-c$, $b+c=2-a$, $c+a=2-b$

$\therefore (a+b)(b+c)(c+a)=(2-c)(2-a)(2-b)$

$=2^3+(-c-a-b)\times2^2+(ca+ab+bc)\times2-abc$

$=8-4(a+b+c)+2(ab+bc+ca)-abc$ ◀ $a+b+c=2$, $ab+bc+ca=-3$, $abc=-4$를 대입

$=8-4\times2+2\times(-3)-(-4)=-2$

답 (1) 37 (2) -2

027 예제 07 유사

$a+b+c=6$, $a^2+b^2+c^2=34$, $abc=-5$일 때, 다음 식의 값을 구하시오.

(1) $ab+bc+ca$

(2) $a^3+b^3+c^3$

028 예제 08 유사

다음 물음에 답하시오.

(1) $a+b=1+\sqrt{2}$, $b+c=1-\sqrt{2}$일 때, $a^2+b^2+c^2+ab+bc-ca$의 값을 구하시오.

(2) $a+b+c=0$, $a^3+b^3+c^3=-24$일 때, $(a+b)(b+c)(c+a)$의 값을 구하시오.

029 예제 07 변형

$a+b+c=5$, $a^2+b^2+c^2=9$, $\frac{1}{a}+\frac{1}{b}+\frac{1}{c}=2$일 때, abc의 값을 구하시오.

030 예제 08 변형

$a+b+c=3$, $(a+b)(b+c)(c+a)=-8$, $abc=-4$일 때, $a^2+b^2+c^2$의 값을 구하시오.

예제 09 / 곱셈 공식의 도형에의 활용

선분의 길이를 문자로 놓고 주어진 조건을 이용하여 식을 세운 후 곱셈 공식을 이용한다.

직육면체 모양의 상자의 겉넓이가 92이고 모든 모서리의 길이의 합이 44일 때, 이 상자의 대각선의 길이를 구하시오.

• 유형 만렙 공통수학1 17쪽에서 문제 더 풀기

| 풀이 | 오른쪽 그림과 같이 직육면체 모양의 상자의 가로, 세로의 길이와 높이를 각각 a, b, c라 하면 이 상자의 대각선의 길이는 $\sqrt{a^2+b^2+c^2}$이다.

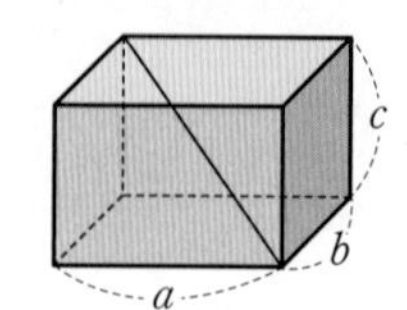

이때 상자의 겉넓이가 92이므로

$2(ab+bc+ca)=92$ ◀ 넓이가 ab, bc, ca인 면이 각각 2개씩 있다.

$\therefore ab+bc+ca=46$

또 상자의 모든 모서리의 길이의 합이 44이므로

$4(a+b+c)=44$ ◀ 길이가 a, b, c인 모서리가 각각 4개씩 있다.

$\therefore a+b+c=11$

$\therefore a^2+b^2+c^2=(a+b+c)^2-2(ab+bc+ca)$

$=11^2-2\times 46=29$

따라서 상자의 대각선의 길이는 $\sqrt{a^2+b^2+c^2}=\sqrt{29}$

답 $\sqrt{29}$

TIP

• 가로, 세로의 길이가 각각 a, b인 직사각형

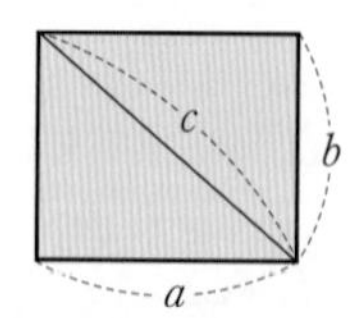

① (둘레의 길이)$=2(a+b)$

② (넓이)$=ab$

③ 대각선의 길이 c에 대하여

$a^2+b^2=c^2$

➡ $a^2+b^2=(a+b)^2-2ab$ 이용

• 가로, 세로의 길이와 높이가 각각 a, b, c인 직육면체

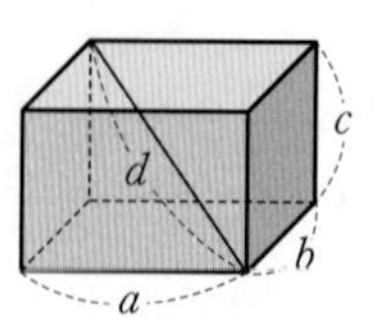

① (모든 모서리의 길이의 합)$=4(a+b+c)$

② (겉넓이)$=2(ab+bc+ca)$

③ (부피)$=abc$

④ 대각선의 길이 d에 대하여

$a^2+b^2+c^2=d^2$

➡ $a^2+b^2+c^2=(a+b+c)^2-2(ab+bc+ca)$ 이용

031 유사

모든 모서리의 길이의 합이 28이고 대각선의 길이가 4인 직육면체의 겉넓이를 구하시오.

032 변형

오른쪽 그림과 같이 반지름의 길이가 6인 사분원이 있다. 호 AB 위의 점 C에서 두 선분 OA, OB에 내린 수선의 발을 각각 D, E라 하자. 직사각형 ODCE의 넓이가 14일 때, $\overline{AD}+\overline{DE}+\overline{EB}$의 값을 구하시오.

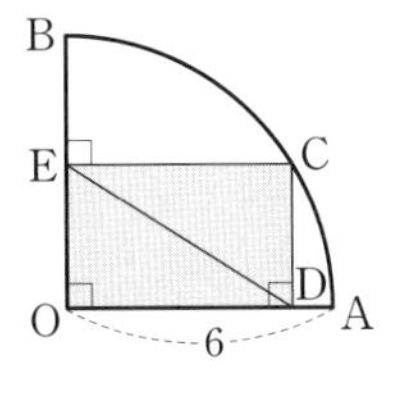

033 변형

교육청

그림과 같이 선분 AB 위의 점 C에 대하여 선분 AC를 한 모서리로 하는 정육면체와 선분 BC를 한 모서리로 하는 정육면체를 만든다. $\overline{AB}=8$이고 두 정육면체의 부피의 합이 224일 때, 두 정육면체의 겉넓이의 합을 구하시오.

(단, 두 정육면체는 한 모서리에서만 만난다.)

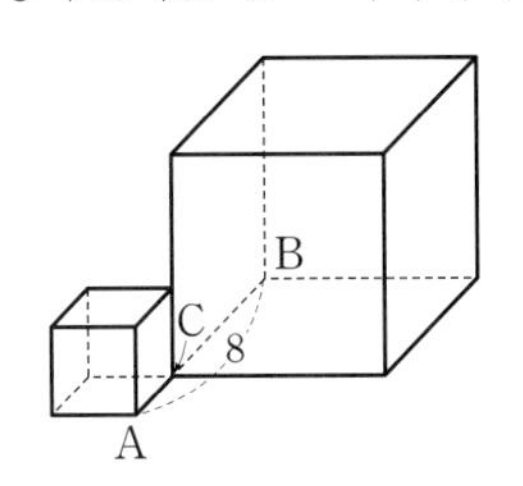

034 변형

오른쪽 그림과 같이 삼각형 OAB를 밑면으로 하고 $\overline{OA}\perp\overline{OB}$, $\overline{OB}\perp\overline{OC}$, $\overline{OC}\perp\overline{OA}$인 사면체 OABC가 다음 조건을 만족시킬 때, $\overline{AB}^2+\overline{BC}^2+\overline{CA}^2$의 값을 구하시오.

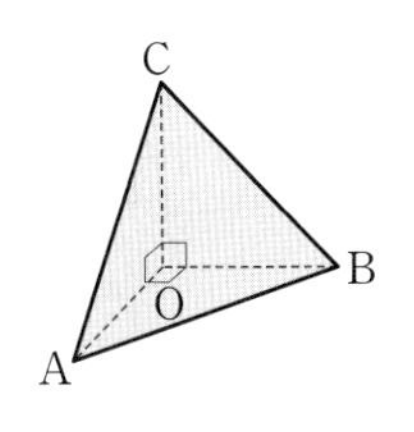

(가) 세 모서리 OA, OB, OC의 길이의 합은 14이다.
(나) 세 삼각형 OAB, OBC, OCA의 넓이의 합은 35이다.

3 다항식의 나눗셈

개념 01 다항식의 나눗셈

예제 10

각 다항식을 내림차순으로 정리한 후 자연수의 나눗셈과 같은 방법으로 계산한다.
이때 나머지가 상수가 되거나 나머지의 차수가 나누는 식의 차수보다 작을 때까지 나눈다.

| 참고 | 다항식의 나눗셈은 자연수의 나눗셈과 다르게 나머지가 음수일 수도 있다.

| 예 | $(2x^3+x^2+3)\div(x+1)$을 계산하면 오른쪽과 같다.
따라서 다항식 $2x^3+x^2+3$을 $x+1$로 나누었을 때의 몫은 $2x^2-x+1$, 나머지는 2이다.

$$
\begin{array}{r l}
 2x^2-\ x\quad\ +1 & \leftarrow \text{몫} \\
x+1\,\overline{)\,2x^3+\ x^2\quad\ +3} & \\
2x^3+2x^2\qquad\quad & \leftarrow (x+1)\times 2x^2 \\
\hline
-\ x^2\qquad\quad & \\
-\ x^2-x\quad & \leftarrow (x+1)\times(-x) \\
\hline
x+3 & \\
x+1 & \leftarrow (x+1)\times 1 \\
\hline
2 & \leftarrow \text{나머지}
\end{array}
$$

개념 02 다항식의 나눗셈에 대한 등식

예제 11, 12

다항식 A를 다항식 $B(B\neq 0)$로 나누었을 때의 몫을 Q, 나머지를 R라 하면

$\boldsymbol{A=BQ+R}$ (단, R는 상수 또는 (R의 차수)<(B의 차수))

특히 $R=0$이면 A는 B로 **나누어떨어진다**고 한다.

$$
\begin{array}{r}
Q \\
B\,\overline{)\,A\qquad} \\
BQ\quad \\
\hline
A-BQ=R
\end{array}
$$

| 참고 | Q는 Quotient(몫)의 첫 글자이고 R는 Remainder(나머지)의 첫 글자이다.

| 예 | 다항식 $2x^3+x^2+3$을 $x+1$로 나누었을 때의 몫이 $2x^2-x+1$, 나머지가 2이므로
$2x^3+x^2+3=(x+1)(\underbrace{2x^2-x+1}_{\text{몫}})+\underbrace{2}_{\text{나머지}}$

개념 03 조립제법

예제 13

다항식을 일차식으로 나눌 때, 직접 나눗셈을 하지 않고 계수와 상수항을 이용하여 몫과 나머지를 구하는 방법을 **조립제법**이라 한다.

| 예 | $2x^3+x^2+3$을 $x+1$로 나누었을 때의 몫과 나머지를 조립제법을 이용하여 구해 보자.

(ⅰ) 다항식의 각 항의 계수를 차례대로 적는다. 이때 계수가 0인 항은 그 자리에 0을 적는다.

(ⅱ) (나누는 식)=0이 되는 x의 값, 즉 $x+1=0$인 x의 값 -1을 적는다.

(ⅲ) 다항식의 최고차항의 계수 2를 그대로 내려 적는다.

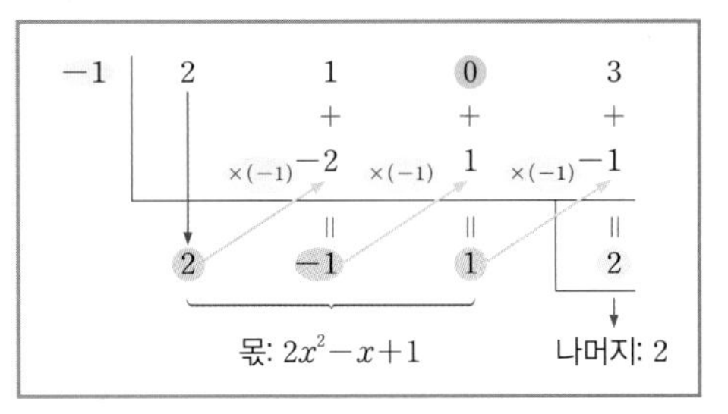

(ⅳ) (ⅱ)에서 적은 수 -1과 (ⅲ)에서 적은 수 2의 곱인 -2를 두 번째 항의 계수 1 아래에 적고, 1과 -2의 합인 -1을 -2의 아래에 적는다.

(ⅴ) (ⅳ)와 같은 과정을 반복하여 계산할 때, 마지막 계산 결과인 2가 나머지이고 이를 제외한 2, -1, 1이 차례대로 몫의 x^2의 계수, x의 계수, 상수항이다.

개념 확인

• 정답과 해설 6쪽

개념 01

035

다음 나눗셈에서 □ 안에 알맞은 것을 써넣고, 몫과 나머지를 구하시오.

(1)

$$\begin{array}{r} 2x^2+\ x+6 \\ x-2\,\overline{)\,2x^3-3x^2+4x+\ 7} \\ \underline{2x^3-4x^2\qquad\qquad} \\ \square+4x\qquad \\ \underline{x^2-2x\qquad} \\ \square+\ 7 \\ \underline{6x-12} \\ \square \end{array}$$

➡ 몫: ____________

나머지: ____________

(2)

$$\begin{array}{r} 3x+\square \\ x^2-x+3\,\overline{)\,3x^3-2x^2+3x+4} \\ \underline{3x^3-3x^2+9x\quad} \\ x^2-\square+4 \\ \underline{x^2-\ x+3} \\ \square+1 \end{array}$$

➡ 몫: ____________

나머지: ____________

개념 03

036

다음은 조립제법을 이용하여 나눗셈의 몫과 나머지를 구하는 과정이다. □ 안에 알맞은 것을 써넣고, 몫과 나머지를 구하시오.

(1) $(x^3-x^2-x-2)\div(x+1)$

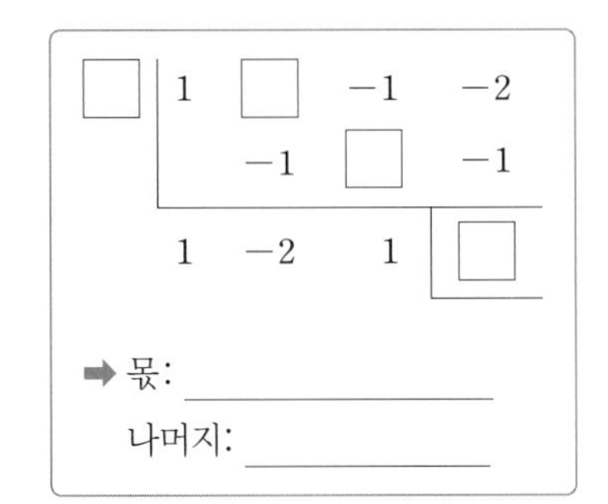

➡ 몫: ____________

나머지: ____________

(2) $(3x^4-2x^3-5x-1)\div(x-2)$

2	3	-2	□	-5	-1
		6	8	16	□
	□	4	□	11	□

➡ 몫: ____________

나머지: ____________

예제 10 / 다항식의 나눗셈 - 몫과 나머지

각 다항식을 자연수의 나눗셈과 같은 방법으로 직접 나눗셈을 한다.

다음 나눗셈의 몫과 나머지를 구하시오.

(1) $(2x^3-3x^2+5x-2)\div(2x-1)$　　(2) $(3x^4-2x^3+4x^2-3)\div(x^2-x+2)$

• 유형 만렙 공통수학 1 18쪽에서 문제 더 풀기

| 풀이 | (1)

$$\begin{array}{r|l} & x^2-x+2 \\ 2x-1 & 2x^3-3x^2+5x-2 \\ & 2x^3-x^2 \\ \hline & -2x^2+5x \\ & -2x^2+x \\ \hline & 4x-2 \\ & 4x-2 \\ \hline & 0 \end{array}$$

몫은 x^2-x+2, 나머지는 0이다.

(2)

$$\begin{array}{r|l} & 3x^2+x-1 \\ x^2-x+2 & 3x^4-2x^3+4x^2\qquad-3 \\ & 3x^4-3x^3+6x^2 \\ \hline & x^3-2x^2 \\ & x^3-x^2+2x \\ \hline & -x^2-2x-3 \\ & -x^2+x-2 \\ \hline & -3x-1 \end{array}$$

몫은 $3x^2+x-1$, 나머지는 $-3x-1$이다.

답 (1) 몫: x^2-x+2, 나머지: 0
(2) 몫: $3x^2+x-1$, 나머지: $-3x-1$

예제 11 / 다항식의 나눗셈 - $A=BQ+R$ 꼴의 이용

다항식 A를 다항식 B로 나누었을 때의 몫이 Q, 나머지가 R ➡ $A=BQ+R$로 식을 세운다.

다항식 $3x^3-x^2-11x+5$를 다항식 A로 나누었을 때의 몫이 x^2-x-3, 나머지가 11일 때, 다항식 A를 구하시오.

• 유형 만렙 공통수학 1 18쪽에서 문제 더 풀기

| 풀이 | $3x^3-x^2-11x+5$를 A로 나누었을 때의 몫이 x^2-x-3, 나머지가 11이므로

$3x^3-x^2-11x+5=A(x^2-x-3)+11$

$A(x^2-x-3)=3x^3-x^2-11x-6$

$\therefore A=(3x^3-x^2-11x-6)\div(x^2-x-3)$

$=3x+2$

$$\begin{array}{r|l} & 3x+2 \\ x^2-x-3 & 3x^3-x^2-11x-6 \\ & 3x^3-3x^2-9x \\ \hline & 2x^2-2x-6 \\ & 2x^2-2x-6 \\ \hline & 0 \end{array}$$

답 $3x+2$

037 예제 10 유사

다음 나눗셈의 몫과 나머지를 구하시오.

(1) $(x^3-2x-3)\div(x+4)$

(2) $(x^4+4x^3+2x^2-5x+1)\div(x^2-2x+3)$

038 예제 11 유사

다항식 $2x^3-x^2+4x+3$을 다항식 A로 나누었을 때의 몫이 $2x-3$, 나머지가 $5x+6$일 때, 다항식 A를 구하시오.

039 예제 10 변형

다항식 $4x^3+2x^2-5x+3$을 x^2-x+2로 나누었을 때의 몫을 $Q(x)$, 나머지를 $R(x)$라 할 때, $Q(1)-R(-1)$의 값을 구하시오.

040 예제 11 변형

다항식 $f(x)$를 x^2+2x-2로 나누었을 때의 몫이 $3x+1$, 나머지가 $x-1$일 때, $f(x)$를 $3x^2-2x+3$으로 나누었을 때의 나머지를 구하시오.

예제 12 / 몫과 나머지의 변형

$ax-b(a\neq0)$로 나눈 몫 ➡ $x-\frac{b}{a}$로 나눈 몫의 $\frac{1}{a}$배

다항식 $f(x)$를 $3x-3$으로 나누었을 때의 몫을 $Q(x)$, 나머지를 R라 할 때, 다음 물음에 답하시오.

(1) 다항식 $f(x)$를 $x-1$로 나누었을 때의 몫과 나머지를 구하시오.

(2) 다항식 $xf(x)$를 $x-1$로 나누었을 때의 몫과 나머지를 구하시오.

• 유형 만렙 공통수학 1 19쪽에서 문제 더 풀기

| 풀이 | $f(x)$를 $3x-3$으로 나누었을 때의 몫이 $Q(x)$, 나머지가 R이므로

$f(x)=(3x-3)Q(x)+R$ ······ ㉠

└ 일차식으로 나누었으므로 R는 상수이다.

(1) ㉠에서

$$f(x)=(3x-3)Q(x)+R$$
$$=3(x-1)Q(x)+R$$
$$=(x-1)\times3Q(x)+R$$

따라서 $f(x)$를 $x-1$로 나누었을 때의 몫은 $3Q(x)$, 나머지는 R이다.

(2) ㉠의 양변에 x를 곱하면

$$xf(x)=x(3x-3)Q(x)+Rx$$
$$=3x(x-1)Q(x)+R(x-1)+R$$
$$=(x-1)\{3xQ(x)+R\}+R$$

◀ 일차식으로 나누었으므로 나머지에 x를 포함하는 항이 남아있지 않도록 한다.

따라서 $xf(x)$를 $x-1$로 나누었을 때의 몫은 $3xQ(x)+R$, 나머지는 R이다.

답 (1) 몫: $3Q(x)$, 나머지: R
(2) 몫: $3xQ(x)+R$, 나머지: R

TIP **다항식 $f(x)$를 $x+\frac{b}{a}$와 $ax+b(a\neq0)$로 나누었을 때의 몫과 나머지 사이의 관계**

다항식 $f(x)$를 $x+\frac{b}{a}$로 나누었을 때의 몫을 $Q(x)$, 나머지를 R라 하면

$$f(x)=\left(x+\frac{b}{a}\right)Q(x)+R=(ax+b)\times\frac{1}{a}Q(x)+R$$

따라서 다항식 $f(x)$를 $ax+b$로 나누었을 때의 몫은 $\frac{1}{a}Q(x)$, 나머지는 R이다.

➡ $f(x)$를 $ax+b$로 나누었을 때의 몫은 $x+\frac{b}{a}$로 나누었을 때의 몫의 $\frac{1}{a}$배이고,

$f(x)$를 $ax+b$로 나누었을 때의 나머지는 $x+\frac{b}{a}$로 나누었을 때의 나머지와 같다.

041 유사

다항식 $f(x)$를 $\frac{3}{2}x-1$로 나누었을 때의 몫과 나머지를 각각 $Q(x)$, R라 할 때, 다항식 $f(x)$를 $x-\frac{2}{3}$로 나누었을 때의 몫과 나머지를 차례대로 나열한 것은?

① $\frac{2}{3}Q(x)$, R
② $\frac{2}{3}Q(x)$, $\frac{2}{3}R$
③ $\frac{3}{2}Q(x)$, R
④ $\frac{3}{2}Q(x)$, $\frac{3}{2}R$
⑤ $\frac{3}{2}Q(x)$, $\frac{2}{3}R$

042 유사

다항식 $f(x)$를 $2x+4$로 나누었을 때의 몫을 $Q(x)$, 나머지를 R라 할 때, 다항식 $xf(x)$를 $x+2$로 나누었을 때의 몫이 $axQ(x)+bR$이고, 나머지가 cR이다. 상수 a, b, c의 값을 구하시오.

043 변형

다항식 $f(x)$를 $x-\frac{1}{4}$로 나누었을 때의 몫이 $4x^2+12x-8$이고 나머지가 5일 때, 다항식 $f(x)$를 $4x-1$로 나누었을 때의 몫을 구하시오.

044 변형

다항식 $f(x)$를 $x+1$로 나누었을 때의 몫을 $Q(x)$, 나머지를 R라 하자. 다항식 $x^2f(x)$를 $x+1$로 나누었을 때의 나머지가 R일 때 몫은?

① $xQ(x)+R(x+1)$
② $xQ(x)+R(x-1)$
③ $x^2Q(x)+R(x+1)$
④ $x^2Q(x)+R(x-1)$
⑤ $x^2Q(x)-R(x+1)$

예제 13 / 조립제법

다항식을 일차식으로 나누었을 때의 몫과 나머지를 구할 때는 조립제법을 이용한다.

조립제법을 이용하여 다음 나눗셈의 몫과 나머지를 구하시오.

(1) $(x^3+4x^2+5)\div(x+2)$

(2) $(2x^3-x^2+3x+4)\div(2x-3)$

• 유형 만렙 공통수학1 19쪽에서 문제 더 풀기

| 풀이 | (1) $x+2=0$을 만족시키는 x의 값은

$x=-2$

x^3+4x^2+5를 $x+2$로 나누었을 때의 몫과 나머지를 오른쪽과 같이 조립제법을 이용하여 구하면 몫은 x^2+2x-4, 나머지는 13이다.

$$\begin{array}{r|rrrr} -2 & 1 & 4 & 0 & 5 \\ & & -2 & -4 & 8 \\ \hline & 1 & 2 & -4 & \boxed{13} \end{array}$$

(2) $2x-3=0$을 만족시키는 x의 값은

$x=\dfrac{3}{2}$

$2x^3-x^2+3x+4$를 $x-\dfrac{3}{2}$으로 나누었을 때의 몫과 나머지를 오른쪽과 같이 조립제법을 이용하여 구하면 몫은 $2x^2+2x+6$, 나머지는 13이므로

$$\begin{array}{r|rrrr} \frac{3}{2} & 2 & -1 & 3 & 4 \\ & & 3 & 3 & 9 \\ \hline & 2 & 2 & 6 & \boxed{13} \end{array}$$

$$\begin{aligned} 2x^3-x^2+3x+4 &= \left(x-\frac{3}{2}\right)(2x^2+2x+6)+13 \\ &= 2\left(x-\frac{3}{2}\right)(x^2+x+3)+13 \\ &= (2x-3)(x^2+x+3)+13 \end{aligned}$$

따라서 구하는 몫은 x^2+x+3, 나머지는 13이다.

나누는 식의 일차항의 계수가 1이 아니면 조립제법을 이용하여 구한 몫을 일차항의 계수로 나눠야 한다.

답 (1) 몫: x^2+2x-4, 나머지: 13
(2) 몫: x^2+x+3, 나머지: 13

045 유사

조립제법을 이용하여 다음 나눗셈의 몫과 나머지를 구하시오.

(1) $(x^3-5x-6)\div(x-1)$

(2) $(3x^3+7x^2+5x+2)\div(3x+1)$

046 변형

조립제법을 이용하여 다항식 x^3-2x^2-3을 $x+1$로 나누었을 때의 몫과 나머지를 구하는 과정이 다음과 같을 때, 실수 a, b, c, d, e에 대하여 $a+b+c+d+e$의 값을 구하시오.

$$\begin{array}{c|cccc} a & 1 & -2 & b & -3 \\ & & c & 3 & -3 \\ \hline & 1 & -3 & d & \boxed{e} \end{array}$$

047 변형

다음은 조립제법을 이용하여 다항식 $3x^3-4x^2+2x+1$을 $3x+2$로 나누었을 때의 몫과 나머지를 구하는 과정이다. 이때 몫과 나머지를 차례대로 나열한 것은?

$$\begin{array}{c|cccc} -\frac{2}{3} & 3 & -4 & 2 & 1 \\ & & -2 & 4 & -4 \\ \hline & 3 & -6 & 6 & \boxed{-3} \end{array}$$

① x^2-2x+2, -1 ② x^2-2x+2, -2
③ x^2-2x+2, -3 ④ $3x^2-6x+6$, -2
⑤ $3x^2-6x+6$, -3

048 변형

다음은 삼차다항식 $P(x)=ax^3+bx^2+cx+11$을 $x-3$으로 나누었을 때의 몫과 나머지를 조립제법을 이용하여 구하는 과정의 일부를 나타낸 것이다.

$$\begin{array}{c|cccc} 3 & a & b & c & 11 \\ & & \square & \square & \square \\ \hline & 1 & 1 & -2 & \boxed{5} \end{array}$$

$P(x)$를 $x-4$로 나누었을 때의 몫을 구하시오.
(단, a, b, c는 상수)

연습문제

1단계

049 세 다항식 $A=3x^3+x^2-2x+1$, $B=x^3-x-3$, $C=-x^2+5x-2$에 대하여 $2(A+B)-3(B-2C)=ax^3+bx^2+cx+d$일 때, 상수 a, b, c, d에 대하여 $a-b-c+d$의 값을 구하시오.

교과서

050 두 다항식 $A=x^2-4xy+2y^2$, $B=3x^2-2xy+y^2$에 대하여 $3(X-2A)=X-4B$를 만족시키는 다항식 X를 구하시오.

교육청

051 다항식 $(x+a)^3+x(x-4)$의 전개식에서 x^2의 계수가 10일 때, 상수 a의 값을 구하시오.

052 다항식 $(x^2-3x+1)(x^2-3x-4)+2$를 전개하면?

① $x^4-6x^3+6x^2+9x-2$
② $x^4-6x^3+9x^2+9x-2$
③ $x^4-6x^3+12x^2+9x-2$
④ $x^4+3x^3-8x^2+9x-2$
⑤ $x^4+3x^3-9x^2+9x-2$

053 $x=1+\sqrt{2}$, $y=1-\sqrt{2}$일 때, $\dfrac{x^2}{y}-\dfrac{y^2}{x}$의 값을 구하시오.

054 $a+b+c=-5$, $ab+bc+ca=-2$, $abc=6$일 때, $a^2b^2+b^2c^2+c^2a^2$의 값을 구하시오.

055 다항식 $6x^4-11x^2+3x+2$를 $3x^2+3x-1$로 나누었을 때의 몫이 $2x^2+ax+b$이고 나머지가 $cx+d$일 때, 상수 a, b, c, d에 대하여 $ad+bc$의 값은?

① -10　② -8　③ -6
④ -4　⑤ -2

056 다항식 $x^4-x^3+2x^2-2x+k$가 x^2+x+2로 나누어떨어질 때, 상수 k의 값은?

① -2　② 2　③ 4
④ 6　⑤ 8

• 정답과 해설 8쪽

2단계

교과서

057 세 다항식 $A=x^2-2xy+3y^2$, $B=x^2+xy$, $C=y^2-xy$에 대하여 $2AB-BA+CA$를 계산하면?

① $x^4-2x^3y-4x^2y^2-2xy^3+3y^4$
② $x^4-2x^3y+4x^2y^2+2xy^3-3y^4$
③ $x^4-2x^3y+4x^2y^2-2xy^3+3y^4$
④ $x^4+2x^3y+4x^2y^2+2xy^3+3y^4$
⑤ $x^4+2x^3y-4x^2y^2-2xy^3+3y^4$

058 다항식 $(1+x+2x^2+3x^3+\cdots+10x^{10})^2$의 전개식에서 x^5의 계수를 구하시오.

059 $x+y=2$, $x^3+y^3=14$일 때, x^5+y^5의 값을 구하시오.

060 양수 x에 대하여 $\left(x-\frac{4}{x}\right)^2+\left(4x+\frac{1}{x}\right)^2=34$일 때, $x+\frac{1}{x}$의 값을 구하시오.

061 $x^2-2x-1=0$일 때, $2x^2-x-8+\frac{1}{x}+\frac{2}{x^2}$의 값은?

① $\sqrt{2}$ ② 2 ③ $2\sqrt{2}$
④ 3 ⑤ 4

062 $a+b+c=12$, $a^3+b^3+c^3=3abc$일 때, abc의 값을 구하시오.

교육청

063 그림과 같이 겉넓이가 148이고, 모든 모서리의 길이의 합이 60인 직육면체 ABCD$-$EFGH가 있다. $\overline{BG}^2+\overline{GD}^2+\overline{DB}^2$의 값은?

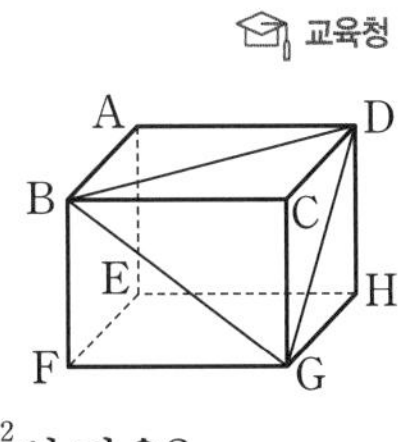

① 136 ② 142 ③ 148
④ 154 ⑤ 160

연습문제

• 정답과 해설 10쪽

064 $2x^2+x+1=0$일 때,
$2x^4+5x^3-7x^2-3x+4$의 값을 구하시오.

065 다항식 $f(x)$를 $6x-3$으로 나누었을 때의 몫을 $A(x)$, 나머지를 R_1이라 하고, $x-\frac{1}{2}$로 나누었을 때의 몫을 $B(x)$, 나머지를 R_2라 하자. $\frac{A(x)}{B(x)}+\frac{R_2}{R_1}$의 값을 구하시오.

(단, $B(x)\neq0$, $R_1\neq0$)

066 다음은 조립제법을 이용하여 다항식 $P(x)=6x^3-x^2+7x-1$을 $3x-2$로 나누었을 때의 몫과 나머지를 구하는 과정이다. $P(x)$를 $3x-2$로 나누었을 때의 몫을 $Q(x)$, 나머지를 R라 할 때, $Q(1)+R$의 값을 구하시오.

$\frac{2}{3}$	6	-1	7	-1
		4	2	6
	6	3	9	5

3단계

서술형

067 $\frac{1}{x}+\frac{1}{y}+\frac{1}{z}=2$, $xyz=6$, $(x+y)(y+z)(z+x)=66$일 때, $x^2+y^2+z^2$의 값을 구하시오.

교육청

068 그림과 같이 중심이 O, 반지름의 길이가 4이고 중심각의 크기가 90°인 부채꼴 OAB가 있다. 호 AB 위의 점 P에서 두 선분 OA, OB에 내린 수선의 발을 각각 H, I라 하자. 삼각형 PIH에 내접하는 원의 넓이가 $\frac{\pi}{4}$일 때, $\overline{PH}^3+\overline{PI}^3$의 값은?

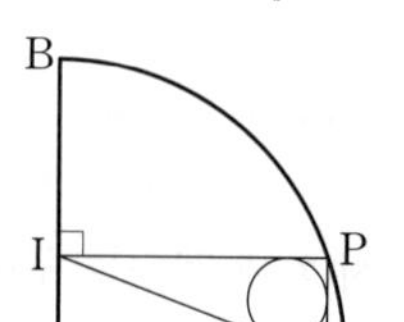

(단, 점 P는 점 A도 아니고 점 B도 아니다.)

① 56 ② $\frac{115}{2}$ ③ 59 ④ $\frac{121}{2}$ ⑤ 62

I. 다항식

2

나머지 정리와 인수분해

01 항등식과 나머지 정리
02 인수분해

항등식

개념 01 항등식

○ 예제 01

(1) 항등식: 문자를 포함한 등식에서 문자에 어떤 값을 대입하여도 항상 성립하는 등식

(2) 항등식의 성질

① $ax^2+bx+c=0$이 x에 대한 항등식

➡ $a=0,\ b=0,\ c=0$

② $ax^2+bx+c=a'x^2+b'x+c'$이 x에 대한 항등식

➡ $a=a',\ b=b',\ c=c'$

$ax^2+bx+c=a'x^2+b'x+c'$
모두 같아야 항등식

등호(=)를 사용하여 두 수나 식이 같음을 나타낸 식을 등식이라 한다.
등식에는 방정식과 항등식이 있다.
등식 $x+1=0$, $x^2+4x+3=0$과 같이 x에 특정한 값을 대입하였을 때만 성립하는 등식을 **방정식**,
등식 $x+3x=4x$, $(x-1)^2=x^2-2x+1$과 같이 x에 어떤 값을 대입하여도 항상 성립하는 등식을 **항등식**이라 한다.

| 증명 | 항등식의 성질

① $ax^2+bx+c=0$이 x에 대한 항등식이면 x에 어떤 값을 대입하여도 항상 등식이 성립하므로

$x=0$을 대입하면 $c=0$ …… ㉠

$x=-1$을 대입하면 $a-b+c=0$ …… ㉡

$x=1$을 대입하면 $a+b+c=0$ …… ㉢

㉠, ㉡, ㉢에서 $a=0,\ b=0,\ c=0$

또 $a=0,\ b=0,\ c=0$이면 등식 $ax^2+bx+c=0$에서

(좌변)$=0\times x^2+0\times x+0=0$, (우변)$=0$이므로 이 등식은 x에 대한 항등식이다.

② $ax^2+bx+c=a'x^2+b'x+c'$에서 $(a-a')x^2+(b-b')x+(c-c')=0$

이 등식이 x에 대한 항등식이면 ①에 의하여

$a-a'=0,\ b-b'=0,\ c-c'=0 \qquad \therefore a=a',\ b=b',\ c=c'$

또 $a=a',\ b=b',\ c=c'$이면 등식 $ax^2+bx+c=a'x^2+b'x+c'$에서

(좌변)=(우변)이므로 이 등식은 x에 대한 항등식이다.

| 참고 | 다음 표현은 모두 x에 대한 항등식을 나타낸다.

- 모든 x에 대하여 성립하는 등식
- 임의의 x에 대하여 성립하는 등식
- x의 값에 관계없이 항상 성립하는 등식
- 어떤 x의 값에 대하여도 항상 성립하는 등식

개념 02 미정계수법

예제 02~04

항등식의 뜻과 성질을 이용하여 등식에서 미지의 계수와 상수항을 정하는 방법을 **미정계수법**이라 한다. 미정계수법에는 다음과 같이 계수비교법과 수치대입법이 있다.

(1) **계수비교법**: 항등식의 양변의 동류항의 계수를 비교하는 방법

(2) **수치대입법**: 항등식의 문자에 적당한 수를 대입하는 방법

| 예 | 등식 $2x+a=bx+3$이 x에 대한 항등식일 때, 상수 a, b의 값을 구해 보자.

[계수비교법] $2x+a=bx+3$에서 양변의 동류항의 계수끼리 비교하면 $a=3$, $b=2$

[수치대입법] 양변에 $x=0$을 대입하면 $a=3$

양변에 $x=1$을 대입하면 $2+a=b+3$ $\quad\therefore b=2$

개념 03 다항식의 나눗셈과 항등식

예제 04, 05

x에 대한 다항식 A를 다항식 $B(B\neq0)$로 나누었을 때의 몫을 Q, 나머지를 R라 하면

$\boldsymbol{A=BQ+R}$ (단, R는 상수 또는 (R의 차수)<(B의 차수))

이는 x에 대한 **항등식**이다.

| 예 | 다항식 $2x^3+x^2+3$을 $x+1$로 나누었을 때의 몫은 $2x^2-x+1$, 나머지는 2이므로

$2x^3+x^2+3=(x+1)(2x^2-x+1)+2$

이 등식의 우변을 전개하면 좌변과 같으므로 이 등식은 x에 대한 항등식이다.

개념 확인

• 정답과 해설 11쪽

개념 01

069 보기에서 항등식인 것만을 있는 대로 고르시오.

보기

ㄱ. $x+1=0$

ㄴ. $x-1=2(x+1)$

ㄷ. $-x+5x=4x$

ㄹ. $3x+4=3(x-1)+7$

ㅁ. $-x(x+1)-2=-x^2-2$

ㅂ. $(x+3)^2-9=x^2+6x$

개념 02

070 다음 등식이 x에 대한 항등식일 때, 상수 a, b, c의 값을 구하시오.

(1) $(a+1)x^2+(b+1)x+c-2=0$

(2) $2x^2+ax-b=cx^2-x+6$

개념 02

071 등식 $a(x+2)+bx=x-4$가 x에 대한 항등식일 때, 다음 미정계수법을 이용하여 상수 a, b의 값을 구하시오.

(1) 계수비교법

(2) 수치대입법

예제 01 / 항등식의 뜻과 성질

x에 대한 항등식 ➡ $\square x+\triangle=0$ 꼴로 정리 ➡ $\square=0$, $\triangle=0$ 이용

등식 $ax-kx-4a+3k-5=0$에 대하여 다음 물음에 답하시오.

(1) 주어진 등식이 임의의 실수 x에 대하여 성립할 때, 상수 a, k의 값을 구하시오.

(2) 주어진 등식이 k의 값에 관계없이 항상 성립할 때, 상수 a, x의 값을 구하시오.

• 유형 만렙 공통수학 1 28쪽에서 문제 더 풀기

| 풀이 | (1) 임의의 실수 x에 대하여 성립하므로 주어진 등식은 x에 대한 항등식이다.

등식의 좌변을 x에 대하여 정리하면

$(a-k)x-4a+3k-5=0$

이 등식이 x에 대한 항등식이므로 ◀ $\square x+\triangle=0$ ➡ $\square=0$, $\triangle=0$임을 이용한다.

$a-k=0$, $-4a+3k-5=0$

$a-k=0$에서 $a=k$

이를 $-4a+3k-5=0$에 대입하면

$-4k+3k-5=0$, $-k-5=0$ $\quad\therefore k=-5$

$\therefore a=k=-5$

(2) k의 값에 관계없이 항상 성립하므로 주어진 등식은 k에 대한 항등식이다.

등식의 좌변을 k에 대하여 정리하면

$(-x+3)k+ax-4a-5=0$

이 등식이 k에 대한 항등식이므로 ◀ $\square k+\triangle=0$ ➡ $\square=0$, $\triangle=0$임을 이용한다.

$-x+3=0$, $ax-4a-5=0$

$-x+3=0$에서 $x=3$

이를 $ax-4a-5=0$에 대입하면

$3a-4a-5=0$, $-a-5=0$ $\quad\therefore a=-5$

답 (1) $a=-5$, $k=-5$ (2) $a=-5$, $x=3$

TIP
- 모든 k에 대하여 성립하는 등식
- 임의의 k에 대하여 성립하는 등식
- k의 값에 관계없이 항상 성립하는 등식
- 어떤 k의 값에 대하여도 항상 성립하는 등식

➡ k에 대한 항등식 ➡ $(\quad)k+(\quad)=0$ 꼴로 정리

072 유사

등식 $(k+2)x+(3-k)a+4k-2=0$에 대하여 다음 물음에 답하시오.

(1) 주어진 등식이 임의의 실수 x에 대하여 성립할 때, 상수 a, k의 값을 구하시오.

(2) 주어진 등식이 k의 값에 관계없이 항상 성립할 때, 상수 a, x의 값을 구하시오.

073 변형

모든 실수 x, y에 대하여 등식 $a(x+y)+b(x-y)-3x-y-c+2=0$이 성립할 때, 상수 a, b, c의 값을 구하시오.

074 변형

등식 $(a+b-6)x+ab-4=0$이 x의 값에 관계없이 항상 성립할 때, 양수 a, b에 대하여 $(\sqrt{a}+\sqrt{b})^2$의 값을 구하시오.

075 변형

교과서

$x+2y=1$을 만족시키는 모든 실수 x, y에 대하여 등식 $2ax+by-4=(1-b)x+ay$가 성립할 때, 상수 a, b에 대하여 ab의 값을 구하시오.

예제 02 / 미정계수법

식을 전개하기 쉬운 경우 ➡ 계수비교법
적당한 값을 대입하면 식이 간단해지는 경우 ➡ 수치대입법

다음 등식이 x에 대한 항등식일 때, 상수 a, b, c의 값을 구하시오.

(1) $(ax+3)(x+b)=x^2+cx+6$

(2) $a(x+1)(x-2)+b(x+1)+c(x-2)=3x^2+x+1$

• 유형 만렙 공통수학1 28쪽에서 문제 더 풀기

| 풀이 | (1) 주어진 등식의 좌변을 전개한 후 x에 대하여 내림차순으로 정리하면

$ax^2+(ab+3)x+3b=x^2+cx+6$

이 등식이 x에 대한 항등식이므로 ◀ 양변의 동류항의 계수가 서로 같음을 이용한다.

$a=1$, $ab+3=c$, $3b=6$

$a=1$, $b=2$이므로 $ab+3=c$에서

$c=2+3=5$

(2) 주어진 등식이 x에 대한 항등식이므로

양변에 $x=-1$을 대입하면 ◀ $x+1$을 포함한 식의 값은 0이다.

$c\times(-3)=3-1+1$

$-3c=3 \quad \therefore c=-1$

양변에 $x=2$를 대입하면 ◀ $x-2$를 포함한 식의 값은 0이다.

$b\times 3=12+2+1$

$3b=15 \quad \therefore b=5$

양변에 $x=0$을 대입하면 ◀ 양변의 상수항끼리 비교하는 것과 같다.

└ 계산이 쉬운 $x=0$을 대입

$a\times 1\times(-2)+b\times 1+c\times(-2)=1$

$-2a+b-2c=1$

이때 $b=5$, $c=-1$이므로

$-2a+5+2=1$

$2a=6 \quad \therefore a=3$

답 (1) $a=1$, $b=2$, $c=5$ (2) $a=3$, $b=5$, $c=-1$

076 유사

다음 등식이 x에 대한 항등식일 때, 상수 a, b, c의 값을 구하시오.

(1) $(3x-1)(ax^2+bx+2)$
$=3x^3-7x^2+cx-2$

(2) $ax(x+2)+bx(x-1)+c(x-1)(x+2)$
$=-2x^2-2x-2$

077 변형

등식 $x^2-3x+3=a(x-1)^2+b(x-1)+c$가 x에 대한 항등식일 때, 상수 a, b, c에 대하여 abc의 값을 구하시오.

078 변형

교육청

다항식 $Q(x)$에 대하여 등식

$$x^3-5x^2+ax+1=(x-1)Q(x)-1$$

이 x에 대한 항등식일 때, $Q(a)$의 값은?

(단, a는 상수이다.)

① -6 ② -5 ③ -4
④ -3 ⑤ -2

079 변형

이차식 $f(x)$에 대하여 등식
$(x^2-x+1)f(x)=x^4+3x^3+ax+b$가 x에 대한 항등식일 때, 상수 a, b에 대하여 $a-b$의 값을 구하시오.

예제 03 / 항등식에서 계수의 합 구하기

등식에 $x=1$, $x=0$, $x=-1$과 같은 수를 대입하여 계수와 상수항에 대한 식을 세운다.

등식 $(2x^2+2x-1)^5=a_0+a_1x+a_2x^2+a_3x^3+\cdots+a_{10}x^{10}$이 x에 대한 항등식일 때, 상수 a_0, a_1, a_2, $\cdots$, a_{10}에 대하여 다음 값을 구하시오.

(1) $a_0+a_1+a_2+a_3+\cdots+a_{10}$

(2) $a_0-a_1+a_2-a_3+\cdots+a_{10}$

(3) $a_0+a_2+a_4+a_6+a_8+a_{10}$

(4) $a_1+a_3+a_5+a_7+a_9$

• 유형 만렙 공통수학 1 29쪽에서 문제 더 풀기

| 풀이 | (1) 주어진 등식의 양변에 $x=1$을 대입하면

$(2+2-1)^5=a_0+a_1+a_2+a_3+\cdots+a_{10}$

$\therefore a_0+a_1+a_2+a_3+\cdots+a_{10}=3^5=243$ …… ㉠

(2) 주어진 등식의 양변에 $x=-1$을 대입하면

$(2-2-1)^5=a_0-a_1+a_2-a_3+\cdots+a_{10}$

$\therefore a_0-a_1+a_2-a_3+\cdots+a_{10}=(-1)^5=-1$ …… ㉡

(3) ㉠+㉡을 하면

$2(a_0+a_2+a_4+a_6+a_8+a_{10})=242$

$\therefore a_0+a_2+a_4+a_6+a_8+a_{10}=121$

(4) ㉠−㉡을 하면

$2(a_1+a_3+a_5+a_7+a_9)=244$

$\therefore a_1+a_3+a_5+a_7+a_9=122$

답 (1) 243 (2) −1 (3) 121 (4) 122

TIP 항등식에서 계수의 합

등식 $f(x)=a_0+a_1x+a_2x^2+\cdots+a_nx^n$이 x에 대한 항등식일 때, 양변에 적당한 수를 대입한 식끼리 더하거나 빼서 계수의 합을 구한다.

① a_n은 $f(x)$의 최고차항의 계수이다.

② $x=0$을 대입하면 $f(0)=a_0$이므로 a_0은 $f(x)$의 상수항이다.

③ $x=1$을 대입하면 $f(1)=a_0+a_1+a_2+\cdots+a_n$

④ $x=-1$을 대입하면 $f(-1)=a_0-a_1+a_2-\cdots+(-1)^na_n$

⑤ ③, ④에서 나온 식을 이용하여 홀수 번째 항의 계수의 합과 짝수 번째 항의 계수의 합을 구할 수 있다.

080 유사

등식
$(x^3+2x^2-3x-1)^3=a_0+a_1x+a_2x^2+\cdots+a_9x^9$
이 x에 대한 항등식일 때, 상수 a_0, a_1, a_2, $\cdots$, a_9에 대하여 다음 값을 구하시오.

(1) $a_0+a_1+a_2+a_3+\cdots+a_9$

(2) $a_0-a_1+a_2-a_3+\cdots-a_9$

(3) $a_0+a_2+a_4+a_6+a_8$

(4) $a_1+a_3+a_5+a_7+a_9$

081 변형

등식 $(3x+2)^8=a_0+a_1x+a_2x^2+\cdots+a_8x^8$이 x에 대한 항등식일 때, 상수 a_0, a_1, a_2, $\cdots$, a_8에 대하여 $a_0-\frac{a_1}{3}+\frac{a_2}{3^2}-\cdots+\frac{a_8}{3^8}$의 값을 구하시오.

082 변형

등식 $(2x-1)^{10}=a_0+a_1x+a_2x^2+\cdots+a_{10}x^{10}$이 x에 대한 항등식일 때, $a_1+a_2+a_3+\cdots+a_{10}$의 값을 구하시오.

(단, a_0, a_1, a_2, $\cdots$, a_{10}은 상수)

083 변형

교과서

등식
$(x^2-2x-1)^5=a_0+a_1(x-1)+a_2(x-1)^2+\cdots+a_{10}(x-1)^{10}$
이 x에 대한 항등식일 때, $a_1+a_3+a_5+a_7+a_9$의 값을 구하시오.

(단, a_0, a_1, a_2, $\cdots$, a_{10}은 상수)

예제 04 / 다항식의 나눗셈과 항등식

주어진 조건을 이용하여 $A=BQ+R$ 꼴의 항등식으로 나타낸 후 미정계수법을 이용한다.

다음 물음에 답하시오.

(1) 다항식 x^3+ax^2+bx-7을 $(x+1)(x-3)$으로 나누었을 때의 나머지가 $2x-1$일 때, 상수 a, b의 값을 구하시오.

(2) 다항식 x^3+ax^2+bx+5가 x^2-x+1로 나누어떨어질 때, 상수 a, b의 값을 구하시오.

• 유형 만렙 공통수학 1 30쪽에서 문제 더 풀기

| 풀이 | (1) x^3+ax^2+bx-7을 $(x+1)(x-3)$으로 나누었을 때의 몫을 $Q(x)$라 하면 나머지가 $2x-1$이므로

$x^3+ax^2+bx-7=(x+1)(x-3)Q(x)+2x-1$

이 등식이 x에 대한 항등식이므로 ─ $x+1=0$, $x-3=0$이 되도록 하는 x의 값을 항등식에 대입한다.

양변에 $x=-1$을 대입하면

$-1+a-b-7=-2-1$ $\quad\therefore a-b=5$ $\quad\cdots\cdots$ ㉠

양변에 $x=3$을 대입하면

$27+9a+3b-7=6-1$ $\quad\therefore 3a+b=-5$ $\quad\cdots\cdots$ ㉡

㉠, ㉡을 연립하여 풀면

$a=0$, $b=-5$

(2) 삼차식을 이차식으로 나누었을 때의 몫은 일차식이고, 삼차식과 이차식의 최고차항의 계수가 모두 1이므로 몫의 최고차항의 계수도 1이다.

따라서 x^3+ax^2+bx+5를 x^2-x+1로 나누었을 때의 몫을 $x+c$(c는 상수)라 하면

나머지가 0이므로 ─ 나누어떨어지므로 나머지는 0이다.

$x^3+ax^2+bx+5=(x^2-x+1)(x+c)$ ◀ 항등식 세우기

이 등식의 우변을 전개한 후 x에 대하여 내림차순으로 정리하면

$x^3+ax^2+bx+5=x^3+(c-1)x^2+(1-c)x+c$

이 등식이 x에 대한 항등식이므로

$a=c-1$, $b=1-c$, $5=c$

$\therefore a=4$, $b=-4$

답 (1) $a=0$, $b=-5$ (2) $a=4$, $b=-4$

TIP a, b의 값을 대입하고 다항식의 나눗셈을 계산하여 확인할 수 있다.

(1) x^3-5x-7을 $(x+1)(x-3)$, 즉 x^2-2x-3으로 나누었을 때의 몫과 나머지는 다음과 같다.

$$\begin{array}{r} x+2 \\ x^2-2x-3\,\overline{)\,x^3 \qquad\quad -5x-7} \\ \underline{x^3-2x^2-3x\quad} \\ 2x^2-2x-7 \\ \underline{2x^2-4x-6} \\ 2x-1 \end{array}$$

따라서 몫은 $x+2$이고 나머지는 $2x-1$이다.

(2) x^3+4x^2-4x+5를 x^2-x+1로 나누면 다음과 같이 나누어떨어짐을 확인할 수 있다.

$$\begin{array}{r} x+5 \\ x^2-x+1\,\overline{)\,x^3+4x^2-4x+5} \\ \underline{x^3-\ x^2+\ x\quad} \\ 5x^2-5x+5 \\ \underline{5x^2-5x+5} \\ 0 \end{array}$$

$\therefore x^3+4x^2-4x+5=(x^2-x+1)(x+5)$

084 유사

다음 물음에 답하시오.

(1) 다항식 x^3+ax^2+b를 x^2+x-2로 나누었을 때의 나머지가 $-x+2$일 때, 상수 a, b의 값을 구하시오.

(2) 다항식 $2x^3+ax+b$가 x^2-x+2로 나누어 떨어질 때, 상수 a, b의 값을 구하시오.

085 변형

다항식 $x^4+3x^3-2x^2+ax$를 x^2+3x+b로 나누었을 때의 몫이 x^2+1이고 나머지가 $-4x+3$일 때, 상수 a, b에 대하여 $b-a$의 값을 구하시오.

086 변형

다항식 x^3+kx^2-3x+1을 x^2+x+3으로 나누었을 때의 몫이 $x-2$일 때, 상수 k의 값과 나머지를 구하시오.

087 변형

다항식 $x^{10}+1$을 x^2-x로 나누었을 때의 나머지를 $R(x)$라 할 때, $R(3)$의 값을 구하시오.

발전예제 05 / 조립제법과 항등식

$x-\alpha$에 대한 내림차순으로 정리된 항등식 ➡ $x-\alpha$로 나누는 조립제법을 몫에 대하여 연속으로 이용

등식 $2x^3-2x^2+3x+4=a(x-1)^3+b(x-1)^2+c(x-1)+d$가 x에 대한 항등식일 때, 상수 a, b, c, d의 값을 구하시오.

• 유형 만렙 공통수학1 30쪽에서 문제 더 풀기

| 풀이 | 오른쪽 조립제법을 이용하면

$$2x^3-2x^2+3x+4=\underbrace{(x-1)(2x^2+3)+7}_{①}$$
$$=(x-1)\{\underbrace{(x-1)(2x+2)+5}_{②}\}+7$$
$$=(x-1)^2(2x+2)+5(x-1)+7$$
$$=(x-1)^2\{\underbrace{(x-1)\times 2+4}_{③}\}+5(x-1)+7$$
$$=2(x-1)^3+4(x-1)^2+5(x-1)+7$$

$\therefore$ $a=2$, $b=4$, $c=5$, $d=7$

1	2	−2	3	4	
		2	0	3	
1	2	0	3	7	◀ ①
		2	2		
1	2	2	5		◀ ②
		2			
	2	4			◀ ③

답 $a=2$, $b=4$, $c=5$, $d=7$

| 다른 풀이 | $x-1=y$로 놓으면 $x=y+1$이므로 주어진 등식에서

$2(y+1)^3-2(y+1)^2+3(y+1)+4=ay^3+by^2+cy+d$

좌변을 전개하여 내림차순으로 정리하면

$2y^3+4y^2+5y+7=ay^3+by^2+cy+d$

이 등식이 y에 대한 항등식이므로

$a=2$, $b=4$, $c=5$, $d=7$

| 참고 | x에 대한 항등식이므로 다음과 같이 풀 수도 있다.

[계수비교법] 우변을 전개한 후 계수끼리 비교하여 구한다.

[수치대입법] $x=0$, $x=1$, $x=2$, $x=3$을 각각 차례로 대입한 후 연립하여 푼다.

TIP 다항식 px^3+qx^2+rx+s(p, q, r, s는 상수)를 $x-k$로 나누는 조립제법을 연속으로 하여 오른쪽과 같으면 다음 등식이 항상 성립한다.

$$px^3+qx^2+rx+s=a(x-k)^3+b(x-k)^2+c(x-k)+d$$

k	p	q	r	s
		●	●	●
k	●	●	●	d
		●	●	
k	●	●	c	
		●		
	a	b		

088 유사

등식
$x^3+2x+5=a(x+2)^3+b(x+2)^2+c(x+2)+d$
가 x에 대한 항등식일 때, 상수 a, b, c, d의 값을 구하시오.

089 변형

x의 값에 관계없이 등식
$(x-2)^3=a(x+1)^3+b(x+1)^2+c(x+1)+d$
가 항상 성립할 때, 상수 a, b, c, d에 대하여 $a-b+c+d$의 값을 구하시오.

090 변형

등식 $2x^2+px+q=a(x+1)^2+b(x+1)+c$가 x에 대한 항등식일 때, 상수 a, b, c, p, q의 값을 오른쪽 조립제법을 이용하여 구하려고 한다. 이때 $abc-pq$의 값을 구하시오.

-1	2	p	q
		-2	-1
-1	2	1	1
		-2	
	2	-1	

091 변형

x의 값에 관계없이 등식
$27x^3-9x^2-15x+7$
$=a(3x-1)^3+b(3x-1)^2+c(3x-1)+d$
가 항상 성립할 때, 상수 a, b, c, d의 값을 구하시오.

개념 01 나머지 정리

예제 06~11

(1) 다항식 $f(x)$를 일차식 $x-\alpha$로 나누었을 때의 나머지를 R라 하면

$\boldsymbol{R=f(\alpha)}$ ◀ $x-\alpha=0$을 만족시키는 x의 값 대입

(2) 다항식 $f(x)$를 일차식 $ax+b$로 나누었을 때의 나머지를 R라 하면

$\boldsymbol{R=f\left(-\frac{b}{a}\right)}$ ◀ $ax+b=0$을 만족시키는 x의 값 대입

(1) 다항식 $f(x)$를 일차식 $x-\alpha$로 나누었을 때의 몫을 $Q(x)$, 나머지를 R라 하면

$$f(x)=(x-\alpha)Q(x)+R$$

이 등식이 x에 대한 항등식이므로 양변에 $x=\alpha$를 대입하면

$$f(\alpha)=0\times Q(\alpha)+R \qquad \therefore R=f(\alpha)$$

(2) 다항식 $f(x)$를 일차식 $ax+b$로 나누었을 때의 몫을 $Q(x)$, 나머지를 R라 하면

$$f(x)=(ax+b)Q(x)+R$$

이 등식이 x에 대한 항등식이므로 양변에 $x=-\frac{b}{a}$를 대입하면

$$f\left(-\frac{b}{a}\right)=0\times Q\left(-\frac{b}{a}\right)+R \qquad \therefore R=f\left(-\frac{b}{a}\right)$$

이와 같이 다항식을 일차식으로 나누었을 때의 나머지를 구할 때, 직접 나눗셈을 하지 않고 항등식의 성질을 이용하여 구할 수 있다. 이때 이 성질을 나머지 정리라 한다.

| 예 | 다항식 $f(x)=4x^2-2x-1$을 다음 일차식으로 나누었을 때의 나머지를 구해 보자.

(1) $x-1$로 나누었을 때의 나머지 ➡ $f(1)=4-2-1=1$

(2) $2x-1$로 나누었을 때의 나머지 ➡ $f\left(\frac{1}{2}\right)=1-1-1=-1$

개념 02 인수 정리

예제 12

다항식 $f(x)$에 대하여

(1) $f(\alpha)=0$이면 $f(x)$는 일차식 $x-\alpha$로 나누어떨어진다.

(2) $f(x)$가 일차식 $x-\alpha$로 나누어떨어지면 $f(\alpha)=0$이다.

다항식 $f(x)$를 일차식 $x-\alpha$로 나누었을 때의 나머지는 $f(\alpha)$이므로 $f(\alpha)=0$이면 $f(x)$는 $x-\alpha$로 나누어떨어진다. 거꾸로 $f(x)$가 $x-\alpha$로 나누어떨어지면 나머지가 0이므로 $f(\alpha)=0$이다.

이와 같은 성질을 이용하면 다항식의 나눗셈을 직접 계산하지 않아도 다항식이 어떤 일차식으로 나누어떨어지는지 쉽게 알 수 있다.

| 참고 | 다항식 $f(x)$에 대하여 다음은 모두 $f(\alpha)=0$임을 나타낸다.

- $f(x)$가 $x-\alpha$로 나누어떨어진다.
- $f(x)$가 $x-\alpha$를 인수로 갖는다.
- $f(x)=(x-\alpha)Q(x)$ (단, $Q(x)$는 몫)
- $f(x)$를 $x-\alpha$로 나누었을 때의 나머지가 0이다.

| 예 | 다항식 $f(x)=x^3+ax+1$이 다음 일차식으로 나누어떨어지도록 하는 상수 a의 값을 구해 보자.

(1) $x+1$로 나누어떨어지는 경우

➡ 인수 정리에 의하여 $f(-1)=0$이므로 $-1-a+1=0$ $\quad\therefore a=0$

(2) $2x-1$로 나누어떨어지는 경우

➡ 인수 정리에 의하여 $f\left(\frac{1}{2}\right)=0$이므로 $\frac{1}{8}+\frac{1}{2}a+1=0$ $\quad\therefore a=-\frac{9}{4}$

개념 확인

• 정답과 해설 14쪽

개념 01

092 다항식 $6x^3+3x^2-3x+1$을 다음 일차식으로 나누었을 때의 나머지를 구하시오.

(1) $x+2$ (2) $x-\frac{1}{3}$

개념 01

093 다항식 ax^3-3x^2+x-1을 $x-1$로 나누었을 때의 나머지가 -1일 때, 상수 a의 값을 구하시오.

개념 02

094 보기에서 다항식 x^3-x^2-2x+2의 인수인 것만을 있는 대로 고르시오.

보기

ㄱ. $x+1$ ㄴ. $x-1$ ㄷ. $x+2$

개념 02

095 다항식 $2x^3+3x^2+kx-6$이 다음 일차식으로 나누어떨어질 때, 상수 k의 값을 구하시오.

(1) $x+2$ (2) $2x+1$

예제 06 / 나머지 정리 - 일차식으로 나누는 경우

다항식 $f(x)$를 일차식 $x-a$로 나누었을 때의 나머지 ➡ $f(a)$

다음 물음에 답하시오.

(1) 다항식 $f(x)=x^3+ax^2-x+5$를 $x-2$로 나누었을 때의 나머지가 -1일 때, $f(x)$를 $x+1$로 나누었을 때의 나머지를 구하시오. (단, a는 상수)

(2) 다항식 $2x^3+ax+b$를 $x-1$로 나누었을 때의 나머지가 3이고, $x-2$로 나누었을 때의 나머지가 1일 때, 상수 a, b의 값을 구하시오.

• 유형 만렙 공통수학1 31쪽에서 문제 더 풀기

| 풀이 | (1) 나머지 정리에 의하여 $f(2)=-1$이므로 ◀ $f(x)$를 $x-2$로 나누었을 때의 나머지가 -1이다.

$8+4a-2+5=-1$

$4a=-12 \qquad \therefore a=-3$

따라서 $f(x)=x^3-3x^2-x+5$이므로

$f(x)$를 $x+1$로 나누었을 때의 나머지는 나머지 정리에 의하여

$f(-1)=-1-3+1+5=2$

(2) $f(x)=2x^3+ax+b$라 하면 나머지 정리에 의하여

$f(1)=3$, $f(2)=1$ ◀ $f(x)$를 $x-1$로 나누었을 때의 나머지가 3이고, $x-2$로 나누었을 때의 나머지가 1이다.

$f(1)=3$에서 $2+a+b=3$

$\therefore a+b=1 \qquad \cdots\cdots$ ㉠

$f(2)=1$에서 $16+2a+b=1$

$\therefore 2a+b=-15 \qquad \cdots\cdots$ ㉡

㉠, ㉡을 연립하여 풀면

$a=-16$, $b=17$

답 (1) 2 (2) $a=-16$, $b=17$

TIP 나머지 정리는 '일차식'으로 나누었을 때의 '나머지'를 구하는 방법임을 기억한다.

(1) 나머지 정리는 일차식으로 나눌 때만 사용할 수 있다.
일차식이 아닌 식으로 나누는 경우에는 직접 나눗셈을 하거나 항등식을 세워서 미정계수법을 이용한다.

(2) 나머지 정리를 이용하여 몫은 구할 수 없다. 몫을 구하려면 직접 나눗셈을 해야 한다.

096 유사

다음 물음에 답하시오.

(1) 다항식 $f(x)=2x^3-x^2+ax-1$을 $x-1$로 나누었을 때의 나머지가 7일 때, $f(x)$를 $x+2$로 나누었을 때의 나머지를 구하시오. (단, a는 상수)

(2) 다항식 x^3-ax^2+3x+b를 $x+1$로 나누었을 때의 나머지가 -4이고, $x+2$로 나누었을 때의 나머지가 -2일 때, 상수 a, b의 값을 구하시오.

097 변형

다항식 $3x^3+ax^2+bx+1$을 $3x-1$로 나누었을 때의 나머지가 2이고, $x+1$로 나누었을 때의 나머지가 -6이다. 이 다항식을 $x-2$로 나누었을 때의 나머지를 구하시오. (단, a, b는 상수)

098 변형

교육청

최고차항의 계수가 1인 이차다항식 $f(x)$를 $x-1$로 나누었을 때의 나머지와 $x-3$으로 나누었을 때의 나머지가 6으로 같다. 이차다항식 $f(x)$를 $x-4$로 나눈 나머지는?

① 1 ② 3 ③ 5
④ 7 ⑤ 9

099 변형

두 다항식 $f(x)$, $g(x)$를 $x+2$로 나누었을 때의 나머지가 각각 -3, 1이다. 이때 다항식 $3f(x)-2g(x)$를 $x+2$로 나누었을 때의 나머지를 구하시오.

예제 07 / 나머지 정리 - 이차식으로 나누는 경우

다항식을 이차식으로 나누었을 때의 나머지를 $ax+b$로 놓고 항등식을 세운다.

다음 물음에 답하시오.

(1) 다항식 $f(x)$를 $x+1$, $x-2$로 나누었을 때의 나머지가 각각 2, 5일 때, $f(x)$를 x^2-x-2로 나누었을 때의 나머지를 구하시오.

(2) 다항식 $f(x)$를 $x+2$, $x-1$로 나누었을 때의 나머지가 각각 1, -2일 때, 다항식 $x^2f(x)$를 $(x+2)(x-1)$로 나누었을 때의 나머지를 구하시오.

• 유형 만렙 공통수학 1 31쪽에서 문제 더 풀기

| 풀이 | (1) $f(x)$를 $x+1$, $x-2$로 나누었을 때의 나머지가 각각 2, 5이므로 나머지 정리에 의하여

$f(-1)=2$, $f(2)=5$

$f(x)$를 x^2-x-2, 즉 $(x+1)(x-2)$로 나누었을 때의 몫을 $Q(x)$,

나머지를 $ax+b$ (a, b는 상수)라 하면 ◀ 나누는 식이 이차식이므로 나머지는 일차식 또는 상수이다.

$f(x)=(x+1)(x-2)Q(x)+ax+b$ …… ㉠ ◀ 항등식 세우기

㉠의 양변에 $x=-1$을 대입하면

$f(-1)=-a+b$ $\quad\therefore -a+b=2$ …… ㉡

㉠의 양변에 $x=2$를 대입하면

$f(2)=2a+b$ $\quad\therefore 2a+b=5$ …… ㉢

㉡, ㉢을 연립하여 풀면 $a=1$, $b=3$

따라서 구하는 나머지는 $x+3$이다.

(2) $f(x)$를 $x+2$, $x-1$로 나누었을 때의 나머지가 각각 1, -2이므로 나머지 정리에 의하여

$f(-2)=1$, $f(1)=-2$

$x^2f(x)$를 $(x+2)(x-1)$로 나누었을 때의 몫을 $Q(x)$,

나머지를 $ax+b$ (a, b는 상수)라 하면 ◀ 나누는 식이 이차식이므로 나머지는 일차식 또는 상수이다.

$x^2f(x)=(x+2)(x-1)Q(x)+ax+b$ …… ㉠ ◀ 항등식 세우기

㉠의 양변에 $x=-2$를 대입하면

$4f(-2)=-2a+b$ $\quad\therefore -2a+b=4$ …… ㉡

㉠의 양변에 $x=1$을 대입하면

$f(1)=a+b$ $\quad\therefore a+b=-2$ …… ㉢

㉡, ㉢을 연립하여 풀면 $a=-2$, $b=0$

따라서 구하는 나머지는 $-2x$이다.

답 (1) $x+3$ (2) $-2x$

TIP 다항식 $f(x)$를 다항식 $g(x)$로 나누었을 때의 몫을 $Q(x)$, 나머지를 $R(x)$라 하면, 나머지의 차수는 나누는 다항식의 차수보다 낮다. 따라서 $g(x)$의 차수에 따라 나머지 $R(x)$를 다음과 같이 표현할 수 있다.

$g(x)$	나머지	나머지 $R(x)$의 표현(단, a, b, c는 상수)	항등식
일차식	상수	a	$f(x)=g(x)Q(x)+a$
이차식	일차 이하의 다항식	$R(x)=ax+b$	$f(x)=g(x)Q(x)+ax+b$
삼차식	이차 이하의 다항식	$R(x)=ax^2+bx+c$	$f(x)=g(x)Q(x)+ax^2+bx+c$

100 유사

다항식 $f(x)$를 $x+1$, $3x-2$로 나누었을 때의 나머지가 각각 7, -3일 때, $f(x)$를 $3x^2+x-2$로 나누었을 때의 나머지를 구하시오.

101 유사

다항식 $f(x)$를 $x+3$, $2x-1$로 나누었을 때의 나머지가 각각 4, -3일 때, 다항식 $xf(x)$를 $(x+3)(2x-1)$로 나누었을 때의 나머지를 구하시오.

102 변형

다항식 $f(x)$를 x^2+3x+2로 나누었을 때의 나머지는 $2x$이고, x^2+5x+6으로 나누었을 때의 나머지는 $-4x-12$이다. $f(x)$를 x^2+4x+3으로 나누었을 때의 나머지를 구하시오.

103 변형

다항식 $f(x)$를 $x-3$으로 나누었을 때의 나머지가 -3이고, $x+2$로 나누었을 때의 나머지가 7이다. $f(x)$를 $(x-3)(x+2)$로 나누었을 때의 몫과 나머지가 서로 같을 때, $f(1)$의 값을 구하시오.

발전 예제 08 / 나머지 정리 - 삼차식으로 나누는 경우

다항식을 삼차식으로 나누었을 때의 나머지를 ax^2+bx+c로 놓고 항등식을 세운다.

다항식 $f(x)$를 $(x-2)^2$으로 나누었을 때의 나머지가 $2x-2$이고, $x-3$으로 나누었을 때의 나머지가 6이다. 이때 $f(x)$를 $(x-2)^2(x-3)$으로 나누었을 때의 나머지를 구하시오.

• 유형 만렙 공통수학 1 32쪽에서 문제 더 풀기

| 풀이 | $f(x)$를 $(x-2)^2(x-3)$으로 나누었을 때의 몫을 $Q(x)$, 나머지를 ax^2+bx+c (a, b, c는 상수)라 하면

$f(x)=(x-2)^2(x-3)Q(x)+ax^2+bx+c$ ◀ 항등식 세우기

└ 나누는 식이 삼차식이므로 나머지는 이차 이하의 다항식이다.

이때 $(x-2)^2(x-3)Q(x)$는 $(x-2)^2$으로 나누어떨어지므로 $f(x)$를 $(x-2)^2$으로 나누었을 때의 나머지는 ax^2+bx+c를 $(x-2)^2$으로 나누었을 때의 나머지와 같다.

즉, ax^2+bx+c를 $(x-2)^2$으로 나누었을 때의 나머지가 $2x-2$이다.

ax^2+bx+c를 $(x-2)^2$으로 나누었을 때의 몫은 a이므로

$ax^2+bx+c=a(x-2)^2+2x-2$ …… ㉠

$\therefore f(x)=(x-2)^2(x-3)Q(x)+a(x-2)^2+2x-2$ …… ㉡

한편 $f(x)$를 $x-3$으로 나누었을 때의 나머지가 6이므로 나머지 정리에 의하여

$f(3)=6$

㉡의 양변에 $x=3$을 대입하면

$6=a+6-2 \qquad \therefore a=2$

따라서 ㉠에서 구하는 나머지는

$2(x-2)^2+2x-2=2x^2-6x+6$

답 $2x^2-6x+6$

TIP $f(x)=(x-2)^2(x-3)Q(x)+ax^2+bx+c$를 $(x-2)^2$으로 나누면

$$\frac{f(x)}{(x-2)^2}=\frac{(x-2)^2(x-3)Q(x)+ax^2+bx+c}{(x-2)^2}=(x-3)Q(x)+\frac{ax^2+bx+c}{(x-2)^2}$$

따라서 $f(x)$를 $(x-2)^2$으로 나누었을 때의 나머지는 ax^2+bx+c를 $(x-2)^2$으로 나누었을 때의 나머지와 같음을 알 수 있다.

이처럼 네 다항식 $A(x)$, $B(x)$, $C(x)$, $D(x)$에 대하여 $A(x)=B(x)C(x)+D(x)$이면

($A(x)$를 $B(x)$로 나누었을 때의 나머지)$=$($D(x)$를 $B(x)$로 나누었을 때의 나머지)

임을 이용하여 나머지를 간단히 구할 수 있다.

104 유사

다항식 $f(x)$를 x^2+1로 나누었을 때의 나머지가 $x-1$이고, $x-1$로 나누었을 때의 나머지가 4이다. 이때 $f(x)$를 $(x^2+1)(x-1)$로 나누었을 때의 나머지를 구하시오.

105 변형

다항식 $f(x)$를 x, $x-2$, $x+3$으로 나누었을 때의 나머지가 각각 2, 4, -16이다. $f(x)$를 $x(x-2)(x+3)$으로 나누었을 때의 나머지를 $R(x)$라 할 때, $R(-2)$의 값을 구하시오.

106 변형

다항식 $f(x)$를 $x(x-1)$로 나누었을 때의 나머지가 $-2x+4$이고, $(x+2)(x-1)$로 나누었을 때의 나머지가 $-4x+6$이다. $f(x)$를 $x(x+2)(x-1)$로 나누었을 때의 나머지를 구하시오.

107 변형

다항식 $f(x)$를 $(x+1)^2$으로 나누었을 때의 나머지가 $x+5$이고, $(x+3)^2$으로 나누었을 때의 나머지가 $x+4$이다. $f(x)$를 $(x+1)^2(x+3)$으로 나누었을 때의 나머지를 $R(x)$라 할 때, $R(3)$의 값을 구하시오.

예제 09 / 몫을 $x-a$로 나누는 경우

$f(x)$를 $p(x)$로 나누었을 때의 몫을 $Q(x)$, 나머지를 $R(x)$라 하면 $f(x)=p(x)Q(x)+R(x)$
➡ 몫을 $x-a$로 나누었을 때의 나머지는 $Q(a)$

다음 물음에 답하시오.

(1) 다항식 $f(x)$를 $x+3$으로 나누었을 때의 몫이 $Q(x)$, 나머지가 3이고, $Q(x)$를 $x-2$로 나누었을 때의 나머지가 -5이다. 이때 $f(x)$를 $x-2$로 나누었을 때의 나머지를 구하시오.

(2) 다항식 $f(x)$를 $x-4$로 나누었을 때의 나머지가 27이고, $f(x)$를 x^2+2x-3으로 나누었을 때의 몫은 $Q(x)$, 나머지는 $x+2$이다. 이때 $Q(x)$를 $x-4$로 나누었을 때의 나머지를 구하시오.

• 유형 만렙 공통수학 1 32쪽에서 문제 더 풀기

| 풀이 | (1) $f(x)$를 $x+3$으로 나누었을 때의 몫이 $Q(x)$, 나머지가 3이므로

$f(x)=(x+3)Q(x)+3$ ⋯⋯ ㉠ ◀ 항등식 세우기

$Q(x)$를 $x-2$로 나누었을 때의 나머지가 -5이므로 나머지 정리에 의하여

$Q(2)=-5$

$f(x)$를 $x-2$로 나누었을 때의 나머지는 $f(2)$이므로 ㉠의 양변에 $x=2$를 대입하면

$f(2)=5Q(2)+3=5\times(-5)+3=-22$

따라서 구하는 나머지는 -22이다.

(2) $f(x)$를 $x-4$로 나누었을 때의 나머지가 27이므로 나머지 정리에 의하여

$f(4)=27$

$f(x)$를 x^2+2x-3으로 나누었을 때의 몫이 $Q(x)$, 나머지가 $x+2$이므로

$f(x)=(x^2+2x-3)Q(x)+x+2$ ⋯⋯ ㉠ ◀ 항등식 세우기

이때 $Q(x)$를 $x-4$로 나누었을 때의 나머지는 $Q(4)$이므로 ㉠의 양변에 $x=4$를 대입하면

$f(4)=(16+8-3)Q(4)+4+2$

$27=21Q(4)+6$ $\quad\therefore Q(4)=1$

따라서 구하는 나머지는 1이다.

답 (1) -22 (2) 1

108 유사

다항식 $f(x)$를 $x-2$로 나누었을 때의 몫이 $Q(x)$, 나머지가 -1이고, $Q(x)$를 $x+3$으로 나누었을 때의 나머지가 4이다. 이때 $f(x)$를 $x+3$으로 나누었을 때의 나머지를 구하시오.

109 유사

다항식 $f(x)$를 $x+2$로 나누었을 때의 나머지가 2이고, $f(x)$를 x^2+x+1로 나누었을 때의 몫은 $Q(x)$, 나머지는 $-2x+1$이다. 이때 $Q(x)$를 $x+2$로 나누었을 때의 나머지를 구하시오.

110 변형

다항식 $f(x)$를 $x-3$으로 나누었을 때의 몫이 $Q(x)$, 나머지가 4이고, $f(x)$를 $x+1$로 나누었을 때의 나머지가 -8이다. 이때 $Q(x)$를 $x+1$로 나누었을 때의 나머지를 구하시오.

111 변형

다항식 $x^{30}+2x^{16}-3x+1$을 $x+1$로 나누었을 때의 몫을 $Q(x)$라 할 때, $Q(x)$를 $x-1$로 나누었을 때의 나머지를 구하시오.

예제 10 / $f(ax+b)$를 $x-\alpha$로 나누는 경우

다항식 $f(ax+b)$를 $x-\alpha$로 나누었을 때의 나머지 ➡ $f(a\alpha+b)$

다항식 $f(x)$를 x^2-2x-3으로 나누었을 때의 나머지가 $x+1$일 때, 다항식 $f(2x-1)$을 $x-2$로 나누었을 때의 나머지를 구하시오.

• 유형 만렙 공통수학 1 33쪽에서 문제 더 풀기

| 풀이 | $f(x)$를 x^2-2x-3, 즉 $(x+1)(x-3)$으로 나누었을 때의 몫을 $Q(x)$라 하면 나머지가 $x+1$이므로

$f(x)=(x+1)(x-3)Q(x)+x+1$ ······ ㉠ ◀ 항등식 세우기

$f(2x-1)$을 $x-2$로 나누었을 때의 나머지는 나머지 정리에 의하여

$f(2\times2-1)=f(3)$

㉠의 양변에 $x=3$을 대입하면 구하는 나머지는

$f(3)=3+1=4$

답 4

발전 예제 11 / 나머지 정리를 이용한 수의 나눗셈

A를 B로 나누었을 때의 나머지는 A를 x에 대한 다항식, B를 x에 대한 일차식으로 나타낸 후 나머지 정리를 이용하여 구한다.

97^9을 99로 나누었을 때의 나머지를 구하시오.

• 유형 만렙 공통수학 1 33쪽에서 문제 더 풀기

| 풀이 | $97=x$로 놓으면 $99=x+2$이다.

따라서 97^9을 99로 나누는 나눗셈을 x^9을 $x+2$로 나누는 나눗셈으로 생각한다.

x^9을 $x+2$로 나누었을 때의 몫을 $Q(x)$, 나머지를 R라 하면

$x^9=(x+2)Q(x)+R$ ◀ 항등식 세우기

양변에 $x=-2$를 대입하면 $R=(-2)^9=-512$

따라서 $x^9=(x+2)Q(x)-512$이므로 양변에 $x=97$을 대입하면

$97^9=99Q(97)-512$

그런데 $0\le(\text{나머지})<99$이어야 하므로 ◀ 수의 나눗셈에서 나머지는 음수가 아니고, 나누는 수보다 작다.

$97^9=99Q(97)-512=99\{Q(97)-6\}+82$

따라서 구하는 나머지는 82이다.

답 82

112 예제 10 유사

다항식 $f(x)$를 $3x^2-x-2$로 나누었을 때의 나머지가 $x-5$일 때, 다항식 $f(x+3)$을 $x+2$로 나누었을 때의 나머지를 구하시오.

113 예제 11 유사

다음 물음에 답하시오.

(1) 8^{30}을 7로 나누었을 때의 나머지를 구하시오.

(2) 22^5을 25로 나누었을 때의 나머지를 구하시오.

114 예제 10 변형

다항식 $f(x)$를 $3x^2-5x-2$로 나누었을 때의 나머지가 $x+2$일 때, 다항식 $(x+2)f(3x-4)$를 $x-2$로 나누었을 때의 나머지를 구하시오.

115 예제 11 변형 교육청

$(2020+1)(2020^2-2020+1)$을 2017로 나눈 나머지를 구하시오.

예제 12 / 인수 정리

다항식 $f(x)$가 $\begin{cases} \text{일차식 } x-\alpha\text{로 나누어떨어진다. } \Rightarrow f(\alpha)=0 \\ \text{이차식 } (x-\alpha)(x-\beta)\text{로 나누어떨어진다. } \Rightarrow f(\alpha)=0,\ f(\beta)=0 \end{cases}$

다음 물음에 답하시오.

(1) 다항식 $f(x)=3x^3-4x^2+ax-1$이 $3x-1$을 인수로 가질 때, 상수 a의 값을 구하시오.

(2) 다항식 $f(x)=2x^3+ax^2+bx-27$이 x^2-2x-3으로 나누어떨어질 때, 상수 a, b의 값을 구하시오.

• 유형 만렙 공통수학 1 34쪽에서 문제 더 풀기

| 풀이 | (1) $f(x)$가 $3x-1$을 인수로 가지므로 인수 정리에 의하여

$f\left(\frac{1}{3}\right)=0$

$\frac{1}{9}-\frac{4}{9}+\frac{1}{3}a-1=0$

$\frac{1}{3}a=\frac{4}{3}$ $\quad\therefore a=4$

(2) $f(x)$가 x^2-2x-3, 즉 $(x+1)(x-3)$으로 나누어떨어지므로

$f(x)$는 $x+1$, $x-3$으로 각각 나누어떨어진다.

따라서 인수 정리에 의하여

$f(-1)=0$, $f(3)=0$

$f(-1)=0$에서 $-2+a-b-27=0$

$\therefore a-b=29$ $\quad\cdots\cdots$ ㉠

$f(3)=0$에서 $54+9a+3b-27=0$

$\therefore 3a+b=-9$ $\quad\cdots\cdots$ ㉡

㉠, ㉡을 연립하여 풀면

$a=5$, $b=-24$

답 (1) 4 (2) $a=5$, $b=-24$

| 다른 풀이 | (2) $f(x)=2x^3+ax^2+bx-27$이 x^2-2x-3을 인수로 가지면 $x+1$, $x-3$을 각각 인수로 가지므로 오른쪽 조립제법에 의하여

$a-b-29=0$, $2a+b+14=0$

두 식을 연립하여 풀면

$a=5$, $b=-24$

-1	2	a	b	-27
		-2	$-a+2$	$a-b-2$
3	2	$a-2$	$-a+b+2$	$a-b-29$
		6	$3a+12$	
	2	$a+4$	$2a+b+14$	

116 유사

다음 물음에 답하시오.

(1) 다항식 x^3+ax^2-2x-3이 $x-3$을 인수로 가질 때, 상수 a의 값을 구하시오.

(2) 다항식 $2x^3-7x^2+ax+b$가 x^2-4x+3으로 나누어떨어질 때, 상수 a, b의 값을 구하시오.

117 변형

다항식 $f(x)=2x^3-5x^2+ax+1$에 대하여 다항식 $f(x+2)$가 $x+1$로 나누어떨어질 때, 상수 a의 값을 구하시오.

118 변형

다항식 x^3+ax^2-6x+b가 $x+1$, $x-2$, $x-c$를 인수로 가질 때, 상수 a, b, c에 대하여 $a+b+c$의 값을 구하시오. (단, $c\neq-1$, $c\neq2$)

119 변형

다항식 $f(x)=x^3+ax^2+bx+16$에 대하여 다항식 $f(3x+1)$이 x^2-1로 나누어떨어질 때, 상수 a, b에 대하여 ab의 값을 구하시오.

연습문제

1단계

120 보기에서 항등식인 것만을 있는 대로 고른 것은?

보기
ㄱ. $3x-1=2x+1$
ㄴ. $(2x+1)^2=4x^2+4x+1$
ㄷ. $(x-3)^2=x^2+9$
ㄹ. $x(x+2)+1=x^2+2x+1$
ㅁ. $(x+1)(x^2-x+1)=x^3+1$

① ㄱ, ㄴ, ㄷ ② ㄱ, ㄹ, ㅁ ③ ㄴ, ㄷ, ㄹ
④ ㄴ, ㄹ, ㅁ ⑤ ㄷ, ㄹ, ㅁ

121 모든 실수 x, y에 대하여 등식 $a(x-2y+1)+b(2x+y)+3=-9x+3y$가 성립할 때, 상수 a, b에 대하여 ab의 값을 구하시오.

교육청

122 등식
$(2x+3)(x-2)+8=ax(x-2)+b(x-2)+cx$
가 x에 대한 항등식일 때, $a+b+c$의 값을 구하시오. (단, a, b, c는 상수이다.)

교과서

123 다항식 x^3+ax+b가 x^2+x+2로 나누어떨어질 때, 상수 a, b에 대하여 $a-b$의 값은?

① -2 ② -1 ③ 0
④ 1 ⑤ 3

124 다항식 $f(x)=x^2+ax+b$를 $x-1$로 나누었을 때의 나머지가 3이고, $x-2$로 나누었을 때의 나머지가 6일 때, $f(3)$의 값을 구하시오. (단, a, b는 상수)

125 다항식 $f(x)$를 $3x^2+7x+2$로 나누었을 때의 나머지가 $x+6$일 때, 다항식 $f(x+2)$를 $x+4$로 나누었을 때의 나머지는?

① -4 ② -2 ③ 2
④ 4 ⑤ 6

2단계

126 x에 대한 이차방정식
$x^2+k(4p-5)x-(p^2-1)k+q-3=0$이 k의 값에 관계없이 항상 1을 근으로 가질 때, 상수 p, q에 대하여 $p+q$의 값을 구하시오.

127 등식
$(2x^2-x-1)^{10}=a_0+a_1x+a_2x^2+\cdots+a_{20}x^{20}$
이 x에 대한 항등식일 때, $a_2+a_4+a_6+\cdots+a_{20}$의 값은? (단, a_0, a_1, a_2, $\dots$, a_{20}은 상수)

① 2^9-1 ② 2^9 ③ 2^9+1
④ $2^{10}-1$ ⑤ 2^{10}

서술형

128 다항식 $f(x)=3x^3-3x^2+2$에 대하여 다음 물음에 답하시오.

(1) $f(x)$를 $a(x-1)^3+b(x-1)^2+c(x-1)+d$ 꼴로 나타내었을 때, 상수 a, b, c, d의 값을 구하시오.

(2) (1)의 결과를 이용하여 $f(1.1)$의 값을 구하시오.

교육청

129 x에 대한 다항식
$x^5+ax^2+(a+1)x+2$를 $x-1$로 나누었을 때의 몫은 $Q(x)$이고 나머지는 6이다. $a+Q(2)$의 값은? (단, a는 상수이다.)

① 33 ② 35 ③ 37
④ 39 ⑤ 41

130 다항식 $f(x)$를 x^2-4로 나누었을 때의 나머지가 $-2x+1$이고, x^2-9로 나누었을 때의 나머지가 $x+5$이다. $f(x)$를 x^2-5x+6으로 나누었을 때의 나머지는?

① $-11x+25$ ② $-11x$
③ $11x-25$ ④ $11x$
⑤ $11x+15$

131 다항식 $f(x)$를 $x+2$로 나누었을 때의 나머지가 -4이고, $(x-1)^2$으로 나누었을 때의 나머지가 $-x+3$이다. $f(x)$를 $(x-1)^2(x+2)$로 나누었을 때의 나머지를 $R(x)$라 할 때, $R(2)$의 값을 구하시오.

연습문제

• 정답과 해설 21쪽

132 다항식 $f(x)$를 $x+1$로 나누었을 때의 몫은 $Q(x)$, 나머지는 5이고, $Q(x)$를 $x-2$로 나누었을 때의 나머지가 8이다. $f(x)$를 $(x+1)(x-2)$로 나누었을 때의 나머지를 $ax+b$라 할 때, 상수 a, b에 대하여 $f(2)-a-b$의 값을 구하시오.

133 다항식 x^3-2x^2+ax+3을 $x+2$로 나누었을 때의 몫이 $Q(x)$이고 나머지가 7일 때, $Q(x)$를 $x-2$로 나누었을 때의 나머지를 구하시오. (단, a는 상수)

134 삼차식 $f(x)$에 대하여 다항식 $f(x)+8$이 $(x+2)^2$으로 나누어떨어지고, 다항식 $10-f(x)$가 x^2-1로 나누어떨어진다. $f(x)$를 x로 나누었을 때의 나머지는?

① -40 ② -32 ③ 16
④ 32 ⑤ 40

3단계

135 x^7을 $x+2$로 나누었을 때, 몫이 $a_0+a_1x+a_2x^2+\cdots+a_6x^6$이다. $2a_0+a_1+2a_2+a_3+2a_4+a_5+2a_6$의 값을 구하시오. (단, a_0, a_1, a_2, $\cdots$, a_6은 상수)

교육청

136 최고차항의 계수가 1인 다항식 $f(x)$가 다음 조건을 만족시킨다.

> (가) 다항식 $f(x)$를 다항식 $g(x)$로 나눈 몫과 나머지는 모두 $g(x)-2x^2$이다.
> (나) 다항식 $f(x)$를 $x-1$로 나눈 나머지는 $-\dfrac{9}{4}$이다.

$f(6)$의 값을 구하시오.

137 $3^{99}+3^{100}+3^{101}$을 26으로 나누었을 때의 나머지를 구하시오.

인수분해

개념 01 인수분해

(1) 인수분해: 하나의 다항식을 두 개 이상의 다항식의 곱으로 나타내는 것
(2) 인수: 곱을 이루는 각각의 다항식

| 참고 | $x^2-4x+5=x(x-4)+5$와 같이 나타내는 것은 인수분해가 아니다.

개념 02 인수분해 공식

예제 01

(1) $a^2+b^2+c^2+2ab+2bc+2ca=(a+b+c)^2$
(2) $a^3+3a^2b+3ab^2+b^3=(a+b)^3$, $a^3-3a^2b+3ab^2-b^3=(a-b)^3$
(3) $a^3+b^3=(a+b)(a^2-ab+b^2)$, $a^3-b^3=(a-b)(a^2+ab+b^2)$
(4) $a^3+b^3+c^3-3abc=(a+b+c)(a^2+b^2+c^2-ab-bc-ca)$
$=\frac{1}{2}(a+b+c)\{(a-b)^2+(b-c)^2+(c-a)^2\}$
(5) $a^4+a^2b^2+b^4=(a^2+ab+b^2)(a^2-ab+b^2)$

인수분해 공식은 곱셈 공식을 거꾸로 생각한다. 또 인수분해는 특별한 언급이 없으면 계수가 유리수인 범위까지 하고, 더 이상 인수분해할 수 없을 때까지 인수분해한다. 예를 들어 x^2-4는 $(x+2)(x-2)$로 인수분해하지만 x^2-2는 $(x+\sqrt{2})(x-\sqrt{2})$로 인수분해하지 않는다.

| 참고 | 중학 수학에서 배운 인수분해 공식
① $ma+mb=m(a+b)$
② $a^2+2ab+b^2=(a+b)^2$, $a^2-2ab+b^2=(a-b)^2$
③ $a^2-b^2=(a+b)(a-b)$
④ $x^2+(a+b)x+ab=(x+a)(x+b)$
⑤ $acx^2+(ad+bc)x+bd=(ax+b)(cx+d)$

개념 확인

• 정답과 해설 22쪽

개념 02
138 다음 식을 인수분해하시오.

(1) $ax^2-x+2ax-2$　(2) $16a^2+8a+1$　(3) $9a^2-24ab+16b^2$

(4) x^2-25　(5) x^2-4x+3　(6) $6x^2-xy-2y^2$

예제 01 / 공식을 이용한 인수분해

적당한 인수분해 공식을 이용하여 주어진 식을 인수분해한다.

다음 식을 인수분해하시오.

(1) $a^2+4b^2+9c^2-4ab-12bc+6ca$

(2) $24x^3+36x^2y+18xy^2+3y^3$

(3) $125a^3-64b^3$

(4) $x^3-27y^3+18xy+8$

(5) $16a^4+4a^2+1$

(6) x^6-64

(7) $x^4-y^4-x^2z^2+y^2z^2$

• 유형 만렙 공통수학 1 35쪽에서 문제 더 풀기

| 개념 |

- $a^2+b^2+c^2+2ab+2bc+2ca=(a+b+c)^2$
- $a^3+3a^2b+3ab^2+b^3=(a+b)^3$, $a^3-3a^2b+3ab^2-b^3=(a-b)^3$
- $a^3+b^3=(a+b)(a^2-ab+b^2)$, $a^3-b^3=(a-b)(a^2+ab+b^2)$
- $a^3+b^3+c^3-3abc=(a+b+c)(a^2+b^2+c^2-ab-bc-ca)$
- $a^4+a^2b^2+b^4=(a^2+ab+b^2)(a^2-ab+b^2)$

| 풀이 |

(1) $a^2+4b^2+9c^2-4ab-12bc+6ca$
$=a^2+(-2b)^2+(3c)^2+2\times a\times(-2b)+2\times(-2b)\times 3c+2\times 3c\times a$
$=(a-2b+3c)^2$

(2) $24x^3+36x^2y+18xy^2+3y^3=3(8x^3+12x^2y+6xy^2+y^3)$
$=3\{(2x)^3+3\times(2x)^2\times y+3\times 2x\times y^2+y^3\}$
$=3(2x+y)^3$

(3) $125a^3-64b^3=(5a)^3-(4b)^3=(5a-4b)(25a^2+20ab+16b^2)$

(4) $x^3-27y^3+18xy+8=x^3+(-3y)^3+2^3-3\times x\times(-3y)\times 2$
$=(x-3y+2)\{x^2+(-3y)^2+2^2-x\times(-3y)-(-3y)\times 2-2\times x\}$
$=(x-3y+2)(x^2+9y^2+3xy-2x+6y+4)$

(5) $16a^4+4a^2+1=(2a)^4+(2a)^2\times 1^2+1^4$
$=\{(2a)^2+2a\times 1+1^2\}\{(2a)^2-2a\times 1+1^2\}$
$=(4a^2+2a+1)(4a^2-2a+1)$

(6) $x^6-64=(x^3)^2-8^2=(x^3+8)(x^3-8)$
$=(x+2)(x^2-2x+4)(x-2)(x^2+2x+4)$

(7) $x^4-y^4-x^2z^2+y^2z^2=(x^4-y^4)-z^2(x^2-y^2)=(x^2+y^2)(x^2-y^2)-z^2(x^2-y^2)$
$=(x^2+y^2-z^2)(x^2-y^2)=(x^2+y^2-z^2)(x+y)(x-y)$

답 (1) $(a-2b+3c)^2$ (2) $3(2x+y)^3$ (3) $(5a-4b)(25a^2+20ab+16b^2)$
(4) $(x-3y+2)(x^2+9y^2+3xy-2x+6y+4)$ (5) $(4a^2+2a+1)(4a^2-2a+1)$
(6) $(x+2)(x^2-2x+4)(x-2)(x^2+2x+4)$ (7) $(x^2+y^2-z^2)(x+y)(x-y)$

139 유사

다음 식을 인수분해하시오.

(1) $x^2+4y^2+z^2+4xy+4yz+2zx$

(2) $8a^3-12a^2b+6ab^2-b^3$

(3) a^3+27b^3

(4) $8x^3+y^3+6xy-1$

(5) x^4+9x^2+81

(6) $2xy+z^2-x^2-y^2$

(7) $x^3-8y^3+3xy(x-2y)$

140 변형

다음 중 옳지 않은 것은?

① $x^3-64=(x-4)(x^2+4x+16)$

② $27x^3-27x^2+9x-1=(3x-1)^3$

③ $x^3+2x^2-8x=x(x-2)(x+4)$

④ $4x^2+9y^2+12xy-4x-6y+1$
$=(2x-3y-1)^2$

⑤ $x^4+4x^2y^2+16y^4$
$=(x^2+2xy+4y^2)(x^2-2xy+4y^2)$

141 변형

보기에서 다항식 $(a^2-b^2+c^2)^2-4a^2c^2$의 인수가 아닌 것만을 있는 대로 고르시오.

보기

ㄱ. $a+b+c$ ㄴ. $a+b-c$
ㄷ. $a-b+c$ ㄹ. $a+b+2c$
ㅁ. $a-b-2c$

복잡한 식의 인수분해

개념 01 공통부분이 있는 식의 인수분해

예제 02

공통부분이 있는 식은 치환을 이용하여 다음과 같은 순서로 인수분해한다.
(1) 공통부분을 X로 놓고 주어진 식을 X에 대한 식으로 나타낸 후 인수분해한다.
(2) X에 원래의 식을 대입한다. 이때 더 이상 인수분해할 수 없을 때까지 인수분해한다.

공통부분이 있는 다항식을 인수분해할 때는 공통부분을 한 문자로 치환하여 식이 간단해지도록 한다. 이때 공통부분이 바로 보이지 않는 경우에는 적당한 항을 묶거나 두 일차식의 상수항의 합이 같게 짝을 지어 전개하여 공통부분을 만든 후 인수분해한다.

| 예 | 다항식 $(x^2-x)^2-9(x^2-x)+14$를 인수분해하여 보자.

$x^2-x=X$로 놓으면

$$(x^2-x)^2-9(x^2-x)+14=X^2-9X+14=(X-2)(X-7)$$
$$=(x^2-x-2)(x^2-x-7) \blacktriangleleft X=x^2-x \text{ 대입}$$
$$=(x+1)(x-2)(x^2-x-7)$$

개념 02 x^4+ax^2+b 꼴인 식의 인수분해

예제 03

x^4+ax^2+b 꼴인 식은 $x^2=X$로 치환하였을 때,
(1) X^2+aX+b가 인수분해되는 경우
➡ X^2+aX+b를 인수분해한 후 $X=x^2$을 대입하여 정리한다.
(2) X^2+aX+b가 인수분해되지 않는 경우
➡ x^4+ax^2+b의 이차항 ax^2을 적당히 분리하여 A^2-B^2 꼴로 변형한 후 인수분해한다.

| 참고 | x^4+ax^2+b 꼴인 사차식, 즉 차수가 짝수인 항과 상수항만으로 이루어진 다항식을 복이차식이라 한다.

| 예 | (1) 다항식 x^4-10x^2+9를 인수분해하여 보자.

$x^2=X$로 놓으면

$$x^4-10x^2+9=X^2-10X+9=(X-1)(X-9)$$
$$=(x^2-1)(x^2-9) \blacktriangleleft X=x^2 \text{ 대입}$$
$$=(x+1)(x-1)(x+3)(x-3)$$

(2) 다항식 x^4+5x^2+9를 인수분해하여 보자.

주어진 식을 A^2-B^2 꼴로 변형하면

$$x^4+5x^2+9=(x^4+6x^2+9)-x^2=(x^2+3)^2-x^2$$
$$=(x^2+3+x)(x^2+3-x)$$
$$=(x^2+x+3)(x^2-x+3)$$

개념 03 여러 개의 문자를 포함한 식의 인수분해

예제 04

여러 개의 문자를 포함한 식은 다음과 같은 순서로 인수분해한다.

(1) 차수가 가장 낮은 문자에 대하여 내림차순으로 정리한다.

이때 차수가 모두 같으면 어느 한 문자에 대하여 내림차순으로 정리한다.

(2) 공통인수로 묶거나 공식을 이용하여 인수분해한다.

| 예 | • 다항식 $x^2+xy-2x-y+1$을 인수분해하여 보자.

차수가 가장 낮은 문자 y에 대하여 내림차순으로 정리한 후 인수분해하면

$x^2+xy-2x-y+1=(x-1)y+x^2-2x+1$ ◀ y에 대한 내림차순으로 정리한다.

$=(x-1)y+(x-1)^2$ ◀ 공통인수 $x-1$로 묶는다.

$=(x-1)(x+y-1)$

• 다항식 $2x^2+3xy+y^2-x-y$를 인수분해하여 보자.

x, y의 차수가 같으므로 어느 한 문자에 대하여 내림차순으로 정리하면 된다.

x에 대하여 내림차순으로 정리한 후 인수분해하면

$2x^2+3xy+y^2-x-y=2x^2+(3y-1)x+y^2-y$ ◀ x에 대한 내림차순으로 정리한다.

$=2x^2+(3y-1)x+y(y-1)$

$x \searrow\nearrow y$, $2x \nearrow\searrow y-1$ 　 $2yx$ +) $(y-1)x$ = $(3y-1)x$

$=(x+y)(2x+y-1)$

개념 04 인수 정리를 이용한 인수분해

예제 05

삼차 이상의 다항식 $f(x)$는 인수 정리를 이용하여 인수를 찾은 후 조립제법을 이용하여 다음과 같은 순서로 인수분해한다.

(1) $f(\alpha)=0$을 만족시키는 상수 α의 값을 구한다.

이때 α의 값은 $\pm\dfrac{(f(x)\text{의 상수항의 양의 약수})}{(f(x)\text{의 최고차항의 계수의 양의 약수})}$ 중에서 찾는다.

(2) 조립제법을 이용하여 $f(x)$를 $x-\alpha$로 나누었을 때의 몫 $Q(x)$를 구하여

$f(x)=(x-\alpha)Q(x)$로 나타낸다.

(3) $Q(x)$를 더 이상 인수분해할 수 없을 때까지 인수분해한다.

| 예 | 다항식 $f(x)=x^3-2x^2-5x+6$을 인수분해하여 보자.

$f(\alpha)=0$을 만족시키는 α의 값은 ±1, ±2, ±3, ±6 중에서 찾을 수 있다.

이때 $f(1)=1-2-5+6=0$이므로 인수 정리에 의하여 $x-1$은 $f(x)$의 인수이다.

따라서 조립제법을 이용하여 $f(x)$를 $x-1$로 나누었을 때의 몫을 구하면 x^2-x-6이므로 다음과 같이 인수분해할 수 있다.

1	1	−2	−5	6
		1	−1	−6
	1	−1	−6	0

$f(x)=x^3-2x^2-5x+6=(x-1)(x^2-x-6)$

$=(x-1)(x-3)(x+2)$

예제 02 / 공통부분이 있는 식의 인수분해

공통부분을 한 문자로 치환하여 인수분해한다.

다음 식을 인수분해하시오.

(1) $(x^2-2x)(x^2-2x+4)-21$

(2) $(x^2+2x)^2-11x^2-22x+24$

(3) $x(x+1)(x-2)(x+3)+8$

• 유형 만렙 공통수학 1 35쪽에서 문제 더 풀기

| 풀이 | (1) $x^2-2x=X$로 놓고 전개한 후 인수분해하면

$$\begin{aligned}(x^2-2x)(x^2-2x+4)-21&=X(X+4)-21\\&=X^2+4X-21\\&=(X-3)(X+7)\end{aligned}$$

$X=x^2-2x$를 대입하여 인수분해하면

$$\begin{aligned}(X-3)(X+7)&=(x^2-2x-3)(x^2-2x+7)\\&=(x+1)(x-3)(x^2-2x+7)\end{aligned}$$

(2) 공통부분이 생기도록 항을 묶으면

$$(x^2+2x)^2-11x^2-22x+24=(x^2+2x)^2-11(x^2+2x)+24$$

$x^2+2x=X$로 놓고 인수분해하면

$$\begin{aligned}(x^2+2x)^2-11(x^2+2x)+24&=X^2-11X+24\\&=(X-3)(X-8)\end{aligned}$$

$X=x^2+2x$를 대입하여 인수분해하면

$$\begin{aligned}(X-3)(X-8)&=(x^2+2x-3)(x^2+2x-8)\\&=(x+3)(x-1)(x+4)(x-2)\end{aligned}$$

(3) 공통부분이 생기도록 두 일차식의 상수항의 합이 같게 짝을 지어 전개하면

$$\begin{aligned}\underbrace{x(x+1)}_{\text{합: }1}\underbrace{(x-2)(x+3)}_{\text{합: }1}+8&=\{x(x+1)\}\{(x-2)(x+3)\}+8\\&=(x^2+x)(x^2+x-6)+8\end{aligned}$$

$x^2+x=X$로 놓고 전개한 후 인수분해하면

$$\begin{aligned}(x^2+x)(x^2+x-6)+8&=X(X-6)+8\\&=X^2-6X+8\\&=(X-2)(X-4)\end{aligned}$$

$X=x^2+x$를 대입하여 인수분해하면

$$\begin{aligned}(X-2)(X-4)&=(x^2+x-2)(x^2+x-4)\\&=(x+2)(x-1)(x^2+x-4)\end{aligned}$$

답 (1) $(x+1)(x-3)(x^2-2x+7)$
(2) $(x+3)(x-1)(x+4)(x-2)$
(3) $(x+2)(x-1)(x^2+x-4)$

142 유사

다음 식을 인수분해하시오.

(1) $(x^2+3x+1)(x^2+3x-2)-10$

(2) $3x^2(x-1)^2+2x^2-2x-1$

(3) $(x+1)(x-1)(x-3)(x-5)+7$

143 변형

교육청

다항식 $(x^2+x)(x^2+x+1)-6$이 $(x+2)(x-1)(x^2+ax+b)$로 인수분해될 때, 두 상수 a, b에 대하여 $a+b$의 값은?

① 1 ② 2 ③ 3
④ 4 ⑤ 5

144 변형

교과서

보기에서 다항식 $(x^2-5x)^2-4x^2+20x-12$의 인수인 것만을 있는 대로 고르시오.

보기

ㄱ. $x-6$
ㄴ. $x+1$
ㄷ. $x+6$
ㄹ. x^2-5x+2
ㅁ. x^2-5x+6

145 변형

다항식 $(x^2+4x+3)(x^2+12x+35)+15$를 인수분해하면 $(x+2)(x+a)(x^2+bx+c)$일 때, 정수 a, b, c에 대하여 $a+b+c$의 값을 구하시오.

예제 03 / x^4+ax^2+b 꼴인 식의 인수분해

$x^2=X$로 치환하거나 적당한 이차식을 더하거나 빼서 A^2-B^2 꼴로 변형하여 인수분해한다.

다음 식을 인수분해하시오.

(1) $4x^4+7x^2-36$

(2) x^4-13x^2+4

(3) $x^4+3x^2y^2+4y^4$

• 유형 만렙 공통수학 1 36쪽에서 문제 더 풀기

| 풀이 | (1) $x^2=X$로 놓고 인수분해하면

$$4x^4+7x^2-36=4X^2+7X-36$$
$$=(4X-9)(X+4)$$

$X=x^2$을 대입하여 인수분해하면

$$(4X-9)(X+4)=(4x^2-9)(x^2+4)$$
$$=\{(2x)^2-3^2\}(x^2+4)$$
$$=(2x+3)(2x-3)(x^2+4)$$

(2) 주어진 식에 $9x^2$을 더하고 빼서 A^2-B^2 꼴로 변형한 후 인수분해하면

$$x^4-13x^2+4=(x^4-4x^2+4)-9x^2$$
$$=(x^2-2)^2-(3x)^2$$
$$=(x^2+3x-2)(x^2-3x-2)$$

(3) 주어진 식에 x^2y^2을 더하고 빼서 A^2-B^2 꼴로 변형한 후 인수분해하면

$$x^4+3x^2y^2+4y^4=(x^4+4x^2y^2+4y^4)-x^2y^2$$
$$=(x^2+2y^2)^2-(xy)^2$$
$$=(x^2+xy+2y^2)(x^2-xy+2y^2)$$

답 (1) $(2x+3)(2x-3)(x^2+4)$
(2) $(x^2+3x-2)(x^2-3x-2)$
(3) $(x^2+xy+2y^2)(x^2-xy+2y^2)$

146 유사

다음 식을 인수분해하시오.

(1) $2x^4-7x^2-4$

(2) x^4+4x^2+16

(3) $x^4-15x^2y^2+9y^4$

147 변형

교육청

다항식 x^4-x^2-12가 $(x-a)(x+a)(x^2+b)$로 인수분해될 때, 두 양수 a, b에 대하여 $a+b$의 값은?

① 4 ② 5 ③ 6
④ 7 ⑤ 8

148 변형

보기에서 다항식 $a^4-11a^2b^2+18b^4$의 인수인 것만을 있는 대로 고르시오.

보기

ㄱ. a^2-3b^2 ㄴ. a^2-2b^2 ㄷ. a^2+2b^2
ㄹ. $a-3b$ ㅁ. $a+3b$

149 변형

다항식 x^4+324가 x^2의 계수가 1인 두 이차식의 곱으로 인수분해될 때, 이 두 이차식의 합을 구하시오.

예제 04 / 여러 개의 문자를 포함한 식의 인수분해

차수가 가장 낮은 문자에 대하여 내림차순으로 정리한 후 인수분해한다.

다음 식을 인수분해하시오.

(1) $8x^3+4x^2y+y^2+4xy-1$

(2) $2x^2-y^2+xy+x+4y-3$

(3) $a(b+c)^2+b(c+a)^2+c(a+b)^2-4abc$

• 유형 만렙 공통수학 1 37쪽에서 문제 더 풀기

| 풀이 | (1) 차수가 가장 낮은 문자 y에 대하여 내림차순으로 정리하면

$8x^3+4x^2y+y^2+4xy-1=y^2+(4x^2+4x)y+8x^3-1$

y에 대한 상수항을 인수분해한 후 전체를 다시 인수분해하면

$y^2+(4x^2+4x)y+8x^3-1=y^2+(4x^2+4x)y+(2x-1)(4x^2+2x+1)$

$y \to (4x^2+2x+1)$, $y \to (2x-1)$: $(4x^2+2x+1)y + (2x-1)y = (4x^2+4x)y$

$=\{y+(4x^2+2x+1)\}\{y+(2x-1)\}$

$=(4x^2+2x+y+1)(2x+y-1)$

(2) x, y의 차수가 같으므로 x에 대하여 내림차순으로 정리하면

$2x^2-y^2+xy+x+4y-3=2x^2+(y+1)x-(y^2-4y+3)$

x에 대한 상수항을 인수분해한 후 전체를 다시 인수분해하면

$2x^2+(y+1)x-(y^2-4y+3)=2x^2+(y+1)x-(y-1)(y-3)$

$2x \to -(y-3)$, $x \to y-1$: $-(y-3)x + 2(y-1)x = (y+1)x$

$=\{2x-(y-3)\}\{x+(y-1)\}$

$=(2x-y+3)(x+y-1)$

(3) a, b, c의 차수가 같으므로 괄호를 푼 후 a에 대하여 내림차순으로 정리하면

$a(b+c)^2+b(c+a)^2+c(a+b)^2-4abc$

$=a(b^2+2bc+c^2)+b(c^2+2ca+a^2)+c(a^2+2ab+b^2)-4abc$

$=ab^2+ac^2+bc^2+ba^2+ca^2+cb^2+2abc$

$=(b+c)a^2+(b^2+c^2+2bc)a+bc^2+cb^2$

a에 대한 일차항과 상수항을 인수분해하여 공통인수로 묶으면

$(b+c)a^2+(b^2+c^2+2bc)a+bc^2+cb^2=\underline{(b+c)}a^2+\underline{(b+c)}^2a+bc\underline{(b+c)}$

$=(b+c)\{a^2+(b+c)a+bc\}$

$=(b+c)(a+b)(a+c)$

$=(a+b)(b+c)(c+a)$

답 (1) $(4x^2+2x+y+1)(2x+y-1)$
(2) $(2x-y+3)(x+y-1)$
(3) $(a+b)(b+c)(c+a)$

150 유사

다음 식을 인수분해하시오.

(1) $x^3+x^2y-y^2-2xy+1$

(2) $x^2+3y^2-4xy+x+y-2$

(3) $ab(a+b)-bc(b+c)-ca(c-a)$

151 변형

다항식 $x^2-y^2-z^2+2yz+x-y+z$를 인수분해하면 $(x+ay+bz)(x+cy+dz+1)$일 때, 상수 a, b, c, d에 대하여 $ab-cd$의 값을 구하시오.

152 변형

보기에서 다항식 $a^2(b-c)+b^2(c-a)+c^2(a-b)$의 인수인 것만을 있는 대로 고르시오.

보기

ㄱ. $a+b$ ㄴ. $c+a$ ㄷ. $b-a$

ㄹ. $a-c$ ㅁ. $a-b+c$ ㅂ. $a+b-c$

153 변형

교육청

x, y에 대한 이차식 $x^2+kxy-3y^2+x+11y-6$이 x, y에 대한 두 일차식의 곱으로 인수분해 되도록 하는 자연수 k의 값을 구하시오.

예제 05 / 인수 정리를 이용한 인수분해

식의 값이 0이 되게 하는 $x=a$의 값을 찾은 후 조립제법을 이용하여 인수분해한다.

다음 식을 인수분해하시오.

(1) $x^3+x^2-10x+8$

(2) $2x^3+x^2-22x+24$

(3) $x^4-2x^3-4x^2+7x-2$

• 유형 만렙 공통수학1 37쪽에서 문제 더 풀기

| 풀이 | (1) $f(x)=x^3+x^2-10x+8$이라 하면

$f(1)=1+1-10+8=0$

$x-1$은 $f(x)$의 인수이므로 조립제법을 이용하여 $f(x)$를 인수분해하면

$x^3+x^2-10x+8=(x-1)(x^2+2x-8)$

$=(x-1)(x-2)(x+4)$

1	1	1	−10	8
		1	2	−8
	1	2	−8	0

(2) $f(x)=2x^3+x^2-22x+24$라 하면

$f(2)=16+4-44+24=0$

$x-2$는 $f(x)$의 인수이므로 조립제법을 이용하여 $f(x)$를 인수분해하면

$2x^3+x^2-22x+24=(x-2)(2x^2+5x-12)$

$=(x-2)(2x-3)(x+4)$

2	2	1	−22	24
		4	10	−24
	2	5	−12	0

(3) $f(x)=x^4-2x^3-4x^2+7x-2$라 하면

$f(1)=1-2-4+7-2=0$

$f(-2)=16+16-16-14-2=0$

$x-1$, $x+2$는 $f(x)$의 인수이므로 조립제법을 이용하여 $f(x)$를 인수분해하면

$x^4-2x^3-4x^2+7x-2=(x-1)(x+2)(x^2-3x+1)$

1	1	−2	−4	7	−2
		1	−1	−5	2
−2	1	−1	−5	2	0
		−2	6	−2	
	1	−3	1	0	

답 (1) $(x-1)(x-2)(x+4)$

(2) $(x-2)(2x-3)(x+4)$

(3) $(x-1)(x+2)(x^2-3x+1)$

154 유사

다음 식을 인수분해하시오.

(1) $x^3-2x^2-9x+18$

(2) $3x^3-7x^2-43x+15$

(3) $2x^4-5x^3+x^2+4x-4$

155 변형

보기에서 다항식 $x^3-6x^2+11x-6$의 인수인 것만을 있는 대로 고르시오.

보기

ㄱ. $x+1$	ㄴ. $x-2$
ㄷ. $x-3$	ㄹ. x^2+3x+2
ㅁ. x^2-3x+2	ㅂ. x^2-4x-3

156 변형

다항식 $f(x)=x^4+ax^3+bx^2-2x+8$이 $x-2$, $x+1$을 인수로 가질 때, $f(x)$를 인수분해하시오. (단, a, b는 상수)

157 변형

계수가 모두 실수이고, x^2의 계수가 1인 두 이차식 $f(x)$, $g(x)$의 곱이 $x^4-2x^3+2x^2-x-6$이다. $f(0)>0$일 때, $f(-2)+g(-2)$의 값을 구하시오.

예제 06 / 인수분해의 활용 - 수의 계산

적당한 수를 문자로 치환하고 이 문자에 대하여 인수분해한다.

다음 식의 값을 구하시오.

(1) $\dfrac{999^3+4\times999^2+5\times999+2}{999\times1001+1}$

(2) $\sqrt{60\times62\times63\times65+9}$

• 유형 만렙 공통수학 1 38쪽에서 문제 더 풀기

| 풀이 | (1) $999=x$로 놓으면

$$\frac{999^3+4\times999^2+5\times999+2}{999\times1001+1}=\frac{x^3+4x^2+5x+2}{x(x+2)+1}=\frac{x^3+4x^2+5x+2}{x^2+2x+1}$$

$f(x)=x^3+4x^2+5x+2$라 하면

$f(-1)=-1+4-5+2=0$

$x+1$은 $f(x)$의 인수이므로

조립제법을 이용하여 $f(x)$를 인수분해하면

−1	1	4	5	2
		−1	−3	−2
	1	3	2	0

$x^3+4x^2+5x+2=(x+1)(x^2+3x+2)=(x+1)^2(x+2)$

$$\therefore \frac{x^3+4x^2+5x+2}{x^2+2x+1}=\frac{(x+1)^2(x+2)}{(x+1)^2}=x+2$$

$=999+2$ ◀ $x=999$ 대입

$=1001$

(2) $60=x$로 놓으면

$60\times62\times63\times65+9=x(x+2)(x+3)(x+5)+9$

$=\{x(x+5)\}\{(x+2)(x+3)\}+9$ ◀ 공통부분이 생기도록 짝을 지어 전개한다.

$=(x^2+5x)(x^2+5x+6)+9$

$x^2+5x=X$로 놓고 인수분해하면

$(x^2+5x)(x^2+5x+6)+9=X(X+6)+9=X^2+6X+9$

$=(X+3)^2=(x^2+5x+3)^2$

$=(60^2+5\times60+3)^2$ ◀ $x=60$ 대입

$=3903^2$

$\therefore \sqrt{60\times62\times63\times65+9}=\sqrt{3903^2}=3903$

답 (1) 1001 (2) 3903

158 유사

다음 식의 값을 구하시오.

(1) $\dfrac{40^8+40^4+1}{40^4-40^2+1}-\dfrac{40^8-1}{40^4-1}$

(2) $\sqrt{94\times97\times98\times101+36}$

159 변형

$\dfrac{(1+\sqrt{4011})^3-(1-\sqrt{4011})^3}{(1+\sqrt{4011})^2-(1-\sqrt{4011})^2}$의 값을 구하시오.

160 변형

$23^3+3\times23^2-4$의 양의 약수의 개수를 구하시오.

161 변형

다항식 $f(x)=x^3+2x^2-7x+4$에 대하여 다음 물음에 답하시오.

(1) 다항식 $f(x)$를 인수분해하시오.

(2) $f(101)$의 값을 구하시오.

예제 07 / 인수분해의 활용 - 식의 값

곱셈 공식과 인수분해 공식을 이용하여 식을 변형한 후 주어진 값을 대입한다.

$x=1+\sqrt{2}$, $y=1-\sqrt{2}$일 때, $x^3-y^3-2x^2y+2xy^2$의 값을 구하시오.

• 유형 만렙 공통수학 1 39쪽에서 문제 더 풀기

| 풀이 | $x^3-y^3-2x^2y+2xy^2=(x-y)(x^2+xy+y^2)-2xy(x-y)$

$=(x-y)(x^2+y^2-xy)$ ······ ㉠

$x-y=(1+\sqrt{2})-(1-\sqrt{2})=2\sqrt{2}$, $xy=(1+\sqrt{2})(1-\sqrt{2})=-1$이므로

$x^2+y^2=(x-y)^2+2xy$

$=(2\sqrt{2})^2+2\times(-1)$

$=8-2=6$

㉠에 식의 값을 대입하면

$(x-y)(x^2+y^2-xy)=2\sqrt{2}\times\{6-(-1)\}$

$=14\sqrt{2}$

답 $14\sqrt{2}$

발전 예제 08 / 인수분해의 활용 - 삼각형의 모양 판단

주어진 식을 인수분해하여 삼각형의 세 변의 길이 a, b, c 사이의 관계를 찾는다.

삼각형의 세 변의 길이 a, b, c에 대하여 $ab(a-b)-bc(b+c)+ca(c+a)=0$이 성립할 때, 이 삼각형은 어떤 삼각형인지 말하시오.

• 유형 만렙 공통수학 1 39쪽에서 문제 더 풀기

| 풀이 | 주어진 식의 좌변을 전개하면

$ab(a-b)-bc(b+c)+ca(c+a)=a^2b-ab^2-b^2c-bc^2+c^2a+ca^2$

a, b, c의 차수가 같으므로 a에 대하여 내림차순으로 정리한 후 인수분해하면

$a^2b-ab^2-b^2c-bc^2+c^2a+ca^2=(b+c)a^2+(c^2-b^2)a-b^2c-bc^2$

$=(b+c)a^2+(c+b)(c-b)a-bc(b+c)$

$=(b+c)\{a^2+(c-b)a-bc\}$

$=(b+c)(a-b)(a+c)$

$\therefore (b+c)(a-b)(a+c)=0$

이때 a, b, c는 삼각형의 세 변의 길이이므로 $a>0$, $b>0$, $c>0$ $\therefore b+c>0$, $a+c>0$

즉, $a-b=0$이므로 $a=b$

따라서 주어진 조건을 만족시키는 삼각형은 $a=b$인 이등변삼각형이다.

답 $a=b$인 이등변삼각형

162 예제 07 유사

$x=\sqrt{5}+\sqrt{3}$, $y=\sqrt{5}-\sqrt{3}$일 때, x^2y+xy^2+x+y의 값을 구하시오.

163 예제 08 유사

삼각형의 세 변의 길이 a, b, c에 대하여 $a^3+a^2c-ab^2-ac^2-b^2c-c^3=0$이 성립할 때, 이 삼각형은 어떤 삼각형인지 말하시오.

164 예제 07 변형

$b-a=3+\sqrt{2}$, $a+c=3-\sqrt{2}$일 때, $b^2(c+a)-a^2(c+b)-c^2(a-b)$의 값을 구하시오.

165 예제 08 변형

삼각형의 세 변의 길이 a, b, c에 대하여 $a^3+b^3+c^3=3abc=24$가 성립할 때, 이 삼각형의 넓이를 구하시오.

연습문제

1단계

166 보기에서 옳은 것만을 있는 대로 고른 것은?

보기

ㄱ. $2ax-2ay-bx+by+cx-cy$
$=(x-y)(2a-b+c)$

ㄴ. $a^2-b^2-c^2+2bc=(a+b-c)(a-b-c)$

ㄷ. $x^3-x^2y-xz^2+yz^2$
$=(x+y)(x+z)(x-z)$

ㄹ. $a^3-8b^3+c^3+6abc$
$=(a-2b+c)(a^2+4b^2+c^2+2ab+2bc-ca)$

① ㄱ, ㄴ　② ㄱ, ㄷ　③ ㄱ, ㄹ
④ ㄴ, ㄷ　⑤ ㄷ, ㄹ

167 다항식 $4x^2+9y^2-12xy-8x+12y+4$를 인수분해하면 $(ax+by-2)^n$일 때, $a-b+n$의 값을 구하시오. (단, a, b는 상수, n은 자연수)

168 보기에서 다항식 x^6-y^6의 인수인 것만을 있는 대로 고르시오.

보기

ㄱ. $x+y$　ㄴ. x^2+y^2
ㄷ. x^3-y^3　ㄹ. x^2+xy+y^2
ㅁ. x^2-xy+y^2　ㅂ. $x^4-x^2y^2+y^4$

교육청

169 다항식 $(x^2+x)^2+2(x^2+x)-3$이 $(x^2+ax-1)(x^2+x+b)$로 인수분해될 때, 두 상수 a, b에 대하여 $a+b$의 값은?

① 1　② 2　③ 3
④ 4　⑤ 5

170 다항식 x^4-12x^2+16이 $(x^2+ax-b)(x^2-ax-b)$로 인수분해될 때, 자연수 a, b에 대하여 $a+b$의 값을 구하시오.

171 다항식 $x^2-xy-2y^2+2x+5y-3$을 인수분해하면?

① $(x-y-1)(x-2y+3)$
② $(x-y-1)(x-y+3)$
③ $(x+y-1)(x-2y+3)$
④ $(x+y-1)(x-2y-3)$
⑤ $(x+y-1)(x+2y-3)$

교과서

172 $x=1-\sqrt{3}$, $y=1+\sqrt{3}$일 때, $x^3y+xy^3-x^2-y^2$의 값을 구하시오.

2단계

173 다항식 $(x^2+2x-3)(x^2+6x+5)-9$를 인수분해하면?

① $(x-2)^2(x^2+4x-6)$
② $(x-2)^2(x^2-4x-6)$
③ $(x+2)^2(x^2+4x-6)$
④ $(x+2)^2(x^2-4x-6)$
⑤ $(x+1)(x+4)(x^2+4x-6)$

교육청

174 x에 대한 다항식 $(x-1)(x-4)(x-5)(x-8)+a$가 $(x+b)^2(x+c)^2$으로 인수분해될 때, 세 정수 a, b, c에 대하여 $a+b+c$의 값은?

① 19 ② 21 ③ 23
④ 25 ⑤ 27

서술형

175 다항식 $x^2+4y^2-5xy+ax+2y-2$가 x, y에 대한 두 일차식의 곱으로 인수분해될 때, 다음 물음에 답하시오. (단, a는 정수)

(1) a의 값을 구하시오.
(2) 주어진 식을 x, y에 대한 두 일차식의 곱으로 인수분해하시오.

176 다항식 $x^4+ax^3-7x^2-20x-12$가 $x+2$로 나누어떨어질 때, 다음 중 이 다항식의 인수가 아닌 것은? (단, a는 상수)

① $x+1$ ② $x-2$ ③ $x-3$
④ $(x+2)^2$ ⑤ x^2-x-6

177 부피가 $(x^3+8x^2+20x+16)\pi$인 원기둥의 밑면의 반지름의 길이와 높이가 각각 x의 계수가 1인 일차식이다. 이 원기둥의 겉넓이는 $4\pi(x+a)(x+b)$일 때, 상수 a, b에 대하여 ab의 값을 구하시오. (단, $x>0$)

연습문제

• 정답과 해설 29쪽

178 다항식 $2x^3+ax^2-(2a-2)x-20$이 계수가 모두 자연수인 세 일차식의 곱으로 인수분해될 때, 자연수 a의 최댓값은?

① 5 ② 8 ③ 10
④ 17 ⑤ 20

179 $\dfrac{101^3-99^3}{101^2+99\times101+99^2}\times\dfrac{99^2+2\times101}{101^3+99^3}$의 값은?

① $\dfrac{1}{101}$ ② $\dfrac{1}{100}$ ③ $\dfrac{1}{99}$
④ 99 ⑤ 100

교육청

180 두 자연수 a, b에 대하여

$$a^2b+2ab+a^2+2a+b+1$$

의 값이 245일 때, $a+b$의 값은?

① 9 ② 10 ③ 11
④ 12 ⑤ 13

3단계

181 다항식 $2x^4+ax^3-6x^2+bx-8$이 $(x-2)^2f(x)$로 인수분해될 때, 상수 a, b에 대하여 $a+b+f(-1)$의 값을 구하시오.

182 7^6-1이 소수인 두 자리의 자연수 n으로 나누어떨어질 때, 모든 자연수 n의 값의 합을 구하시오.

183 세 변의 길이가 a, b, c인 삼각형 ABC가 다음 조건을 만족시킬 때, 삼각형 ABC의 넓이를 구하시오.

> (가) $(a-b)c^2+(2a^2-ab-b^2)c+a^3-ab^2=0$
> (나) $2a+4b=5c$
> (다) 삼각형 ABC의 둘레의 길이는 16이다.

Ⅱ. 방정식과 부등식

1

복소수

01 복소수의 뜻과 사칙연산

1 복소수의 뜻

개념 01 허수단위 i의 뜻

제곱하여 -1이 되는 새로운 수를 i로 나타내기로 한다. 즉, $\boldsymbol{i^2=-1}$이다.
이때 i를 **허수단위**라 하고, 제곱하여 -1이 된다는 뜻에서 $\boldsymbol{i=\sqrt{-1}}$과 같이 나타내기로 한다.

임의의 실수 a에 대하여 $a^2\ge0$이므로 실수의 범위에서는 방정식 $x^2=-1$의 해가 존재하지 않는다.
이 방정식이 해를 갖도록 하기 위해서는 수의 범위를 확장해야 하므로 제곱하여 -1이 되는 새로운 수를 생각하고, 기호로 i와 같이 나타내기로 한다. 즉, $i=\sqrt{-1}$이다.
따라서 방정식 $x^2=-1$의 근은 $x=\sqrt{-1}=i$ 또는 $x=-\sqrt{-1}=-i$이다.

| 참고 | 허수단위 i는 imaginary number(허수)의 첫 글자이다.

개념 02 복소수의 뜻과 분류

◎ 예제 02, 03

(1) 실수 a, b에 대하여 $a+bi$ 꼴로 나타내어지는 수를 **복소수**라 하고, a를 **실수부분**, b를 **허수부분**이라 한다.

$a+bi$
실수부분 (a), 허수부분 (b)

(2) 실수가 아닌 복소수 $a+bi$ $(b\ne0)$를 **허수**라 하고, 실수부분이 0인 허수 bi $(b\ne0)$를 **순허수**라 한다.

(3) 복소수의 분류

복소수 $a+bi$
- 실수 a $(b=0)$ ◀ $(실수)^2\ge0$
- 허수
  - 순허수 bi $(a=0,\ b\ne0)$ ◀ $(순허수)^2<0$
  - 순허수가 아닌 허수 $a+bi$ $(a\ne0,\ b\ne0)$

| 참고 |
- 허수에서는 대소 관계가 정의되지 않는다.
- $0\times i=0$으로 정하면 실수 a는 $a+0\times i$로 나타낼 수 있으므로 실수도 복소수이다.
- 복소수 $a+bi$에서 허수부분은 bi가 아니라 b임에 유의한다.

| 예 |
- $3-2i$ ➡ 실수부분은 3, 허수부분은 -2
- $5i=0+5i$ ➡ 실수부분은 0, 허수부분은 5
- $2=2+0\times i$ ➡ 실수부분은 2, 허수부분은 0

개념 03 복소수가 서로 같을 조건

예제 04

a, b, c, d가 실수일 때

(1) $a=c, b=d$이면 $a+bi=c+di$ ◀ 서로 같은 복소수의 정의

$a+bi=c+di$이면 $a=c, b=d$ ◀ 복소수가 서로 같을 조건

(2) $a=0, b=0$이면 $a+bi=0$

$a+bi=0$이면 $a=0, b=0$

같다.
$a+bi=c+di$
같다.

두 복소수의 실수부분과 허수부분이 각각 서로 같을 때, 두 복소수는 서로 같다고 한다.

| 예 | (1) a, b가 실수일 때 $a+bi=2-3i$이면 $a=2, b=-3$

(2) a, b가 실수일 때 $a+(b-4)i=0$이면 $a=0, b=4$

개념 04 켤레복소수의 뜻

예제 07

복소수 $a+bi$(a, b는 실수)에서 허수부분의 부호를 바꾼 복소수 $a-bi$를 복소수 $a+bi$의 **켤레복소수**라 하고, 기호로 $\overline{a+bi}$와 같이 나타낸다.
즉, 켤레복소수는 실수부분은 서로 같고 허수부분의 부호만 다르다.

$\overline{a+bi}=a-bi$

$\overline{a-bi}=a+bi$

| 참고 | 복소수 z의 켤레복소수를 $\bar{z}$로 나타내고 'z bar(바)'라 읽는다.

| 예 | $\overline{1+4i}=1-4i$, $\overline{3i}=-3i$, $\overline{5}=5$

개념 확인

• 정답과 해설 30쪽

개념 02

184 다음 복소수의 실수부분과 허수부분을 차례대로 구하시오.

(1) $1+2i$ (2) $-2i$ (3) $\sqrt{2}$

개념 02

185 보기에서 실수와 허수, 순허수를 각각 고르시오.

보기

ㄱ. $-7i$	ㄴ. $2+\sqrt{3}i$	ㄷ. $5-2\sqrt{6}$	ㄹ. 0
ㅁ. $-1-i$	ㅂ. $-i^2$	ㅅ. π	ㅇ. $\sqrt{5}i$

개념 04

186 다음 복소수의 켤레복소수를 구하시오.

(1) $4+i$ (2) $-\frac{1}{3}i$ (3) $1+\sqrt{2}$

2 복소수의 사칙연산

개념 01 복소수의 사칙연산

예제 01~08

a, b, c, d가 실수일 때

(1) 덧셈: $(a+bi)+(c+di)=(a+c)+(b+d)i$

(2) 뺄셈: $(a+bi)-(c+di)=(a-c)+(b-d)i$

(3) 곱셈: $(a+bi)(c+di)=(ac-bd)+(ad+bc)i$

(4) 나눗셈: $\dfrac{a+bi}{c+di}=\dfrac{(a+bi)(c-di)}{(c+di)(c-di)}=\dfrac{ac+bd}{c^2+d^2}+\dfrac{bc-ad}{c^2+d^2}i$ (단, $c+di\neq 0$)

(1), (2) 복소수의 덧셈, 뺄셈은 허수단위 i를 문자처럼 생각하여 실수부분은 실수부분끼리, 허수부분은 허수부분끼리 계산한다.

(3) 복소수의 곱셈도 허수단위 i를 문자처럼 생각하여 전개한 후 $i^2=-1$임을 이용하여 계산한다.

(4) 복소수의 나눗셈은 분모의 켤레복소수를 분모, 분자에 각각 곱하여 계산한다. ◀ 분모를 실수로 만든다.
특히 분모가 순허수이면 분모, 분자에 i를 각각 곱하여 계산한다.

| 예 | (1) $(1+i)+(2+4i)=(1+2)+(1+4)i=3+5i$

(2) $(3+6i)-(5+i)=(3-5)+(6-1)i=-2+5i$

(3) $(4-i)(2+3i)=8+12i-2i-3i^2=8+12i-2i+3=11+10i$

(4) $\dfrac{3+4i}{1-2i}=\dfrac{(3+4i)(1+2i)}{(1-2i)(1+2i)}=\dfrac{3+6i+4i+8i^2}{1^2-(2i)^2}=\dfrac{3+6i+4i-8}{1+4}=\dfrac{-5+10i}{5}$
$=-1+2i$

개념 02 복소수의 연산에 대한 성질

세 복소수 z_1, z_2, z_3에 대하여

(1) 교환법칙: $z_1+z_2=z_2+z_1$, $z_1z_2=z_2z_1$

(2) 결합법칙: $(z_1+z_2)+z_3=z_1+(z_2+z_3)$, $(z_1z_2)z_3=z_1(z_2z_3)$

(3) 분배법칙: $z_1(z_2+z_3)=z_1z_2+z_1z_3$, $(z_1+z_2)z_3=z_1z_3+z_2z_3$

실수의 연산에서와 마찬가지로 복소수의 연산에서도 덧셈과 곱셈에 대하여 교환법칙, 결합법칙, 분배법칙이 성립하고, 복소수의 연산의 결과는 항상 복소수 꼴로 나타난다.

| 참고 | 결합법칙이 성립하므로 괄호를 생략하여 다음과 같이 나타낼 수 있다.

$(z_1+z_2)+z_3=z_1+(z_2+z_3)=z_1+z_2+z_3$

$(z_1z_2)z_3=z_1(z_2z_3)=z_1z_2z_3$

개념 03 켤레복소수의 성질

◎ 예제 06, 07

두 복소수 z_1, z_2와 그 켤레복소수 $\overline{z_1}$, $\overline{z_2}$에 대하여

(1) $\overline{(\overline{z_1})}=z_1$

(2) $z_1+\overline{z_1}$, $z_1\overline{z_1}$는 실수이다.

(3) $\overline{z_1}=z_1$이면 z_1은 실수이다. 거꾸로 z_1이 실수이면 $\overline{z_1}=z_1$이다.

(4) $\overline{z_1}=-z_1$이면 z_1은 순허수 또는 0이다. 거꾸로 z_1이 순허수 또는 0이면 $\overline{z_1}=-z_1$이다.

(5) $\overline{z_1+z_2}=\overline{z_1}+\overline{z_2}$, $\overline{z_1-z_2}=\overline{z_1}-\overline{z_2}$

(6) $\overline{z_1z_2}=\overline{z_1}\times\overline{z_2}$, $\overline{\left(\frac{z_2}{z_1}\right)}=\frac{\overline{z_2}}{\overline{z_1}}$ (단, $z_1\neq0$)

| 증명 | $z_1=a+bi$, $z_2=c+di$ (a, b, c, d는 실수)라 하면

(1) $\overline{(\overline{z_1})}=\overline{(\overline{a+bi})}=\overline{a-bi}=a+bi=z_1$

(2) $z_1+\overline{z_1}=(a+bi)+(\overline{a+bi})=(a+bi)+(a-bi)=2a$ ◀ 실수

$z_1\overline{z_1}=(a+bi)(\overline{a+bi})=(a+bi)(a-bi)=a^2+b^2$ ◀ 실수

(3) $\overline{z_1}=z_1$이면 $a-bi=a+bi$에서 $b=0$

즉, $z_1=a$이므로 z_1은 실수이다.

거꾸로 z_1이 실수이면 $b=0$이므로 $\overline{z_1}=\overline{a}=a=z_1$

(4) $\overline{z_1}=-z_1$이면 $a-bi=-(a+bi)$에서 $a=0$

즉, $z_1=bi$이므로 z_1은 순허수 또는 0이다. ($b\neq0$이면 $z_1=$(순허수), $b=0$이면 $z_1=0$)

거꾸로 z_1이 순허수 또는 0이면 $a=0$이므로 $\overline{z_1}=\overline{bi}=-bi=-z_1$

(5) $\overline{z_1+z_2}=\overline{(a+bi)+(c+di)}=\overline{(a+c)+(b+d)i}=(a+c)-(b+d)i$

$\overline{z_1}+\overline{z_2}=\overline{a+bi}+\overline{c+di}=(a-bi)+(c-di)=(a+c)-(b+d)i$

$\therefore\ \overline{z_1+z_2}=\overline{z_1}+\overline{z_2}$

같은 방법으로 $\overline{z_1-z_2}=\overline{z_1}-\overline{z_2}$가 성립함을 확인할 수 있다.

(6) $\overline{z_1z_2}=\overline{(a+bi)(c+di)}=\overline{(ac-bd)+(ad+bc)i}=(ac-bd)-(ad+bc)i$

$\overline{z_1}\times\overline{z_2}=\overline{a+bi}\times\overline{c+di}=(a-bi)(c-di)=(ac-bd)-(ad+bc)i$

$\therefore\ \overline{z_1z_2}=\overline{z_1}\times\overline{z_2}$

같은 방법으로 $\overline{\left(\frac{z_2}{z_1}\right)}=\frac{\overline{z_2}}{\overline{z_1}}$ ($z_1\neq0$)가 성립함을 확인할 수 있다.

개념 확인

• 정답과 해설 30쪽

개념 01

187 다음을 계산하시오.

(1) $2i+(-4i)$

(2) $-3i-i$

(3) $i(3+i)$

(4) $i\times\frac{1}{2-i}$

예제 01 / 복소수의 사칙연산

실수부분은 실수부분끼리, 허수부분은 허수부분끼리 묶어서 계산한다.

다음을 계산하시오.

(1) $(3-2i)+(7+i)$

(2) $(5+4i)(-1+2i)$

(3) $(2-i)^2+(1+3i)^2$

(4) $\dfrac{4+2i}{1-i}+\dfrac{3+i}{1+i}$

• 유형 만렙 공통수학 1 50쪽에서 문제 더 풀기

| 개념 | a, b, c, d가 실수일 때

- $(a+bi)+(c+di)=(a+c)+(b+d)i$
- $(a+bi)-(c+di)=(a-c)+(b-d)i$
- $(a+bi)(c+di)=(ac-bd)+(ad+bc)i$
- $\dfrac{a+bi}{c+di}=\dfrac{(a+bi)(c-di)}{(c+di)(c-di)}=\dfrac{ac+bd}{c^2+d^2}+\dfrac{bc-ad}{c^2+d^2}i$ (단, $c+di\neq0$)

| 풀이 | (1) $(3-2i)+(7+i)=(3+7)+(-2+1)i$
$=10-i$

(2) $(5+4i)(-1+2i)=-5+10i-4i+8i^2$
$=-5+10i-4i-8$
$=-13+6i$

(3) $(2-i)^2+(1+3i)^2=4-4i+i^2+1+6i+9i^2$
$=4-4i-1+1+6i-9$
$=-5+2i$

(4) $\dfrac{4+2i}{1-i}+\dfrac{3+i}{1+i}=\dfrac{(4+2i)(1+i)}{(1-i)(1+i)}+\dfrac{(3+i)(1-i)}{(1+i)(1-i)}$ ◀ 분모, 분자에 각각 분모의 켤레복소수를 곱한다.

$=\dfrac{4+4i+2i+2i^2}{1-i^2}+\dfrac{3-3i+i-i^2}{1-i^2}$

$=\dfrac{4+4i+2i-2}{1+1}+\dfrac{3-3i+i+1}{1+1}$

$=\dfrac{2+6i}{2}+\dfrac{4-2i}{2}$

$=1+3i+2-i$

$=3+2i$

답 (1) $10-i$ (2) $-13+6i$ (3) $-5+2i$ (4) $3+2i$

188 유사

다음을 계산하시오.

(1) $(9+i)-(6-4i)$

(2) $(5-i)(7+3i)$

(3) $(1+2i)^2-(3-i)^2$

(4) $(5-i)^2+\dfrac{2+2i}{1-i}$

189 유사

$(2+i)\overline{(3-2i)}+\dfrac{4}{1+i}$를 계산하시오.

190 변형

$\dfrac{\sqrt{2}+i}{i}+\dfrac{1+\sqrt{2}i}{1-\sqrt{2}i}$를 $a+bi$ (a, b는 실수) 꼴로 나타낼 때, a^2+b^2의 값을 구하시오.

191 변형

교육청

복소수 $\dfrac{a+3i}{2-i}$의 실수부분과 허수부분의 합이 3일 때, 실수 a의 값은? (단, $i=\sqrt{-1}$)

① 1 ② 2 ③ 3
④ 4 ⑤ 5

예제 02 / 복소수가 실수 또는 순허수가 될 조건(1)

복소수 $a+bi$(a, b는 실수)가 ➡ 실수이면 $b=0$, 순허수이면 $a=0$, $b\neq0$

다음 물음에 답하시오.

(1) 복소수 $(1+i)x^2+5x+3-4i$가 실수일 때, 실수 x의 값을 모두 구하시오.

(2) 복소수 $(1+i)x^2+(6-2i)x+8(1-i)$가 순허수일 때, 실수 x의 값을 구하시오.

• 유형 만렙 공통수학 1 51쪽에서 문제 더 풀기

| 풀이 | (1) $(1+i)x^2+5x+3-4i=(x^2+5x+3)+(x^2-4)i$

이 복소수가 실수이려면 (허수부분)$=0$이어야 하므로

$x^2-4=0$, $(x+2)(x-2)=0$ $\quad\therefore x=-2$ 또는 $x=2$

(2) $(1+i)x^2+(6-2i)x+8(1-i)=(x^2+6x+8)+(x^2-2x-8)i$

이 복소수가 순허수이려면 (실수부분)$=0$, (허수부분)$\neq0$이어야 하므로

$x^2+6x+8=0$, $x^2-2x-8\neq0$

$x^2+6x+8=0$에서 $(x+4)(x+2)=0$ $\quad\therefore x=-4$ 또는 $x=-2$ ······ ㉠

$x^2-2x-8\neq0$에서 $(x+2)(x-4)\neq0$ $\quad\therefore x\neq-2$, $x\neq4$ ······ ㉡

㉠, ㉡에서 $x=-4$

답 (1) -2, 2 (2) -4

예제 03 / 복소수가 실수 또는 순허수가 될 조건(2)

복소수 $z=a+bi$(a, b는 실수)에 대하여 ➡ z^2이 실수이면 $a=0$ 또는 $b=0$

복소수 $z=(1+2i)x^2-(3+3i)x+2+i$에 대하여 z^2이 음의 실수일 때, 실수 x의 값을 구하시오.

• 유형 만렙 공통수학 1 51쪽에서 문제 더 풀기

| 풀이 | $z=(1+2i)x^2-(3+3i)x+2+i=(x^2-3x+2)+(2x^2-3x+1)i$

z^2이 음의 실수이려면 z가 순허수이어야 한다. ◀ 제곱해서 음의 실수가 되는 것은 □i 꼴뿐이다.

즉, (실수부분)$=0$, (허수부분)$\neq0$이어야 하므로

$x^2-3x+2=0$, $2x^2-3x+1\neq0$

$x^2-3x+2=0$에서 $(x-1)(x-2)=0$ $\quad\therefore x=1$ 또는 $x=2$ ······ ㉠

$2x^2-3x+1\neq0$에서 $(2x-1)(x-1)\neq0$ $\quad\therefore x\neq\frac{1}{2}$, $x\neq1$ ······ ㉡

㉠, ㉡에서 $x=2$

답 2

TIP 복소수 $z=a+bi$(a, b는 실수)에 대하여

① z^2이 실수 ➡ z가 실수 또는 순허수 ➡ $a=0$ 또는 $b=0$

② z^2이 음의 실수 ➡ z가 순허수 ➡ $a=0$, $b\neq0$

③ z^2이 양의 실수 ➡ z는 0이 아닌 실수 ➡ $a\neq0$, $b=0$

192 예제 02 유사

다음 물음에 답하시오.

(1) 복소수 $x(x-1+xi)-9(1+i)$가 실수일 때, 실수 x의 값을 모두 구하시오.

(2) 복소수 $x^2-(i-3)^2x-20+12i$가 순허수일 때, 실수 x의 값을 구하시오.

193 예제 03 유사

복소수 $z=(1+i)x^2+(1-i)x-6-12i$에 대하여 z^2이 음의 실수일 때, 실수 x의 값을 구하시오.

194 예제 02 변형

두 복소수 $z_1=(2-3i)x^2+x-i$, $z_2=(1-2i)x^2-3x+12-5i$에 대하여 z_1-z_2가 실수일 때, 실수 x의 값을 모두 구하시오.

195 예제 03 변형

복소수 $z=x^2-(7-2i)x+6-4i$에 대하여 z^2이 실수일 때, 모든 실수 x의 값의 합을 구하시오.

예제 04 / 복소수가 서로 같을 조건

실수 a, b, c, d에 대하여 $a+bi=c+di$이면 $a=c$, $b=d$임을 이용한다.

다음 등식을 만족시키는 실수 x, y의 값을 구하시오.

(1) $(3-x)+(x+y)i-2-5i=0$

(2) $\dfrac{x}{1+i}+\dfrac{y}{1-i}=4+6i$

• 유형 만렙 공통수학1 52쪽에서 문제 더 풀기

| 풀이 | (1) 주어진 식의 좌변을 전개하여 (실수부분)+(허수부분)i 꼴로 정리하면

$(-x+1)+(x+y-5)i=0$

복소수가 서로 같을 조건에 의하여

(실수부분)=0, (허수부분)=0이어야 하므로

$-x+1=0$, $x+y-5=0$

$\therefore x=1$, $y=4$

(2) 주어진 식의 좌변을 (실수부분)+(허수부분)i 꼴로 정리하면

$$\frac{x}{1+i}+\frac{y}{1-i}=\frac{x(1-i)+y(1+i)}{(1+i)(1-i)}$$
$$=\frac{(x+y)-(x-y)i}{1+1}$$
$$=\frac{x+y}{2}-\frac{x-y}{2}i$$

따라서 주어진 등식은

$\dfrac{x+y}{2}-\dfrac{x-y}{2}i=4+6i$

복소수가 서로 같을 조건에 의하여

실수부분은 실수부분끼리, 허수부분은 허수부분끼리 서로 같아야 하므로

$\dfrac{x+y}{2}=4$, $-\dfrac{x-y}{2}=6$

$\therefore x+y=8$, $x-y=-12$

두 식을 연립하여 풀면

$x=-2$, $y=10$

답 (1) $x=1$, $y=4$ (2) $x=-2$, $y=10$

196 유사

다음 등식을 만족시키는 실수 x, y의 값을 구하시오.

(1) $(1+2i)x+(3-i)y=5+3i$

(2) $\frac{x}{1+2i}+\frac{y}{1-2i}=4-4i$

197 변형

교육청

$(3+ai)(2-i)=13+bi$를 만족시키는 두 실수 a, b에 대하여 $a+b$의 값을 구하시오.

(단, $i=\sqrt{-1}$이다.)

198 변형

등식 $(4+xi)^2=\overline{y-16i}$를 만족시키는 실수 x, y에 대하여 xy의 값을 구하시오.

199 변형

등식 $(x+i)(y-i)=\frac{10}{3+i}$을 만족시키는 실수 x, y에 대하여 x^2+y^2의 값을 구하시오.

예제 05 복소수가 주어질 때의 식의 값(1)

$z=a+bi$가 주어진 경우 ➡ $z-a=bi$를 제곱하여 식을 변형한다.

$z=\frac{-1+\sqrt{3}i}{2}$일 때, z^3+z^2+3z의 값을 구하시오.

• 유형 만렙 공통수학1 52쪽에서 문제 더 풀기

| 풀이 | $z=\frac{-1+\sqrt{3}i}{2}$의 양변에 2를 곱하면 $2z=-1+\sqrt{3}i$

등식의 우변에 순허수만 남도록 정리하면

$2z+1=\sqrt{3}i$

양변을 제곱하면 $4z^2+4z+1=-3$

$4z^2+4z+4=0 \qquad \therefore z^2+z+1=0$

$\therefore z^3+z^2+3z=z(z^2+z+1)+2z=z\times0+2z$

$=2z=-1+\sqrt{3}i$

답 $-1+\sqrt{3}i$

예제 06 복소수가 주어질 때의 식의 값(2)

x, y가 서로 켤레복소수인 경우 ➡ 구해야 하는 식을 $x+y$, xy를 포함한 식으로 변형한다.

$x=1-2i$, $y=1+2i$일 때, $1+2x+2y+6xy$의 값을 구하시오.

• 유형 만렙 공통수학1 53쪽에서 문제 더 풀기

| 풀이 | x와 y는 서로 켤레복소수이므로 $x+y$, xy의 값을 구하면

◀ x, y가 서로 켤레복소수일 때 $x+y$, xy의 값은 항상 실수임을 이용한다.

$x+y=(1-2i)+(1+2i)=2$

$xy=(1-2i)(1+2i)=1+4=5$

따라서 구하는 식의 값은

$1+2x+2y+6xy=1+2(x+y)+6xy$

$=1+2\times2+6\times5=35$

답 35

200 예제 05 유사

$z=1+\sqrt{3}i$일 때, $3z^2-6z+16$의 값을 구하시오.

201 예제 06 유사

$x=2-\sqrt{2}i$, $y=2+\sqrt{2}i$일 때, x^2y+xy^2+xy의 값을 구하시오.

202 예제 05 변형

$z=\dfrac{2+i}{1-i}$일 때, $4z^3-6z^2+12z+5$의 값을 구하시오.

203 예제 06 변형 교과서

$x=\dfrac{1+i}{2i}$, $y=\dfrac{1-i}{2i}$일 때, x^2-xy+y^2의 값을 구하시오.

예제 07 / 결레복소수의 성질을 이용한 식의 값

두 복소수 z_1, z_2에 대하여 $\overline{z_1 \pm z_2} = \overline{z_1} \pm \overline{z_2}$(복부호 동순)임을 이용하여 식을 변형한다.

$\alpha=2-3i$, $\beta=5+i$일 때, $\alpha\overline{\alpha}+\overline{\alpha}\beta+\alpha\overline{\beta}+\beta\overline{\beta}$의 값을 구하시오. (단, $\overline{\alpha}$, $\overline{\beta}$는 각각 α, β의 켤레복소수)

• 유형 만렙 공통수학1 54쪽에서 문제 더 풀기

| 풀이 | $\alpha\overline{\alpha}+\overline{\alpha}\beta+\alpha\overline{\beta}+\beta\overline{\beta}=\overline{\alpha}(\alpha+\beta)+\overline{\beta}(\alpha+\beta)$

$=(\alpha+\beta)(\overline{\alpha}+\overline{\beta})$

$=(\alpha+\beta)(\overline{\alpha+\beta})$ ◀ $\overline{\alpha}+\overline{\beta}=\overline{\alpha+\beta}$

이때 $\alpha=2-3i$, $\beta=5+i$이므로

$\alpha+\beta=(2-3i)+(5+i)=7-2i$, $\overline{\alpha+\beta}=\overline{7-2i}=7+2i$

$\therefore\ \alpha\overline{\alpha}+\overline{\alpha}\beta+\alpha\overline{\beta}+\beta\overline{\beta}=(\alpha+\beta)(\overline{\alpha+\beta})$

$=(7-2i)(7+2i)$

$=49+4=53$

답 53

예제 08 / 등식을 만족시키는 복소수 구하기

복소수 z에 대한 등식이 주어진 경우 ➡ $z=a+bi$로 놓고 주어진 식에 대입한다.

복소수 z와 그 켤레복소수 $\overline{z}$에 대하여 등식 $z(5-2i)+\overline{z}(4-i)=17+5i$가 성립할 때, 복소수 z를 구하시오.

• 유형 만렙 공통수학1 54쪽에서 문제 더 풀기

| 풀이 | $z=a+bi$ (a, b는 실수)라 하면 $\overline{z}=a-bi$이므로 주어진 등식에 대입하면

$(a+bi)(5-2i)+(a-bi)(4-i)=17+5i$

$5a-2ai+5bi+2b+4a-ai-4bi-b=17+5i$

$(9a+b)+(-3a+b)i=17+5i$

복소수가 서로 같을 조건에 의하여

실수부분은 실수부분끼리 허수부분은 허수부분끼리 서로 같아야 하므로

$9a+b=17$, $-3a+b=5$

두 식을 연립하여 풀면 $a=1$, $b=8$

$\therefore\ z=1+8i$

답 $1+8i$

204 예제 07 유사

$\alpha=-1+4i$, $\beta=1+2i$일 때,
$\alpha\overline{\alpha}-\alpha\overline{\beta}-\overline{\alpha}\beta+\beta\overline{\beta}$의 값을 구하시오.
(단, $\overline{\alpha}$, $\overline{\beta}$는 각각 α, β의 켤레복소수)

205 예제 08 유사

복소수 z와 그 켤레복소수 $\overline{z}$에 대하여 등식
$\frac{z}{i}+3i\overline{z}=-8+6i$가 성립할 때, 복소수 z를 구하시오.

206 예제 07 변형

두 복소수 α, β에 대하여 $\overline{\alpha}+\overline{\beta}=3+i$,
$\overline{\alpha}\times\overline{\beta}=1+i$일 때, $(\alpha+2)(\beta+2)$의 값을 구하시오. (단, $\overline{\alpha}$, $\overline{\beta}$는 각각 α, β의 켤레복소수)

207 예제 08 변형

복소수 z와 그 켤레복소수 $\overline{z}$에 대하여
$z+\overline{z}=-4$, $z\overline{z}=13$이 성립할 때, 복소수 z를 모두 구하시오.

i의 거듭제곱, 음수의 제곱근

개념 01 i의 거듭제곱

예제 09, 10

자연수 n에 대하여 i^n의 값은 $\boldsymbol{i}$, $\boldsymbol{-1}$, $\boldsymbol{-i}$, $\boldsymbol{1}$이 이 순서대로 반복되어 나타나므로 다음과 같은 규칙을 갖는다.

$$i^{4k+1}=i,\ i^{4k+2}=-1,\ i^{4k+3}=-i,\ i^{4k+4}=1$$

(단, k는 음이 아닌 정수)

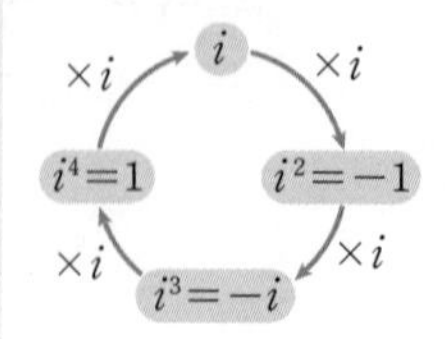

$i^2=-1$이므로 i, i^2, i^3, i^4의 값은 순서대로 i, -1, $-i$, 1이다.

$i^1=i$	$i^5=i^4\times i=i$	$i^9=(i^4)^2\times i=i$	
$i^2=-1$	$i^6=i^4\times i^2=-1$	$i^{10}=(i^4)^2\times i^2=-1$	$\cdots$
$i^3=-i$	$i^7=i^4\times i^3=-i$	$i^{11}=(i^4)^2\times i^3=-i$	
$i^4=1$	$i^8=(i^4)^2=1$	$i^{12}=(i^4)^3=1$	

이와 같이 i의 거듭제곱은 네 수 i, -1, $-i$, 1이 이 순서대로 반복되어 나타남을 알 수 있다.
따라서 음이 아닌 정수 k에 대하여 $i^{4k+1}=i$, $i^{4k+2}=-1$, $i^{4k+3}=-i$, $i^{4k+4}=1$이고,
$i^{4k+1}+i^{4k+2}+i^{4k+3}+i^{4k+4}=0$이다.

| 참고 | i^n(n은 자연수)의 값은 n을 4로 나누었을 때의 나머지에 따라 정해진다.

| 예 |
- $i^{49}=(i^4)^{12}\times i=i$
- $i^{70}=(i^4)^{17}\times i^2=i^2=-1$
- $i^{100}=(i^4)^{25}=1$

개념 02 음수의 제곱근

예제 11

$a>0$일 때

(1) $\sqrt{-a}=\sqrt{a}i$

(2) $-a$의 제곱근은 $\pm\sqrt{a}i$이다.

양수 a에 대하여 제곱하여 a가 되는 수를 a의 제곱근이라 하고, a의 제곱근을 $\pm\sqrt{a}$로 나타낸다.
두 복소수 $\sqrt{2}i$와 $-\sqrt{2}i$를 각각 제곱하면

$$(\sqrt{2}i)^2=2i^2=-2,\ (-\sqrt{2}i)^2=2i^2=-2$$

즉, $\sqrt{2}i$와 $-\sqrt{2}i$는 -2의 제곱근이다.
이와 같이 $a>0$일 때

$$(\sqrt{a}i)^2=ai^2=-a,\ (-\sqrt{a}i)^2=ai^2=-a$$

따라서 $-a$의 제곱근은 $\pm\sqrt{a}i$이다.

개념 03 음수의 제곱근의 성질

◎ 예제 11, 12

(1) $a<0$, $b<0$이면 $\sqrt{a}\sqrt{b}=-\sqrt{ab}$ ◀ 모두 음수인 경우

(2) $a>0$, $b<0$이면 $\dfrac{\sqrt{a}}{\sqrt{b}}=-\sqrt{\dfrac{a}{b}}$ ◀ 분모만 음수인 경우

(1) $a<0$, $b<0$이면 $-a>0$, $-b>0$이므로

$$\sqrt{a}\sqrt{b}=\sqrt{-a}i\times\sqrt{-b}i=\sqrt{-a\times(-b)}\,i^2=-\sqrt{ab}$$

(2) $a>0$, $b<0$이면 $-b>0$이므로

$$\frac{\sqrt{a}}{\sqrt{b}}=\frac{\sqrt{a}}{\sqrt{-b}i}=\frac{\sqrt{a}i}{\sqrt{-b}i^2}=-\sqrt{\frac{a}{-b}}\,i=-\sqrt{\frac{a}{b}}$$

(1), (2)의 경우 외에는 $\sqrt{a}\sqrt{b}=\sqrt{ab}$, $\dfrac{\sqrt{a}}{\sqrt{b}}=\sqrt{\dfrac{a}{b}}$ (단, $b\neq0$)

| 예 | (1) $\sqrt{-3}\sqrt{-5}=\sqrt{3}i\times\sqrt{5}i=\sqrt{15}i^2=-\sqrt{15}$

(2) $\dfrac{\sqrt{2}}{\sqrt{-3}}=\dfrac{\sqrt{2}}{\sqrt{3}i}=\dfrac{\sqrt{2}i}{\sqrt{3}i^2}=-\sqrt{\dfrac{2}{3}}\,i=-\sqrt{-\dfrac{2}{3}}$

| 참고 | • $\sqrt{a}\sqrt{b}=-\sqrt{ab}$이면 $a<0$, $b<0$ 또는 $a=0$ 또는 $b=0$

• $\dfrac{\sqrt{a}}{\sqrt{b}}=-\sqrt{\dfrac{a}{b}}$이면 $a>0$, $b<0$ 또는 $a=0$, $b\neq0$

개념 확인

• 정답과 해설 33쪽

개념 01

208 다음을 간단히 하시오.

(1) i^{15}　　(2) $(-i)^{101}$　　(3) i^{200}

개념 02

209 다음 수의 제곱근을 구하시오.

(1) 4　　(2) -7　　(3) $-\dfrac{1}{16}$

개념 03

210 다음을 계산하시오.

(1) $\sqrt{3}\sqrt{-7}$　　(2) $\sqrt{-2}\sqrt{-4}$　　(3) $\dfrac{\sqrt{20}}{\sqrt{-4}}$

빈출

예제 09 / i의 거듭제곱

i의 거듭제곱은 네 수 i, -1, $-i$, 1이 이 순서대로 반복되어 나타난다.

다음 식을 간단히 하시오.

(1) $i^{30}+i^{71}$

(2) $i+i^2+i^3+\cdots+i^{98}$

(3) $\frac{1}{i}+\frac{1}{i^2}+\frac{1}{i^3}+\cdots+\frac{1}{i^{21}}$

• 유형 만렙 공통수학1 55쪽에서 문제 더 풀기

| 개념 | 음이 아닌 정수 k에 대하여
$i^{4k+1}=i$, $i^{4k+2}=-1$, $i^{4k+3}=-i$, $i^{4k+4}=1$

| 풀이 | (1) $i^{30}+i^{71}=(i^4)^7\times i^2+(i^4)^{17}\times i^3$ ◀ $i^4=1$임을 이용하기 위하여 지수를 4로 나눈다.

$$=i^2+i^3$$
$$=-1-i$$

(2) $i+i^2+i^3+i^4=i+(-1)+(-i)+1=0$이므로

$$i+i^2+i^3+\cdots+i^{98}$$
$$=(i+i^2+i^3+i^4)+(i^5+i^6+i^7+i^8)+\cdots+(i^{93}+i^{94}+i^{95}+i^{96})+i^{97}+i^{98}$$ ◀ 4개씩 묶는다.
$$=(\underbrace{i+i^2+i^3+i^4}_{0})+i^4(\underbrace{i+i^2+i^3+i^4}_{0})+\cdots+i^{92}(\underbrace{i+i^2+i^3+i^4}_{0})+\underbrace{i^{96}}_{1}(i+i^2)$$
$$=0+0+\cdots+0+i+i^2$$
$$=i-1$$

(3) $\frac{1}{i}+\frac{1}{i^2}+\frac{1}{i^3}+\frac{1}{i^4}=\frac{1}{i}-1-\frac{1}{i}+1=0$이므로

$$\frac{1}{i}+\frac{1}{i^2}+\frac{1}{i^3}+\cdots+\frac{1}{i^{21}}$$
$$=\left(\frac{1}{i}+\frac{1}{i^2}+\frac{1}{i^3}+\frac{1}{i^4}\right)+\left(\frac{1}{i^5}+\frac{1}{i^6}+\frac{1}{i^7}+\frac{1}{i^8}\right)+\cdots+\left(\frac{1}{i^{17}}+\frac{1}{i^{18}}+\frac{1}{i^{19}}+\frac{1}{i^{20}}\right)+\frac{1}{i^{21}}$$ ◀ 4개씩 묶는다.
$$=\left(\underbrace{\frac{1}{i}+\frac{1}{i^2}+\frac{1}{i^3}+\frac{1}{i^4}}_{0}\right)+\frac{1}{i^4}\left(\underbrace{\frac{1}{i}+\frac{1}{i^2}+\frac{1}{i^3}+\frac{1}{i^4}}_{0}\right)+\cdots+\frac{1}{i^{16}}\left(\underbrace{\frac{1}{i}+\frac{1}{i^2}+\frac{1}{i^3}+\frac{1}{i^4}}_{0}\right)+\underbrace{\frac{1}{i^{20}}}_{1}\times\frac{1}{i}$$
$$=0+0+\cdots+0+\frac{1}{i}$$
$$=-i$$

답 (1) $-1-i$ (2) $i-1$ (3) $-i$

TIP i의 거듭제곱의 합

i의 거듭제곱의 합을 구할 때 다음을 이용한다.

① $i+i^2+i^3+i^4=0$

② $\frac{1}{i}+\frac{1}{i^2}+\frac{1}{i^3}+\frac{1}{i^4}=0$

211 유사

다음 식을 간단히 하시오.

(1) $i^{45}+i^{60}$

(2) $1+i+i^2+i^3+\cdots+i^{2048}$

(3) $\frac{1}{i}+\frac{1}{i^2}+\frac{1}{i^3}+\cdots+\frac{1}{i^{500}}$

212 변형

교과서

$i+2i^2+3i^3+\cdots+12i^{12}$을 간단히 하시오.

213 변형

등식 $\frac{2}{i}+\frac{4}{i^2}+\frac{6}{i^3}+\cdots+\frac{40}{i^{20}}=a+bi$를 만족시키는 실수 a, b에 대하여 $a+b$의 값을 구하시오.

214 변형

다음 식

$$\left(i+\frac{1}{i}\right)+\left(i^2+\frac{1}{i^2}\right)+\left(i^3+\frac{1}{i^3}\right)+\cdots+\left(i^{50}+\frac{1}{i^{50}}\right)$$

을 간단히 하시오.

예제 10 / 복소수의 거듭제곱

z^n의 값을 구할 때는 z를 간단히 하거나 z^2을 구하여 i의 거듭제곱을 이용한다.

다음 식을 간단히 하시오.

(1) $\left(\frac{1-i}{1+i}\right)^{1006}$

(2) $\left(\frac{1-i}{\sqrt{2}}\right)^{20}$

• 유형 만렙 공통수학 1 56쪽에서 문제 더 풀기

| 풀이 | (1) $\frac{1-i}{1+i}=\frac{(1-i)^2}{(1+i)(1-i)}=\frac{1-2i-1}{1+1}=-i$이므로 ◀ i의 거듭제곱을 이용하기 위하여 괄호 안의 식을 간단히 한다.

$$\left(\frac{1-i}{1+i}\right)^{1006}=(-i)^{1006}=i^{1006}=(i^4)^{251}\times i^2$$
$$=i^2=-1$$

(2) $\left(\frac{1-i}{\sqrt{2}}\right)^2=\frac{1-2i-1}{2}=-i$이므로 ◀ i의 거듭제곱을 이용하기 위하여 괄호 안의 식의 제곱값을 이용한다.

$$\left(\frac{1-i}{\sqrt{2}}\right)^{20}=\left\{\left(\frac{1-i}{\sqrt{2}}\right)^2\right\}^{10}=(-i)^{10}=i^{10}$$
$$=(i^4)^2\times i^2=i^2=-1$$

답 (1) -1 (2) -1

| 다른 풀이 | (1) $\left(\frac{1-i}{1+i}\right)^2=\frac{1-2i-1}{1+2i-1}=-1$이므로

$$\left(\frac{1-i}{1+i}\right)^{1006}=\left\{\left(\frac{1-i}{1+i}\right)^2\right\}^{503}$$
$$=(-1)^{503}=-1$$

TIP 복소수의 거듭제곱에서 자주 나오는 형태

복소수의 거듭제곱에서 자연수 n에 대하여 다음이 자주 이용된다.

① $\left(\frac{1+i}{1-i}\right)^n$, $\left(\frac{1-i}{1+i}\right)^n$ 꼴이 주어지면 각각 $\frac{1+i}{1-i}=i$, $\frac{1-i}{1+i}=-i$임을 이용한다.

② $(1+i)^n$, $(1-i)^n$ 꼴이 주어지면 각각 $(1+i)^2=2i$, $(1-i)^2=-2i$임을 이용한다.

③ $\left(\frac{1+i}{\sqrt{2}}\right)^n$, $\left(\frac{1-i}{\sqrt{2}}\right)^n$ 꼴이 주어지면 각각 $\left(\frac{1+i}{\sqrt{2}}\right)^2=i$, $\left(\frac{1-i}{\sqrt{2}}\right)^2=-i$임을 이용한다.

215 유사

다음 식을 간단히 하시오.

(1) $\left(\frac{1+i}{1-i}\right)^{135}$

(2) $(1-i)^{20}$

216 변형

$\left(\frac{1+i}{i}\right)^{12}-\left(\frac{1-i}{i}\right)^{14}$의 값을 구하시오.

217 변형

n이 홀수일 때, $\left(\frac{\sqrt{2}}{1+i}\right)^{4n}+\left(\frac{\sqrt{2}}{1-i}\right)^{4n}$을 간단히 하시오.

218 변형

복소수 $z=\frac{1-i}{\sqrt{2}i}$에 대하여 등식 $z^n=1$을 만족시키는 자연수 n의 최솟값을 구하시오.

예제 11 / 음수의 제곱근의 계산

• $a<0$, $b<0$이면 $\sqrt{a}\sqrt{b}=-\sqrt{ab}$ • $a>0$, $b<0$이면 $\dfrac{\sqrt{a}}{\sqrt{b}}=-\sqrt{\dfrac{a}{b}}$

다음을 계산하시오.

(1) $\sqrt{-2}\sqrt{-8}+\sqrt{2}\sqrt{-8}+\sqrt{-9}$

(2) $\dfrac{\sqrt{-18}}{\sqrt{-2}}+\dfrac{\sqrt{54}}{\sqrt{-6}}-\dfrac{\sqrt{-12}\sqrt{3}}{\sqrt{-4}}$

• 유형 만렙 공통수학1 56쪽에서 문제 더 풀기

| 풀이 | 음수의 제곱근의 성질을 이용하여 계산하면 다음과 같다.

(1) $\sqrt{-2}\sqrt{-8}+\sqrt{2}\sqrt{-8}+\sqrt{-9}=-\sqrt{(-2)\times(-8)}+\sqrt{2\times(-8)}+\sqrt{-9}$

$=-\sqrt{16}+\sqrt{-16}+\sqrt{-9}$

$=-4+4i+3i$

$=-4+7i$

◀ $a<0$, $b<0$이면 $\sqrt{a}\sqrt{b}=-\sqrt{ab}$
그 외에는 $\sqrt{a}\sqrt{b}=\sqrt{ab}$

(2) $\dfrac{\sqrt{-18}}{\sqrt{-2}}+\dfrac{\sqrt{54}}{\sqrt{-6}}-\dfrac{\sqrt{-12}\sqrt{3}}{\sqrt{-4}}=\sqrt{\dfrac{-18}{-2}}-\sqrt{\dfrac{54}{-6}}-\dfrac{\sqrt{(-12)\times3}}{\sqrt{-4}}$

$=\sqrt{9}-\sqrt{-9}-\sqrt{\dfrac{-36}{-4}}$

$=3-3i-\sqrt{9}$

$=-3i$

◀ $a>0$, $b<0$이면 $\dfrac{\sqrt{a}}{\sqrt{b}}=-\sqrt{\dfrac{a}{b}}$
그 외에는 $\dfrac{\sqrt{a}}{\sqrt{b}}=\sqrt{\dfrac{a}{b}}$

답 (1) $-4+7i$ (2) $-3i$

| 다른 풀이 | $a>0$일 때 $\sqrt{-a}=\sqrt{a}i$임을 이용하여 계산하면 다음과 같다.

(1) $\sqrt{-2}\sqrt{-8}+\sqrt{2}\sqrt{-8}+\sqrt{-9}=\sqrt{2}i\times\sqrt{8}i+\sqrt{2}\sqrt{8}i+\sqrt{9}i$

$=-\sqrt{16}+\sqrt{16}i+3i$

$=-4+7i$

(2) $\dfrac{\sqrt{-18}}{\sqrt{-2}}+\dfrac{\sqrt{54}}{\sqrt{-6}}-\dfrac{\sqrt{-12}\sqrt{3}}{\sqrt{-4}}=\dfrac{\sqrt{18}i}{\sqrt{2}i}+\dfrac{\sqrt{54}}{\sqrt{6}i}-\dfrac{\sqrt{12}i\times\sqrt{3}}{\sqrt{4}i}$

$=\sqrt{9}+\dfrac{\sqrt{9}}{i}-\sqrt{3}\times\sqrt{3}$

$=\sqrt{9}-\sqrt{9}i-\sqrt{9}$

$=-3i$

219 유사

다음을 계산하시오.

(1) $\sqrt{-6}\sqrt{6}+\sqrt{9}\sqrt{-18}\sqrt{-2}+\sqrt{-64}$

(2) $\frac{\sqrt{27}}{\sqrt{-3}}+\sqrt{-16}+\frac{\sqrt{-28}}{\sqrt{7}}$

220 변형

교과서

$\sqrt{-2}\times\left(\sqrt{-32}-\frac{\sqrt{-25}}{\sqrt{2}}\right)$를 계산하시오.

221 변형

등식

$\sqrt{-2}\sqrt{-8}+\sqrt{(-3)^2}+\frac{\sqrt{-4}\sqrt{-6}}{\sqrt{-3}}=a+bi$

를 만족시키는 실수 a, b의 값을 구하시오.

222 변형

등식 $(1+3i)x+(1-i)y=-4$를 만족시키는 실수 x, y에 대하여 $\sqrt{x}\sqrt{3y}-\frac{\sqrt{-12x}}{\sqrt{y}}$의 값을 구하시오.

예제 12 / 음수의 제곱근의 성질

$\sqrt{a}\sqrt{b}=-\sqrt{ab}$, $\frac{\sqrt{a}}{\sqrt{b}}=-\sqrt{\frac{a}{b}}$ 를 만족시키는 a, b의 부호를 파악하여 식을 간단히 한다.

다음 물음에 답하시오.

(1) 0이 아닌 두 실수 a, b에 대하여 $\sqrt{a}\sqrt{b}=-\sqrt{ab}$일 때, $|ab|-\sqrt{a^2}+\sqrt{(a+b)^2}$을 간단히 하시오.

(2) 0이 아닌 두 실수 a, b에 대하여 $\frac{\sqrt{a}}{\sqrt{b}}=-\sqrt{\frac{a}{b}}$ 일 때, $\sqrt{(2a-b)^2}-\sqrt{16b^2}$을 간단히 하시오.

• 유형 만렙 공통수학 1 57쪽에서 문제 더 풀기

| 개념 | 0이 아닌 두 실수 a, b에 대하여
- $\sqrt{a}\sqrt{b}=-\sqrt{ab}$ 이면 $a<0$, $b<0$
- $\frac{\sqrt{a}}{\sqrt{b}}=-\sqrt{\frac{a}{b}}$ 이면 $a>0$, $b<0$

| 풀이 | (1) 0이 아닌 두 실수 a, b에 대하여 $\sqrt{a}\sqrt{b}=-\sqrt{ab}$이므로 $a<0$, $b<0$

$\therefore \sqrt{a^2}=|a|=-a$ ◀ $\sqrt{A^2}=|A|=\begin{cases} A & (A\geq 0) \\ -A & (A<0) \end{cases}$임을 이용한다.

$a<0$, $b<0$이면 $ab>0$, $a+b<0$이므로

$|ab|=ab$, $\sqrt{(a+b)^2}=|a+b|=-(a+b)$

$\therefore |ab|-\sqrt{a^2}+\sqrt{(a+b)^2}=ab-(-a)-(a+b)$

$=ab-b$

(2) 0이 아닌 두 실수 a, b에 대하여 $\frac{\sqrt{a}}{\sqrt{b}}=-\sqrt{\frac{a}{b}}$ 이므로 $a>0$, $b<0$

$a>0$, $b<0$이면 $2a-b>0$이므로

$\sqrt{(2a-b)^2}=|2a-b|=2a-b$ ◀ $\sqrt{A^2}=|A|=\begin{cases} A & (A\geq 0) \\ -A & (A<0) \end{cases}$임을 이용한다.

또 $b<0$이므로

$\sqrt{16b^2}=|4b|=-4b$

$\therefore \sqrt{(2a-b)^2}-\sqrt{16b^2}=2a-b-(-4b)$

$=2a+3b$

답 (1) $ab-b$ (2) $2a+3b$

223 유사

0이 아닌 두 실수 a, b에 대하여 $\sqrt{a}\sqrt{b}=-\sqrt{ab}$일 때, $\sqrt{(a+b)^2}-3\sqrt{a^2}+|b|$를 간단히 하시오.

224 유사

0이 아닌 두 실수 a, b에 대하여 $\frac{\sqrt{a}}{\sqrt{b}}=-\sqrt{\frac{a}{b}}$일 때, $\sqrt{(a-b)^2}+|b-2|-\sqrt{(a+1)^2}$을 간단히 하시오.

225 변형

실수 a에 대하여 $\sqrt{-3}\sqrt{2a-9}=-\sqrt{27-6a}$를 만족시키는 모든 자연수 a의 값의 합을 구하시오.

226 변형

$a\neq3$, $b\neq1$인 두 실수 a, b에 대하여 $\frac{\sqrt{b-1}}{\sqrt{3-a}}=-\sqrt{\frac{b-1}{3-a}}$일 때, $\sqrt{(1-a)^2}+|b+3|$을 간단히 하시오.

연습문제

1단계

227 다음 중 옳지 않은 것은?

① $\sqrt{3}$은 복소수이다.
② $1+i$의 켤레복소수는 $1-i$이다.
③ 복소수 $a+bi$ (a, b는 실수)는 $b=0$일 때 실수이다.
④ $3+2i$의 허수부분은 $2i$이다.
⑤ $6i$의 실수부분은 0이다.

교육청

228 복소수 $z=2+i$의 켤레복소수가 $\bar{z}$일 때, $z+i\bar{z}$의 값은? (단, $i=\sqrt{-1}$)

① $1-3i$ ② $1+i$ ③ $1+3i$
④ $3-i$ ⑤ $3+3i$

229 복소수

$$z=(1-i)(1+i)x^2+(2i-8)x+4i-24$$

에 대하여 z가 실수일 때의 실수 x의 값을 a, z가 순허수일 때의 실수 x의 값을 b라 하자. 이때 $a+b$의 값을 구하시오.

230 등식 $\dfrac{2x}{1-i}-4y=\dfrac{5}{2+i}$를 만족시키는 실수 x, y에 대하여 xy의 값을 구하시오.

231 두 복소수 α, β에 대하여 $\overline{\alpha+\beta}=3+i$일 때, $\alpha\bar{\alpha}+\bar{\alpha}\beta+\alpha\bar{\beta}+\beta\bar{\beta}$의 값을 구하시오.
(단, $\bar{\alpha}$, $\bar{\beta}$는 각각 α, β의 켤레복소수)

교육청

232 $i+2i^2+3i^3+4i^4+5i^5=a+bi$일 때, $3a+2b$의 값을 구하시오.
(단, $i=\sqrt{-1}$이고, a, b는 실수이다.)

233 $(1-i)^{60}+(1+i)^{60}$을 간단히 하면?

① -2^{31} ② -2^{30} ③ 0
④ 2^{30} ⑤ 2^{31}

• 정답과 해설 35쪽

234 보기에서 옳은 것만을 있는 대로 고르시오.

보기

ㄱ. $\dfrac{\sqrt{-3}}{\sqrt{-2}}=\dfrac{\sqrt{6}}{2}$

ㄴ. $\sqrt{-2}\sqrt{3}=-\sqrt{6}$

ㄷ. $\sqrt{(-2)^2\times(-3)}=2\sqrt{3}i$

ㄹ. $\dfrac{\sqrt{(-3)^2}}{\sqrt{-2}}=\dfrac{3\sqrt{2}}{2}i$

235 0이 아닌 두 실수 a, b에 대하여 $\dfrac{\sqrt{a}}{\sqrt{b}}=-\sqrt{\dfrac{a}{b}}$ 일 때, 다음 중 옳은 것은?

① $|ab|=ab$ ② $\sqrt{a^2}=-a$

③ $\dfrac{\sqrt{b}}{\sqrt{a}}=-\sqrt{\dfrac{b}{a}}$ ④ $\sqrt{a}\sqrt{b}=\sqrt{ab}$

⑤ $\sqrt{-a}\sqrt{-b}=-\sqrt{ab}$

2단계

236 복소수 $z=(1+i)x^2+(1-i)x-(2+6i)$에 대하여 z^2이 음의 실수일 때, 실수 x의 값과 그때의 z의 값의 곱을 구하시오.

237 $z=\dfrac{1-\sqrt{2}i}{1+\sqrt{2}i}$일 때, $6z^3+z^2+4z+10$의 값을 구하시오.

238 복소수 z에 대하여 $\overline{z}^2=-1+4i$일 때, z^4+3z^2+20의 값을 구하시오. (단, $\overline{z}$는 z의 켤레복소수)

239 $x=\dfrac{1}{1+i}$, $y=\dfrac{1}{1-i}$일 때, $\dfrac{y}{x^2}+\dfrac{x}{y^2}$의 값을 구하시오.

240 두 복소수 α, β에 대하여 $\alpha\overline{\alpha}=1$, $\beta\overline{\beta}=1$, $\alpha+\beta=i$일 때, $\dfrac{2}{\alpha}+\dfrac{2}{\beta}$의 값을 구하시오. (단, $\overline{\alpha}$, $\overline{\beta}$는 각각 α, β의 켤레복소수)

연습문제

• 정답과 해설 37쪽

교육청

241 실수부분이 1인 복소수 z에 대하여

$\frac{z}{2+i}+\frac{\overline{z}}{2-i}=2$일 때, $z\overline{z}$의 값은?

(단, $i=\sqrt{-1}$이고, $\overline{z}$는 z의 켤레복소수이다.)

① 2 ② 4 ③ 6
④ 8 ⑤ 10

242 0이 아닌 복소수 z와 그 켤레복소수 $\overline{z}$에 대하여 보기에서 옳은 것만을 있는 대로 고른 것은?

보기

ㄱ. $z\overline{z}$는 실수이다.

ㄴ. $\frac{1}{z}+\frac{1}{\overline{z}}$은 실수이다.

ㄷ. $z=-\overline{z}$이면 z는 순허수이다.

① ㄱ ② ㄷ ③ ㄱ, ㄴ
④ ㄱ, ㄷ ⑤ ㄱ, ㄴ, ㄷ

243 0이 아닌 두 실수 x, y에 대하여

$\sqrt{x}\sqrt{y}=-\sqrt{xy}$가 성립하고,

$x(x-2)+y(y+3)i=8+10i$를 만족시킨다.

이때 xy의 값을 구하시오.

3단계

244 복소수 z에 대하여 z^2+2z가 실수일 때, 보기에서 옳은 것만을 있는 대로 고른 것은?

(단, $\overline{z}$는 z의 켤레복소수)

보기

ㄱ. $z^2+2z=\overline{z^2+2z}$

ㄴ. $z+\overline{z}=-2$

ㄷ. $z\overline{z}>1$

① ㄱ ② ㄴ ③ ㄱ, ㄴ
④ ㄱ, ㄷ ⑤ ㄱ, ㄴ, ㄷ

245 등식

$\frac{1}{i}-\frac{1}{i^2}+\frac{1}{i^3}-\frac{1}{i^4}+\cdots+\frac{(-1)^{n+1}}{i^n}=1$이 성립하도록 하는 50 이하의 자연수 n의 개수를 구하시오.

교과서

246 $z=\frac{1-i}{\sqrt{2}}$일 때, $z+z^2+z^3+\cdots+z^{39}$의 값을 구하시오.

Ⅱ. 방정식과 부등식

2 이차방정식

01 이차방정식의 판별식
02 이차방정식의 근과 계수의 관계

Review

일차방정식

01 방정식 $ax=b$의 풀이

▶ 중학 수학 1

x에 대한 방정식 $ax=b$의 해는 다음과 같다.

(1) $a\neq0$일 때, $x=\dfrac{b}{a}$ ◀ 오직 하나의 해

(2) $a=0$일 때, $\begin{cases} b\neq0\text{이면 해는 없다.} \\ b=0\text{이면 해는 무수히 많다.} \end{cases}$

◀ x에 어떤 값을 대입하여도 성립하지 않는다.
◀ x에 어떤 값을 대입하여도 항상 성립한다.

| 예 | x에 대한 방정식 $(a-1)(a-3)x=a-3$을 풀어 보자.

(i) $a-1\neq0$, $a-3\neq0$, 즉 $a\neq1$, $a\neq3$일 때,

$x=\dfrac{a-3}{(a-1)(a-3)}=\dfrac{1}{a-1}$

(ii) $a-1=0$, 즉 $a=1$일 때,

$0\times x=-2$가 되어 x에 어떤 값을 대입하여도 항상 등식이 성립하지 않으므로 해는 없다.

(iii) $a-3=0$, 즉 $a=3$일 때,

$0\times x=0$이 되어 x에 어떤 값을 대입하여도 항상 등식이 성립하므로 해는 무수히 많다.

02 절댓값 기호를 포함한 방정식

절댓값 기호를 포함한 방정식은 절댓값의 성질 $|A|=\begin{cases} -A\ (A<0) \\ A\ (A\geq0) \end{cases}$를 이용하여 절댓값 기호 안의 식의 값이 0이 되는 x의 값을 기준으로 구간을 나누어 푼다.

절댓값의 성질을 이용하여 방정식을 푸는 방법은 다음과 같다.

① 절댓값 기호 안의 식의 값이 0이 되는 x의 값을 기준으로 x의 값의 범위를 나눈다.

② 각 범위에서 절댓값 기호를 없앤 후 x의 값을 구한다.
이때 구한 x의 값 중 해당 범위에 속하는 것만 주어진 방정식의 해이다.

| 참고 | 절댓값은 수직선 위에서 원점과 어떤 수에 대응하는 점 사이의 거리를 의미한다.

| 예 | 방정식 $|x-3|=2x$를 풀어 보자.

주어진 방정식에서 절댓값 기호 안의 식의 값이 0이 되는 x의 값은 $x-3=0$에서 $x=3$
이 값을 기준으로 x의 값의 범위를 나누면

(i) $x<3$일 때,

$|x-3|=-(x-3)$이므로 $-(x-3)=2x$, $3x=3$ $\quad\therefore x=1$ ◀ $x<3$을 만족시킨다.

(ii) $x\geq3$일 때,

$|x-3|=x-3$이므로 $x-3=2x$ $\quad\therefore x=-3$

그런데 $x\geq3$이므로 $x=-3$은 해가 아니다.

(i), (ii)에서 주어진 방정식의 해는 $x=1$

1 이차방정식

개념 01 이차방정식의 뜻

$ax^2+bx+c=0$ (a, b, c는 상수, $a\neq0$)과 같이 나타낼 수 있는 방정식을 x에 대한 **이차방정식**이라 한다.
(최고차항이 이차항인 방정식)

| 참고 | • '이차방정식 $ax^2+bx+c=0$'이라 하면 ➡ $a\neq0$이라는 뜻을 포함하고 있는 것으로 생각한다.
'방정식 $ax^2+bx+c=0$'이라 하면 ➡ $\begin{cases} a\neq0\text{일 때} \\ a=0\text{일 때} \end{cases}$ 로 나누어 생각한다.
• 이차방정식의 계수는 실수인 것만 다룬다.

| 예 | • 방정식 $3x+1=x^2+3x-3$을 정리하면 $x^2-4=0$ ➡ 이차방정식
• 방정식 $2x^2-x+1=2x^2-3x+2$를 정리하면 $2x-1=0$ ➡ 일차방정식

개념 02 이차방정식의 실근과 허근

계수가 실수인 이차방정식은 복소수의 범위에서 항상 근이 존재한다.
이때 실수인 근을 **실근**, 허수인 근을 **허근**이라 한다.

중학교 과정에서는 이차방정식의 근을 실수 범위에서만 생각하여 $x^2=-4$의 근은 존재하지 않는다고 하였다. 그러나 근의 범위를 복소수까지 확장하면 $x^2=-4$의 근은 $x=\pm2i$로 존재한다.
고등학교 과정에서는 특별한 언급이 없으면 이차방정식의 근을 복소수의 범위에서 구한다.

| 참고 | 계수가 실수인 이차방정식은 복소수의 범위에서 반드시 두 개의 근을 갖는다.
특히 두 실근이 서로 같을 때, 이 근을 중근이라 한다.

개념 03 이차방정식의 풀이

예제 01~05

(1) 인수분해를 이용

x에 대한 이차방정식 $(ax-b)(cx-d)=0$의 근은

$$x=\frac{b}{a} \text{ 또는 } x=\frac{d}{c}$$

(2) 근의 공식을 이용

계수가 실수인 x에 대한 이차방정식 $ax^2+bx+c=0$의 근은

$$x=\frac{-b\pm\sqrt{b^2-4ac}}{2a}$$ ◀ 근의 공식

특히 이차방정식 $ax^2+2b'x+c=0\,(b=2b'$ 꼴)의 근은

$$x=\frac{-b'\pm\sqrt{b'^2-ac}}{a}$$ ◀ 짝수 근의 공식(일차항의 계수가 짝수일 때)

| 증명 | 근의 공식의 유도

이차방정식 $ax^2+bx+c=0$에서 $ax^2+bx=-c$ ◀ 상수항을 우변으로 이항한다.

$x^2+\frac{b}{a}x=-\frac{c}{a}\ (\because a\neq0)$ ◀ 양변을 이차항의 계수로 나눈다.

$x^2+\frac{b}{a}x+\left(\frac{b}{2a}\right)^2=-\frac{c}{a}+\left(\frac{b}{2a}\right)^2$ ◀ 양변에 $\left(\frac{b}{2a}\right)^2$을 더한다.

$\left(x+\frac{b}{2a}\right)^2=\frac{b^2-4ac}{4a^2}$ ◀ 좌변을 완전제곱식으로 나타낸다.

$x+\frac{b}{2a}=\pm\sqrt{\frac{b^2-4ac}{4a^2}}$ ◀ $x^2=k$이면 $x=\pm\sqrt{k}$임을 이용한다.

$\therefore x=\frac{-b\pm\sqrt{b^2-4ac}}{2a}$ ◀ 좌변의 상수항을 우변으로 이항한다.

이차방정식 $ax^2+bx+c=0$에서 x의 계수 b가 짝수, 즉 $b=2b'$ 꼴이면

$b^2-4ac=(2b')^2-4ac=4(b'^2-ac)$이므로

$$x=\frac{-b\pm\sqrt{b^2-4ac}}{2a}=\frac{-2b'\pm2\sqrt{b'^2-ac}}{2a}=\frac{-b'\pm\sqrt{b'^2-ac}}{a}$$

| 예 | (1) 인수분해를 이용하여 이차방정식 $x^2-\sqrt{5}x-1-\sqrt{5}=0$을 풀어 보자.

좌변을 인수분해하면

$(x+1)\{x-(1+\sqrt{5})\}=0$

$\therefore x=-1$ 또는 $x=1+\sqrt{5}$

$x \quad 1$, $x \quad -(1+\sqrt{5})$; $1 + (-(1+\sqrt{5})) = -\sqrt{5}$

(2) 근의 공식을 이용하여 이차방정식 $2x^2-x+3=0$을 풀어 보자.

좌변이 유리수 범위에서 인수분해되지 않으므로

$$x=\frac{-(-1)\pm\sqrt{(-1)^2-4\times2\times3}}{2\times2}=\frac{1\pm\sqrt{23}i}{4}$$

| 참고 | 근의 공식 $x=\frac{-b\pm\sqrt{b^2-4ac}}{2a}$에서 근호 안의 식 b^2-4ac의 부호에 따라

$b^2-4ac\geq0$이면 $\sqrt{b^2-4ac}$는 실수, $b^2-4ac<0$이면 $\sqrt{b^2-4ac}$는 허수이다.

따라서 계수가 실수인 이차방정식은 복소수의 범위에서 반드시 근을 갖는다.

개념 02

247 다음 이차방정식을 풀고, 방정식의 근이 실근인지 허근인지 구분하시오.

(1) $x^2+16=0$

(2) $x^2-24=0$

(3) $(x-1)^2=0$

(4) $2x^2+6=0$

개념 03

248 인수분해를 이용하여 다음 이차방정식을 푸시오.

(1) $x^2+5x=0$

(2) $x^2-x-12=0$

(3) $x^2+4x-32=0$

(4) $\frac{1}{2}x^2-2x-6=0$

(5) $2x^2-7x+3=0$

(6) $4x^2+4x+1=0$

개념 03

249 근의 공식을 이용하여 다음 이차방정식을 푸시오.

(1) $x^2-x-3=0$

(2) $x^2+2x+5=0$

(3) $x^2-8x+4=0$

(4) $2x^2-5x+1=0$

(5) $3x^2+6x-2=0$

(6) $4x^2+2\sqrt{2}x+5=0$

예제 01 / 이차방정식의 풀이

인수분해 또는 근의 공식 $x=\frac{-b\pm\sqrt{b^2-4ac}}{2a}$ 를 이용하여 푼다.

이차방정식 $2(x+2)^2=6x-5$를 푸시오.

• 유형 만렙 공통수학 1 66쪽에서 문제 더 풀기

| 풀이 | 주어진 이차방정식의 좌변을 전개하여 정리하면

$2(x^2+4x+4)=6x-5$

$2x^2+8x+8=6x-5$

$2x^2+2x+13=0$

좌변이 유리수 범위에서 인수분해되지 않으므로 근의 공식을 적용하여 풀면

$x=\frac{-1\pm\sqrt{1^2-2\times13}}{2}=\frac{-1\pm5i}{2}$ ◀ 짝수 근의 공식

답 $x=\frac{-1\pm5i}{2}$

예제 02 / 이차항의 계수가 무리수인 이차방정식의 풀이

이차항의 계수가 무리수인 이차방정식 ➡ 계수를 유리화한 후 푼다.

이차방정식 $(\sqrt{2}-1)x^2-\sqrt{2}x+1=0$을 푸시오.

• 유형 만렙 공통수학 1 66쪽에서 문제 더 풀기

| 개념 | $(\sqrt{a}-b)x^2+cx+d=0$ 꼴의 이차방정식은 $\sqrt{a}+b$를 양변에 곱한 후 $(\sqrt{a}+b)(\sqrt{a}-b)=a-b^2$임을 이용하여 이차항의 계수를 유리수로 바꾸어 푼다.

| 풀이 | 이차항의 계수가 무리수이므로 주어진 이차방정식의 양변에 $\sqrt{2}+1$을 곱하여 유리화하면

└ 무리수에 적당한 값을 곱하여 유리수로 고치는 것

$(\sqrt{2}+1)(\sqrt{2}-1)x^2-\sqrt{2}(\sqrt{2}+1)x+(\sqrt{2}+1)=0$

$x^2-(2+\sqrt{2})x+\sqrt{2}+1=0$

좌변을 인수분해하면

$x \to -1$, $x \to -(\sqrt{2}+1)$; $-1 + \{-(\sqrt{2}+1)\} = -(2+\sqrt{2})$

$(x-1)\{x-(\sqrt{2}+1)\}=0$

$\therefore x=1$ 또는 $x=\sqrt{2}+1$

답 $x=1$ 또는 $x=\sqrt{2}+1$

250 예제 01 유사

다음 이차방정식을 푸시오.

(1) $3(x-1)(x+5)=x(x+6)+7$

(2) $\frac{3x^2+1}{8}-\frac{x}{2}=\frac{x^2-1}{3}$

251 예제 02 유사

다음 이차방정식을 푸시오.

(1) $(\sqrt{2}+1)x^2-(3+\sqrt{2})x+2=0$

(2) $(2+\sqrt{3})x^2+(1+\sqrt{3})x-1=0$

252 예제 01 변형

이차방정식 $4(x-5)=(3-x)^2$의 해가 $x=a\pm bi$일 때, 실수 a, b에 대하여 a^2+b^2의 값을 구하시오. (단, $i=\sqrt{-1}$)

253 예제 02 변형

이차방정식 $(\sqrt{3}-1)x^2+(3-\sqrt{3})x+4-2\sqrt{3}=0$의 두 근을 α, β라 할 때, $\alpha-\beta$의 값을 구하시오.

(단, α는 정수)

예제 03 / 한 근이 주어진 이차방정식

이차방정식의 한 근이 α ➡ $x=\alpha$를 이차방정식에 대입하면 등식이 성립한다.

다음 물음에 답하시오.

(1) 이차방정식 $x^2+2x+k=0$의 한 근이 -3일 때, 상수 k의 값과 다른 한 근을 차례대로 구하시오.

(2) x에 대한 이차방정식 $(k+2)x^2+3x-k^2+1=0$의 한 근이 1일 때, 상수 k의 값과 다른 한 근을 차례대로 구하시오.

• 유형 만렙 공통수학 1 66쪽에서 문제 더 풀기

| 풀이 | (1) 이차방정식 $x^2+2x+k=0$의 한 근이 -3이므로 $x=-3$을 대입하면

$9-6+k=0 \qquad \therefore k=-3$

이를 주어진 이차방정식에 대입한 후 해를 구하면

$x^2+2x-3=0$, $(x+3)(x-1)=0$

$\therefore x=-3$ 또는 $x=1$

따라서 다른 한 근은 1이다.

(2) $(k+2)x^2+3x-k^2+1=0$이 x에 대한 이차방정식이므로 x^2의 계수가 0이 아니다.

즉, $k+2\neq0$이므로 $k\neq-2$

이 이차방정식의 한 근이 1이므로 $x=1$을 대입하면

$k+2+3-k^2+1=0$

$k^2-k-6=0$, $(k+2)(k-3)=0 \qquad \therefore k=-2$ 또는 $k=3$

그런데 $k\neq-2$이므로 $k=3$

이를 주어진 이차방정식에 대입한 후 해를 구하면

$5x^2+3x-8=0$, $(5x+8)(x-1)=0$

$\therefore x=-\frac{8}{5}$ 또는 $x=1$

따라서 다른 한 근은 $-\frac{8}{5}$이다.

답 (1) -3, 1 (2) 3, $-\frac{8}{5}$

254 유사

이차방정식 $2x^2-5x+k=0$의 한 근이 2일 때, 상수 k의 값과 다른 한 근을 차례대로 구하시오.

255 유사

x에 대한 이차방정식
$(k-1)x^2-(k^2+4)x+3k-8=0$의 한 근이 -1일 때, 상수 k의 값과 다른 한 근을 차례대로 구하시오.

256 변형

교육청

x에 대한 이차방정식 $x^2+ax-4=0$의 두 근이 -4, b일 때, 두 상수 a, b에 대하여 $a+b$의 값을 구하시오.

257 변형

이차방정식 $x^2-(k+3)x+3k=0$의 한 근이 5일 때, x에 대한 이차방정식
$x^2+kx-k^2+11=0$을 푸시오. (단, k는 상수)

예제 04 절댓값 기호를 포함한 방정식의 풀이

$|A|=\begin{cases}-A & (A<0) \\ A & (A\geq 0)\end{cases}$ 임을 이용 ➡ x의 값의 범위를 나누어 절댓값 기호를 없앤 후 방정식을 푼다.

다음 방정식을 푸시오.

(1) $x^2+4|x|-5=0$

(2) $x^2+|x-4|-16=0$

• 유형 만렙 공통수학1 67쪽에서 문제 더 풀기

| 풀이 | (1) 절댓값 기호 안의 식의 값이 0이 되는 값인 $x=0$을 기준으로 범위를 나누면

(i) $x<0$일 때,

$|x|=-x$이므로 $x^2-4x-5=0$, $(x+1)(x-5)=0$

$\therefore x=-1$ 또는 $x=5$

그런데 $x<0$이므로 $x=-1$ ◀ 나눈 구간에 맞는 해만 택한다.

(ii) $x\geq 0$일 때,

$|x|=x$이므로 $x^2+4x-5=0$, $(x+5)(x-1)=0$

$\therefore x=-5$ 또는 $x=1$

그런데 $x\geq 0$이므로 $x=1$ ◀ 나눈 구간에 맞는 해만 택한다.

(i), (ii)에서 주어진 방정식의 해는 $x=-1$ 또는 $x=1$

(2) 절댓값 기호 안의 식의 값이 0이 되는 값인 $x=4$를 기준으로 범위를 나누면

(i) $x<4$일 때,

$|x-4|=-(x-4)$이므로 $x^2-(x-4)-16=0$, $x^2-x-12=0$

$(x+3)(x-4)=0$ $\quad\therefore x=-3$ 또는 $x=4$

그런데 $x<4$이므로 $x=-3$ ◀ 나눈 구간에 맞는 해만 택한다.

(ii) $x\geq 4$일 때,

$|x-4|=x-4$이므로 $x^2+(x-4)-16=0$, $x^2+x-20=0$

$(x+5)(x-4)=0$ $\quad\therefore x=-5$ 또는 $x=4$

그런데 $x\geq 4$이므로 $x=4$ ◀ 나눈 구간에 맞는 해만 택한다.

(i), (ii)에서 주어진 방정식의 해는 $x=-3$ 또는 $x=4$

답 (1) $x=-1$ 또는 $x=1$ (2) $x=-3$ 또는 $x=4$

| 다른 풀이 | (1) $x^2=|x|^2$이므로 $x^2+4|x|-5=0$에서

$|x|^2+4|x|-5=0$, $(|x|+5)(|x|-1)=0$ $\quad\therefore |x|=-5$ 또는 $|x|=1$

그런데 $|x|\geq 0$이므로 $|x|=1$

$\therefore x=-1$ 또는 $x=1$

258 유사

다음 방정식을 푸시오.

(1) $x^2+2|x|-7=0$

(2) $x^2+|x+2|=3x+10$

259 변형

방정식 $x^2+|2x|=3x+6$의 모든 근의 합을 구하시오.

260 변형

방정식 $|x-1|^2-4|x-1|-5=0$의 모든 근의 곱을 구하시오.

261 변형

방정식 $x^2-|3x-5|-5=0$의 두 근이 α, $\beta\,(\alpha>\beta)$일 때, 이차방정식 $x^2+ax-20=0$의 한 근이 β이다. $\alpha+\beta+a$의 값을 구하시오. (단, a는 상수)

예제 05 ∕ 이차방정식의 활용

미지수 x를 정하고 주어진 조건을 이용하여 x에 대한 이차방정식을 세운다.

오른쪽 그림과 같이 가로, 세로의 길이가 각각 16 m, 12 m인 직사각형 모양의 땅에 폭이 일정한 ㄷ자 모양의 길을 만들었더니 남은 땅의 넓이가 112 m^2가 되었다. 이때 길의 폭은 몇 m인지 구하시오.

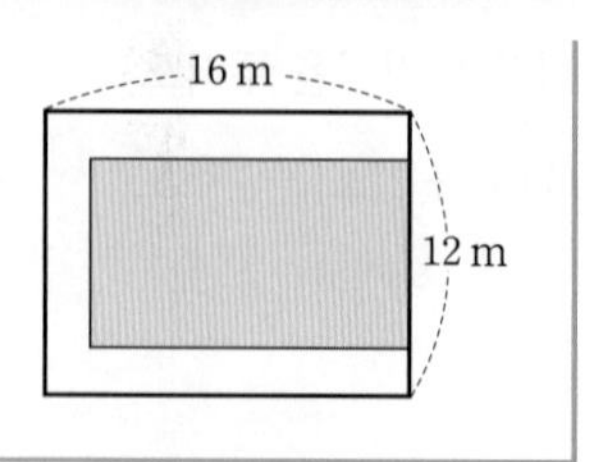

• 유형 만렙 공통수학 1 67쪽에서 문제 더 풀기

| 풀이 | ㄷ자 모양의 길의 폭을 x m라 하면 남은 땅의 넓이는 오른쪽 그림과 같이 가로의 길이는 $(16-x)$ m, 세로의 길이는 $(12-2x)$ m인 직사각형의 넓이와 같다.

남은 땅의 넓이가 112 m^2가 되어야 하므로

$(16-x)(12-2x)=112$

$2x^2-44x+192=112$

$x^2-22x+40=0$

$(x-2)(x-20)=0$

$\therefore x=2$ 또는 $x=20$

그런데 세로의 길이에서 $0<x<6$이므로 ◀ x는 길의 폭이므로 $x>0$이고, 길을 제외하고 남은 땅의 세로의 길이가 $(12-2x)$ m이므로 $12-2x>0$이다.

$x=2$

따라서 길의 폭은 2 m이다.

답 2 m

TIP 이차방정식의 활용

① 미지수 x를 정한다.

② 주어진 조건을 이용하여 x에 대한 방정식을 세운다.

③ x의 값을 구한다.

④ 구한 x의 값이 문제의 조건을 만족시키는지 확인한다.
특히 도형, 가격, 시간 등과 관련된 실생활 활용 문제의 값은 양수임에 유의한다.

262 유사

오른쪽 그림과 같이 한 변의 길이가 15 m인 정사각형 모양의 땅의 양옆과 가운데에 폭이 일정한 길을 만들려고 한다. 길을 제외한 땅의 넓이가 168 m^2일 때, 길의 폭은 몇 m인지 구하시오.

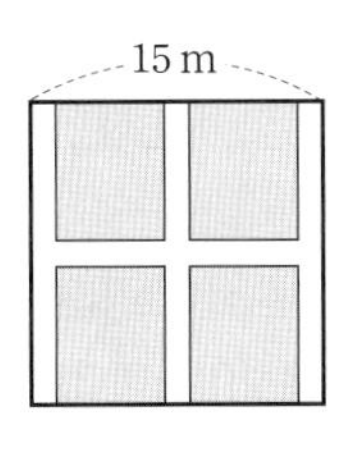

263 변형

연속하는 세 자연수가 있다. 가장 큰 수의 제곱이 다른 두 수의 곱의 3배보다 24가 작을 때, 가장 작은 자연수를 구하시오.

264 변형

오른쪽 그림과 같이 직각을 낀 두 변의 길이가 10인 직각이등변삼각형이 있다. 이 직각이등변삼각형의 밑변의 길이는 매초 2씩 늘어나고 높이는 매초 1씩 늘어날 때, 삼각형의 넓이가 처음 직각이등변삼각형의 넓이의 3배가 되는 것은 몇 초 후인지 구하시오. (단, 밑변의 길이와 높이는 동시에 변하기 시작한다.)

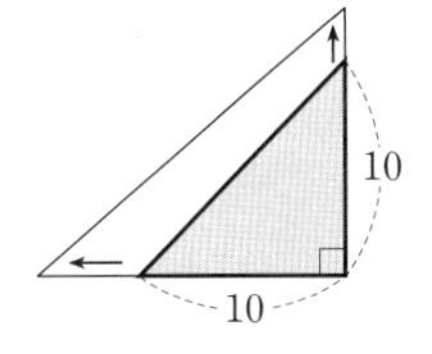

265 변형

어느 박물관의 입장료가 5000원이고 하루 평균 입장객은 600명이다. 1인당 입장료를 100원씩 인하할 때마다 하루 입장객은 20명씩 증가한다고 한다. 하루 입장료의 총수입이 3200000원일 때, 입장객의 수를 구하시오.

가우스 기호를 포함한 방정식의 풀이

실수 x에 대하여 x보다 크지 않은 최대의 정수를 $[x]$로 나타내고, [ ]를 **가우스 기호**라 한다.
즉, 정수 n에 대하여
(1) $n \le x < n+1$이면 $[x]=n$ (2) $[x]=n$이면 $n \le x < n+1$
가우스 기호를 포함한 방정식은 위와 같은 성질을 이용하여 x의 값 또는 범위를 구한다.

$[x]$는 x보다 크지 않은 최대의 정수이다.
예를 들어 $[4.3]$이면 4.3보다 크지 않은 정수는 4, 3, 2, …이고 이 중에서 최대의 정수는 4이므로 $[4.3]=4$이다. 또 $[-1.7]$이면 -1.7보다 크지 않은 정수는 -2, -3, -4, …이고 이 중에서 최대의 정수는 -2이므로 $[-1.7]=-2$이다.

가우스 기호를 포함한 방정식은 다음과 같은 방법으로 푼다.

(1) x의 값의 범위가 주어진 경우
정수 단위로 x의 값의 범위를 나누고, $n \le x < n+1$ (n은 정수)이면 $[x]=n$임을 이용하여 각 범위에서 방정식의 해를 구한다.

| 예 | $2<x<4$일 때, 방정식 $x^2-[x]-6=0$을 풀어 보자.
(i) $2<x<3$일 때, $[x]=2$이므로 $x^2-2-6=0$, $x^2=8$ $\therefore x=-2\sqrt{2}$ 또는 $x=2\sqrt{2}$
그런데 $2<x<3$이므로 $x=2\sqrt{2}$
(ii) $3 \le x < 4$일 때, $[x]=3$이므로 $x^2-3-6=0$, $x^2=9$ $\therefore x=-3$ 또는 $x=3$
그런데 $3 \le x < 4$이므로 $x=3$
(i), (ii)에서 주어진 방정식의 해는 $x=2\sqrt{2}$ 또는 $x=3$이다.

(2) 인수분해가 가능한 경우
$[x]$를 하나의 문자로 생각하고 좌변을 인수분해하여 $[x]$의 값을 구한 후
$[x]=n$ (n은 정수)이면 $n \le x < n+1$임을 이용하여 해를 구한다.

| 예 | 방정식 $[x]^2-3[x]-4=0$을 풀어 보자.
좌변의 $[x]$를 한 문자로 생각하여 인수분해하면
$([x]+1)([x]-4)=0$ $\therefore [x]=-1$ 또는 $[x]=4$
$\therefore -1 \le x < 0$ 또는 $4 \le x < 5$

유제

• 정답과 해설 42쪽

266 다음 방정식을 푸시오. (단, $[x]$는 x보다 크지 않은 최대의 정수)

(1) $3x^2-1=2[x]$ $(0<x<2)$ (2) $[x]^2-5[x]+6=0$

2 이차방정식의 판별식

개념 01 이차방정식의 판별식

계수가 실수인 이차방정식 $ax^2+bx+c=0$에 대하여 b^2-4ac를 이차방정식의 **판별식**이라 하고, 기호 D로 나타낸다. 즉,

$$D=b^2-4ac$$

계수가 실수인 이차방정식 $ax^2+bx+c=0$의 근 $x=\frac{-b\pm\sqrt{b^2-4ac}}{2a}$는 근호 안의 식 b^2-4ac의 부호에 따라 실근인지 허근인지를 판별할 수 있으므로 b^2-4ac를 판별식이라 한다.

| 참고 | • D는 Discriminant(판별식)의 첫 글자이다.

• 이차방정식 $ax^2+2b'x+c=0$의 근 $x=\frac{-b'\pm\sqrt{b'^2-ac}}{a}$는 근호 안의 식이 b'^2-ac이므로 판별식은

$$\frac{D}{4}=b'^2-ac$$

개념 02 이차방정식의 근의 판별

예제 06~08

계수가 실수인 이차방정식 $ax^2+bx+c=0$의 판별식을 $D=b^2-4ac$라 할 때

(1) $D>0$이면 **서로 다른 두 실근**을 갖는다.
(2) $D=0$이면 **중근**(서로 같은 두 실근)을 갖는다.
(3) $D<0$이면 **서로 다른 두 허근**을 갖는다.

((1), (2): $D\geq0$이면 실근을 갖는다.)

이차방정식 $ax^2+bx+c=0$ (a, b, c는 실수)의 두 근을

$$\alpha=\frac{-b+\sqrt{b^2-4ac}}{2a},\ \beta=\frac{-b-\sqrt{b^2-4ac}}{2a}$$

라 하면 $2a$, $-b$는 실수이므로 $\sqrt{b^2-4ac}$의 값에 따라 α, β가 실수인지 허수인지 결정된다.

└ $\sqrt{(\text{양수})}=$실수, $\sqrt{0}=$실수, $\sqrt{(\text{음수})}=$허수

$D=b^2-4ac$라 하면

(1) $D>0$일 때, $\sqrt{b^2-4ac}$는 0이 아닌 실수이므로

$$\alpha=\frac{-b+\sqrt{b^2-4ac}}{2a},\ \beta=\frac{-b-\sqrt{b^2-4ac}}{2a}$$ ➡ 서로 다른 두 실근

(2) $D=0$일 때, $\sqrt{b^2-4ac}=0$이므로

$$\alpha=\beta=\frac{-b}{2a}$$ ➡ 중근

(3) $D<0$일 때, $\sqrt{b^2-4ac}$는 허수이므로

$$\alpha=-\frac{b}{2a}+\frac{\sqrt{-b^2+4ac}}{2a}i,\ \beta=-\frac{b}{2a}-\frac{\sqrt{-b^2+4ac}}{2a}i$$ ➡ 서로 다른 두 허근

| 예 | (1) 이차방정식 $x^2-7x-1=0$의 판별식을 D라 하면
$D=(-7)^2-4\times1\times(-1)=53>0$
따라서 서로 다른 두 실근을 갖는다.
(2) 이차방정식 $x^2+6x+9=0$의 판별식을 D라 하면 x의 계수가 짝수이므로
$\frac{D}{4}=3^2-1\times9=0$
따라서 중근을 갖는다.
(3) 이차방정식 $3x^2+5x+4=0$의 판별식을 D라 하면
$D=5^2-4\times3\times4=-23<0$
따라서 서로 다른 두 허근을 갖는다.

개념 03 이차식이 완전제곱식이 될 조건

예제 08

이차식 ax^2+bx+c가 **완전제곱식**이면 이차방정식 $ax^2+bx+c=0$이 중근을 가지므로 $\boldsymbol{b^2-4ac=0}$이다.

이차식 ax^2+bx+c를 변형하면

$$ax^2+bx+c=a\left(x+\frac{b}{2a}\right)^2-\frac{b^2-4ac}{4a}$$

이 이차식이 완전제곱식이 되려면 $-\frac{b^2-4ac}{4a}=0$, 즉 $b^2-4ac=0$이어야 한다.

또 이차식 ax^2+bx+c에서 $b^2-4ac=0$이면 $ax^2+bx+c=a\left(x+\frac{b}{2a}\right)^2$이므로 이차식 ax^2+bx+c는 완전제곱식이다.

| 참고 | 이차식 ax^2+bx+c가 완전제곱식이면 $a(x-\alpha)^2$ 꼴로 나타내어지므로 이차방정식 $ax^2+bx+c=0$은 중근을 갖는다.

| 예 | 이차식 $x^2+kx+16$이 완전제곱식일 때, 실수 k의 값을 구해 보자.
주어진 이차식이 완전제곱식이면 이차방정식 $x^2+kx+16=0$이 중근을 가지므로 이 이차방정식의 판별식을 D라 하면
$D=k^2-4\times1\times16=0$, $k^2=64$
$\therefore k=-8$ 또는 $k=8$

개념 02

267 다음 이차방정식의 근을 판별하시오.

(1) $x^2-2\sqrt{3}x+3=0$

(2) $x^2-5x-3=0$

(3) $-x^2+2x-7=0$

(4) $\frac{1}{2}x^2+4x+8=0$

(5) $2x^2-x+1=0$

(6) $3x^2+x-2=0$

개념 02

268 보기에서 실근을 갖는 이차방정식인 것만을 있는 대로 고르시오.

보기

ㄱ. $x^2+3x+6=0$

ㄴ. $x^2+4x-5=0$

ㄷ. $2x^2-3x-1=0$

ㄹ. $4x^2-12x+9=0$

ㅁ. $-\frac{1}{3}x^2+2x-4=0$

ㅂ. $\frac{3}{4}x^2+5x-1=0$

개념 02

269 이차방정식 $x^2+6x+k-5=0$이 다음과 같은 근을 갖도록 하는 실수 k의 값 또는 범위를 구하시오.

(1) 서로 다른 두 실근

(2) 중근

(3) 서로 다른 두 허근

예제 06 / 이차방정식의 근의 판별

이차방정식의 판별식 D의 부호에 따라 근을 판별할 수 있다.

x에 대한 이차방정식 $x^2+2(k-2)x+k^2-6k=0$이 다음과 같은 근을 갖도록 하는 실수 k의 값 또는 범위를 구하시오.

(1) 서로 다른 두 실근

(2) 중근

(3) 서로 다른 두 허근

• 유형 만렙 공통수학 1 68쪽에서 문제 더 풀기

| 개념 | 이차방정식 $ax^2+bx+c=0$ (a, b, c는 실수)의 판별식 $D=b^2-4ac$에 대하여

- 서로 다른 두 실근을 가지려면 ➡ $D>0$
- 중근을 가지려면 ➡ $D=0$
- 서로 다른 두 허근을 가지려면 ➡ $D<0$

| 풀이 | 이차방정식 $x^2+2(k-2)x+k^2-6k=0$의 판별식을 D라 하면

$$\frac{D}{4}=(k-2)^2-(k^2-6k)=k^2-4k+4-k^2+6k=2k+4$$

(1) 주어진 이차방정식이 서로 다른 두 실근을 가지려면

$D>0$이어야 하므로

$2k+4>0$

$2k>-4 \quad \therefore k>-2$

(2) 주어진 이차방정식이 중근을 가지려면

$D=0$이어야 하므로

$2k+4=0$

$2k=-4 \quad \therefore k=-2$

(3) 주어진 이차방정식이 서로 다른 두 허근을 가지려면

$D<0$이어야 하므로

$2k+4<0$

$2k<-4 \quad \therefore k<-2$

답 (1) $k>-2$ (2) $k=-2$ (3) $k<-2$

270 유사

x에 대한 이차방정식
$x^2-(2k+1)x+k^2+2k-3=0$이 다음과 같은 근을 갖도록 하는 실수 k의 값 또는 범위를 구하시오.

(1) 서로 다른 두 실근

(2) 중근

(3) 서로 다른 두 허근

271 변형

교육청

x에 대한 이차방정식
$x^2+2ax+a^2+4a-28=0$이 실근을 갖도록 하는 모든 자연수 a의 개수를 구하시오.

272 변형

이차방정식 $(k+1)x^2+2kx+k-5=0$이 서로 다른 두 실근을 갖도록 하는 실수 k의 값의 범위를 구하시오.

273 변형

x에 대한 이차방정식 $x^2-2(k+4)x+k^2+7=0$이 서로 다른 두 허근을 갖고, x에 대한 이차방정식 $x^2+4x+k^2-12=0$이 중근을 갖도록 하는 실수 k의 값을 구하시오.

발전 예제 07 / k의 값에 관계없이 중근을 갖는 이차방정식

k의 값에 관계없이 항상 성립 ➡ k에 대한 항등식임을 이용

x에 대한 이차방정식 $x^2+2(k+a)x+k^2+a^2+b-5=0$이 실수 k의 값에 관계없이 항상 중근을 가질 때, 실수 a, b의 값을 구하시오.

• 유형 만렙 공통수학1 68쪽에서 문제 더 풀기

| 풀이 | 이차방정식 $x^2+2(k+a)x+k^2+a^2+b-5=0$이 중근을 가지므로 판별식을 D라 하면 $D=0$에서

$\frac{D}{4}=(k+a)^2-(k^2+a^2+b-5)=0$

$2ak-b+5=0$

이 등식이 실수 k의 값에 관계없이 항상 성립하므로 k에 대한 항등식이다.

즉, $2a=0$, $-b+5=0$이므로

$a=0$, $b=5$

답 $a=0$, $b=5$

예제 08 / 이차식이 완전제곱식이 될 조건

이차식 ax^2+bx+c가 완전제곱식 ➡ 이차방정식 $ax^2+bx+c=0$이 중근을 갖는다.

x에 대한 이차식 $x^2+(2k+3)x+k^2-6$이 완전제곱식일 때, 실수 k의 값을 구하시오.

• 유형 만렙 공통수학1 70쪽에서 문제 더 풀기

| 풀이 | 주어진 이차식이 완전제곱식이면 이차방정식 $x^2+(2k+3)x+k^2-6=0$이 중근을 갖는다.

이 이차방정식의 판별식을 D라 하면 $D=0$이므로

$D=(2k+3)^2-4(k^2-6)=0$

$12k+33=0$

$12k=-33 \qquad \therefore k=-\frac{11}{4}$

답 $-\frac{11}{4}$

274 예제 07 유사

교과서

x에 대한 이차방정식

$$x^2-2(m+a)x+a^2+6a+2n=0$$

이 실수 a의 값에 관계없이 항상 중근을 가질 때, 실수 m, n의 값을 구하시오.

275 예제 08 유사

이차식 $x^2-(k+1)x+k+4$가 완전제곱식일 때, 실수 k의 값을 모두 구하시오.

276 예제 07 변형

x에 대한 이차방정식

$$x^2-2(k+2m)x+k^2-4k+n^2=0$$

이 실수 k의 값에 관계없이 항상 중근을 가질 때, 이차방정식 $x^2+mx+n=0$을 푸시오.

(단, m, n은 실수, $mn>0$)

277 예제 08 변형

두 이차식 $(2k-1)x^2+(4k-2)x+k+1$, $x^2+(a+k)x+3a-3$이 모두 완전제곱식일 때, 실수 k, a에 대하여 $k+a$의 값을 구하시오.

연습문제

1단계

278 이차방정식 $x^2+2\sqrt{3}x-6=0$의 해는?

① $x=-\sqrt{3}\pm1$　② $x=-\sqrt{3}\pm2$
③ $x=-\sqrt{3}\pm3$　④ $x=-2\pm\sqrt{3}$
⑤ $x=-3\pm\sqrt{3}$

279 이차방정식
$(3-\sqrt{2})x^2-7x+4\sqrt{2}+2=0$의 해가 $x=a$ 또는 $x=b+\sqrt{c}$일 때, 정수 a, b, c에 대하여 $a^2+b^2+c^2$의 값을 구하시오.

280 이차방정식 $x^2+8x-a=0$의 두 근이 3, b일 때, 상수 a, b에 대하여 $a-b$의 값을 구하시오.

281 방정식 $x^2+|3x+2|=2$의 모든 근의 합을 구하시오.

교과서

282 이차방정식 $x^2-5x+a+4=0$이 실근을 갖지 않도록 하는 정수 a의 최솟값을 구하시오.

283 이차식 $x^2-(2a+6)x+a+9$가 완전제곱식이 되도록 하는 모든 실수 a의 값의 합을 구하시오.

2단계

284 두 수 a, b에 대하여
$a*b=(a+b)+ab$라 할 때,
$(x*x)-(2x*6)=0$을 만족시키는 실수 x의 값이 $p\pm\sqrt{q}$이다. 유리수 p, q에 대하여 $p+q$의 값을 구하시오.

교육청

285 이차방정식 $2x^2-2x+1=0$의 한 근을 α라 할 때, $\alpha^4-\alpha^2+\alpha$의 값은?

① $\frac{1}{4}$　② $\frac{5}{16}$　③ $\frac{3}{8}$
④ $\frac{7}{16}$　⑤ $\frac{1}{2}$

286 방정식 $x^2-5+\sqrt{x^2}=|x-3|$의 해가 $x=\alpha$ 또는 $x=\beta$일 때, $\alpha^2+\beta^2$의 값을 구하시오.

287 정사각형의 가로의 길이는 5 cm 줄이고, 세로의 길이는 3 cm 늘여서 직사각형을 만들었더니 직사각형의 넓이가 처음 정사각형의 넓이의 $\frac{4}{5}$가 되었다. 처음 정사각형의 한 변의 길이를 구하시오.

288 0이 아닌 두 실수 a, b에 대하여 $\frac{\sqrt{a}}{\sqrt{b}}=-\sqrt{\frac{a}{b}}$가 성립할 때, 보기에서 항상 서로 다른 두 실근을 갖는 이차방정식인 것만을 있는 대로 고른 것은?

보기

ㄱ. $x^2+ax+b=0$ ㄴ. $-x^2+ax+b=0$

ㄷ. $ax^2+x-b=0$ ㄹ. $bx^2+2ax-b=0$

① ㄱ, ㄷ ② ㄱ, ㄹ ③ ㄴ, ㄹ
④ ㄱ, ㄴ, ㄹ ⑤ ㄴ, ㄷ, ㄹ

서술형

289 이차방정식
$kx^2+2(a+3)x+a+1=0$이 중근을 갖도록 하는 실수 a가 오직 하나뿐일 때, 실수 k의 값과 그때의 a의 값의 합을 구하시오.

교육청

290 x에 대한 이차방정식
$x^2-2(m+a)x+m^2+m+b=0$이 실수 m의 값에 관계없이 항상 중근을 가질 때, $12(a+b)$의 값은? (단, a, b는 상수이다.)

① 9 ② 10 ③ 11
④ 12 ⑤ 13

3단계

291 x에 대한 두 이차식
$(a-b)x^2+2cx+a+b$,
$x^2+2(a+c)x+(a+b)^2$이 모두 완전제곱식일 때, 다음 중 실수 a, b, c를 세 변의 길이로 하는 삼각형의 넓이와 같은 것은?

① $\frac{1}{2}a^2$ ② $\frac{1}{2}b^2$ ③ $\frac{1}{2}ab$
④ $\frac{1}{2}(a+b)$ ⑤ $\frac{1}{2}(b+c)$

1 이차방정식의 근과 계수의 관계

개념 01 이차방정식의 근과 계수의 관계

예제 01~06

이차방정식 $ax^2+bx+c=0$ (a는 실수)의 두 근을 α, β라 하면

(1) 두 근의 합: $\alpha+\beta=-\dfrac{b}{a}$

(2) 두 근의 곱: $\alpha\beta=\dfrac{c}{a}$

(3) 두 근의 차: $|\alpha-\beta|=\dfrac{\sqrt{b^2-4ac}}{|a|}$ (단, α, β는 실수)

두 근의 합: $-\dfrac{b}{a}$
$ax^2+bx+c=0$
두 근의 곱: $\dfrac{c}{a}$

이차방정식의 두 근을 직접 구하지 않고도 이차방정식의 계수로부터 두 근의 합, 곱, 차를 구할 수 있다. 이와 같이 이차방정식 $ax^2+bx+c=0$의 두 근 α, β와 방정식의 계수 a, b, c 사이의 관계를 이차방정식의 근과 계수의 관계라 한다.
이때 (1), (2)는 두 근이 실근인지 허근인지에 관계없이 성립하고, (3)은 두 근이 실근일 때만 성립한다.

| 증명 | 이차방정식 $ax^2+bx+c=0$의 두 근 α, β를

$$\alpha=\frac{-b+\sqrt{b^2-4ac}}{2a},\ \beta=\frac{-b-\sqrt{b^2-4ac}}{2a}$$라 하면

(1) $\alpha+\beta=\dfrac{-b+\sqrt{b^2-4ac}}{2a}+\dfrac{-b-\sqrt{b^2-4ac}}{2a}$

$=\dfrac{-2b}{2a}=-\dfrac{b}{a}$

(2) $\alpha\beta=\dfrac{-b+\sqrt{b^2-4ac}}{2a}\times\dfrac{-b-\sqrt{b^2-4ac}}{2a}$

$=\dfrac{4ac}{4a^2}=\dfrac{c}{a}$

(3) $|\alpha-\beta|=\left|\dfrac{-b+\sqrt{b^2-4ac}}{2a}-\dfrac{-b-\sqrt{b^2-4ac}}{2a}\right|$

$=\left|\dfrac{2\sqrt{b^2-4ac}}{2a}\right|=\dfrac{\sqrt{b^2-4ac}}{|a|}$ (단, $b^2-4ac\ge0$)

| 예 | 이차방정식 $2x^2+4x-7=0$의 두 근을 α, β라 하면

(1) $\alpha+\beta=-\dfrac{4}{2}=-2$

(2) $\alpha\beta=\dfrac{-7}{2}=-\dfrac{7}{2}$

(3) $|\alpha-\beta|=\dfrac{\sqrt{4^2-4\times2\times(-7)}}{|2|}=\dfrac{6\sqrt{2}}{2}=3\sqrt{2}$

개념 02 두 수를 근으로 하는 이차방정식

예제 04

두 수 α, β를 근으로 하고 x^2의 계수가 1인 이차방정식은

$$(x-\alpha)(x-\beta)=0 \Rightarrow \boldsymbol{x^2-\underbrace{(\alpha+\beta)}_{\text{두 근의 합}}x+\underbrace{\alpha\beta}_{\text{두 근의 곱}}=0}$$

x^2의 계수가 1이 아닌 상수 a로 주어지는 경우에는 위에서 구한 이차방정식의 양변에 a를 곱한다.
즉, 두 수 α, β를 근으로 하고 x^2의 계수가 1인 이차방정식은

$$a(x-\alpha)(x-\beta)=0 \Rightarrow a\{x^2-(\alpha+\beta)x+\alpha\beta\}=0$$

| 예 | • 두 수 1, 4를 근으로 하고 x^2의 계수가 1인 이차방정식은

$x^2-(1+4)x+1\times4=0$ $\quad\therefore x^2-5x+4=0$

• 두 수 -2, 4를 근으로 하고 x^2의 계수가 3인 이차방정식은

$3\{x^2-(-2+4)x+(-2)\times4\}=0$ $\quad\therefore 3x^2-6x-24=0$

| 참고 | $\alpha+\beta=p$, $\alpha\beta=q$인 α, β는 이차방정식 $x^2-px+q=0$의 두 근이다.
예를 들어 $\alpha+\beta=2$, $\alpha\beta=-3$이면 α, β는 이차방정식 $x^2-2x-3=0$의 두 근이므로

$(x+1)(x-3)=0$ $\quad\therefore x=-1$ 또는 $x=3$

따라서 $\alpha=-1$, $\beta=3$ 또는 $\alpha=3$, $\beta=-1$이다.

개념 03 이차식의 인수분해

이차방정식 $ax^2+bx+c=0$의 두 근을 α, β라 하면 이차식 ax^2+bx+c는

$$\boldsymbol{ax^2+bx+c=a(x-\alpha)(x-\beta)}$$

와 같이 인수분해할 수 있다.

이차식 ax^2+bx+c를 인수분해할 때는 일반적으로 인수분해 공식을 사용한다. 하지만 이차식이 쉽게 인수분해되지 않을 때는 이차방정식 $ax^2+bx+c=0$의 해를 이용하여 인수분해할 수 있다.
이차방정식 $ax^2+bx+c=0$에서 근과 계수의 관계에 의하여

$$\alpha+\beta=-\frac{b}{a},\ \alpha\beta=\frac{c}{a}$$

이를 이용하여 이차식 ax^2+bx+c를 다음과 같이 인수분해할 수 있다.

$$\begin{aligned}ax^2+bx+c&=a\left(x^2+\frac{b}{a}x+\frac{c}{a}\right)=a\{x^2-(\alpha+\beta)x+\alpha\beta\}\\&=a(x-\alpha)(x-\beta)\end{aligned}$$

| 참고 | 계수가 실수인 이차식은 복소수의 범위에서 항상 두 일차식의 곱으로 인수분해할 수 있다.

| 예 | 이차식 x^2-2x+5를 복소수의 범위에서 인수분해하여 보자.

이차방정식 $x^2-2x+5=0$의 근을 구하면 $x=1\pm2i$
이를 이용하여 주어진 이차식을 인수분해하면

$$\begin{aligned}x^2-2x+5&=\{x-(1+2i)\}\{x-(1-2i)\}\\&=(x-1-2i)(x-1+2i)\end{aligned}$$

개념 04 이차방정식의 켤레근의 성질

예제 06

이차방정식 $ax^2+bx+c=0$에서

(1) a, b, c가 유리수일 때, 한 근이 $\boldsymbol{p+q\sqrt{m}}$이면 다른 한 근은 $\boldsymbol{p-q\sqrt{m}}$이다.

(단, p, q는 유리수, $q\neq0$, $\sqrt{m}$은 무리수)

(2) a, b, c가 실수일 때, 한 근이 $\boldsymbol{p+qi}$이면 다른 한 근은 $\boldsymbol{p-qi}$이다.

(단, p, q는 실수, $q\neq0$, $i=\sqrt{-1}$)

이차방정식 $ax^2+bx+c=0$의 두 근 α, β를 $\alpha=\frac{-b+\sqrt{b^2-4ac}}{2a}$, $\beta=\frac{-b-\sqrt{b^2-4ac}}{2a}$, 즉

$$\alpha=-\frac{b}{2a}+\frac{\sqrt{b^2-4ac}}{2a},\ \beta=-\frac{b}{2a}-\frac{\sqrt{b^2-4ac}}{2a}$$

라 하면

(1) a, b, c가 유리수이고, $\sqrt{b^2-4ac}$가 무리수이면
$\alpha=p+q\sqrt{m}$, $\beta=p-q\sqrt{m}$ 꼴이다. (단, p, q는 유리수, $q\neq0$, $\sqrt{m}$은 무리수)

(2) a, b, c가 실수이고, $\sqrt{b^2-4ac}$가 허수이면
$\alpha=p+qi$, $\beta=p-qi$ 꼴이다. (단, p, q는 실수, $q\neq0$, $i=\sqrt{-1}$)

| 증명 | $p+qi$ (p, q는 실수, $q\neq0$, $i=\sqrt{-1}$)가 x에 대한 이차방정식 $ax^2+bx+c=0$의 한 근일 때, $p-qi$도 이 이차방정식의 근임을 증명해 보자.

$x=p+qi$를 $ax^2+bx+c=0$에 대입하면

$$a(p+qi)^2+b(p+qi)+c=0$$
$$a(p^2+2pqi-q^2)+bp+bqi+c=0$$
$$ap^2-aq^2+bp+c+(2apq+bq)i=0$$

복소수가 서로 같을 조건에 의하여

$$ap^2-aq^2+bp+c=0,\ 2apq+bq=0 \qquad \cdots\cdots ㉠$$

한편 $x=p-qi$를 ax^2+bx+c에 대입하면

$$\begin{aligned}a(p-qi)^2+b(p-qi)+c&=a(p^2-2pqi-q^2)+bp-bqi+c\\&=ap^2-aq^2+bp+c-(2apq+bq)i\\&=0\ (\because ㉠)\end{aligned}$$

따라서 $p-qi$도 이차방정식 $ax^2+bx+c=0$의 근이다.

| 참고 | $q\neq0$일 때, $p+q\sqrt{m}$과 $p-q\sqrt{m}$, $p+qi$와 $p-qi$를 각각 켤레근이라 한다.

| 예 | (1) a, b, c가 유리수일 때, 이차방정식 $ax^2+bx+c=0$의 한 근이 $2-\sqrt{3}$이면 다른 한 근은 $2+\sqrt{3}$이다.

(2) a, b, c가 실수일 때, 이차방정식 $ax^2+bx+c=0$의 한 근이 $1+3i$이면 다른 한 근은 $1-3i$이다.

개념 01

292 다음 이차방정식의 두 근의 합과 곱을 차례대로 구하시오.

(1) $x^2+2x+2=0$

(2) $4x^2-2x+3=0$

개념 01

293 이차방정식 $x^2+4x-6=0$의 두 근을 α, β라 할 때, 다음 식의 값을 구하시오.

(1) $\alpha+\beta$

(2) $\alpha\beta$

(3) $|\alpha-\beta|$

(4) $(\alpha+1)(\beta+1)$

(5) $\dfrac{1}{\alpha}+\dfrac{1}{\beta}$

(6) $\alpha^2+\beta^2$

개념 02

294 다음 두 수를 근으로 하고 x^2의 계수가 1인 이차방정식을 구하시오.

(1) -2, 3

(2) -5, -6

(3) $1+\sqrt{2}$, $1-\sqrt{2}$

(4) $2+i$, $2-i$ (단, $i=\sqrt{-1}$)

개념 03

295 다음 이차식을 복소수의 범위에서 인수분해하시오.

(1) x^2-x-1

(2) x^2-4x+2

(3) x^2+2x+3

(4) x^2+16

개념 04

296 다음을 구하시오.

(1) 이차방정식 $x^2+ax+b=0$의 한 근이 $\sqrt{3}-1$일 때, 다른 한 근 (단, a, b는 유리수)

(2) 이차방정식 $x^2+ax+b=0$의 한 근이 $2+4i$일 때, 다른 한 근 (단, a, b는 실수)

빈출

예제 01 / 이차방정식의 근과 계수의 관계

이차방정식 $ax^2+bx+c=0$의 두 근이 α, β이면 ➡ $\alpha+\beta=-\frac{b}{a}$, $\alpha\beta=\frac{c}{a}$

이차방정식 $x^2+3x-2=0$의 두 근을 α, β라 할 때, 다음 식의 값을 구하시오.

(1) $\alpha^3+\beta^3$

(2) $\frac{\alpha}{\beta}+\frac{\beta}{\alpha}$

(3) $(1+4\alpha+\alpha^2)(1+4\beta+\beta^2)$

• 유형 만렙 공통수학 1 70쪽에서 문제 더 풀기

| 풀이 | 이차방정식 $x^2+3x-2=0$의 두 근이 α, β이므로 근과 계수의 관계에 의하여

$\alpha+\beta=-3$, $\alpha\beta=-2$

(1) $\alpha^3+\beta^3=(\alpha+\beta)^3-3\alpha\beta(\alpha+\beta)$

$=(-3)^3-3\times(-2)\times(-3)$

$=-45$

(2) $\frac{\alpha}{\beta}+\frac{\beta}{\alpha}=\frac{\alpha^2+\beta^2}{\alpha\beta}=\frac{(\alpha+\beta)^2-2\alpha\beta}{\alpha\beta}$

$=\frac{(-3)^2-2\times(-2)}{-2}$

$=-\frac{13}{2}$

(3) α, β가 이차방정식 $x^2+3x-2=0$의 두 근이므로

◀ 주어진 이차방정식에 $x=\alpha$, $x=\beta$를 각각 대입하면 등식이 성립함을 이용한다.

$\alpha^2+3\alpha-2=0$, $\beta^2+3\beta-2=0$

$\therefore$ $\alpha^2=-3\alpha+2$, $\beta^2=-3\beta+2$

위의 식을 대입하여 주어진 식의 값을 구하면

$(1+4\alpha+\alpha^2)(1+4\beta+\beta^2)=(1+4\alpha-3\alpha+2)(1+4\beta-3\beta+2)$

$=(\alpha+3)(\beta+3)$

$=\alpha\beta+3(\alpha+\beta)+9$

$=-2+3\times(-3)+9$

$=-2$

답 (1) -45 (2) $-\frac{13}{2}$ (3) -2

TIP 자주 사용되는 곱셈 공식의 변형

① $a^2+b^2=(a+b)^2-2ab$

$=(a-b)^2+2ab$

② $(a+b)^2=(a-b)^2+4ab$, $(a-b)^2=(a+b)^2-4ab$

③ $a^3+b^3=(a+b)^3-3ab(a+b)$, $a^3-b^3=(a-b)^3+3ab(a-b)$

297 유사

이차방정식 $x^2-4x-1=0$의 두 근을 α, β라 할 때, 다음 식의 값을 구하시오.

(1) $(\alpha-\beta)^2$

(2) $\frac{\alpha^2}{\beta}+\frac{\beta^2}{\alpha}$

(3) $(2\alpha^2-7\alpha+3)(2\beta^2-7\beta+3)$

298 변형

이차방정식 $x^2-7x+9=0$의 두 근을 α, β라 할 때, $\sqrt{\alpha}+\sqrt{\beta}$의 값을 구하시오.

299 변형

교육청

이차방정식 $x^2+2x+3=0$의 서로 다른 두 근을 α, β라 할 때, $\frac{1}{\alpha^2+3\alpha+3}+\frac{1}{\beta^2+3\beta+3}$의 값은?

① $-\frac{1}{3}$ ② $-\frac{1}{2}$ ③ $-\frac{2}{3}$
④ $-\frac{5}{6}$ ⑤ -1

300 변형

이차방정식 $x^2+6x+3=0$의 두 근을 α, β라 할 때, $(\alpha^2-9)(\beta+2)$의 값을 구하시오.

예제 02 / 두 근이 주어진 이차방정식

이차방정식의 근과 계수의 관계를 이용하여 식을 세운 후 미정계수의 값을 구한다.

다음 물음에 답하시오.

(1) 이차방정식 $x^2+ax+b=0$의 두 근이 1, 5일 때, 이차방정식 $(a+b)x^2-2ax+b=0$의 두 근의 합을 구하시오. (단, a, b는 상수)

(2) 이차방정식 $x^2+ax+3=0$의 두 근이 α, β이고, 이차방정식 $x^2-4x+b=0$의 두 근이 $\alpha+1$, $\beta+1$일 때, 상수 a, b의 값을 구하시오.

• 유형 만렙 공통수학 1 71쪽에서 문제 더 풀기

| 풀이 | (1) 이차방정식 $x^2+ax+b=0$의 두 근이 1, 5이므로 근과 계수의 관계에 의하여

$1+5=-a$, $1\times5=b$

$\therefore a=-6$, $b=5$

따라서 이차방정식 $(a+b)x^2-2ax+b=0$, 즉 $-x^2+12x+5=0$의 두 근의 합은 근과 계수의 관계에 의하여

$-\frac{12}{-1}=12$

(2) 이차방정식 $x^2+ax+3=0$의 두 근이 α, β이므로 근과 계수의 관계에 의하여

$\alpha+\beta=-a$, $\alpha\beta=3$ ······ ㉠

이차방정식 $x^2-4x+b=0$의 두 근이 $\alpha+1$, $\beta+1$이므로 근과 계수의 관계에 의하여

$(\alpha+1)+(\beta+1)=4$, $(\alpha+1)(\beta+1)=b$

이 두 식을 $\alpha+\beta$, $\alpha\beta$에 대하여 정리하면

$(\alpha+\beta)+2=4$, $\alpha\beta+(\alpha+\beta)+1=b$

위의 식에 ㉠을 각각 대입하면

$-a+2=4$, $3-a+1=b$

$\therefore a=-2$, $b=6$

답 (1) 12 (2) $a=-2$, $b=6$

| 다른 풀이 | (1) 이차방정식 $x^2+ax+b=0$의 두 근이 1, 5이므로

$(x-1)(x-5)=0$ $\quad\therefore x^2-6x+5=0$

$\therefore a=-6$, $b=5$

즉, 이차방정식 $(a+b)x^2-2ax+b=0$은

$-x^2+12x+5=0$

따라서 근과 계수의 관계에 의하여 두 근의 합은 $-\frac{12}{-1}=12$이다.

301 유사

이차방정식 $x^2-ax+b=0$의 두 근이 -2, 4일 때, 이차방정식 $ax^2+bx+a-b=0$의 두 근의 곱을 구하시오. (단, a, b는 상수)

302 유사

이차방정식 $x^2+ax-3=0$의 두 근이 α, β이고, 이차방정식 $x^2-5x+b=0$의 두 근이 $\alpha+\beta$, $\alpha\beta$일 때, 상수 a, b의 값을 구하시오.

303 변형

이차방정식 $x^2-10x+a=0$의 두 근이 α, β이고, 이차방정식 $x^2+4x+b=0$의 두 근이 α, γ이다. $\alpha=\beta+\gamma$일 때, 상수 a, b에 대하여 $a-b$의 값을 구하시오.

304 변형

이차방정식 $2x^2+ax+b=0$에서 a를 잘못 보고 풀었더니 두 근이 -1, 3이 되었고, b를 잘못 보고 풀었더니 두 근이 -4, 2가 되었다. 상수 a, b에 대하여 $a+b$의 값을 구하시오.

예제 03 / 두 근에 대한 조건이 주어진 이차방정식

두 근을 한 문자에 대하여 나타낸 후 근과 계수의 관계를 이용하여 식을 세운다.

다음 물음에 답하시오.

(1) 이차방정식 $x^2-2(k+5)x-20k=0$의 두 근의 비가 $2:3$일 때, 상수 k의 값을 모두 구하시오.

(2) 이차방정식 $x^2-ax+4=0$의 두 근의 차가 3일 때, 상수 a의 값을 모두 구하시오.

• 유형 만렙 공통수학 1 73쪽에서 문제 더 풀기

| 풀이 | (1) 두 근의 비가 $2:3$이므로 두 근을 2α, $3\alpha\ (\alpha\neq0)$라 하자.

이차방정식의 근과 계수의 관계에 의하여 두 근의 합은

$2\alpha+3\alpha=2(k+5)\qquad\therefore\ \alpha=\dfrac{2(k+5)}{5}\qquad\cdots\cdots$ ㉠

두 근의 곱은 $2\alpha\times3\alpha=-20k\qquad\cdots\cdots$ ㉡

㉡에 ㉠을 대입하면

$\dfrac{4(k+5)}{5}\times\dfrac{6(k+5)}{5}=-20k,\ 6(k^2+10k+25)=-125k$

$6k^2+185k+150=0,\ (k+30)(6k+5)=0\qquad\therefore\ k=-30$ 또는 $k=-\dfrac{5}{6}$

(2) 이차방정식 $x^2-ax+4=0$의 두 근의 차가 3이므로 두 근을 α, $\alpha+3$이라 하자.

근과 계수의 관계에 의하여 두 근의 합은

$\alpha+(\alpha+3)=a\qquad\therefore\ a=2\alpha+3\qquad\cdots\cdots$ ㉠

두 근의 곱은 $\alpha(\alpha+3)=4$

$\alpha^2+3\alpha-4=0,\ (\alpha+4)(\alpha-1)=0\qquad\therefore\ \alpha=-4$ 또는 $\alpha=1$

이를 ㉠에 대입하면

$\alpha=-4$일 때, $a=2\times(-4)+3=-5$

$\alpha=1$일 때, $a=2\times1+3=5$

답 (1) -30, $-\dfrac{5}{6}$ (2) -5, 5

| 다른 풀이 | (2) 이차방정식 $x^2-ax+4=0$의 두 근을 α, β라 하면 근과 계수의 관계에 의하여

$\alpha+\beta=a,\ \alpha\beta=4\qquad\cdots\cdots$ ㉠

$|\alpha-\beta|=3$이므로 양변을 제곱하면 $(\alpha-\beta)^2=9$

$\therefore\ (\alpha+\beta)^2-4\alpha\beta=9\qquad\cdots\cdots$ ㉡

㉡에 ㉠을 대입하여 a의 값을 구하면

$a^2-4\times4=9,\ a^2=25\qquad\therefore\ a=-5$ 또는 $a=5$

TIP 여러 가지 근의 조건

이차방정식의 두 근에 대한 조건이 주어지면 두 근을 다음과 같이 놓고 근과 계수의 관계를 이용한다.

① 두 근의 비가 $m:n$ ➡ $m\alpha$, $n\alpha\ (\alpha\neq0)$

② 두 근의 차가 k ➡ α, $\alpha+k$

③ 두 근이 연속인 정수 ➡ α, $\alpha+1$ (α는 정수)

④ 두 근의 절댓값이 같고 부호가 서로 다르다. ➡ α, $-\alpha\ (\alpha\neq0)$

305 유사

이차방정식 $x^2-(2k-1)x+k^2-k=0$의 두 근의 비가 $3:4$일 때, 상수 k의 값을 모두 구하시오.

306 유사

이차방정식 $2x^2-5x+a=0$의 두 근의 차가 $\frac{7}{2}$일 때, 상수 a의 값을 구하시오.

307 변형

이차방정식 $x^2+(2k+3)x+4k+22=0$의 두 근이 연속하는 정수가 되도록 하는 모든 상수 k의 값의 합을 구하시오.

308 변형

이차방정식 $x^2+(a^2-4a-5)x-a+3=0$의 두 실근의 절댓값이 같고 부호가 서로 다를 때, 상수 a의 값을 구하시오.

예제 04 두 수를 근으로 하는 이차방정식의 작성

α, β를 두 근으로 하고 x^2의 계수가 a인 이차방정식 ➡ $a\{x^2-(\alpha+\beta)x+\alpha\beta\}=0$

이차방정식 $x^2-x+3=0$의 두 근을 α, β라 할 때, $\frac{1}{\alpha}$, $\frac{1}{\beta}$을 두 근으로 하고 x^2의 계수가 3인 이차방정식을 구하시오.

• 유형 만렙 공통수학1 74쪽에서 문제 더 풀기

| 풀이 | 이차방정식 $x^2-x+3=0$의 두 근이 α, β이므로 근과 계수의 관계에 의하여

$\alpha+\beta=1$, $\alpha\beta=3$

두 근 $\frac{1}{\alpha}$, $\frac{1}{\beta}$의 합과 곱은 각각

$\frac{1}{\alpha}+\frac{1}{\beta}=\frac{\alpha+\beta}{\alpha\beta}=\frac{1}{3}$, $\frac{1}{\alpha}\times\frac{1}{\beta}=\frac{1}{\alpha\beta}=\frac{1}{3}$

따라서 $\frac{1}{\alpha}$, $\frac{1}{\beta}$을 두 근으로 하고 x^2의 계수가 3인 이차방정식은

$3\left(x^2-\frac{1}{3}x+\frac{1}{3}\right)=0$ $\quad\therefore 3x^2-x+1=0$

답 $3x^2-x+1=0$

발전 예제 05 이차방정식 $f(x)=0$과 $f(ax+b)=0$ 사이의 관계

$f(\alpha)=0$, $f(\beta)=0$이면 $f(ax+b)=0$의 두 근 ➡ $x=\frac{\alpha-b}{a}$ 또는 $x=\frac{\beta-b}{a}$

이차방정식 $f(x)=0$의 두 근의 합이 6일 때, 이차방정식 $f(3x-6)$의 두 근의 합을 구하시오.

• 유형 만렙 공통수학1 74쪽에서 문제 더 풀기

| 풀이 | 이차방정식 $f(x)=0$의 두 근을 α, β라 하면 $f(\alpha)=0$, $f(\beta)=0$

두 근의 합이 6이므로 $\alpha+\beta=6$

이차방정식 $f(3x-6)=0$의 두 근을 구하면

$3x-6=\alpha$ 또는 $3x-6=\beta$ $\quad\therefore x=\frac{\alpha+6}{3}$ 또는 $x=\frac{\beta+6}{3}$

따라서 이차방정식 $f(3x-6)=0$의 두 근의 합은

$\frac{\alpha+6}{3}+\frac{\beta+6}{3}=\frac{(\alpha+\beta)+12}{3}=\frac{6+12}{3}=6$

답 6

309 예제 04 유사

이차방정식 $x^2+2x-5=0$의 두 근을 α, β라 할 때, $\frac{\alpha^2}{2}$, $\frac{\beta^2}{2}$을 두 근으로 하고 x^2의 계수가 4인 이차방정식을 구하시오.

310 예제 05 유사

이차방정식 $f(x)=0$의 두 근의 합이 16일 때, 이차방정식 $f(120-8x)=0$의 두 근의 합을 구하시오.

311 예제 04 변형

이차방정식 $x^2-3x-2=0$의 두 근을 α, β라 할 때, $\frac{\alpha+1}{\beta}$, $\frac{\beta+1}{\alpha}$을 두 근으로 하고 x^2의 계수가 1인 이차방정식이 $x^2+ax+b=0$이다. 상수 a, b에 대하여 $a+b$의 값을 구하시오.

312 예제 05 변형

이차방정식 $f(x)=0$의 두 근 α, β에 대하여 $\alpha+\beta=6$, $\alpha\beta=34$이다. 이차방정식 $f(5x-2)=0$의 두 근의 합을 a, 두 근의 곱을 b라 할 때, ab의 값을 구하시오.

예제 06 / 이차방정식의 켤레근의 성질

계수가 유리수일 때 ➡ 이차방정식의 한 근이 $p+q\sqrt{m}$이면 다른 한 근은 $p-q\sqrt{m}$
계수가 실수일 때 ➡ 이차방정식의 한 근이 $p+qi$이면 다른 한 근은 $p-qi$

다음 물음에 답하시오.

(1) 이차방정식 $x^2+ax+b=0$의 한 근이 $2-\sqrt{3}$일 때, 유리수 a, b의 값을 구하시오.

(2) 이차방정식 $x^2+ax+b=0$의 한 근이 $4+5i$일 때, 실수 a, b의 값을 구하시오. (단, $i=\sqrt{-1}$)

• 유형 만렙 공통수학 1 75쪽에서 문제 더 풀기

| 풀이 | (1) 주어진 이차방정식의 계수가 유리수이므로 $2-\sqrt{3}$이 근이면 다른 한 근은 $2+\sqrt{3}$이다.
이차방정식 $x^2+ax+b=0$에서 근과 계수의 관계에 의하여
$(2-\sqrt{3})+(2+\sqrt{3})=-a$, $(2-\sqrt{3})(2+\sqrt{3})=b$
$\therefore a=-4, b=1$

(2) 주어진 이차방정식의 계수가 실수이므로 $4+5i$가 근이면 다른 한 근은 $4-5i$이다.
이차방정식 $x^2+ax+b=0$에서 근과 계수의 관계에 의하여
$(4+5i)+(4-5i)=-a$, $(4+5i)(4-5i)=b$
$\therefore a=-8, b=41$

답 (1) $a=-4$, $b=1$ (2) $a=-8$, $b=41$

| 다른 풀이 | (1) 이차방정식 $x^2+ax+b=0$의 한 근이 $2-\sqrt{3}$이므로 $x=2-\sqrt{3}$을 대입하면
$(2-\sqrt{3})^2+a(2-\sqrt{3})+b=0$
$4-4\sqrt{3}+3+2a-\sqrt{3}a+b=0$
$(2a+b+7)-(a+4)\sqrt{3}=0$
a, b는 유리수이므로 무리수가 서로 같을 조건에 의하여
$2a+b+7=0$, $a+4=0$
$\therefore a=-4, b=1$

(2) 이차방정식 $x^2+ax+b=0$의 한 근이 $4+5i$이므로 $x=4+5i$를 대입하면
$(4+5i)^2+a(4+5i)+b=0$
$16+40i-25+4a+5ai+b=0$
$(4a+b-9)+(5a+40)i=0$
a, b는 실수이므로 복소수가 서로 같을 조건에 의하여
$4a+b-9=0$, $5a+40=0$
$\therefore a=-8, b=41$

313 유사

다음 물음에 답하시오.

(1) 이차방정식 $x^2-ax+b=0$의 한 근이 $1+\sqrt{5}$일 때, 유리수 a, b의 값을 구하시오.

(2) 이차방정식 $x^2-ax+b=0$의 한 근이 $7-i$일 때, 실수 a, b의 값을 구하시오. (단, $i=\sqrt{-1}$)

314 변형

이차방정식 $x^2+ax-2b=0$의 한 근이 $2+b\sqrt{2}$일 때, 유리수 a, b에 대하여 ab의 값을 구하시오. (단, $b<0$)

315 변형

교육청

두 실수 a, b에 대하여 이차방정식 $x^2+ax+b=0$의 한 근이 $\frac{b}{2}+i$일 때, ab의 값은? (단, $i=\sqrt{-1}$)

① -16　② -8　③ -4
④ -2　⑤ -1

316 변형

이차방정식 $x^2+ax+b=0$의 한 근이 $\frac{2-i}{1+i}$일 때, 실수 a, b에 대하여 $a+b$의 값을 구하시오. (단, $i=\sqrt{-1}$)

연습문제

1단계

317 이차방정식 $x^2-5x+8=0$의 두 근을 α, β라 할 때, 다음 중 옳지 않은 것은?

① $\alpha+\beta=5$ ② $(\alpha-1)(\beta-1)=4$
③ $\alpha^2\beta+\alpha\beta^2=40$ ④ $\alpha^2-\alpha\beta+\beta^2=3$
⑤ $\frac{1}{\alpha}+\frac{1}{\beta}=\frac{5}{8}$

318 이차방정식 $x^2+ax+b=0$의 두 근이 1, 4일 때, 이차방정식 $(a+b)x^2+ax-ab=0$의 두 근의 곱을 구하시오. (단, a, b는 상수)

319 이차방정식 $x^2+6x+a=0$의 두 근이 α, β이고, 이차방정식 $x^2+3bx+2=0$의 두 근이 $\frac{1}{\alpha}$, $\frac{1}{\beta}$일 때, 상수 a, b에 대하여 $a+b$의 값을 구하시오. (단, $a\neq0$)

교육청

320 이차방정식 $x^2+2x+k=0$의 서로 다른 두 근을 α, β라 할 때, $\alpha^2+\beta^2=8$이다. 상수 k의 값은?

① -5 ② -4 ③ -3
④ -2 ⑤ -1

321 이차방정식 $x^2-4x-3=0$의 두 근을 α, β라 할 때, $\alpha+\beta$, $\alpha\beta$를 두 근으로 하고 x^2의 계수가 1인 이차방정식은?

① $x^2-2x-12=0$ ② $x^2-x-12=0$
③ $x^2+x-12=0$ ④ $x^2+x+12=0$
⑤ $x^2+2x+12=0$

322 다음 중 이차식 $9x^2-6x+4$의 인수인 것은? (단, $i=\sqrt{-1}$)

① $3x-\sqrt{3}i$ ② $3x-1-\sqrt{3}i$
③ $3x-1+2\sqrt{3}i$ ④ $3x-1+3i$
⑤ $3x+1-\sqrt{3}i$

교과서

323 이차방정식 $x^2-(a+b)x-ab=0$의 한 근이 $2-i$일 때, 실수 a, b에 대하여 $(a-b)^2$의 값을 구하시오. (단, $i=\sqrt{-1}$)

2단계

324 이차방정식 $x^2+4x-6=0$의 두 근을 α, β라 할 때, $(\alpha^2+3\alpha-4)(2\beta^2+7\beta-10)$의 값을 구하시오.

325 이차방정식 $x^2-ax+b=0$의 두 근이 α, β이고, 이차방정식 $x^2-4(a+2)x+b+2=0$의 두 근이 α^2, β^2일 때, $\alpha^3+\beta^3$의 값은? (단, $a>0$, $b>0$)

① 150 ② 160 ③ 170
④ 180 ⑤ 190

교육청

326 x에 대한 이차방정식 $x^2-3x+k=0$의 두 근을 α, β라 할 때,
$\frac{1}{\alpha^2-\alpha+k}+\frac{1}{\beta^2-\beta+k}=\frac{1}{4}$을 만족시키는 실수 k의 값을 구하시오.

327 이차방정식 $x^2+px-2p+4=0$의 두 근은 모두 양수이고, 한 근은 다른 한 근의 3배보다 1만큼 크다. 두 근 중 작은 근을 α라 할 때, $\alpha+p$의 값은? (단, p는 상수)

① -10 ② -8 ③ -6
④ -4 ⑤ -2

328 이차방정식 $2ax^2-2(a+1)x-5a=0$의 두 실근의 절댓값의 비가 5 : 2가 되도록 하는 모든 상수 a의 값의 합은?

① $\frac{6}{5}$ ② $\frac{7}{5}$ ③ $\frac{8}{5}$
④ $\frac{9}{5}$ ⑤ 2

연습문제

• 정답과 해설 53쪽

329 이차방정식 $f(2x)=0$의 두 근의 합이 10, 곱이 5일 때, 이차방정식 $f(4x-2)=0$의 두 근의 곱을 구하시오.

330 이차방정식 $x^2-mx+n=0$의 한 근이 $\frac{1}{4-\sqrt{15}}$일 때, $m+n$, $m-n$을 두 근으로 하는 이차방정식이 $x^2+ax+b=0$이다. 상수 a, b에 대하여 $a+b$의 값을 구하시오.

(단, m, n은 유리수)

서술형

331 이차방정식 $x^2+ax+b=0$에서 a를 잘못 보고 풀었더니 한 근이 $1+2i$가 되었고, b를 잘못 보고 풀었더니 한 근이 $2-3i$가 되었다. 다음 물음에 답하시오. (단, a, b는 실수, $i=\sqrt{-1}$)

(1) a의 값을 구하시오.

(2) b의 값을 구하시오.

(3) 올바른 근을 구하시오.

3단계

교육청

332 x에 대한 이차방정식 $x^2+2ax-b=0$의 두 근을 α, β라 할 때, $|\alpha-\beta|<12$를 만족시키는 두 자연수 a, b의 모든 순서쌍 (a, b)의 개수를 구하시오.

333 오른쪽 그림과 같이 선분 AB를 지름으로 하는 반원 위에 점 C에서 선분 AB에 내린 수선의 발을 D라 하자. $\overline{AD}=\alpha$, $\overline{BD}=\beta$일 때, α, $\beta\,(\alpha<\beta)$는 이차방정식 $x^2-8x+4=0$의 두 실근이다. $\frac{1}{\overline{AB}}$, $\frac{1}{\overline{CD}}$을 두 근으로 하는 이차방정식 $16x^2+ax+b=0$에 대하여 ab의 값을 구하시오. (단, a, b는 상수)

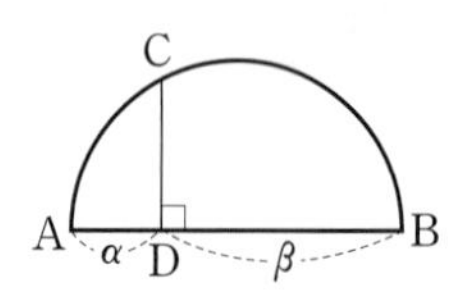

334 다항식 $f(x)=x^2+px+q$가 다음 조건을 만족시킬 때, p^2+q^2의 값을 구하시오.

(단, p, q는 실수이고, $i=\sqrt{-1}$)

> (가) 다항식 $f(x)$를 $x-1$로 나누었을 때의 나머지는 2이다.
> (나) 0이 아닌 실수 a에 대하여 이차방정식 $f(x)=0$의 한 근은 $a+i$이다.

Ⅱ. 방정식과 부등식

3

이차방정식과 이차함수

01 이차방정식과 이차함수의 관계

02 이차함수의 최대, 최소

Review 이차함수의 그래프

01 이차함수 $y=ax^2\,(a\neq0)$의 그래프

▶중학 수학 3

(1) 꼭짓점의 좌표: $(0,\ 0)$

(2) 축의 방정식: $x=0$(y축)

(3) $a>0$이면 아래로 볼록(∨)하고
$a<0$이면 위로 볼록(∧)하다.

(4) $|a|$의 값이 클수록 y축에 가까워진다.(폭이 좁아진다.)

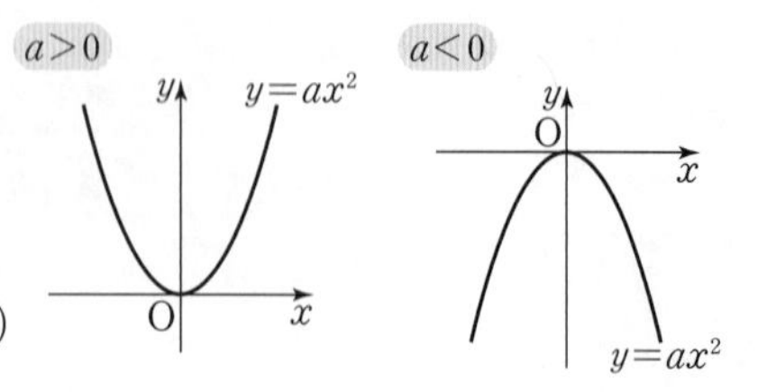

| 참고 | 이차함수 $y=ax^2$의 그래프와 $y=-ax^2$의 그래프는 x축에 대하여 서로 대칭이다.

02 이차함수 $y=a(x-p)^2+q\,(a\neq0)$의 그래프

▶중학 수학 3

(1) 이차함수 $y=ax^2$의 그래프를 x축의 방향으로 p만큼, y축의 방향으로 q만큼 평행이동한 것이다.

(2) 꼭짓점의 좌표: $(p,\ q)$

(3) 축의 방정식: $x=p$

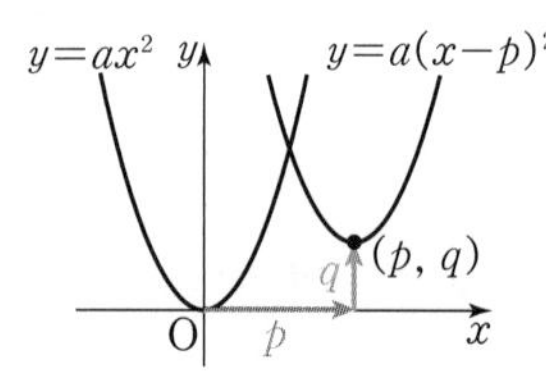

03 이차함수 $y=ax^2+bx+c\,(a\neq0)$의 그래프

▶중학 수학 3

(1) $y=ax^2+bx+c=a\left(x+\dfrac{b}{2a}\right)^2-\dfrac{b^2-4ac}{4a}$이므로 이차함수 $y=ax^2$의 그래프를

x축의 방향으로 $-\dfrac{b}{2a}$만큼, y축의 방향으로 $-\dfrac{b^2-4ac}{4a}$만큼 평행이동한 것이다.

(2) 꼭짓점의 좌표: $\left(-\dfrac{b}{2a},\ -\dfrac{b^2-4ac}{4a}\right)$

(3) 축의 방정식: $x=-\dfrac{b}{2a}$

(4) y축과의 교점의 좌표: $(0,\ c)$

| 예 | 이차함수 $y=2x^2-4x-5$의 그래프를 그려 보자.

주어진 함수의 식을 변형하면

$y=2x^2-4x-5=2(x-1)^2-7$

꼭짓점의 좌표는 $(1,\ -7)$, 축의 방정식은 $x=1$이고, y축과의 교점의 좌표는 $(0,\ -5)$이다.

따라서 주어진 이차함수의 그래프는 오른쪽 그림과 같다.

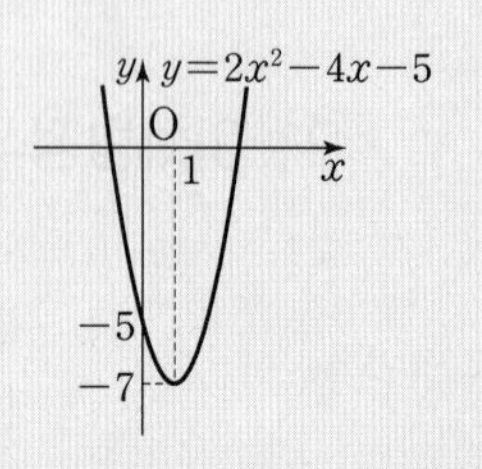

04 이차함수의 그래프와 계수의 부호

▶ 중학 수학 3

이차함수 $y=ax^2+bx+c$의 그래프와 계수 a, b, c의 부호 사이의 관계는 다음과 같다.

a의 부호		b의 부호		c의 부호	
그래프의 모양		축$\left(\text{직선 } x=-\frac{b}{2a}\right)$의 위치		y축과의 교점의 위치	
$a>0$	$a<0$	a, b는 서로 다른 부호	a, b는 서로 같은 부호	$c>0$	$c<0$
아래로 볼록	위로 볼록	y축의 오른쪽	y축의 왼쪽	x축의 위쪽	x축의 아래쪽

| 참고 | 이차함수 $y=ax^2+bx+c$의 그래프에서 축이 y축과 일치하면 $b=0$, y축과의 교점이 원점이면 $c=0$이다.

05 이차함수의 식 구하기

▶ 중학 수학 3

이차함수의 식을 구할 때는 조건에 따라 다음과 같이 함수식을 놓고 주어진 조건을 이용한다.

(1) 꼭짓점의 좌표 (p, q)가 주어질 때 ➡ $y=a(x-p)^2+q$

(2) 축의 방정식 $x=p$가 주어질 때 ➡ $y=a(x-p)^2+q$

(3) x축과의 두 교점의 좌표 $(\alpha, 0)$, $(\beta, 0)$이 주어질 때 ➡ $y=a(x-\alpha)(x-\beta)$

(4) 그래프 위의 세 점이 주어질 때 ➡ $y=ax^2+bx+c$

| 예 | (1) 꼭짓점의 좌표가 $(1, 2)$이고, 점 $(3, 10)$을 지나는 이차함수의 식을 구해 보자.

$y=a(x-1)^2+2$에 $x=3$, $y=10$을 대입하면 $10=4a+2$ $\therefore a=2$

$\therefore y=2(x-1)^2+2=2x^2-4x+4$

(2) 축의 방정식이 $x=1$이고, 두 점 $(-1, 2)$, $(0, 5)$를 지나는 이차함수의 식을 구해 보자.

$y=a(x-1)^2+q$에 두 점 $(-1, 2)$, $(0, 5)$의 좌표를 각각 대입하면 $4a+q=2$, $a+q=5$

두 식을 연립하여 풀면 $a=-1$, $q=6$ $\therefore y=-(x-1)^2+6=-x^2+2x+5$

(3) x축과의 두 교점의 좌표가 $(2, 0)$, $(4, 0)$이고, 점 $(0, -16)$을 지나는 이차함수의 식을 구해 보자.

$y=a(x-2)(x-4)$에 $x=0$, $y=-16$을 대입하면 $-16=8a$ $\therefore a=-2$

$\therefore y=-2(x-2)(x-4)=-2x^2+12x-16$

(4) 세 점 $(-2, 8)$, $(0, 4)$, $(2, 8)$을 지나는 이차함수의 식을 구해 보자.

$y=ax^2+bx+c$에 점 $(0, 4)$의 좌표를 대입하면 $c=4$

$y=ax^2+bx+4$에 두 점 $(-2, 8)$, $(2, 8)$의 좌표를 각각 대입하면

$8=4a-2b+4$, $8=4a+2b+4$

두 식을 연립하여 풀면 $a=1$, $b=0$ $\therefore y=x^2+4$

이차방정식과 이차함수의 관계

01 이차방정식과 이차함수의 관계

개념 01 이차함수의 그래프와 x축의 교점

예제 01

이차함수 $y=ax^2+bx+c$의 그래프와 x축의 교점의 x좌표는 이차방정식 $ax^2+bx+c=0$의 실근과 같다.

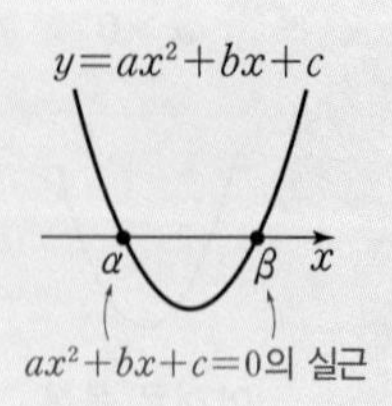

| 참고 | 이차함수 $y=ax^2+bx+c$의 그래프와 x축$(y=0)$의 교점의 x좌표는 $y=ax^2+bx+c$에 $y=0$을 대입하여 구한다.

| 예 | 이차함수 $y=x^2-4x+3$의 그래프와 x축의 교점의 x좌표를 구해 보자.

$y=0$일 때의 x의 값이므로 $x^2-4x+3=0$에서

$(x-1)(x-3)=0 \qquad \therefore x=1$ 또는 $x=3$

즉, 교점의 x좌표는 1, 3이고 이 값은 이차방정식 $x^2-4x+3=0$의 실근과 같다.

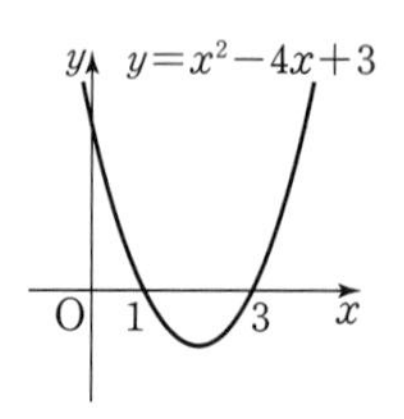

개념 02 이차함수의 그래프와 x축의 위치 관계

예제 02

이차함수 $y=ax^2+bx+c$의 그래프와 x축의 위치 관계는 이차방정식 $ax^2+bx+c=0$의 판별식 D의 부호에 따라 다음과 같다.

		$D>0$	$D=0$	$D<0$
$y=ax^2+bx+c$의 그래프	$a>0$	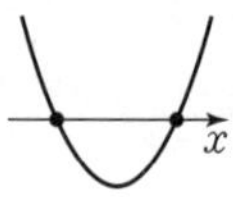	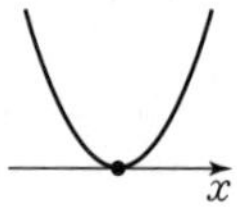	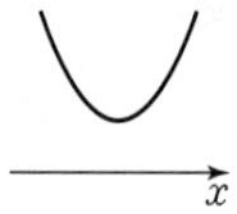
	$a<0$	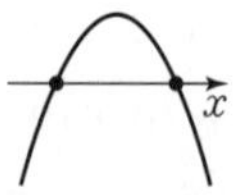	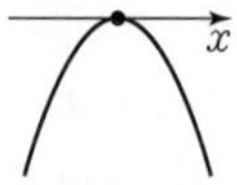	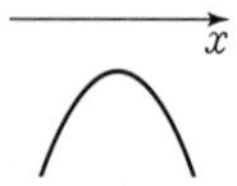
$y=ax^2+bx+c$의 그래프와 x축의 위치 관계		서로 다른 두 점에서 만난다.	한 점에서 만난다(접한다).	만나지 않는다.

| 참고 |
- 이차함수 $y=ax^2+bx+c$의 그래프와 x축의 교점의 개수는 이차방정식 $ax^2+bx+c=0$의 실근의 개수와 같다.
- 이차함수 $y=ax^2+bx+c$의 그래프가 x축과 만나면 이차방정식 $ax^2+bx+c=0$이 실근을 갖는다. 즉, 이 이차방정식의 판별식을 D라 하면 $D\geq 0$이다.

개념 03 이차함수의 그래프와 직선의 교점

◎ 예제 03

이차함수 $y=ax^2+bx+c$의 그래프와 직선 $y=mx+n$의 교점의 x좌표는 이차방정식 $ax^2+bx+c=mx+n$의 실근과 같다.

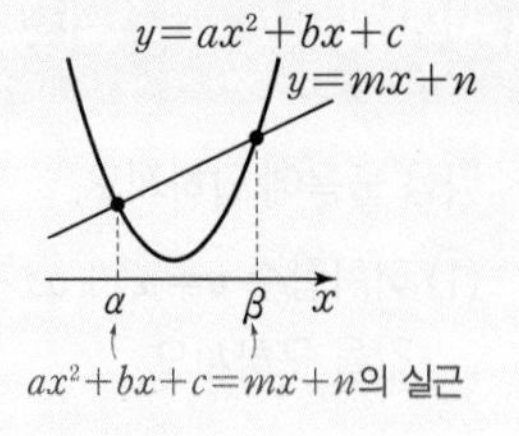

| 예 | 이차함수 $y=x^2+x+2$의 그래프와 직선 $y=-x+5$의 교점의 x좌표를 구해 보자.

이차방정식 $x^2+x+2=-x+5$, 즉 $x^2+2x-3=0$의 실근과 같으므로

$x^2+2x-3=0$에서 $(x+3)(x-1)=0$ $\quad \therefore x=-3$ 또는 $x=1$

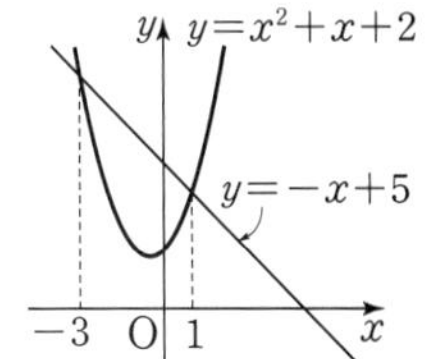

개념 04 이차함수의 그래프와 직선의 위치 관계

◎ 예제 04

이차함수 $y=ax^2+bx+c$의 그래프와 직선 $y=mx+n$의 위치 관계는 이차방정식 $ax^2+bx+c=mx+n$, 즉 $ax^2+(b-m)x+c-n=0$의 판별식 D의 부호에 따라 다음과 같다.

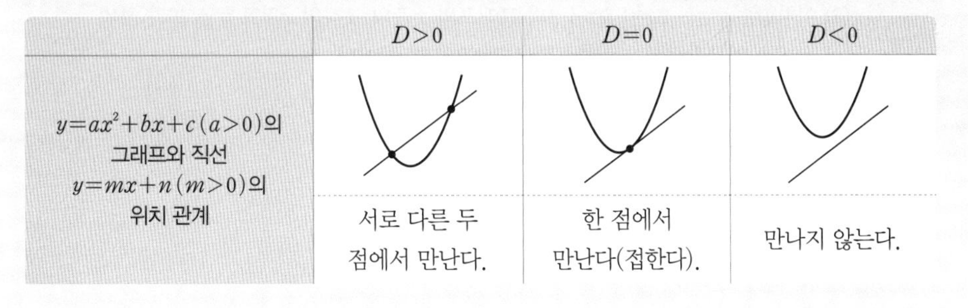

	$D>0$	$D=0$	$D<0$
$y=ax^2+bx+c\,(a>0)$의 그래프와 직선 $y=mx+n\,(m>0)$의 위치 관계	서로 다른 두 점에서 만난다.	한 점에서 만난다(접한다).	만나지 않는다.

| 참고 | 이차함수 $y=ax^2+bx+c$의 그래프와 직선 $y=mx+n$의 교점의 개수는 이차방정식 $ax^2+bx+c=mx+n$의 실근의 개수와 같다.

개념 확인

• 정답과 해설 54쪽

개념 02

335 다음 이차함수의 그래프와 x축의 위치 관계를 말하시오.

(1) $y=-x^2+3x+4$ (2) $y=x^2-2x+1$ (3) $y=x^2+4x+8$

개념 04

336 이차함수 $y=x^2+2x-4$의 그래프와 다음 직선의 위치 관계를 말하시오.

(1) $y=x$ (2) $y=-2x-8$ (3) $y=-x-7$

예제 01 / 이차함수의 그래프와 x축의 교점

이차함수 $y=f(x)$의 그래프와 x축의 교점의 x좌표 ➡ 이차방정식 $f(x)=0$의 실근

다음 물음에 답하시오.

(1) 이차함수 $y=x^2+ax+b$의 그래프가 오른쪽 그림과 같을 때, 상수 a, b의 값을 구하시오.

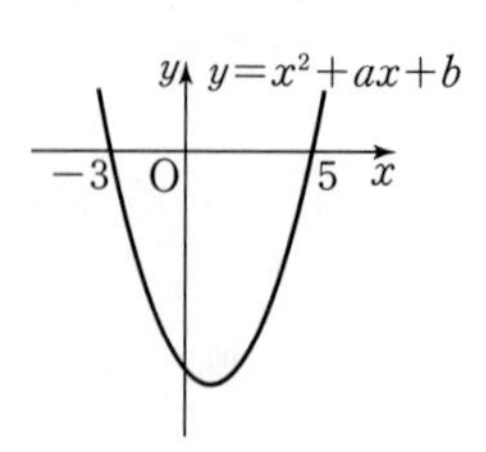

(2) 이차함수 $y=-2x^2+kx+8$의 그래프와 x축의 두 교점 사이의 거리가 5일 때, 상수 k의 값을 모두 구하시오.

• 유형 만렙 공통수학 1 84쪽에서 문제 더 풀기

| 풀이 | (1) 이차함수 $y=x^2+ax+b$의 그래프와 x축의 교점의 x좌표가 -3, 5이므로
-3, 5는 이차방정식 $x^2+ax+b=0$의 두 근이다.
근과 계수의 관계에 의하여
$-3+5=-a$, $-3\times5=b$
$\therefore a=-2$, $b=-15$

(2) 이차함수 $y=-2x^2+kx+8$의 그래프와 x축의 교점의 x좌표를 α, β라 하면
α, β는 이차방정식 $-2x^2+kx+8=0$의 두 근이다.
근과 계수의 관계에 의하여
$\alpha+\beta=\frac{k}{2}$, $\alpha\beta=-\frac{8}{2}=-4$ ······ ㉠
이때 두 점 사이의 거리가 5이므로 $|\alpha-\beta|=5$
양변을 제곱하면 $(\alpha-\beta)^2=25$
$(\alpha+\beta)^2-4\alpha\beta=25$ ◀ $(\alpha-\beta)^2=(\alpha+\beta)^2-4\alpha\beta$
㉠을 대입하면
$\frac{k^2}{4}+16=25$, $k^2=36$
$\therefore k=-6$ 또는 $k=6$

답 (1) $a=-2$, $b=-15$ (2) -6, 6

| 다른 풀이 | (1) 이차방정식 $x^2+ax+b=0$의 두 근이 -3, 5이므로 $x=-3$, $x=5$를 각각 대입하면
$9-3a+b=0$, $25+5a+b=0$
두 식을 연립하여 풀면
$a=-2$, $b=-15$

337 유사

이차함수 $y=-x^2-ax+b$의 그래프가 x축과 두 점 $(-4, 0)$, $(-1, 0)$에서 만날 때, 상수 a, b의 값을 구하시오.

338 유사

이차함수 $y=x^2-kx+3k+9$의 그래프와 x축의 두 교점 사이의 거리가 $2\sqrt{7}$일 때, 상수 k의 값을 모두 구하시오.

339 변형

이차함수 $y=-x^2+ax+b$의 그래프와 x축의 두 교점의 x좌표가 -6, 3일 때, 이차함수 $y=x^2+\frac{b}{9}x+a$의 그래프가 x축과 만나는 두 점의 좌표를 구하시오. (단, a, b는 상수)

340 변형

이차함수 $y=-x^2+5ax-4$의 그래프가 오른쪽 그림과 같을 때, $a+b$의 값을 구하시오.

(단, $a<0$, $b<0$)

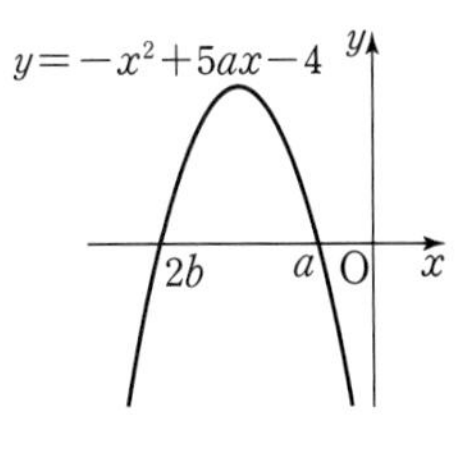

예제 02 / 이차함수의 그래프와 x축의 위치 관계

이차함수 $y=f(x)$의 그래프와 x축의 위치 관계 ➡ 이차방정식 $f(x)=0$의 판별식 D의 부호 이용

이차함수 $y=x^2+(2k+1)x+k^2+1$의 그래프와 x축의 위치 관계가 다음과 같도록 하는 상수 k의 값 또는 범위를 구하시오.

(1) 서로 다른 두 점에서 만난다.

(2) 한 점에서 만난다.

(3) 만나지 않는다.

• 유형 만렙 공통수학 1 84쪽에서 문제 더 풀기

| 개념 | 이차함수 $y=f(x)$의 그래프와 x축의 위치 관계는 이차방정식 $f(x)=0$의 판별식을 D라 할 때

- 서로 다른 두 점에서 만나면 ➡ $D>0$
- 한 점에서 만나면(접하면) ➡ $D=0$
- 만나지 않으면 ➡ $D<0$

| 풀이 | 이차함수의 식에 $y=0$을 대입한 이차방정식은 $x^2+(2k+1)x+k^2+1=0$

이 이차방정식의 판별식을 D라 하면

$D=(2k+1)^2-4(k^2+1)$

$=4k-3$

(1) 이차함수의 그래프와 x축이 서로 다른 두 점에서 만나려면 $D>0$이어야 하므로

$4k-3>0 \qquad \therefore k>\frac{3}{4}$

(2) 이차함수의 그래프와 x축이 한 점에서 만나려면 $D=0$이어야 하므로

$4k-3=0 \qquad \therefore k=\frac{3}{4}$

(3) 이차함수의 그래프와 x축이 만나지 않으려면 $D<0$이어야 하므로

$4k-3<0 \qquad \therefore k<\frac{3}{4}$

답 (1) $k>\frac{3}{4}$ (2) $k=\frac{3}{4}$ (3) $k<\frac{3}{4}$

341 유사

이차함수 $y=2x^2-8x+k+2$의 그래프와 x축의 위치 관계가 다음과 같도록 하는 상수 k의 값 또는 범위를 구하시오.

(1) 서로 다른 두 점에서 만난다.

(2) 한 점에서 만난다.

(3) 만나지 않는다.

342 변형

교과서

이차함수 $y=x^2+(2m-3)x+m^2+m-5$의 그래프가 x축과 만나도록 하는 정수 m의 최댓값을 구하시오.

343 변형

이차함수 $y=x^2+3kx-3k+3$의 그래프는 x축과 한 점에서 만나고, 이차함수 $y=-x^2+x+k+1$의 그래프는 x축과 만나지 않도록 하는 상수 k의 값을 구하시오.

344 변형

이차함수 $y=x^2-2(a+k)x+k^2-4k-b$의 그래프가 실수 k의 값에 관계없이 항상 x축에 접할 때, 상수 a, b에 대하여 $a-b$의 값을 구하시오.

예제 03 ∕ 이차함수의 그래프와 직선의 교점

이차함수 $y=f(x)$의 그래프와 직선 $y=g(x)$의 교점의 x좌표 ➡ 이차방정식 $f(x)=g(x)$의 실근

다음 물음에 답하시오.

(1) 이차함수 $y=x^2+ax+5$의 그래프와 직선 $y=2x+b$가 오른쪽 그림과 같이 서로 다른 두 점에서 만날 때, 상수 a, b에 대하여 $a+b$의 값을 구하시오.

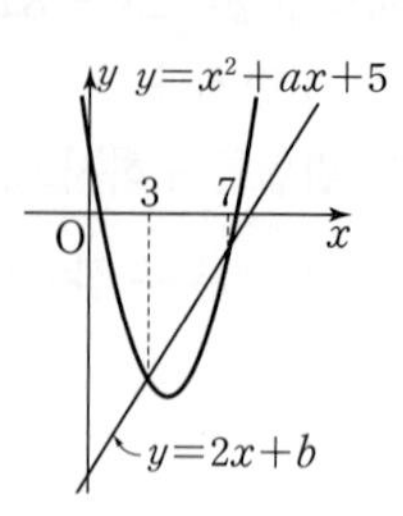

(2) 이차함수 $y=-x^2+ax+b$의 그래프는 직선 $y=2x+3$과 서로 다른 두 점에서 만난다. 두 점 중 한 점의 x좌표가 $1+\sqrt{5}$일 때, 유리수 a, b에 대하여 ab의 값을 구하시오.

• 유형 만렙 공통수학1 85쪽에서 문제 더 풀기

| 풀이 | (1) 이차함수 $y=x^2+ax+5$의 그래프와 직선 $y=2x+b$의 교점의 x좌표가 3, 7이므로

3, 7은 이차방정식 $x^2+ax+5=2x+b$, 즉 $x^2+(a-2)x+5-b=0$의 두 근이다.

근과 계수의 관계에 의하여

$3+7=-a+2$, $3\times7=5-b$

$\therefore a=-8$, $b=-16$

$\therefore a+b=-24$

(2) 이차함수 $y=-x^2+ax+b$의 그래프와 직선 $y=2x+3$의 교점의 x좌표는

이차방정식 $-x^2+ax+b=2x+3$, 즉 $x^2-(a-2)x-b+3=0$의 두 근이다.

이때 a, b가 유리수이고 이 이차방정식의 한 근이 $1+\sqrt{5}$이므로 다른 한 근은 $1-\sqrt{5}$이다.

근과 계수의 관계에 의하여

$(1+\sqrt{5})+(1-\sqrt{5})=a-2$, $(1+\sqrt{5})(1-\sqrt{5})=-b+3$

$\therefore a=4$, $b=7$

$\therefore ab=28$

답 (1) -24 (2) 28

| 다른 풀이 | (2) 이차방정식 $-x^2+ax+b=2x+3$의 한 근이 $1+\sqrt{5}$이므로 $x=1+\sqrt{5}$를 대입하면

$-(1+\sqrt{5})^2+a(1+\sqrt{5})+b=2(1+\sqrt{5})+3$

$-6-2\sqrt{5}+a+a\sqrt{5}+b=2+2\sqrt{5}+3$

$(a+b-6)+(a-2)\sqrt{5}=5+2\sqrt{5}$

이때 a, b가 유리수이므로 무리수가 서로 같을 조건에 의하여

$a+b-6=5$, $a-2=2$ $\qquad\therefore a=4$, $b=7$

$\therefore ab=28$

TIP 이차방정식의 켤레근의 성질

이차방정식 $ax^2+bx+c=0$에서

(1) a, b, c가 유리수일 때, 한 근이 $p+q\sqrt{m}$이면 다른 한 근은 $p-q\sqrt{m}$이다. (단, p, q는 유리수, $q\neq0$, $\sqrt{m}$은 무리수)

(2) a, b, c가 실수일 때, 한 근이 $p+qi$이면 다른 한 근은 $p-qi$이다. (단, p, q는 실수, $q\neq0$, $i=\sqrt{-1}$)

345 유사

이차함수 $y=-4x^2+ax+2$의 그래프와 직선 $y=x+b$의 두 교점의 x좌표가 -1, 2일 때, 상수 a, b에 대하여 $a+b$의 값을 구하시오.

346 유사

이차함수 $y=x^2+ax-6$의 그래프는 직선 $y=5x+b$와 서로 다른 두 점에서 만난다. 두 점 중 한 점의 x좌표가 $4-\sqrt{3}$일 때, 유리수 a, b에 대하여 $a-b$의 값을 구하시오.

347 변형

이차함수 $y=3x^2-x-6$의 그래프와 직선 $y=ax+b$의 두 교점의 x좌표의 합이 -3, 곱이 2일 때, 상수 a, b에 대하여 ab의 값을 구하시오.

348 변형

이차함수 $y=-x^2+6x+7$의 그래프는 직선 $y=4x+k$와 서로 다른 두 점 A, B에서 만난다. 점 A의 x좌표가 -4일 때, 점 B의 좌표를 구하시오. (단, k는 상수)

예제 04 / 이차함수의 그래프와 직선의 위치 관계

이차함수 $y=f(x)$의 그래프와 직선 $y=g(x)$의 위치 관계
➡ 이차방정식 $f(x)=g(x)$의 판별식 D의 부호 이용

이차함수 $y=x^2-6x-3k$의 그래프와 직선 $y=-x+5$의 위치 관계가 다음과 같도록 하는 상수 k의 값 또는 범위를 구하시오.

(1) 서로 다른 두 점에서 만난다.

(2) 한 점에서 만난다.

(3) 만나지 않는다.

• 유형 만렙 공통수학 1 86쪽에서 문제 더 풀기

| 개념 | 이차함수 $y=f(x)$의 그래프와 직선 $y=g(x)$의 위치 관계는 이차방정식 $f(x)=g(x)$의 판별식을 D라 할 때

- 서로 다른 두 점에서 만나면 ➡ $D>0$
- 한 점에서 만나면(접하면) ➡ $D=0$
- 만나지 않으면 ➡ $D<0$

| 풀이 | 이차방정식 $x^2-6x-3k=-x+5$, 즉 $x^2-5x-3k-5=0$의 판별식을 D라 하면

$D=25-4(-3k-5)$
$=12k+45$

(1) 이차함수의 그래프와 직선이 서로 다른 두 점에서 만나려면 $D>0$이어야 하므로

$12k+45>0 \qquad \therefore k>-\frac{15}{4}$

(2) 이차함수의 그래프와 직선이 한 점에서 만나려면 $D=0$이어야 하므로

$12k+45=0 \qquad \therefore k=-\frac{15}{4}$

(3) 이차함수의 그래프와 직선이 만나지 않으려면 $D<0$이어야 하므로

$12k+45<0 \qquad \therefore k<-\frac{15}{4}$

답 (1) $k>-\frac{15}{4}$ (2) $k=-\frac{15}{4}$ (3) $k<-\frac{15}{4}$

349 유사

이차함수 $y=-x^2-8x-2k$의 그래프와 직선 $y=4x-6$의 위치 관계가 다음과 같도록 하는 상수 k의 값 또는 범위를 구하시오.

(1) 서로 다른 두 점에서 만난다.

(2) 한 점에서 만난다.

(3) 만나지 않는다.

350 변형

이차함수 $y=x^2-2ax-a$의 그래프와 직선 $y=-6x-a^2+5$가 만나지 않도록 하는 정수 a의 최솟값을 구하시오.

351 변형

이차함수 $y=-x^2+x-k$의 그래프와 직선 $y=-x-3$이 적어도 한 점에서 만나도록 하는 자연수 k의 개수를 구하시오.

352 변형

교육청

점 $(-1, 0)$을 지나고 기울기가 m인 직선이 곡선 $y=x^2+x+4$에 접할 때, 양수 m의 값은?

① $\frac{3}{2}$ ② 2 ③ $\frac{5}{2}$

④ 3 ⑤ $\frac{7}{2}$

연습문제

1단계

교육청

353 이차함수 $y=2x^2+ax-1$의 그래프가 x축과 만나는 두 점의 x좌표의 합이 -1일 때, 상수 a의 값은?

① -2 ② -1 ③ 0
④ 1 ⑤ 2

354 다음 이차함수의 그래프 중 x축과 만나는 점의 개수가 나머지 넷과 다른 것은?

① $y=-2x^2-6x-3$ ② $y=-x^2-5x+9$
③ $y=x^2-5x+2$ ④ $y=2x^2+3x+4$
⑤ $y=3x^2+4x-1$

355 이차함수 $y=x^2+ax+b$의 그래프와 직선 $y=4x+1$이 점 $(-1, -3)$에서 접할 때, 상수 a, b에 대하여 ab의 값을 구하시오.

교과서

356 오른쪽 그림과 같이 두 이차함수 $y=-\frac{1}{2}x^2+2x+k$, $y=\frac{1}{2}x^2-4x+6$의 그래프가 서로 다른 두 점에서 만난다. 두 교점의 x좌표를 1, α라 할 때, $k+\alpha$의 값을 구하시오. (단, k는 상수)

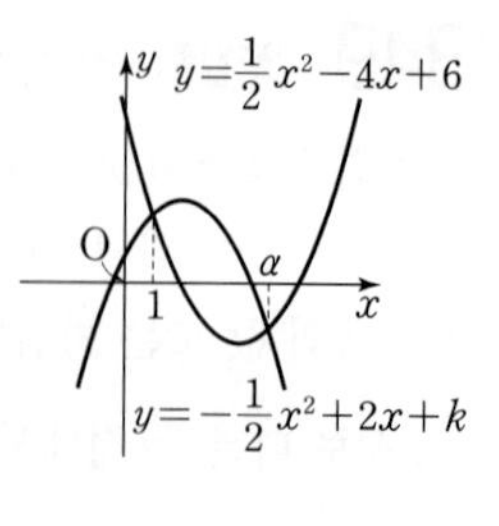

2단계

서술형

357 x^2항의 계수가 1인 이차식 $f(x)$가 다음 조건을 만족시킬 때, 함수 $y=f(x)$의 그래프가 x축과 만나는 두 점의 x좌표의 곱을 구하시오.

> (가) $f(-3)=f(1)$
> (나) 이차방정식 $f(x)=-4$는 중근을 갖는다.

교육청

358 두 상수 a, b에 대하여 이차함수 $y=x^2+ax+b$의 그래프가 점 $(1, 0)$에서 x축과 접할 때, 이차함수 $y=x^2+bx+a$의 그래프가 x축과 만나는 두 점 사이의 거리는?

① 1 ② 2 ③ 3
④ 4 ⑤ 5

359 이차함수 $y=x^2+(2k-3)x+k$의 그래프가 직선 $y=-kx+1$과 서로 다른 두 점에서 만난다. 두 교점의 x좌표를 α, β라 하면 $\alpha=2\beta$일 때, 상수 k의 값을 구하시오. (단, $k\neq1$)

360 이차함수 $y=x^2-2ax+a^2-5a$의 그래프와 직선 $y=mx+n$이 실수 a의 값에 관계없이 항상 접할 때, 상수 m, n에 대하여 $m-4n$의 값을 구하시오.

361 이차함수 $y=x^2-2ax+a^2-11$의 그래프와 직선 $y=6x-4k$가 만나지 않도록 하는 모든 자연수 a의 개수를 $f(k)$라 하자. 이때 $f(10)+f(15)$의 값을 구하시오. (단, k는 상수)

3단계

교육청

362 그림과 같이 이차함수 $y=ax^2$ $(a>0)$의 그래프와 직선 $y=x+6$이 만나는 두 점 A, B의 x좌표를 각각 α, β라 하자. 점 B에서 x축에 내린 수선의 발을 H, 점 A에서 선분 BH에 내린 수선의 발을 C라 하자. $\overline{BC}=\frac{7}{2}$일 때, $\alpha^2+\beta^2$의 값은? (단, $\alpha<\beta$)

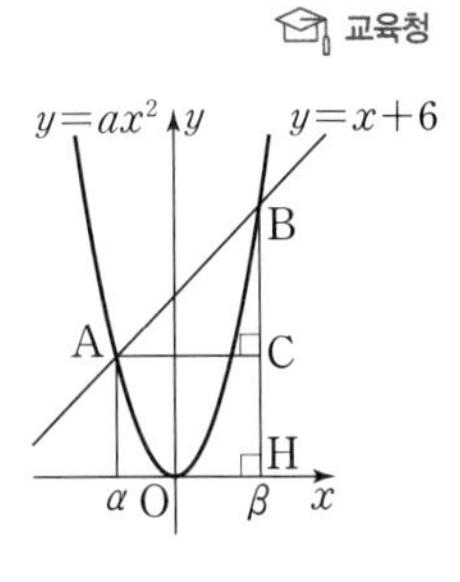

① $\frac{23}{4}$ ② $\frac{25}{4}$ ③ $\frac{27}{4}$
④ $\frac{29}{4}$ ⑤ $\frac{31}{4}$

363 오른쪽 그림과 같이 폭이 4 m, 높이가 4 m인 포물선 모양의 조형물이 지면과 만나는 두 지점을 각각 A, B라 하자. A 지점에 높이가 9 m인 조명이 지면과 수직으로 설치되어 있을 때, 이 조명의 불빛에 의하여 생기는 조형물의 그림자의 끝을 C라 하자. 이때 두 지점 A, C 사이의 거리를 구하시오.

(단, 조형물의 두께는 생각하지 않는다.)

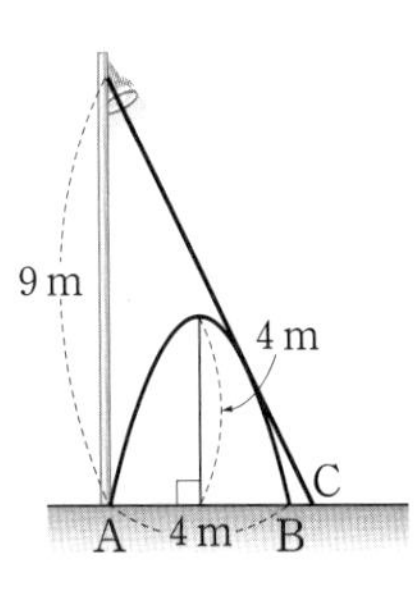

1 이차함수의 최대, 최소

개념 01 이차함수의 최대, 최소

x의 값의 범위가 실수 전체일 때, 이차함수 $y=ax^2+bx+c$의 최대, 최소는 이차함수의 식을 $y=a(x-p)^2+q$ 꼴로 변형하여 구한다.

(1) $a>0$일 때 ➡ $x=p$에서 최솟값 q를 갖고, 최댓값은 없다.

(2) $a<0$일 때 ➡ $x=p$에서 최댓값 q를 갖고, 최솟값은 없다.

x의 값의 범위가 실수 전체일 때, 이차함수는 이차항의 계수의 부호에 따라 최댓값만 갖거나 최솟값만 갖는다.

(1) $a>0$

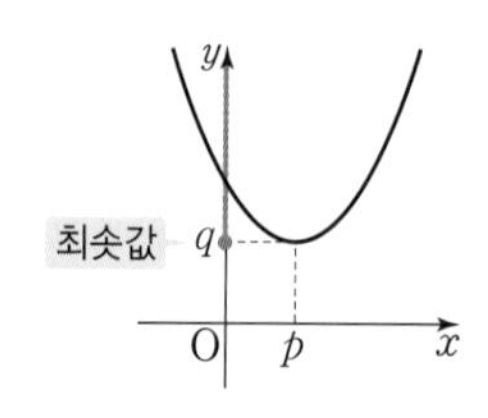

(2) $a<0$

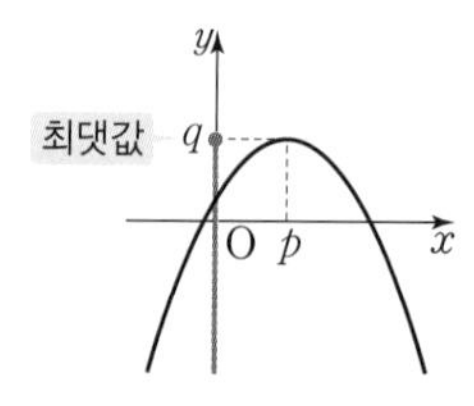

| 예 | (1) 이차함수 $y=x^2-6x+4$의 최댓값과 최솟값을 구해 보자.

$y=x^2-6x+4=(x-3)^2-5$이므로 $x=3$일 때 최솟값 -5를 갖고, 최댓값은 없다.

(2) 이차함수 $y=-2x^2+4x-1$의 최댓값과 최솟값을 구해 보자.

$y=-2x^2+4x-1=-2(x-1)^2+1$이므로 $x=1$일 때 최댓값 1을 갖고, 최솟값은 없다.

개념 02 제한된 범위에서의 이차함수의 최대, 최소

예제 01~05

x의 값의 범위가 $\alpha \le x \le \beta$일 때, 이차함수 $f(x)=a(x-p)^2+q$의 최대, 최소는 다음과 같다.

(1) 꼭짓점의 x좌표 p가 $\alpha \le x \le \beta$에 포함될 때, ◀ $\alpha \le p \le \beta$일 때

$f(\alpha)$, $f(p)$, $f(\beta)$ 중 가장 큰 값이 최댓값, 가장 작은 값이 최솟값이다.

(2) 꼭짓점의 x좌표 p가 $\alpha \le x \le \beta$에 포함되지 않을 때, ◀ $p<\alpha$ 또는 $p>\beta$일 때

$f(\alpha)$, $f(\beta)$ 중 큰 값이 최댓값, 작은 값이 최솟값이다.

(1) 꼭짓점의 x좌표 p가 $\alpha \le x \le \beta$에 포함될 때,

$a>0$

$a<0$

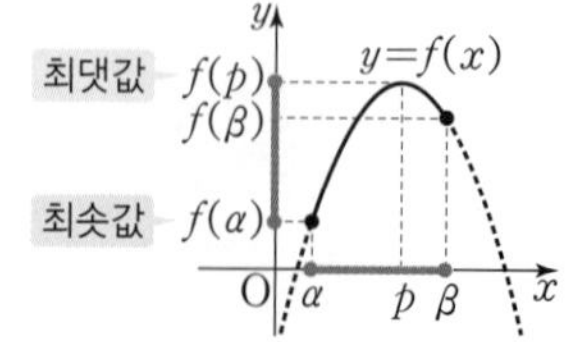

(2) 꼭짓점의 x좌표 p가 $\alpha \le x \le \beta$에 포함되지 않을 때,

$a>0$

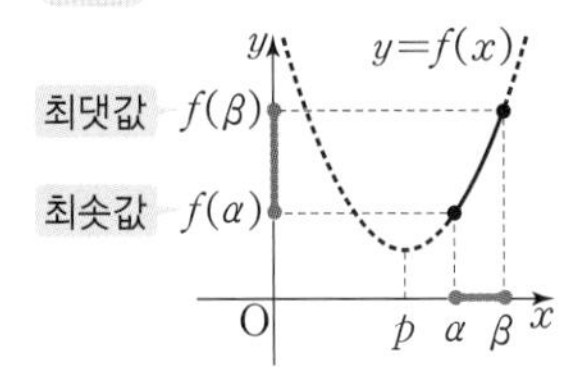

$a<0$

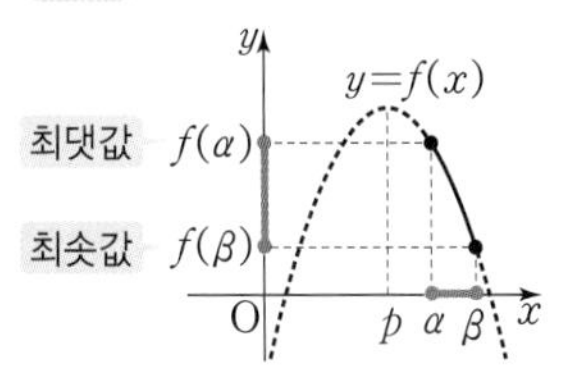

| 예 | 주어진 x의 값의 범위에서 이차함수 $f(x)=x^2-6x+4=(x-3)^2-5$의 최댓값과 최솟값을 구해 보자.

(1) $1 \le x \le 4$

$y=f(x)$의 그래프의 꼭짓점의 x좌표 3은 $1 \le x \le 4$에 포함되고,
$f(1)=-1$, $f(3)=-5$, $f(4)=-4$이다.
따라서 함수 $f(x)$는 $x=1$일 때 최댓값 -1을 갖고, $x=3$일 때 최솟값 -5를 갖는다.

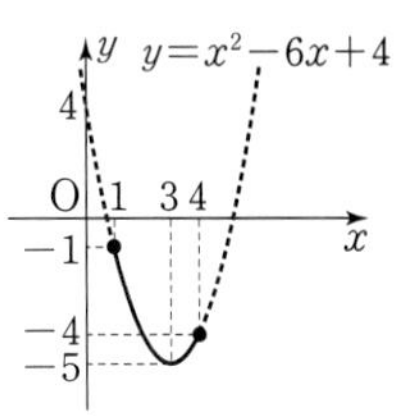

(2) $4 \le x \le 6$

$y=f(x)$의 그래프의 꼭짓점의 x좌표 3은 $4 \le x \le 6$에 포함되지 않고, $f(4)=-4$, $f(6)=4$이다.
따라서 함수 $f(x)$는 $x=6$일 때 최댓값 4를 갖고, $x=4$일 때 최솟값 -4를 갖는다.

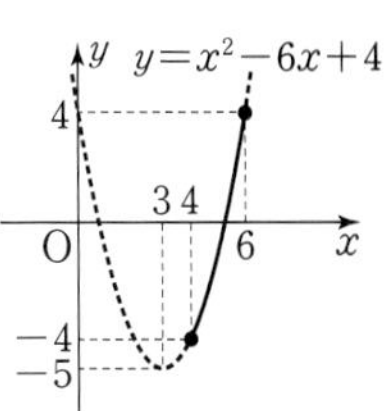

개념 확인

• 정답과 해설 59쪽

개념 01

364 다음 이차함수의 최댓값과 최솟값을 구하시오.

(1) $y=-x^2+4x+7$

(2) $y=\frac{1}{2}x^2+3x-2$

(3) $y=-3x^2-18x+5$

(4) $y=2x^2-8x-9$

개념 01

365 이차함수 $y=-(x-p)^2+q$는 $x=1$에서 최댓값 2를 가질 때, 상수 p, q에 대하여 $p+q$의 값을 구하시오.

예제 01 ⁄ 제한된 범위에서의 이차함수의 최대, 최소

이차함수의 식을 $y=a(x-p)^2+q$ 꼴로 변형한 후 꼭짓점의 위치를 확인한다.

다음 주어진 범위에서 이차함수의 최댓값과 최솟값을 구하시오.

(1) $y=x^2-6x+3$ $(2\le x\le 5)$

(2) $y=-x^2+4x+5$ $(-3\le x\le 0)$

• 유형 만렙 공통수학1 87쪽에서 문제 더 풀기

| 풀이 | (1) 주어진 이차함수의 식을 변형하면

$y=x^2-6x+3=(x-3)^2-6$

즉, 이차함수의 그래프의 꼭짓점의 x좌표는 3이다.

꼭짓점의 x좌표 3이 $2\le x\le 5$에 포함되므로

$x=2$일 때, $y=-5$ ◀ 주어진 범위의 양 끝값과 꼭짓점에서의 함숫값을 구하여 크기를 비교한다.

$x=3$일 때, $y=-6$

$x=5$일 때, $y=-2$

따라서 최댓값은 -2, 최솟값은 -6이다.

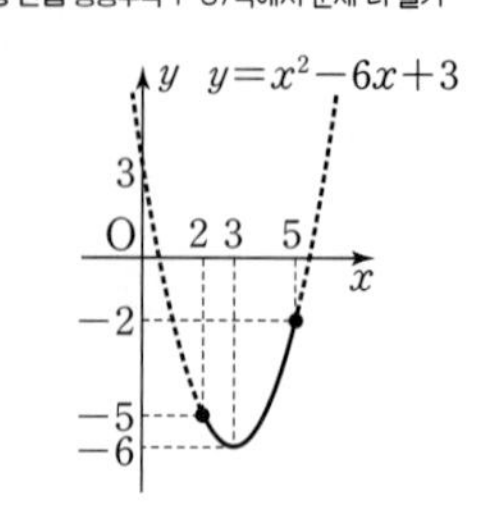

(2) 주어진 이차함수의 식을 변형하면

$y=-x^2+4x+5=-(x-2)^2+9$

즉, 이차함수의 그래프의 꼭짓점의 x좌표는 2이다.

꼭짓점의 x좌표 2가 $-3\le x\le 0$에 포함되지 않으므로

$x=-3$일 때, $y=-16$ ◀ 주어진 범위의 양 끝값에서의 함숫값을 구하여 크기를 비교한다.

$x=0$일 때, $y=5$

따라서 최댓값은 5, 최솟값은 -16이다.

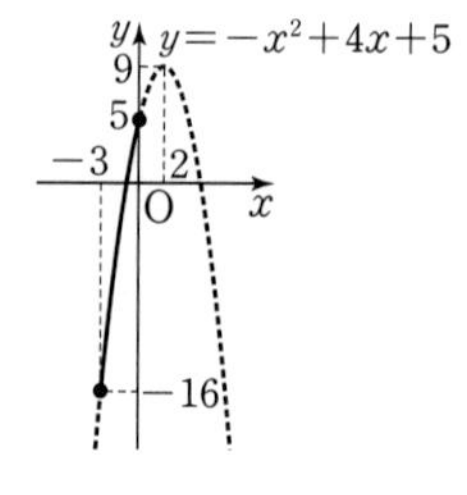

답 (1) 최댓값: -2, 최솟값: -6 (2) 최댓값: 5, 최솟값: -16

366 유사

다음 주어진 범위에서 이차함수의 최댓값과 최솟값을 구하시오.

(1) $y=-3x^2-6x+1\ (-2\le x\le 1)$

(2) $y=x^2+2x-2\ (-5\le x\le -3)$

367 변형

$1\le x\le 6$에서 이차함수 $y=-\frac{1}{2}x^2+5x+\frac{11}{2}$의 최댓값을 M, 최솟값을 m이라 할 때, $M+m$의 값을 구하시오.

368 변형

$0\le x\le 3$에서 이차함수 $y=x^2-2x+k$의 최댓값을 M, 최솟값을 m이라 할 때, Mm의 최솟값을 구하시오. (단, k는 상수)

369 변형

이차함수 $f(x)=x^2-4mx+3m^2+6m+1$의 최솟값을 $g(m)$이라 하자. $-5\le m\le 2$에서 $g(m)$의 최댓값을 구하시오.

예제 02 / 최댓값 또는 최솟값이 주어질 때 미정계수 구하기

미정계수를 포함한 이차함수의 최댓값이나 최솟값을 구한 후 주어진 값과 비교한다.

다음 물음에 답하시오. (단, k는 상수)

(1) $-1\le x\le 4$에서 이차함수 $y=-2x^2+4x+k$의 최댓값이 8일 때, 이 이차함수의 최솟값을 구하시오.

(2) $4\le x\le 7$에서 이차함수 $y=x^2-6x+k$의 최솟값이 -11일 때, 이 이차함수의 최댓값을 구하시오.

• 유형 만렙 공통수학 1 87쪽에서 문제 더 풀기

| 풀이 | (1) 주어진 이차함수의 식을 변형하면

$y=-2x^2+4x+k=-2(x-1)^2+k+2$

즉, 이차함수의 그래프의 꼭짓점의 x좌표는 1이다.

꼭짓점의 x좌표 1이 $-1\le x\le 4$에 포함되므로

$x=1$일 때 최댓값 $k+2$를 갖는다.

이때 주어진 조건에서 최댓값이 8이므로

$k+2=8 \quad \therefore k=6$

따라서 함수 $y=-2(x-1)^2+8$은 $x=4$일 때 최솟값 -10을 갖는다.

(2) 주어진 이차함수의 식을 변형하면

$y=x^2-6x+k=(x-3)^2+k-9$

즉, 이차함수의 그래프의 꼭짓점의 x좌표는 3이다.

꼭짓점의 x좌표 3이 $4\le x\le 7$에 포함되지 않으므로

$x=4$일 때 최솟값 $k-8$을 갖는다.

└ $y=(4-3)^2+k-9=k-8$

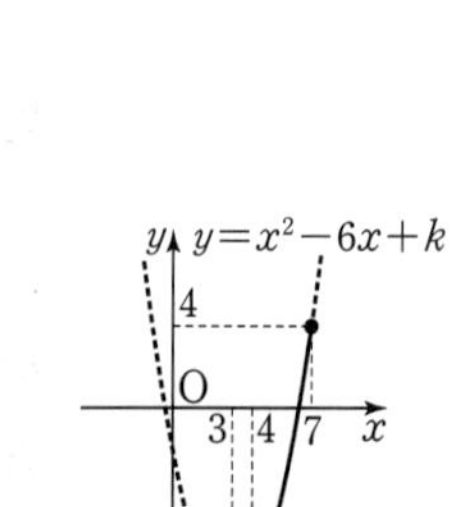

이때 주어진 조건에서 최솟값이 -11이므로

$k-8=-11 \quad \therefore k=-3$

따라서 함수 $y=(x-3)^2-12$는 $x=7$일 때 최댓값 4를 갖는다.

답 (1) -10 (2) 4

370 유사

다음 물음에 답하시오. (단, k는 상수)

(1) $0\le x\le 3$에서 이차함수 $y=3x^2-12x+k$의 최솟값이 2일 때, 이 이차함수의 최댓값을 구하시오.

(2) $-6\le x\le -3$에서 이차함수 $y=-x^2-2x+k$의 최댓값이 7일 때, 이 이차함수의 최솟값을 구하시오.

371 변형

$-2\le x\le 4$에서 이차함수 $y=x^2-4x+a$의 최댓값과 최솟값의 합이 18일 때, 상수 a의 값을 구하시오.

372 변형

$2\le x\le 5$에서 이차함수 $y=ax^2-8ax+b$의 최댓값이 17, 최솟값이 13일 때, 상수 a, b에 대하여 $b-a$의 값을 구하시오. (단, $a<0$)

373 변형

$0\le x\le a$에서 이차함수 $y=x^2-6x+a$의 최솟값이 -4가 되도록 하는 모든 양수 a의 값의 합을 구하시오.

예제 03 ∕ 공통부분이 있는 함수의 최대, 최소

공통부분을 t로 놓고 t의 값의 범위를 구한 후, 그 범위에서의 최댓값과 최솟값을 구한다.

$-1\leq x\leq 2$에서 함수 $y=(x^2-2x+2)^2-4(x^2-2x+2)-12$의 최댓값과 최솟값을 구하시오.

• 유형 만렙 공통수학 1 87쪽에서 문제 더 풀기

| 풀이 | $x^2-2x+2=t$로 놓으면

$t=x^2-2x+2=(x-1)^2+1$

$-1\leq x\leq 2$에서 t는 $x=-1$일 때 최댓값 5, $x=1$일 때 최솟값 1을 가지므로

$1\leq t\leq 5$ ◀ 주어진 x의 값의 범위를 이용하여 t의 값의 범위를 구한다.

이때 주어진 함수를 t에 대한 함수로 나타내면

$y=t^2-4t-12=(t-2)^2-16$

따라서 $1\leq t\leq 5$에서 주어진 함수는

$t=5$일 때 최댓값 -7, $t=2$일 때 최솟값 -16을 갖는다.

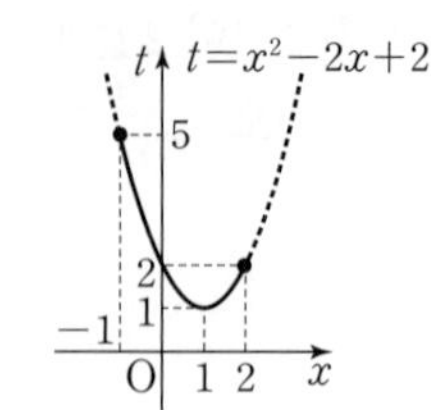

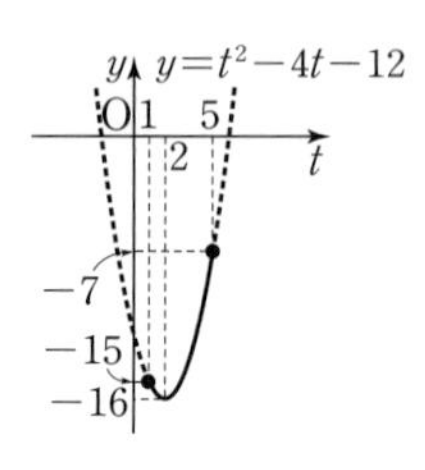

답 최댓값: -7, 최솟값: -16

예제 04 ∕ 조건을 만족시키는 이차식의 최대, 최소

주어진 등식을 한 문자에 대하여 정리한 후 이차식에 대입하여 최댓값과 최솟값을 구한다.

$0\leq x\leq 3$이고 $2x+y=5$인 실수 x, y에 대하여 x^2+y^2의 최댓값과 최솟값을 구하시오.

• 유형 만렙 공통수학 1 88쪽에서 문제 더 풀기

| 풀이 | $2x+y=5$에서 $y=-2x+5$ ◀ x에 대한 식으로 정리한다.

$x^2+y^2=t$로 놓고, $y=-2x+5$를 대입하면

$t=x^2+(-2x+5)^2$

$=5x^2-20x+25$

$=5(x-2)^2+5$ ⋯⋯ ㉠

따라서 $0\leq x\leq 3$에서 ㉠은 $x=0$일 때 최댓값 25, $x=2$일 때 최솟값 5를 갖는다.

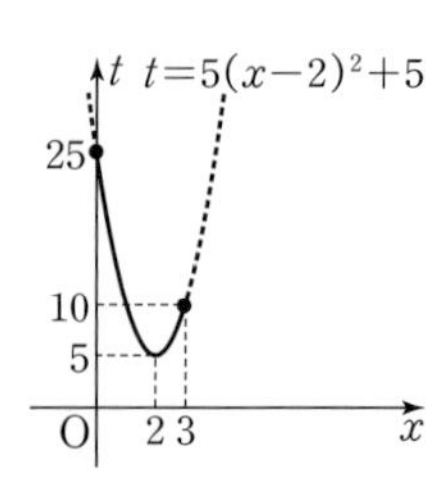

답 최댓값: 25, 최솟값: 5

374 예제 03 유사

다음 물음에 답하시오.

(1) 함수 $y=(x^2+x)^2-4(x^2+x)-3$의 최솟값을 구하시오.

(2) $-4\leq x\leq -1$에서 함수
$y=-(x^2+4x-1)^2+2(x^2+4x-1)-6$
의 최댓값과 최솟값을 구하시오.

375 예제 04 유사

$-2\leq x\leq 4$이고 $4x+y=6$인 실수 x, y에 대하여 x^2-2y의 최댓값과 최솟값을 구하시오.

376 예제 03 변형

$-2\leq x\leq 2$일 때, 함수
$y=2(x^2-2x+3)^2-8(x^2-2x+3)+1$이
$x=a$에서 최솟값 b를 갖는다. 상수 a, b에 대하여 $a+b$의 값을 구하시오.

377 예제 04 변형

이차방정식 $x^2+2mx+m^2-m+5=0$의 두 실근이 α, β일 때, $\alpha^2+\beta^2$의 최솟값을 구하시오.
(단, m은 실수)

빈출

예제 05 / 이차함수의 최대, 최소의 활용

문제 상황에 맞게 변수를 정하고 주어진 조건을 이용하여 이차함수의 식을 세운다.

오른쪽 그림과 같이 직사각형 ABCD에서 두 꼭짓점 B, C는 x축 위에 있고, 두 꼭짓점 A, D는 이차함수 $y=-x^2+5$의 그래프 위에 있다. 직사각형 ABCD의 둘레의 길이의 최댓값을 구하시오. (단, 점 A는 제2사분면 위의 점이다.)

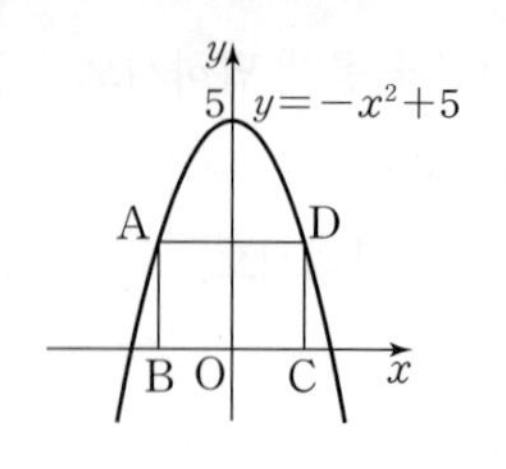

• 유형 만렙 공통수학 1 89쪽에서 문제 더 풀기

| 풀이 | 점 C의 좌표를 $(a, 0)$ $(0<a<\sqrt{5})$이라 하면

$B(-a, 0)$, $D(a, -a^2+5)$ — $-x^2+5=0$에서 $x^2=5$ $\therefore x=\sqrt{5}$ ($\because x>0$)

두 선분 BC, CD의 길이는

$\overline{BC}=2a$, $\overline{CD}=-a^2+5$

직사각형 ABCD의 둘레의 길이를 l이라 하면

$l=2(\overline{BC}+\overline{CD})$

$=2\{2a+(-a^2+5)\}$

$=-2a^2+4a+10$

$=-2(a-1)^2+12$

이때 $0<a<\sqrt{5}$에서 $a=1$일 때 최댓값 12를 갖는다. ◀ $a=1$은 $0<a<\sqrt{5}$에 포함된다.

따라서 직사각형 ABCD의 둘레의 길이의 최댓값은 12이다.

답 12

TIP **이차함수의 최대, 최소의 활용**

① 문제에서 변수를 정하고, 변수의 범위를 확인한다.
이때 도형, 가격, 시간 등과 관련된 실생활 활용 문제의 값은 양수임에 유의한다.
② 주어진 조건을 이용하여 이차함수의 식을 세운다.
③ ①에서 구한 범위에서 이차함수의 최댓값 또는 최솟값을 구한다.

378 유사

오른쪽 그림과 같이 직사각형 ABCD에서 두 꼭짓점 A, B는 x축 위에 있고, 두 꼭짓점 C, D는 이차함수 $y=-x^2+4x$의 그래프 위에 있다. 이때 직사각형 ABCD의 둘레의 길이의 최댓값을 구하시오.

(단, 점 C는 제1사분면 위의 점이다.)

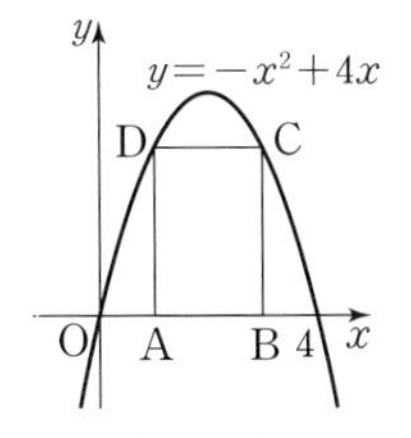

379 변형

교과서

높이가 30 m인 어느 건물 옥상에서 초속 40 m의 속력으로 똑바로 위로 쏘아 올린 폭죽의 t초 후의 지면으로부터의 높이 y m에 대하여 $y=-5t^2+40t+30\ (0\le t\le 8)$의 관계가 성립한다고 한다. 이 폭죽이 가장 높이 올라갔을 때, 지면으로부터의 높이를 구하시오.

380 변형

길이가 3인 철사 16개를 빈틈없이 연결하여 직사각형을 만들려고 한다. 직사각형의 넓이가 최대일 때, 직사각형의 가로에 필요한 철사의 개수를 구하시오. (단, 철사의 모양은 변형할 수 없고, 철사의 두께는 생각하지 않는다.)

381 변형

오른쪽 그림과 같이 $\overline{AB}=12$, $\overline{BC}=16$인 직각삼각형 ABC의 빗변 AC 위의 점 D에서 두 변 AB, BC에 내린 수선의 발을 각각 E, F라 할 때, 직사각형 DEBF의 넓이의 최댓값을 구하시오.

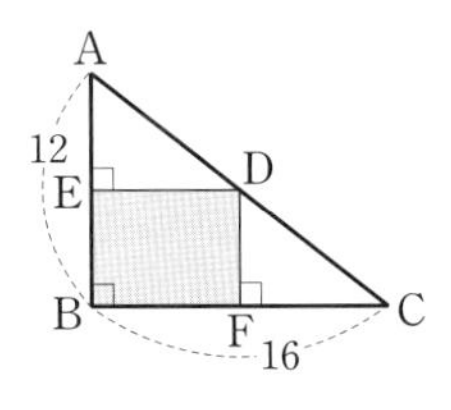

》교육과정 외

완전제곱식을 이용한 이차식의 최대, 최소

• 유형 만렙 공통수학1 88쪽에서 문제 더 풀기

x, y가 실수일 때, x, y에 대한 이차식이 주어지면 주어진 식을 완전제곱식을 포함한 꼴, 즉

$a(x-m)^2+b(y-n)^2+k$ (a, b, m, n, k는 실수)

꼴로 변형한 후 $(x-m)^2\geq 0$, $(y-n)^2\geq 0$임을 이용하여 최댓값 또는 최솟값을 구한다.

x, y가 실수일 때, (x에 대한 완전제곱식)+(y에 대한 완전제곱식)+(상수) 꼴로 변형한 후 $(\text{실수})^2\geq 0$임을 이용한다.

이때 $a(x-m)^2+b(y-n)^2+k$에서 a, b의 부호에 따라 최댓값 또는 최솟값을 구할 수 있다.

(1) $a>0$, $b>0$이면 $x-m=0$, $y-n=0$, 즉 $x=m$, $y=n$일 때, 최솟값 k를 갖는다.

(2) $a<0$, $b<0$이면 $x-m=0$, $y-n=0$, 즉 $x=m$, $y=n$일 때, 최댓값 k를 갖는다.

| 예 | (1) x, y가 실수일 때, $x^2-2x+3y^2+6y+8$의 최솟값을 구해 보자.

$x^2-2x+3y^2+6y+8=(x-1)^2+3(y+1)^2+4$

이때 x, y가 실수이므로

$(x-1)^2\geq 0$, $3(y+1)^2\geq 0$

따라서 주어진 식은 $x=1$, $y=-1$일 때 최솟값 4를 갖는다.

(2) x, y가 실수일 때, $12x-2x^2+4y-y^2+1$의 최댓값을 구해 보자.

$12x-2x^2+4y-y^2+1=-2(x-3)^2-(y-2)^2+23$

이때 x, y가 실수이므로

$-2(x-3)^2\leq 0$, $-(y-2)^2\leq 0$

따라서 주어진 식은 $x=3$, $y=2$일 때 최댓값 23을 갖는다.

유제

• 정답과 해설 62쪽

382 x, y가 실수일 때, 다음 물음에 답하시오.

(1) $2x^2+8x+y^2+3y+\frac{1}{4}$의 최솟값을 구하시오.

(2) $16x-4x^2+12y-3y^2-6$의 최댓값을 구하시오.

연습문제

• 정답과 해설 62쪽

1단계

383 $-1\le x\le 3$에서 이차함수 $y=x^2-4x+1$의 최댓값과 최솟값의 합을 구하시오.

384 이차함수 $y=-x^2-4ax+3$의 최댓값은 7이고, $1\le x\le 3$에서 이차함수 $y=2x^2+4ax-5$의 최솟값은 m이다. 이때 $a+m$의 값을 구하시오. (단, $a>0$)

385 $a\le x\le 4$에서 이차함수 $y=x^2-2x+10$의 최솟값이 10일 때, 상수 a의 값을 구하시오.

386 $2\le x\le 4$이고 $6x+2y=4$인 실수 x, y에 대하여 $5x^2+xy-y^2$의 최댓값을 M, 최솟값을 m이라 할 때, $M-m$의 값을 구하시오.

2단계

387 $-3\le x\le 4$에서 함수 $y=2x^2-6|x|+5$의 최댓값과 최솟값의 곱을 구하시오.

388 이차함수 $f(x)=x^2+ax+b$가 다음 조건을 만족시킬 때, 상수 a, b에 대하여 $a+b$의 값을 구하시오.

(가) 함수 $y=f(x)$의 그래프와 직선 $y=-ax+1$이 만나는 두 점의 x좌표의 합은 4이다.
(나) $0\le x\le 3$에서 함수 $f(x)$의 최댓값은 16이다.

교육청

389 $0\le x\le 2$에서 정의된 이차함수 $f(x)=x^2-2ax+2a^2$의 최솟값이 10일 때, 함수 $f(x)$의 최댓값을 구하시오.

(단, a는 양수이다.)

연습문제

• 정답과 해설 64쪽

390 $0\le x\le 4$에서 함수
$y=(x^2-6x+9)^2-8(x^2-6x+9)+10$은
$x=\alpha$일 때 최솟값 m, $x=\beta$일 때 최댓값 M을 갖는다. $\alpha+\beta+m+M$의 값을 구하시오.

391 오른쪽 그림과 같이 이차함수 $y=x^2-7x+6$의 그래프가 y축과 만나는 점을 A, x축과 만나는 두 점을 각각 B, C라 하자. 점 P(a, b)가 곡선 위를 따라 점 A에서 점 B를 거쳐 점 C까지 움직일 때, $5a+b$의 최댓값을 구하시오.

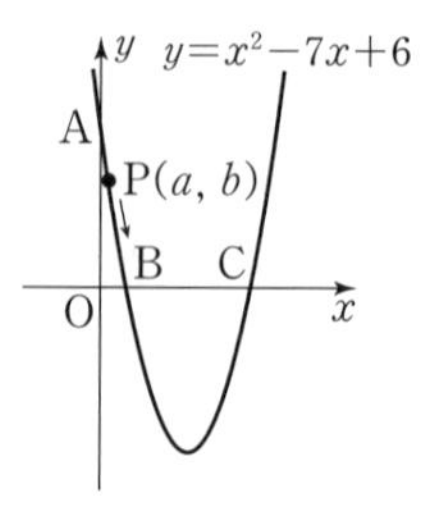

서술형

392 오른쪽 그림과 같이 밑변의 길이가 12이고 높이가 8인 삼각형 ABC에 내접하는 직사각형 PQRS가 있다. 직사각형 PQRS의 넓이의 최댓값을 m, 그때의 직사각형의 둘레의 길이를 n이라 할 때, $m+n$의 값을 구하시오.

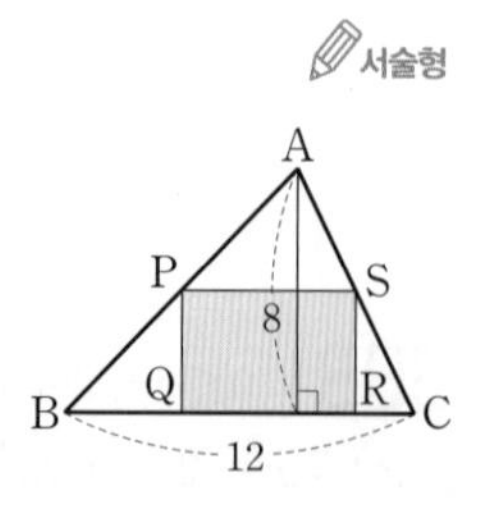

교육청

393 그림과 같이 직선 $x=t\ (0<t<3)$이 두 이차함수 $y=2x^2+1$, $y=-(x-3)^2+1$의 그래프와 만나는 점을 각각 P, Q라 하자. 두 점 A$(0, 1)$, B$(3, 1)$에 대하여 사각형 PAQB의 넓이의 최솟값은?

① $\frac{15}{2}$ ② 9 ③ $\frac{21}{2}$
④ 12 ⑤ $\frac{27}{2}$

3단계

394 $-3\le x\le 2$에서 함수
$y=(x^2+2x)^2-2a(x^2+2x)$의 최솟값이 -4일 때, 모든 상수 a의 값의 곱을 구하시오.

Ⅱ. 방정식과 부등식

4

여러 가지 방정식

01 삼차방정식과 사차방정식

02 연립이차방정식

삼차방정식과 사차방정식

개념 01 삼차방정식과 사차방정식의 뜻

다항식 $f(x)$가 x에 대한 삼차식이면 방정식 $f(x)=0$을 x에 대한 **삼차방정식**이라 하고,
$f(x)$가 x에 대한 사차식이면 방정식 $f(x)=0$을 x에 대한 **사차방정식**이라 한다.

| 참고 | 삼차 이상의 방정식을 고차방정식이라 한다.

| 예 |
- $2x^4+x^2-2=2x^4-3x^3-x+4$를 정리하면 $3x^3+x^2+x-6=0$ ➡ 삼차방정식
- $x^3+5x=-x^4+x^3-2x^2-1$을 정리하면 $x^4+2x^2+5x+1=0$ ➡ 사차방정식

개념 02 삼차방정식과 사차방정식의 풀이

삼차방정식 또는 사차방정식 $f(x)=0$은 $f(x)$를 인수분해한 후 다음 성질을 이용하여 해를 구한다.
(1) $ABC=0$이면 $A=0$ 또는 $B=0$ 또는 $C=0$
(2) $ABCD=0$이면 $A=0$ 또는 $B=0$ 또는 $C=0$ 또는 $D=0$

| 참고 | 특별한 언급이 없으면 삼차방정식과 사차방정식의 해는 복소수의 범위에서 구한다.
이때 계수가 실수인 삼차방정식과 사차방정식은 복소수의 범위에서 각각 3개, 4개의 근을 갖는다.

| 예 | 삼차방정식 $x^3+2x^2-3x=0$을 풀어 보자.
주어진 삼차방정식의 좌변을 인수분해하면 $x(x+3)(x-1)=0$
따라서 $x=0$ 또는 $x+3=0$ 또는 $x-1=0$이므로
$x=0$ 또는 $x=-3$ 또는 $x=1$

개념 03 인수 정리를 이용한 삼차방정식과 사차방정식의 풀이

○ 예제 01, 05~07

방정식 $f(x)=0$에서 다항식 $f(x)$에 대하여 $f(\alpha)=0$이면 $\boldsymbol{f(x)=(x-\alpha)Q(x)}$임을 이용한다. 이때 $Q(x)$는 조립제법을 이용하여 구할 수 있다.

| 참고 | 다항식 $f(x)$의 계수가 모두 정수일 때, $f(\alpha)=0$을 만족시키는 α의 값은

$$\pm\frac{(f(x)\text{의 상수항의 양의 약수})}{(f(x)\text{의 최고차항의 계수의 양의 약수})}$$ 중에서 찾을 수 있다.

| 예 | 삼차방정식 $x^3+2x^2-3x-4=0$을 풀어 보자.

$f(x)=x^3+2x^2-3x-4$라 하면 $f(-1)=-1+2+3-4=0$

즉, 인수 정리에 의하여 $x+1$은 $f(x)$의 인수이므로 조립제법을 이용하여 $f(x)$를 인수분해하면

-1	1	2	-3	-4
		-1	-1	4
	1	1	-4	0

$f(x)=(x+1)(x^2+x-4)$

따라서 주어진 방정식은 $(x+1)(x^2+x-4)=0$이므로

$x=-1$ 또는 $x=\dfrac{-1\pm\sqrt{17}}{2}$

개념 04 여러 가지 사차방정식의 풀이

예제 02~04

(1) 공통부분이 있는 사차방정식

방정식에 공통부분이 있으면 공통부분을 한 문자로 치환한 후 인수분해하여 푼다.

(2) $x^4+ax^2+b=0$ 꼴인 사차방정식 ◀ $x^4+ax^2+b=0$ 꼴인 방정식을 복이차방정식이라 한다.

$x^2=X$로 치환하였을 때,

① $X^2+aX+b=0$의 좌변이 인수분해되는 경우

➡ 좌변을 인수분해한 후 $X=x^2$을 대입하여 푼다.

② $X^2+aX+b=0$의 좌변이 인수분해되지 않는 경우

➡ $x^4+ax^2+b=0$의 좌변의 이차항 ax^2을 적당히 분리하여 $A^2-B^2=0$ 꼴로 변형한 후 인수분해하여 푼다. ◀ $x^4+ax^2+b=(x^4+2\sqrt{b}x^2+b)-(2\sqrt{b}-a)x^2$ 꼴로 고친다.

| 예 | • 사차방정식 $x^4-2x^2+1=0$을 풀어 보자.

$x^2=X$로 놓으면 $X^2-2X+1=0$, $(X-1)^2=0$ $\quad\therefore X=1$

즉, $x^2=1$이므로 $x=-1$ 또는 $x=1$

• 사차방정식 $x^4+2x^2+9=0$을 풀어 보자.

주어진 방정식의 좌변에 $4x^2$을 더하고 빼서 $A^2-B^2=0$ 꼴로 변형하면

$(x^4+6x^2+9)-4x^2=0$

$(x^2+3)^2-(2x)^2=0$, $(x^2+2x+3)(x^2-2x+3)=0$

$\therefore x^2+2x+3=0$ 또는 $x^2-2x+3=0$

$\therefore x=-1\pm\sqrt{2}i$ 또는 $x=1\pm\sqrt{2}i$

개념 확인

• 정답과 해설 65쪽

개념 02

395 다음 방정식을 푸시오.

(1) $(x+1)(x-2)(x-3)=0$

(2) $x^3-16x=0$

(3) $(x+4)(x+1)(x-1)(2x-7)=0$

(4) $x^4-81=0$

예제 01 ∕ 인수 정리를 이용한 삼차방정식과 사차방정식의 풀이

방정식 $f(x)=0$에서 $f(\alpha)=0$을 만족시키는 α의 값을 찾아 $f(x)$를 인수분해하여 푼다.

다음 방정식을 푸시오.

(1) $x^3+3x-4=0$

(2) $x^4-x^3-9x^2-5x+2=0$

• 유형 만렙 공통수학1 98쪽에서 문제 더 풀기

| 풀이 | (1) $f(x)=x^3+3x-4$라 하면

$f(1)=1+3-4=0$ ◀ ±1, ±2, ±4를 차례대로 대입하여 $f(\alpha)=0$이 되는 α의 값을 찾는다.

$x-1$은 $f(x)$의 인수이므로 조립제법을 이용하여 $f(x)$를 인수분해하면

1	1	0	3	−4
		1	1	4
	1	1	4	0

$f(x)=(x-1)(x^2+x+4)$

따라서 주어진 방정식은

$(x-1)(x^2+x+4)=0$

$\therefore\ x=1$ 또는 $x=\dfrac{-1\pm\sqrt{15}i}{2}$

(2) $f(x)=x^4-x^3-9x^2-5x+2$라 하면

$f(-1)=1+1-9+5+2=0$ ◀ ±1, ±2를 차례대로 대입하여 $f(\alpha)=0$이 되는 α의 값을 찾는다.

$f(-2)=16+8-36+10+2=0$

$x+1$, $x+2$는 $f(x)$의 인수이므로 조립제법을 이용하여 $f(x)$를 인수분해하면

−1	1	−1	−9	−5	2
		−1	2	7	−2
−2	1	−2	−7	2	0
		−2	8	−2	
	1	−4	1	0	

$f(x)=(x+1)(x+2)(x^2-4x+1)$

따라서 주어진 방정식은

$(x+2)(x+1)(x^2-4x+1)=0$

$\therefore\ x=-2$ 또는 $x=-1$ 또는 $x=2\pm\sqrt{3}$

답 (1) $x=1$ 또는 $x=\dfrac{-1\pm\sqrt{15}i}{2}$

(2) $x=-2$ 또는 $x=-1$ 또는 $x=2\pm\sqrt{3}$

396 유사

다음 방정식을 푸시오.

(1) $2x^3-5x^2-2x+8=0$

(2) $3x^4-2x^3+2x-3=0$

397 변형

삼차방정식 $x^3+4x^2+x-6=0$의 세 실근 α, β, $\gamma\,(\alpha<\beta<\gamma)$에 대하여 $\alpha+5\beta+10\gamma$의 값을 구하시오.

398 변형

사차방정식 $x^4-13x^2+14x+8=0$의 모든 음의 근의 곱을 구하시오.

399 변형

교육청

삼차방정식 $x^3+x-2=0$의 서로 다른 두 허근을 α, β라 할 때, $\frac{\beta}{\alpha}+\frac{\alpha}{\beta}$의 값은?

① $-\frac{7}{2}$ ② $-\frac{5}{2}$ ③ $-\frac{3}{2}$

④ $-\frac{1}{2}$ ⑤ $\frac{1}{2}$

예제 02 / 공통부분이 있는 사차방정식의 풀이

공통부분을 한 문자로 치환한 후 인수분해하여 푼다.

다음 방정식을 푸시오.

(1) $(x^2-3x)^2-16(x^2-3x)-36=0$

(2) $(x+3)(x+1)(x-2)(x-4)+16=0$

• 유형 만렙 공통수학1 98쪽에서 문제 더 풀기

| 풀이 | (1) $x^2-3x=X$로 놓으면 주어진 방정식은

$X^2-16X-36=0$

좌변을 인수분해하면

$(X+2)(X-18)=0$ $\quad\therefore X=-2$ 또는 $X=18$

(i) $X=-2$일 때, ◀ $x^2-3x=-2$일 때,

$x^2-3x+2=0$, $(x-1)(x-2)=0$

$\therefore x=1$ 또는 $x=2$

(ii) $X=18$일 때, ◀ $x^2-3x=18$일 때,

$x^2-3x-18=0$, $(x+3)(x-6)=0$

$\therefore x=-3$ 또는 $x=6$

(i), (ii)에서 주어진 방정식의 해는

$x=-3$ 또는 $x=1$ 또는 $x=2$ 또는 $x=6$

(2) 공통부분이 생기도록 두 일차식의 상수항의 합이 같게 짝을 지어 전개하면 ◀ 두 일차식의 상수항의 합은 두 일차식의 곱을 전개한 식의 일차항의 계수와 같다.

주어진 방정식은

$\{(x+3)(x-4)\}\{(x+1)(x-2)\}+16=0$

$(x^2-x-12)(x^2-x-2)+16=0$

$x^2-x=X$로 놓으면

$(X-12)(X-2)+16=0$, $X^2-14X+40=0$

좌변을 인수분해하면

$(X-4)(X-10)=0$ $\quad\therefore X=4$ 또는 $X=10$

(i) $X=4$일 때, ◀ $x^2-x=4$일 때,

$x^2-x-4=0$ $\quad\therefore x=\dfrac{1\pm\sqrt{17}}{2}$

(ii) $X=10$일 때, ◀ $x^2-x=10$일 때,

$x^2-x-10=0$ $\quad\therefore x=\dfrac{1\pm\sqrt{41}}{2}$

(i), (ii)에서 주어진 방정식의 해는

$x=\dfrac{1\pm\sqrt{17}}{2}$ 또는 $x=\dfrac{1\pm\sqrt{41}}{2}$

답 (1) $x=-3$ 또는 $x=1$ 또는 $x=2$ 또는 $x=6$

(2) $x=\dfrac{1\pm\sqrt{17}}{2}$ 또는 $x=\dfrac{1\pm\sqrt{41}}{2}$

400 유사

다음 방정식을 푸시오.

(1) $(x^2+2x)(x^2+2x-7)-8=0$

(2) $x(x-2)(x-3)(x-5)=72$

401 변형

사차방정식 $(x^2-4x)^2-2(x^2-4x)-15=0$의 네 실근 중 가장 큰 수를 M, 가장 작은 수를 m이라 할 때, $M+m$의 값을 구하시오.

402 변형

교과서

사차방정식 $(x+1)(x+2)(x+3)(x+4)=15$의 모든 실근의 곱을 구하시오.

403 변형

사차방정식 $(x^2-x)^2-4(x^2-x)-12=0$의 한 허근을 α라 할 때, $\alpha^2-\alpha$의 값을 구하시오.

예제 03 / $x^4+ax^2+b=0$ 꼴인 사차방정식의 풀이

$x^2=X$로 치환한 후 인수분해를 하거나 $A^2-B^2=0$ 꼴로 변형하여 푼다.

다음 방정식을 푸시오.

(1) $x^4+x^2-12=0$

(2) $x^4+6x^2+25=0$

• 유형 만렙 공통수학1 99쪽에서 문제 더 풀기

| 풀이 | (1) $x^2=X$로 놓으면 주어진 방정식은 $X^2+X-12=0$

좌변을 인수분해하면 $(X+4)(X-3)=0$ $\therefore X=-4$ 또는 $X=3$

$X=x^2$을 대입하여 해를 구하면 $x^2=-4$ 또는 $x^2=3$

$\therefore x=\pm 2i$ 또는 $x=\pm\sqrt{3}$

(2) 주어진 방정식의 좌변에 $4x^2$을 더하고 빼서 $A^2-B^2=0$ 꼴로 변형하면

$(x^4+10x^2+25)-4x^2=0$, $(x^2+5)^2-(2x)^2=0$

$(x^2+2x+5)(x^2-2x+5)=0$

$\therefore x=-1\pm 2i$ 또는 $x=1\pm 2i$

답 (1) $x=\pm 2i$ 또는 $x=\pm\sqrt{3}$ (2) $x=-1\pm 2i$ 또는 $x=1\pm 2i$

발전 예제 04 / $ax^4+bx^3+cx^2+bx+a=0$ 꼴인 사차방정식의 풀이

주어진 식의 양변을 x^2으로 나누고 $x+\frac{1}{x}=X$로 치환한 후 인수분해하여 푼다.

사차방정식 $x^4-10x^3+18x^2-10x+1=0$을 푸시오.

• 유형 만렙 공통수학1 99쪽에서 문제 더 풀기

| 풀이 | $x\neq 0$이므로 주어진 방정식의 양변을 x^2으로 나누면

$x^2-10x+18-\frac{10}{x}+\frac{1}{x^2}=0$, $x^2+\frac{1}{x^2}-10\left(x+\frac{1}{x}\right)+18=0$, $\left(x+\frac{1}{x}\right)^2-10\left(x+\frac{1}{x}\right)+16=0$

$x+\frac{1}{x}=X$로 놓으면 $X^2-10X+16=0$

좌변을 인수분해하면 $(X-2)(X-8)=0$ $\therefore X=2$ 또는 $X=8$

(i) $X=2$일 때, $x+\frac{1}{x}-2=0$

$x^2-2x+1=0$, $(x-1)^2=0$ $\therefore x=1$ (중근)

(ii) $X=8$일 때, $x+\frac{1}{x}-8=0$

$x^2-8x+1=0$ $\therefore x=4\pm\sqrt{15}$

(i), (ii)에서 주어진 방정식의 해는 $x=1$ (중근) 또는 $x=4\pm\sqrt{15}$

답 $x=1$ (중근) 또는 $x=4\pm\sqrt{15}$

404 예제 03 유사

다음 방정식을 푸시오.

(1) $x^4-3x^2-10=0$

(2) $x^4+64=0$

405 예제 04 유사

사차방정식 $x^4+3x^3-2x^2+3x+1=0$을 푸시오.

406 예제 03 변형

사차방정식 $x^4-2x^2-24=0$의 서로 다른 두 실근의 곱을 a, 서로 다른 두 허근의 곱을 b라 할 때, $b-a$의 값을 구하시오.

407 예제 04 변형

사차방정식 $2x^4-5x^3+x^2-5x+2=0$의 한 실근을 α라 할 때, $\alpha+\dfrac{1}{\alpha}$의 값을 구하시오.

예제 05 / 근이 주어진 삼차방정식과 사차방정식

방정식의 한 근이 α ➡ $x=\alpha$를 주어진 방정식에 대입하면 등식이 성립한다.

다음 물음에 답하시오.

(1) 삼차방정식 $x^3+ax^2+5x-10=0$의 한 근이 1일 때, 나머지 두 근을 구하시오. (단, a는 상수)

(2) 사차방정식 $x^4-x^3-7x^2+ax+b=0$의 두 근이 -2, 1일 때, 나머지 두 근을 구하시오. (단, a, b는 상수)

• 유형 만렙 공통수학1 100쪽에서 문제 더 풀기

| 풀이 | (1) 삼차방정식 $x^3+ax^2+5x-10=0$의 한 근이 1이므로 $x=1$을 대입하면

$1+a+5-10=0 \quad \therefore a=4$

이를 주어진 방정식에 대입하면

$x^3+4x^2+5x-10=0$

이 방정식의 한 근이 1이므로 조립제법을 이용하여 좌변을 인수분해하면

$(x-1)(x^2+5x+10)=0$

1	1	4	5	−10
		1	5	10
	1	5	10	0

주어진 방정식의 해를 구하면

$x=1$ 또는 $x=\dfrac{-5\pm\sqrt{15}i}{2}$

따라서 나머지 두 근은 $\dfrac{-5-\sqrt{15}i}{2}$, $\dfrac{-5+\sqrt{15}i}{2}$이다.

(2) 사차방정식 $x^4-x^3-7x^2+ax+b=0$의 두 근이 -2, 1이므로 $x=-2$, $x=1$을 각각 대입하면

$16+8-28-2a+b=0$, $1-1-7+a+b=0$

$\therefore 2a-b=-4$, $a+b=7$

두 식을 연립하여 풀면

$a=1$, $b=6$

이를 주어진 방정식에 대입하면

$x^4-x^3-7x^2+x+6=0$

이 방정식의 두 근이 -2, 1이므로 조립제법을 이용하여 좌변을 인수분해하면

$(x+2)(x-1)(x^2-2x-3)=0$

$\therefore (x+2)(x-1)(x+1)(x-3)=0$

−2	1	−1	−7	1	6
		−2	6	2	−6
1	1	−3	−1	3	0
		1	−2	−3	
	1	−2	−3	0	

주어진 방정식의 해를 구하면

$x=-2$ 또는 $x=1$ 또는 $x=-1$ 또는 $x=3$

따라서 나머지 두 근은 -1, 3이다.

답 (1) $\dfrac{-5-\sqrt{15}i}{2}$, $\dfrac{-5+\sqrt{15}i}{2}$ (2) -1, 3

408 유사

다음 물음에 답하시오.

(1) 삼차방정식 $x^3-x^2+ax+8=0$의 한 근이 -2일 때, 나머지 두 근을 구하시오. (단, a는 상수)

(2) 사차방정식 $x^4-3x^3+ax^2+12x+b=0$의 두 근이 -3, 2일 때, 나머지 두 근을 구하시오. (단, a, b는 상수)

409 변형

교과서

삼차방정식 $x^3-(k-2)x^2+kx-10=0$의 한 근이 2이고, 나머지 두 근이 α, β일 때, $k+\alpha+\beta$의 값을 구하시오. (단, k는 상수)

410 변형

교육청

삼차방정식
$x^3+(k+1)x^2+(4k-3)x+k+7=0$은 서로 다른 세 실근 1, α, β를 갖는다. $|\alpha-\beta|$의 값은? (단, k는 상수이다.)

① 5 ② 7 ③ 9 ④ 11 ⑤ 13

411 변형

사차방정식 $x^4-x^3-ax^2+bx-9=0$의 두 근이 -1, 3이고, 나머지 두 근이 α, β일 때, $\alpha^2+\beta^2$의 값을 구하시오. (단, a, b는 상수)

예제 06 / 근의 조건이 주어진 삼차방정식

$(x-\alpha)(ax^2+bx+c)=0$ (α는 실수) 꼴로 인수분해한 후 $ax^2+bx+c=0$의 근을 판별한다.

삼차방정식 $x^3+(2k-4)x-4k=0$이 중근을 갖도록 하는 실수 k의 값을 모두 구하시오.

• 유형 만렙 공통수학 1 100쪽에서 문제 더 풀기

| 풀이 | $f(x)=x^3+(2k-4)x-4k$라 하면

$f(2)=8+4k-8-4k=0$

$x-2$는 $f(x)$의 인수이므로 조립제법을 이용하여 $f(x)$를 인수분해하면

2	1	0	$2k-4$	$-4k$
		2	4	$4k$
	1	2	$2k$	0

$f(x)=(x-2)(x^2+2x+2k)$

이때 주어진 방정식이 중근을 가지려면 이차방정식

$x^2+2x+2k=0$이 2를 근으로 갖거나 중근을 가져야 한다.

(i) $x^2+2x+2k=0$이 2를 근으로 갖는 경우

$x=2$를 대입하면

$4+4+2k=0 \qquad \therefore k=-4$

(ii) $x^2+2x+2k=0$이 중근을 갖는 경우

이 이차방정식의 판별식을 D라 하면

$\frac{D}{4}=1-2k=0 \qquad \therefore k=\frac{1}{2}$

이를 $x^2+2x+2k=0$에 대입하면

$x^2+2x+1=0$, $(x+1)^2=0$

$\therefore x=-1$ (중근)

(i), (ii)에서 $k=-4$ 또는 $k=\frac{1}{2}$

답 -4, $\frac{1}{2}$

TIP 삼차방정식의 근의 판별

삼차방정식 $(x-\alpha)(ax^2+bx+c)=0$ (α는 실수)에 대하여

① 삼차방정식이 중근을 갖는다.

➡ (i) $ax^2+bx+c=0$이 α를 근으로 갖거나 ◀ $a\alpha^2+b\alpha+c=0$

(ii) $ax^2+bx+c=0$이 중근을 갖는다. ◀ $D=0$

② 삼차방정식이 서로 다른 두 실근을 갖는다.

➡ (i) $ax^2+bx+c=0$이 α와 다른 한 실근을 갖거나 ◀ $D\neq0$, $a\alpha^2+b\alpha+c=0$

(ii) $ax^2+bx+c=0$이 $x\neq\alpha$인 중근을 갖는다. ◀ $D=0$, $a\alpha^2+b\alpha+c\neq0$

③ 삼차방정식이 서로 다른 세 실근을 갖는다.

➡ $ax^2+bx+c=0$이 $x\neq\alpha$인 서로 다른 두 실근을 갖는다. ◀ $D>0$, $a\alpha^2+b\alpha+c\neq0$

④ 삼차방정식이 한 실근과 서로 다른 두 허근을 갖는다.

➡ $ax^2+bx+c=0$이 서로 다른 두 허근을 갖는다. ◀ $D<0$

412 유사

삼차방정식 $x^3+(k-1)x^2-6kx+5k=0$이 중근을 갖도록 하는 실수 k의 값을 모두 구하시오.

413 변형

삼차방정식 $x^3-3x^2-(4k-2)x+8k=0$이 한 실근과 서로 다른 두 허근을 갖도록 하는 정수 k의 최댓값을 구하시오.

414 변형

삼차방정식 $2x^3+11x^2+(k+14)x+2k=0$이 서로 다른 세 실근을 갖도록 하는 자연수 k의 개수를 구하시오.

415 변형

교육청

삼차방정식 $x^3-5x^2+(a+4)x-a=0$의 서로 다른 실근의 개수가 2가 되도록 하는 모든 실수 a의 값의 합을 구하시오.

예제 07 / 삼차방정식의 활용

미지수 x를 정하고 주어진 조건을 이용하여 x에 대한 삼차방정식을 세운다.

정육면체의 가로, 세로의 길이를 각각 1 cm, 3 cm 줄이고, 높이를 4 cm 늘여서 부피가 150 cm^3인 직육면체를 만들었다. 처음 정육면체의 한 모서리의 길이를 구하시오.

• 유형 만렙 공통수학 1 101쪽에서 문제 더 풀기

| 풀이 | 처음 정육면체의 한 모서리의 길이를 x cm라 하자.

새로 만든 직육면체의 부피가 150 cm^3이므로

$(x-1)(x-3)(x+4)=150$

$x^3-13x-138=0$ ······ ㉠

$f(x)=x^3-13x-138$이라 하면

$f(6)=216-78-138=0$

$x-6$은 $f(x)$의 인수이므로 조립제법을 이용하여 $f(x)$를 인수분해하면

6	1	0	−13	−138
		6	36	138
	1	6	23	0

$f(x)=(x-6)(x^2+6x+23)$

따라서 ㉠에서

$(x-6)(x^2+6x+23)=0$

$\therefore x=6$ 또는 $x=-3\pm\sqrt{14}i$

그런데 $x>3$이므로 $x=6$

└ 세로의 길이가 $(x-3)$ cm이므로 x가 3보다 작으면 길이가 음수가 된다.

따라서 처음 정육면체의 한 모서리의 길이는 6 cm이다.

답 6 cm

TIP 입체도형의 부피

① 가로, 세로의 길이와 높이가 각각 a, b, c인 직육면체의 부피 ➡ abc

② 반지름의 길이가 r, 높이가 h인 원기둥의 부피 ➡ $\pi r^2 h$

③ 반지름의 길이가 r인 구의 부피 ➡ $\frac{3}{4}\pi r^3$

416 유사

정육면체의 가로, 세로의 길이를 각각 2 cm씩 늘이고, 높이를 3 cm 줄여서 부피가 500 cm^3인 직육면체를 만들었다. 처음 정육면체의 부피를 구하시오.

417 변형

다음 그림과 같이 가로의 길이가 14 cm, 세로의 길이가 10 cm인 직사각형 모양의 종이가 있다. 이 종이의 네 귀퉁이에서 한 변의 길이가 x cm인 정사각형을 잘라 내어 부피가 120 cm^3인 상자를 만들려고 한다. 자연수 x의 값을 구하시오.

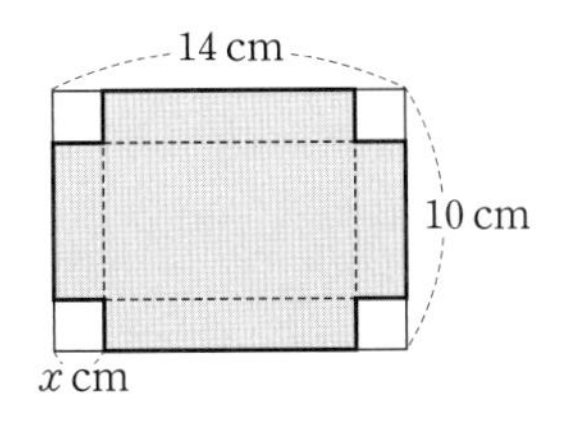

418 변형

교과서

오른쪽 그림과 같이 밑면의 반지름의 길이와 높이의 비가 1 : 2인 원기둥 모양의 수족관에 175π m^3의 물을 부었더니 수족관의 위에서부터 3 m를 남기고 물이 채워졌다. 이때 수족관의 높이를 구하시오.

(단, 수족관의 두께는 생각하지 않는다.)

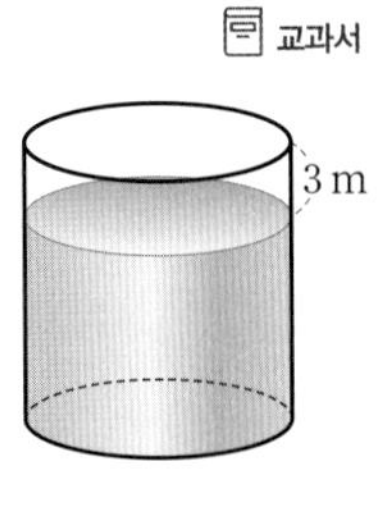

419 변형

다음 그림과 같이 선분 AB 위의 점 C에 대하여 선분 AC와 선분 BC를 각각의 반지름으로 하고 점 C에서 외접하는 두 구가 있다. 큰 구의 반지름의 길이는 작은 구의 반지름의 길이의 2배보다 1만큼 길고, 두 구의 부피의 차가 $\frac{1264}{3}\pi$일 때, 선분 AB의 길이를 구하시오.

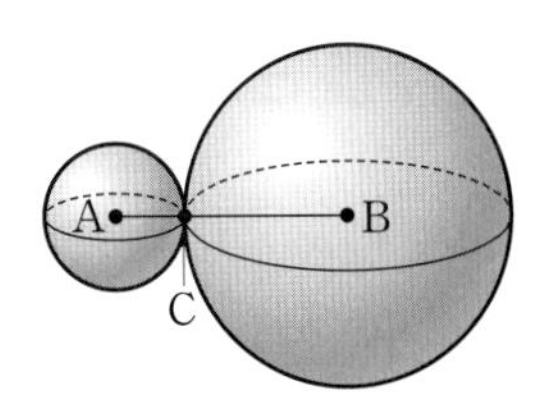

2 삼차방정식의 근과 계수의 관계

개념 01 삼차방정식의 근과 계수의 관계

예제 08

삼차방정식 $ax^3+bx^2+cx+d=0$의 세 근을 α, β, γ라 하면

$$\alpha+\beta+\gamma=-\frac{b}{a},\ \alpha\beta+\beta\gamma+\gamma\alpha=\frac{c}{a},\ \alpha\beta\gamma=-\frac{d}{a}$$

세 근의 합: $-\frac{b}{a}$ 세 근의 곱: $-\frac{d}{a}$

$ax^3+bx^2+cx+d=0$

두 근끼리의 곱의 합: $\frac{c}{a}$

이차방정식과 마찬가지로 삼차방정식 또한 세 근을 직접 구하지 않고도 삼차방정식의 계수로부터 세 근의 합, 두 근끼리의 곱의 합, 세 근의 곱을 구할 수 있다.
이와 같이 삼차방정식 $ax^3+bx^2+cx+d=0$의 세 근 α, β, γ와 방정식의 계수 a, b, c, d 사이의 관계를 삼차방정식의 **근과 계수의 관계**라 한다.

| 증명 | 삼차방정식 $ax^3+bx^2+cx+d=0$의 세 근을 α, β, γ라 하면
삼차식 ax^3+bx^2+cx+d는 $x-\alpha$, $x-\beta$, $x-\gamma$를 인수로 가지므로

$$ax^3+bx^2+cx+d=a(x-\alpha)(x-\beta)(x-\gamma)$$
$$=a\{x^3-(\alpha+\beta+\gamma)x^2+(\alpha\beta+\beta\gamma+\gamma\alpha)x-\alpha\beta\gamma\}$$

이때 $a\neq0$이므로 양변을 a로 나누면

$$x^3+\frac{b}{a}x^2+\frac{c}{a}x+\frac{d}{a}=x^3-(\alpha+\beta+\gamma)x^2+(\alpha\beta+\beta\gamma+\gamma\alpha)x-\alpha\beta\gamma$$

이 등식은 x에 대한 항등식이므로 양변의 동류항의 계수를 비교하면

$$\alpha+\beta+\gamma=-\frac{b}{a},\ \alpha\beta+\beta\gamma+\gamma\alpha=\frac{c}{a},\ \alpha\beta\gamma=-\frac{d}{a}$$

| 예 | 삼차방정식 $2x^3+3x^2+6x-5=0$의 세 근을 α, β, γ라 하면

$$\alpha+\beta+\gamma=-\frac{3}{2},\ \alpha\beta+\beta\gamma+\gamma\alpha=\frac{6}{2}=3,\ \alpha\beta\gamma=-\frac{-5}{2}=\frac{5}{2}$$

개념 02 세 수를 근으로 하는 삼차방정식

예제 09

세 수 α, β, γ를 근으로 하고 x^3의 계수가 1인 삼차방정식은

$$(x-\alpha)(x-\beta)(x-\gamma)=0 \Rightarrow x^3-\underbrace{(\alpha+\beta+\gamma)}_{\text{세 근의 합}}x^2+\underbrace{(\alpha\beta+\beta\gamma+\gamma\alpha)}_{\text{두 근끼리의 곱의 합}}x-\underbrace{\alpha\beta\gamma}_{\text{세 근의 곱}}=0$$

| 참고 | 세 수 α, β, γ를 근으로 하고 x^3의 계수가 $a(a\neq0)$인 삼차방정식은

$$a\{x^3-(\alpha+\beta+\gamma)x^2+(\alpha\beta+\beta\gamma+\gamma\alpha)x-\alpha\beta\gamma\}=0$$

| 예 | 세 수 1, 2, 6을 근으로 하고 x^3의 계수가 1인 삼차방정식은

$$x^3-(1+2+6)x^2+(1\times2+2\times6+6\times1)x-1\times2\times6=0$$
$$\therefore\ x^3-9x^2+20x-12=0$$

개념 03 삼차방정식의 켤레근의 성질

예제 10

삼차방정식 $ax^3+bx^2+cx+d=0$에서

(1) a, b, c, d가 유리수일 때, 한 근이 $\boldsymbol{p+q\sqrt{m}}$이면 $\boldsymbol{p-q\sqrt{m}}$도 근이다.

(단, p, q는 유리수, $q\neq0$, $\sqrt{m}$은 무리수)

(2) a, b, c, d가 실수일 때, 한 근이 $\boldsymbol{p+qi}$이면 $\boldsymbol{p-qi}$도 근이다.

(단, p, q는 실수, $q\neq0$, $i=\sqrt{-1}$)

삼차방정식 $a(x+\alpha)(x^2+kx+l)=0$에서 이차방정식 $x^2+kx+l=0$이 켤레근을 가지면 이차방정식 $x^2+kx+l=0$의 두 근은 삼차방정식 $a(x+\alpha)(x^2+kx+l)=0$의 세 근에 포함되므로 주어진 삼차방정식도 켤레근을 갖게 된다.

따라서 삼차방정식의 계수와 상수항이 모두 유리수 또는 실수일 때, 142쪽에서 학습한 이차방정식의 켤레근의 성질이 성립한다.

| 참고 | (1) 계수가 유리수인 삼차방정식에서 세 근 중 두 근이 $p+q\sqrt{m}$, $p-q\sqrt{m}$이면 나머지 한 근은 유리수이다.
(2) 계수가 실수인 삼차방정식에서 세 근 중 두 근이 $p+qi$, $p-qi$이면 나머지 한 근은 실수이다.

개념 확인

• 정답과 해설 71쪽

개념 01

420 삼차방정식 $x^3-6x^2+12x-20=0$의 세 근을 α, β, γ라 할 때, 다음 식의 값을 구하시오.

(1) $\alpha+\beta+\gamma$ (2) $\alpha\beta+\beta\gamma+\gamma\alpha$ (3) $\alpha\beta\gamma$

개념 01

421 삼차방정식 $2x^3+x^2-8=0$의 세 근을 α, β, γ라 할 때, 다음 식의 값을 구하시오.

(1) $\alpha+\beta+\gamma$ (2) $\alpha\beta+\beta\gamma+\gamma\alpha$ (3) $\alpha\beta\gamma$

개념 02

422 다음 세 수를 근으로 하고 x^3의 계수가 1인 삼차방정식을 구하시오.

(1) $-2, 1, 4$ (2) $-3, -2, 5$

(3) $3, 2+\sqrt{3}, 2-\sqrt{3}$ (4) $-1, 2+i, 2-i$ (단, $i=\sqrt{-1}$)

예제 08 / 삼차방정식의 근과 계수의 관계

삼차방정식 $ax^3+bx^2+cx+d=0$의 세 근이 α, β, γ이면

➡ $\alpha+\beta+\gamma=-\dfrac{b}{a}$, $\alpha\beta+\beta\gamma+\gamma\alpha=\dfrac{c}{a}$, $\alpha\beta\gamma=-\dfrac{d}{a}$

삼차방정식 $x^3-3x^2-5x+7=0$의 세 근을 α, β, γ라 할 때, 다음 식의 값을 구하시오.

(1) $(2-\alpha)(2-\beta)(2-\gamma)$

(2) $\alpha^2+\beta^2+\gamma^2$

(3) $\alpha^3+\beta^3+\gamma^3$

• 유형 만렙 공통수학 1 101쪽에서 문제 더 풀기

| 풀이 | 삼차방정식 $x^3-3x^2-5x+7=0$의 세 근이 α, β, γ이므로 근과 계수의 관계에 의하여
$\alpha+\beta+\gamma=3$, $\alpha\beta+\beta\gamma+\gamma\alpha=-5$, $\alpha\beta\gamma=-7$

(1) $(2-\alpha)(2-\beta)(2-\gamma)=8-4(\alpha+\beta+\gamma)+2(\alpha\beta+\beta\gamma+\gamma\alpha)-\alpha\beta\gamma$
$=8-4\times3+2\times(-5)-(-7)=-7$

(2) $\alpha^2+\beta^2+\gamma^2=(\alpha+\beta+\gamma)^2-2(\alpha\beta+\beta\gamma+\gamma\alpha)$
$=3^2-2\times(-5)=19$

(3) $\alpha^3+\beta^3+\gamma^3=(\alpha+\beta+\gamma)(\underline{\alpha^2+\beta^2+\gamma^2}-\alpha\beta-\beta\gamma-\gamma\alpha)+3\alpha\beta\gamma$
└ (2)에서 구한 값 이용
$=3\times\{19-(-5)\}+3\times(-7)=51$

답 (1) -7 (2) 19 (3) 51

| 다른 풀이 | (1) 삼차방정식 $x^3-3x^2-5x+7=0$의 세 근이 α, β, γ이므로
삼차식 x^3-3x^2-5x+7은 $x-\alpha$, $x-\beta$, $x-\gamma$를 인수로 갖는다.
$\therefore x^3-3x^2-5x+7=(x-\alpha)(x-\beta)(x-\gamma)$
이 등식은 x에 대한 항등식이므로 양변에 $x=2$를 대입하면
$8-12-10+7=(2-\alpha)(2-\beta)(2-\gamma)$
$\therefore (2-\alpha)(2-\beta)(2-\gamma)=-7$

TIP 자주 활용되는 곱셈 공식 및 곱셈 공식의 변형

① $(x+a)(x+b)(x+c)=x^3+(a+b+c)x^2+(ab+bc+ca)x+abc$
② $a^2+b^2+c^2=(a+b+c)^2-2(ab+bc+ca)$
③ $a^3+b^3+c^3=(a+b+c)(a^2+b^2+c^2-ab-bc-ca)+3abc$

423 유사

삼차방정식 $x^3+x^2+5x+6=0$의 세 근을 α, β, γ라 할 때, 다음 식의 값을 구하시오.

(1) $(\alpha+3)(\beta+3)(\gamma+3)$

(2) $\frac{1}{\alpha}+\frac{1}{\beta}+\frac{1}{\gamma}$

(3) $\frac{\gamma}{\alpha\beta}+\frac{\alpha}{\beta\gamma}+\frac{\beta}{\gamma\alpha}$

424 변형

삼차방정식 $x^3-2x^2+3x+1=0$의 세 근을 α, β, γ라 할 때, $\alpha^2\beta^2+\beta^2\gamma^2+\gamma^2\alpha^2$의 값을 구하시오.

425 변형

삼차방정식 $x^3+(m+2)x^2-x+3m=0$의 세 근을 α, β, γ라 할 때, $\frac{3}{\alpha\beta}+\frac{3}{\beta\gamma}+\frac{3}{\gamma\alpha}=-1$을 만족시키는 상수 m의 값을 구하시오.

426 변형

삼차방정식 $x^3-ax^2+26x-b=0$의 세 근이 연속하는 세 자연수일 때, 상수 a, b에 대하여 $a+b$의 값을 구하시오.

예제 09 세 수를 근으로 하는 삼차방정식의 작성

α, β, γ를 세 근으로 하고 x^3의 계수가 a인 삼차방정식
➡ $a\{x^3-(\alpha+\beta+\gamma)x^2+(\alpha\beta+\beta\gamma+\gamma\alpha)x-\alpha\beta\gamma\}=0$

삼차방정식 $x^3-2x^2+3x-2=0$의 세 근을 α, β, γ라 할 때, $\alpha+1, \beta+1, \gamma+1$을 세 근으로 하고 x^3의 계수가 1인 삼차방정식을 구하시오.

• 유형 만렙 공통수학 1 102쪽에서 문제 더 풀기

| 풀이 | 삼차방정식 $x^3-2x^2+3x-2=0$의 세 근이 α, β, γ이므로 근과 계수의 관계에 의하여

$\alpha+\beta+\gamma=2,\ \alpha\beta+\beta\gamma+\gamma\alpha=3,\ \alpha\beta\gamma=2$

세 근 $\alpha+1, \beta+1, \gamma+1$에 대하여 세 근의 합, 두 근끼리의 곱의 합, 세 근의 곱은 각각

$(\alpha+1)+(\beta+1)+(\gamma+1)=(\alpha+\beta+\gamma)+3=2+3=5$

$(\alpha+1)(\beta+1)+(\beta+1)(\gamma+1)+(\gamma+1)(\alpha+1)=(\alpha\beta+\beta\gamma+\gamma\alpha)+2(\alpha+\beta+\gamma)+3$
$=3+2\times2+3=10$

$(\alpha+1)(\beta+1)(\gamma+1)=\alpha\beta\gamma+(\alpha\beta+\beta\gamma+\gamma\alpha)+(\alpha+\beta+\gamma)+1=2+3+2+1=8$

따라서 $\alpha+1, \beta+1, \gamma+1$을 세 근으로 하고 x^3의 계수가 1인 삼차방정식은

$x^3-5x^2+10x-8=0$

답 $x^3-5x^2+10x-8=0$

예제 10 삼차방정식의 켤레근의 성질

계수가 유리수일 때 ➡ 삼차방정식의 한 근이 $p+q\sqrt{m}$이면 $p-q\sqrt{m}$도 근이다.
계수가 실수일 때 ➡ 삼차방정식의 한 근이 $p+qi$이면 $p-qi$도 근이다.

삼차방정식 $x^3+ax+b=0$의 한 근이 $2+i$일 때, 실수 a, b의 값을 구하시오. (단, $i=\sqrt{-1}$)

• 유형 만렙 공통수학 1 103쪽에서 문제 더 풀기

| 풀이 | 주어진 삼차방정식의 계수가 실수이므로 $2+i$가 근이면 $2-i$도 근이다.

나머지 한 근을 α라 하면 삼차방정식 $x^3+ax+b=0$에서 근과 계수의 관계에 의하여 세 근의 합은

$(2+i)+(2-i)+\alpha=0 \qquad \therefore \alpha=-4$

즉, 세 근이 $2+i, 2-i, -4$이므로 두 근끼리의 곱의 합은

$(2+i)(2-i)+(2-i)\times(-4)+(-4)\times(2+i)=a \qquad \therefore a=-11$

세 근의 곱은

$-4(2+i)(2-i)=-b \qquad \therefore b=20$

답 $a=-11, b=20$

427 예제 09 유사

삼차방정식 $x^3-6x+9=0$의 세 근을 α, β, γ라 할 때, 다음을 구하시오.

(1) $\alpha\beta$, $\beta\gamma$, $\gamma\alpha$를 세 근으로 하고 x^3의 계수가 1인 삼차방정식

(2) $\frac{1}{\alpha}$, $\frac{1}{\beta}$, $\frac{1}{\gamma}$을 세 근으로 하고 x^3의 계수가 9인 삼차방정식

428 예제 10 유사

다음 물음에 답하시오.

(1) 삼차방정식 $x^3+2x^2+ax-b=0$의 한 근이 $1+\sqrt{2}$일 때, 유리수 a, b의 값을 구하시오.

(2) 삼차방정식 $x^3+ax^2+8x+b=0$의 한 근이 $1-3i$일 때, 실수 a, b의 값을 구하시오. (단, $i=\sqrt{-1}$)

429 예제 09 변형

삼차방정식 $x^3+x^2-5x+2=0$의 세 근을 α, β, γ라 할 때, $\frac{1}{\alpha\beta}$, $\frac{1}{\beta\gamma}$, $\frac{1}{\gamma\alpha}$을 세 근으로 하고 x^3의 계수가 4인 삼차방정식은 $4x^3+ax^2+bx+c=0$이다. 상수 a, b, c에 대하여 $a-b+c$의 값을 구하시오.

430 예제 10 변형

교과서

삼차방정식 $x^3+ax^2+bx+10=0$의 한 근이 $-1-2i$일 때, 이 방정식의 실근을 α라 하자. 실수 a, b에 대하여 $\alpha+a+b$의 값을 구하시오. (단, $i=\sqrt{-1}$)

3 방정식 $x^3=1$의 허근의 성질

개념 01 방정식 $x^3=1$의 허근의 성질

예제 11

(1) 방정식 $x^3=1$의 한 허근을 ω라 하면 다음이 성립한다. (단, $\overline{\omega}$는 ω의 켤레복소수)

① $\omega^3=1$, $\omega^2+\omega+1=0$

② $\omega+\overline{\omega}=-1$, $\omega\overline{\omega}=1$

③ $\omega^2=\overline{\omega}=\frac{1}{\omega}$

(2) 방정식 $x^3=-1$의 한 허근을 ω라 하면 다음이 성립한다. (단, $\overline{\omega}$는 ω의 켤레복소수)

① $\omega^3=-1$, $\omega^2-\omega+1=0$

② $\omega+\overline{\omega}=1$, $\omega\overline{\omega}=1$

③ $\omega^2=-\overline{\omega}=-\frac{1}{\omega}$

(1) 방정식 $x^3=1$의 허근의 성질

① $x^3=1$에서 $x^3-1=0$, $(x-1)(x^2+x+1)=0$

$\therefore$ $x=1$ 또는 $x^2+x+1=0$

이때 방정식 $x^3=1$의 한 허근이 ω이므로

$\omega^3=1$

또 ω는 허근이므로 이차방정식 $x^2+x+1=0$의 근이다.

$\therefore$ $\omega^2+\omega+1=0$

② 이차방정식 $x^2+x+1=0$의 한 허근이 ω이므로 다른 한 근은 $\overline{\omega}$이다. ◀ 이차방정식의 켤레근의 성질

따라서 이차방정식의 근과 계수의 관계에 의하여

$\omega+\overline{\omega}=-1$, $\omega\overline{\omega}=1$

③ $\omega^3=1$에서 $\omega^2=\frac{1}{\omega}$

$\omega\overline{\omega}=1$에서 $\overline{\omega}=\frac{1}{\omega}$

$\therefore$ $\omega^2=\overline{\omega}=\frac{1}{\omega}$

(2) 방정식 $x^3=-1$의 허근의 성질

① $x^3=-1$에서 $x^3+1=0$, $(x+1)(x^2-x+1)=0$

$\therefore$ $x=-1$ 또는 $x^2-x+1=0$

이때 방정식 $x^3=-1$의 한 허근이 ω이므로

$\omega^3=-1$

또 ω는 허근이므로 이차방정식 $x^2-x+1=0$의 근이다.

$\therefore$ $\omega^2-\omega+1=0$

② 이차방정식 $x^2-x+1=0$의 한 허근이 ω이므로 다른 한 근은 $\overline{\omega}$이다.
따라서 이차방정식의 근과 계수의 관계에 의하여

$$\omega+\overline{\omega}=1,\ \omega\overline{\omega}=1$$

③ $\omega^3=-1$에서 $\omega^2=-\frac{1}{\omega}$

$\omega\overline{\omega}=1$에서 $\overline{\omega}=\frac{1}{\omega}$

$$\therefore\ \omega^2=-\overline{\omega}=-\frac{1}{\omega}$$

| 참고 |
- ω는 그리스 문자로 '오메가(omega)'라 읽는다.
- $\omega^3=1$이면 $\overline{\omega}^3=1$이므로 $\overline{\omega}^2+\overline{\omega}+1=0$, $\overline{\omega}^2=\omega$도 성립한다.
- $\omega^3=a^3$(a는 실수)이면 $\omega^3-a^3=0$에서 $(\omega-a)(\omega^2+a\omega+a^2)=0$이므로 $\omega^3=a$ 또는 $\omega^2+a\omega+a^2=0$이 성립한다.

| 예 |
- 방정식 $x^3=1$의 한 허근을 ω라 할 때, ω^{12}의 값을 구해 보자.

$\omega^3=1$이므로

$\omega^{12}=(\omega^3)^4=1^4=1$

- 방정식 $x^3=-1$의 한 허근을 ω라 할 때, $\omega+\frac{1}{\omega}$의 값을 구해 보자.

$\omega^2-\omega+1=0$이므로

$\omega+\frac{1}{\omega}=\frac{\omega^2+1}{\omega}=\frac{\omega}{\omega}=1$ ◀ $\omega^2-\omega+1=0$에서 $\omega^2+1=\omega$

이때 $\omega+\frac{1}{\omega}$은 $\omega^2-\omega+1=0$의 양변을 ω로 나누어 구할 수도 있다.

$\omega-1+\frac{1}{\omega}=0$에서 $\omega+\frac{1}{\omega}=1$

개념 확인

• 정답과 해설 73쪽

개념 01

431 방정식 $x^3=1$의 한 허근을 ω라 할 때, 다음 식의 값을 구하시오. (단, $\overline{\omega}$는 ω의 켤레복소수)

(1) ω^{48}

(2) $\omega^6+\omega^9+\omega^{12}$

(3) $\omega+\overline{\omega}+\omega\overline{\omega}$

(4) $\omega^2+\omega$

예제 11 방정식 $x^3=1$의 허근의 성질

방정식 $x^3=1$의 한 허근 ω ➡ $\omega^3=1$, $\omega^2+\omega+1=0$
방정식 $x^3=-1$의 한 허근 ω ➡ $\omega^3=-1$, $\omega^2-\omega+1=0$

방정식 $x^3=1$의 한 허근을 ω라 할 때, 다음 식의 값을 구하시오. (단, $\overline{\omega}$는 ω의 켤레복소수)

(1) $(\omega^2+1)^{12}$

(2) $\omega+\omega^3+\omega^5+\omega^7+\omega^9+\omega^{11}$

(3) $\dfrac{4\omega^2+3\overline{\omega}}{\omega^{16}+1}$

• 유형 만렙 공통수학 1 103쪽에서 문제 더 풀기

| 풀이 | $x^3=1$에서 $x^3-1=0$ $\quad\therefore (x-1)(x^2+x+1)=0$

ω는 $x^3=1$, $x^2+x+1=0$의 한 허근이므로

$\omega^3=1$, $\omega^2+\omega+1=0$

(1) $(\omega^2+1)^{12}=(-\omega)^{12}=\omega^{12}$ ◀ $\omega^2+\omega+1=0$ 이용

$=(\omega^3)^4=1$ ◀ $\omega^3=1$ 이용

(2) $\omega+\omega^3+\omega^5+\omega^7+\omega^9+\omega^{11}=\omega+1+\omega^3\times\omega^2+(\omega^3)^2\times\omega+(\omega^3)^3+(\omega^3)^3\times\omega^2$

$=(\omega+1+\omega^2)+(\omega+1+\omega^2)$ ◀ $\omega^3=1$ 이용

$=0+0=0$ ◀ $\omega^2+\omega+1=0$ 이용

(3) 방정식 $x^2+x+1=0$의 계수가 실수이고 한 허근이 ω이므로 다른 한 근은 $\overline{\omega}$이다.

따라서 이차방정식의 근과 계수의 관계에 의하여

$\omega+\overline{\omega}=-1$ $\quad\therefore \overline{\omega}=-\omega-1$

$\therefore \dfrac{4\omega^2+3\overline{\omega}}{\omega^{16}+1}=\dfrac{4(-\omega-1)+3(-\omega-1)}{(\omega^3)^5\times\omega+1}$ ◀ $\omega^2+\omega+1=0$ 이용

$=\dfrac{-7(\omega+1)}{\omega+1}=-7$

답 (1) 1 (2) 0 (3) -7

432 유사

방정식 $x^3=1$의 한 허근을 ω라 할 때, 다음 식의 값을 구하시오. (단, $\overline{\omega}$는 ω의 켤레복소수)

(1) $(1-\omega+\omega^2)^6$

(2) $1+\omega+\omega^2+\omega^3+\cdots+\omega^8$

(3) $(2+\omega^{10})(2+\overline{\omega})$

433 변형

방정식 $x^3=-1$의 한 허근을 ω라 할 때, $2\omega^3-4\omega^2+3\omega=a\omega+b$이다. 실수 a, b에 대하여 $a+b$의 값을 구하시오.

434 변형

방정식 $x^3+1=0$의 한 허근을 ω라 할 때, $\dfrac{\omega^{100}}{1+\omega^{50}}+\dfrac{\overline{\omega}^{100}}{1+\overline{\omega}^{50}}$의 값을 구하시오.

(단, $\overline{\omega}$는 ω의 켤레복소수)

435 변형

방정식 $x^3-1=0$의 한 허근을 ω라 할 때, 이차방정식 $x^2+ax+b=0$의 한 근이 2ω가 되도록 하는 실수 a, b에 대하여 ab의 값을 구하시오.

연습문제

1단계

436 삼차방정식 $x^3+27=0$의 해는 $x=a$ 또는 $x=b\pm c\sqrt{3}i$이다. 유리수 a, b, c에 대하여 $a+b+c$의 값을 구하시오.

(단, $c>0$, $i=\sqrt{-1}$)

437 다음 중 사차방정식 $2x^4-9x^3+6x^2+11x-6=0$의 근이 아닌 것은?

① -1 ② $-\frac{1}{2}$ ③ $\frac{1}{2}$
④ 2 ⑤ 3

438 사차방정식 $(x^2+3x+4)(x^2+3x+1)=40$의 두 허근을 α, β라 할 때, $\alpha^3+\beta^3$의 값을 구하시오.

439 사차방정식 $x^4-24x^2+36=0$의 네 실근을 α, β, γ, δ $(\alpha<\beta<\gamma<\delta)$라 할 때, $\delta-\gamma+\beta-\alpha$의 값을 구하시오.

440 삼차방정식 $x^3+ax^2-11x-12=0$의 한 근이 -1일 때, 나머지 두 근 중 큰 수를 구하시오. (단, a는 상수)

교과서

441 삼차방정식 $x^3+2x^2+(a-8)x-2a=0$이 실근만을 갖도록 하는 실수 a의 최댓값을 구하시오.

442 삼차방정식 $2x^3-8x^2-5x-10=0$의 세 근을 α, β, γ라 할 때, $\alpha^3+\beta^3+\gamma^3$의 값은?

① 105 ② 107 ③ 109
④ 111 ⑤ 113

교육청

443 x에 대한 삼차방정식 $x^3-x^2+kx-k=0$이 허근 $3i$와 실근 α를 가질 때, $k+\alpha$의 값을 구하시오.

(단, k는 실수이고, $i=\sqrt{-1}$이다.)

444 방정식 $x^3+1=0$의 한 허근을 ω라 할 때, 보기에서 옳은 것만을 있는 대로 고르시오. (단, $\overline{\omega}$는 ω의 켤레복소수)

보기
ㄱ. $\omega^{25}=\omega$
ㄴ. $\omega+\overline{\omega}=\omega\overline{\omega}$
ㄷ. $1-\omega+\omega^2-\omega^3+\omega^4-\omega^5=0$

2단계

445 사차방정식 $(x-2)(x-3)(x-4)(x-5)=80$의 서로 다른 두 실근의 곱을 a, 서로 다른 두 허근의 곱을 b라 할 때, $b-a$의 값을 구하시오.

서술형

446 실수 a에 대하여 사차방정식 $x^4-(2a-1)x^2+a^2-a-12=0$의 서로 다른 실근의 개수를 $f(a)$라 할 때, $f(-3)+f(-1)+f(2)+f(4)$의 값을 구하시오.

447 사차방정식 $x^4-7x^3+8x^2-7x+1=0$의 두 허근의 합을 구하시오.

교육청

448 x에 대한 삼차방정식 $(x-a)\{x^2+(1-3a)x+4\}=0$이 서로 다른 세 실근 1, α, β를 가질 때, $\alpha\beta$의 값은? (단, a는 상수이다.)

① 4 ② 6 ③ 8 ④ 10 ⑤ 12

449 삼차방정식 $x^3-7x^2-3(k-2)x+3k=0$이 오직 하나의 실근을 갖도록 하는 정수 k의 최댓값은?

① -7 ② -6 ③ -5 ④ -4 ⑤ -3

450 어떤 제약 회사에서 오른쪽 그림과 같이 원기둥의 두 밑면에 반구가 붙어 있는 모양의 캡슐 약을 만들려고 한다. 이 캡슐의 길이가 12 mm이고 부피가 90π mm^{3}가 되도록 할 때, 반구의 반지름의 길이는 몇 mm인지 구하시오. (단, 캡슐의 두께는 생각하지 않는다.)

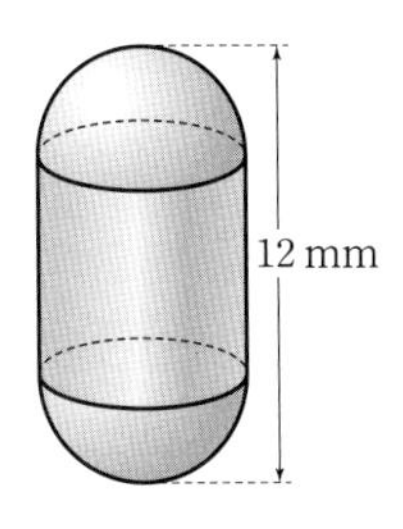

Ⅱ-4 여러 가지 방정식

연습문제

• 정답과 해설 78쪽

451 최고차항의 계수가 1인 삼차식 $f(x)$가 $f(0)=7$, $f(\alpha)=f(\beta)=f(\gamma)=4$를 만족시킬 때, $\alpha\beta\gamma$의 값은?

① -11　② -3　③ 0
④ 3　⑤ 11

452 삼차방정식 $x^3+4x^2-3x+2=0$의 세 근을 α, β, γ라 할 때, α^2, β^2, γ^2을 세 근으로 하는 삼차방정식은 $x^3-ax^2-bx-c=0$이다. 상수 a, b, c에 대하여 $\frac{a}{b+c}$의 값을 구하시오.

교과서

453 삼차방정식 $x^3=1$의 한 허근을 ω라 할 때, $\frac{1}{1+\omega^{20}}+\frac{1}{1+\omega^{21}}+\frac{1}{1+\omega^{22}}$의 값을 구하시오.

3단계

교육청

454 x에 대한 사차방정식
$x^4+(2a+1)x^3+(3a+2)x^2+(a+2)x=0$의 서로 다른 실근의 개수가 3이 되도록 하는 모든 실수 a의 값의 곱을 구하시오.

455 삼차방정식
$x^3-8x^2+(12+k)x-2k=0$의 서로 다른 세 실근이 직각삼각형의 세 변의 길이일 때, 실수 k의 값을 구하시오.

456 방정식 $x^3=-1$의 한 허근을 ω라 할 때, $\omega^m+\omega^n$의 값이 음수가 되도록 하는 9 이하의 자연수 m, n의 순서쌍 (m, n)의 개수를 구하시오.

1 연립이차방정식

개념 01 미지수가 2개인 연립이차방정식의 뜻

$\begin{cases} x+2y=1 \\ x^2+y^2=2 \end{cases}$, $\begin{cases} x^2-9y^2=0 \\ x^2-3xy+y^2=19 \end{cases}$ 와 같이 미지수가 2개인 연립방정식에서 차수가 가장 높은 방정식이 이차방정식일 때, 이 연립방정식을 **미지수가 2개인 연립이차방정식**이라 한다.

중학 수학에서 $\begin{cases} x+y=2 \\ 2x+3y=5 \end{cases}$ 와 같이 미지수가 2개이고 일차방정식으로만 이루어진 연립일차방정식을 배웠다.
미지수가 2개인 연립이차방정식은 일차방정식과 이차방정식으로 이루어진 경우와 두 이차방정식으로 이루어진 경우로 나눌 수 있다.
즉, 미지수가 2개인 연립이차방정식은 $\begin{cases} \text{일차방정식} \\ \text{이차방정식} \end{cases}$ 또는 $\begin{cases} \text{이차방정식} \\ \text{이차방정식} \end{cases}$ 꼴 중 하나이다.

개념 02 일차방정식과 이차방정식으로 이루어진 연립이차방정식의 풀이

예제 01, 04, 06

일차방정식과 이차방정식으로 이루어진 연립이차방정식은 다음과 같은 순서로 푼다.
(1) 일차방정식을 한 미지수에 대하여 정리한다.
(2) (1)의 식을 이차방정식에 대입하여 한 미지수의 값을 구한다.
(3) (2)에서 구한 미지수를 일차방정식에 대입하여 다른 미지수의 값을 구한다.

| 예 | 연립방정식 $\begin{cases} x+2y=1 \\ x^2+y^2=2 \end{cases}$ 를 풀어 보자.

$x+2y=1$에서 $x=-2y+1$
이를 $x^2+y^2=2$에 대입하면 $(-2y+1)^2+y^2=2$
$5y^2-4y-1=0$, $(5y+1)(y-1)=0$
$\therefore y=-\frac{1}{5}$ 또는 $y=1$
이를 각각 $x=-2y+1$에 대입하면
$y=-\frac{1}{5}$일 때 $x=\frac{7}{5}$, $y=1$일 때 $x=-1$
따라서 주어진 연립방정식의 해는

$\begin{cases} x=-1 \\ y=1 \end{cases}$ 또는 $\begin{cases} x=\frac{7}{5} \\ y=-\frac{1}{5} \end{cases}$

개념 03 두 이차방정식으로 이루어진 연립이차방정식의 풀이

○ 예제 02

두 이차방정식으로 이루어진 연립이차방정식은 다음과 같은 순서로 푼다.
(1) 두 이차방정식 중 인수분해되는 것을 인수분해하여 두 일차방정식을 얻는다.
(2) (1)에서 얻은 식을 나머지 이차방정식에 각각 대입하여 한 미지수의 값을 구한다.
(3) (2)에서 구한 미지수를 (1)에서 얻은 식에 대입하여 다른 미지수의 값을 구한다.

| 예 | 연립방정식 $\begin{cases} x^2-9y^2=0 \\ x^2-3xy+y^2=19 \end{cases}$ 를 풀어 보자.

$x^2-9y^2=0$에서 $(x+3y)(x-3y)=0$
$\therefore x=-3y$ 또는 $x=3y$
(i) $x=-3y$일 때,
$x=-3y$를 $x^2-3xy+y^2=19$에 대입하면
$9y^2+9y^2+y^2=19$, $19y^2=19$
$y^2=1$ $\quad \therefore y=-1$ 또는 $y=1$
이를 각각 $x=-3y$에 대입하면
$y=-1$일 때 $x=3$, $y=1$일 때 $x=-3$
(ii) $x=3y$일 때,
$x=3y$를 $x^2-3xy+y^2=19$에 대입하면
$9y^2-9y^2+y^2=19$, $y^2=19$
$\therefore y=-\sqrt{19}$ 또는 $y=\sqrt{19}$
이를 각각 $x=3y$에 대입하면
$y=-\sqrt{19}$일 때 $x=-3\sqrt{19}$, $y=\sqrt{19}$일 때 $x=3\sqrt{19}$
(i), (ii)에서 주어진 연립방정식의 해는
$\begin{cases} x=-3 \\ y=1 \end{cases}$ 또는 $\begin{cases} x=3 \\ y=-1 \end{cases}$ 또는 $\begin{cases} x=-3\sqrt{19} \\ y=-\sqrt{19} \end{cases}$ 또는 $\begin{cases} x=3\sqrt{19} \\ y=\sqrt{19} \end{cases}$

개념 04 대칭식으로 이루어진 연립이차방정식의 풀이

○ 예제 03

x, y에 대한 대칭식으로 이루어진 연립이차방정식은 다음과 같은 순서로 푼다.
(1) $x+y=u$, $xy=v$로 놓고 주어진 연립방정식을 u, v에 대한 연립방정식으로 변형한다.
(2) (1)의 연립방정식을 풀어 u, v의 값을 구한다.
(3) x, y는 이차방정식 $t^2-ut+v=0$의 두 근임을 이용하여 x, y의 값을 구한다.

| 참고 | $x+y=3$, $(x+y)^2-xy=12$와 같이 x, y를 서로 바꾸어 대입해도 원래의 식과 같아지는 식을 대칭식이라 한다.

| 예 | 연립방정식 $\begin{cases} x+y+xy=-1 \\ 3x+3y+2xy=-1 \end{cases}$ 을 풀어 보자.

$3x+3y+2xy=-1$에서 $3(x+y)+2xy=-1$

$x+y=u$, $xy=v$로 놓으면

$\begin{cases} u+v=-1 & \cdots\cdots ㉠ \\ 3u+2v=-1 & \cdots\cdots ㉡ \end{cases}$

$3\times$㉠$-$㉡을 하면 $v=-2$

이를 ㉠에 대입하면 $u-2=-1$ $\quad\therefore u=1$

즉, $x+y=1$, $xy=-2$이고 x, y는 이차방정식 $t^2-t-2=0$의 두 근이다.

$t^2-t-2=0$을 풀면 $(t+1)(t-2)=0$ $\quad\therefore t=-1$ 또는 $t=2$

따라서 주어진 연립방정식의 해는

$\begin{cases} x=-1 \\ y=2 \end{cases}$ 또는 $\begin{cases} x=2 \\ y=-1 \end{cases}$

개념 05 공통근을 갖는 방정식의 풀이

○ 예제 05

두 이차방정식 $f(x)=0$, $g(x)=0$이 공통근 α를 가지면
➡ $f(\alpha)=0$, $g(\alpha)=0$을 연립하여 이차항이나 상수항을 소거한 후 α의 값을 구한다.

두 이차방정식 $f(x)=0$, $g(x)=0$이 공통근 α를 가지면 $f(x)=0$, $g(x)=0$에 각각 $x=\alpha$를 대입한 후 연립방정식 $\begin{cases} f(\alpha)=0 \\ g(\alpha)=0 \end{cases}$ 을 풀어 공통근을 구한다.

| 참고 |
- 두 개 이상의 방정식을 동시에 만족시키는 미지수의 값을 공통근이라 한다.
- 이차항이나 상수항을 소거하여 얻은 방정식의 해 중에는 공통근이 아니거나 조건을 만족시키지 않는 것도 있으므로 확인해야 한다.

| 예 | 두 이차방정식 $x^2+(3+k)x-4=0$, $x^2-x+4k+12=0$이 하나의 공통근을 가질 때, 상수 k의 값을 구해 보자.

두 이차방정식의 공통근을 α라 하면

$\begin{cases} \alpha^2+(3+k)\alpha-4=0 & \cdots\cdots ㉠ \\ \alpha^2-\alpha+4k+12=0 & \cdots\cdots ㉡ \end{cases}$ ◀ 두 이차방정식에 $x=\alpha$를 각각 대입한다.

두 이차방정식의 이차항의 계수가 같으므로 ㉠$-$㉡을 하면

$(4+k)\alpha-4(k+4)=0$, $(k+4)(\alpha-4)=0$

$\therefore k=-4$ 또는 $\alpha=4$

(i) $k=-4$일 때,
두 이차방정식이 모두 $x^2-x-4=0$이므로 공통근은 2개이다.
따라서 주어진 조건을 만족시키지 않는다.

(ii) $\alpha=4$일 때,
㉠에 $\alpha=4$를 대입하면
$16+4(3+k)-4=0$ $\quad\therefore k=-6$

(i), (ii)에서 $k=-6$

예제 01 일차방정식과 이차방정식으로 이루어진 연립이차방정식의 풀이

일차방정식을 한 미지수에 대하여 정리한 후 이차방정식에 대입하여 푼다.

다음 연립방정식을 푸시오.

(1) $\begin{cases} x+2y=5 \\ x^2-4y^2=15 \end{cases}$

(2) $\begin{cases} x-y-1=0 \\ x^2-xy+y^2=7 \end{cases}$

• 유형 만렙 공통수학1 104쪽에서 문제 더 풀기

| 풀이 | (1) $x+2y=5$에서 x를 y에 대하여 정리하면

$x=-2y+5$ …… ㉠

㉠을 $x^2-4y^2=15$에 대입하면

$(-2y+5)^2-4y^2=15$

$-20y+10=0 \quad \therefore y=\frac{1}{2}$ …… ㉡

㉡을 ㉠에 대입하면 $x=4$

따라서 주어진 연립방정식의 해는 $\begin{cases} x=4 \\ y=\frac{1}{2} \end{cases}$

(2) $x-y-1=0$에서 y를 x에 대하여 정리하면

$y=x-1$ …… ㉠

㉠을 $x^2-xy+y^2=7$에 대입하면

$x^2-x(x-1)+(x-1)^2=7$

$x^2-x-6=0$

$(x+2)(x-3)=0 \quad \therefore x=-2$ 또는 $x=3$ …… ㉡

㉡을 각각 ㉠에 대입하면

$x=-2$일 때 $y=-3$, $x=3$일 때 $y=2$

따라서 주어진 연립방정식의 해는 $\begin{cases} x=-2 \\ y=-3 \end{cases}$ 또는 $\begin{cases} x=3 \\ y=2 \end{cases}$

답 (1) $\begin{cases} x=4 \\ y=\frac{1}{2} \end{cases}$ (2) $\begin{cases} x=-2 \\ y=-3 \end{cases}$ 또는 $\begin{cases} x=3 \\ y=2 \end{cases}$

| 다른 풀이 | (1) $x^2-4y^2=15$에서 $(x+2y)(x-2y)=15$

이 식에 $x+2y=5$를 대입하면

$5(x-2y)=15 \quad \therefore x-2y=3$

$x-2y=3$과 $x+2y=5$를 연립하여 풀면

$x=4$, $y=\frac{1}{2}$

457 유사

다음 연립방정식을 푸시오.

(1) $\begin{cases} x+y=1 \\ x^2-y^2=19 \end{cases}$

(2) $\begin{cases} x-3y=4 \\ x^2-3xy+y^2=-11 \end{cases}$

458 변형

교육청

연립방정식 $\begin{cases} 2x-y=1 \\ 4x^2-x-y^2=5 \end{cases}$의 해가 $x=\alpha$, $y=\beta$일 때, $\alpha\beta$의 값은?

① 6 ② 7 ③ 8
④ 9 ⑤ 10

459 변형

연립방정식 $\begin{cases} x-y=3 \\ x^2-5xy-y^2=13 \end{cases}$을 만족시키는 정수 x, y에 대하여 $x+y$의 값을 구하시오.

460 변형

연립방정식 $\begin{cases} x+y=2 \\ x^2+xy-y^2=-20 \end{cases}$을 만족시키는 실수 x, y에 대하여 x^2+y^2의 최댓값을 구하시오.

예제 02 / 두 이차방정식으로 이루어진 연립이차방정식의 풀이

한 이차방정식을 인수분해하여 얻은 두 일차방정식을 다른 이차방정식에 각각 대입하여 푼다.

다음 연립방정식을 푸시오.

(1) $\begin{cases} 2x^2-3xy+2y^2=16 \\ 4x^2-y^2=0 \end{cases}$

(2) $\begin{cases} x^2-xy-6y^2=0 \\ x^2+xy+y^2=39 \end{cases}$

• 유형 만렙 공통수학 1 105쪽에서 문제 더 풀기

| 풀이 | (1) $4x^2-y^2=0$에서 $(2x+y)(2x-y)=0$ $\quad\therefore y=-2x$ 또는 $y=2x$ ◀ 인수분해한 후 한 미지수에 대한 식으로 정리한다.

(ⅰ) $y=-2x$를 $2x^2-3xy+2y^2=16$에 대입하면

$2x^2+6x^2+8x^2=16,\ x^2=1$ $\quad\therefore x=-1$ 또는 $x=1$

이를 각각 $y=-2x$에 대입하면

$x=-1$일 때 $y=2$, $x=1$일 때 $y=-2$

(ⅱ) $y=2x$를 $2x^2-3xy+2y^2=16$에 대입하면

$2x^2-6x^2+8x^2=16,\ x^2=4$ $\quad\therefore x=-2$ 또는 $x=2$

이를 각각 $y=2x$에 대입하면

$x=-2$일 때 $y=-4$, $x=2$일 때 $y=4$

(ⅰ), (ⅱ)에서 주어진 연립방정식의 해는

$\begin{cases} x=-1 \\ y=2 \end{cases}$ 또는 $\begin{cases} x=1 \\ y=-2 \end{cases}$ 또는 $\begin{cases} x=-2 \\ y=-4 \end{cases}$ 또는 $\begin{cases} x=2 \\ y=4 \end{cases}$

(2) $x^2-xy-6y^2=0$에서 $(x+2y)(x-3y)=0$ $\quad\therefore x=-2y$ 또는 $x=3y$ ◀ 인수분해한 후 한 미지수에 대한 식으로 정리한다.

(ⅰ) $x=-2y$를 $x^2+xy+y^2=39$에 대입하면

$4y^2-2y^2+y^2=39,\ y^2=13$ $\quad\therefore y=-\sqrt{13}$ 또는 $y=\sqrt{13}$

이를 각각 $x=-2y$에 대입하면

$y=-\sqrt{13}$일 때 $x=2\sqrt{13}$, $y=\sqrt{13}$일 때 $x=-2\sqrt{13}$

(ⅱ) $x=3y$를 $x^2+xy+y^2=39$에 대입하면

$9y^2+3y^2+y^2=39,\ y^2=3$ $\quad\therefore y=-\sqrt{3}$ 또는 $y=\sqrt{3}$

이를 각각 $x=3y$에 대입하면

$y=-\sqrt{3}$일 때 $x=-3\sqrt{3}$, $y=\sqrt{3}$일 때 $x=3\sqrt{3}$

(ⅰ), (ⅱ)에서 주어진 연립방정식의 해는

$\begin{cases} x=-2\sqrt{13} \\ y=\sqrt{13} \end{cases}$ 또는 $\begin{cases} x=2\sqrt{13} \\ y=-\sqrt{13} \end{cases}$ 또는 $\begin{cases} x=-3\sqrt{3} \\ y=-\sqrt{3} \end{cases}$ 또는 $\begin{cases} x=3\sqrt{3} \\ y=\sqrt{3} \end{cases}$

답 (1) $\begin{cases} x=-1 \\ y=2 \end{cases}$ 또는 $\begin{cases} x=1 \\ y=-2 \end{cases}$ 또는 $\begin{cases} x=-2 \\ y=-4 \end{cases}$ 또는 $\begin{cases} x=2 \\ y=4 \end{cases}$

(2) $\begin{cases} x=-2\sqrt{13} \\ y=\sqrt{13} \end{cases}$ 또는 $\begin{cases} x=2\sqrt{13} \\ y=-\sqrt{13} \end{cases}$ 또는 $\begin{cases} x=-3\sqrt{3} \\ y=-\sqrt{3} \end{cases}$ 또는 $\begin{cases} x=3\sqrt{3} \\ y=\sqrt{3} \end{cases}$

461 유사

다음 연립방정식을 푸시오.

(1) $\begin{cases} 2x^2-xy-y^2=0 \\ x^2+2y^2=18 \end{cases}$

(2) $\begin{cases} x^2+3xy+2y^2=0 \\ x^2+2xy-y^2=-6 \end{cases}$

462 변형

연립방정식 $\begin{cases} x^2+xy-12y^2=0 \\ x^2+4xy-3y^2=24 \end{cases}$를 만족시키는 양의 실수 x, y에 대하여 xy의 값을 구하시오.

463 변형

연립방정식 $\begin{cases} 3x^2-4xy-4y^2=0 \\ x^2-y-10=0 \end{cases}$을 만족시키는 정수 x, y에 대하여 $xy<0$일 때, $|x-y|$의 값을 구하시오.

464 변형

교과서

연립방정식 $\begin{cases} x^2-5xy+6y^2=0 \\ 2x^2+xy+y^2=22 \end{cases}$를 만족시키는 x, y에 대하여 $x+y$의 최댓값을 구하시오.

예제 03 / 대칭식으로 이루어진 연립이차방정식의 풀이

$x+y=u$, $xy=v$로 놓고 x, y가 이차방정식 $t^2-ut+v=0$의 두 근임을 이용한다.

연립방정식 $\begin{cases} x+y=12 \\ x^2+y^2=104 \end{cases}$ 를 푸시오.

• 유형 만렙 공통수학 1 105쪽에서 문제 더 풀기

| 풀이 | $x^2+y^2=104$에서 $(x+y)^2-2xy=104$

주어진 연립방정식에서 $x+y=u$, $xy=v$로 놓으면

$\begin{cases} u=12 \\ u^2-2v=104 \end{cases}$

$u=12$를 $u^2-2v=104$에 대입하면

$144-2v=104$ $\therefore v=20$

$\therefore x+y=12$, $xy=20$

x, y는 이차방정식 $t^2-12t+20=0$의 두 근이므로

$(t-2)(t-10)=0$ $\therefore t=2$ 또는 $t=10$

따라서 주어진 연립방정식의 해는

$\begin{cases} x=2 \\ y=10 \end{cases}$ 또는 $\begin{cases} x=10 \\ y=2 \end{cases}$

답 $\begin{cases} x=2 \\ y=10 \end{cases}$ 또는 $\begin{cases} x=10 \\ y=2 \end{cases}$

| 다른 풀이 | $x+y=12$에서 $y=-x+12$ ◀ 한 미지수에 대하여 정리한 후 대입한다.

이를 $x^2+y^2=104$에 대입하면

$x^2+(-x+12)^2=104$

$2x^2-24x+40=0$, $x^2-12x+20=0$

$(x-2)(x-10)=0$ $\therefore x=2$ 또는 $x=10$

이를 각각 $y=-x+12$에 대입하면

$x=2$일 때 $y=10$, $x=10$일 때 $y=2$

따라서 주어진 연립방정식의 해는

$\begin{cases} x=2 \\ y=10 \end{cases}$ 또는 $\begin{cases} x=10 \\ y=2 \end{cases}$

465 유사

다음 연립방정식을 푸시오.

(1) $\begin{cases} xy=8 \\ x^2+y^2=20 \end{cases}$

(2) $\begin{cases} 2x+2y+xy=-10 \\ x^2+y^2-3(x+y)=26 \end{cases}$

466 변형

교육청

연립방정식 $\begin{cases} x+y+xy=8 \\ 2x+2y-xy=4 \end{cases}$의 해를 $x=\alpha$, $y=\beta$라 할 때, $\alpha^2+\beta^2$의 값은?

① 8 ② 10 ③ 12
④ 14 ⑤ 16

467 변형

연립방정식 $\begin{cases} x+y-2xy=-2 \\ x^2+y^2-(x+y)=6 \end{cases}$을 만족시키는 자연수 x, y의 순서쌍 (x, y)를 모두 구하시오.

468 변형

연립방정식 $\begin{cases} x+y-xy=5 \\ x^2-xy+y^2=13 \end{cases}$을 만족시키는 x, y에 대하여 $|x-y|$의 최솟값을 구하시오.

예제 04 / 연립이차방정식의 근의 판별

일차방정식을 한 미지수에 대하여 정리 ➡ 이차방정식에 대입한 후 판별식 이용

연립방정식 $\begin{cases} x-2y=k \\ x^2-2y^2=-8 \end{cases}$ 이 오직 한 쌍의 해를 갖도록 하는 실수 k의 값을 모두 구하시오.

• 유형 만렙 공통수학 1 106쪽에서 문제 더 풀기

| 풀이 | $x-2y=k$에서 $x=2y+k$ ◀ 한 미지수에 대하여 정리한다.

이를 $x^2-2y^2=-8$에 대입하면 $(2y+k)^2-2y^2=-8$

$2y^2+4ky+k^2+8=0$ ······ ㉠

주어진 연립방정식이 오직 한 쌍의 해를 가지려면 이차방정식 ㉠이 중근을 가져야 한다.

즉, ㉠의 판별식을 D라 하면 $D=0$이어야 하므로

└ ㉠이 중근을 가지면 x의 값이 한 개가 되므로 y의 값도 한 개가 되어 연립방정식의 해가 한 쌍만 나온다.

$\frac{D}{4}=(2k)^2-2(k^2+8)=0$

$2k^2-16=0$, $k^2=8$

$\therefore k=-2\sqrt{2}$ 또는 $k=2\sqrt{2}$

답 $-2\sqrt{2}$, $2\sqrt{2}$

예제 05 / 공통근을 갖는 방정식의 풀이

두 방정식 $f(x)=0$, $g(x)=0$이 공통근 α를 가질 때 연립방정식 $\begin{cases} f(\alpha)=0 \\ g(\alpha)=0 \end{cases}$을 풀어 α를 구한다.

두 이차방정식 $x^2+(k+2)x-9=0$, $x^2-x+3k=0$이 오직 하나의 공통근을 갖도록 하는 실수 k의 값과 이때의 공통근을 구하시오.

• 유형 만렙 공통수학 1 106쪽에서 문제 더 풀기

| 풀이 | 주어진 두 이차방정식의 공통근을 α라 하면

$\begin{cases} \alpha^2+(k+2)\alpha-9=0 & \cdots\cdots ㉠ \\ \alpha^2-\alpha+3k=0 & \cdots\cdots ㉡ \end{cases}$ ◀ 두 이차방정식에 $x=\alpha$를 각각 대입한다.

㉠−㉡을 하면 $(k+3)\alpha-3(k+3)=0$, $(k+3)(\alpha-3)=0$ $\therefore k=-3$ 또는 $\alpha=3$

(i) $k=-3$일 때,

두 이차방정식이 모두 $x^2-x-9=0$이므로 공통근은 2개이다.

따라서 주어진 조건을 만족시키지 않는다.

(ii) $\alpha=3$일 때,

㉡에 $\alpha=3$을 대입하면 $9-3+3k=0$, $3k=-6$ $\therefore k=-2$

(i), (ii)에서 $k=-2$이고, 이때의 공통근은 3이다.

답 $k=-2$, 공통근: 3

469 예제 04 유사

연립방정식 $\begin{cases} 4x+y=k \\ x^2-3y=12 \end{cases}$가 오직 한 쌍의 해를 갖도록 하는 실수 k의 값을 구하시오.

470 예제 05 유사

두 이차방정식 $x^2+kx-6=0$, $x^2-6x+k=0$이 오직 하나의 공통근을 갖도록 하는 실수 k의 값과 이때의 공통근을 구하시오.

471 예제 04 변형

연립방정식 $\begin{cases} x+y=2k \\ x^2+y^2=2k^2-3k+5 \end{cases}$가 실근을 갖도록 하는 정수 k의 최댓값을 구하시오.

472 예제 05 변형

두 이차방정식 $x^2+(k-4)x-5k=0$, $x^2+(k-2)x-9k=0$이 공통근을 가질 때, 양수 k의 값을 구하시오.

예제 06 / 연립이차방정식의 활용

미지수 x를 정하고 주어진 조건을 이용하여 x에 대한 연립이차방정식을 세운다.

대각선의 길이가 15 m인 직사각형 모양의 양식장이 있다. 이 양식장의 가로, 세로의 길이를 각각 6 m, 3 m씩 줄인 양식장의 넓이는 처음 양식장의 넓이보다 72 m^2만큼 작다고 한다. 처음 양식장의 가로, 세로의 길이를 구하시오.

• 유형 만렙 공통수학 1 107쪽에서 문제 더 풀기

| 풀이 | 처음 양식장의 가로의 길이를 x m, 세로의 길이를 y m라 하면 대각선의 길이가 15 m이므로

$x^2+y^2=15^2$

$\therefore x^2+y^2=225$ ...... ㉠

양식장의 가로, 세로의 길이를 각각 6 m, 3 m씩 줄였을 때의 넓이는 처음 양식장의 넓이보다 72 m^2만큼 작으므로

$(x-6)(y-3)=xy-72$

$xy-3x-6y+18=xy-72$

$\therefore x=30-2y$ ...... ㉡

㉡을 ㉠에 대입하면

$(30-2y)^2+y^2=225$, $5y^2-120y+675=0$

$y^2-24y+135=0$, $(y-9)(y-15)=0$

$\therefore y=9$ 또는 $y=15$

이를 각각 ㉡에 대입하면

$y=9$일 때 $x=12$, $y=15$일 때 $x=0$

그런데 가로의 길이에서 $x>6$이므로 $x=12$, $y=9$

└ 가로의 길이가 $(x-6)$ m이므로 x가 6보다 작으면 길이가 음수가 된다.

따라서 처음 양식장의 가로, 세로의 길이는 각각 12 m, 9 m이다.

답 가로의 길이: 12 m, 세로의 길이: 9 m

473 유사

길이가 120 cm인 철사를 잘라서 한 변의 길이가 각각 a cm, b cm $(a<b)$인 두 개의 정사각형을 만들었다. 이 두 정사각형의 넓이의 차가 180 cm^{2}일 때, a, b의 값을 구하시오.

(단, 철사는 모두 사용하고, 굵기는 무시한다.)

474 변형

교육청

밑면의 반지름의 길이가 r, 높이가 h인 원기둥 모양의 용기에 대하여 $r+2h=8$, $r^2-2h^2=8$일 때, 이 용기의 부피는?

(단, 용기의 두께는 무시한다.)

① 16π ② 20π ③ 24π
④ 28π ⑤ 32π

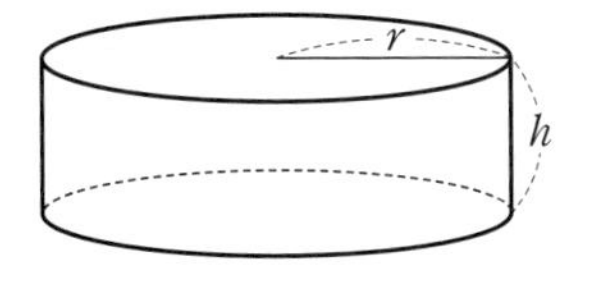

475 변형

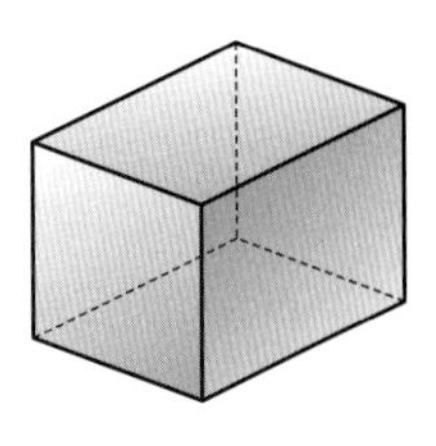

오른쪽 그림과 같이 가로의 길이와 높이가 같은 직육면체 모양의 상자를 만들려고 한다. 직육면체 모양의 상자의 모든 모서리의 길이의 합은 104이고 옆면의 넓이의 합은 288일 때, 이 상자의 가로와 세로의 길이의 합을 구하시오.

476 변형

각 자리의 숫자의 제곱의 합이 34인 두 자리의 자연수가 있다. 각 자리의 숫자의 순서를 바꾼 자연수와 처음 자연수의 합이 88일 때, 처음 자연수를 구하시오. (단, 처음 자연수의 십의 자리의 숫자는 일의 자리의 숫자보다 크다.)

두 이차방정식이 모두 인수분해되지 않는 연립이차방정식

두 이차방정식으로 이루어진 연립이차방정식에서 두 이차방정식이 모두 인수분해되지 않는 경우 두 이차방정식에서 이차항 또는 상수항을 소거하여 해를 구할 수 있다.

(1) 이차항을 소거할 수 있는 경우

① 이차항을 소거하여 일차방정식을 얻는다.

② ①에서 얻은 일차방정식과 주어진 이차방정식을 연립하여 푼다.

(2) 이차항을 소거할 수 없는 경우

① 상수항을 소거하여 인수분해되는 이차방정식을 얻는다.

② ①에서 얻은 인수분해되는 이차방정식과 주어진 이차방정식을 연립하여 푼다.

| 예 | (1) 연립방정식 $\begin{cases} 12x^2+5x-7y=-26 & \cdots\cdots ㉠ \\ 2x^2+x-y=-2 & \cdots\cdots ㉡ \end{cases}$를 풀어 보자.

㉠$-6\times$㉡을 하면

$-x-y=-14 \qquad \therefore y=-x+14$ ◀ 이차항을 소거하여 얻은 일차방정식

이를 ㉡에 대입하면 $2x^2+x-(-x+14)=-2$

$x^2+x-6=0$, $(x+3)(x-2)=0 \qquad \therefore x=-3$ 또는 $x=2$

이를 각각 $y=-x+14$에 대입하면

$x=-3$일 때 $y=17$, $x=2$일 때 $y=12$

따라서 주어진 연립방정식의 해는 $\begin{cases} x=-3 \\ y=17 \end{cases}$ 또는 $\begin{cases} x=2 \\ y=12 \end{cases}$

(2) 연립방정식 $\begin{cases} x^2+xy-6y^2=36 & \cdots\cdots ㉠ \\ x^2-2xy=24 & \cdots\cdots ㉡ \end{cases}$를 풀어 보자.

$2\times$㉠$-3\times$㉡을 하면

$-x^2+8xy-12y^2=0 \qquad \therefore x^2-8xy+12y^2=0$ ◀ 상수항을 소거하여 얻은 이차방정식

좌변을 인수분해하면 $(x-2y)(x-6y)=0 \qquad \therefore x=2y$ 또는 $x=6y$

(i) $x=2y$를 ㉡에 대입하면 $4y^2-4y^2=24$

따라서 $0\times y^2=24$이므로 해는 없다.

(ii) $x=6y$를 ㉡에 대입하면 $36y^2-12y^2=24$

$y^2=1 \qquad \therefore y=-1$ 또는 $y=1$

이를 각각 $x=6y$에 대입하면

$y=-1$일 때 $x=-6$, $y=1$일 때 $x=6$

(i), (ii)에서 주어진 연립방정식의 해는 $\begin{cases} x=-6 \\ y=-1 \end{cases}$ 또는 $\begin{cases} x=6 \\ y=1 \end{cases}$

부정방정식

개념 01 부정방정식의 뜻

방정식의 개수가 미지수의 개수보다 적으면 그 해가 무수히 많다.
이러한 방정식을 **부정방정식**이라 한다.

* 부정(不定 – 아닐 부, 정할 정): 정할 수 없음.

| 참고 | 부정방정식은 해에 대한 정수 조건 또는 실수 조건 등이 주어지면 그 해가 유한개로 정해질 수 있다.
따라서 반드시 주어진 조건을 확인하여 해를 구한다.

개념 02 정수 조건의 부정방정식의 풀이

예제 07

정수 조건이 있는 부정방정식은 (일차식)×(일차식)=(정수) 꼴로 변형한 후 약수와 배수의 성질을 이용한다.

| 예 | 방정식 $x+y=2$를 만족시키는 음이 아닌 정수 x, y의 순서쌍 (x, y)를 구해 보자.
x, y가 음이 아닌 정수이므로 순서쌍 (x, y)는 $(0, 2)$, $(1, 1)$, $(2, 0)$이다.

개념 03 실수 조건의 부정방정식의 풀이

예제 08

실수 조건이 있는 부정방정식은 다음과 같이 두 가지 방법으로 풀 수 있다.
(방법 1) $A^2+B^2=0$ 꼴로 변형한 후 A, B가 실수이면 $A=0$, $B=0$임을 이용한다.
(방법 2) 한 문자에 대하여 내림차순으로 정리한 후 이차방정식의 판별식 D가 $D\geq0$임을 이용한다.

| 예 | 방정식 $x^2+y^2+6y+9=0$을 만족시키는 실수 x, y의 값을 구해 보자.
(방법 1) 주어진 방정식을 변형하면 $x^2+(y^2+6y+9)=0$ $\quad\therefore x^2+(y+3)^2=0$
이때 y가 실수이므로 $y+3$도 실수이다.
따라서 $x=0$, $y+3=0$이므로 $x=0$, $y=-3$
(방법 2) 주어진 방정식을 x에 대한 이차방정식으로 생각할 때 실근을 가져야 하므로
이 이차방정식의 판별식을 D라 하면
$\frac{D}{4}=-(y^2+6y+9)\geq0$, $(y+3)^2\leq0$ $\quad\therefore y=-3$ ($\because$ y는 실수)
이를 주어진 방정식에 대입하면 $x^2=0$ $\quad\therefore x=0$

예제 07 / 정수 조건의 부정방정식의 풀이

주어진 방정식을 (일차식)×(일차식)=(정수) 꼴로 변형하여 푼다.

방정식 $xy+3x+2y=18$을 만족시키는 양의 정수 x, y의 값을 모두 구하시오.

• 유형 만렙 공통수학1 107쪽에서 문제 더 풀기

| 풀이 | $xy+3x+2y=18$에서 $x(y+3)+2(y+3)=24$

$\therefore (x+2)(y+3)=24$ ······ ㉠ ◀ (일차식)×(일차식)=(정수) 꼴로 변형한다.

x, y가 양의 정수이므로 $x\ge1$, $y\ge1$에서 $x+2\ge3$, $y+3\ge4$

따라서 ㉠을 만족시키는 양의 정수 $x+2$, $y+3$의 값을 표로 나타내면 다음과 같다.

$x+2$	3	4	6
$y+3$	8	6	4

x	1	2	4
y	5	3	1

즉, 구하는 x, y의 값은

$\begin{cases}x=1\\y=5\end{cases}$ 또는 $\begin{cases}x=2\\y=3\end{cases}$ 또는 $\begin{cases}x=4\\y=1\end{cases}$

답 $\begin{cases}x=1\\y=5\end{cases}$ 또는 $\begin{cases}x=2\\y=3\end{cases}$ 또는 $\begin{cases}x=4\\y=1\end{cases}$

예제 08 / 실수 조건의 부정방정식의 풀이

$(\text{실수})^2\ge0$임을 이용하거나 한 문자에 대하여 내림차순으로 정리한 후 판별식 $D\ge0$임을 이용한다.

방정식 $2x^2-4xy+6x+4y^2+9=0$을 만족시키는 실수 x, y의 값을 구하시오.

• 유형 만렙 공통수학1 107쪽에서 문제 더 풀기

| 풀이 | $2x^2-4xy+6x+4y^2+9=0$에서 $(x^2-4xy+4y^2)+(x^2+6x+9)=0$

$\therefore (x-2y)^2+(x+3)^2=0$ ◀ $A^2+B^2=0$ 꼴로 변형한다.

이때 x, y가 실수이므로 $x-2y$, $x+3$도 실수이다.

따라서 $x-2y=0$, $x+3=0$이므로 ◀ 실수 A, B에 대하여 $A^2+B^2=0$이면 $A=0$, $B=0$이다.

$x=-3$, $y=-\dfrac{3}{2}$

답 $x=-3$, $y=-\dfrac{3}{2}$

| 다른 풀이 | 주어진 방정식의 좌변을 y에 대하여 내림차순으로 정리하면

$4y^2-4xy+2x^2+6x+9=0$ ······ ㉠

y에 대한 이차방정식 ㉠이 실근을 가져야 하므로 ㉠의 판별식을 D라 하면

$\dfrac{D}{4}=(-2x)^2-4(2x^2+6x+9)\ge0$, $x^2+6x+9\le0$, $(x+3)^2\le0$ $\quad\therefore x=-3$ ($\because$ x는 실수)

이를 ㉠에 대입하면 $4y^2+12y+9=0$, $(2y+3)^2=0$ $\quad\therefore y=-\dfrac{3}{2}$

유제

• 정답과 해설 85쪽

477 예제 07 유사

방정식 $xy-x+2y=13$을 만족시키는 정수 x, y의 값을 모두 구하시오.

478 예제 08 유사

방정식 $3x^2+y^2-12x+8y+28=0$을 만족시키는 실수 x, y의 값을 구하시오.

479 예제 07 변형

이차방정식 $x^2+ax+a+2=0$의 두 근이 모두 정수가 되도록 하는 모든 상수 a의 값의 합을 구하시오.

480 예제 08 변형

방정식 $x^2y^2-12xy+x^2+16y^2+4=0$을 만족시키는 양수 x, y에 대하여 $x+y$의 값을 구하시오.

연습문제

1단계

교육청

481 연립방정식 $\begin{cases} 2x-y=1 \\ 5x^2-y^2=-5 \end{cases}$의 해를 $x=\alpha$, $y=\beta$라 할 때, $\alpha-\beta$의 값은?

① 1 ② 2 ③ 3
④ 4 ⑤ 5

482 연립방정식 $\begin{cases} x^2-3xy-4y^2=0 \\ x^2+y^2=68 \end{cases}$을 만족시키는 양의 정수인 해를 $x=\alpha$, $y=\beta$라 할 때, $\alpha+\beta$의 값은?

① 2 ② 4 ③ 6
④ 8 ⑤ 10

483 연립방정식 $\begin{cases} x+y+xy=-5 \\ xy(x+y)=-6 \end{cases}$을 만족시키는 실수 x, y에 대하여 $x-y$의 최솟값을 구하시오.

484 연립방정식 $\begin{cases} xy+2x-1=k^2+4 \\ x+y=2k \end{cases}$가 실근을 갖지 않도록 하는 정수 k의 최댓값은?

① -2 ② -1 ③ 0
④ 1 ⑤ 2

485 대각선의 길이가 $2\sqrt{29}$ cm이고 넓이가 40 cm^2인 직사각형의 가로의 길이와 세로의 길이의 차를 구하시오.
(단, 가로의 길이가 세로의 길이보다 길다.)

486 방정식 $xy+2x+2y-5=0$을 만족시키는 정수 x, y에 대하여 $x+y$의 최댓값은?

① -2 ② 2 ③ 4
④ 6 ⑤ 8

487 방정식

$5x^2-12xy+9y^2-12x+36=0$을 만족시키는 실수 x, y에 대하여 $x-y$의 값을 구하시오.

2단계

서술형

488 실수 x, y에 대하여

$<x, y>=\begin{cases} x \ (x \geq y) \\ y \ (x<y) \end{cases}$, $[x, y]=\begin{cases} y \ (x \geq y) \\ x \ (x<y) \end{cases}$

라 하자. 연립방정식 $\begin{cases} x+y=2<x, y>-1 \\ x^2-xy+y^2=[x, y]+10 \end{cases}$

을 만족시키는 x, y에 대하여 xy의 최댓값을 구하시오.

489 연립방정식 $\begin{cases} x^2-y^2=8 \\ (x+y)^2-(x+y)=12 \end{cases}$

를 만족시키는 음수 x, y에 대하여 $36xy$의 값을 구하시오.

교과서

490 두 연립방정식

$\begin{cases} x+y=17 \\ ax-2y=-2 \end{cases}$, $\begin{cases} bx+y=33 \\ x^2+y^2=145 \end{cases}$의 공통인 해가 존재할 때, 자연수 a, b에 대하여 $a+b$의 값을 구하시오.

491 연립방정식 $\begin{cases} y-3x=1 \\ -x^2+y^2=2k \end{cases}$가 오직 한 쌍의 해 $x=\alpha$, $y=\beta$를 가질 때, $k+\alpha+\beta$의 값은? (단, k는 실수)

① $-\frac{1}{16}$　② $-\frac{3}{16}$　③ $-\frac{5}{16}$

④ $-\frac{7}{16}$　⑤ $-\frac{9}{16}$

492 두 이차방정식

$x^2+a^2x+b^2-6a+8=0$,

$x^2-6ax+a^2+b^2+8=0$이 오직 하나의 공통근을 가질 때, 실수 a, b에 대하여 $a+b$의 값을 구하시오.

연습문제

• 정답과 해설 89쪽

교육청

493 한 변의 길이가 a인 정사각형 ABCD와 한 변의 길이가 b인 정사각형 EFGH가 있다. 그림과 같이 네 점 A, E, B, F가 한 직선 위에 있고 $\overline{EB}=1$, $\overline{AF}=5$가 되도록 두 정사각형을 겹치게 놓았을 때, 선분 CD와 선분 HE의 교점을 I라 하자. 직사각형 EBCI의 넓이가 정사각형 EFGH의 넓이의 $\frac{1}{4}$일 때, b의 값은?

(단, $1<a<b<5$)

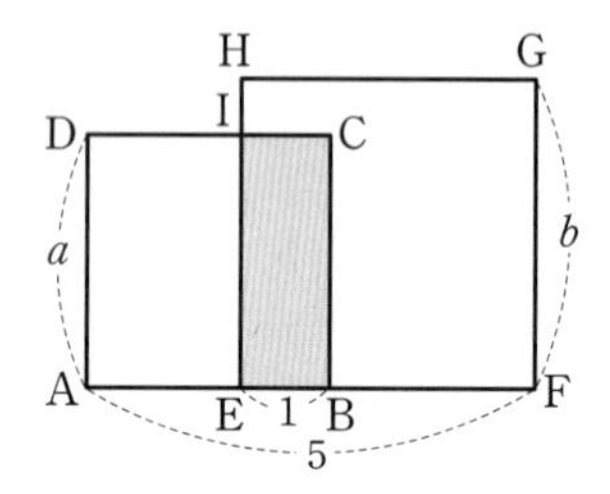

① $-2+\sqrt{26}$ ② $-2+3\sqrt{3}$
③ $-2+2\sqrt{7}$ ④ $-2+\sqrt{29}$
⑤ $-2+\sqrt{30}$

494 이차방정식 $x^2+(k-3)x+4k+1=0$의 두 근이 모두 음의 정수가 되도록 하는 상수 k의 값을 구하시오.

495 방정식
$(2x^2+y^2-2y-21)^2+(x^2-4xy+3y^2)^2=0$
을 만족시키는 정수 x, y에 대하여 xy의 최댓값을 구하시오.

3단계

496 두 이차방정식 $x^2-px+2q=0$, $x^2-qx+2p=0$이 오직 하나의 공통근을 갖고, 두 이차방정식의 근 중에서 공통근이 아닌 두 근의 곱이 -3일 때, 실수 p, q에 대하여 pq의 값을 구하시오.

497 이차식 m^2+2m-6의 값이 어떤 정수의 제곱이 되도록 하는 모든 정수 m의 값의 곱을 구하시오.

Ⅱ. 방정식과 부등식

5

연립일차부등식

01 연립일차부등식

Review

일차부등식

01 부등식

▶ 중학 수학 2

(1) 부등식

부등호 $>$, $<$, $\geq$, $\leq$를 사용하여 수 또는 식의 값의 대소 관계를 나타낸 식을 **부등식**이라 한다.

(2) 부등식의 해

미지수를 포함한 부등식에서 그 부등식을 참이 되게 하는 미지수의 값 또는 범위를 **부등식의 해**라 하고, 부등식의 해를 모두 구하는 것을 **부등식을 푼다**고 한다.

(3) 부등식의 기본 성질

실수 a, b, c에 대하여

① $a>b$, $b>c$이면 $a>c$

② $a>b$이면 $a+c>b+c$, $a-c>b-c$

③ $a>b$, $c>0$이면 $ac>bc$, $\frac{a}{c}>\frac{b}{c}$ ◀ 부등호의 방향 그대로

④ $a>b$, $c<0$이면 $ac<bc$, $\frac{a}{c}<\frac{b}{c}$ ◀ 부등호의 방향 반대로

02 일차부등식

▶ 중학 수학 2

(1) 일차부등식

부등식의 모든 항을 좌변으로 이항하여 정리하였을 때,

$$ax+b>0,\ ax+b<0,\ ax+b\geq 0,\ ax+b\leq 0\ (a,\ b\text{는 상수},\ a\neq 0)$$

과 같이 좌변이 x에 대한 일차식으로 나타내어지는 부등식을 x에 대한 **일차부등식**이라 한다.

(2) 일차부등식의 풀이

일차부등식은 다음과 같은 순서로 푼다.

① 괄호가 있으면 괄호를 푼다.

② 계수가 소수 또는 분수인 경우에는 양변에 적당한 수를 곱하여 계수를 정수로 고친다.

③ 일차항은 좌변으로, 상수항은 우변으로 이항하여 정리한다.

④ 양변을 x의 계수로 나누어 $x>$(수), $x<$(수), $x\geq$(수), $x\leq$(수) 꼴로 나타낸다.

| 예 | 일차부등식 $3(x+3)>-1-2x$를 풀어 보자.

좌변의 괄호를 풀면 $3x+9>-1-2x$

$-2x$를 좌변으로, 9를 우변으로 이항하면 $3x+2x>-1-9$

$5x>-10$

양변을 5로 나누면 부등호의 방향은 바뀌지 않으므로 $x>-2$

연립일차부등식

개념 01 부등식 $ax>b$의 풀이

예제 01

x에 대한 부등식 $ax>b$의 해는 다음과 같다.

(1) $a>0$일 때, $x>\frac{b}{a}$ ◀ 부등호의 방향 그대로

(2) $a<0$일 때, $x<\frac{b}{a}$ ◀ 부등호의 방향 반대로

(3) $a=0$일 때, $\begin{cases} b\geq 0\text{이면 해는 없다.} \\ b<0\text{이면 해는 모든 실수이다.} \end{cases}$ ◀ $0\times x>$(0 또는 양수) ◀ $0\times x>$(음수)

| 예 | x에 대한 부등식 $(a-1)x\geq 3$에서

(i) $a-1>0$, 즉 $a>1$일 때, $x\geq\frac{3}{a-1}$

(ii) $a-1=0$, 즉 $a=1$일 때, $0\times x\geq 3$ ➡ 해는 없다.

(iii) $a-1<0$, 즉 $a<1$일 때, $x\leq\frac{3}{a-1}$

| 참고 | 허수는 대소 관계를 생각할 수 없으므로 부등식에 포함된 모든 문자는 실수로 생각한다.

개념 02 연립부등식의 뜻

두 개 이상의 부등식을 한 쌍으로 묶어 나타낸 것을 **연립부등식**이라 하고,
각각의 부등식이 모두 일차부등식인 연립부등식을 **연립일차부등식**이라 한다.
이때 두 개 이상의 부등식의 공통인 해를 **연립부등식의 해**라 하고,
연립부등식의 해를 구하는 것을 **연립부등식을 푼다**고 한다.

| 예 | 두 일차부등식 $x-1<7$, $2x+1>3$의 공통인 해를 구하려고 할 때, 두 일차부등식을 한 쌍으로 묶어 연립일차부등식 $\begin{cases} x-1<7 \\ 2x+1>3 \end{cases}$으로 나타낸다.

개념 03 연립일차부등식의 풀이

예제 02, 04~08

연립일차부등식은 다음과 같은 순서로 푼다.

(1) 각 부등식을 푼다.

(2) 각 부등식의 해를 하나의 수직선 위에 나타낸다.

(3) 공통부분을 찾아 연립부등식의 해를 구한다.

| 참고 | $a<b$일 때,

- $\begin{cases} x>a \\ x\ge b \end{cases}$ 의 해는 $x\ge b$
- $\begin{cases} x<a \\ x\le b \end{cases}$ 의 해는 $x<a$
- $\begin{cases} x>a \\ x\le b \end{cases}$ 의 해는 $a<x\le b$

| 예 | 연립부등식 $\begin{cases} 2x-7\ge -x+2 \\ 4x-1\le 3x+3 \end{cases}$ 을 풀어 보자.

$2x-7\ge -x+2$를 풀면 $3x\ge 9$ $\quad\therefore x\ge 3$ ······ ㉠

$4x-1\le 3x+3$을 풀면 $x\le 4$ ······ ㉡

㉠, ㉡을 수직선 위에 나타내면 오른쪽 그림과 같으므로 주어진 연립부등식의 해는 $3\le x\le 4$

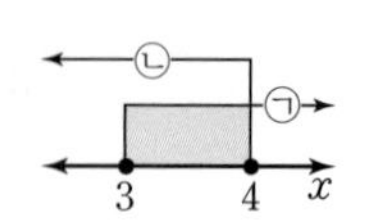

개념 04 $A<B<C$ 꼴의 부등식

예제 03~08

$A<B<C$ 꼴의 부등식은 연립부등식 $\begin{cases} A<B \\ B<C \end{cases}$ 꼴로 고쳐서 푼다.

| 예 | 부등식 $x<2x-1\le 4x+3$은 연립부등식 $\begin{cases} x<2x-1 \\ 2x-1\le 4x+3 \end{cases}$ 으로 고쳐서 푼다.

| 참고 | $A<B<C$ 꼴의 부등식을 $\begin{cases} A<B \\ A<C \end{cases}$ 또는 $\begin{cases} A<C \\ B<C \end{cases}$ 꼴로 고쳐서 풀지 않도록 주의한다.

개념 05 해가 한 개인 연립일차부등식

예제 04

연립부등식의 각 부등식의 해가 $\begin{cases} x\le a \\ x\ge a \end{cases}$ 일 때,

공통부분은 $x=a$이므로 **해가 한 개**이다.

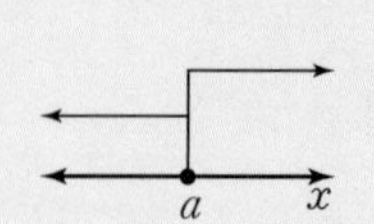

| 예 | 연립부등식 $\begin{cases} 3x+1\le x+3 \\ x\ge -2x+3 \end{cases}$ 을 풀어 보자.

$3x+1\le x+3$을 풀면 $2x\le 2$ $\quad\therefore x\le 1$ ······ ㉠

$x\ge -2x+3$을 풀면 $3x\ge 3$ $\quad\therefore x\ge 1$ ······ ㉡

㉠, ㉡을 수직선 위에 나타내면 오른쪽 그림과 같으므로 주어진 연립부등식의 해는 $x=1$

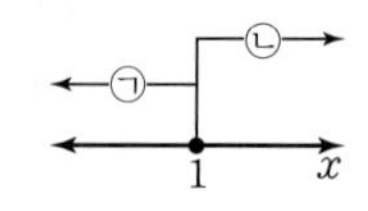

개념 06 해가 없는 연립일차부등식

예제 04

연립부등식의 각 부등식의 해가 다음과 같을 때, 공통부분이 없으므로 **해는 없다**. (단, $a<b$)

(1) $\begin{cases} x \le a \\ x > b \end{cases}$ ➡ 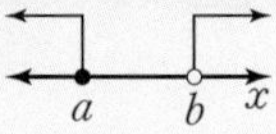

(2) $\begin{cases} x \le a \\ x > a \end{cases}$ ➡ 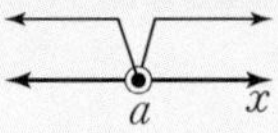

(3) $\begin{cases} x < a \\ x > a \end{cases}$ ➡ 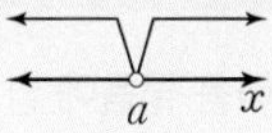

| 예 | 연립부등식 $\begin{cases} x-1<3x+5 \\ -2x>x+9 \end{cases}$를 풀어 보자.

$x-1<3x+5$를 풀면 $-2x<6$ $\quad \therefore x>-3$ $\quad$ …… ㉠

$-2x>x+9$를 풀면 $-3x>9$ $\quad \therefore x<-3$ $\quad$ …… ㉡

㉠, ㉡을 수직선 위에 나타내면 오른쪽 그림과 같으므로 주어진 연립부등식의 해는 없다.

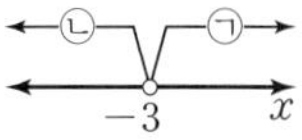

개념 확인

• 정답과 해설 90쪽

개념 01

498 다음 부등식을 푸시오. (단, a는 상수)

(1) $ax \le 4a$

(2) $(a-2)x>1$

개념 03

499 다음 연립부등식을 푸시오.

(1) $\begin{cases} x \le 1 \\ x > -2 \end{cases}$

(2) $\begin{cases} x \ge -3 \\ x < 4 \end{cases}$

(3) $\begin{cases} x > 2 \\ x \ge -1 \end{cases}$

(4) $\begin{cases} x < -3 \\ x < 3 \end{cases}$

개념 05, 06

500 다음 연립부등식을 푸시오.

(1) $\begin{cases} x \ge -2 \\ x \le -2 \end{cases}$

(2) $\begin{cases} x > 4 \\ x \le 3 \end{cases}$

(3) $\begin{cases} x > 6 \\ x \le 6 \end{cases}$

(4) $\begin{cases} x < -4 \\ x > -4 \end{cases}$

예제 01 / 부등식 $ax>b$의 풀이

부등식의 항을 적절히 이항하여 정리한 후 x의 계수의 부호에 따라 해를 구한다.

다음 물음에 답하시오.

(1) 부등식 $ax+3\leq 3x+a$를 푸시오. (단, a는 상수)

(2) 부등식 $ax+4>a^2+2x$의 해가 $x<-1$일 때, 상수 a의 값을 구하시오.

| 풀이 | (1) $ax+3\leq 3x+a$에서 $(a-3)x\leq a-3$ ...... ㉠

x의 계수 $a-3$이 $a-3>0$, $a-3=0$, $a-3<0$인 경우로 나누어 해를 구한다.

(ⅰ) $a-3>0$, 즉 $a>3$일 때,

㉠의 양변을 $a-3$으로 나누면

$x\leq 1$ ◀ 부등호의 방향은 그대로이다.

(ⅱ) $a-3=0$, 즉 $a=3$일 때,

㉠에 $a=3$을 대입하면

$0\times x\leq 0$이므로 해는 모든 실수이다. ◀ $0\times x\leq 0$에서 x에 어떤 값을 대입하여도 부등식이 성립한다.

(ⅲ) $a-3<0$, 즉 $a<3$일 때,

㉠의 양변을 $a-3$으로 나누면

$x\geq 1$ ◀ 부등호의 방향은 반대로 바뀐다.

(ⅰ), (ⅱ), (ⅲ)에서 주어진 부등식의 해는

$\begin{cases} a>3\text{일 때, } x\leq 1 \\ a=3\text{일 때, 모든 실수} \\ a<3\text{일 때, } x\geq 1 \end{cases}$

(2) $ax+4>a^2+2x$에서 $(a-2)x>a^2-4$

$\therefore (a-2)x>(a+2)(a-2)$ ...... ㉠

이 부등식의 해가 $x<-1$이므로 $a-2<0$ ◀ ㉠과 주어진 해의 부등호의 방향이 반대이다.

㉠의 양변을 $a-2$로 나누면 $x<a+2$ ◀ 부등호의 방향은 반대로 바뀐다.

따라서 $a+2=-1$이므로 $a=-3$

답 (1) $\begin{cases} a>3\text{일 때, } x\leq 1 \\ a=3\text{일 때, 모든 실수} \\ a<3\text{일 때, } x\geq 1 \end{cases}$

(2) -3

501 유사

다음 물음에 답하시오.

(1) 부등식 $ax-3a>2x-6$을 푸시오.
(단, a는 상수)

(2) 부등식 $ax-a^2\geq -3x-9$의 해가 $x\geq 1$일 때, 상수 a의 값을 구하시오.

502 변형

$a<b$일 때, x에 대한 부등식 $ax-5b>bx-5a$를 푸시오.

503 변형

부등식 $a^2x+3<4x+2a$가 해를 갖지 않을 때, 상수 a의 값을 구하시오.

504 변형

부등식 $(2a+b)x+b-a\leq 0$의 해가 $x\geq 2$일 때, 부등식 $b(x-2)\geq 4a$를 푸시오.
(단, a, b는 상수)

예제 02 / 연립일차부등식의 풀이

각 부등식의 해를 하나의 수직선 위에 나타낸 후 공통부분을 찾는다.

다음 연립부등식을 푸시오.

(1) $\begin{cases} 4x-2(x+3)<3x \\ 9+x\ge 1-(5x-2) \end{cases}$

(2) $\begin{cases} \dfrac{x+1}{3}+\dfrac{x-2}{2}\le 1 \\ 0.1x-1.2<0.4x \end{cases}$

• 유형 만렙 공통수학 1 114쪽에서 문제 더 풀기

| 풀이 | (1) $4x-2(x+3)<3x$를 풀면 ◀ 분배법칙을 이용하여 괄호를 푼다.

$4x-2x-6<3x$

$-x<6 \quad \therefore x>-6 \quad \cdots\cdots$ ㉠

$9+x\ge 1-(5x-2)$를 풀면 ◀ 분배법칙을 이용하여 괄호를 푼다.

$9+x\ge 1-5x+2$

$6x\ge -6 \quad \therefore x\ge -1 \quad \cdots\cdots$ ㉡

㉠, ㉡을 수직선 위에 나타내면 오른쪽 그림과 같으므로 주어진 연립부등식의 해는

$x\ge -1$

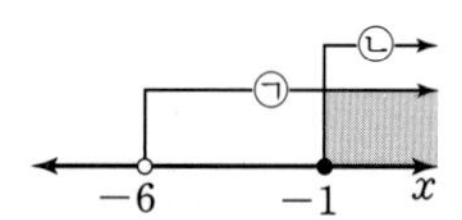

(2) $\dfrac{x+1}{3}+\dfrac{x-2}{2}\le 1$을 풀면 ◀ 양변에 분모의 최소공배수인 6을 곱하여 계수를 정수로 고친다.

$2(x+1)+3(x-2)\le 6$ ◀ 분배법칙을 이용하여 괄호를 푼다.

$2x+2+3x-6\le 6$

$5x\le 10 \quad \therefore x\le 2 \quad \cdots\cdots$ ㉠

$0.1x-1.2<0.4x$를 풀면 ◀ 양변에 10을 곱하여 계수를 정수로 고친다.

$x-12<4x$

$-3x<12 \quad \therefore x>-4 \quad \cdots\cdots$ ㉡

㉠, ㉡을 수직선 위에 나타내면 오른쪽 그림과 같으므로 주어진 연립부등식의 해는

$-4<x\le 2$

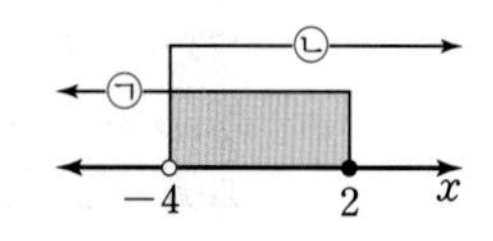

답 (1) $x\ge -1$ (2) $-4<x\le 2$

505 유사

다음 연립부등식을 푸시오.

(1) $\begin{cases} x+2<3x \\ -(3-4x)\geq 2x-5 \end{cases}$

(2) $\begin{cases} 6x+2\geq 3(x-1)-4 \\ 1-(x+2)>4x+9 \end{cases}$

506 유사

다음 연립부등식을 푸시오.

(1) $\begin{cases} \frac{1}{4}x+2\leq \frac{1}{2}x+\frac{3}{4} \\ 3(x+1)>4x-3 \end{cases}$

(2) $\begin{cases} \frac{x-1}{4}>\frac{x+1}{3}-1 \\ 0.9(x-2)<0.5x+1 \end{cases}$

507 변형

연립부등식 $\begin{cases} \frac{2}{3}x+2>x-4 \\ 4x-5>3(x+2) \end{cases}$ 의 해가 $a<x<b$일 때, $b-a$의 값을 구하시오.

508 변형

연립부등식 $\begin{cases} \frac{x+3}{3}>\frac{3-x}{6} \\ 0.4x-0.6\leq 0.1x+0.3 \end{cases}$ 을 만족시키는 정수 x의 개수를 구하시오.

예제 03 / $A<B<C$ 꼴의 부등식

$A<B$와 $B<C$의 각각의 해의 공통부분을 구한다.

다음 부등식을 푸시오.

(1) $3x-1\le x-3<5x+5$

(2) $2+4(x-4)<2x+4<-(x+5)$

• 유형 만렙 공통수학 1 114쪽에서 문제 더 풀기

| 풀이 | (1) 주어진 부등식은 $\begin{cases}3x-1\le x-3\\x-3<5x+5\end{cases}$로 나타낼 수 있다.

$3x-1\le x-3$을 풀면

$2x\le-2$ $\quad\therefore x\le-1$ $\quad\cdots\cdots$ ㉠

$x-3<5x+5$를 풀면

$-4x<8$ $\quad\therefore x>-2$ $\quad\cdots\cdots$ ㉡

㉠, ㉡을 수직선 위에 나타내면 오른쪽 그림과 같으므로 주어진 부등식의 해는

$-2<x\le-1$

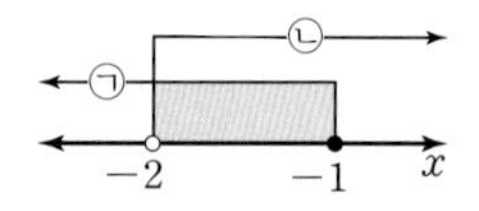

(2) 주어진 부등식은 $\begin{cases}2+4(x-4)<2x+4\\2x+4<-(x+5)\end{cases}$로 나타낼 수 있다.

$2+4(x-4)<2x+4$를 풀면

$2+4x-16<2x+4$

$2x\le18$ $\quad\therefore x\le9$ $\quad\cdots\cdots$ ㉠

$2x+4<-(x+5)$를 풀면

$2x+4<-x-5$

$3x<-9$ $\quad\therefore x<-3$ $\quad\cdots\cdots$ ㉡

㉠, ㉡을 수직선 위에 나타내면 오른쪽 그림과 같으므로 주어진 부등식의 해는

$x<-3$

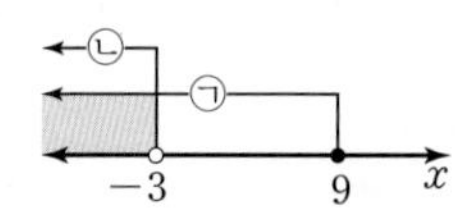

답 (1) $-2<x\le-1$ (2) $x<-3$

509 유사

다음 부등식을 푸시오.

(1) $2x+1<4x-3\le 5x-6$

(2) $-x+7\le 3(x+2)-3\le 2(x+4)$

510 변형

부등식 $\frac{x-4}{2}<1-x\le -\frac{1}{4}(x-2)$를 만족시키는 정수 x의 값을 구하시오.

511 변형

부등식 $x-3<\frac{3}{5}x-1<1.1x+0.5$의 해가 $\alpha<x<\beta$일 때, $\alpha\beta$의 값을 구하시오.

512 변형

부등식 $2(x-2)\le\frac{x+3}{3}\le 0.1x+2.4$를 만족시키는 x의 최댓값을 구하시오.

예제 04 / 해가 특수한 연립일차부등식

해를 나타낸 수직선에서 공통부분이 한 점이면 해가 한 개, 없으면 해가 없다.

다음 연립부등식을 푸시오.

(1) $\begin{cases} 6-x \le x+10 \\ 2x+3 \ge 3x+5 \end{cases}$

(2) $\begin{cases} 2(x+1) \ge 4(x-2) \\ \dfrac{x+3}{3} < \dfrac{1}{2}x+\dfrac{1}{6} \end{cases}$

• 유형 만렙 공통수학 1 115쪽에서 문제 더 풀기

| 풀이 | (1) $6-x \le x+10$을 풀면

$-2x \le 4 \quad \therefore x \ge -2 \quad \cdots\cdots$ ㉠

$2x+3 \ge 3x+5$를 풀면

$-x \ge 2 \quad \therefore x \le -2 \quad \cdots\cdots$ ㉡

㉠, ㉡을 수직선 위에 나타내면 오른쪽 그림과 같으므로 주어진 연립부등식의 해는

$x=-2$ ◀ 공통부분이 $x=-2$뿐이다.

(2) $2(x+1) \ge 4(x-2)$를 풀면

$2x+2 \ge 4x-8$

$-2x \ge -10 \quad \therefore x \le 5 \quad \cdots\cdots$ ㉠

$\dfrac{x+3}{3} < \dfrac{1}{2}x+\dfrac{1}{6}$을 풀면

$2(x+3) < 3x+1$

$2x+6 < 3x+1$

$-x < -5 \quad \therefore x > 5 \quad \cdots\cdots$ ㉡

㉠, ㉡을 수직선 위에 나타내면 오른쪽 그림과 같으므로 주어진 연립부등식의 해는 없다. ◀ 공통부분이 없다.

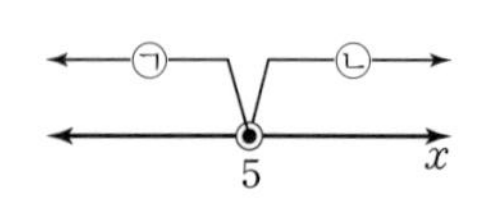

답 (1) $x=-2$ (2) 해는 없다.

TIP 연립부등식의 해

① $\begin{cases} x \ge a \\ x > a \end{cases}$ ➡ $x > a$

② $\begin{cases} x \le a \\ x \ge a \end{cases}$ ➡ $x = a$

③ $\begin{cases} x \le a \\ x > a \end{cases}$ ➡ 해는 없다.

④ $\begin{cases} x < a \\ x > a \end{cases}$ ➡ 해는 없다.

513 유사

다음 연립부등식을 푸시오.

(1) $\begin{cases} -3x-2 \geq x+2 \\ x-3 \geq \dfrac{x-7}{2} \end{cases}$

(2) $\begin{cases} 4x+7 \geq 3(x+3) \\ 2(x-4) > 3x+2 \end{cases}$

514 변형

부등식 $4(x+1) \leq 6x-2 \leq 2(x+5)$를 푸시오.

515 변형

연립부등식 $\begin{cases} \dfrac{1}{2}x-2 < \dfrac{3x-2}{2} \\ -x+3 > 0.1x+4.1 \end{cases}$ 을 풀면?

① $x<-1$ ② $x>-1$
③ $x=-1$ ④ $-1<x<1$
⑤ 해는 없다.

516 변형

부등식 $\dfrac{x-4}{6} \leq x+1 \leq \dfrac{2x+1}{3}$의 해가 일차방정식 $ax+6=4$의 해와 같을 때, 상수 a의 값을 구하시오.

예제 05 / 해가 주어진 연립일차부등식

각 부등식의 해를 구한 후 주어진 연립부등식의 해와 비교한다.

다음 물음에 답하시오.

(1) 연립부등식 $\begin{cases} x+5\geq 3x-1 \\ 2x+1\leq 4x+a \end{cases}$ 의 해가 $-1\leq x\leq b$일 때, 상수 a, b의 값을 구하시오.

(2) 연립부등식 $\begin{cases} 3x+2>2x-a \\ x+2a+3>-x+1 \end{cases}$ 의 해가 $x>3$일 때, 상수 a의 값을 구하시오.

• 유형 만렙 공통수학1 115쪽에서 문제 더 풀기

| 풀이 | (1) $x+5\geq 3x-1$을 풀면

$-2x\geq -6 \quad \therefore x\leq 3 \quad \cdots\cdots$ ㉠

$2x+1\leq 4x+a$를 풀면

$-2x\leq a-1 \quad \therefore x\geq \frac{1-a}{2} \quad \cdots\cdots$ ㉡

이때 주어진 연립부등식의 해가 존재하므로 ㉠, ㉡을 수직선 위에 나타내면 오른쪽 그림과 같다. ◀ 해가 존재하므로 $\frac{1-a}{2}\leq 3$이다.

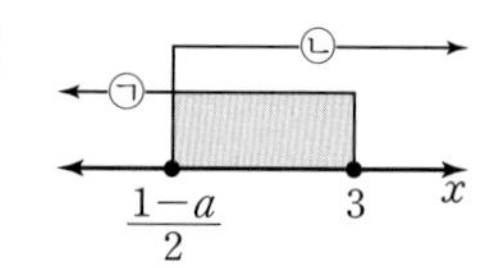

따라서 주어진 연립부등식의 해는

$\frac{1-a}{2}\leq x\leq 3$

이는 $-1\leq x\leq b$와 같으므로

$\frac{1-a}{2}=-1$, $b=3 \quad \therefore a=3$, $b=3$

(2) $3x+2>2x-a$를 풀면

$x>-a-2 \quad \cdots\cdots$ ㉠

$x+2a+3>-x+1$을 풀면

$2x>-2a-2 \quad \therefore x>-a-1 \quad \cdots\cdots$ ㉡

이때 $-a-2<-a-1$이므로 ㉠, ㉡을 수직선 위에 나타내면 오른쪽 그림과 같다.

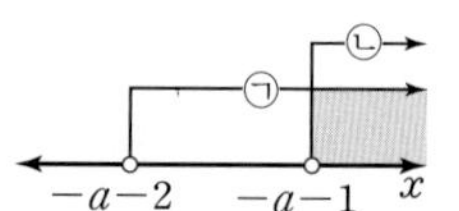

따라서 주어진 연립부등식의 해는

$x>-a-1$

이는 $x>3$과 같으므로

$-a-1=3 \quad \therefore a=-4$

답 (1) $a=3$, $b=3$ (2) $a=-4$

517 유사

연립부등식 $\begin{cases} 5x+1<2x+a \\ x+1\le 2(x+2) \end{cases}$의 해가 $b\le x<2$일 때, 상수 a, b의 값을 구하시오.

518 유사

연립부등식 $\begin{cases} 2x+3a<4x+a+2 \\ 5x+a<6x+4 \end{cases}$의 해가 $x>5$일 때, 상수 a의 값을 구하시오.

519 변형

부등식 $\frac{x-a}{2}<x+4\le -x-2a$의 해가 $-3<x\le 3$일 때, 상수 a의 값을 구하시오.

520 변형

연립부등식 $\begin{cases} 3(x-1)\le a+2 \\ 1.2x-0.8b\ge x \end{cases}$의 해가 $x=4$일 때, 상수 a, b에 대하여 $a+b$의 값을 구하시오.

예제 06 / 해를 갖거나 갖지 않을 조건이 주어진 연립일차부등식

각 부등식의 해의 공통부분이 있거나 없도록 수직선 위에 나타낸다.

연립부등식 $\begin{cases} 3x+8>5x-6 \\ 2x-a\geq x-7 \end{cases}$ 이 해를 갖지 않도록 하는 상수 a의 값의 범위를 구하시오.

• 유형 만렙 공통수학 1 116쪽에서 문제 더 풀기

| 풀이 | $3x+8>5x-6$을 풀면

$-2x>-14$ $\quad\therefore x<7$ $\quad\cdots\cdots$ ㉠

$2x-a\geq x-7$을 풀면

$x\geq a-7$ $\quad\cdots\cdots$ ㉡

주어진 연립부등식이 해를 갖지 않도록 ㉠, ㉡을 수직선 위에 나타내면 오른쪽 그림과 같으므로

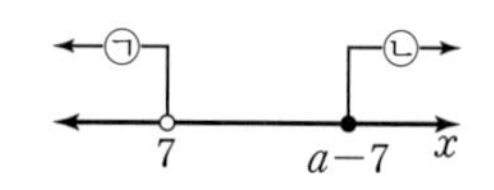

$a-7\geq 7$ ◀ $a-7>7$일 때뿐만 아니라 $a-7=7$일 때도 공통부분이 없으므로 해를 갖지 않는다.

$\therefore a\geq 14$

답 $a\geq 14$

예제 07 / 정수인 해의 조건이 주어진 연립일차부등식

각 부등식의 해의 공통부분이 주어진 조건의 정수를 포함하도록 수직선 위에 나타낸다.

부등식 $4x-a<3x+3\leq 5x+7$을 만족시키는 정수 x가 3개일 때, 상수 a의 값의 범위를 구하시오.

• 유형 만렙 공통수학 1 116쪽에서 문제 더 풀기

| 풀이 | 주어진 부등식은 $\begin{cases} 4x-a<3x+3 \\ 3x+3\leq 5x+7 \end{cases}$ 로 나타낼 수 있다.

$4x-a<3x+3$을 풀면 $x<a+3$ $\quad\cdots\cdots$ ㉠

$3x+3\leq 5x+7$을 풀면

$-2x\leq 4$ $\quad\therefore x\geq -2$ $\quad\cdots\cdots$ ㉡

주어진 부등식을 만족시키는 정수 x가 3개가 되도록 ㉠, ㉡을 수직선 위에 나타내면 오른쪽 그림과 같으므로 ◀ ㉠, ㉡의 공통부분에 정수 -2, -1, 0이 포함되어야 한다.

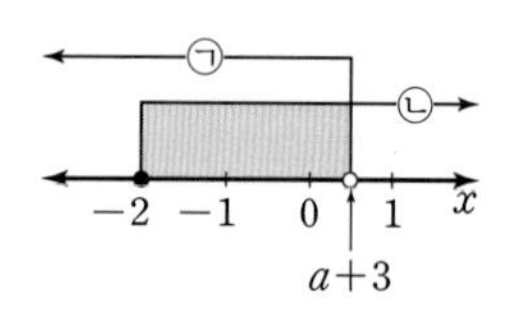

$0<a+3\leq 1$ $\quad\therefore -3<a\leq -2$

답 $-3<a\leq -2$

521 예제 06 유사

연립부등식 $\begin{cases} \frac{1}{3}x+1 \geq \frac{1}{2}x-1 \\ 3(x-2) < 4x+a \end{cases}$ 가 해를 갖지 않도록 하는 상수 a의 값의 범위를 구하시오.

522 예제 07 유사 교과서

연립부등식 $\begin{cases} 2x+3a > 3x+2a \\ 7x+2 \geq 5(x-2) \end{cases}$ 를 만족시키는 정수 x가 2개일 때, 상수 a의 값의 범위를 구하시오.

523 예제 06 변형

부등식 $2x-5 \leq 6x+7 < 4x+a$가 해를 갖도록 하는 정수 a의 최솟값을 구하시오.

524 예제 07 변형 교육청

x에 대한 연립부등식 $\begin{cases} x+2 > 3 \\ 3x < a+1 \end{cases}$ 을 만족시키는 모든 정수 x의 값의 합이 9가 되도록 하는 자연수 a의 최댓값은?

① 10 ② 11 ③ 12
④ 13 ⑤ 14

예제 08 / 연립일차부등식의 활용

미지수 x를 정하고 주어진 조건을 이용하여 x에 대한 연립일차부등식을 세운다.

주머니에 마스크를 나누어 담는데 한 주머니에 4개씩 담으면 마스크가 11개 남고, 7개씩 담으면 마스크가 2개 이상 5개 미만으로 남는다. 이때 주머니의 개수를 구하시오.

• 유형 만렙 공통수학 1 117쪽에서 문제 더 풀기

| 풀이 | 주머니의 개수를 x라 하자.

한 주머니에 마스크를 4개씩 담으면 마스크가 11개 남으므로 마스크의 개수는 $4x+11$

한 주머니에 마스크를 7개씩 담으면 2개 이상 5개 미만의 마스크가 남으므로

$7x+2\leq 4x+11<7x+5$

이 부등식은 $\begin{cases} 7x+2\leq 4x+11 \\ 4x+11<7x+5 \end{cases}$로 나타낼 수 있다.

$7x+2\leq 4x+11$을 풀면

$3x\leq 9 \qquad \therefore x\leq 3 \qquad \cdots\cdots$ ㉠

$4x+11<7x+5$를 풀면

$-3x<-6 \qquad \therefore x>2 \qquad \cdots\cdots$ ㉡

㉠, ㉡을 수직선 위에 나타내면 오른쪽 그림과 같으므로

$2<x\leq 3$

이때 주머니의 개수는 자연수이므로 3이다.

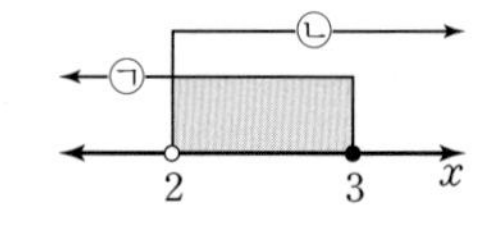

답 3

TIP 연립일차부등식의 활용

① 미지수 x를 정한다.

② 주어진 조건을 이용하여 x에 대한 연립일차부등식을 세운다.

③ x의 값의 범위를 구한다.

④ ③에서 문제의 조건을 만족시키는 x의 값을 구한다.
특히 개수를 구할 때의 x의 값은 대부분 자연수임에 유의한다.

525 유사

상자에 공을 나누어 담는데 한 상자에 6개씩 담으면 공이 12개 남고, 8개씩 담으면 공이 4개 이상 6개 미만으로 남는다. 이때 상자의 개수를 구하시오.

526 변형

가로의 길이가 세로의 길이의 3배보다 4 cm만큼 짧은 직사각형이 있다. 직사각형의 둘레의 길이가 88 cm 이상 112 cm 이하일 때, 세로의 길이의 범위를 구하시오.

527 변형

연속하는 세 정수가 있다. 세 정수의 합은 21보다 크고, 큰 두 수의 합에서 가장 작은 수를 뺀 값은 10보다 크지 않다고 할 때, 세 정수 중 가장 큰 수를 구하시오.

528 변형

두 종류의 음료 A, B를 각각 1개씩 만드는데 필요한 우유와 커피의 양은 오른쪽 표와 같다. 우유 700 mL와 커피 280 mL로 10개의 음료를 만들려고 할 때, 만들 수 있는 음료 A의 최대 개수를 구하시오.

(단위: mL)

	우유	커피
A	50	30
B	100	10

2 절댓값 기호를 포함한 일차부등식

개념 01 절댓값의 성질을 이용하여 풀기

예제 09

$a>0$, $b>0$일 때,

(1) $|x|<a$이면 $-a<x<a$

(2) $|x|>a$이면 $x<-a$ 또는 $x>a$

(3) $a<|x|<b$이면 $-b<x<-a$ 또는 $a<x<b$ (단, $a<b$)

임의의 실수 x에 대하여 x의 절댓값, 즉 $|x|$는 수직선 위에서 원점과 x에 대응하는 점 사이의 거리이다. 따라서 절댓값의 성질을 이용하여 다음과 같은 방법으로 부등식을 풀 수 있다.

(1) $|x|<a$이면 원점으로부터의 거리가 a보다 작은 x의 값의 범위이므로 오른쪽 그림과 같이 $-a<x<a$

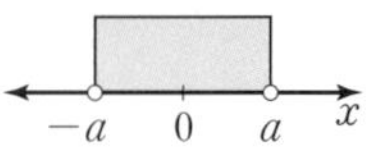

(2) $|x|>a$이면 원점으로부터의 거리가 a보다 큰 x의 값의 범위이므로 오른쪽 그림과 같이 $x<-a$ 또는 $x>a$

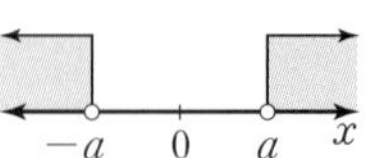

(3) $a<|x|<b$이면 원점으로부터의 거리가 a보다 크고 b보다 작은 x의 값의 범위이므로 오른쪽 그림과 같이 $-b<x<-a$ 또는 $a<x<b$ (단, $a<b$)

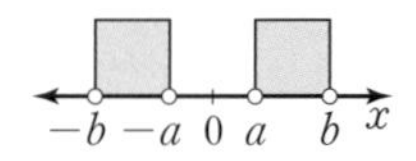

| 예 |
- 부등식 $|x-1|\le 3$을 풀어 보자.
  $-3\le x-1\le 3$이므로 $-2\le x\le 4$
- 부등식 $|x-1|>3$을 풀어 보자.
  $x-1<-3$ 또는 $x-1>3$이므로 $x<-2$ 또는 $x>4$

| 참고 | 절댓값 기호가 1개이고 절댓값 기호 밖에 있는 항이 상수항뿐인 경우에 이와 같이 절댓값의 성질을 이용하여 푼다.

개념 02 구간을 나누어 풀기

예제 10

(1) 절댓값 기호 안의 식의 값이 0이 되는 x의 값을 기준으로 x의 값의 범위를 나눈다.

(2) 각 범위에서 절댓값 기호를 없앤 후 일차부등식을 푼다.
이때 해당 범위를 만족시키는 것만 주어진 부등식의 해이다.

(3) (2)에서 구한 해를 합한 x의 값의 범위를 구한다.

절댓값 기호를 포함한 부등식은

$$|x|=\begin{cases}-x & (x<0)\\ x & (x\ge 0)\end{cases},\quad |x-a|=\begin{cases}-(x-a) & (x<a)\\ x-a & (x\ge a)\end{cases}$$

임을 이용하여 위와 같은 순서로 푼다.

| 예 | 부등식 $|x|-2x<3$을 풀어 보자.

주어진 부등식에서 절댓값 기호 안의 식의 값이 0이 되는 값인 $x=0$을 기준으로 범위를 나누면

(ⅰ) $x<0$일 때,

$|x|=-x$이므로 $-x-2x<3$

$-3x<3$ $\quad\therefore x>-1$

그런데 $x<0$이므로 $-1<x<0$ ◀ 나눈 구간에 맞는 범위만 택한다.

(ⅱ) $x\geq0$일 때,

$|x|=x$이므로 $x-2x<3$

$-x<3$ $\quad\therefore x>-3$

그런데 $x\geq0$이므로 $x\geq0$ ◀ 나눈 구간에 맞는 범위만 택한다.

(ⅰ), (ⅱ)에서 주어진 부등식의 해는 $x>-1$

| 참고 | • 절댓값 기호가 1개이고 절댓값 기호 밖에 있는 항에 미지수 x가 있는 경우 또는 절댓값 기호가 2개인 경우에 이와 같이 구간을 나누어 푼다.

• 절댓값 기호를 2개 포함한 부등식 $|x-a|+|x-b|<c\,(a<b,\ c>0)$는 절댓값 기호 안의 식의 값이 0이 되는 값인 $x=a$, $x=b$를 기준으로

(ⅰ) $x<a$ (ⅱ) $a\leq x<b$ (ⅲ) $x\geq b$

와 같이 범위를 나누어 푼다.

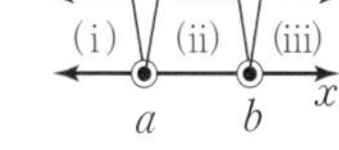

개념 확인

• 정답과 해설 96쪽

개념 01

529 다음 부등식을 푸시오.

(1) $|x|\leq1$

(2) $|x|>2$

(3) $|x|\geq4$

(4) $|x|<7$

(5) $2\leq|x|\leq5$

(6) $1<|x|\leq6$

개념 01

530 다음 부등식을 푸시오.

(1) $|x-2|\leq4$

(2) $|x+1|>2$

예제 09 / 절댓값 기호를 포함한 일차부등식 - 절댓값의 성질을 이용하여 풀기

$a<|x|<b$ (단, $0<a<b$) ➡ $-b<x<-a$ 또는 $a<x<b$

부등식 $3\le|2x+1|\le5$를 푸시오.

• 유형 만렙 공통수학1 118쪽에서 문제 더 풀기

| 풀이 | $3\le|2x+1|\le5$에서 절댓값의 성질을 이용하면

$-5\le2x+1\le-3$ 또는 $3\le2x+1\le5$

(i) $-5\le2x+1\le-3$에서

$-6\le2x\le-4$ $\quad\therefore -3\le x\le-2$

(ii) $3\le2x+1\le5$에서

$2\le2x\le4$ $\quad\therefore 1\le x\le2$

(i), (ii)에서 주어진 부등식의 해는

$-3\le x\le-2$ 또는 $1\le x\le2$

답 $-3\le x\le-2$ 또는 $1\le x\le2$

예제 10 / 절댓값 기호를 포함한 일차부등식 - 구간을 나누어 풀기

$|x-a|+|x-b|<c$ (단, $a<b$, $c>0$) ➡ $x<a$, $a\le x<b$, $x\ge b$로 구간을 나누어 푼다.

부등식 $|x+1|+|x-3|<6$을 푸시오.

• 유형 만렙 공통수학1 118쪽에서 문제 더 풀기

| 풀이 | 절댓값 기호 안의 식의 값이 0이 되는 값인 $x=-1$, $x=3$을 기준으로 범위를 나누면

(i) $x<-1$일 때, $|x+1|=-(x+1)$, $|x-3|=-(x-3)$이므로

$-(x+1)-(x-3)<6$, $-2x<4$ $\quad\therefore x>-2$

그런데 $x<-1$이므로 $-2<x<-1$ ◀ 나눈 구간에 맞는 범위만 택한다.

(ii) $-1\le x<3$일 때, $|x+1|=x+1$, $|x-3|=-(x-3)$이므로

$(x+1)-(x-3)<6$

즉, $0\times x<2$이므로 해는 모든 실수이다.

그런데 $-1\le x<3$이므로 $-1\le x<3$ ◀ 나눈 구간에 맞는 범위만 택한다.

(iii) $x\ge3$일 때, $|x+1|=x+1$, $|x-3|=x-3$이므로

$(x+1)+(x-3)<6$, $2x<8$ $\quad\therefore x<4$

그런데 $x\ge3$이므로 $3\le x<4$ ◀ 나눈 구간에 맞는 범위만 택한다.

(i), (ii), (iii)에서 주어진 부등식의 해는 $-2<x<4$

답 $-2<x<4$

531 예제 09 유사

다음 부등식을 푸시오.

(1) $|3x-4|>5$

(2) $3<|4x-1|<7$

532 예제 10 유사

다음 부등식을 푸시오.

(1) $|2x-1|\leq x+3$

(2) $|x+2|+|x-1|<9$

533 예제 09 변형

부등식 $1\leq|3x-2|<4$를 만족시키는 정수 x의 개수를 구하시오.

534 예제 10 변형 교과서

부등식 $|2x+1|+|x-1|\leq 6$을 만족시키는 x의 최댓값과 최솟값의 곱을 구하시오.

연습문제

1단계

535 부등식 $a^2x-2\geq 25x+a$의 해가 모든 실수일 때, 상수 a의 값을 구하시오.

교육청

536 연립부등식 $\begin{cases} 3x\geq 2x+3 \\ x-10\leq -x \end{cases}$를 만족시키는 모든 정수 x의 값의 합은?

① 10 ② 12 ③ 14
④ 16 ⑤ 18

537 보기에서 해가 없는 연립부등식인 것만을 있는 대로 고른 것은?

보기

ㄱ. $\begin{cases} 4x+1<9 \\ 2x-3>x-7 \end{cases}$ ㄴ. $\begin{cases} -3x+1\geq 1 \\ 2x-5>x-5 \end{cases}$

ㄷ. $\begin{cases} \frac{1}{3}x+2<\frac{7}{3} \\ 9-x\leq 2x \end{cases}$ ㄹ. $\begin{cases} 0.2(x-1)\leq -1 \\ 5x+8\geq 4x-1 \end{cases}$

① ㄱ, ㄴ ② ㄴ, ㄷ ③ ㄷ, ㄹ
④ ㄱ, ㄴ, ㄹ ⑤ ㄴ, ㄷ, ㄹ

538 연립부등식 $\begin{cases} \frac{5}{4}x-2\leq x+a \\ 3x+12\geq b-x \end{cases}$의 해를 수직선 위에 나타내면 다음 그림과 같을 때, 상수 a, b에 대하여 $a+b$의 값은?

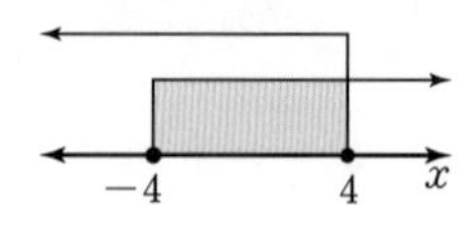

① −8 ② −5 ③ 0
④ 5 ⑤ 8

539 연립부등식 $\begin{cases} 4(x+2)-1\geq a+x \\ 3x-1\leq x+5 \end{cases}$의 해가 $x=3$일 때, 상수 a의 값은?

① 12 ② 14 ③ 16
④ 18 ⑤ 20

교육청

540 연립부등식 $\begin{cases} 2x+5\leq 9 \\ |x-3|\leq 7 \end{cases}$을 만족시키는 정수 x의 개수를 구하시오.

541 부등식 $|2x+1|>3x+5$를 만족시키는 정수 x의 최댓값은?

① -3　② -2　③ -1　④ 0　⑤ 1

544 연립부등식 $\begin{cases} 3x+5>2x-a \\ x-a+6>-x+a+4 \end{cases}$의 해가 $x>3$일 때, 모든 상수 a의 값의 합은?

① -1　② -2　③ -3　④ -4　⑤ -5

2단계

542 부등식 $(a-b)x+3a-4b\leq 0$이 해를 갖지 않을 때, 부등식 $2(a+b)x+9b-a>0$을 풀면? (단, a, b는 상수)

① $x<-2$　② $x<0$　③ $x<2$　④ $x>2$　⑤ $x>4$

545 부등식

$5(x+1)+2\leq 3x+1\leq \frac{7}{2}x+a-2$가 해를 갖도록 하는 정수 a의 최솟값을 m, 해를 갖지 않도록 하는 정수 a의 최댓값을 M이라 할 때, $M+m$의 값을 구하시오.

교과서

543 연립부등식 $\begin{cases} 5x-a<3x+b \\ -x+\frac{b}{4}>\frac{a-6x}{4} \end{cases}$의 해가 $-1<x<3$일 때, 양수 a, b에 대하여 ab의 값을 구하시오.

교육청

546 x에 대한 연립부등식

$$3x-1<5x+3\leq 4x+a$$

를 만족시키는 정수 x의 개수가 8이 되도록 하는 자연수 a의 값을 구하시오.

연습문제

• 정답과 해설 100쪽

547 15 %의 소금물 200 g에 5 %의 소금물을 섞어서 9 % 이상 13 % 이하의 소금물을 만들려고 한다. 이때 섞어야 하는 5 %의 소금물의 양의 범위를 구하시오.

548 x에 대한 부등식 $|3x+a|<6$을 만족시키는 정수 x의 최댓값이 4일 때, 모든 정수 a의 값의 합은?

① -24　② -20　③ -16
④ -12　⑤ -8

교육청

549 x에 대한 부등식 $|3x-1|<x+a$의 해가 $-1<x<3$일 때, 양수 a의 값은?

① 4　② $\frac{17}{4}$　③ $\frac{9}{2}$
④ $\frac{19}{4}$　⑤ 5

550 부등식 $|x-2|+2\sqrt{x^2+2x+1}\le 9$를 만족시키는 정수 x의 개수는?

① 1　② 3　③ 5
④ 7　⑤ 9

3단계

서술형

551 어느 학교의 학생 전체가 긴 의자에 앉는데 한 의자에 8명씩 앉으면 학생이 5명 남고, 9명씩 앉으면 빈 의자가 6개 남는다고 할 때, 의자의 최대 개수를 구하시오.

552 부등식 $3|x-1|+|x+4|\le a$가 해를 갖도록 하는 상수 a의 값의 범위는?

① $0<a\le 4$　② $0<a<4$　③ $4\le a<5$
④ $a>4$　⑤ $a\ge 5$

Ⅱ. 방정식과 부등식

6 이차부등식

/01 이차부등식 /02 연립이차부등식

1 이차부등식

개념 01 이차부등식의 뜻

부등식의 모든 항을 좌변으로 이항하여 정리하였을 때,

$ax^2+bx+c>0$, $ax^2+bx+c<0$,

$ax^2+bx+c\ge0$, $ax^2+bx+c\le0$ ($a\ne0$, a, b, c는 상수)

과 같이 좌변이 x에 대한 이차식으로 나타내어지는 부등식을 x에 대한 **이차부등식**이라 한다.

| 예 | • 부등식 $2x^2-2x-3>x^2-6$을 정리하면 $x^2-2x+3>0$ ➡ 이차부등식
• 부등식 $-x^2-3x\le-x^2+2x-5$를 정리하면 $-5x+5\le0$ ➡ 일차부등식

개념 02 이차부등식과 이차함수의 관계

예제 01

(1) 이차부등식 $ax^2+bx+c>0$의 해

➡ 이차함수 $y=ax^2+bx+c$에서 $y>0$인 x의 값의 범위

➡ 이차함수 $y=ax^2+bx+c$의 그래프가 **x축보다 위쪽**에 있는 부분의 x의 값의 범위

(2) 이차부등식 $ax^2+bx+c<0$의 해

➡ 이차함수 $y=ax^2+bx+c$에서 $y<0$인 x의 값의 범위

➡ 이차함수 $y=ax^2+bx+c$의 그래프가 **x축보다 아래쪽**에 있는 부분의 x의 값의 범위

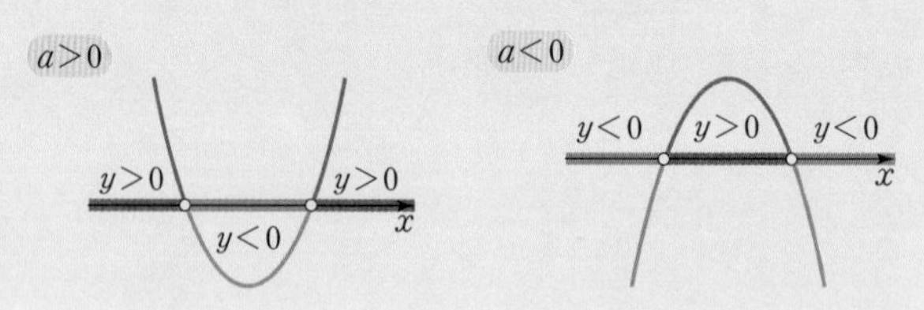

| 참고 | • 두 함수 $y=f(x)$, $y=g(x)$의 그래프가 오른쪽 그림과 같을 때,

(1) 부등식 $f(x)>g(x)$의 해

➡ 함수 $y=f(x)$의 그래프가 함수 $y=g(x)$의 그래프보다 위쪽에 있는 부분의 x의 값의 범위

(2) 부등식 $f(x)<g(x)$의 해

➡ 함수 $y=f(x)$의 그래프가 함수 $y=g(x)$의 그래프보다 아래쪽에 있는 부분의 x의 값의 범위

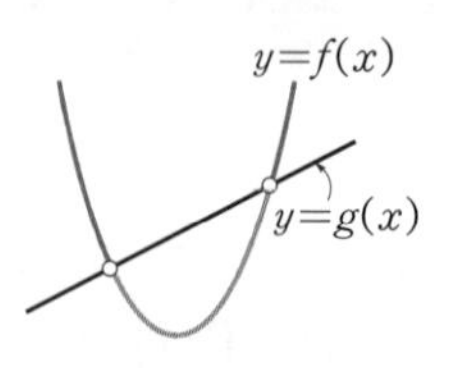

• 이차부등식 $ax^2+bx+c\ge0$, $ax^2+bx+c\le0$의 해는 이차함수 $y=ax^2+bx+c$의 그래프와 x축의 교점의 x좌표를 포함하여 생각한다.

개념 03 이차부등식의 해

예제 02~04

이차방정식 $ax^2+bx+c=0$ $(a>0)$의 판별식을 D라 할 때, 이차함수 $y=ax^2+bx+c$의 그래프를 이용하여 이차부등식의 해를 구하면 다음과 같다.

	$D>0$	$D=0$	$D<0$
$ax^2+bx+c=0$의 해	서로 다른 두 실근 α, β	중근 α	서로 다른 두 허근
$y=ax^2+bx+c$의 그래프			
$ax^2+bx+c>0$의 해	$x<\alpha$ 또는 $x>\beta$	$x\neq\alpha$인 모든 실수	모든 실수
$ax^2+bx+c\geq0$의 해	$x\leq\alpha$ 또는 $x\geq\beta$	모든 실수	모든 실수
$ax^2+bx+c<0$의 해	$\alpha<x<\beta$	없다.	없다.
$ax^2+bx+c\leq0$의 해	$\alpha\leq x\leq\beta$	$x=\alpha$	없다.

| 예 |

- 이차방정식 $x^2-2x-3=0$에서
  $(x+1)(x-3)=0$ $\quad\therefore x=-1$ 또는 $x=3$
  이차함수 $y=x^2-2x-3$의 그래프는 오른쪽 그림과 같다.
  이차부등식 $x^2-2x-3>0$의 해는 $x<-1$ 또는 $x>3$
  이차부등식 $x^2-2x-3\geq0$의 해는 $x\leq-1$ 또는 $x\geq3$
  이차부등식 $x^2-2x-3<0$의 해는 $-1<x<3$
  이차부등식 $x^2-2x-3\leq0$의 해는 $-1\leq x\leq3$

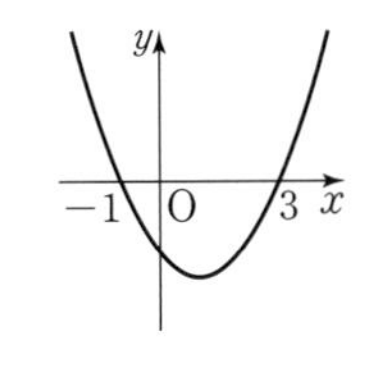

- 이차방정식 $x^2-4x+4=0$에서
  $(x-2)^2=0$ $\quad\therefore x=2$
  이차함수 $y=x^2-4x+4$의 그래프는 오른쪽 그림과 같다.
  이차부등식 $x^2-4x+4>0$의 해는 $x\neq2$인 모든 실수
  이차부등식 $x^2-4x+4\geq0$의 해는 모든 실수
  이차부등식 $x^2-4x+4<0$의 해는 없다.
  이차부등식 $x^2-4x+4\leq0$의 해는 $x=2$

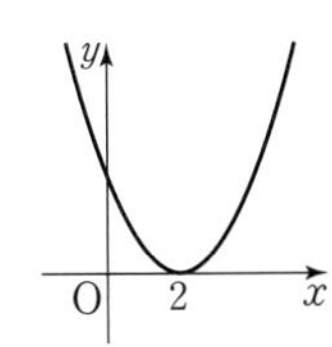

- 이차방정식 $x^2+2x+4=0$에서
  $(x+1)^2+3=0$
  이차함수 $y=x^2+2x+4$의 그래프는 오른쪽 그림과 같다.
  이차부등식 $x^2+2x+4>0$의 해는 모든 실수
  이차부등식 $x^2+2x+4\geq0$의 해는 모든 실수
  이차부등식 $x^2+2x+4<0$의 해는 없다.
  이차부등식 $x^2+2x+4\leq0$의 해는 없다.

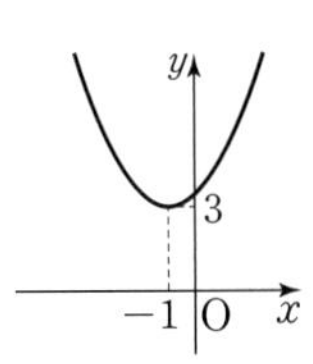

| 참고 | $a<0$인 경우에는 주어진 부등식의 양변에 -1을 곱하여 x^2의 계수를 양수로 바꾸어 푼다.
이때 부등호의 방향이 바뀌는 것에 주의한다.

개념 04 이차부등식의 작성

예제 05

(1) 해가 $\alpha<x<\beta$이고 x^2의 계수가 1인 이차부등식은

$(x-\alpha)(x-\beta)<0$ ➡ $x^2-(\alpha+\beta)x+\alpha\beta<0$

(2) 해가 $x<\alpha$ 또는 $x>\beta\,(\alpha<\beta)$이고 x^2의 계수가 1인 이차부등식은

$(x-\alpha)(x-\beta)>0$ ➡ $x^2-(\alpha+\beta)x+\alpha\beta>0$

| 참고 | x^2의 계수가 1이 아닌 상수 a로 주어지는 경우 (1), (2)에서 구한 이차부등식의 양변에 a를 곱한다. 이때 $a<0$인 경우에는 부등호의 방향이 바뀌는 것에 주의한다.

| 예 | (1) 해가 $-2<x<1$이고 x^2의 계수가 1인 이차부등식은

$(x+2)(x-1)<0 \quad \therefore x^2+x-2<0$

(2) 해가 $x<-4$ 또는 $x>3$이고 x^2의 계수가 1인 이차부등식은

$(x+4)(x-3)>0 \quad \therefore x^2+x-12>0$

개념 05 이차부등식이 항상 성립할 조건

예제 06, 07

이차방정식 $ax^2+bx+c=0$의 판별식을 D라 할 때,
모든 실수 x에 대하여 주어진 이차부등식이 성립할 조건은 다음과 같다.

(1) $ax^2+bx+c>0$ ➡ $a>0,\ D<0$

(2) $ax^2+bx+c\geq0$ ➡ $a>0,\ D\leq0$

(3) $ax^2+bx+c<0$ ➡ $a<0,\ D<0$

(4) $ax^2+bx+c\leq0$ ➡ $a<0,\ D\leq0$

모든 실수 x에 대하여 주어진 이차부등식이 성립할 조건을 이차함수 $y=ax^2+bx+c$의 그래프의 개형으로 설명하면 다음과 같다.

$ax^2+bx+c>0$	$ax^2+bx+c\geq0$	$ax^2+bx+c<0$	$ax^2+bx+c\leq0$
x	x	x	x
그래프가 아래로 볼록하고 x축보다 위쪽에 있어야 한다. ➡ $a>0,\ D<0$	그래프가 아래로 볼록하고 x축에 접하거나 x축보다 위쪽에 있어야 한다. ➡ $a>0,\ D\leq0$	그래프가 위로 볼록하고 x축보다 아래쪽에 있어야 한다. ➡ $a<0,\ D<0$	그래프가 위로 볼록하고 x축에 접하거나 x축보다 아래쪽에 있어야 한다. ➡ $a<0,\ D\leq0$

| 참고 | 이차부등식이 해를 갖지 않을 조건은 다음과 같이 이차부등식이 항상 성립할 조건으로 바꾸어 생각한다.

- $ax^2+bx+c>0$의 해가 없다. ➡ $ax^2+bx+c\leq0$이 항상 성립한다.
- $ax^2+bx+c\geq0$의 해가 없다. ➡ $ax^2+bx+c<0$이 항상 성립한다.

개념 02

553

이차함수 $y=f(x)$의 그래프가 오른쪽 그림과 같을 때, 다음 이차부등식의 해를 구하시오.

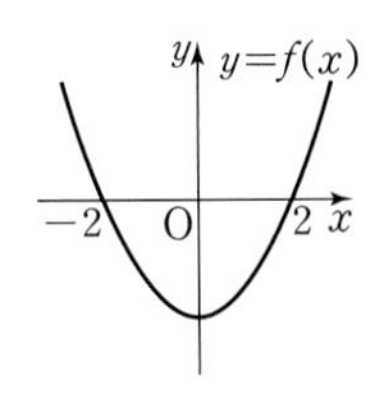

(1) $f(x)<0$ (2) $f(x)\le 0$

(3) $f(x)>0$ (4) $f(x)\ge 0$

개념 02

554

이차함수 $y=f(x)$의 그래프가 오른쪽 그림과 같을 때, 다음 이차부등식의 해를 구하시오.

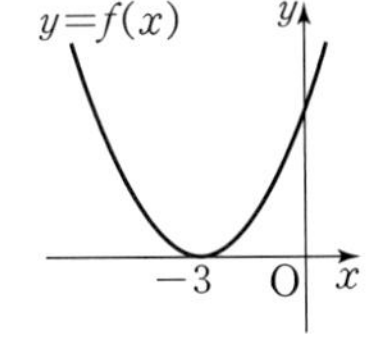

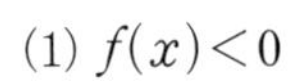

(1) $f(x)<0$ (2) $f(x)\le 0$

(3) $f(x)>0$ (4) $f(x)\ge 0$

개념 02

555

이차함수 $y=f(x)$의 그래프가 오른쪽 그림과 같을 때, 다음 이차부등식의 해를 구하시오.

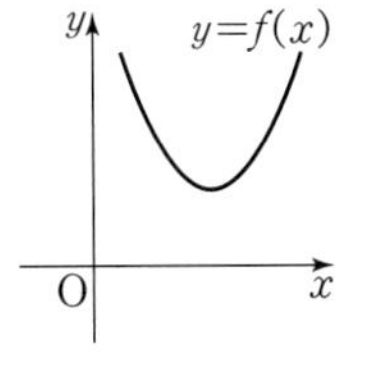

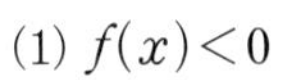

(1) $f(x)<0$ (2) $f(x)\le 0$

(3) $f(x)>0$ (4) $f(x)\ge 0$

개념 03

556

다음 이차부등식을 푸시오.

(1) $(x-1)(x-3)>0$ (2) $(x-1)(x-3)\le 0$

(3) $(3x+1)^2>0$ (4) $(3x+1)^2\le 0$

(5) $(x+2)^2+3\ge 0$ (6) $(x+2)^2+3<0$

개념 04

557

해가 다음과 같고 x^2의 계수가 1인 이차부등식을 구하시오.

(1) $-1<x<6$ (2) $x<-4$ 또는 $x>1$

예제 01 / 그래프를 이용한 부등식의 풀이

두 함수의 그래프의 위치 관계를 이용하여 부등식의 해를 구한다.

두 이차함수 $y=f(x)$, $y=g(x)$의 그래프가 오른쪽 그림과 같을 때, 다음 부등식의 해를 구하시오.

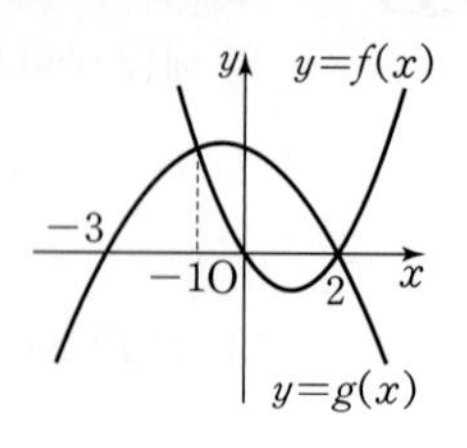

(1) $f(x)\geq 0$

(2) $f(x)<g(x)$

(3) $f(x)g(x)>0$

• 유형 만렙 공통수학1 128쪽에서 문제 더 풀기

| 개념 | • 부등식 $f(x)>0$의 해 ➡ $y=f(x)$의 그래프가 x축보다 위쪽에 있는 부분의 x의 값의 범위

• 부등식 $f(x)>g(x)$의 해 ➡ $y=f(x)$의 그래프가 $y=g(x)$의 그래프보다 위쪽에 있는 부분의 x의 값의 범위

| 풀이 | (1) 부등식 $f(x)\geq 0$의 해는 이차함수 $y=f(x)$의 그래프가 x축보다 위쪽에 있거나 만나는 부분의 x의 값의 범위이므로 $x\leq 0$ 또는 $x\geq 2$

(2) 부등식 $f(x)<g(x)$의 해는 이차함수 $y=f(x)$의 그래프가 이차함수 $y=g(x)$의 그래프보다 아래쪽에 있는 부분의 x의 값의 범위이므로 $-1<x<2$

(3) $f(x)g(x)>0$이면 $\underbrace{f(x)>0,\ g(x)>0}_{\text{(i)}}$ 또는 $\underbrace{f(x)<0,\ g(x)<0}_{\text{(ii)}}$

(i) $f(x)>0$, $g(x)>0$일 때,

부등식 $f(x)>0$의 해는 이차함수 $y=f(x)$의 그래프가 x축보다 위쪽에 있는 부분의 x의 값의 범위이므로

$x<0$ 또는 $x>2$ …… ㉠

부등식 $g(x)>0$의 해는 이차함수 $y=g(x)$의 그래프가 x축보다 위쪽에 있는 부분의 x의 값의 범위이므로

$-3<x<2$ …… ㉡

㉠, ㉡의 공통부분은 $-3<x<0$ ◀ ㉠, ㉡을 수직선 위에 나타내면 오른쪽 그림과 같다.

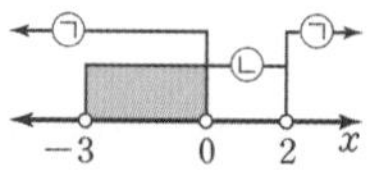

(ii) $f(x)<0$, $g(x)<0$일 때,

부등식 $f(x)<0$의 해는 이차함수 $y=f(x)$의 그래프가 x축보다 아래쪽에 있는 부분의 x의 값의 범위이므로

$0<x<2$ …… ㉢

부등식 $g(x)<0$의 해는 이차함수 $y=g(x)$의 그래프가 x축보다 아래쪽에 있는 부분의 x의 값의 범위이므로

$x<-3$ 또는 $x>2$ …… ㉣

㉢, ㉣의 공통부분은 없다. ◀ ㉢, ㉣을 수직선 위에 나타내면 오른쪽 그림과 같다.

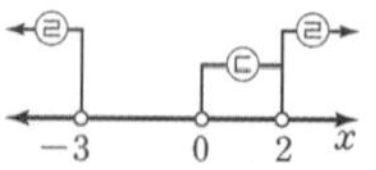

(i), (ii)에서 구하는 부등식의 해는

$-3<x<0$

답 (1) $x\leq 0$ 또는 $x\geq 2$ (2) $-1<x<2$ (3) $-3<x<0$

558 유사

두 이차함수 $y=f(x)$, $y=g(x)$의 그래프가 오른쪽 그림과 같을 때, 다음 부등식의 해를 구하시오.

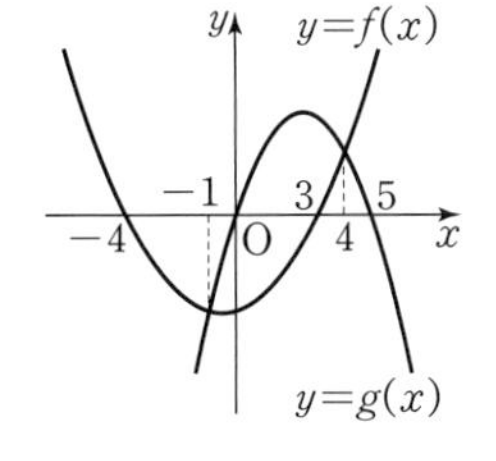

(1) $f(x)\le 0$

(2) $f(x)\ge g(x)$

(3) $f(x)g(x)<0$

559 변형

이차함수 $y=f(x)$의 그래프와 직선 $y=g(x)$가 오른쪽 그림과 같을 때, 부등식 $f(x)-g(x)\le 0$의 해를 구하시오.

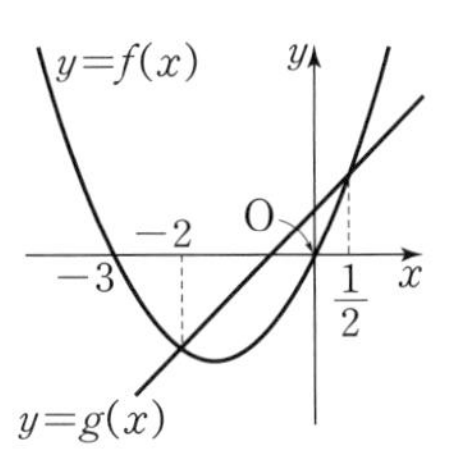

560 변형

두 이차함수 $y=f(x)$, $y=g(x)$의 그래프가 오른쪽 그림과 같을 때, 부등식 $\dfrac{f(x)}{g(x)}>0$의 해를 구하시오.

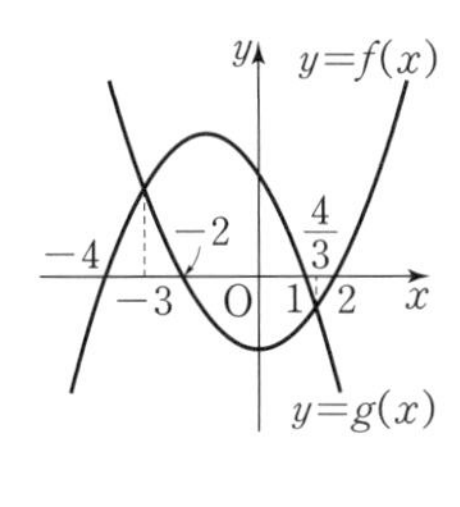

561 변형

이차함수 $y=ax^2+bx+c$의 그래프와 직선 $y=mx+n$이 오른쪽 그림과 같을 때, 이차부등식 $ax^2+(b-m)x+c-n\ge 0$의 해를 구하시오. (단, a, b, c, m, n은 상수)

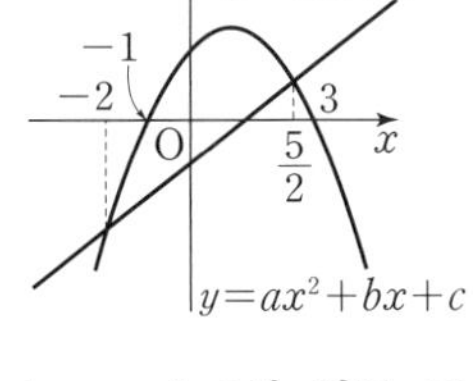

예제 02 / 이차부등식의 풀이

모든 항을 좌변으로 이항하여 인수분해하거나 $a(x-p)^2+q$ 꼴로 변형한 후 해를 구한다.

다음 이차부등식을 푸시오.

(1) $x^2\le 7-6x$　　(2) $-x^2-4x-4<0$　　(3) $2x^2-6x+5\le -x^2$

• 유형 만렙 공통수학1 128쪽에서 문제 더 풀기

| 풀이 | (1) $x^2\le 7-6x$에서 $x^2+6x-7\le 0$

$(x+7)(x-1)\le 0$　　$\therefore -7\le x\le 1$

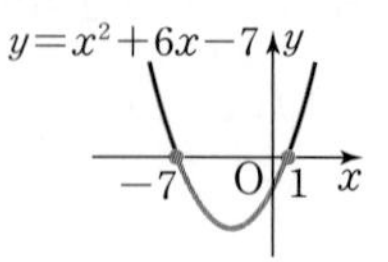

(2) $-x^2-4x-4<0$에서 $x^2+4x+4>0$

$\therefore (x+2)^2>0$

따라서 주어진 부등식의 해는 $x\ne -2$인 모든 실수이다.

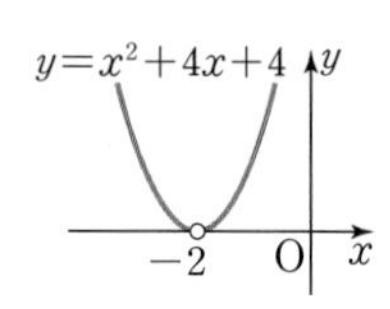

(3) $2x^2-6x+5\le -x^2$에서 $3x^2-6x+5\le 0$

$\therefore 3(x-1)^2+2\le 0$

따라서 주어진 부등식의 해는 없다.

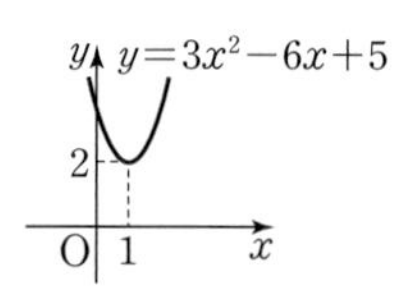

답 (1) $-7\le x\le 1$ (2) $x\ne -2$인 모든 실수 (3) 해는 없다.

예제 03 / 절댓값 기호를 포함한 이차부등식의 풀이

$|x-a|=\begin{cases}-(x-a) & (x<a)\\ x-a & (x\ge a)\end{cases}$ 임을 이용하여 절댓값 기호를 없앤 후 부등식을 푼다.

부등식 $x^2-4x+2<|x-2|$를 푸시오.

• 유형 만렙 공통수학1 128쪽에서 문제 더 풀기

| 풀이 | 절댓값 기호 안의 식의 값이 0이 되는 값인 $x=2$를 기준으로 범위를 나누면

(i) $x<2$일 때,

$|x-2|=-(x-2)$이므로 $x^2-4x+2<-(x-2)$

$x^2-3x<0$, $x(x-3)<0$　　$\therefore 0<x<3$

그런데 $x<2$이므로 $0<x<2$ ◀ 나눈 구간에 맞는 범위만 택한다.

(ii) $x\ge 2$일 때,

$|x-2|=x-2$이므로 $x^2-4x+2<x-2$

$x^2-5x+4<0$, $(x-1)(x-4)<0$　　$\therefore 1<x<4$

그런데 $x\ge 2$이므로 $2\le x<4$ ◀ 나눈 구간에 맞는 범위만 택한다.

(i), (ii)에서 주어진 부등식의 해는 $0<x<4$

답 $0<x<4$

562 예제 02 유사

다음 이차부등식을 푸시오.

(1) $-x^2-12<-7x$

(2) $9x^2-12x+4\leq 0$

(3) $2x^2+4x+6>0$

563 예제 03 유사

다음 부등식을 푸시오.

(1) $x^2-|x|-2\geq 0$

(2) $x^2-2x-2<2|x-1|$

564 예제 02 변형

이차부등식 $3x^2-18x+21<0$을 만족시키는 모든 정수 x의 값의 합을 구하시오.

565 예제 03 변형

부등식 $x^2-|2x-1|\leq x+5$를 만족시키는 정수 x의 개수를 구하시오.

예제 04 ⁄ 이차부등식의 활용

미지수 x를 정하고 주어진 조건을 이용하여 x에 대한 이차부등식을 세운다.

오른쪽 그림과 같이 가로, 세로의 길이가 각각 40 m, 25 m인 직사각형 모양의 땅에 폭이 일정한 도로를 만들려고 한다. 도로를 제외한 땅의 넓이가 450 m^2 이상이 되도록 할 때, 도로의 최대 폭을 구하시오.

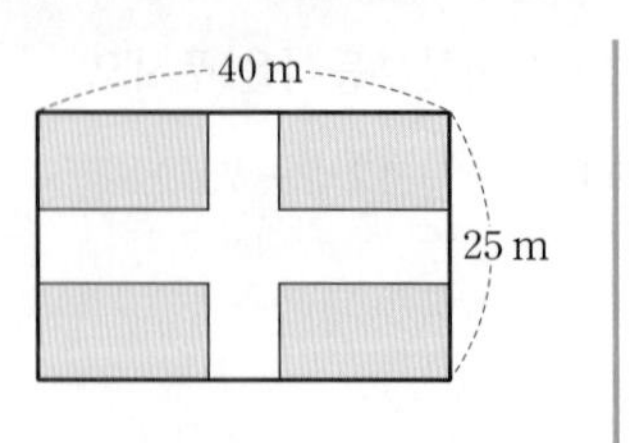

• 유형 만렙 공통수학 1 129쪽에서 문제 더 풀기

| 풀이 | 도로의 폭을 x m라 하면 도로를 제외한 땅의 넓이는 다음 그림과 같이 가로, 세로의 길이가 각각 $(40-x)$ m, $(25-x)$ m인 직사각형의 넓이와 같다.

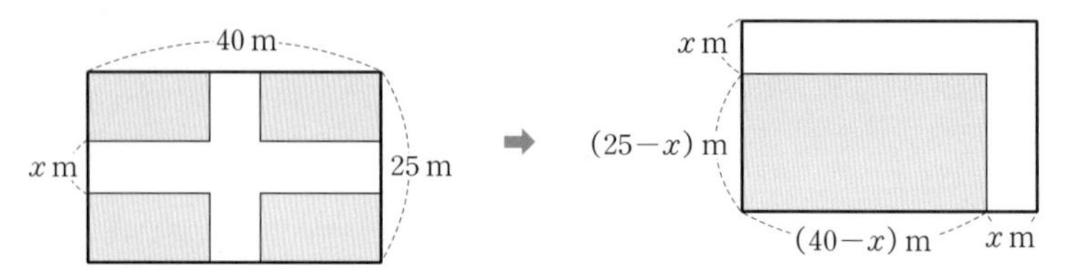

도로를 제외한 땅의 넓이가 450 m^2 이상이 되어야 하므로

$(40-x)(25-x)\geq 450$

$1000-65x+x^2\geq 450$

$x^2-65x+550\geq 0$

$(x-10)(x-55)\geq 0$

$\therefore\ x\leq 10$ 또는 $x\geq 55$

그런데 세로의 길이에서 $0<x<25$이므로 ◀ x는 도로의 폭이므로 $x>0$이고, 어두운 부분의 세로의 길이가 $(25-x)$ m이므로 $25-x>0$이다.

$0<x\leq 10$

따라서 도로의 최대 폭은 10 m이다.

답 10 m

566 유사

오른쪽 그림과 같이 가로, 세로의 길이가 각각 30 m, 20 m인 직사각형 모양의 잔디밭의 둘레에 폭이 일정한 산책로를 만들려고 한다. 산책로의 넓이가 1400 m^2 이상이 되도록 할 때, 산책로의 최소 폭을 구하시오.

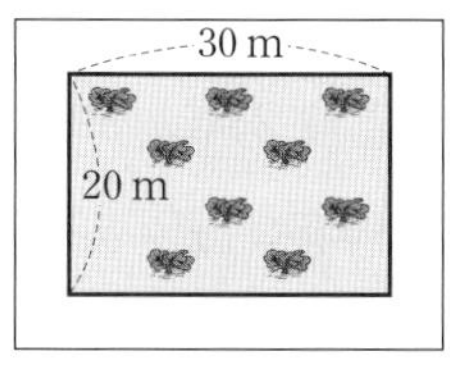

567 변형

지면에서 초속 30 m로 똑바로 위로 쏘아 올린 물체의 t초 후의 지면으로부터의 높이를 h m라 하면 $h=30t-5t^2$인 관계가 성립한다고 한다. 이 물체의 높이가 40 m 이상인 시간은 몇 초 동안인지 구하시오.

568 변형

어느 공장에서 둘레의 길이가 44 m이고, 넓이가 117 m^2 이상인 직사각형 모양의 철문을 만들려고 한다. 철문의 가로의 길이의 범위를 구하시오.

569 변형

교육청

어느 라면 전문점에서 라면 한 그릇의 가격이 2000원이면 하루에 200그릇이 판매되고, 라면 한 그릇의 가격을 100원씩 내릴 때마다 하루 판매량이 20그릇씩 늘어난다고 한다. 하루의 라면 판매액의 합계가 442000원 이상이 되기 위한 라면 한 그릇의 가격의 최댓값은?

① 1500원 ② 1600원 ③ 1700원
④ 1800원 ⑤ 1900원

예제 05 / 해가 주어진 이차부등식

• 해가 $\alpha<x<\beta$ ➡ $(x-\alpha)(x-\beta)<0$　　• 해가 $x<\alpha$ 또는 $x>\beta$ ➡ $(x-\alpha)(x-\beta)>0$

다음 물음에 답하시오.

(1) 이차부등식 $ax^2+3x-b<0$의 해가 $x<-1$ 또는 $x>2$일 때, 상수 a, b의 값을 구하시오.

(2) 이차부등식 $ax^2+bx+c\leq0$의 해가 $1\leq x\leq3$일 때, 이차부등식 $cx^2-bx+a\geq0$을 푸시오.

(단, a, b, c는 상수)

• 유형 만렙 공통수학 1 129쪽에서 문제 더 풀기

| 풀이 | (1) 해가 $x<-1$ 또는 $x>2$이고 x^2의 계수가 1인 이차부등식은

$(x+1)(x-2)>0$　　$\therefore x^2-x-2>0$　　…… ㉠

㉠과 주어진 이차부등식 $ax^2+3x-b<0$의 부등호의 방향이 다르므로

$a<0$

㉠의 양변에 a를 곱하면 $ax^2-ax-2a<0$ ◀ 부등호의 방향은 반대로 바뀐다.

이 부등식이 $ax^2+3x-b<0$과 일치하므로

$3=-a$, $-b=-2a$

$\therefore a=-3$, $b=-6$

(2) 해가 $1\leq x\leq3$이고 x^2의 계수가 1인 이차부등식은

$(x-1)(x-3)\leq0$　　$\therefore x^2-4x+3\leq0$　　…… ㉠

㉠과 주어진 이차부등식 $ax^2+bx+c\leq0$의 부등호의 방향이 같으므로

$a>0$

㉠의 양변에 a를 곱하면 $ax^2-4ax+3a\leq0$ ◀ 부등호의 방향은 그대로이다.

이 부등식이 $ax^2+bx+c\leq0$과 일치하므로

$b=-4a$, $c=3a$　　…… ㉡

㉡을 $cx^2-bx+a\geq0$에 대입하면

$3ax^2+4ax+a\geq0$

이때 $a>0$이므로 양변을 a로 나누면

$3x^2+4x+1\geq0$

$(x+1)(3x+1)\geq0$

$\therefore x\leq-1$ 또는 $x\geq-\frac{1}{3}$

답 (1) $a=-3$, $b=-6$ (2) $x\leq-1$ 또는 $x\geq-\frac{1}{3}$

570 유사

다음 물음에 답하시오.

(1) 이차부등식 $ax^2+bx-16\leq 0$의 해가 $-2\leq x\leq 1$일 때, 상수 a, b의 값을 구하시오.

(2) 이차부등식 $ax^2+bx+c<0$의 해가 $x<2$ 또는 $x>5$일 때, 이차부등식 $ax^2-cx-3b>0$을 푸시오. (단, a, b, c는 상수)

571 변형

교육청

이차부등식 $x^2-8x+a\leq 0$의 해가 $b\leq x\leq 6$일 때, $a+b$의 값은? (단, a, b는 상수이다.)

① 14 ② 15 ③ 16 ④ 17 ⑤ 18

572 변형

부등식 $|x+3|<4$의 해가 이차부등식 $2x^2+ax+7b<0$의 해와 같을 때, 상수 a, b에 대하여 ab의 값을 구하시오.

573 변형

이차부등식 $ax^2+bx+c\geq 0$의 해가 $x=-1$뿐일 때, 이차부등식 $2cx^2+ax-3b\geq 0$을 푸시오. (단, a, b, c는 상수)

예제 06 / 모든 실수에 대하여 성립하는 이차부등식

- $ax^2+bx+c>0$이 항상 성립 ➡ $a>0$, $D<0$
- $ax^2+bx+c<0$이 항상 성립 ➡ $a<0$, $D<0$

모든 실수 x에 대하여 다음 부등식이 성립하도록 하는 상수 a의 값의 범위를 구하시오.

(1) $x^2-ax+9>0$

(2) $ax^2+2ax-6<0$

• 유형 만렙 공통수학 1 131쪽에서 문제 더 풀기

| 풀이 | (1) 이차함수 $y=x^2-ax+9$의 그래프가 아래로 볼록하므로 주어진 이차부등식이 모든 실수 x에 대하여 성립하려면 오른쪽 그림과 같이 이차함수 $y=x^2-ax+9$의 그래프가 x축보다 위쪽에 있어야 한다.

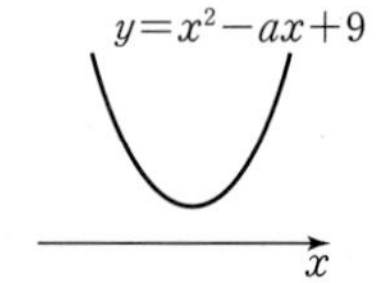

이차방정식 $x^2-ax+9=0$의 판별식을 D라 하면

$D=a^2-36<0$

$(a+6)(a-6)<0$

$\therefore\ -6<a<6$

(2) 부등식 $ax^2+2ax-6<0$이 이차부등식인 경우와 이차부등식이 아닌 경우로 나누어 생각한다.

(i) $a=0$일 때, ◀ 이차부등식이 아닐 때,

$0\times x^2+0\times x-6<0$에서 $-6<0$

즉, 부등식 $ax^2+2ax-6<0$은 모든 실수 x에 대하여 성립하므로

$a=0$

(ii) $a\neq0$일 때, ◀ 이차부등식일 때,

모든 실수 x에 대하여 부등식 $ax^2+2ax-6<0$이 성립하려면 이차함수 $y=ax^2+2ax-6$의 그래프가 오른쪽 그림과 같이 위로 볼록해야 하므로

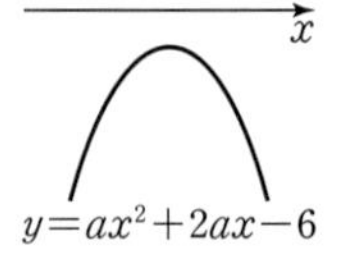

$a<0$ ...... ㉠ (아래로 볼록하면 $ax^2+2ax-6>0$인 부분이 항상 존재한다.)

또 이차함수 $y=ax^2+2ax-6$의 그래프가 x축보다 아래쪽에 있어야 하므로 이차방정식 $ax^2+2ax-6=0$의 판별식을 D라 하면

$\frac{D}{4}=a^2+6a<0$

$a(a+6)<0$

$\therefore\ -6<a<0$ ...... ㉡

㉠, ㉡의 공통부분은 $-6<a<0$

(i), (ii)에서 a의 값의 범위는 $-6<a\le0$

답 (1) $-6<a<6$ (2) $-6<a\le0$

• 정답과 해설 104쪽

574 유사

모든 실수 x에 대하여 다음 부등식이 성립하도록 하는 상수 a의 값의 범위를 구하시오.

(1) $x^2+4ax+3a+1\geq0$

(2) $ax^2+2ax-3a+4\geq0$

575 변형

이차부등식 $-x^2+(a+4)x+2a-4<0$의 해가 모든 실수가 되도록 하는 정수 a의 개수를 구하시오.

576 변형

모든 실수 x에 대하여 부등식 $(a+3)x^2-2(a+3)x-1<0$이 성립하도록 하는 상수 a의 최댓값을 구하시오.

577 변형

이차함수 $y=x^2-2ax-4$의 그래프가 직선 $y=2x-4a^2$보다 항상 위쪽에 있도록 하는 상수 a의 값의 범위를 구하시오.

예제 07 / 해를 갖거나 갖지 않을 조건이 주어진 이차부등식

x^2의 계수의 부호에 따라 경우를 나누고 판별식의 부호를 조사한다.

다음 물음에 답하시오.

(1) 이차부등식 $ax^2+4ax-4>0$이 해를 갖도록 하는 상수 a의 값의 범위를 구하시오.

(2) 이차부등식 $ax^2+4x-2a-6>0$이 해를 갖지 않도록 하는 상수 a의 값의 범위를 구하시오.

• 유형 만렙 공통수학 1 131쪽에서 문제 더 풀기

| 풀이 | (1) 이차부등식 $ax^2+4ax-4>0$이 해를 가지려면 이차함수 $y=ax^2+4ax-4$의 그래프가 x축보다 위쪽에 있는 부분이 존재해야 한다.

이때 a의 부호에 따라 이차함수 $y=ax^2+4ax-4$의 그래프의 모양이 바뀌므로 $a>0$, $a<0$인 경우로 나누어 생각한다.

(i) $a>0$일 때, ◀ 이차함수의 그래프가 아래로 볼록할 때,

이차함수 $y=ax^2+4ax-4$의 그래프가 x축보다 위쪽에 있는 부분이 항상 존재하므로 주어진 이차부등식은 항상 해를 갖는다.

(ii) $a<0$일 때, ◀ 이차함수의 그래프가 위로 볼록할 때,

이차방정식 $ax^2+4ax-4=0$의 판별식을 D라 하면

$\frac{D}{4}=4a^2+4a>0$ ◀ 이차방정식 $ax^2+4ax-4=0$이 서로 다른 두 실근을 가져야 한다.

$4a(a+1)>0$

$\therefore a<-1$ 또는 $a>0$

그런데 $a<0$이므로 $a<-1$

(i), (ii)에서 a의 값의 범위는 $a<-1$ 또는 $a>0$

(2) 이차부등식 $ax^2+4x-2a-6>0$이 해를 갖지 않으려면

모든 실수 x에 대하여 $ax^2+4x-2a-6\le0$이 성립해야 한다.

즉, 이차함수 $y=ax^2+4x-2a-6$의 그래프가 위로 볼록해야 하므로

└ 아래로 볼록하면 $ax^2+4x-2a-6>0$인 부분이 항상 존재한다.

$a<0$ …… ㉠

또 이차방정식 $ax^2+4x-2a-6=0$의 판별식을 D라 하면

$\frac{D}{4}=4-a(-2a-6)\le0$ ◀ 이차방정식 $ax^2+4x-2a-6=0$이 중근 또는 서로 다른 두 허근을 가져야 한다.

$2a^2+6a+4\le0$, $a^2+3a+2\le0$

$(a+2)(a+1)\le0$

$\therefore -2\le a\le-1$ …… ㉡

㉠, ㉡의 공통부분은 $-2\le a\le-1$

답 (1) $a<-1$ 또는 $a>0$ (2) $-2\le a\le-1$

578 유사

다음 물음에 답하시오.

(1) 이차부등식 $ax^2-ax+5<0$이 해를 갖도록 하는 상수 a의 값의 범위를 구하시오.

(2) 이차부등식 $ax^2+6x-8+a\leq 0$이 해를 갖지 않도록 하는 상수 a의 값의 범위를 구하시오.

579 변형

이차부등식 $-x^2+2(a+3)x+2a+3\geq 0$이 해를 갖도록 하는 상수 a의 값의 범위가 $a\leq\alpha$ 또는 $a\geq\beta$일 때, $\alpha\beta$의 값을 구하시오.

580 변형

이차부등식 $(a-2)x^2+2(a-2)x-5>0$이 해를 갖지 않도록 하는 정수 a의 개수를 구하시오.

581 변형

이차부등식 $ax^2+2x\leq x^2+2ax-3$이 오직 하나의 해를 갖도록 하는 실수 a의 값을 구하시오.

예제 08 / 제한된 범위에서 항상 성립하는 이차부등식

• $f(x)>0$이 $\alpha\le x\le\beta$에서 항상 성립 ➡ ($f(x)$의 최솟값)>0
• $f(x)<0$이 $\alpha\le x\le\beta$에서 항상 성립 ➡ ($f(x)$의 최댓값)<0

다음 이차부등식이 주어진 범위에서 항상 성립하도록 하는 상수 a의 값의 범위를 구하시오.

(1) $x^2+4x+a^2-5\ge0$ $(-3\le x\le2)$

(2) $x^2-2ax+3a+4<0$ $(-2\le x\le1)$

• 유형 만렙 공통수학1 133쪽에서 문제 더 풀기

| 풀이 | (1) $f(x)=x^2+4x+a^2-5$라 하면

$f(x)=(x+2)^2+a^2-9$

$-3\le x\le2$에서 이차부등식 $f(x)\ge0$이 항상 성립하려면 이차함수 $y=f(x)$의 그래프가 오른쪽 그림과 같아야 하므로

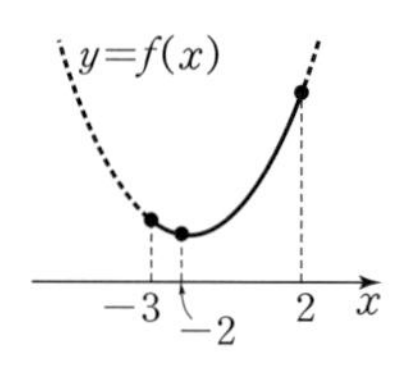

$f(-2)\ge0$ ◀ (최솟값)≥0이어야 한다.

$a^2-9\ge0$, $(a+3)(a-3)\ge0$

$\therefore a\le-3$ 또는 $a\ge3$

(2) $f(x)=x^2-2ax+3a+4$라 할 때, $-2\le x\le1$에서 이차부등식 $f(x)<0$이 항상 성립하려면 이차함수 $y=f(x)$의 그래프가 오른쪽 그림과 같아야 하므로

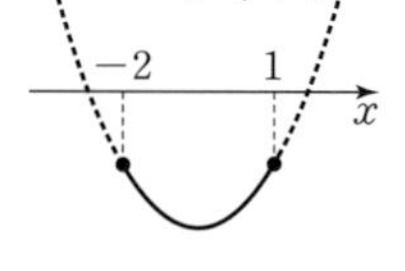

$f(-2)<0$, $f(1)<0$ ◀ (최댓값)<0이어야 한다.

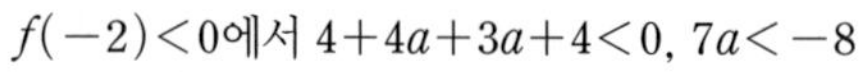

$f(-2)<0$에서 $4+4a+3a+4<0$, $7a<-8$

$\therefore a<-\dfrac{8}{7}$ ⋯⋯ ㉠

$f(1)<0$에서 $1-2a+3a+4<0$

$\therefore a<-5$ ⋯⋯ ㉡

㉠, ㉡의 공통부분은 $a<-5$

답 (1) $a\le-3$ 또는 $a\ge3$ (2) $a<-5$

582 유사

다음 이차부등식이 주어진 범위에서 항상 성립하도록 하는 상수 a의 값의 범위를 구하시오.

(1) $x^2-2x-3+2a>0$ $(-2\le x\le 3)$

(2) $x^2-ax-a^2+4\le 0$ $(0\le x\le 2)$

583 변형

$-1\le x\le 1$에서 이차부등식
$-x^2+5x+a^2-5a\le 0$이 항상 성립하도록 하는 모든 정수 a의 값의 합을 구하시오.

584 변형

이차부등식 $x^2-3x\le 0$을 만족시키는 실수 x에 대하여 이차부등식 $a^2x^2+ax+a^2-1<0$이 항상 성립하도록 하는 상수 a의 값의 범위를 구하시오.

585 변형

$-1\le x\le 3$에서 이차함수 $y=x^2-ax-3a$의 그래프가 직선 $y=x-2$보다 아래쪽에 있을 때, 정수 a의 최솟값을 구하시오.

연습문제

1단계

586 이차함수 $y=f(x)$의 그래프와 직선 $y=g(x)$가 오른쪽 그림과 같을 때, 부등식 $f(x)\{f(x)-g(x)\}>0$의 해를 구하시오.

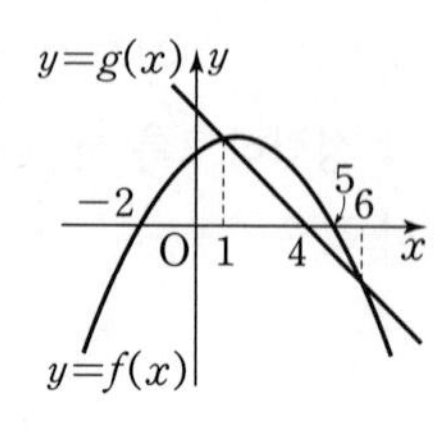

587 다음 이차부등식 중 해가 없는 것은?

① $x^2-x-6>0$ ② $x^2-8x+16\le0$
③ $4x+3>-2x^2$ ④ $3x^2-6x<-3$
⑤ $4x^2-x>3x-1$

588 부등식 $x^2-5|x|-6<0$의 해가 $\alpha<x<\beta$일 때, $\beta-\alpha$의 값을 구하시오.

교육청

589 x에 대한 부등식 $x^2+ax+b\le0$의 해가 $-2\le x\le4$일 때, ab의 값을 구하시오.
(단, a, b는 상수이다.)

590 보기에서 모든 실수 x에 대하여 성립하는 부등식인 것만을 있는 대로 고른 것은?

보기
ㄱ. $x^2-2x-48<0$ ㄴ. $2x-1\le x^2$
ㄷ. $2x^2+3x+5>0$ ㄹ. $-9x^2+6x-1\ge0$

① ㄱ, ㄴ ② ㄱ, ㄷ ③ ㄴ, ㄷ
④ ㄴ, ㄹ ⑤ ㄷ, ㄹ

교과서

591 이차부등식 $-x^2+2ax+a-6>0$이 해를 갖지 않도록 하는 모든 정수 a의 값의 합을 구하시오.

교육청

592 $3\le x\le5$인 실수 x에 대하여 부등식 $x^2-4x-4k+3\le0$이 항상 성립하도록 하는 상수 k의 최솟값은?

① 1 ② 2 ③ 3
④ 4 ⑤ 5

• 정답과 해설 107쪽

2단계

593 이차부등식 $3x^2+24 \ge 4x^2-2x$의 해가 부등식 $|x+a| \le b$의 해와 같을 때, 상수 a, b에 대하여 ab의 값은? (단, $b>0$)

① -5 ② -3 ③ 1
④ 3 ⑤ 5

594 이차함수 $y=f(x)$의 그래프가 오른쪽 그림과 같을 때, 부등식 $f(x)>3$의 해를 구하시오.

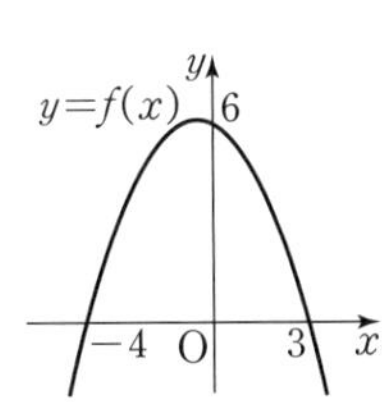

595 오른쪽 그림과 같이 가로, 세로의 길이가 각각 30 cm, 15 cm인 직사각형이 있다. 이 직사각형의 가로의 길이를 x cm 줄이고 세로의 길이를 x cm 늘여서 만든 직사각형의 넓이가 200 cm^2 이상이 되도록 할 때, x의 최댓값을 구하시오.

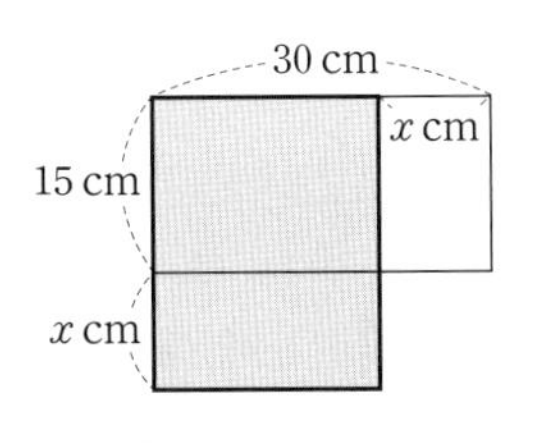

596 이차부등식
$(a+b)x^2+(b+c)x+c+a>0$의 해가 $-2<x<-1$일 때, 이차부등식 $bx^2+cx+a \ge 0$을 만족시키는 정수 x의 개수를 구하시오. (단, a, b, c는 상수)

서술형

597 이차항의 계수가 a인 이차부등식 $f(x)>0$의 해가 $2<x<6$일 때, 다음 물음에 답하시오. (단, a는 상수)

(1) $f(x)$의 식을 구하시오.
(2) $f(3x-1) \ge 0$의 해를 구하시오.
(3) (2)를 만족시키는 모든 정수 x의 값의 합을 구하시오.

598 모든 실수 x에 대하여
$\sqrt{x^2+2(a-1)x+a+11}$이 실수가 되도록 하는 상수 a의 최댓값과 최솟값의 합은?

① -3 ② -1 ③ 0
④ 1 ⑤ 3

연습문제

• 정답과 해설 109쪽

599 이차부등식 $x^2+3x-4\le k(x-a)$가 실수 k의 값에 관계없이 항상 해를 갖도록 하는 실수 a의 값의 범위가 $\alpha\le a\le\beta$일 때, $\beta-\alpha$의 값은?

① 1　② 3　③ 5　④ 7　⑤ 9

600 부등식 $(a-2)x^2-2(a-2)x+4\le0$이 해를 갖지 않도록 하는 정수 a의 개수는?

① 1　② 2　③ 3　④ 4　⑤ 5

601 두 함수 $f(x)=x^2-2ax+3a-4$, $g(x)=-x^2+2ax-a^2$에 대하여 $0\le x\le2$에서 부등식 $f(x)\le g(x)$가 항상 성립하도록 하는 상수 a의 값을 구하시오.

3단계

602 어느 학원에서 한 달 수강료를 x %씩 인하하면 학원생의 수는 $1.5x$ %씩 증가한다고 한다. 이 학원의 한 달 수입이 4 % 이상 증가하도록 하는 x의 최댓값을 구하시오.

교육청

603 다음 조건을 만족시키는 이차함수 $f(x)$에 대하여 $f(3)$의 최댓값을 M, 최솟값을 m이라 할 때, $M-m$의 값은?

(가) 부등식 $f\left(\frac{1-x}{4}\right)\le0$의 해가 $-7\le x\le9$이다.
(나) 모든 실수 x에 대하여 부등식
$f(x)\ge2x-\frac{13}{3}$이 성립한다.

① $\frac{7}{4}$　② $\frac{11}{6}$　③ $\frac{23}{12}$　④ 2　⑤ $\frac{25}{12}$

교육청

604 x에 대한 이차부등식

$$x^2-(n+5)x+5n\le0$$

을 만족시키는 정수 x의 개수가 3이 되도록 하는 모든 자연수 n의 값의 합은?

① 8　② 9　③ 10　④ 11　⑤ 12

1 연립이차부등식

개념 01 연립이차부등식의 뜻

연립부등식을 이루는 부등식 중 차수가 가장 높은 부등식이 이차부등식일 때, 이 연립부등식을 **연립이차부등식**이라 한다.

연립부등식 $\begin{cases} 4x-1\le 3 \\ x^2-x-2<0 \end{cases}$, $\begin{cases} x^2+2x-8>0 \\ 3x^2\le 27 \end{cases}$ 은 차수가 가장 높은 부등식이 이차부등식이므로 연립이차부등식이다. 즉, 연립이차부등식은 $\begin{cases} \text{일차부등식} \\ \text{이차부등식} \end{cases}$, $\begin{cases} \text{이차부등식} \\ \text{이차부등식} \end{cases}$ 꼴 중 하나이다.

개념 02 연립이차부등식의 풀이

예제 01~04

연립이차부등식은 다음과 같은 순서로 푼다.

(1) 각 부등식을 푼다.

(2) 각 부등식의 해를 하나의 수직선 위에 나타낸다.

(3) 공통부분을 찾아 연립부등식의 해를 구한다.

| 예 | 연립부등식 $\begin{cases} 4x-1\le 3 \\ x^2-x-2<0 \end{cases}$ 을 풀어 보자.

$4x-1\le 3$을 풀면 $4x\le 4$ $\therefore x\le 1$ …… ㉠

$x^2-x-2<0$을 풀면 $(x+1)(x-2)<0$ $\therefore -1<x<2$ …… ㉡

㉠, ㉡을 수직선 위에 나타내면 오른쪽 그림과 같으므로 주어진 연립부등식의 해는 $-1<x\le 1$

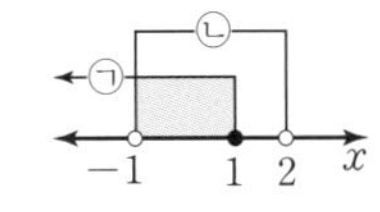

| 참고 | • $A<B<C$ 꼴의 부등식은 연립부등식 $\begin{cases} A<B \\ B<C \end{cases}$ 꼴로 고쳐서 푼다.

• 연립부등식을 이루는 각 부등식의 해의 공통부분이 없으면 연립부등식의 해는 없다.

개념 확인

• 정답과 해설 111쪽

개념 02

605 연립부등식 $\begin{cases} 3x\ge -6 \\ (x+3)(x-5)<0 \end{cases}$ 을 푸시오.

예제 01 / 연립이차부등식의 풀이

각 부등식의 해를 하나의 수직선 위에 나타낸 후 공통부분을 찾는다.

다음 연립부등식을 푸시오.

(1) $\begin{cases} |2x-1|>5 \\ x^2-3x-18\le 0 \end{cases}$

(2) $\begin{cases} x^2-3x-4\le 0 \\ 2x^2-13x+11>0 \end{cases}$

• 유형 만렙 공통수학 1 134쪽에서 문제 더 풀기

| 풀이 | (1) $|2x-1|>5$를 풀면

$2x-1<-5$ 또는 $2x-1>5$

$2x<-4$ 또는 $2x>6$

$\therefore x<-2$ 또는 $x>3$ …… ㉠

$x^2-3x-18\le 0$을 풀면

$(x+3)(x-6)\le 0$

$\therefore -3\le x\le 6$ …… ㉡

㉠, ㉡을 수직선 위에 나타내면 오른쪽 그림과 같으므로 주어진 연립부등식의 해는

$-3\le x<-2$ 또는 $3<x\le 6$

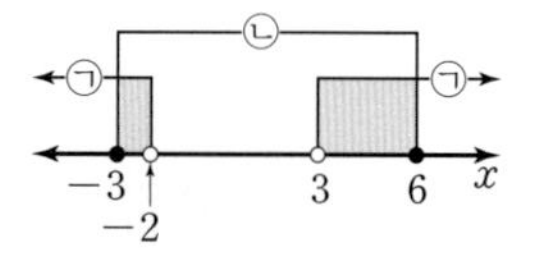

(2) $x^2-3x-4\le 0$을 풀면

$(x+1)(x-4)\le 0$

$\therefore -1\le x\le 4$ …… ㉠

$2x^2-13x+11>0$을 풀면

$(x-1)(2x-11)>0$

$\therefore x<1$ 또는 $x>\frac{11}{2}$ …… ㉡

㉠, ㉡을 수직선 위에 나타내면 오른쪽 그림과 같으므로 주어진 연립부등식의 해는

$-1\le x<1$

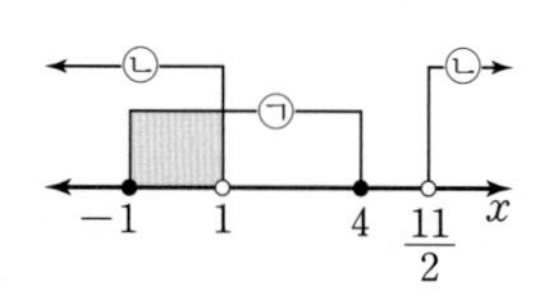

답 (1) $-3\le x<-2$ 또는 $3<x\le 6$ (2) $-1\le x<1$

606 유사

다음 연립부등식을 푸시오.

(1) $\begin{cases} |3x+2|<4 \\ x^2-6x+5\geq 0 \end{cases}$

(2) $\begin{cases} x^2-x-6>0 \\ 3x^2-8x-16\leq 0 \end{cases}$

607 변형

부등식 $3x-2<x^2+x-5<-x+10$의 해가 $\alpha<x<\beta$일 때, $\alpha\beta$의 값을 구하시오.

608 변형

연립부등식 $\begin{cases} x^2-3x+2>0 \\ x^2+|x|-12\leq 0 \end{cases}$을 만족시키는 정수 x의 개수를 구하시오.

609 변형

연립부등식 $\begin{cases} x^2-8x+15\geq 0 \\ x^2-11x+28\leq 0 \end{cases}$의 해가 이차부등식 $x^2+ax+b\leq 0$의 해와 같을 때, 상수 a, b에 대하여 $a+b$의 값을 구하시오.

예제 02 / 해가 주어진 연립이차부등식

각 부등식의 해의 공통부분이 주어진 해와 일치하도록 수직선 위에 나타낸다.

연립부등식 $\begin{cases} x^2-5x-6\le 0 \\ x^2+(a-2)x-2a>0 \end{cases}$의 해가 $2<x\le 6$일 때, 상수 a의 값의 범위를 구하시오.

• 유형 만렙 공통수학 1 135쪽에서 문제 더 풀기

| 풀이 | $x^2-5x-6\le 0$을 풀면

$(x+1)(x-6)\le 0$ $\quad\therefore -1\le x\le 6$ $\quad\cdots\cdots$ ㉠

$x^2+(a-2)x-2a>0$을 풀면 $(x+a)(x-2)>0$

$\therefore \begin{cases} -a<2\text{일 때, } x<-a \text{ 또는 } x>2 \\ -a=2\text{일 때, } x\ne 2\text{인 모든 실수} \\ -a>2\text{일 때, } x<2 \text{ 또는 } x>-a \end{cases}$ $\quad\cdots\cdots$ ㉡

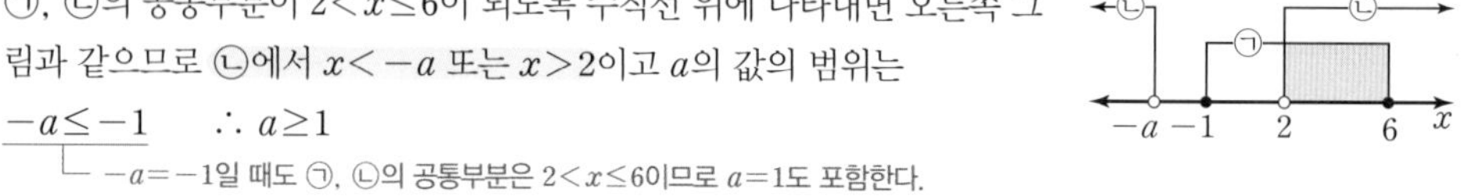

㉠, ㉡의 공통부분이 $2<x\le 6$이 되도록 수직선 위에 나타내면 오른쪽 그림과 같으므로 ㉡에서 $x<-a$ 또는 $x>2$이고 a의 값의 범위는

$-a\le -1$ $\quad\therefore a\ge 1$

└ $-a=-1$일 때도 ㉠, ㉡의 공통부분은 $2<x\le 6$이므로 $a=1$도 포함한다.

답 $a\ge 1$

예제 03 / 해의 조건이 주어진 연립이차부등식

각 부등식의 해의 공통부분이 주어진 해의 조건을 만족시키도록 수직선 위에 나타낸다.

연립부등식 $\begin{cases} x^2+4x-5>0 \\ x^2-(a+3)x+3a\le 0 \end{cases}$을 만족시키는 정수 x가 3과 4뿐일 때, 상수 a의 값의 범위를 구하시오.

• 유형 만렙 공통수학 1 136쪽에서 문제 더 풀기

| 풀이 | $x^2+4x-5>0$을 풀면

$(x+5)(x-1)>0$ $\quad\therefore x<-5$ 또는 $x>1$ $\quad\cdots\cdots$ ㉠

$x^2-(a+3)x+3a\le 0$을 풀면 $(x-a)(x-3)\le 0$

$\therefore \begin{cases} a<3\text{일 때, } a\le x\le 3 \\ a=3\text{일 때, } x=3 \\ a>3\text{일 때, } 3\le x\le a \end{cases}$ $\quad\cdots\cdots$ ㉡

㉠, ㉡의 공통부분에 속하는 정수가 3과 4뿐이도록 수직선 위에 나타내면 오른쪽 그림과 같으므로 ㉡에서 $3\le x\le a$이고 a의 값의 범위는

$4\le a<5$ ◀ $a=5$이면 ㉠, ㉡의 공통부분에 속하는 정수가 3, 4, 5이므로 $a\ne 5$이다.

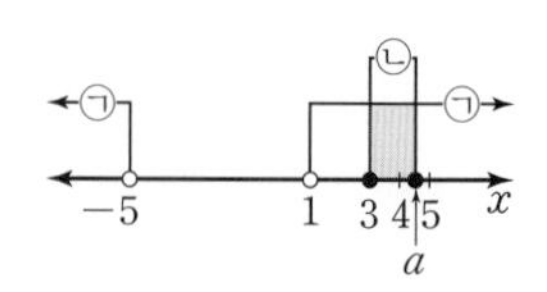

답 $4\le a<5$

610 예제 02 유사 교과서

연립부등식 $\begin{cases} x^2+3x-10>0 \\ x^2-(4-a)x-4a\le0 \end{cases}$의 해가 $2<x\le4$일 때, 상수 a의 값의 범위를 구하시오.

611 예제 03 유사

연립부등식 $\begin{cases} x^2-4\le0 \\ 2x^2+(2a-3)x-3a>0 \end{cases}$을 만족시키는 정수 x가 2뿐일 때, 상수 a의 값의 범위를 구하시오.

612 예제 02 변형

연립부등식 $\begin{cases} x^2-8x+a\ge0 \\ x^2-bx-20<0 \end{cases}$의 해가 $-2<x\le2$ 또는 $6\le x<10$일 때, 상수 a, b에 대하여 $a-b$의 값을 구하시오.

613 예제 03 변형 교육청

x에 대한 연립부등식 $\begin{cases} |x-5|<1 \\ x^2-4ax+3a^2>0 \end{cases}$이 해를 갖지 않도록 하는 자연수 a의 개수는?

① 3 ② 4 ③ 5 ④ 6 ⑤ 7

예제 04 / 연립이차부등식의 활용

미지수 x를 정하고 주어진 조건을 이용하여 x에 대한 연립이차부등식을 세운다.

세 변의 길이가 $x-1$, $x-2$, $x-3$인 삼각형이 둔각삼각형이 되도록 하는 x의 값의 범위를 구하시오.

• 유형 만렙 공통수학 1 137쪽에서 문제 더 풀기

| 풀이 | 삼각형의 세 변의 길이는 양수이므로

$x-3>0 \quad \therefore x>3$ ······ ㉠ ◀ 가장 짧은 변의 길이가 양수이어야 한다.

삼각형의 가장 긴 변의 길이는 나머지 두 변의 길이의 합보다 작아야 하므로

$x-1<(x-2)+(x-3)$

$x-1<2x-5$

$\therefore x>4$ ······ ㉡

둔각삼각형이 되려면 가장 긴 변의 길이의 제곱이 나머지 두 변의 길이의 제곱의 합보다 커야 하므로

$(x-1)^2>(x-2)^2+(x-3)^2$

$x^2-2x+1>x^2-4x+4+x^2-6x+9$

$x^2-8x+12<0$

$(x-2)(x-6)<0$

$\therefore 2<x<6$ ······ ㉢

㉠, ㉡, ㉢을 수직선 위에 나타내면 오른쪽 그림과 같으므로

$4<x<6$

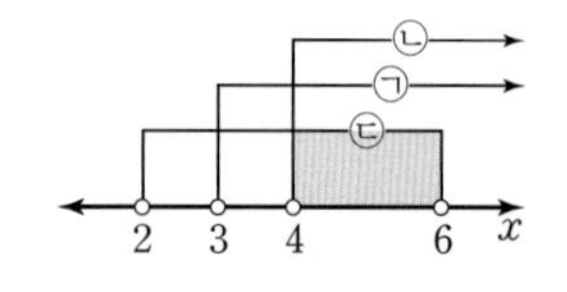

답 $4<x<6$

TIP 예각삼각형 또는 둔각삼각형일 조건

삼각형의 세 변의 길이가 a, b, c $(a<b<c)$일 때

① 예각삼각형이려면 가장 긴 변의 길이의 제곱이 나머지 두 변의 길이의 제곱의 합보다 작아야 하므로
$c^2<a^2+b^2$

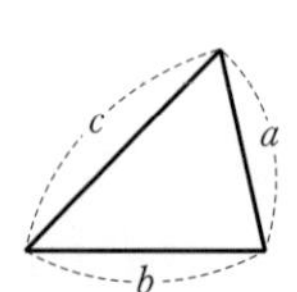

② 둔각삼각형이려면 가장 긴 변의 길이의 제곱이 나머지 두 변의 길이의 제곱의 합보다 커야 하므로
$c^2>a^2+b^2$

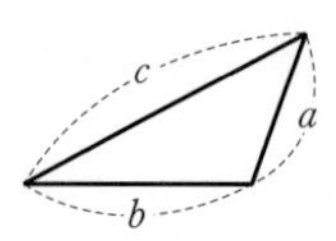

614 유사

세 변의 길이가 $2x-1$, x, $2x+1$인 삼각형이 예각삼각형이 되도록 하는 x의 값의 범위를 구하시오.

615 변형

정사각형의 가로의 길이를 3 cm만큼, 세로의 길이를 5 cm만큼 늘여서 직사각형을 만들려고 한다. 이 직사각형의 넓이가 35 cm^2 이상 255 cm^2 이하가 되도록 할 때, 처음 정사각형의 한 변의 길이의 최댓값을 구하시오.

616 변형

높이가 10 cm인 어느 직육면체의 모든 모서리의 길이의 합이 80 cm이고, 부피는 210 cm^3보다 작지 않다. 밑면의 가로의 길이가 세로의 길이보다 짧을 때, 가로의 길이의 최솟값을 구하시오.

617 변형

오른쪽 그림과 같이 직사각형 ABCD의 변 위에 $\overline{AE}=\overline{AF}=\overline{BF}$, $\overline{ED}=2$를 만족시키는 두 점 E, F와 $\overline{AD} /\!/ \overline{FH}$, $\overline{AB} /\!/ \overline{EG}$를 만족시키는 두 점 H, G가 있다. 이때 색칠한 부분의 둘레의 길이가 46 이하이고 넓이가 24 이상이 되도록 하는 선분 AE의 길이의 범위를 구하시오.

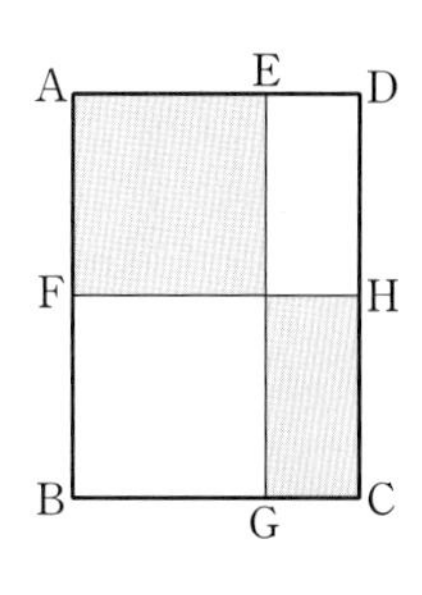

이차방정식의 실근의 조건

개념 01 이차방정식의 실근의 부호

예제 05

계수가 실수인 이차방정식 $ax^2+bx+c=0$의 두 실근을 α, β, 판별식을 D라 하면

(1) 두 근이 모두 양수 ➡ $D\geq 0$, $\alpha+\beta>0$, $\alpha\beta>0$ ◀ $b^2-4ac\geq 0$, $-\frac{b}{a}>0$, $\frac{c}{a}>0$

(2) 두 근이 모두 음수 ➡ $D\geq 0$, $\alpha+\beta<0$, $\alpha\beta>0$ ◀ $b^2-4ac\geq 0$, $-\frac{b}{a}<0$, $\frac{c}{a}>0$

(3) 두 근이 서로 다른 부호 ➡ $\alpha\beta<0$ ◀ $\frac{c}{a}<0$

양수 또는 음수라는 용어는 실수에서만 사용되고 허수에서는 양수와 음수를 구분할 수 없으므로 이차방정식의 근의 부호를 따질 때는 그 근이 실근이라는 조건이 있어야 한다.
이때 계수가 실수인 이차방정식 $ax^2+bx+c=0$의 두 실근 α, β를 직접 구하지 않고도 판별식 D와 근과 계수의 관계를 이용하여 두 실근의 부호를 조사할 수 있다.

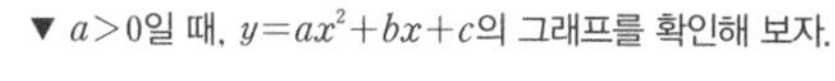

▼ $a>0$일 때, $y=ax^2+bx+c$의 그래프를 확인해 보자.

(1) 두 근이 모두 양수이려면

(ⅰ) 이차방정식이 실근을 가져야 하므로 $D\geq 0$

(ⅱ) 두 근의 합이 0보다 커야 하므로 $\alpha+\beta>0$

(ⅲ) 두 근의 곱이 0보다 커야 하므로 $\alpha\beta>0$

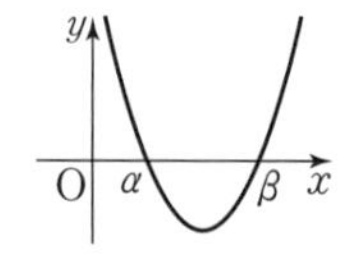

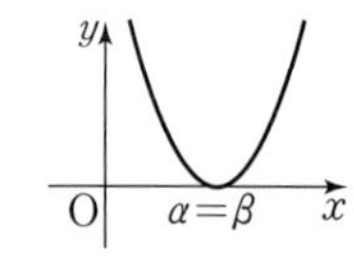

(2) 두 근이 모두 음수이려면

(ⅰ) 이차방정식이 실근을 가져야 하므로 $D\geq 0$

(ⅱ) 두 근의 합이 0보다 작아야 하므로 $\alpha+\beta<0$

(ⅲ) 두 근의 곱이 0보다 커야 하므로 $\alpha\beta>0$

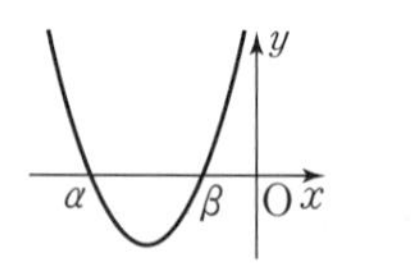

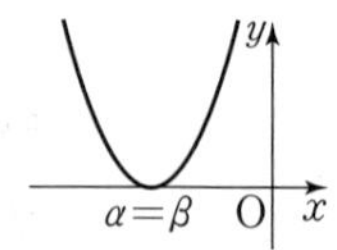

(3) 두 근이 서로 다른 부호이려면

두 근의 곱이 0보다 작아야 하므로 $\alpha\beta<0$

이때 $\alpha\beta=\frac{c}{a}<0$에서 $ac<0$

$\therefore D=b^2-4ac>0$

따라서 항상 서로 다른 두 실근을 가지므로 판별식 D의 부호를 조사하지 않아도 된다.
또한 두 근의 합은 0보다 클 수도 있고, 0일 수도 있고, 0보다 작을 수도 있으므로 두 근의 합의 부호를 조사하지 않아도 된다.

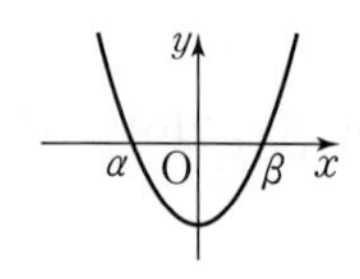

| 참고 |
- 이차방정식의 실근은 서로 같은 두 실근(중근)인 경우와 서로 다른 두 실근인 경우가 있으므로 두 실근에 대하여 '서로 다른'이라는 조건이 없으면 $D\geq 0$이다.
- 부호가 서로 다른 두 실근의 절댓값에 대한 조건이 주어진 경우
  (1) 두 근의 절댓값이 같을 때 ➡ $\alpha+\beta=0$, $\alpha\beta<0$
  (2) 양수인 근의 절댓값이 더 클 때 ➡ $\alpha+\beta>0$, $\alpha\beta<0$
  (3) 음수인 근의 절댓값이 더 클 때 ➡ $\alpha+\beta<0$, $\alpha\beta<0$

개념 02 이차방정식의 실근의 위치

◎ 예제 06

계수가 실수인 이차방정식 $ax^2+bx+c=0\,(a>0)$의 판별식을 D, $f(x)=ax^2+bx+c$라 할 때, 상수 p, $q\,(p<q)$에 대하여

(1) 두 근이 모두 p보다 크다. ➡ $D\geq 0$, $f(p)>0$, $-\frac{b}{2a}>p$

└ $y=f(x)$의 그래프의 축인 직선 $x=-\frac{b}{2a}$

(2) 두 근이 모두 p보다 작다. ➡ $D\geq 0$, $f(p)>0$, $-\frac{b}{2a}<p$

(3) 두 근 사이에 p가 있다. ➡ $f(p)<0$

(4) 두 근이 모두 p, q 사이에 있다. ➡ $D\geq 0$, $f(p)>0$, $f(q)>0$, $p<-\frac{b}{2a}<q$

계수가 실수인 이차방정식 $ax^2+bx+c=0$의 두 실근은 이차함수 $y=ax^2+bx+c$의 그래프와 x축의 교점의 x좌표와 같으므로 이차함수의 그래프를 이용하여 이차방정식의 실근의 위치를 판별할 수 있다.

(1) 두 근이 모두 p보다 크려면

(i) $y=f(x)$의 그래프가 x축과 만나야 하므로 $D\geq 0$

(ii) $y=f(x)$의 그래프와 x축의 교점이 직선 $x=p$의 오른쪽에 있어야 하므로 $f(p)>0$

(iii) $y=f(x)$의 그래프의 축이 직선 $x=p$의 오른쪽에 있어야 하므로 $-\frac{b}{2a}>p$

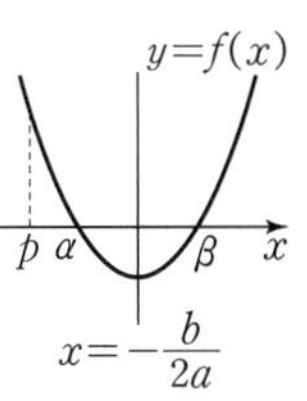

(2) 두 근이 모두 p보다 작으려면

(i) $y=f(x)$의 그래프가 x축과 만나야 하므로 $D\geq 0$

(ii) $y=f(x)$의 그래프와 x축의 교점이 직선 $x=p$의 왼쪽에 있어야 하므로 $f(p)>0$

(iii) $y=f(x)$의 그래프의 축이 직선 $x=p$의 왼쪽에 있어야 하므로 $-\frac{b}{2a}<p$

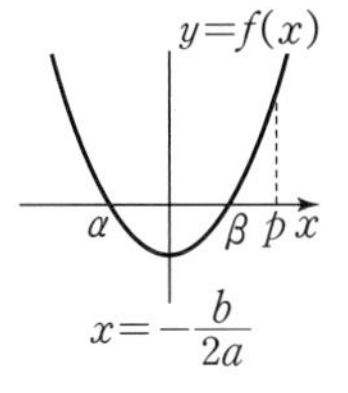

(3) 두 근 사이에 p가 있으려면

$y=f(x)$의 그래프와 x축의 교점 사이에 직선 $x=p$가 있어야 하므로 $f(p)<0$

이때 $y=f(x)$의 그래프와 x축은 $x=p$의 좌우에서 반드시 만나므로 판별식의 부호를 조사하지 않아도 되고, 축의 위치와 관계없이 α와 β 사이에 p가 존재하므로 축의 위치를 조사하지 않아도 된다.

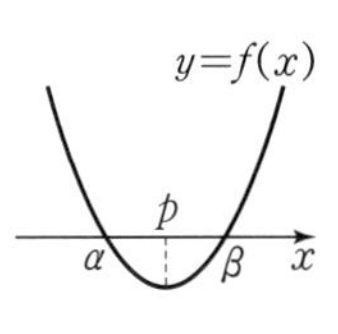

(4) 두 근이 모두 p, q 사이에 있으려면

(i) $y=f(x)$의 그래프가 x축과 만나야 하므로 $D\geq 0$

(ii) $y=f(x)$의 그래프와 x축의 교점이 두 직선 $x=p$, $x=q$ 사이에 있어야 하므로 $f(p)>0$, $f(q)>0$

(iii) $y=f(x)$의 그래프의 축이 두 직선 $x=p$, $x=q$ 사이에 있어야 하므로

$p<-\frac{b}{2a}<q$

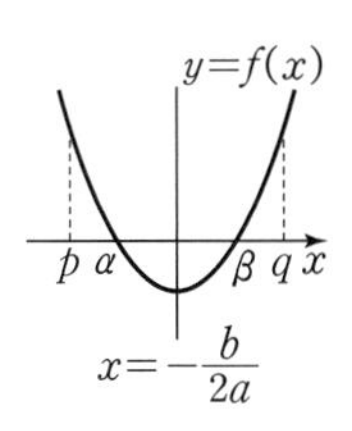

예제 05 / 이차방정식의 실근의 부호

판별식의 부호, 두 근의 합과 곱의 부호를 이용하여 실근의 부호를 조사한다.

이차방정식 $x^2-2kx+5k+6=0$이 다음을 만족시킬 때, 실수 k의 값의 범위를 구하시오.

(1) 두 근이 모두 양수

(2) 두 근이 모두 음수

(3) 두 근이 서로 다른 부호

• 유형 만렙 공통수학 1 138쪽에서 문제 더 풀기

| 개념 | 이차방정식의 두 실근을 α, β, 판별식을 D라 할 때,

- 두 근이 모두 양수이면 ➡ $D\geq0$, $\alpha+\beta>0$, $\alpha\beta>0$
- 두 근이 모두 음수이면 ➡ $D\geq0$, $\alpha+\beta<0$, $\alpha\beta>0$
- 두 근이 서로 다른 부호이면 ➡ $\alpha\beta<0$

| 풀이 | 이차방정식 $x^2-2kx+5k+6=0$의 두 실근을 α, β, 판별식을 D라 하면

$\alpha+\beta=2k$, $\alpha\beta=5k+6$

$\frac{D}{4}=k^2-(5k+6)=k^2-5k-6=(k+1)(k-6)$

(1) (i) $D\geq0$이어야 하므로 $(k+1)(k-6)\geq0$ $\quad\therefore k\leq-1$ 또는 $k\geq6$ …… ㉠

(ii) $\alpha+\beta>0$이어야 하므로 $2k>0$ $\quad\therefore k>0$ …… ㉡

(iii) $\alpha\beta>0$이어야 하므로 $5k+6>0$ $\quad\therefore k>-\frac{6}{5}$ …… ㉢

㉠, ㉡, ㉢을 수직선 위에 나타내면 오른쪽 그림과 같으므로 k의 값의 범위는

$k\geq6$

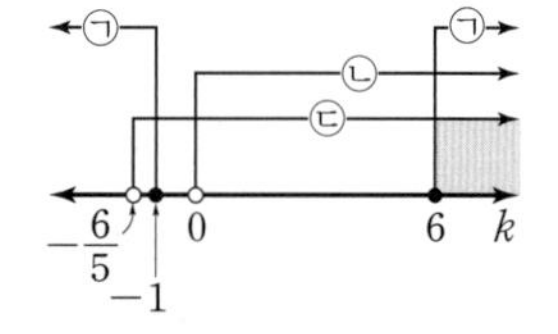

(2) (i) $D\geq0$이어야 하므로 $(k+1)(k-6)\geq0$ $\quad\therefore k\leq-1$ 또는 $k\geq6$ …… ㉠

(ii) $\alpha+\beta<0$이어야 하므로 $2k<0$ $\quad\therefore k<0$ …… ㉡

(iii) $\alpha\beta>0$이어야 하므로 $5k+6>0$ $\quad\therefore k>-\frac{6}{5}$ …… ㉢

㉠, ㉡, ㉢을 수직선 위에 나타내면 오른쪽 그림과 같으므로 k의 값의 범위는

$-\frac{6}{5}<k\leq-1$

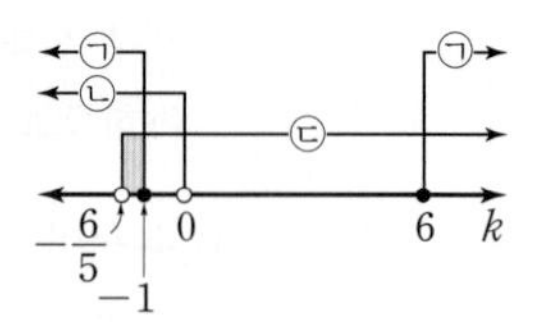

(3) $\alpha\beta<0$이어야 하므로 $5k+6<0$ $\quad\therefore k<-\frac{6}{5}$

답 (1) $k\geq6$ (2) $-\frac{6}{5}<k\leq-1$ (3) $k<-\frac{6}{5}$

618 유사

이차방정식 $x^2+2(k-1)x-4k+9=0$이 다음을 만족시킬 때, 실수 k의 값의 범위를 구하시오.

(1) 두 근이 모두 양수

(2) 두 근이 모두 음수

(3) 두 근이 서로 다른 부호

619 변형

x에 대한 이차방정식 $x^2-kx+3k^2-12=0$이 한 개의 양수인 근과 한 개의 음수인 근을 갖도록 하는 정수 k의 최댓값을 구하시오.

620 변형

x에 대한 이차방정식
$x^2+(k^2-9)x+k^2-6k+5=0$의 두 근의 부호가 서로 다르고 두 근의 절댓값이 같을 때, 실수 k의 값을 구하시오.

621 변형

x에 대한 이차방정식
$x^2+(k^2-4k-12)x+3k-28=0$의 두 근의 부호가 서로 다르고 양수인 근이 음수인 근의 절댓값보다 클 때, 자연수 k의 개수를 구하시오.

예제 06 / 이차방정식의 실근의 위치

판별식의 부호, 경계에서의 함숫값의 부호, 축의 위치를 이용하여 실근의 위치를 판별한다.

이차방정식 $x^2+2kx-3k+4=0$의 두 근이 모두 1보다 클 때, 실수 k의 값의 범위를 구하시오.

• 유형 만렙 공통수학1 138쪽에서 문제 더 풀기

| 개념 | 계수가 실수인 이차방정식 $ax^2+bx+c=0\,(a>0)$의 판별식을 D, $f(x)=ax^2+bx+c$라 할 때, 상수 p, $q\,(p<q)$에 대하여

- 두 근이 모두 p보다 크다. ➡ $D\geq 0$, $f(p)>0$, $-\dfrac{b}{2a}>p$
- 두 근이 모두 p보다 작다. ➡ $D\geq 0$, $f(p)>0$, $-\dfrac{b}{2a}<p$
- 두 근 사이에 p가 있다. ➡ $f(p)<0$
- 두 근이 모두 p, q 사이에 있다. ➡ $D\geq 0$, $f(p)>0$, $f(q)>0$, $p<-\dfrac{b}{2a}<q$

| 풀이 | $f(x)=x^2+2kx-3k+4$라 할 때, 이차함수 $y=f(x)$의 그래프의 축의 방정식은 $x=-k$이므로 이차방정식 $f(x)=0$의 두 근이 모두 1보다 크려면 $y=f(x)$의 그래프는 오른쪽 그림과 같아야 한다.

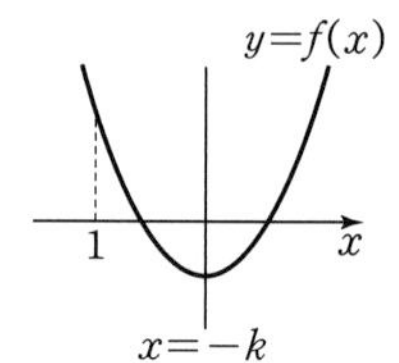

(i) 이차방정식 $f(x)=0$의 판별식을 D라 하면

$\dfrac{D}{4}=k^2-(-3k+4)\geq 0$ ◀ $y=f(x)$의 그래프가 x축과 만나야 한다.

$k^2+3k-4\geq 0$

$(k+4)(k-1)\geq 0$

$\therefore k\leq -4$ 또는 $k\geq 1$ ...... ㉠

(ii) $f(1)>0$에서

$1+2k-3k+4>0$

$\therefore k<5$ ...... ㉡

(iii) $-k>1$에서 ◀ $y=f(x)$의 그래프의 축이 직선 $x=1$보다 오른쪽에 있어야 한다.

$k<-1$ ...... ㉢

㉠, ㉡, ㉢을 수직선 위에 나타내면 오른쪽 그림과 같으므로

$k\leq -4$

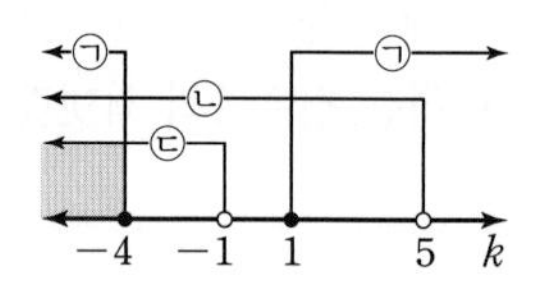

답 $k\leq -4$

622 유사

이차방정식 $x^2-2(k-2)x+k=0$의 두 근이 모두 1보다 작을 때, 실수 k의 값의 범위를 구하시오.

623 변형

x에 대한 이차방정식 $x^2+3x-k^2+11=0$의 두 근 사이에 -2가 있을 때, 실수 k의 값의 범위를 구하시오.

624 변형

x에 대한 이차방정식 $x^2-2kx+k^2-4=0$의 한 근은 3보다 크고, 다른 한 근은 3보다 작을 때, 정수 k의 개수를 구하시오.

625 변형

이차방정식 $x^2-(k+1)x-k+2=0$의 두 근이 모두 0과 2 사이에 있을 때, 실수 k의 최솟값을 구하시오.

삼차방정식과 사차방정식의 근의 판별

• 유형 만렙 공통수학 1 139쪽에서 문제 더 풀기

삼차방정식 $f(x)=0$의 근의 조건이 주어진 경우 다음과 같은 순서로 구한다.
(1) 인수 정리, 조립제법을 이용하여 $f(x)$를 인수분해한 후 $(x-\alpha)(ax^2+bx+c)=0$ 꼴로 나타낸다.
(2) 주어진 근의 조건을 만족시키도록 이차방정식 $ax^2+bx+c=0$의 근을 조사한다.

| 예 | 삼차방정식 $x^3-5x^2+(k-8)x+k-2=0$이 1보다 작은 한 근과 1보다 큰 서로 다른 두 실근을 갖도록 하는 실수 k의 값의 범위를 구해 보자.

$f(x)=x^3-5x^2+(k-8)x+k-2$라 하면 $f(-1)=0$이므로 조립제법을 이용하여 주어진 삼차방정식의 좌변을 인수분해하면

-1	1	-5	$k-8$	$k-2$
		-1	6	$-k+2$
	1	-6	$k-2$	0

$(x+1)(x^2-6x+k-2)=0$

$\therefore x=-1$ 또는 $x^2-6x+k-2=0$

주어진 삼차방정식은 1보다 작은 한 근 -1을 가지므로 이차방정식 $x^2-6x+k-2=0$이 1보다 큰 서로 다른 두 실근을 가져야 한다.

$g(x)=x^2-6x+k-2$라 하고 이차방정식 $g(x)=0$의 판별식을 D라 하면
└ 이차함수 $y=g(x)$의 그래프의 축인 직선 $x=3$이 1보다 오른쪽에 있다.

(i) $\dfrac{D}{4}=9-(k-2)>0$에서 $k<11$ ...... ㉠

(ii) $g(1)=1-6+k-2>0$에서 $k>7$ ...... ㉡

㉠, ㉡의 공통부분은 $7<k<11$

사차방정식 $ax^4+bx^2+c=0$의 근의 조건이 주어진 경우 다음과 같은 순서로 구한다.
(1) $x^2=X$로 놓고 X에 대한 이차방정식 $aX^2+bX+c=0$ 꼴로 나타낸다.
(2) 주어진 근의 조건을 만족시키도록 이차방정식의 근과 계수의 관계를 이용하여 $aX^2+bX+c=0$의 근을 조사한다.

| 예 | 사차방정식 $x^4+kx^2+3k+7=0$이 서로 다른 네 실근을 갖도록 하는 실수 k의 값의 범위를 구해 보자.

$x^2=X$로 놓으면 $X^2+kX+3k+7=0$ ...... ㉠

주어진 사차방정식이 서로 다른 네 실근을 가지려면 X에 대한 이차방정식 ㉠의 두 근이 서로 다른 양수이어야 한다.

이차방정식 ㉠의 두 실근을 α, β, 판별식을 D라 하면

(i) $D=k^2-4(3k+7)>0$에서 $k^2-12k-28>0$
$(k+2)(k-14)>0$ $\therefore k<-2$ 또는 $k>14$ ...... ㉡

(ii) $\alpha+\beta=-k>0$에서 $k<0$ ...... ㉢

(iii) $\alpha\beta=3k+7>0$에서 $k>-\dfrac{7}{3}$ ...... ㉣

㉡, ㉢, ㉣의 공통부분은 $-\dfrac{7}{3}<k<-2$

연습문제

• 정답과 해설 115쪽

1단계

626 연립부등식 $\begin{cases} 3x-12 \geq 0 \\ x^2-8x+12 \leq 0 \end{cases}$ 을 만족시키는 모든 자연수 x의 값의 합을 구하시오.

627 다음 중 연립부등식 $\begin{cases} 6x^2-5x+1>0 \\ x^2-5|x|+6 \leq 0 \end{cases}$ 을 만족시키는 x의 값이 아닌 것은?

① -3 ② -2 ③ 1
④ 2 ⑤ 3

628 부등식
$x^2+4x-7<2x^2-4<7x+18$을 만족시키는 정수 x의 최댓값을 구하시오.

교과서

629 연립부등식 $\begin{cases} x^2-5x<0 \\ (x-a)(x-1) \geq 0 \end{cases}$ 의 해가 $1 \leq x < 5$일 때, 상수 a의 값의 범위를 구하시오.

교육청

630 연립부등식 $\begin{cases} |x-k| \leq 5 \\ x^2-x-12>0 \end{cases}$ 을 만족시키는 모든 정수 x의 값의 합이 7이 되도록 하는 정수 k의 값은?

① -2 ② -1 ③ 0
④ 1 ⑤ 2

2단계

서술형

631 연립부등식 $\begin{cases} x^2+(a+b)x+ab>0 \\ x^2-(a+c)x+ac \leq 0 \end{cases}$ 의 해가 $-3 \leq x < 1$ 또는 $3 < x \leq 4$일 때, 상수 a, b, c에 대하여 abc의 값을 구하시오.
(단, $a<b<c$)

교육청

632 x에 대한 연립부등식
$\begin{cases} x^2-2x-3 \geq 0 \\ x^2-(5+k)x+5k \leq 0 \end{cases}$ 을 만족시키는 정수 x의 개수가 5가 되도록 하는 모든 정수 k의 값의 곱은?

① -36 ② -30 ③ -24
④ -18 ⑤ -12

연습문제

• 정답과 해설 117쪽

633 연립부등식 $\begin{cases} x^2-3x-40\geq0 \\ x^2-4x-k^2-4k<0 \end{cases}$ 이 해를 갖도록 하는 자연수 k의 최솟값을 구하시오.

교육청

634 그림과 같이 이차함수
$f(x)=-x^2+2kx+k^2+4$
$(k>0)$의 그래프가 y축과 만나는 점을 A라 하자. 점 A를 지나고 x축에 평행한 직선이 이차함수 $y=f(x)$의 그래프와 만나는 점 중 A가 아닌 점을 B라 하고, 점 B에서 x축에 내린 수선의 발을 C라 하자. 사각형 OCBA의 둘레의 길이를 $g(k)$라 할 때, 부등식 $14\leq g(k)\leq78$을 만족시키는 모든 자연수 k의 값의 합을 구하시오. (단, O는 원점이다.)

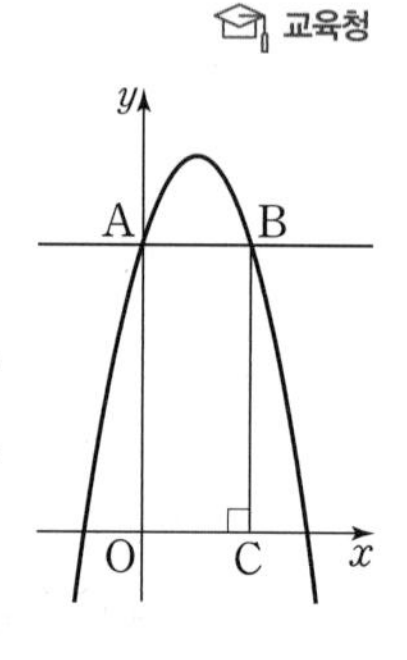

635 x에 대한 이차방정식
$x^2+2(k+1)x+k^2+3=0$은 실근을 갖고, 이차방정식 $(k-2)x^2+2kx+2k=0$은 허근을 갖도록 하는 실수 k의 값의 범위를 구하시오.

636 x에 대한 이차방정식
$x^2-(k^2-3k-18)x-5k+24=0$의 두 근의 부호가 서로 다르고 음수인 근의 절댓값이 양수인 근보다 클 때, 정수 k의 값을 구하시오.

637 이차방정식 $x^2-kx-4=0$의 두 근을 α, β라 할 때, $-2<\alpha<-1$, $3<\beta<4$가 되도록 하는 실수 k의 값의 범위가 $a<k<b$이다. 이때 ab의 값을 구하시오.

3단계

638 모든 실수 x에 대하여 부등식

$$-ax^2+2ax<x^2+4x+a\leq2x^2+ax+7$$

이 성립할 때, 상수 a의 값의 범위를 구하시오.

639 이차방정식 $x^2-(a+2)x-a+1=0$의 근 중 적어도 한 개가 이차방정식 $x^2-2x=0$의 두 근 사이에 있도록 하는 상수 a의 최솟값을 구하시오.

III. 경우의 수

1

경우의 수와 순열

01 합의 법칙과 곱의 법칙
02 순열

1 합의 법칙과 곱의 법칙

개념 01 사건과 경우의 수

(1) **사건**: 같은 조건에서 반복할 수 있는 실험이나 관찰에서 나타나는 결과
(2) **경우의 수**: 어떤 사건이 일어나는 모든 경우의 가짓수

| 예 | 주사위 한 개를 던질 때, 소수의 눈이 나오는 경우는 2, 3, 5의 3가지이다.
(사건: 주사위 한 개를 던질 때, 소수의 눈이 나오는 경우 / 경우의 수: 3)

| 참고 | 경우의 수를 구할 때는 모든 경우를 중복되지 않도록 빠짐없이 구하는 것이 중요하다.
이때 수형도 또는 순서쌍을 이용하면 편리한 경우가 있다.
① 수형도: 사건이 일어나는 모든 경우를 나뭇가지 모양의 그림으로 나타낸 것
➡ 세 문자 A, B, C를 일렬로 배열하는 경우를 수형도로 나타내면

A < B — C, C — B　　B < A — C, C — A　　C < A — B, B — A

② 순서쌍: 사건이 일어나는 경우를 순서대로 짝 지어 나타낸 것
➡ 세 문자 A, B, C를 일렬로 배열하는 경우를 순서쌍으로 나타내면
(A, B, C), (A, C, B), (B, A, C), (B, C, A), (C, A, B), (C, B, A)

개념 02 합의 법칙

예제 01, 02, 05, 06

두 사건 A, B가 동시에 일어나지 않을 때, 사건 A와 사건 B가 일어나는 경우의 수가 각각 m, n이면 사건 A 또는 사건 B가 일어나는 경우의 수는

$m+n$

이를 **합의 법칙**이라 한다.

| 예 | 오른쪽 그림과 같이 두 지점 P, Q 사이를 오갈 수 있는 기차 편이 3가지, 버스 편이 2가지일 때, 기차 또는 버스를 타고 P 지점에서 Q 지점으로 가는 경우의 수는 합의 법칙에 의하여
$3+2=5$ ◀ 기차를 타고 가는 사건과 버스를 타고 가는 사건은 동시에 일어나지 않는다.

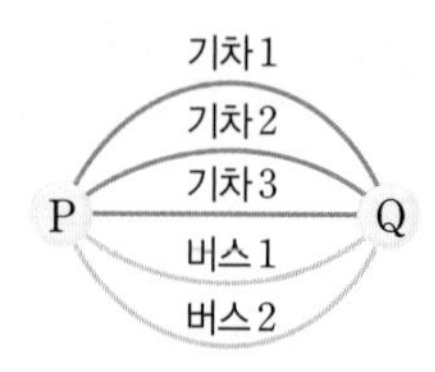

| 참고 | • '또는', '이거나' 등의 표현이 있으면 합의 법칙을 이용한다.
• 합의 법칙은 어느 두 사건도 동시에 일어나지 않는 세 사건 이상에 대해서도 성립한다.
• 사건 A가 일어나는 경우의 수가 m, 사건 B가 일어나는 경우의 수가 n, 두 사건 A, B가 동시에 일어나는 경우의 수가 l일 때, 사건 A 또는 사건 B가 일어나는 경우의 수는
$m+n-l$

개념 03 곱의 법칙

◎ 예제 03~07

두 사건 A, B에 대하여 사건 A가 일어나는 경우의 수가 m, 그 각각에 대하여 사건 B가 일어나는 경우의 수가 n이면 두 사건 A, B가 동시에 일어나는 경우의 수는

$m \times n$

이를 **곱의 법칙**이라 한다.

| 예 | 오른쪽 그림과 같이 P 지점에서 Q 지점으로 가는 길이 a, b, c의 3가지, Q 지점에서 R 지점으로 가는 길이 d, e의 2가지일 때, P 지점에서 Q 지점을 거쳐 R 지점으로 가는 경우의 수는 곱의 법칙에 의하여

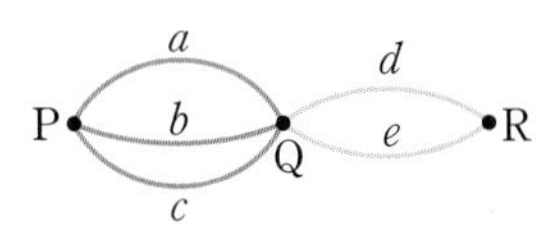

$3\times2=6$ ◀ P 지점에서 Q 지점으로 가는 사건과 Q 지점에서 R 지점으로 가는 사건은 잇달아 일어난다.

| 참고 | • '그리고', '동시에', '연이어', '잇달아' 등의 표현이 있으면 곱의 법칙을 이용한다.
• 곱의 법칙은 동시에 일어나는 세 사건 이상에 대해서도 성립한다.

개념 확인

• 정답과 해설 119쪽

개념 01, 02

640 1부터 12까지의 자연수가 각각 하나씩 적힌 12장의 카드 중에서 1장을 뽑을 때, 다음을 구하시오.

(1) 짝수가 적힌 카드를 뽑는 경우의 수

(2) 3의 배수 또는 5의 배수가 적힌 카드를 뽑는 경우의 수

개념 03

641 서로 다른 모자 3종류와 서로 다른 신발 4종류 중에서 모자와 신발을 각각 1개씩 구매하는 경우의 수를 구하시오.

개념 03

642 오른쪽 그림과 같이 세 지점 A, B, C를 연결하는 도로가 있을 때, A 지점에서 B 지점을 거쳐 C 지점까지 가는 경우의 수를 구하시오.

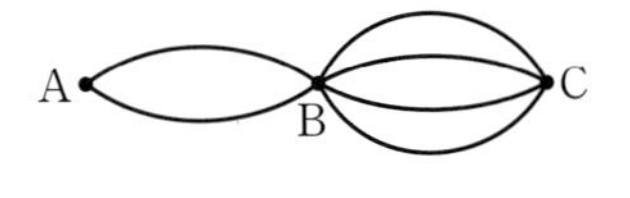

예제 01 / 합의 법칙

사건 A 또는 사건 B가 일어나는 경우의 수
➡ (사건 A가 일어나는 경우의 수)+(사건 B가 일어나는 경우의 수)

서로 다른 두 개의 주사위를 동시에 던질 때, 나오는 두 눈의 수의 합이 3의 배수 또는 5의 배수인 경우의 수를 구하시오.

• 유형 만렙 공통수학 1 148쪽에서 문제 더 풀기

| 풀이 | (i) 두 눈의 수의 합이 3의 배수인 경우
두 눈의 수의 합이 3 또는 6 또는 9 또는 12인 경우이다.
두 눈의 수의 합이 3인 경우는
$(1, 2)$, $(2, 1)$의 2가지 ◀ 주사위 두 개가 서로 다르므로 순서쌍 $(1, 2)$와 $(2, 1)$은 서로 다른 경우이다.
두 눈의 수의 합이 6인 경우는
$(1, 5)$, $(2, 4)$, $(3, 3)$, $(4, 2)$, $(5, 1)$의 5가지
두 눈의 수의 합이 9인 경우는
$(3, 6)$, $(4, 5)$, $(5, 4)$, $(6, 3)$의 4가지
두 눈의 수의 합이 12인 경우는
$(6, 6)$의 1가지
따라서 두 눈의 수의 합이 3의 배수인 경우의 수는 합의 법칙에 의하여
$2+5+4+1=12$ ◀ 두 눈의 수의 합이 3인 사건, 6인 사건, 9인 사건, 12인 사건은 동시에 일어나지 않는다.

(ii) 두 눈의 수의 합이 5의 배수인 경우
두 눈의 수의 합이 5 또는 10인 경우이다.
두 눈의 수의 합이 5인 경우는
$(1, 4)$, $(2, 3)$, $(3, 2)$, $(4, 1)$의 4가지
두 눈의 수의 합이 10인 경우는
$(4, 6)$, $(5, 5)$, $(6, 4)$의 3가지
따라서 두 눈의 수의 합이 5의 배수인 경우의 수는 합의 법칙에 의하여
$4+3=7$ ◀ 두 눈의 수의 합이 5인 사건과 10인 사건은 동시에 일어나지 않는다.

(i), (ii)에서 구하는 경우의 수는 합의 법칙에 의하여
$12+7=19$

답 19

• 정답과 해설 119쪽

643 유사

서로 다른 두 개의 주사위를 동시에 던질 때, 나오는 두 눈의 수의 합이 10의 약수인 경우의 수를 구하시오.

644 유사

서로 다른 두 개의 주사위를 동시에 던질 때, 나오는 두 눈의 수의 차가 3 미만인 경우의 수를 구하시오.

645 변형

1부터 4까지의 자연수가 각각 하나씩 적힌 4개의 공이 들어 있는 주머니에서 1개씩 세 번 공을 꺼낼 때, 꺼낸 공에 적힌 세 수의 합이 소수인 경우의 수를 구하시오. (단, 꺼낸 공은 다시 넣는다.)

646 변형

1부터 100까지의 자연수 중에서 4 또는 6으로 나누어떨어지는 수의 개수를 구하시오.

예제 02 ⁄ 방정식, 부등식을 만족시키는 순서쌍의 개수

계수의 절댓값이 가장 큰 문자에 수를 대입한 후 식을 만족시키는 순서쌍을 구한다.

자연수 x, y, z에 대하여 방정식 $x+2y+3z=13$을 만족시키는 순서쌍 (x, y, z)의 개수를 구하시오.

• 유형 만렙 공통수학1 148쪽에서 문제 더 풀기

| 풀이 | x, y, z가 자연수이므로

$x\geq1$, $y\geq1$, $z\geq1$

주어진 방정식에서 z의 계수가 가장 크므로 z가 될 수 있는 자연수를 구하면

$3z<13$

$\therefore$ $z=1$ 또는 $z=2$ 또는 $z=3$ 또는 $z=4$

(i) $z=1$일 때,

주어진 방정식에서 $x+2y=10$

이때 y의 계수가 더 크므로 y가 될 수 있는 자연수를 구하면 $2y<10$

$\therefore$ $y=1$ 또는 $y=2$ 또는 $y=3$ 또는 $y=4$

따라서 순서쌍 (x, y)는 $(8, 1)$, $(6, 2)$, $(4, 3)$, $(2, 4)$의 4개

(ii) $z=2$일 때,

주어진 방정식에서 $x+2y=7$

이때 y의 계수가 더 크므로 y가 될 수 있는 자연수를 구하면 $2y<7$

$\therefore$ $y=1$ 또는 $y=2$ 또는 $y=3$

따라서 순서쌍 (x, y)는 $(5, 1)$, $(3, 2)$, $(1, 3)$의 3개

(iii) $z=3$일 때,

주어진 방정식에서 $x+2y=4$

이때 y의 계수가 더 크므로 y가 될 수 있는 자연수를 구하면 $2y<4$

$\therefore$ $y=1$

따라서 순서쌍 (x, y)는 $(2, 1)$의 1개

(iv) $z=4$일 때,

주어진 방정식에서 $x+2y=1$

이를 만족시키는 순서쌍 (x, y)는 없다.

(i)~(iv)에서 구하는 순서쌍 (x, y, z)의 개수는

$4+3+1=8$

답 8

647 유사

자연수 x, y, z에 대하여 방정식
$x+3y+5z=18$을 만족시키는 순서쌍 (x, y, z)의 개수를 구하시오.

648 변형

음이 아닌 정수 x, y, z에 대하여 방정식
$4x+2y+z=13$을 만족시키는 순서쌍 (x, y, z)의 개수를 구하시오.

649 변형

자연수 x, y에 대하여 부등식 $x+2y\le 6$을 만족시키는 순서쌍 (x, y)의 개수를 구하시오.

650 변형

교과서

한 개의 가격이 각각 500원, 1000원, 5000원인 세 종류의 과자를 합하여 12000원어치 사는 경우의 수를 구하시오. (단, 세 종류의 과자가 적어도 한 개씩 포함되어야 한다.)

예제 03 / 곱의 법칙

두 사건 A, B가 동시에 일어나는 경우의 수
➡ (사건 A가 일어나는 경우의 수)×(사건 B가 일어나는 경우의 수)

다음 물음에 답하시오.

(1) 백의 자리의 숫자는 3의 배수, 십의 자리의 숫자는 짝수, 일의 자리의 숫자는 소수인 세 자리의 자연수의 개수를 구하시오.

(2) 다항식 $(a+b+c)(p+q)(x+y)$를 전개할 때 생기는 항의 개수를 구하시오.

• 유형 만렙 공통수학1 149쪽에서 문제 더 풀기

| 풀이 | (1) 백의 자리에 올 수 있는 숫자는 3의 배수이므로
3, 6, 9의 3가지
십의 자리에 올 수 있는 숫자는 짝수이므로
2, 4, 6, 8의 4가지
일의 자리에 올 수 있는 숫자는 소수이므로
2, 3, 5, 7의 4가지
따라서 구하는 자연수의 개수는 곱의 법칙에 의하여
$3\times4\times4=48$ ◀ 백의 자리, 십의 자리, 일의 자리에 올 수 있는 숫자를 각각 하나씩 택하여 곱한 것이다.

(2) $(a+b+c)(p+q)(x+y)$를 전개하면 a, b, c에 p, q를 각각 곱하여 항이 만들어지고,
└ 만들어지는 항은 ap, aq, bp, bq, cp, cq이다.
그것에 다시 x, y를 각각 곱하여 항이 만들어지므로 구하는 항의 개수는
$3\times2\times2=12$
└ 만들어지는 항은 apx, apy, aqx, aqy, bpx, bpy, bqx, bqy, cpx, cpy, cqx, cqy이다.

답 (1) 48 (2) 12

651 유사

교과서

백의 자리의 숫자는 4의 배수, 십의 자리의 숫자는 8의 약수인 세 자리의 자연수 중에서 홀수의 개수를 구하시오.

652 유사

다음 다항식을 전개할 때 생기는 항의 개수를 구하시오.

(1) $(a+b)(x+y+z)$

(2) $(a+b+c+d)(p+q+r)(x+y)$

653 변형

한 개의 주사위를 잇달아 세 번 던질 때, 나오는 세 눈의 수의 곱이 홀수인 경우의 수를 구하시오.

654 변형

다항식

$(a+b+c)(p+q+r)-(x+y)(m-n)$을 전개할 때 생기는 항의 개수를 구하시오.

예제 04 / 약수의 개수

자연수 $N=p^a q^b r^c$ (p, q, r는 서로 다른 소수, a, b, c는 자연수)의 양의 약수의 개수
➡ $(a+1)(b+1)(c+1)$

108의 양의 약수의 개수를 구하시오.

• 유형 만렙 공통수학 1 150쪽에서 문제 더 풀기

| 풀이 | 108을 소인수분해하면

$108=2^2\times3^3$

2^2의 양의 약수는 1, 2, 2^2의 3개

3^3의 양의 약수는 1, 3, 3^2, 3^3의 4개

따라서 구하는 약수의 개수는 곱의 법칙에 의하여

$3\times4=12$

$\times$	1	3	3^2	3^3
1	1×1	1×3	1×3^2	1×3^3
2	2×1	2×3	2×3^2	2×3^3
2^2	$2^2\times1$	$2^2\times3$	$2^2\times3^2$	$2^2\times3^3$

답 12

TIP
① 서로 다른 소수 p, q와 자연수 a, b에 대하여 $p^a\times q^b$의 약수는 p^a의 약수와 q^b의 약수에서 각각 하나씩 택하여 곱한 것이다.
② 두 수의 공약수는 두 수의 최대공약수의 약수이다.

예제 05 / 도로망에서의 경우의 수

연이어 갈 수 없는 도로는 합의 법칙, 연이어 갈 수 있는 도로는 곱의 법칙을 이용한다.

오른쪽 그림과 같이 네 지점 A, B, C, D를 연결하는 도로가 있다. A 지점에서 C 지점으로 가는 경우의 수를 구하시오.

(단, 같은 지점은 두 번 이상 지나지 않는다.)

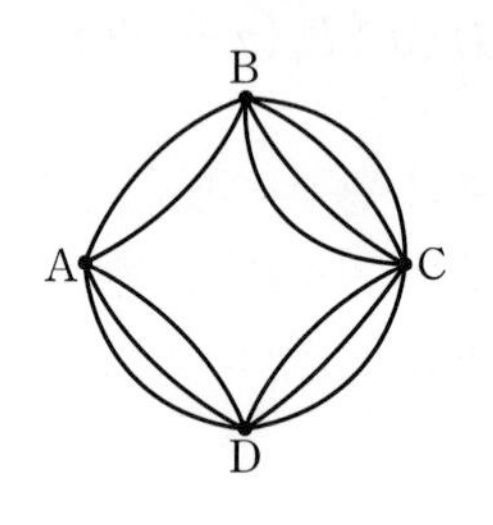

• 유형 만렙 공통수학 1 150쪽에서 문제 더 풀기

| 풀이 | A 지점에서 C 지점으로 가는 경우는

A → B → C 또는 A → D → C

(i) A → B → C로 가는 경우의 수는 $2\times4=8$ ◀ 연이어 가므로 곱의 법칙을 이용한다.

(ii) A → D → C로 가는 경우의 수는 $3\times3=9$ ◀ 연이어 가므로 곱의 법칙을 이용한다.

(i), (ii)에서 구하는 경우의 수는 $8+9=17$ ◀ B 또는 D를 거쳐 가므로 합의 법칙을 이용한다.

답 17

유제

• 정답과 해설 121쪽

655 예제 04 유사

540의 양의 약수의 개수를 구하시오.

656 예제 05 유사

오른쪽 그림과 같이 네 지점 A, B, C, D를 연결하는 도로가 있다. A 지점에서 C 지점으로 가는 경우의 수를 구하시오. (단, 같은 지점은 두 번 이상 지나지 않는다.)

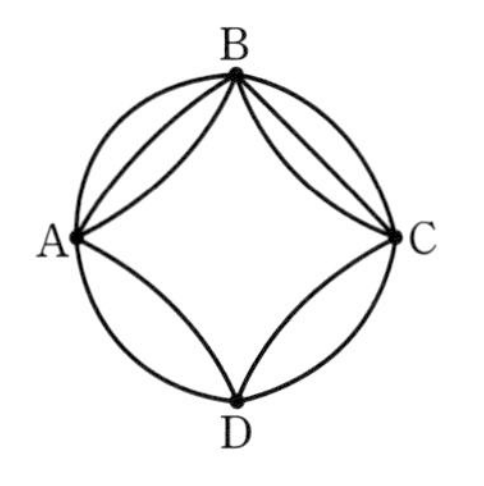

657 예제 04 변형

90과 252의 양의 공약수의 개수를 구하시오.

658 예제 05 변형

오른쪽 그림과 같이 네 지점 A, B, C, D를 연결하는 도로가 있다. 지민이와 세희가 동시에 A 지점에서 출발하여 중간 지점인 B 지점 또는 D 지점을 거쳐 C 지점으로 가는 경우의 수를 구하시오. (단, 두 사람은 서로 다른 중간 지점을 통과한다.)

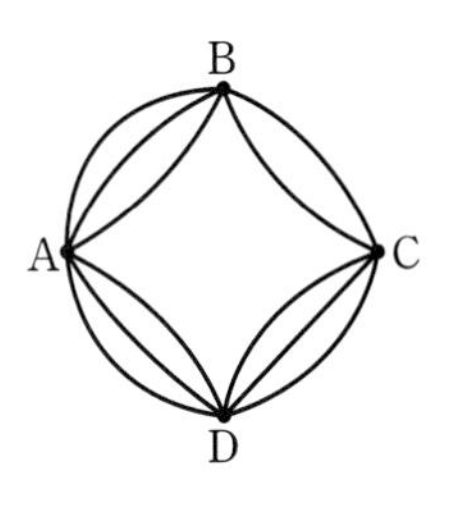

예제 06 ⁄ 색칠하는 경우의 수

가장 많은 영역과 인접하고 있는 영역에 칠하는 경우를 먼저 구한다.

오른쪽 그림과 같은 5개의 영역 A, B, C, D, E를 서로 다른 5가지 색으로 칠하려고 한다. 같은 색을 중복하여 사용해도 좋으나 인접한 영역은 서로 다른 색을 칠하는 경우의 수를 구하시오. (단, 각 영역에는 한 가지 색만 칠한다.)

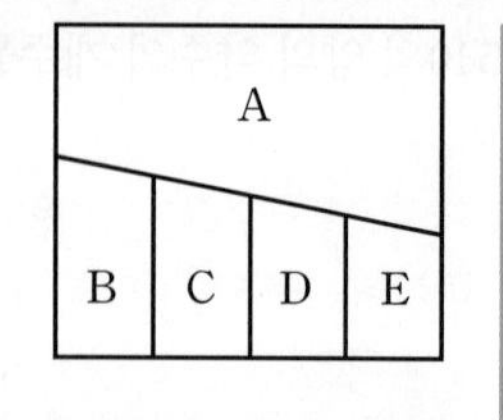

• 유형 만렙 공통수학 1 151쪽에서 문제 더 풀기

| 풀이 | 가장 많은 영역과 인접하고 있는 영역 A부터 칠하고, B → C → D → E의 순서로 칠하는 경우의 수를 구한다.

A에 칠할 수 있는 색은 5가지

B에 칠할 수 있는 색은 A에 칠한 색을 제외한

$5-1=4$(가지)

C에 칠할 수 있는 색은 A와 B에 칠한 색을 제외한

$5-2=3$(가지)

D에 칠할 수 있는 색은 A와 C에 칠한 색을 제외한 ◀ B에 칠한 색을 칠해도 된다.

$5-2=3$(가지)

E에 칠할 수 있는 색은 A와 D에 칠한 색을 제외한 ◀ B와 C에 칠한 색을 칠해도 된다.

$5-2=3$(가지)

따라서 구하는 경우의 수는

$5\times4\times3\times3\times3=540$

답 540

659 유사

오른쪽 그림과 같은 4개의 영역 A, B, C, D를 서로 다른 4가지 색으로 칠하려고 한다. 같은 색을 중복하여 사용해도 좋으나 인접한 영역은 서로 다른 색을 칠하는 경우의 수를 구하시오.

(단, 각 영역에는 한 가지 색만 칠한다.)

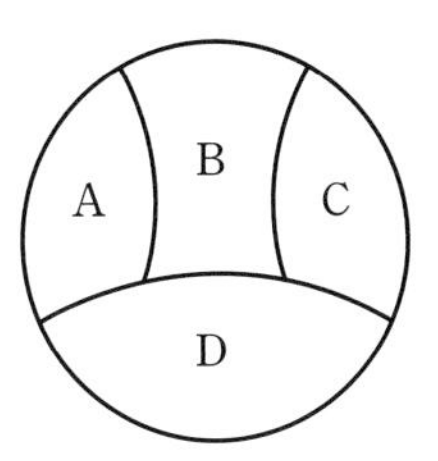

660 변형

오른쪽 그림과 같은 4개의 영역 A, B, C, D를 서로 다른 3가지 색으로 칠하려고 한다. 같은 색을 중복하여 사용해도 좋으나 인접한 영역은 서로 다른 색을 칠하는 경우의 수를 구하시오. (단, 각 영역에는 한 가지 색만 칠한다.)

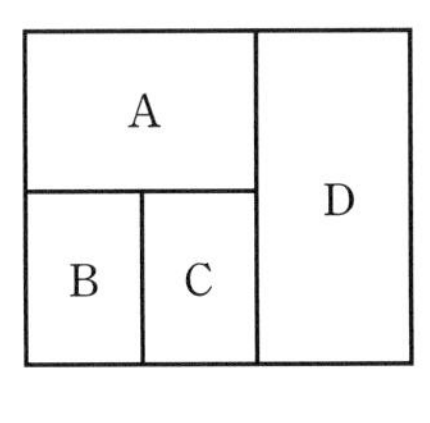

661 변형 교육청

서로 다른 네 가지의 색이 있다. 이 중 네 가지 이하의 색을 이용하여 인접한 행정 구역을 구별할 수 있도록 모두 칠하고자 한다. 다섯 개의 구역을 서로 다른 색으로 칠할 수 있는 모든 경우의 수는?

(단, 행정 구역에는 한 가지 색만을 칠한다.)

① 108 ② 144 ③ 216
④ 288 ⑤ 324

662 변형

오른쪽 그림과 같은 4개의 영역 A, B, C, D를 서로 다른 5가지 색으로 칠하려고 한다. 같은 색을 중복하여 사용해도 좋으나 인접한 영역은 서로 다른 색을 칠하는 경우의 수를 구하시오. (단, 각 영역에는 한 가지 색만 칠한다.)

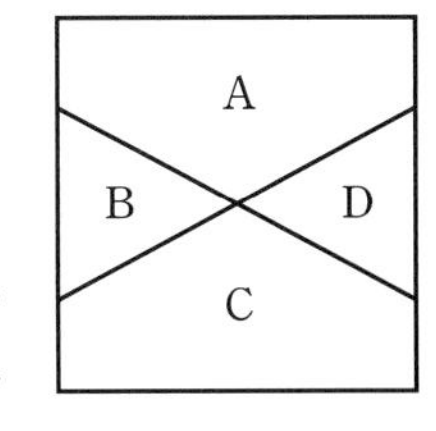

발전 예제 07 / 지불 방법의 수와 지불 금액의 수

단위가 다른 화폐 p개, q개, r개로 지불하는 방법의 수 (단, 0원 지불하는 경우 제외)
➡ $(p+1)(q+1)(r+1)-1$

100원짜리 동전 2개, 50원짜리 동전 3개, 10원짜리 동전 4개의 일부 또는 전부를 사용하여 지불할 때, 다음을 구하시오. (단, 0원을 지불하는 경우는 제외한다.)

(1) 지불하는 방법의 수

(2) 지불할 수 있는 금액의 수

• 유형 만렙 공통수학 1 152쪽에서 문제 더 풀기

| 개념 | • 지불 방법의 수: 100원짜리 동전 p개, 50원짜리 동전 q개, 10원짜리 동전 r개가 있을 때, 0원을 지불하는 경우는 제외하고 지불할 수 있는 방법의 수는

$$(p+1)(q+1)(r+1)-1$$ ← 0원을 지불하는 경우 제외

• 지불 금액의 수: 금액이 중복되는 경우 m원짜리 동전 1개로 지불할 수 있는 금액과 n원짜리 동전 p개로 지불할 수 있는 금액이 같으면 m원짜리 동전 1개를 n원짜리 동전 p개로 바꾸어 생각한다.

| 풀이 | (1) 100원짜리 동전 2개로 지불할 수 있는 방법은 0개, 1개, 2개의 3가지

50원짜리 동전 3개로 지불할 수 있는 방법은 0개, 1개, 2개, 3개의 4가지

10원짜리 동전 4개로 지불할 수 있는 방법은 0개, 1개, 2개, 3개, 4개의 5가지

이때 0원을 지불하는 경우는 제외해야 하므로 지불하는 방법의 수는

$3\times4\times5-1=59$ ← 0원을 지불하는 경우는 1가지이다.

(2) 100원짜리 동전 2개로 만들 수 있는 금액은

0원, 100원, 200원의 3가지 …… ㉠

50원짜리 동전 3개로 만들 수 있는 금액은

0원, 50원, 100원, 150원의 4가지 …… ㉡

10원짜리 동전 4개로 만들 수 있는 금액은

0원, 10원, 20원, 30원, 40원의 5가지

그런데 ㉠, ㉡에서 100원을 만들 수 있는 경우가 중복되므로 100원짜리 동전 2개를 50원짜리 동전 4개로 바꾸어 생각하면 지불할 수 있는 금액의 수는 50원짜리 동전 7개, 10원짜리 동전 4개로 지불할 수 있는 금액의 수와 같다.

← 원래 있던 50원짜리 동전 3개와 100원짜리 동전을 바꾸어 생각한 동전 4개의 합이다.

50원짜리 동전 7개로 만들 수 있는 금액은

0원, 50원, 100원, 150원, 200원, 250원, 300원, 350원의 8가지

10원짜리 동전 4개로 만들 수 있는 금액은

0원, 10원, 20원, 30원, 40원의 5가지

이때 0원을 지불하는 경우는 제외해야 하므로 지불할 수 있는 금액의 수는

$8\times5-1=39$

답 (1) 59 (2) 39

• 정답과 해설 122쪽

663 유사

500원짜리 동전 1개, 100원짜리 동전 3개, 50원짜리 동전 2개의 일부 또는 전부를 사용하여 지불할 때, 다음을 구하시오.

(단, 0원을 지불하는 경우는 제외한다.)

(1) 지불하는 방법의 수

(2) 지불할 수 있는 금액의 수

664 유사

1000원짜리 지폐 2장, 500원짜리 동전 2개, 100원짜리 동전 4개의 일부 또는 전부를 사용하여 지불할 때, 다음을 구하시오.

(단, 0원을 지불하는 경우는 제외한다.)

(1) 지불하는 방법의 수

(2) 지불할 수 있는 금액의 수

665 유사

500원짜리 동전 1개, 100원짜리 동전 5개, 50원짜리 동전 1개, 10원짜리 동전 3개의 일부 또는 전부를 사용하여 지불할 때, 지불할 수 있는 금액의 수를 구하시오.

(단, 0원을 지불하는 경우는 제외한다.)

666 변형

100원짜리 동전 3개, 50원짜리 동전 n개, 10원짜리 동전 3개의 일부 또는 전부를 사용하여 지불하는 방법의 수가 63일 때, 지불할 수 있는 금액의 수를 구하시오.

(단, 0원을 지불하는 경우는 제외한다.)

연습문제

1단계

667 서로 다른 두 개의 주사위를 동시에 던질 때, 나오는 두 눈의 수의 차가 4 이상인 경우의 수를 구하시오.

668 자연수 x, y에 대하여 부등식 $4\leq x+2y\leq 7$을 만족시키는 순서쌍 $(x,\ y)$의 개수는?

① 8 ② 10 ③ 12
④ 14 ⑤ 16

평가원

669 다음 조건을 만족시키는 두 자리의 자연수의 개수는?

> (가) 2의 배수이다.
> (나) 십의 자리의 수는 6의 약수이다.

① 16 ② 20 ③ 24
④ 28 ⑤ 32

670 다항식 $(a+b)(p+q+r)(x+y)^2$을 전개할 때 생기는 항의 개수는?

① 6 ② 9 ③ 12
④ 15 ⑤ 18

671 2520의 양의 약수의 개수는?

① 24 ② 36 ③ 48
④ 60 ⑤ 72

672 다음 그림과 같이 집, 학교, 학원 사이를 연결하는 도로가 있다. 집에서 출발하여 학교와 학원을 순서대로 갔다가 다시 집으로 돌아오는 경우의 수를 구하시오.

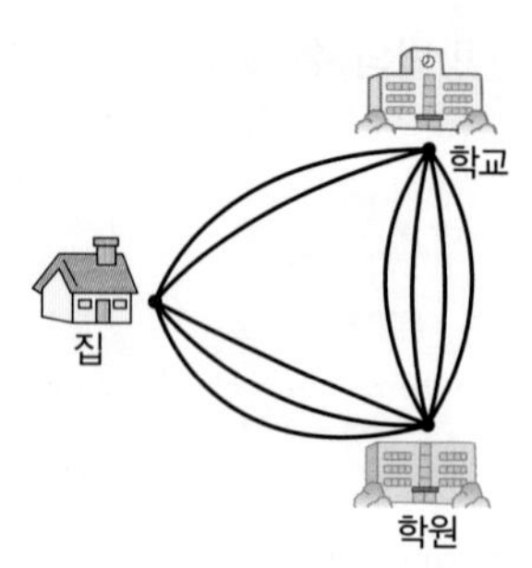

2단계

673 1부터 6까지의 자연수가 각각 하나씩 적힌 6개의 공이 들어 있는 주머니에서 1개씩 세 번 공을 꺼낼 때, 꺼낸 공에 적힌 세 수의 곱이 6 또는 8인 경우의 수를 구하시오.

(단, 꺼낸 공은 다시 넣는다.)

674 1부터 100까지의 자연수 중에서 3과 7로 모두 나누어떨어지지 않는 수의 개수를 구하시오.

675 삼각형의 세 변의 길이 a, b, c가 자연수일 때, $a+b+c=24$를 만족시키는 삼각형의 개수를 구하시오. (단, $a \leq b \leq c$)

676 한 개의 주사위를 두 번 던져서 나오는 눈의 수를 차례대로 a, b라 할 때, 이차방정식 $x^2+ax+2b=0$이 실근을 갖도록 하는 순서쌍 (a, b)의 개수를 구하시오.

677 서로 다른 n종류의 빵과 서로 다른 4종류의 우유를 파는 빵집에서 A가 먼저 빵과 우유를 각각 하나씩 주문하고, B가 빵과 우유를 각각 하나씩 주문하는 경우의 수는 360이다. 이때 n의 값은?

(단, 빵과 우유는 종류별로 각각 1개씩만 있다.)

① 3 ② 4 ③ 5
④ 6 ⑤ 7

서술형

678 1350의 양의 약수 중에서 홀수의 개수를 a, 6의 배수의 개수를 b라 할 때, $a-b$의 값을 구하시오.

교과서

679 오른쪽 그림과 같은 도로망에서 B 지점과 D 지점 사이에 도로를 추가하여 A 지점에서 출발하여 C 지점으로 가는 경우의 수가 94가 되도록 하려고 한다. 이때 추가해야 하는 도로의 개수를 구하시오. (단, 같은 지점은 두 번 이상 지나지 않고, 도로끼리는 서로 만나지 않는다.)

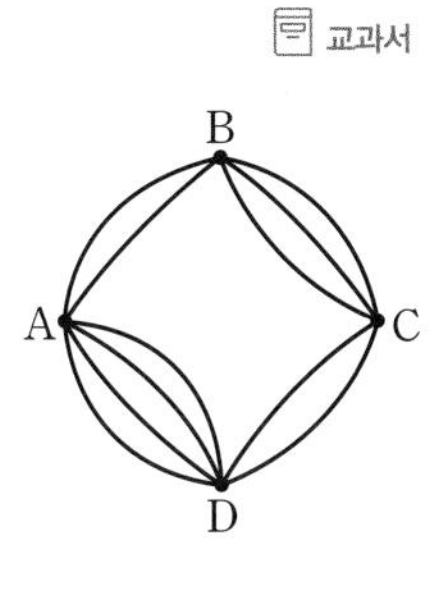

Ⅲ-1 경우의 수와 순열

연습문제

• 정답과 해설 126쪽

교육청

680 그림과 같이 다섯 개의 영역으로 나누어진 도형이 있다. 각 영역에 빨간색, 노란색, 파란색 중 한 가지 색을 칠하는데, 인접한 영역은 서로 다른 색을 칠하여 구별하려고 한다. 칠하는 경우의 수를 구하시오.

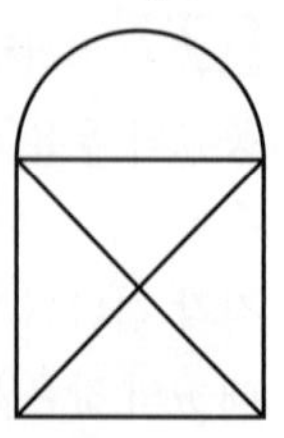

681 10000원짜리 지폐 3장, 5000원짜리 지폐 3장, 1000원짜리 지폐 2장의 일부 또는 전부를 사용하여 지불하는 방법의 수를 a, 지불할 수 있는 금액의 수를 b라 할 때, $a-b$의 값을 구하시오. (단, 0원을 지불하는 경우는 제외한다.)

3단계

682 각 면에 -2, -1, 0, 1, 2, 3이 적혀 있는 서로 다른 두 개의 주사위를 동시에 던져서 나오는 수를 각각 a, b라 할 때, 이차함수 $y=x^2+(a-b)x-ab+1$의 그래프가 x축과 만나지 않도록 하는 순서쌍 (a, b)의 개수는?

① 6 ② 9 ③ 12
④ 15 ⑤ 18

683 서로 다른 세 개의 주사위를 동시에 던져서 나오는 세 눈의 수를 각각 a, b, c라 할 때, $a+b+c+abc$의 값이 짝수가 되는 경우의 수는?

① 81 ② 108 ③ 135
④ 162 ⑤ 189

684 8개의 숫자 1, 2, 2, 3, 3, 3, 7, 7이 각각 하나씩 적혀 있는 8장의 카드 중에서 2장 이상을 동시에 뽑을 때, 각 카드에 적혀 있는 숫자를 곱하여 만들 수 있는 서로 다른 자연수의 개수를 구하시오.

685 5명의 학생 A, B, C, D, E의 휴대 전화를 한 상자에 넣고 임의로 1개씩 꺼낼 때, 1명만 자신의 휴대 전화를 꺼내는 경우의 수는? (단, 상자에 각 학생당 1개의 휴대 전화를 넣는다.)

① 30 ② 35 ③ 40
④ 45 ⑤ 50

순열

개념 01 순열의 뜻

서로 다른 n개에서 $r\,(0<r\leq n)$개를 택하여 일렬로 배열하는 것을 n개에서 r개를 택하는 **순열**이라 한다.
이때 순열의 가짓수를 **순열의 수**라 하고 기호로

$${}_{n}\mathrm{P}_{r}$$

와 같이 나타낸다.

$${}_{n}\mathrm{P}_{r}$$
n: 서로 다른 것의 개수, r: 택하는 것의 개수

* 순열(順列 – 순서 순, 벌일 열): 주어진 물건 가운데서 몇 개를 택하여 어떤 순서로 나열하는 일

| 예 | 9명의 학생 중에서 3명을 뽑아 일렬로 세우는 경우의 수 ➡ ${}_{9}\mathrm{P}_{3}$
(9명의 학생 중에서: 서로 다른 9개에서 / 3명을 뽑아: 3개를 택하여 / 일렬로 세우는 경우의 수: 일렬로 배열)

| 참고 | ${}_{n}\mathrm{P}_{r}$에서 P는 Permutation(순열)의 첫 글자이다.

개념 02 순열의 수

예제 01~08

서로 다른 n개에서 r개를 택하는 순열의 수는

$${}_{n}\mathrm{P}_{r}=\underbrace{n(n-1)(n-2)\times\cdots\times(n-r+1)}_{r\text{개}}\ (\text{단, } 0<r\leq n)$$

서로 다른 n개에서 r개를 택한 후 순서를 생각하여 일렬로 배열할 때
첫 번째 자리에 올 수 있는 것은 n가지
두 번째 자리에 올 수 있는 것은 첫 번째 자리에 놓인 것을 제외한 $(n-1)$가지
세 번째 자리에 올 수 있는 것은 앞의 두 자리에 놓인 것을 제외한 $(n-2)$가지
⋮
r번째 자리에 올 수 있는 것은 앞의 $(r-1)$개의 자리에 놓인 것을 제외한 $\{n-(r-1)\}$가지

첫 번째	두 번째	세 번째	…	r번째
⬇	⬇	⬇		⬇
n가지	$(n-1)$가지	$(n-2)$가지	…	$\{n-(r-1)\}$가지

따라서 곱의 법칙에 의하여

$${}_{n}\mathrm{P}_{r}=\underbrace{n(n-1)(n-2)\times\cdots\times(n-r+1)}_{n\text{부터 시작하여 1씩 작아지는 수 } r\text{개 곱하기}}\ (\text{단, } 0<r\leq n)$$

| 예 | 서로 다른 9개에서 3개를 택하는 순열의 수는
$${}_{9}\mathrm{P}_{3}=9\times(9-1)\times(9-2)=9\times8\times7=504$$

Ⅲ-1 경우의 수와 순열

개념 03 계승

예제 01, 02

1부터 n까지의 자연수를 차례대로 곱한 것을 n의 **계승**이라 하고, 기호로

$$n!$$

과 같이 나타낸다. 즉,

$$n!=n(n-1)(n-2)\times\cdots\times3\times2\times1$$

이때 **$0!=1$**로 정한다.

* 계승(階乘 – 계단 계, 곱할 승): 1부터 어떤 자연수까지의 연속하는 모든 자연수의 곱

| 예 | $5!=5\times4\times3\times2\times1=120$

| 참고 | $n!$은 'n 팩토리얼(factorial)' 또는 'n의 계승'이라 읽는다.

개념 04 $n!$을 이용한 순열의 수

예제 01, 02

(1) ${}_n\mathrm{P}_n=n!$, ${}_n\mathrm{P}_0=1$

(2) ${}_n\mathrm{P}_r=\dfrac{n!}{(n-r)!}$ (단, $0\le r\le n$)

$0<r<n$일 때, 순열의 수 ${}_n\mathrm{P}_r$를 계승을 이용하여 나타내면

$$\begin{aligned}{}_n\mathrm{P}_r&=n(n-1)(n-2)\times\cdots\times(n-r+1)\\&=\frac{n(n-1)(n-2)\times\cdots\times(n-r+1)(n-r)(n-r-1)\times\cdots\times3\times2\times1}{(n-r)(n-r-1)\times\cdots\times3\times2\times1}\\&=\frac{n!}{(n-r)!}\quad\cdots\cdots\text{㉠}\end{aligned}$$

◀ 분자, 분모에 같은 수를 곱한다.

$r=0$일 때,

$${}_n\mathrm{P}_0=\frac{n!}{(n-0)!}=\frac{n!}{n!}=1$$

즉, ㉠은 $r=0$일 때도 성립한다.

$r=n$일 때, $0!=1$이므로

$${}_n\mathrm{P}_n=\frac{n!}{(n-n)!}=\frac{n!}{0!}=n!$$

즉, ㉠은 $r=n$일 때도 성립한다.

따라서 $0\le r\le n$일 때,

$${}_n\mathrm{P}_r=\frac{n!}{(n-r)!}$$

| 예 |
- ${}_5\mathrm{P}_5=5!=5\times4\times3\times2\times1=120$
- ${}_5\mathrm{P}_3=\dfrac{5!}{(5-3)!}=\dfrac{5!}{2!}=\dfrac{5\times4\times3\times2\times1}{2\times1}=5\times4\times3=60$

개념 05 특정 조건이 있을 때의 순열의 수

◎ 예제 03, 04, 06

(1) 이웃할 때의 순열의 수

이웃하는 것을 한 묶음으로 생각하여 나머지와 함께 일렬로 배열한 경우의 수와 묶음 안에서 이웃하는 것끼리 자리를 바꾸는 경우의 수를 곱한다.

(2) 이웃하지 않을 때의 순열의 수

이웃해도 되는 것을 일렬로 배열한 경우의 수와 이웃해도 되는 것 사이사이와 양 끝에 이웃하지 않는 것을 배열한 경우의 수를 곱한다.

(3) '적어도'의 조건이 있을 때의 순열의 수

적어도 ~인 경우의 수는 모든 경우의 수에서 모두 ~가 아닌 경우의 수를 뺀다.

| 예 | 남자 2명과 여자 3명을 일렬로 세울 때, 다음과 같은 조건을 만족시키는 경우의 수를 구해 보자.

(1) 남자끼리 서로 이웃하도록 세우는 경우

남자 2명을 한 묶음으로 생각하여 여자 3명과 함께 일렬로 세우는 경우의 수는 $4!=4\times3\times2\times1=24$

남자 2명이 자리를 바꾸는 경우의 수는 $2!=2\times1=2$

따라서 구하는 경우의 수는 $24\times2=48$

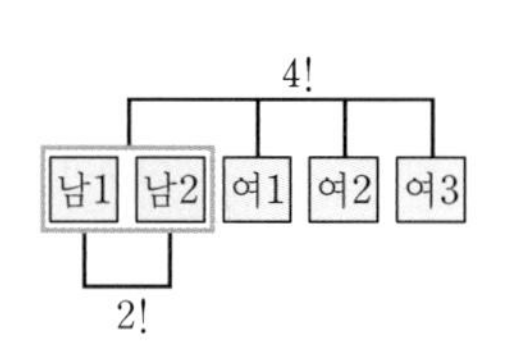

(2) 남자끼리는 서로 이웃하지 않도록 세우는 경우

여자 3명을 일렬로 세우는 경우의 수는 $3!=3\times2\times1=6$

여자 사이사이와 양 끝의 4개의 자리 중에서 2개의 자리에 남자 2명을 세우는 경우의 수는 ${}_4P_2=4\times3=12$

따라서 구하는 경우의 수는 $6\times12=72$

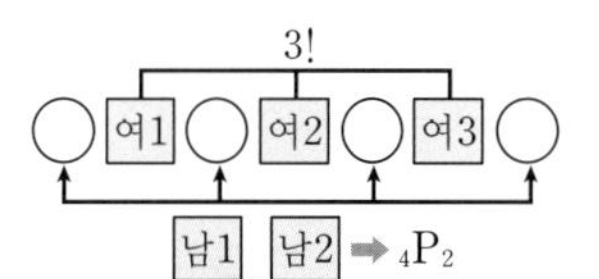

(3) 양 끝에 적어도 한 명의 여자를 세우는 경우

(i) 5명을 일렬로 세우는 경우의 수는 $5!=5\times4\times3\times2\times1=120$

(ii) 양 끝에 모두 남자만 세우는 경우의 수는 $2!\times3!=2\times1\times3\times2\times1=12$

(i), (ii)에서 구하는 경우의 수는 $120-12=108$

개념 확인

• 정답과 해설 128쪽

개념 02

686 다음 값을 구하시오.

(1) ${}_4P_1$　　(2) ${}_6P_3$　　(3) ${}_8P_2$

개념 03

687 다음 값을 구하시오.

(1) $1!$　　(2) $3!$　　(3) $6!$

예제 01 / ${}_{n}P_{r}$의 계산

${}_{n}P_{r}=n(n-1)(n-2)\times\cdots\times(n-r+1)$임을 이용하여 식을 세운다.

다음 등식을 만족시키는 자연수 n 또는 r의 값을 구하시오.

(1) ${}_{n}P_{3}=110n$

(2) ${}_{6}P_{r}\times 4!=2880$

(3) ${}_{n+3}P_{4}=42\times{}_{n+1}P_{2}$

• 유형 만렙 공통수학 1 153쪽에서 문제 더 풀기

| 풀이 | (1) ${}_{n}P_{3}=110n$에서

$n(n-1)(n-2)=110n$

$n\geq 3$이므로 양변을 n으로 나누면

$(n-1)(n-2)=110$

$110=11\times 10$이므로 ◀ 좌변이 연속하는 두 정수의 곱의 꼴이므로 우변을 연속하는 두 정수의 곱으로 나타낸다.

$(n-1)(n-2)=11\times 10$

따라서 $n-1=11$이므로 ◀ $n-2=10$을 이용하여 풀어도 된다.

$n=12$

(2) ${}_{6}P_{r}\times 4!=2880$에서

$4!=4\times 3\times 2\times 1=24$이므로

${}_{6}P_{r}\times 24=2880 \qquad \therefore {}_{6}P_{r}=120$

$120=6\times 5\times 4$이므로 ◀ 6부터 시작하여 1씩 작아지는 수 3개를 곱한 것이다.

$r=3$

(3) ${}_{n+3}P_{4}=42\times{}_{n+1}P_{2}$에서

$(n+3)(n+2)(n+1)n=42(n+1)n$

$n\geq 1$이므로 양변을 $(n+1)n$으로 나누면

$(n+3)(n+2)=42$

$42=7\times 6$이므로

$(n+3)(n+2)=7\times 6$

따라서 $n+3=7$이므로 ◀ $n+2=6$을 이용하여 풀어도 된다.

$n=4$

답 (1) 12 (2) 3 (3) 4

• 정답과 해설 128쪽

688 유사

다음 등식을 만족시키는 자연수 n 또는 r의 값을 구하시오.

(1) ${}_{n}\mathrm{P}_{3}=20n$

(2) ${}_{7}\mathrm{P}_{r}\times 3!=5040$

(3) ${}_{n+2}\mathrm{P}_{4}=72\times {}_{n}\mathrm{P}_{2}$

689 변형

${}_{n+3}\mathrm{P}_{4} : {}_{n+2}\mathrm{P}_{3}=7 : 1$을 만족시키는 자연수 n의 값을 구하시오.

690 변형

등식 ${}_{n}\mathrm{P}_{3}-4\times {}_{n}\mathrm{P}_{2}=5\times {}_{n-1}\mathrm{P}_{2}$를 만족시키는 자연수 n의 값을 구하시오.

691 변형

부등식 ${}_{5}\mathrm{P}_{r}\geq 3\times {}_{5}\mathrm{P}_{r-1}$을 만족시키는 모든 자연수 r의 값의 합을 구하시오.

예제 02 / 순열의 수

서로 다른 n개에서 r개를 택하여 일렬로 배열하는 경우의 수 ➡ ${}_{n}\mathrm{P}_{r}$

다음을 구하시오.

(1) 7명의 학생을 일렬로 세우는 경우의 수

(2) 7명의 학생 중에서 3명을 뽑아 일렬로 세우는 경우의 수

(3) 7명의 학생 중에서 반장 1명과 부반장 1명을 뽑는 경우의 수

• 유형 만렙 공통수학 1 153쪽에서 문제 더 풀기

| 개념 |
- 서로 다른 n명을 일렬로 세우는 경우의 수 ➡ $n!$
- 서로 다른 n명 중에서 r명을 뽑아 일렬로 세우는 경우의 수 ➡ ${}_{n}\mathrm{P}_{r}$
- 서로 다른 n명 중에서 자격이 서로 다른 대표 2명을 뽑는 경우의 수 ➡ ${}_{n}\mathrm{P}_{2}$

| 풀이 |

(1) 서로 다른 7개에서 7개를 택하는 순열의 수와 같으므로

${}_{7}\mathrm{P}_{7}=7!=7\times6\times5\times4\times3\times2\times1=5040$

(2) 서로 다른 7개에서 3개를 택하는 순열의 수와 같으므로

${}_{7}\mathrm{P}_{3}=7\times6\times5=210$

(3) 서로 다른 7개에서 2개를 택하는 순열의 수와 같으므로

${}_{7}\mathrm{P}_{2}=7\times6=42$

답 (1) 5040 (2) 210 (3) 42

692 유사

다음을 구하시오.

(1) 6명의 운동 선수를 일렬로 세우는 경우의 수

(2) 6명의 운동 선수 중에서 4명을 뽑아 일렬로 세우는 경우의 수

(3) 6명의 운동 선수 중에서 주장 1명과 부주장 1명을 뽑는 경우의 수

693 변형

남학생 5명과 여학생 6명 중에서 총무 1명, 회계 1명, 서기 1명을 뽑는 경우의 수를 구하시오.

694 변형

어느 고등학교 1학년은 10개의 학급으로 이루어져 있다. 이 학교에 1학년 학생 3명이 전학을 왔을 때, 3명을 서로 다른 학급에 배정하는 경우의 수를 구하시오.

695 변형

서로 다른 n대의 자전거 중에서 3대를 택하여 일렬로 배열하는 경우의 수가 336일 때, n의 값을 구하시오.

예제 03 / 이웃할 때의 순열의 수

이웃하는 것을 한 묶음으로 생각하고, 묶음 안에서 자리를 바꾸는 경우를 생각한다.

서로 다른 4권의 소설책과 서로 다른 3권의 만화책을 책꽂이에 일렬로 꽂을 때, 만화책끼리 서로 이웃하도록 꽂는 경우의 수를 구하시오.

• 유형 만렙 공통수학1 154쪽에서 문제 더 풀기

| 개념 | 이웃하는 것이 있는 순열의 수는 다음과 같은 순서로 구한다.

① 이웃하는 것을 한 묶음으로 생각하여 일렬로 배열하는 경우의 수를 구한다.
② 묶음 안에서 이웃하는 것끼리 자리를 바꾸는 경우의 수를 구한다.
③ ①, ②에서 구한 경우의 수를 곱한다.

| 풀이 | 만화책 3권을 한 묶음으로 생각하여 소설책 4권과 함께 책꽂이에 일렬로 꽂는 경우의 수는 ◀ 서로 다른 5개를 일렬로 배열하는 경우의 수와 같다.

$5!=5\times4\times3\times2\times1=120$

만화책 3권의 자리를 바꾸는 경우의 수는

$3!=3\times2\times1=6$

따라서 구하는 경우의 수는

$120\times6=720$

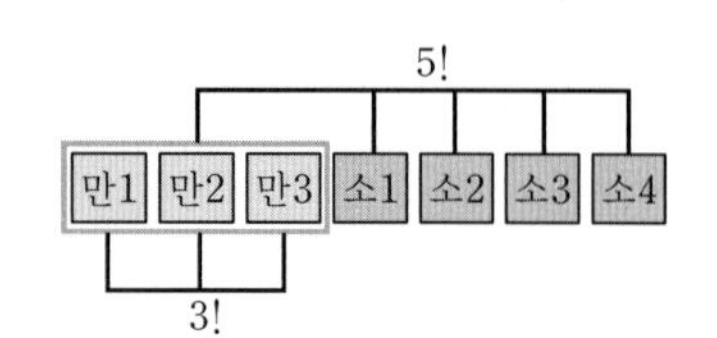

답 720

예제 04 / 이웃하지 않을 때의 순열의 수

이웃해도 되는 것을 먼저 배열한 후 그 사이사이와 양 끝에 이웃하지 않는 것을 배열한다.

학생 5명과 선생님 3명을 일렬로 세울 때, 선생님끼리는 서로 이웃하지 않도록 세우는 경우의 수를 구하시오.

• 유형 만렙 공통수학1 154쪽에서 문제 더 풀기

| 개념 | 이웃하지 않는 것이 있는 순열의 수는 다음과 같은 순서로 구한다.

① 이웃해도 되는 것을 일렬로 배열하는 경우의 수를 구한다.
② 이웃해도 되는 것의 사이사이와 양 끝에 이웃하지 않는 것을 배열하는 경우의 수를 구한다.
③ ①, ②에서 구한 경우의 수를 곱한다.

| 풀이 | 학생 5명을 일렬로 세우는 경우의 수는
└ 이웃해도 되는 사람끼리 먼저 세운다.

$5!=5\times4\times3\times2\times1=120$

학생 사이사이와 양 끝의 6개의 자리 중에서 3개의 자리에 선생님 3명을 세우는 경우의 수는
└ 서로 다른 6개에서 3개를 택하는 순열의 수와 같다.

${}_6P_3=6\times5\times4=120$

따라서 구하는 경우의 수는

$120\times120=14400$

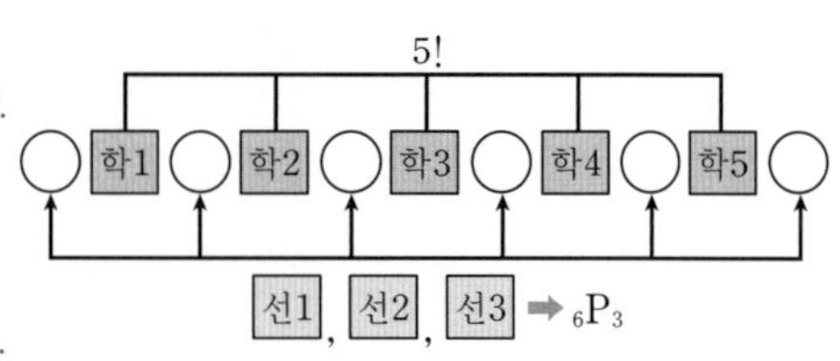

답 14400

696 예제 03 유사

friend에 있는 6개의 문자를 일렬로 배열할 때, 모음끼리 서로 이웃하도록 배열하는 경우의 수를 구하시오.

697 예제 04 유사

7개의 문자 A, B, C, D, E, F, G를 일렬로 배열할 때, A, B가 서로 이웃하지 않도록 배열하는 경우의 수를 구하시오.

698 예제 03 변형

어른 3명과 아이 n명을 일렬로 세울 때, 어른 3명이 서로 이웃하도록 세우는 경우의 수가 4320이다. 이때 n의 값을 구하시오.

699 예제 04 변형 교과서

남학생 3명과 여학생 3명을 일렬로 세울 때, 남학생과 여학생을 교대로 세우는 경우의 수를 구하시오.

예제 05 / 자리에 대한 조건이 있을 때의 순열의 수

특정한 자리는 조건에 맞게 먼저 고정시켜 배열하고, 남은 자리에 나머지를 배열한다.

number에 있는 6개의 문자를 일렬로 배열할 때, 다음을 구하시오.

(1) 양 끝에 모음이 오도록 배열하는 경우의 수

(2) 모음 사이에 문자가 2개만 오도록 배열하는 경우의 수

• 유형 만렙 공통수학 1 155쪽에서 문제 더 풀기

| 풀이 | (1) 양 끝에 모음인 u, e의 2개의 문자를 배열하는 경우의 수는 $2!=2\times1=2$ ◀ 특정한 자리 먼저 고정한다.

나머지 자리에 문자 4개를 일렬로 배열하는 경우의 수는 $4!=4\times3\times2\times1=24$

따라서 구하는 경우의 수는 $2\times24=48$

(2) n, m, b, r의 4개의 문자 중에서 2개를 택하여 모음인 u와 e 사이에 일렬로 배열하는 경우의 수는

${}_4P_2=4\times3=12$

u□□e를 한 묶음으로 생각하여 나머지 2개의 문자와 함께 일렬로 배열하는 경우의 수는

$3!=3\times2\times1=6$

u와 e의 자리를 바꾸는 경우의 수는 $2!=2\times1=2$

따라서 구하는 경우의 수는 $12\times6\times2=144$

답 (1) 48 (2) 144

예제 06 / '적어도'의 조건이 있을 때의 순열의 수

(적어도 ~인 경우의 수)=(모든 경우의 수)−(모두 ~가 아닌 경우의 수)

남자 3명과 여자 3명을 일렬로 세울 때, 적어도 한쪽 끝에 남자를 세우는 경우의 수를 구하시오.

• 유형 만렙 공통수학 1 156쪽에서 문제 더 풀기

| 풀이 | 6명을 일렬로 세우는 경우의 수에서 양 끝에 여자만 오도록 세우는 경우의 수를 빼면 된다.

└ 적어도 한쪽 끝에 남자를 세우는 경우는 양 끝에 남자를 세우거나 맨 앞 또는 맨 뒤에 남자를 세우는 경우가 있다.

(ⅰ) 6명을 일렬로 세우는 경우의 수는

$6!=6\times5\times4\times3\times2\times1=720$

(ⅱ) 양 끝에 여자 3명 중에서 2명을 뽑아 세우는 경우의 수는

${}_3P_2=3\times2=6$

나머지 자리에 4명을 일렬로 세우는 경우의 수는 $4!=4\times3\times2\times1=24$

따라서 양 끝에 여자만 오도록 세우는 경우의 수는 $6\times24=144$

(ⅰ), (ⅱ)에서 구하는 경우의 수는

$720-144=576$

답 576

700 예제 05 유사

남학생 2명과 여학생 3명을 일렬로 세울 때, 다음을 구하시오.

(1) 양 끝에 남학생을 세우는 경우의 수

(2) 남학생 사이에 여학생이 2명만 오도록 세우는 경우의 수

701 예제 06 유사

1학년 학생 5명과 2학년 학생 2명을 일렬로 세울 때, 적어도 한쪽 끝에 2학년 학생을 세우는 경우의 수를 구하시오.

702 예제 05 변형 교육청

할머니, 아버지, 어머니, 아들, 딸로 구성된 5명의 가족이 있다. 이 가족이 그림과 같이 번호가 적힌 5개의 의자에 모두 앉을 때, 아버지, 어머니가 모두 홀수 번호가 적힌 의자에 앉는 경우의 수는?

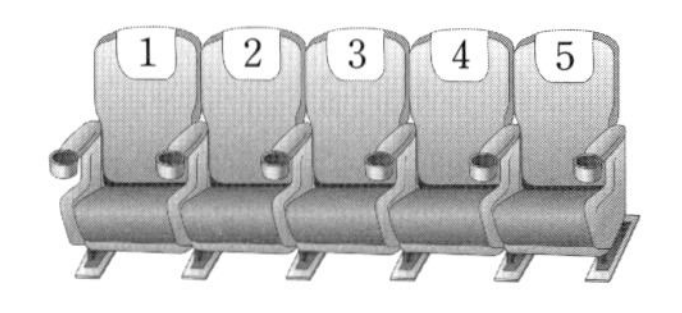

① 28 ② 30 ③ 32 ④ 34 ⑤ 36

703 예제 06 변형

improve에 있는 7개의 문자를 일렬로 배열할 때, 적어도 2개의 모음이 서로 이웃하도록 배열하는 경우의 수를 구하시오.

예제 07 / 순열을 이용한 자연수의 개수

기준이 되는 자리에 오는 숫자를 먼저 정하고, 남은 자리에 나머지 숫자를 배열한다.

6개의 숫자 0, 1, 2, 3, 4, 5에서 서로 다른 4개의 숫자를 택하여 네 자리의 자연수를 만들 때, 다음을 구하시오.

(1) 네 자리의 자연수의 개수

(2) 짝수의 개수

• 유형 만렙 공통수학 1 156쪽에서 문제 더 풀기

| 풀이 | (1) 천의 자리에는 0이 올 수 없으므로 천의 자리에 올 수 있는 숫자는 1, 2, 3, 4, 5의 5가지

나머지 자리에 천의 자리에 온 숫자를 제외한 5개의 숫자 중에서 3개를 택하여 일렬로 배열하는 경우의 수는

└ 천의 자리에 1이 왔다고 생각하면 나머지 자리에 올 수 있는 숫자는 0, 2, 3, 4, 5이다.

${}_5\mathrm{P}_3=5\times4\times3=60$

따라서 구하는 자연수의 개수는

$5\times60=300$

(2) 짝수이려면 일의 자리의 숫자가 0 또는 짝수이어야 한다.

즉, 일의 자리에 올 수 있는 숫자는 0, 2, 4이다.

(i) 일의 자리의 숫자가 0인 경우

나머지 자리에 0을 제외한 5개의 숫자 중에서 3개를 택하여 일렬로 배열하면 되므로 짝수의 개수는

└ 나머지 자리에 올 수 있는 숫자는 1, 2, 3, 4, 5이다.

${}_5\mathrm{P}_3=5\times4\times3=60$

(ii) 일의 자리의 숫자가 2인 경우

천의 자리에는 0과 2가 올 수 없으므로 천의 자리에 올 수 있는 숫자는

1, 3, 4, 5의 4가지

나머지 자리에 천의 자리에 온 숫자와 2를 제외한 4개의 숫자 중에서 2개를 택하여 일렬로 배열하는 경우의 수는

└ 천의 자리에 1이 왔다고 생각하면 나머지 자리에 올 수 있는 숫자는 0, 3, 4, 5이다.

${}_4\mathrm{P}_2=4\times3=12$

따라서 일의 자리의 숫자가 2인 짝수의 개수는

$4\times12=48$

(iii) 일의 자리의 숫자가 4인 경우

(ii)와 같은 방법으로 하면 일의 자리의 숫자가 4인 짝수의 개수는 48이다.

(i), (ii), (iii)에서 구하는 짝수의 개수는

$60+48+48=156$

답 (1) 300 (2) 156

TIP 짝수, 홀수와 배수의 판정

① 짝수 ➡ 일의 자리의 숫자가 0 또는 짝수

② 홀수 ➡ 일의 자리의 숫자가 홀수

③ 3의 배수 ➡ 모든 자리의 숫자의 합이 3의 배수

④ 4의 배수 ➡ 끝의 두 자리의 수가 4의 배수

⑤ 5의 배수 ➡ 일의 자리의 숫자가 0 또는 5

704 유사

5개의 숫자 0, 1, 2, 3, 4에서 서로 다른 3개의 숫자를 택하여 세 자리의 자연수를 만들 때, 다음을 구하시오.

(1) 세 자리의 자연수의 개수

(2) 홀수의 개수

705 변형

6개의 숫자 0, 1, 2, 3, 4, 5에서 서로 다른 4개의 숫자를 택하여 네 자리의 자연수를 만들 때, 다음을 구하시오.

(1) 4의 배수의 개수

(2) 5의 배수의 개수

706 변형

5개의 숫자 2, 3, 4, 5, 6에서 서로 다른 3개의 숫자를 택하여 만든 세 자리의 자연수 중에서 3의 배수가 아닌 것의 개수를 구하시오.

707 변형

8개의 숫자 1, 2, 3, 4, 5, 6, 7, 8에서 서로 다른 3개의 숫자를 택하여 만든 세 자리의 자연수 중에서 각 자리의 숫자의 합이 홀수인 자연수의 개수를 구하시오.

예제 08 / 사전식 배열에서 특정한 위치 찾기

맨 앞 자리부터 고정시켜서 차례대로 순열의 수를 구하여 합한다.

5개의 문자 A, B, C, D, E를 모두 한 번씩만 사용하여 만든 문자열을 사전식으로 배열할 때, 다음 물음에 답하시오.

(1) CBDAE는 몇 번째로 나타나는지 구하시오.

(2) 77번째로 나타나는 문자열을 구하시오.

• 유형 만렙 공통수학 1 157쪽에서 문제 더 풀기

| 풀이 | (1) A□□□□ 꼴인 문자열의 개수는

$4!=4\times3\times2\times1=24$

B□□□□ 꼴인 문자열의 개수는

$4!=4\times3\times2\times1=24$

CA□□□ 꼴인 문자열의 개수는

$3!=3\times2\times1=6$

CBA□□ 꼴인 문자열의 개수는

$2!=2\times1=2$

CBD로 시작하는 문자열을 순서대로 배열하면

CBDAE, CBDEA

따라서 CBD□□ 꼴인 문자열에서 CBDAE는 첫 번째이므로 CBDAE가 나타나는 순서는

$24+24+6+2+1=57$(번째)

(2) A□□□□ 꼴인 문자열의 개수는

$4!=4\times3\times2\times1=24$

B□□□□ 꼴인 문자열의 개수는

$4!=4\times3\times2\times1=24$

C□□□□ 꼴인 문자열의 개수는

$4!=4\times3\times2\times1=24$

이때 $24+24+24=72$이므로 77번째로 나타나는 문자열은 D□□□□ 꼴인 문자열 중에서 다섯 번째로 나타나는 문자열이다.

D□□□□ 꼴인 문자열을 순서대로 배열하면

DABCE(73번째), DABEC(74번째), DACBE(75번째), DACEB(76번째), DAEBC(77번째), …

따라서 77번째로 나타나는 문자열은 DAEBC이다.

답 (1) 57번째 (2) DAEBC

708 유사

6개의 문자 a, b, c, d, e, f를 모두 한 번씩만 사용하여 만든 문자열을 사전식으로 배열할 때, 다음 물음에 답하시오.

(1) $dcebfa$는 몇 번째로 나타나는지 구하시오.

(2) 244번째로 나타나는 문자열을 구하시오.

709 유사

5개의 자음 ㄱ, ㄴ, ㄷ, ㄹ, ㅁ을 모두 한 번씩만 사용하여 만든 문자열을 사전식으로 배열할 때, ㄹㄴㄷㄱㅁ은 몇 번째로 나타나는지 구하시오.

710 변형

5개의 숫자 0, 1, 2, 3, 4를 모두 사용하여 만든 다섯 자리의 자연수를 작은 수부터 순서대로 배열할 때, 56번째 수를 구하시오.

711 변형

6개의 숫자 0, 1, 2, 3, 4, 5에서 서로 다른 4개의 숫자를 택하여 만든 네 자리의 자연수 중에서 201번째로 작은 수를 구하시오.

연습문제

1단계

712 부등식
${}_{n+1}\mathrm{P}_4-3\times{}_{n+1}\mathrm{P}_3-7\times{}_{n}\mathrm{P}_2\leq 0$을 만족시키는 자연수 n의 최댓값은?

① 4 ② 5 ③ 6
④ 7 ⑤ 8

713 n명의 선수로 구성된 어느 배구 선수단에서 주장 1명과 부주장 1명을 뽑는 경우의 수가 210일 때, n의 값은?

① 12 ② 13 ③ 14
④ 15 ⑤ 16

교과서

714 남학생 3명과 여학생 4명을 일렬로 세울 때, 같은 성별의 학생끼리 서로 이웃하도록 세우는 경우의 수를 구하시오.

715 학생 5명과 부모님 4명이 9인 10각 경기를 하려고 한다. 학생과 부모님을 교대로 세우는 것이 경기의 규칙이라 할 때, 학생과 부모님을 교대로 세우는 경우의 수를 구하시오.

716 민호를 포함한 5명의 학생이 달리기 시합을 할 때, 민호가 3등을 하는 경우의 수를 구하시오.

717 visang에 있는 6개의 문자를 일렬로 배열할 때, v와 s 사이에 i만 오도록 배열하는 경우의 수는?

① 12 ② 24 ③ 36
④ 48 ⑤ 60

718 7개의 숫자 2, 3, 4, 5, 6, 7, 8에서 서로 다른 4개의 숫자를 택하여 만든 네 자리의 자연수 중에서 천의 자리의 숫자와 백의 자리의 숫자가 모두 짝수인 자연수의 개수를 구하시오.

2단계

719 농구 선수 2명, 야구 선수 3명, 축구 선수 2명을 일렬로 세울 때, 농구 선수끼리는 서로 이웃하고 축구 선수끼리는 서로 이웃하지 않도록 세우는 경우의 수를 구하시오.

교육청

720 1학년 학생 2명과 2학년 학생 4명이 있다. 이 6명의 학생이 일렬로 나열된 6개의 의자에 다음 조건을 만족시키도록 모두 앉는 경우의 수는?

> (가) 1학년 학생끼리는 이웃하지 않는다.
> (나) 양 끝에 있는 의자에는 모두 2학년 학생이 앉는다.

① 96 ② 120 ③ 144
④ 168 ⑤ 192

교육청

721 그림과 같이 한 줄에 3개씩 모두 6개의 좌석이 있는 케이블카가 있다. 두 학생 A, B를 포함한 5명의 학생이 이 케이블카에 탑승하여 A, B는 같은 줄의 좌석에 앉고 나머지 세 명은 맞은편 줄의 좌석에 앉는 경우의 수는?

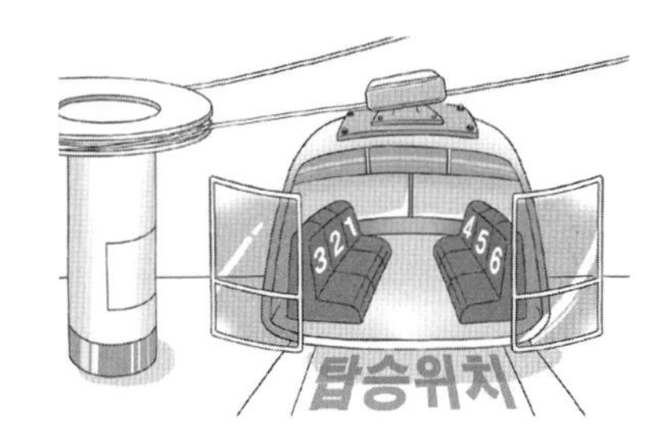

① 48 ② 54 ③ 60
④ 66 ⑤ 72

서술형

722 남자 회원이 4명이고 여자 회원이 n명인 어느 동아리에서 회장과 부회장을 각각 한 명씩 뽑으려고 한다. 적어도 한 명은 남자 회원을 뽑는 경우의 수가 100일 때, n의 값을 구하시오.

Ⅲ-1 경우의 수와 순열

연습문제

• 정답과 해설 134쪽

723 선생님 2명과 학생 5명을 일렬로 세워 사진을 찍을 때, 선생님 사이에 적어도 2명의 학생을 세우는 경우의 수는?

① 1200 ② 1440 ③ 2400
④ 3600 ⑤ 5040

724 6개의 숫자 0, 1, 2, 3, 4, 5에서 서로 다른 3개의 숫자를 택하여 만든 세 자리의 자연수 중에서 백의 자리의 숫자가 일의 자리의 숫자보다 큰 자연수의 개수는?

① 20 ② 40 ③ 60
④ 80 ⑤ 100

725 6개의 숫자 1, 2, 3, 4, 5, 6에서 서로 다른 4개의 숫자를 택하여 만든 네 자리의 자연수 중에서 4300보다 큰 수의 개수를 구하시오.

726 smile에 있는 5개의 문자를 모두 한 번씩만 사용하여 만든 문자열을 사전식으로 배열할 때, 100번째로 나타나는 문자열을 구하시오.

3단계

727 일렬로 놓여 있는 9개의 똑같은 의자에 4명의 학생이 앉을 때, 어느 2명도 서로 이웃하지 않도록 앉는 경우의 수는?

① 60 ② 120 ③ 360
④ 720 ⑤ 5040

교육청

728 9개의 숫자 1, 2, 3, 4, 5, 6, 7, 8, 9 중에서 서로 다른 3개의 숫자를 택하여 다음 조건을 만족시키도록 세 자리 자연수를 만들려고 한다.

각 자리의 수 중 어떤 두 수의 합도 9가 아니다.

예를 들어, 217은 조건을 만족시키지 않는다. 조건을 만족시키는 세 자리 자연수의 개수를 구하시오.

III. 경우의 수

2

조합

01 조합

조합

개념 01 조합

서로 다른 n개에서 순서를 생각하지 않고 $r\,(0<r\le n)$개를 택하는 것을 n개에서 r개를 택하는 **조합**이라 한다.
이때 조합의 가짓수를 **조합의 수**라 하고 기호로

$${}_{n}\mathrm{C}_{r}$$

와 같이 나타낸다.

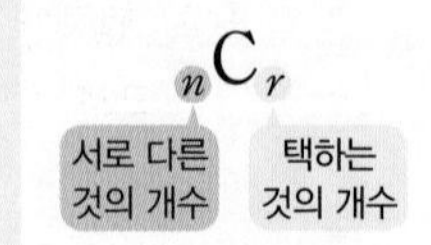

* 조합(組合 - 짤 조, 합할 합): 여러 개 가운데에서 몇 개를 순서에 관계없이 뽑아내어 모음

| 예 | 9명의 학생 중에서 3명을 뽑아 일렬로 세우는 경우의 수 ➡ ${}_{9}\mathrm{P}_{3}$
9명의 학생 중에서 3명을 뽑는 경우의 수 ➡ ${}_{9}\mathrm{C}_{3}$
(서로 다른 9개에서 / 순서를 생각하지 않고 3개를 택하기)

| 참고 | ${}_{n}\mathrm{C}_{r}$에서 C는 Combination(조합)의 첫 글자이다.

개념 02 조합의 수

◐ 예제 01~07

서로 다른 n개에서 r개를 택하는 조합의 수는 ${}_{n}\mathrm{C}_{0}=1$로 정하면

$${}_{n}\mathrm{C}_{r}=\frac{{}_{n}\mathrm{P}_{r}}{r!}=\frac{n!}{r!(n-r)!}\ (\text{단, } 0\le r\le n)$$

서로 다른 n개에서 r개를 택하여 일렬로 배열하는 것을 순열이라 하며 ${}_{n}\mathrm{P}_{r}$로 나타낸다.
이때 순열은 다음과 같이 두 단계를 거쳐서 구하게 된다,
(i) 서로 다른 n개에서 순서를 생각하지 않고 r개를 택한다. ➡ ${}_{n}\mathrm{C}_{r}$
(ii) 택한 r개를 일렬로 배열한다. ➡ $r!$
(i), (ii)는 동시에 일어나므로 곱의 법칙에 의하여

$${}_{n}\mathrm{P}_{r}={}_{n}\mathrm{C}_{r}\times r!$$

$$\therefore\ {}_{n}\mathrm{C}_{r}=\frac{{}_{n}\mathrm{P}_{r}}{r!}$$

${}_{n}\mathrm{P}_{r}=\dfrac{n!}{(n-r)!}$이므로

$${}_{n}\mathrm{C}_{r}=\frac{{}_{n}\mathrm{P}_{r}}{r!}=\frac{n!}{r!(n-r)!}\ (\text{단, } 0<r\le n)$$

이때 $0!=1$, ${}_{n}\mathrm{P}_{0}=1$이므로 ${}_{n}\mathrm{C}_{0}=1$로 정하면 위의 식은 $r=0$일 때도 성립한다.

| 예 | 서로 다른 9개에서 3개를 택하는 조합의 수는

$${}_{9}\mathrm{C}_{3}=\frac{{}_{9}\mathrm{P}_{3}}{3!}=\frac{9\times8\times7}{3\times2\times1}=84$$

개념 03 조합의 수의 성질

◎ 예제 01

(1) ${}_{n}C_{r}={}_{n}C_{n-r}$ (단, $0\le r\le n$)
(2) ${}_{n}C_{r}={}_{n-1}C_{r}+{}_{n-1}C_{r-1}$ (단, $1\le r<n$)

(1) 서로 다른 n개에서 r개를 택하는 경우의 수는 서로 다른 n개에서 택하지 않고 남아 있을 $(n-r)$개를 택하는 경우의 수와 같으므로

●●●●●● | ●●●●●●
r개를 택한다. $(n-r)$개를 택한다.

$${}_{n}C_{r}={}_{n}C_{n-r}$$

예를 들어 서로 다른 5가지의 메뉴 중에서 오늘 먹을 2가지 메뉴를 택하는 경우의 수와 오늘 먹지 않을 3가지 메뉴를 택하는 경우의 수는 같으므로 ${}_{5}C_{2}={}_{5}C_{3}$

(2) 서로 다른 n개에서 r개를 택하는 경우의 수는 n개 중에서 특정한 것 A를 임의로 정하여 다음과 같이 두 경우로 나누어 생각할 수 있다.

(i) r개 중에서 A가 포함되지 않는 경우
A를 제외한 $(n-1)$개 중에서 r개를 택하는 경우의 수와 같으므로 ${}_{n-1}C_{r}$

(ii) r개 중에서 A가 포함되는 경우
A를 제외한 $(n-1)$개 중에서 $(r-1)$개를 택하는 경우의 수와 같으므로 ${}_{n-1}C_{r-1}$

(i), (ii)는 동시에 일어나지 않으므로 합의 법칙에 의하여

$${}_{n}C_{r}={}_{n-1}C_{r}+{}_{n-1}C_{r-1}$$

예를 들어 A, B, C, D, E가 각각 하나씩 적힌 5장의 카드 중에서 순서를 생각하지 않고 3장을 뽑는 경우의 수는 ${}_{5}C_{3}$이고, A가 적힌 카드를 포함하지 않고 3장을 뽑는 경우의 수는 ${}_{4}C_{3}$, A가 적힌 카드를 포함하여 3장을 뽑는 경우의 수는 ${}_{4}C_{2}$이므로 ${}_{5}C_{3}={}_{4}C_{3}+{}_{4}C_{2}$

| 증명 | (1) $${}_{n}C_{n-r}=\frac{n!}{(n-r)!\{n-(n-r)\}!}=\frac{n!}{(n-r)!r!}={}_{n}C_{r}$$ ◀ ${}_{n}C_{r}=\frac{n!}{r!(n-r)!}$을 이용한다.

(2) $${}_{n-1}C_{r}+{}_{n-1}C_{r-1}=\frac{(n-1)!}{r!\{(n-1)-r\}!}+\frac{(n-1)!}{(r-1)!\{(n-1)-(r-1)\}!}$$
$$=\frac{(n-1)!}{r!(n-r-1)!}+\frac{(n-1)!}{(r-1)!(n-r)!}$$
$$=\frac{(n-r)(n-1)!}{r!(n-r)(n-r-1)!}+\frac{r(n-1)!}{r(r-1)!(n-r)!}$$ ◀ 분자, 분모에 같은 수를 곱한다.
$$=\frac{(n-r)(n-1)!}{r!(n-r)!}+\frac{r(n-1)!}{r!(n-r)!}=\frac{\{(n-r)+r\}(n-1)!}{r!(n-r)!}$$
$$=\frac{n!}{r!(n-r)!}={}_{n}C_{r}$$

| 참고 | $r>n-r$일 때, ${}_{n}C_{r}={}_{n}C_{n-r}$를 이용하면 계산을 간단히 할 수 있다.

| 예 |
- ${}_{6}C_{4}=\frac{6\times5\times4\times3}{4\times3\times2\times1}=15$, ${}_{6}C_{2}=\frac{6\times5}{2\times1}=15$이므로 ${}_{6}C_{4}={}_{6}C_{2}$
- ${}_{6}C_{3}=\frac{6\times5\times4}{3\times2\times1}=20$, ${}_{5}C_{3}+{}_{5}C_{2}=\frac{5\times4\times3}{3\times2\times1}+\frac{5\times4}{2\times1}=10+10=20$이므로 ${}_{6}C_{3}={}_{5}C_{3}+{}_{5}C_{2}$

개념 04 특정 조건이 있을 때의 조합의 수

예제 03, 04

(1) 특정한 것을 포함할 때의 조합의 수

서로 다른 n개에서 특정한 k개를 포함하여 r개를 뽑는 경우의 수는

➡ ${}_{n-k}C_{r-k}$

(2) 특정한 것을 포함하지 않을 때의 조합의 수

서로 다른 n개에서 특정한 k개를 제외하고 r개를 뽑는 경우의 수는

➡ ${}_{n-k}C_{r}$

(3) '적어도'의 조건이 있을 때의 조합의 수

적어도 ~인 경우의 수는 모든 경우의 수에서 모두 ~가 아닌 경우의 수를 뺀다.

(1) 서로 다른 n개에서 특정한 k개를 포함하여 r개를 뽑는 경우의 수는 특정한 k개는 이미 뽑았다고 생각하고 k개를 제외한 나머지 $(n-k)$개 중에서 $(r-k)$개를 뽑는 경우의 수와 같으므로

${}_{n-k}C_{r-k}$

(2) 서로 다른 n개에서 특정한 k개를 제외하고 r개를 뽑는 경우의 수는 특정한 k개를 제외한 나머지 $(n-k)$개 중에서 r개를 뽑는 경우의 수와 같으므로

${}_{n-k}C_{r}$

| 예 | 남자 3명과 여자 4명 중에서 3명을 뽑을 때, 다음과 같은 조건을 만족시키는 경우의 수를 구해 보자.

(1) 특정한 2명을 포함하여 뽑는 경우

특정한 2명을 이미 뽑았다고 생각하고 나머지 5명 중에서 1명을 뽑는 경우의 수이므로

${}_{5}C_{1}=5$

(2) 특정한 2명을 제외하고 뽑는 경우

특정한 2명을 제외한 나머지 5명 중에서 3명을 뽑는 경우의 수이므로

${}_{5}C_{3}={}_{5}C_{2}=\frac{5\times4}{2\times1}=10$

(3) 적어도 한 명은 여자를 뽑는 경우

(i) 7명 중에서 3명을 뽑는 경우의 수는

${}_{7}C_{3}=\frac{7\times6\times5}{3\times2\times1}=35$

(ii) 3명을 모두 남자만 뽑는 경우의 수는

${}_{3}C_{3}=1$

(i), (ii)에서 구하는 경우의 수는

$35-1=34$

개념 02

729 다음 값을 구하시오.

(1) ${}_{3}\mathrm{C}_{3}$

(2) ${}_{4}\mathrm{C}_{0}$

(3) ${}_{7}\mathrm{C}_{2}$

(4) ${}_{8}\mathrm{C}_{5}$

개념 03

730 다음 등식을 만족시키는 자연수 r의 값을 구하시오.

(1) ${}_{6}\mathrm{C}_{2}={}_{6}\mathrm{C}_{r}$ (단, $r\neq2$)

(2) ${}_{8}\mathrm{C}_{6}={}_{8}\mathrm{C}_{r}$ (단, $r\neq6$)

(3) ${}_{9}\mathrm{C}_{4}={}_{9}\mathrm{C}_{r}$ (단, $r\neq4$)

(4) ${}_{12}\mathrm{C}_{7}={}_{12}\mathrm{C}_{r}$ (단, $r\neq7$)

개념 03

731 다음은 $1\leq r\leq n$일 때, 등식 $n\times{}_{n-1}\mathrm{C}_{r-1}=r\times{}_{n}\mathrm{C}_{r}$가 성립함을 증명하는 과정이다. (가), (나)에 알맞은 것을 구하시오.

$$\begin{aligned} n\times{}_{n-1}\mathrm{C}_{r-1} &= n\times\frac{(n-1)!}{(r-1)!\times(\boxed{\text{(가)}})!} \\ &= \frac{\boxed{\text{(나)}}!}{(r-1)!(\boxed{\text{(가)}})!} \\ &= r\times\frac{\boxed{\text{(나)}}!}{r!(\boxed{\text{(가)}})!} \\ &= r\times{}_{n}\mathrm{C}_{r} \end{aligned}$$

Ⅲ-2 조합

예제 01 / ${}_{n}C_{r}$의 계산

${}_{n}C_{r}=\frac{{}_{n}P_{r}}{r!}$, ${}_{n}C_{r}={}_{n}C_{n-r}$임을 이용하여 식을 세운다.

다음 등식을 만족시키는 자연수 n의 값을 구하시오.

(1) ${}_{n}C_{5}={}_{n}C_{7}$

(2) ${}_{n+3}C_{n}=84$

(3) $2\times{}_{n}C_{2}+{}_{n+1}C_{2}={}_{n+2}C_{3}$

• 유형 만렙 공통수학 1 164쪽에서 문제 더 풀기

| 풀이 | (1) ${}_{n}C_{5}={}_{n}C_{n-5}$이므로

${}_{n}C_{n-5}={}_{n}C_{7}$

따라서 $n-5=7$이므로 $n=12$

(2) ${}_{n+3}C_{n}={}_{n+3}C_{(n+3)-n}$이므로

${}_{n+3}C_{3}=84$

$$\frac{(n+3)(n+2)(n+1)}{3\times2\times1}=84$$

$(n+3)(n+2)(n+1)=504$

$504=9\times8\times7$이므로 ◀ 좌변이 연속하는 세 정수의 곱의 꼴이므로 우변을 연속하는 세 정수의 곱으로 나타낸다.

$(n+3)(n+2)(n+1)=9\times8\times7$

이때 n은 자연수이므로 $n+3=9$ ◀ $n+2=8$ 또는 $n+1=7$을 이용하여 풀어도 된다.

$\therefore n=6$

(3) $2\times{}_{n}C_{2}+{}_{n+1}C_{2}={}_{n+2}C_{3}$에서

$$2\times\frac{n(n-1)}{2\times1}+\frac{(n+1)n}{2\times1}=\frac{(n+2)(n+1)n}{3\times2\times1}$$

이때 $n\geq2$이므로 양변을 n으로 나누면 ◀ ${}_{n}C_{2}$에서 $n\geq2$, ${}_{n+1}C_{2}$에서 $n+1\geq2$, 즉 $n\geq1$, ${}_{n+2}C_{3}$에서 $n+2\geq3$, 즉 $n\geq1$ ➡ $n\geq2$

$$n-1+\frac{n+1}{2}=\frac{(n+2)(n+1)}{6}$$

$6(n-1)+3(n+1)=n^2+3n+2$

$n^2-6n+5=0$

$(n-1)(n-5)=0$

$\therefore n=1$ 또는 $n=5$

그런데 $n\geq2$이므로 $n=5$

답 (1) 12 (2) 6 (3) 5

732 유사

다음 등식을 만족시키는 자연수 n의 값을 구하시오.

(1) ${}_{n}\mathrm{C}_{6}={}_{n}\mathrm{C}_{4}$

(2) ${}_{n+4}\mathrm{C}_{n}=70$

(3) ${}_{n+2}\mathrm{C}_{2}={}_{n}\mathrm{C}_{2}+{}_{n-1}\mathrm{C}_{2}$

733 변형

등식 $2\times{}_{n}\mathrm{P}_{2}+3\times{}_{n}\mathrm{C}_{3}={}_{n}\mathrm{P}_{3}$을 만족시키는 자연수 n의 값을 구하시오.

734 변형

등식 ${}_{n}\mathrm{C}_{n-3}+{}_{n+1}\mathrm{C}_{n-1}=5n$을 만족시키는 자연수 n의 값을 구하시오.

735 변형

x에 대한 이차방정식 $5x^2+{}_{n}\mathrm{C}_{r}x-2\times{}_{n}\mathrm{P}_{r}=0$의 두 근이 -6, 4가 되도록 하는 자연수 n, r에 대하여 $n+r$의 값을 구하시오.

예제 02 / 조합의 수

서로 다른 n개에서 r개를 택하는 경우의 수는 ➡ ${}_{n}C_{r}$

남학생 6명과 여학생 7명이 있을 때, 다음을 구하시오.

(1) 10명의 학생을 뽑는 경우의 수

(2) 남학생 3명과 여학생 2명을 뽑는 경우의 수

(3) 성별이 모두 같은 4명의 학생을 뽑는 경우의 수

• 유형 만렙 공통수학 1 164쪽에서 문제 더 풀기

| 개념 |
- 서로 다른 n명 중에서 r명을 뽑는 경우의 수는 ➡ ${}_{n}C_{r}$
- 서로 다른 m명 중에서 p명을 뽑고, 서로 다른 n명 중에서 q명을 뽑는 경우의 수는 ➡ ${}_{m}C_{p}\times{}_{n}C_{q}$
- 서로 다른 m명 중에서 r명을 뽑거나 서로 다른 n명 중에서 r명을 뽑는 경우의 수는 ➡ ${}_{m}C_{r}+{}_{n}C_{r}$

| 풀이 | (1) 13명의 학생 중에서 10명을 뽑는 경우의 수는 ◀ 성별을 가리지 않고 전체 인원수에서 뽑는다.

$${}_{13}C_{10}={}_{13}C_{3}=\frac{13\times12\times11}{3\times2\times1}=286$$

(2) 남학생 6명 중에서 3명을 뽑는 경우의 수는

$${}_{6}C_{3}=\frac{6\times5\times4}{3\times2\times1}=20$$

여학생 7명 중에서 2명을 뽑는 경우의 수는

$${}_{7}C_{2}=\frac{7\times6}{2\times1}=21$$

따라서 구하는 경우의 수는

$20\times21=420$ ◀ 동시에 일어나므로 곱의 법칙을 이용한다.

(3) 남학생 6명 중에서 4명을 뽑는 경우의 수는

$${}_{6}C_{4}={}_{6}C_{2}=\frac{6\times5}{2\times1}=15$$

여학생 7명 중에서 4명을 뽑는 경우의 수는

$${}_{7}C_{4}={}_{7}C_{3}=\frac{7\times6\times5}{3\times2\times1}=35$$

따라서 구하는 경우의 수는

$15+35=50$ ◀ 동시에 일어나지 않으므로 합의 법칙을 이용한다.

답 (1) 286 (2) 420 (3) 50

736 유사

서로 다른 수학 문제집 7권과 서로 다른 영어 문제집 5권이 있을 때, 다음을 구하시오.

(1) 3권의 문제집을 택하는 경우의 수

(2) 수학 문제집 4권과 영어 문제집 2권을 택하는 경우의 수

(3) 과목이 모두 같은 5권의 문제집을 택하는 경우의 수

737 변형

1학년 학생 5명, 2학년 학생 8명, 3학년 학생 7명 중에서 3명을 뽑을 때, 학년이 모두 같은 학생을 뽑는 경우의 수를 구하시오.

738 변형

서로 다른 n켤레의 운동화와 서로 다른 3켤레의 구두 중에서 4켤레를 택하는 경우의 수가 35일 때, n의 값을 구하시오.

739 변형

어떤 운동 시합에 참가한 모든 선수들끼리 각자 한 번씩 악수를 하였더니 악수한 횟수가 120회였을 때, 시합에 참가한 선수의 수를 구하시오.

예제 03 / 특정한 것을 포함하거나 포함하지 않을 때의 조합의 수

특정한 것을 이미 뽑았다고 생각하거나 특정한 것을 제외하고 생각한다.

한국인 7명과 미국인 5명 중에서 5명을 뽑을 때, 다음을 구하시오.

(1) 특정한 한국인 2명을 포함하여 뽑는 경우의 수

(2) 특정한 미국인 3명을 포함하지 않고 뽑는 경우의 수

• 유형 만렙 공통수학 1 165쪽에서 문제 더 풀기

| 개념 |
- 서로 다른 n개에서 특정한 k개를 포함하여 r개를 뽑는 경우의 수는 ➡ ${}_{n-k}\mathrm{C}_{r-k}$
- 서로 다른 n개에서 특정한 k개를 제외하고 r개를 뽑는 경우의 수는 ➡ ${}_{n-k}\mathrm{C}_{r}$

| 풀이 |
(1) 특정한 한국인 2명을 이미 뽑았다고 생각하고 나머지 10명 중에서 3명을 뽑는 경우의 수이므로

$${}_{10}\mathrm{C}_3=\frac{10\times9\times8}{3\times2\times1}=120$$

(2) 특정한 미국인 3명을 제외하고 나머지 9명 중에서 5명을 뽑는 경우의 수이므로

$${}_9\mathrm{C}_5={}_9\mathrm{C}_4=\frac{9\times8\times7\times6}{4\times3\times2\times1}=126$$

답 (1) 120 (2) 126

예제 04 / '적어도'의 조건이 있을 때의 조합의 수

(적어도 ~인 경우의 수)=(모든 경우의 수)−(모두 ~가 아닌 경우의 수)

축구 선수 6명과 야구 선수 4명 중에서 4명을 뽑을 때, 축구 선수와 야구 선수를 각각 적어도 1명씩 포함하여 뽑는 경우의 수를 구하시오.

• 유형 만렙 공통수학 1 166쪽에서 문제 더 풀기

| 풀이 |
모든 선수 10명 중에서 4명을 뽑는 경우의 수에서 4명을 모두 축구 선수만 뽑거나 모두 야구 선수만 뽑는 경우의 수를 빼면 된다.

(i) 10명 중에서 4명을 뽑는 경우의 수는

$${}_{10}\mathrm{C}_4=\frac{10\times9\times8\times7}{4\times3\times2\times1}=210$$

(ii) 4명을 모두 축구 선수만 뽑거나 모두 야구 선수만 뽑는 경우의 수는

$${}_6\mathrm{C}_4+{}_4\mathrm{C}_4={}_6\mathrm{C}_2+{}_4\mathrm{C}_4=\frac{6\times5}{2\times1}+1=15+1=16$$

◀ '축구 선수만 뽑는 경우' 또는 '야구 선수만 뽑는 경우'이므로 합의 법칙을 이용한다.

(i), (ii)에서 구하는 경우의 수는

$210-16=194$

답 194

740 예제 03 유사

남자 5명과 여자 6명 중에서 5명을 뽑을 때, 다음을 구하시오.

(1) 특정한 여자 3명을 포함하여 뽑는 경우의 수

(2) 특정한 남자 3명을 포함하지 않고 뽑는 경우의 수

741 예제 04 유사

서로 다른 6송이의 빨간색 꽃과 서로 다른 3송이의 파란색 꽃 중에서 3송이를 고를 때, 빨간색 꽃과 파란색 꽃을 각각 적어도 1송이씩 포함하여 고르는 경우의 수를 구하시오.

742 예제 03 변형

A, B 두 사람을 포함한 10명의 동아리 회원 중에서 5명을 뽑을 때, A와 B 중에서 1명만 포함하여 뽑는 경우의 수를 구하시오.

743 예제 04 변형

중학생 6명과 고등학생 5명 중에서 4명을 뽑을 때, 고등학생을 적어도 2명 포함하여 뽑는 경우의 수를 구하시오.

예제 05 / 뽑아서 배열하는 경우의 수

(n개에서 r개를 택하는 경우의 수)×(일렬로 배열하는 경우의 수) ➡ ${}_{n}C_{r}\times r!$

어른 6명과 아이 3명이 있을 때, 다음을 구하시오.

(1) 어른 2명, 아이 2명을 뽑아 일렬로 세우는 경우의 수

(2) 어른 3명, 아이 2명을 뽑아 아이 2명이 서로 이웃하도록 일렬로 세우는 경우의 수

• 유형 만렙 공통수학 1 166쪽에서 문제 더 풀기

| 풀이 | (1) 어른 6명 중에서 2명을 뽑고 아이 3명 중에서 2명을 뽑는 경우의 수는

$${}_{6}C_{2}\times{}_{3}C_{2}={}_{6}C_{2}\times{}_{3}C_{1}=\frac{6\times5}{2\times1}\times3=45$$

뽑은 4명을 일렬로 세우는 경우의 수는

$4!=24$

따라서 구하는 경우의 수는

$45\times24=1080$

(2) 어른 6명 중에서 3명을 뽑고 아이 3명 중에서 2명을 뽑는 경우의 수는

$${}_{6}C_{3}\times{}_{3}C_{2}={}_{6}C_{3}\times{}_{3}C_{1}=\frac{6\times5\times4}{3\times2\times1}\times3=60$$

아이 2명을 한 묶음으로 생각하여 어른 3명과 함께 일렬로 세우는 경우의 수는

$4!=24$

아이 2명이 자리를 바꾸는 경우의 수는

$2!=2$

따라서 구하는 경우의 수는

$60\times24\times2=2880$

답 (1) 1080 (2) 2880

744 유사

남학생 5명과 여학생 4명이 있을 때, 다음을 구하시오.

(1) 남학생 2명, 여학생 3명을 뽑아 일렬로 세우는 경우의 수

(2) 남학생 4명, 여학생 2명을 뽑아 여학생 2명이 서로 이웃하도록 일렬로 세우는 경우의 수

745 변형

6개의 문자 a, b, c, d, e, f 중에서 4개의 문자를 택하여 문자열을 만들 때, 두 문자 a, b를 모두 포함하는 문자열의 개수를 구하시오.

746 변형

8개의 숫자 1, 2, 3, 4, 5, 6, 7, 8 중에서 서로 다른 3개의 숫자를 택하여 세 자리의 자연수를 만들 때, 숫자 1은 포함하고 숫자 8은 포함하지 않는 자연수의 개수를 구하시오.

747 변형

민규와 지영이를 포함한 10명의 학생 중에서 4명을 뽑아 일렬로 세우려고 한다. 민규와 지영이가 모두 포함되고 이 두 명이 서로 이웃하도록 세우는 경우의 수를 구하시오.

예제 06 / 직선 또는 삼각형의 개수

직선은 서로 다른 두 개의 점, 삼각형은 한 직선 위에 있지 않은 세 점을 택하여 만든다.

오른쪽 그림과 같이 반원 위에 9개의 점이 있을 때, 다음을 구하시오.

(1) 2개의 점을 이어서 만들 수 있는 서로 다른 직선의 개수

(2) 3개의 점을 꼭짓점으로 하는 삼각형의 개수

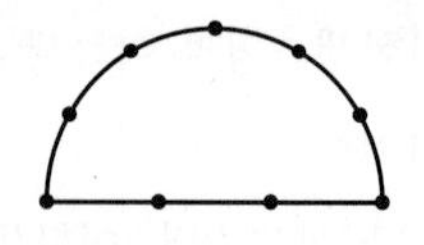

• 유형 만렙 공통수학1 167쪽에서 문제 더 풀기

| 풀이 | (1) 9개의 점 중에서 2개를 택하는 경우의 수는 ${}_9C_2=\frac{9\times8}{2\times1}=36$

한 직선 위에 있는 4개의 점 중에서 2개를 택하는 경우의 수는 ${}_4C_2=\frac{4\times3}{2\times1}=6$

그런데 한 직선 위에 있는 점으로는 1개의 직선만 만들 수 있으므로 구하는 직선의 개수는

$36-6+1=31$ ← 한 직선 위의 2개의 점으로 만들 수 있는 직선을 모두 빼면 해당 직선도 제외되므로 반드시 이 직선을 포함하여 직선의 개수를 구해야 한다.

(2) 9개의 점 중에서 3개를 택하는 경우의 수는 ${}_9C_3=\frac{9\times8\times7}{3\times2\times1}=84$

한 직선 위에 있는 4개의 점 중에서 3개를 택하는 경우의 수는 ${}_4C_3={}_4C_1=4$

그런데 한 직선 위에 있는 점으로는 삼각형을 만들 수 없으므로 구하는 삼각형의 개수는

$84-4=80$

답 (1) 31 (2) 80

예제 07 / 평행사변형의 개수

평행사변형은 서로 평행한 m개의 직선과 n개의 직선 중 각각 2개를 택하여 만든다.

오른쪽 그림과 같이 서로 평행한 4개의 직선과 서로 평행한 5개의 직선이 만날 때, 이 직선으로 만들 수 있는 평행사변형의 개수를 구하시오.

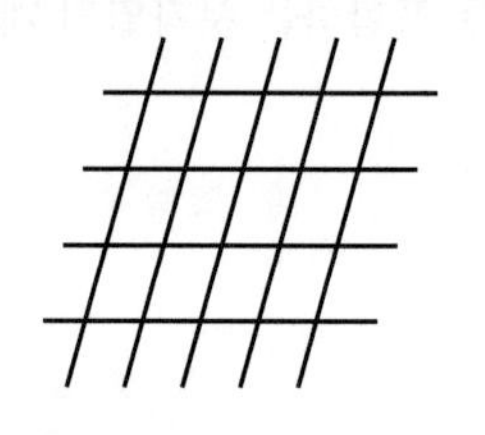

• 유형 만렙 공통수학1 168쪽에서 문제 더 풀기

| 풀이 | 가로 방향의 평행한 직선 2개와 세로 방향의 평행한 직선 2개를 택하면 한 개의 평행사변형이 만들어진다.

가로 방향의 4개의 직선 중에서 2개를 택하는 경우의 수는 ${}_4C_2=\frac{4\times3}{2\times1}=6$

세로 방향의 5개의 직선 중에서 2개를 택하는 경우의 수는 ${}_5C_2=\frac{5\times4}{2\times1}=10$

따라서 구하는 평행사변형의 개수는

$6\times10=60$

답 60

748 예제 06 유사

오른쪽 그림과 같이 반원 위에 8개의 점이 있을 때, 다음을 구하시오.

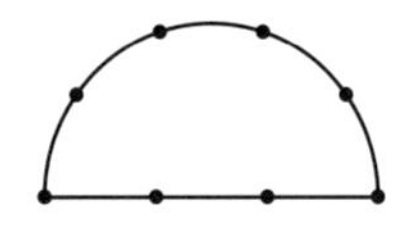

(1) 2개의 점을 이어서 만들 수 있는 서로 다른 직선의 개수

(2) 3개의 점을 꼭짓점으로 하는 삼각형의 개수

749 예제 07 유사

오른쪽 그림과 같이 서로 평행한 5개의 직선과 서로 평행한 6개의 직선이 만날 때, 이 직선으로 만들 수 있는 평행사변형의 개수를 구하시오.

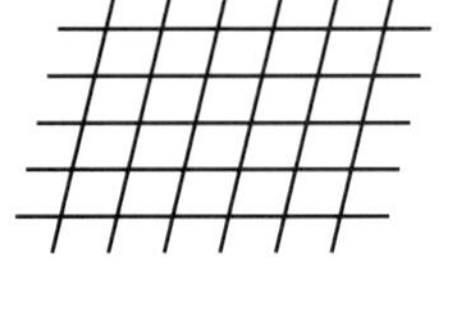

750 예제 06 변형

교과서

오른쪽 그림과 같이 같은 간격으로 놓인 12개의 점 중에서 3개의 점을 꼭짓점으로 하는 삼각형의 개수를 구하시오.

751 예제 07 변형

오른쪽 그림과 같이 서로 수직으로 만나는 가로줄과 세로줄이 일정한 간격으로 배열되어 있는 도형이 있다. 이 도형의 선으로 만들 수 있는 사각형 중에서 다음을 구하시오.

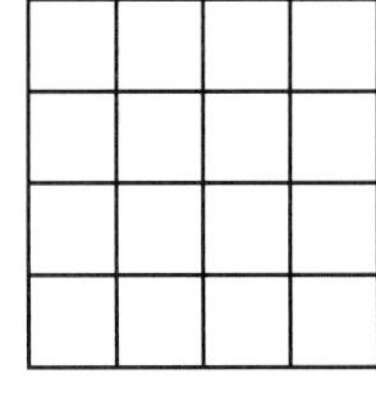

(1) 정사각형의 개수

(2) 정사각형이 아닌 직사각형의 개수

연습문제

• 정답과 해설 139쪽

759 남학생의 수와 여학생의 수가 같은 어느 동아리에서 3명을 택하는 경우의 수는 남학생 중에서 3명을 택하는 경우의 수의 10배이다. 이 동아리의 여학생 중에서 3명을 택하는 경우의 수를 구하시오. (단, 남학생과 여학생은 각각 3명 이상 속해 있다.)

760 서로 다른 6곳의 학교의 학생이 각각 2명씩 있다. 이 12명의 학생 중에서 서로 다른 학교의 학생으로만 4명을 택하는 경우의 수를 구하시오.

교육청

761 $c<b<a<10$인 자연수 a, b, c에 대하여 백의 자리의 수, 십의 자리의 수, 일의 자리의 수가 각각 a, b, c인 세 자리의 자연수 중 500보다 크고 700보다 작은 모든 자연수의 개수는?

① 12 ② 14 ③ 16 ④ 18 ⑤ 20

서술형

762 11명의 양궁 선수단에서 주장단 3명을 뽑을 때, 남자 선수를 적어도 1명은 포함하여 뽑는 경우의 수가 145이다. 이때 남자 선수의 수를 구하시오.

교육청

763 삼각형 ABC에서, 꼭짓점 A와 선분 BC 위의 네 점을 연결하는 4개의 선분을 그리고, 선분 AB 위의 세 점과 선분 AC 위의 세 점을 연결하는 3개의 선분을 그려 그림과 같은 도형을 만들었다. 이 도형의 선들로 만들 수 있는 삼각형의 개수는?

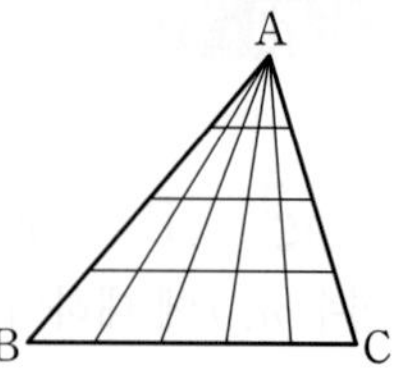

① 30 ② 40 ③ 50 ④ 60 ⑤ 70

3단계

764 오른쪽 그림과 같은 8단의 계단을 한 걸음에 한 단 또는 두 단씩 차례대로 올라갈 때, 계단을 오르는 경우의 수를 구하시오.

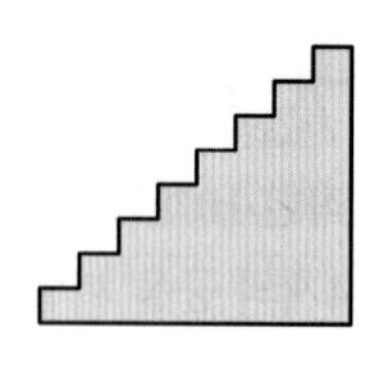

765 오른쪽 그림과 같이 원 위에 같은 간격으로 놓인 8개의 점 중에서 3개의 점을 꼭짓점으로 하는 직각삼각형의 개수를 a, 4개의 점을 꼭짓점으로 하는 직사각형의 개수를 b라 할 때, $a-b$의 값을 구하시오.

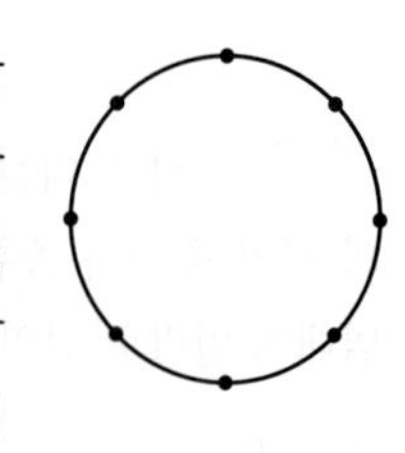

IV. 행렬

1

행렬의 연산

01 행렬의 덧셈, 뺄셈과 실수배
02 행렬의 곱셈

행렬

개념 01 행렬의 뜻

(1) **행렬**: 여러 개의 수나 문자를 직사각형 모양으로 배열하여 괄호로 묶어 나타낸 것

(2) **성분**: 행렬을 구성하고 있는 각각의 수나 문자

(3) **행과 열**

① 행렬의 성분을 가로로 배열한 줄을 **행**이라 하고, 위에서부터 차례대로 제1행, 제2행, 제3행, …이라 한다.

② 행렬의 성분을 세로로 배열한 줄을 **열**이라 하고, 왼쪽에서부터 차례대로 제1열, 제2열, 제3열, …이라 한다.

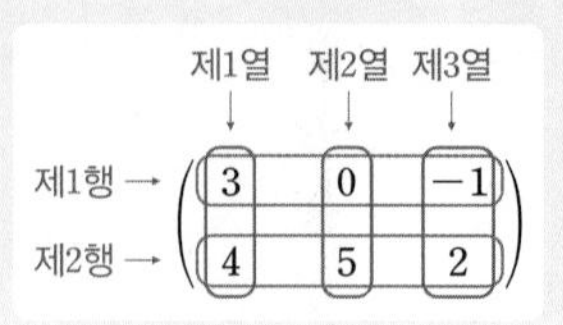

| 예 | 두 고등학교 A, B의 1학년, 2학년, 3학년 학생 수가 오른쪽 표와 같을 때, 이 표에서 수만 뽑아 배열하고 양쪽에 괄호로 묶어 나타내면 다음과 같은 행렬을 만들 수 있다.

	1학년	2학년	3학년
A	95	125	140
B	110	130	147

$$\begin{matrix} 95 & 125 & 140 \\ 110 & 130 & 147 \end{matrix} \Rightarrow \begin{pmatrix} 95 & 125 & 140 \\ 110 & 130 & 147 \end{pmatrix}$$

이때 95, 125, 140, 110, 130, 147은 각각 이 행렬의 성분이고, 학교 A의 학년별 학생 수를 행렬로 나타내면 $(95 \quad 125 \quad 140)$, 두 학교 A, B의 1학년 학생 수를 행렬로 나타내면 $\begin{pmatrix} 95 \\ 110 \end{pmatrix}$이다.

개념 02 $m \times n$ 행렬

m개의 행과 n개의 열로 이루어진 행렬을 **$m \times n$ 행렬**이라 한다.
특히 행의 개수와 열의 개수가 서로 같은 행렬을 **정사각행렬**이라 하고, $n \times n$ 행렬을 **n차 정사각행렬**이라 한다.

$m \times n$ 행렬
행의 개수 ↑ ↑ 열의 개수

| 참고 | $m \times n$ 행렬은 'm by n 행렬', 'm행 n열의 행렬'이라 읽는다.

| 예 | • $(5 \quad 0 \quad 2)$는 행이 1개, 열이 3개이므로 1×3 행렬이다.

• $\begin{pmatrix} 6 & 9 \\ -3 & 12 \end{pmatrix}$는 행이 2개, 열이 2개이므로 2×2 행렬, 즉 이차정사각행렬이다.

개념 03 행렬의 (i, j) 성분

◎ 예제 01, 02

행렬 A의 제i행과 제j열이 만나는 위치에 있는 성분을 행렬 A의 **(i, j) 성분**이라 하고, 기호로 a_{ij}와 같이 나타낸다.
이때 행렬 A를 간단히 $A=(a_{ij})$로 나타낼 수 있다.

제j열
제i행 → $\begin{pmatrix} & \vdots & \\ \cdots & a_{ij} & \cdots \\ & \vdots & \end{pmatrix}$

2×3 행렬 A는 $A=\begin{pmatrix} a_{11} & a_{12} & a_{13} \\ a_{21} & a_{22} & a_{23} \end{pmatrix}$ 또는 $A=(a_{ij})$ $(i=1, 2, j=1, 2, 3)$와 같이 나타낼 수 있다.

| 예 | 행렬 $A=\begin{pmatrix} 1 & -3 & 4 \\ 5 & 21 & -1 \end{pmatrix}$에 대하여

- 행렬 A의 $\underset{a_{12}}{\underline{(1, 2) \text{ 성분}}}$은 제1행과 제2열이 만나는 수이므로 -3이다.
- 행렬 A의 $\underset{a_{23}}{\underline{(2, 3) \text{ 성분}}}$은 제2행과 제3열이 만나는 수이므로 -1이다.

| 참고 | 일반적으로 행렬은 알파벳의 대문자 A, B, C, …를 사용하여 나타내고, 행렬의 성분은 소문자 a, b, c, …를 사용하여 나타낸다.

개념 04 서로 같은 행렬

예제 03

두 행렬 $A=\begin{pmatrix} a_{11} & a_{12} \\ a_{21} & a_{22} \end{pmatrix}$, $B=\begin{pmatrix} b_{11} & b_{12} \\ b_{21} & b_{22} \end{pmatrix}$에 대하여 $A=B$이면

$a_{11}=b_{11}$, $a_{12}=b_{12}$, $a_{21}=b_{21}$, $a_{22}=b_{22}$ ◀ 행렬이 서로 같을 조건

두 행렬 A, B의 행의 개수와 열의 개수가 각각 같을 때, 두 행렬 A, B는 서로 같은 꼴이라 한다.
이때 두 행렬 A, B가 서로 같은 꼴이고 대응하는 성분이 각각 같을 때, 두 행렬 A, B는 서로 같다고 하고, 기호로 $A=B$와 같이 나타낸다.

| 예 | 등식 $\begin{pmatrix} a & 3 \\ b & -1 \end{pmatrix}=\begin{pmatrix} 2 & c \\ 0 & d \end{pmatrix}$를 만족시키는 실수 a, b, c, d의 값을 구해 보자.

두 행렬이 서로 같으려면 두 행렬의 대응하는 성분이 각각 같아야 하므로
$a=2$, $b=0$, $c=3$, $d=-1$

| 참고 |
- 두 행렬 A, B가 서로 같지 않을 때, 기호로 $A\neq B$와 같이 나타낸다.
- 세 행렬 A, B, C에 대하여 $A=B$, $B=C$이면 $A=C$이다.

개념 확인

• 정답과 해설 141쪽

개념 03

766 행렬 $A=\begin{pmatrix} 4 & 1 & -2 \\ 0 & -3 & -1 \\ 5 & 0 & 1 \end{pmatrix}$에서 $A=(a_{ij})$일 때, 다음을 구하시오.

(1) 제2행의 성분

(2) 제1열의 성분

(3) $(3, 2)$ 성분

(4) $a_{31}-a_{12}$의 값

개념 04

767 다음 등식을 만족시키는 실수 a, b의 값을 구하시오.

(1) $(a+2 \quad 5)=(1 \quad -1+2b)$

(2) $\begin{pmatrix} 2a & -4 \\ 5 & 0 \end{pmatrix}=\begin{pmatrix} 6 & -4 \\ b+1 & 0 \end{pmatrix}$

예제 01 / 행렬의 (i, j) 성분

성분 a_{ij}를 나타내는 식에 $i=1, 2, \ldots, j=1, 2, \ldots$를 각각 대입하여 행렬의 성분을 구한다.

행렬 A의 (i, j) 성분 a_{ij}가 다음과 같을 때, 행렬 A를 구하시오.

(1) $a_{ij}=i+2j+1$ (단, $i=1, 2, 3$, $j=1, 2$)

(2) $a_{ij}=\begin{cases} i+1 & (i>j) \\ 2i-j & (i=j) \\ i-j & (i<j) \end{cases}$ (단, $i=1, 2, 3$, $j=1, 2, 3$)

• 유형 만렙 공통수학 1 180쪽에서 문제 더 풀기

| 풀이 | (1) $a_{ij}=i+2j+1$에 $i=1, 2, 3$, $j=1, 2$를 각각 대입하면

$a_{11}=1+2\times1+1=4$, $a_{12}=1+2\times2+1=6$,

$a_{21}=2+2\times1+1=5$, $a_{22}=2+2\times2+1=7$,

$a_{31}=3+2\times1+1=6$, $a_{32}=3+2\times2+1=8$

따라서 구하는 행렬은

$$A=\begin{pmatrix} a_{11} & a_{12} \\ a_{21} & a_{22} \\ a_{31} & a_{32} \end{pmatrix}=\begin{pmatrix} 4 & 6 \\ 5 & 7 \\ 6 & 8 \end{pmatrix}$$

(2) $i>j$이면 $a_{ij}=i+1$이므로

$a_{21}=2+1=3$, $a_{31}=3+1=4$, $a_{32}=3+1=4$

$i=j$이면 $a_{ij}=2i-j$이므로

$a_{11}=2\times1-1=1$, $a_{22}=2\times2-2=2$, $a_{33}=2\times3-3=3$

$i<j$이면 $a_{ij}=i-j$이므로

$a_{12}=1-2=-1$, $a_{13}=1-3=-2$, $a_{23}=2-3=-1$

따라서 구하는 행렬은

$$A=\begin{pmatrix} a_{11} & a_{12} & a_{13} \\ a_{21} & a_{22} & a_{23} \\ a_{31} & a_{32} & a_{33} \end{pmatrix}=\begin{pmatrix} 1 & -1 & -2 \\ 3 & 2 & -1 \\ 4 & 4 & 3 \end{pmatrix}$$

답 (1) $\begin{pmatrix} 4 & 6 \\ 5 & 7 \\ 6 & 8 \end{pmatrix}$ (2) $\begin{pmatrix} 1 & -1 & -2 \\ 3 & 2 & -1 \\ 4 & 4 & 3 \end{pmatrix}$

768 유사

행렬 A의 (i, j) 성분 a_{ij}가 다음과 같을 때, 행렬 A를 구하시오.

(1) $a_{ij}=3i-2j$ (단, $i=1, 2, j=1, 2, 3$)

(2) $a_{ij}=\begin{cases} 0 & (i=j) \\ i^2-j^2 & (i \neq j) \end{cases}$

(단, $i=1, 2, 3, j=1, 2, 3$)

769 변형

3×3 행렬 A의 (i, j) 성분 a_{ij}가 $a_{ij}=i^2+2j-3$일 때, $a_{12}-a_{22}+a_{32}-a_{33}$의 값을 구하시오.

770 변형 교육청

이차정사각행렬 A의 (i, j) 성분 a_{ij}가

$$a_{ij}=2i+j+1\ (i=1, 2, j=1, 2)$$

이다. 행렬 A의 모든 성분의 합을 구하시오.

771 변형

이차정사각행렬 A의 (i, j) 성분 a_{ij}가 $a_{ij}=(i-1)(j+1)$이고, $b_{ij}=a_{ji}$일 때, 행렬 $B=(b_{ij})$를 구하시오.

예제 02 / 행렬의 활용

주어진 조건에 따라 행렬의 각 성분을 구한 후 행렬로 나타낸다.

세 지점 A_1, A_2, A_3 사이를 화살표 방향으로 통행하도록 연결한 도로망이 오른쪽 그림과 같다. 지점 A_i에서 지점 A_j로 바로 가는 도로의 수를 a_{ij}라 할 때, a_{ij}를 (i, j) 성분으로 하는 행렬을 구하시오. (단, $i=1, 2, 3$, $j=1, 2, 3$)

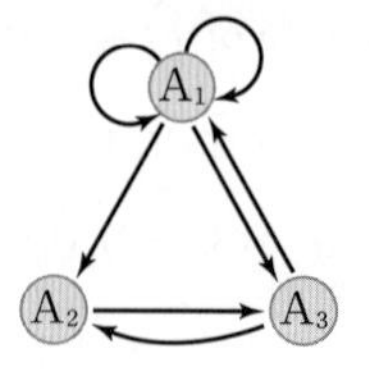

• 유형 만렙 공통수학 1 180쪽에서 문제 더 풀기

| 풀이 | 지점 A_1에서 지점 A_1, A_2, A_3으로 가는 도로의 수가 각각 2, 1, 1이므로

$a_{11}=2$, $a_{12}=1$, $a_{13}=1$

지점 A_2에서 지점 A_1, A_2, A_3으로 가는 도로의 수가 각각 0, 0, 1이므로

$a_{21}=0$, $a_{22}=0$, $a_{23}=1$

지점 A_3에서 지점 A_1, A_2, A_3으로 가는 도로의 수가 각각 1, 1, 0이므로

$a_{31}=1$, $a_{32}=1$, $a_{33}=0$

따라서 구하는 행렬은 $\begin{pmatrix} 2 & 1 & 1 \\ 0 & 0 & 1 \\ 1 & 1 & 0 \end{pmatrix}$

답 $\begin{pmatrix} 2 & 1 & 1 \\ 0 & 0 & 1 \\ 1 & 1 & 0 \end{pmatrix}$

예제 03 / 두 행렬이 서로 같을 조건

$A=\begin{pmatrix} a & b \\ c & d \end{pmatrix}$, $B=\begin{pmatrix} x & y \\ z & w \end{pmatrix}$에 대하여 $A=B$이면 ➡ $a=x$, $b=y$, $c=z$, $d=w$

다음 두 행렬 A, B에 대하여 $A=B$일 때, 실수 a, b, c의 값을 구하시오.

(1) $A=\begin{pmatrix} 3a & 0 \\ c & a+b \end{pmatrix}$, $B=\begin{pmatrix} -4-2b & 0 \\ 3b & -1 \end{pmatrix}$ (2) $A=\begin{pmatrix} 2a & b^2-1 \\ 4-c & b^2-b \end{pmatrix}$, $B=\begin{pmatrix} 3c & 3 \\ 2 & ac \end{pmatrix}$

• 유형 만렙 공통수학 1 180쪽에서 문제 더 풀기

| 풀이 | (1) 두 행렬이 서로 같으면 대응하는 성분이 각각 같으므로

$3a=-4-2b$, $c=3b$, $a+b=-1$

$3a+2b=-4$, $a+b=-1$을 연립하여 풀면 $a=-2$, $b=1$

$\therefore c=3b=3$

(2) 두 행렬이 서로 같으면 대응하는 성분이 각각 같으므로

$2a=3c$, $b^2-1=3$, $4-c=2$, $b^2-b=ac$

$4-c=2$에서 $c=2$이고, $2a=3c$에서 $2a=6$ $\quad\therefore a=3$

$b^2-1=3$에서 $b^2=4$ $\quad\therefore b=-2$ 또는 $b=2$ ...... ㉠

$b^2-b=ac$에서 $b^2-b=6$, $b^2-b-6=0$

$(b+2)(b-3)=0$ $\quad\therefore b=-2$ 또는 $b=3$ ...... ㉡

㉠, ㉡에서 $b=-2$

답 (1) $a=-2$, $b=1$, $c=3$ (2) $a=3$, $b=-2$, $c=2$

772 예제 02 유사

세 지점 A_1, A_2, A_3 사이를 화살표 방향으로 통행하도록 연결한 도로망이 오른쪽 그림과 같다. 지점 A_i에서 지점 A_j로 바로 가는 도로의 수를 a_{ij}라 할 때, a_{ij}를 (i, j) 성분으로 하는 행렬을 구하시오. (단, $i=1, 2, 3$, $j=1, 2, 3$)

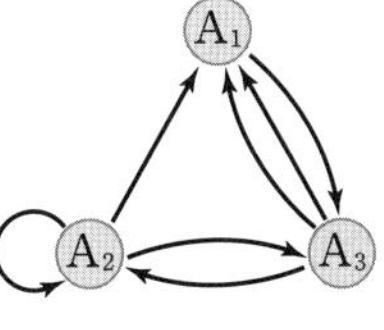

773 예제 03 유사

다음 두 행렬 A, B에 대하여 $A=B$일 때, 실수 a, b, c의 값을 구하시오.

(1) $A=\begin{pmatrix} a+b & a-b \\ b-c & b+c \end{pmatrix}$, $B=\begin{pmatrix} 13 & c \\ 8 & 5-c \end{pmatrix}$

(2) $A=\begin{pmatrix} a^2+1 & c \\ b-1 & a^2+a \end{pmatrix}$, $B=\begin{pmatrix} 10 & -4b \\ -2 & bc+10 \end{pmatrix}$

774 예제 02 변형

오른쪽 표는 노선 번호가 1, 2, 3인 세 셔틀버스가 정차하는 역을 조사하여 나타낸 것이다. 행렬 A의 (i, j) 성분 a_{ij}가

역	정차하는 노선 번호
S_1	3
S_2	1, 2, 3
S_3	2, 3

$$a_{ij}=\begin{cases} 1 \ (i\text{번 버스가 } S_j \text{ 역에 정차할 때}) \\ 0 \ (i\text{번 버스가 } S_j \text{ 역에 정차하지 않을 때}) \end{cases}$$

일 때, 행렬 A를 구하시오.

(단, $i=1, 2, 3$, $j=1, 2, 3$)

775 예제 03 변형 교육청

두 행렬 $A=\begin{pmatrix} 1-x & x+y \\ -1 & xy \end{pmatrix}$, $B=\begin{pmatrix} y-2 & xy+1 \\ -1 & 4-xy \end{pmatrix}$에 대하여 $A=B$일 때, x^3+y^3의 값은?

① 7 ② 8 ③ 9 ④ 10 ⑤ 11

2 행렬의 덧셈, 뺄셈과 실수배

개념 01 행렬의 덧셈과 뺄셈

예제 04~06

두 행렬 $A=\begin{pmatrix} a_{11} & a_{12} \\ a_{21} & a_{22} \end{pmatrix}$, $B=\begin{pmatrix} b_{11} & b_{12} \\ b_{21} & b_{22} \end{pmatrix}$에 대하여

$$A+B=\begin{pmatrix} a_{11}+b_{11} & a_{12}+b_{12} \\ a_{21}+b_{21} & a_{22}+b_{22} \end{pmatrix},\ A-B=\begin{pmatrix} a_{11}-b_{11} & a_{12}-b_{12} \\ a_{21}-b_{21} & a_{22}-b_{22} \end{pmatrix}$$

같은 꼴인 두 행렬 A, B에 대하여 행렬 A와 행렬 B의 대응하는 각 성분을 더한 것을 성분으로 하는 행렬을 행렬 A와 행렬 B의 **합**이라 하고, 기호로 $\boldsymbol{A+B}$와 같이 나타낸다.
또 행렬 A의 각 성분에서 그에 대응하는 행렬 B의 성분을 뺀 것을 성분으로 하는 행렬을 행렬 A와 행렬 B의 **차**라 하고, 기호로 $\boldsymbol{A-B}$와 같이 나타낸다.

한편 같은 꼴인 세 행렬 A, B, C에 대하여 다음이 성립한다.

(1) $A+B=B+A$ ◀ 덧셈에 대한 교환법칙

(2) $(A+B)+C=A+(B+C)$ ◀ 덧셈에 대한 결합법칙

| 참고 | $(A+B)+C$, $A+(B+C)$를 간단히 $A+B+C$로 나타낼 수 있다.

| 예 |

- $\begin{pmatrix} -1 & 3 \\ 2 & -2 \end{pmatrix}+\begin{pmatrix} 0 & 5 \\ -1 & 4 \end{pmatrix}=\begin{pmatrix} -1+0 & 3+5 \\ 2+(-1) & -2+4 \end{pmatrix}=\begin{pmatrix} -1 & 8 \\ 1 & 2 \end{pmatrix}$
- $\begin{pmatrix} -1 & 3 \\ 2 & -2 \end{pmatrix}-\begin{pmatrix} 0 & 5 \\ -1 & 4 \end{pmatrix}=\begin{pmatrix} -1-0 & 3-5 \\ 2-(-1) & -2-4 \end{pmatrix}=\begin{pmatrix} -1 & -2 \\ 3 & -6 \end{pmatrix}$

개념 02 영행렬의 뜻과 성질

(1) 영행렬: $(0\quad 0)$, $\begin{pmatrix} 0 \\ 0 \end{pmatrix}$, $\begin{pmatrix} 0 & 0 \\ 0 & 0 \end{pmatrix}$, $\begin{pmatrix} 0 & 0 & 0 \\ 0 & 0 & 0 \end{pmatrix}$과 같이 행렬의 성분이 모두 0인 행렬로, 기호로 $\boldsymbol{O}$와 같이 나타낸다.

(2) $-\boldsymbol{A}$: 행렬 A의 모든 성분의 부호를 바꾼 행렬을 기호로 $-\boldsymbol{A}$와 같이 나타낸다.

➡ 행렬 $A=\begin{pmatrix} a_{11} & a_{12} \\ a_{21} & a_{22} \end{pmatrix}$에 대하여 $-A=\begin{pmatrix} -a_{11} & -a_{12} \\ -a_{21} & -a_{22} \end{pmatrix}$

(3) 영행렬의 성질

행렬 A와 영행렬 O가 같은 꼴일 때,

① $A+O=O+A=A$

② $A+(-A)=(-A)+A=O$

| 참고 | 영행렬은 행렬의 각 꼴마다 하나씩 있다.

개념 03 행렬의 실수배

◎ 예제 04~06

행렬 $A=\begin{pmatrix} a_{11} & a_{12} \\ a_{21} & a_{22} \end{pmatrix}$와 실수 k에 대하여 $kA=\begin{pmatrix} ka_{11} & ka_{12} \\ ka_{21} & ka_{22} \end{pmatrix}$

임의의 실수 k에 대하여 행렬 A의 각 성분에 k를 곱한 것을 성분으로 하는 행렬을 행렬 A의 k배라 하고, 기호로 kA와 같이 나타낸다.

한편 같은 꼴인 두 행렬 A, B와 실수 k, l에 대하여 다음이 성립한다.

(1) $1\times A=A$, $(-1)\times A=-A$

(2) $0\times A=O$, $kO=O$ (단, O는 같은 꼴인 영행렬)

(3) $(kl)A=k(lA)$ ◀ 결합법칙

(4) $(k+l)A=kA+lA$, $k(A+B)=kA+kB$ ◀ 분배법칙

| 예 | 행렬 $A=\begin{pmatrix} 3 & 2 \\ -1 & 0 \end{pmatrix}$에 대하여

• $2A=\begin{pmatrix} 2\times3 & 2\times2 \\ 2\times(-1) & 2\times0 \end{pmatrix}=\begin{pmatrix} 6 & 4 \\ -2 & 0 \end{pmatrix}$

• $-3A=\begin{pmatrix} -3\times3 & -3\times2 \\ -3\times(-1) & -3\times0 \end{pmatrix}=\begin{pmatrix} -9 & -6 \\ 3 & 0 \end{pmatrix}$

개념 확인

• 정답과 해설 142쪽

개념 01

776 다음을 계산하시오.

(1) $\begin{pmatrix} 3 & 1 \\ 2 & 1 \end{pmatrix}+\begin{pmatrix} -1 & 2 \\ -2 & 3 \end{pmatrix}$

(2) $\begin{pmatrix} 4 & -2 & -1 \\ 0 & 3 & 1 \end{pmatrix}+\begin{pmatrix} -3 & 5 & -2 \\ -1 & 0 & 6 \end{pmatrix}$

(3) $\begin{pmatrix} -2 & 1 \\ 0 & -4 \end{pmatrix}-\begin{pmatrix} 0 & 2 \\ 1 & 3 \end{pmatrix}$

(4) $\begin{pmatrix} 0 & -5 \\ 1 & 0 \\ -4 & 6 \end{pmatrix}-\begin{pmatrix} 7 & 3 \\ -2 & 2 \\ 4 & 8 \end{pmatrix}$

개념 01

777 다음 등식을 만족시키는 행렬 X를 구하시오.

(1) $X+\begin{pmatrix} 3 & -4 \\ 2 & -1 \end{pmatrix}=\begin{pmatrix} -2 & 8 \\ 10 & 5 \end{pmatrix}$

(2) $\begin{pmatrix} 6 & 7 \\ 3 & -2 \end{pmatrix}-X=\begin{pmatrix} 1 & -3 \\ 5 & 8 \end{pmatrix}$

개념 03

778 행렬 $A=\begin{pmatrix} 2 & 6 \\ -2 & -4 \end{pmatrix}$에 대하여 다음을 구하시오.

(1) $3A$

(2) $-\frac{1}{2}A$

예제 04 / 행렬의 덧셈, 뺄셈과 실수배

식을 간단히 한 후 주어진 행렬을 대입하여 행렬의 각 성분끼리 계산한다.

다음 물음에 답하시오.

(1) 두 행렬 $A=\begin{pmatrix} 1 & -1 \\ 2 & 1 \end{pmatrix}$, $B=\begin{pmatrix} 3 & 2 \\ -2 & 0 \end{pmatrix}$에 대하여 행렬 $2(3A-B)-3(A+B)$를 구하시오.

(2) 두 행렬 $A=\begin{pmatrix} 4 & -2 \\ -6 & -4 \end{pmatrix}$, $B=\begin{pmatrix} 0 & 2 \\ -4 & 6 \end{pmatrix}$에 대하여 $X+4(2A-X)=2A-3B$를 만족시키는 행렬 X를 구하시오.

• 유형 만렙 공통수학 1 181쪽에서 문제 더 풀기

| 개념 | 두 행렬 $A=\begin{pmatrix} a_{11} & a_{12} \\ a_{21} & a_{22} \end{pmatrix}$, $B=\begin{pmatrix} b_{11} & b_{12} \\ b_{21} & b_{22} \end{pmatrix}$, 실수 k에 대하여

$$A+B=\begin{pmatrix} a_{11}+b_{11} & a_{12}+b_{12} \\ a_{21}+b_{21} & a_{22}+b_{22} \end{pmatrix},\ A-B=\begin{pmatrix} a_{11}-b_{11} & a_{12}-b_{12} \\ a_{21}-b_{21} & a_{22}-b_{22} \end{pmatrix},\ kA=\begin{pmatrix} ka_{11} & ka_{12} \\ ka_{21} & ka_{22} \end{pmatrix}$$

| 풀이 | (1) $2(3A-B)-3(A+B)=6A-2B-3A-3B$

$=3A-5B$

$A=\begin{pmatrix} 1 & -1 \\ 2 & 1 \end{pmatrix}$, $B=\begin{pmatrix} 3 & 2 \\ -2 & 0 \end{pmatrix}$을 대입하여 계산하면

$$3A-5B=3\begin{pmatrix} 1 & -1 \\ 2 & 1 \end{pmatrix}-5\begin{pmatrix} 3 & 2 \\ -2 & 0 \end{pmatrix}$$

$$=\begin{pmatrix} 3 & -3 \\ 6 & 3 \end{pmatrix}-\begin{pmatrix} 15 & 10 \\ -10 & 0 \end{pmatrix}$$

$$=\begin{pmatrix} -12 & -13 \\ 16 & 3 \end{pmatrix}$$

(2) $X+4(2A-X)=2A-3B$를 X에 대하여 정리하면

$X+8A-4X=2A-3B$, $3X=6A+3B$

$\therefore X=2A+B$

$A=\begin{pmatrix} 4 & -2 \\ -6 & -4 \end{pmatrix}$, $B=\begin{pmatrix} 0 & 2 \\ -4 & 6 \end{pmatrix}$을 대입하여 계산하면

$$X=2A+B$$

$$=2\begin{pmatrix} 4 & -2 \\ -6 & -4 \end{pmatrix}+\begin{pmatrix} 0 & 2 \\ -4 & 6 \end{pmatrix}$$

$$=\begin{pmatrix} 8 & -4 \\ -12 & -8 \end{pmatrix}+\begin{pmatrix} 0 & 2 \\ -4 & 6 \end{pmatrix}$$

$$=\begin{pmatrix} 8 & -2 \\ -16 & -2 \end{pmatrix}$$

답 (1) $\begin{pmatrix} -12 & -13 \\ 16 & 3 \end{pmatrix}$ (2) $\begin{pmatrix} 8 & -2 \\ -16 & -2 \end{pmatrix}$

779 유사

두 행렬 $A=\begin{pmatrix} 2 & -2 \\ -3 & 1 \end{pmatrix}$, $B=\begin{pmatrix} 4 & -1 \\ 0 & -2 \end{pmatrix}$에 대하여 행렬 $2A-3B-(A-2B)$를 구하시오.

780 유사 교과서

두 행렬 $A=\begin{pmatrix} 1 & -3 \\ -2 & 4 \end{pmatrix}$, $B=\begin{pmatrix} -5 & 6 \\ 1 & -2 \end{pmatrix}$에 대하여 $2(A+2B+X)=5X+3B$를 만족시키는 행렬 X를 구하시오.

781 변형

세 행렬 $A=\begin{pmatrix} 3 & -2 \\ -1 & 1 \end{pmatrix}$, $B=\begin{pmatrix} -1 & 5 \\ 1 & 2 \end{pmatrix}$, $C=\begin{pmatrix} 4 & 3 \\ 2 & 1 \end{pmatrix}$에 대하여 행렬 $2(A+3B)-3(A-C)-3B$를 구하시오.

782 변형

세 행렬 $A=\begin{pmatrix} 2 & 0 \\ 1 & 1 \end{pmatrix}$, $B=\begin{pmatrix} -2 & 1 \\ 2 & 1 \end{pmatrix}$, $C=\begin{pmatrix} 1 & -1 \\ -1 & 0 \end{pmatrix}$에 대하여 $A-2B+3X=2(A+X)-C$를 만족시키는 행렬 X의 모든 성분의 합을 구하시오.

예제 05 / 행렬에 대한 두 등식이 주어진 경우

A, B에 대한 연립방정식으로 생각하여 A 또는 B를 소거한다.

두 이차정사각행렬 A, B에 대하여 $A+B=\begin{pmatrix} 1 & 4 \\ 2 & 3 \end{pmatrix}$, $2A-B=\begin{pmatrix} 2 & 2 \\ 1 & 3 \end{pmatrix}$일 때, 행렬 A, B를 각각 구하시오.

• 유형 만렙 공통수학 1 181쪽에서 문제 더 풀기

| 풀이 | 주어진 두 식을 변끼리 더하면

$(A+B)+(2A-B)=\begin{pmatrix} 1 & 4 \\ 2 & 3 \end{pmatrix}+\begin{pmatrix} 2 & 2 \\ 1 & 3 \end{pmatrix}$

$3A=\begin{pmatrix} 3 & 6 \\ 3 & 6 \end{pmatrix}$ $\quad \therefore A=\frac{1}{3}\begin{pmatrix} 3 & 6 \\ 3 & 6 \end{pmatrix}=\begin{pmatrix} 1 & 2 \\ 1 & 2 \end{pmatrix}$

$A=\begin{pmatrix} 1 & 2 \\ 1 & 2 \end{pmatrix}$를 $A+B=\begin{pmatrix} 1 & 4 \\ 2 & 3 \end{pmatrix}$에 대입하면 $\begin{pmatrix} 1 & 2 \\ 1 & 2 \end{pmatrix}+B=\begin{pmatrix} 1 & 4 \\ 2 & 3 \end{pmatrix}$

$\therefore B=\begin{pmatrix} 1 & 4 \\ 2 & 3 \end{pmatrix}-\begin{pmatrix} 1 & 2 \\ 1 & 2 \end{pmatrix}=\begin{pmatrix} 0 & 2 \\ 1 & 1 \end{pmatrix}$

답 $A=\begin{pmatrix} 1 & 2 \\ 1 & 2 \end{pmatrix}$, $B=\begin{pmatrix} 0 & 2 \\ 1 & 1 \end{pmatrix}$

예제 06 / 행렬의 덧셈과 뺄셈의 변형

나타낼 행렬을 C라 하고 $xA+yB=C$를 만족시키는 실수 x, y의 값을 구한다.

두 행렬 $A=\begin{pmatrix} 1 & 0 \\ 2 & 1 \end{pmatrix}$, $B=\begin{pmatrix} 1 & 0 \\ -2 & 1 \end{pmatrix}$에 대하여 행렬 $\begin{pmatrix} 2 & 0 \\ 8 & 2 \end{pmatrix}$를 $xA+yB$로 나타낼 때, 실수 x, y의 값을 구하시오.

• 유형 만렙 공통수학 1 182쪽에서 문제 더 풀기

| 풀이 | $xA+yB=\begin{pmatrix} 2 & 0 \\ 8 & 2 \end{pmatrix}$를 만족시키므로 좌변에 두 행렬 A, B를 대입하여 정리하면

$x\begin{pmatrix} 1 & 0 \\ 2 & 1 \end{pmatrix}+y\begin{pmatrix} 1 & 0 \\ -2 & 1 \end{pmatrix}=\begin{pmatrix} 2 & 0 \\ 8 & 2 \end{pmatrix}$, $\begin{pmatrix} x & 0 \\ 2x & x \end{pmatrix}+\begin{pmatrix} y & 0 \\ -2y & y \end{pmatrix}=\begin{pmatrix} 2 & 0 \\ 8 & 2 \end{pmatrix}$

$\therefore \begin{pmatrix} x+y & 0 \\ 2x-2y & x+y \end{pmatrix}=\begin{pmatrix} 2 & 0 \\ 8 & 2 \end{pmatrix}$

행렬이 서로 같을 조건에 의하여 $x+y=2$, $2x-2y=8$

$\therefore x+y=2$, $x-y=4$

두 식을 연립하여 풀면 $x=3$, $y=-1$

답 $x=3$, $y=-1$

783 예제 05 유사

두 이차정사각행렬 A, B에 대하여

$A+B=\begin{pmatrix} 1 & 2 \\ -5 & 4 \end{pmatrix}$, $3A+B=\begin{pmatrix} -1 & 0 \\ 1 & 2 \end{pmatrix}$일 때, 행렬 A, B를 각각 구하시오.

784 예제 06 유사

두 행렬 $A=\begin{pmatrix} 1 & 2 \\ 0 & 1 \end{pmatrix}$, $B=\begin{pmatrix} -1 & 0 \\ 1 & -4 \end{pmatrix}$에 대하여 행렬 $\begin{pmatrix} -3 & -4 \\ 1 & -6 \end{pmatrix}$을 $xA+yB$로 나타낼 때, 실수 x, y의 값을 구하시오.

785 예제 05 변형 교육청

두 행렬 A, B에 대하여

$$A+B=\begin{pmatrix} -3 & 4 \\ 2 & 3 \end{pmatrix},\ A-2B=\begin{pmatrix} -2 & 3 \\ 1 & 4 \end{pmatrix}$$

일 때, 행렬 $A-B$의 모든 성분의 합은?

① 5 ② 6 ③ 7
④ 8 ⑤ 9

786 예제 06 변형

세 행렬 $A=\begin{pmatrix} 2 & k \\ 0 & -1 \end{pmatrix}$, $B=\begin{pmatrix} -1 & 3 \\ 0 & 3 \end{pmatrix}$, $C=\begin{pmatrix} 7 & -5 \\ 0 & -11 \end{pmatrix}$에 대하여 $xA+yB=C$일 때, 실수 k, x, y에 대하여 $k+x+y$의 값을 구하시오.

연습문제

1단계

787 행렬 $A=\begin{pmatrix} 3 & 0 & -1 \\ -4 & 5 & 2 \end{pmatrix}$에 대하여 $A=(a_{ij})$일 때, 보기에서 옳은 것만을 있는 대로 고른 것은?

보기
ㄱ. 2×3 행렬이다.
ㄴ. 제2행의 성분은 -4, 5, 2이다.
ㄷ. $j=1$인 모든 성분의 합은 -1이다.
ㄹ. $i=j$인 모든 성분의 곱은 0이다.

① ㄱ, ㄴ ② ㄴ, ㄷ ③ ㄷ, ㄹ
④ ㄱ, ㄴ, ㄷ ⑤ ㄴ, ㄷ, ㄹ

교육청

788 이차정사각행렬 A의 (i, j) 성분 a_{ij}를

$$a_{ij}=\begin{cases} 3i+j & (i\text{가 홀수일 때}) \\ 3i-j & (i\text{가 짝수일 때}) \end{cases}$$

로 정의하자. 이때 행렬 A의 모든 성분의 합은?

① 12 ② 15 ③ 18
④ 21 ⑤ 24

789 두 행렬 $\begin{pmatrix} -3x & xy \\ 2 & 4y-3 \end{pmatrix}$, $\begin{pmatrix} x^2+2 & -6 \\ 2 & y^2 \end{pmatrix}$이 서로 같을 때, 실수 x, y에 대하여 $x-y$의 값을 구하시오.

790 두 행렬 $A=\begin{pmatrix} 1 & 3 \\ -3 & 2 \end{pmatrix}$, $B=\begin{pmatrix} 0 & 1 \\ -1 & 3 \end{pmatrix}$에 대하여 행렬 $2(A+3B)-3(3A+B)$의 모든 성분의 합을 구하시오.

교과서

791 세 행렬 $A=\begin{pmatrix} -1 & -2 \\ 1 & 1 \end{pmatrix}$, $B=\begin{pmatrix} 1 & -4 \\ 2 & -1 \end{pmatrix}$, $C=\begin{pmatrix} -1 & 2 \\ -1 & 1 \end{pmatrix}$에 대하여 실수 x, y가 $xA+yB=3C$를 만족시킬 때, $x+y$의 값을 구하시오.

2단계

792 오른쪽 그림과 같이 정사각형 내부에 세 도형 P_1, P_2, P_3이 있다. 삼차정사각행렬 A의 (i, j) 성분 a_{ij}가 다음을 만족시킬 때, 행렬 A를 구하시오.

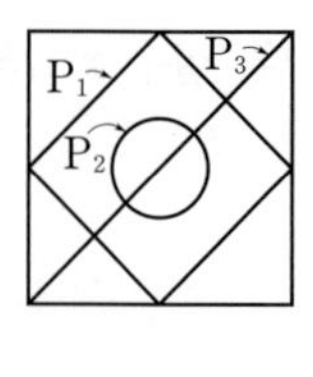

(가) $i=j$일 때, a_{ij}는 도형 P_i에 의하여 정사각형이 나누어지는 영역의 개수이다.
(나) $i\neq j$일 때, a_{ij}는 도형 P_i와 도형 P_j에 의하여 정사각형이 나누어지는 영역의 개수이다.

793 등식 $\begin{pmatrix} a & 2 \\ ab & b \end{pmatrix}=\begin{pmatrix} 4-b & 2 \\ ab & \frac{2}{a} \end{pmatrix}$가 성립하도록 하는 실수 a, b에 대하여 $\frac{a^2}{b}+\frac{b^2}{a}$의 값은?

① 16　② 18　③ 20
④ 22　⑤ 24

794 이차방정식 $x^2+ax+b=0$의 두 근을 α, β라 할 때, 등식
$\alpha\begin{pmatrix} \alpha & 1 \\ \beta & 0 \end{pmatrix}+\beta\begin{pmatrix} \beta & 1 \\ \alpha & 0 \end{pmatrix}=\begin{pmatrix} 19 & 5 \\ 2\alpha\beta & 0 \end{pmatrix}$을 만족시키는 실수 a, b에 대하여 $2a+b$의 값을 구하시오.

795 두 행렬 $A=\begin{pmatrix} 2 & -4 \\ 8 & 4 \end{pmatrix}$, $B=\begin{pmatrix} 6 & 5 \\ -2 & 1 \end{pmatrix}$과 행렬 X, Y에 대하여 $X-2Y=A$, $2X+Y=B$가 성립할 때, 행렬 $X+Y$의 성분 중 가장 큰 수와 가장 작은 수의 차를 구하시오.

796 두 행렬 $A=\begin{pmatrix} 1 & 2 \\ 4 & -2 \end{pmatrix}$, $B=\begin{pmatrix} -2 & 1 \\ 3 & 1 \end{pmatrix}$에 대하여 행렬 $\begin{pmatrix} 0 & 5 \\ z & w \end{pmatrix}$를 $xA+yB$ 꼴로 나타낼 때, $xy-z-w$의 값을 구하시오. (단, x, y, z, w는 실수)

3단계

교육청

797 두 이차정사각행렬 A, B에 대하여 행렬 A의 (i, j) 성분 a_{ij}와 행렬 B의 (i, j) 성분 b_{ij}가 각각 $a_{ij}=a_{ji}$, $b_{ij}=-b_{ji}$를 만족한다.
$A+B=\begin{pmatrix} 8 & 15 \\ -1 & 7 \end{pmatrix}$일 때, $a_{21}+a_{22}$의 값을 구하시오.

서술형

798 좌표평면 위의 세 점 $\mathrm{P}(a, b)$, $\mathrm{Q}(c, d)$, $\mathrm{R}(e, f)$를 꼭짓점으로 하는 삼각형 PQR에 대하여 두 행렬 A, B를 $A=\begin{pmatrix} a & b \\ c & d \end{pmatrix}$, $B=\begin{pmatrix} e & f \\ a & b \end{pmatrix}$라 하자. 삼각형 PQR가 다음 그림과 같을 때, $3X-B=2(X-A)+4B$를 만족시키는 행렬 X의 모든 성분의 합을 구하시오.

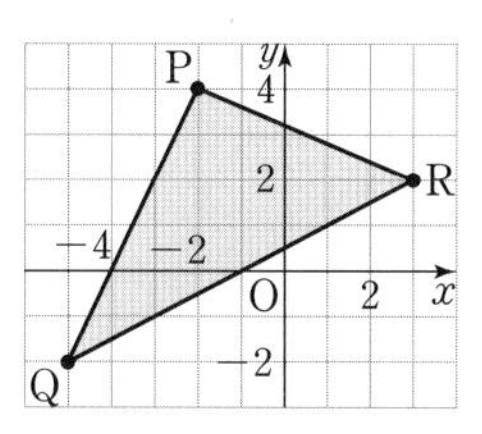

1 행렬의 곱셈

개념 01 행렬의 곱셈

예제 01, 02

(1) 두 행렬 A, B에 대하여 행렬 A의 열의 개수와 행렬 B의 행의 개수가 같을 때, 행렬 A의 제i행의 성분과 행렬 B의 제j열의 성분을 각각 차례대로 곱하여 더한 값을 (i, j) 성분으로 하는 행렬을 두 행렬 A와 B의 곱이라 하고, 기호로 AB와 같이 나타낸다.

$$\begin{pmatrix} \vdots \\ \text{제}i\text{행} \\ \vdots \end{pmatrix} \times \begin{pmatrix} \cdots & \text{제 } j \text{ 열} & \cdots \end{pmatrix} = \begin{pmatrix} \quad \end{pmatrix}$$

행렬 A 　 행렬 B 　 행렬 AB 　 (i, j) 성분

(2) 행렬 A가 $m\times k$ 행렬, 행렬 B가 $k\times n$ 행렬이면 두 행렬의 곱 AB는 $m\times n$ 행렬이다.

| 참고 | 두 행렬 A, B의 곱 AB는 행렬 A의 열의 개수와 행렬 B의 행의 개수가 같을 때만 정의된다.

개념 02 행렬의 곱셈의 계산

예제 01, 02

(1) $\begin{pmatrix} a & b \end{pmatrix}\begin{pmatrix} x \\ y \end{pmatrix}=\begin{pmatrix} ax+by \end{pmatrix}$ ◀ (1×2 행렬)×(2×1 행렬)=(1×1 행렬)

(2) $\begin{pmatrix} a & b \end{pmatrix}\begin{pmatrix} x & u \\ y & v \end{pmatrix}=\begin{pmatrix} ax+by & au+bv \end{pmatrix}$ ◀ (1×2 행렬)×(2×2 행렬)=(1×2 행렬)

(3) $\begin{pmatrix} a \\ b \end{pmatrix}\begin{pmatrix} x & y \end{pmatrix}=\begin{pmatrix} ax & ay \\ bx & by \end{pmatrix}$ ◀ (2×1 행렬)×(1×2 행렬)=(2×2 행렬)

(4) $\begin{pmatrix} a & b \\ c & d \end{pmatrix}\begin{pmatrix} x \\ y \end{pmatrix}=\begin{pmatrix} ax+by \\ cx+dy \end{pmatrix}$ ◀ (2×2 행렬)×(2×1 행렬)=(2×1 행렬)

(5) $\begin{pmatrix} a & b \\ c & d \end{pmatrix}\begin{pmatrix} x & u \\ y & v \end{pmatrix}=\begin{pmatrix} ax+by & au+bv \\ cx+dy & cu+dv \end{pmatrix}$ ◀ (2×2 행렬)×(2×2 행렬)=(2×2 행렬)

| 예 | (1) $\begin{pmatrix} 4 & 2 \end{pmatrix}\begin{pmatrix} 1 \\ 5 \end{pmatrix}=\begin{pmatrix} 4\times1+2\times5 \end{pmatrix}=\begin{pmatrix} 14 \end{pmatrix}$

(2) $\begin{pmatrix} 4 & 2 \end{pmatrix}\begin{pmatrix} 1 & 3 \\ 5 & 6 \end{pmatrix}=\begin{pmatrix} 4\times1+2\times5 & 4\times3+2\times6 \end{pmatrix}=\begin{pmatrix} 14 & 24 \end{pmatrix}$

(3) $\begin{pmatrix} 1 \\ 5 \end{pmatrix}\begin{pmatrix} 4 & 2 \end{pmatrix}=\begin{pmatrix} 1\times4 & 1\times2 \\ 5\times4 & 5\times2 \end{pmatrix}=\begin{pmatrix} 4 & 2 \\ 20 & 10 \end{pmatrix}$

(4) $\begin{pmatrix} 1 & 3 \\ 5 & 6 \end{pmatrix}\begin{pmatrix} 4 \\ 2 \end{pmatrix}=\begin{pmatrix} 1\times4+3\times2 \\ 5\times4+6\times2 \end{pmatrix}=\begin{pmatrix} 10 \\ 32 \end{pmatrix}$

(5) $\begin{pmatrix} 4 & -1 \\ 2 & -3 \end{pmatrix}\begin{pmatrix} 1 & 3 \\ 5 & 6 \end{pmatrix}=\begin{pmatrix} 4\times1+(-1)\times5 & 4\times3+(-1)\times6 \\ 2\times1+(-3)\times5 & 2\times3+(-3)\times6 \end{pmatrix}=\begin{pmatrix} -1 & 6 \\ -13 & -12 \end{pmatrix}$

개념 03 행렬의 거듭제곱

◎ 예제 03, 04

정사각행렬 A와 자연수 m, n에 대하여

(1) $AA=A^2$, $A^2A=A^3$, $A^3A=A^4$, $\dots$, $A^nA=A^{n+1}$

(2) $A^mA^n=A^{m+n}$, $(A^m)^n=A^{mn}$

| 참고 | 행렬의 거듭제곱은 정사각행렬에 대해서만 성립한다.

| 예 | 행렬 $A=\begin{pmatrix} 1 & 3 \\ 0 & 1 \end{pmatrix}$에 대하여

- $A^2=AA=\begin{pmatrix} 1 & 3 \\ 0 & 1 \end{pmatrix}\begin{pmatrix} 1 & 3 \\ 0 & 1 \end{pmatrix}=\begin{pmatrix} 1\times1+3\times0 & 1\times3+3\times1 \\ 0\times1+1\times0 & 0\times3+1\times1 \end{pmatrix}=\begin{pmatrix} 1 & 6 \\ 0 & 1 \end{pmatrix}$
- $A^3=A^2A=\begin{pmatrix} 1 & 6 \\ 0 & 1 \end{pmatrix}\begin{pmatrix} 1 & 3 \\ 0 & 1 \end{pmatrix}=\begin{pmatrix} 1\times1+6\times0 & 1\times3+6\times1 \\ 0\times1+1\times0 & 0\times3+1\times1 \end{pmatrix}=\begin{pmatrix} 1 & 9 \\ 0 & 1 \end{pmatrix}$

개념 확인

• 정답과 해설 146쪽

개념 02

799 다음을 계산하시오.

(1) $\begin{pmatrix} 2 & 3 \end{pmatrix}\begin{pmatrix} -1 \\ -4 \end{pmatrix}$

(2) $\begin{pmatrix} -3 & 0 \end{pmatrix}\begin{pmatrix} 5 \\ 2 \end{pmatrix}$

(3) $\begin{pmatrix} 0 & 1 \end{pmatrix}\begin{pmatrix} 2 & -1 \\ 0 & 1 \end{pmatrix}$

(4) $\begin{pmatrix} 4 & -2 \end{pmatrix}\begin{pmatrix} 1 & 0 \\ 0 & 2 \end{pmatrix}$

(5) $\begin{pmatrix} 5 \\ -1 \end{pmatrix}\begin{pmatrix} 0 & 2 \end{pmatrix}$

(6) $\begin{pmatrix} -2 \\ -3 \end{pmatrix}\begin{pmatrix} 6 & -1 \end{pmatrix}$

(7) $\begin{pmatrix} 2 & 1 \\ 4 & 2 \end{pmatrix}\begin{pmatrix} -1 \\ -5 \end{pmatrix}$

(8) $\begin{pmatrix} -1 & -2 \\ -3 & -4 \end{pmatrix}\begin{pmatrix} 3 \\ 0 \end{pmatrix}$

(9) $\begin{pmatrix} 1 & 0 \\ -4 & 1 \end{pmatrix}\begin{pmatrix} 3 & 2 \\ 0 & -1 \end{pmatrix}$

(10) $\begin{pmatrix} -2 & -3 \\ -1 & 0 \end{pmatrix}\begin{pmatrix} 5 & 7 \\ 2 & 1 \end{pmatrix}$

개념 03

800 행렬 $A=\begin{pmatrix} 3 & 1 \\ 0 & -2 \end{pmatrix}$에 대하여 다음을 구하시오.

(1) A^2

(2) A^3

예제 01 / 행렬의 곱셈(1)

두 이차정사각행렬의 곱셈은 ➡ $\begin{pmatrix} a & b \\ c & d \end{pmatrix}\begin{pmatrix} x & u \\ y & v \end{pmatrix}=\begin{pmatrix} ax+by & au+bv \\ cx+dy & cu+dv \end{pmatrix}$

두 행렬 $A=\begin{pmatrix} 2 & -4 \\ -3 & 5 \end{pmatrix}$, $B=\begin{pmatrix} 1 & -3 \\ 2 & -1 \end{pmatrix}$에 대하여 다음을 구하시오.

(1) $A(A-B)$　　　　(2) $AB-BA$

• 유형 만렙 공통수학 1 182쪽에서 문제 더 풀기

| 풀이 | (1) $A-B=\begin{pmatrix} 2 & -4 \\ -3 & 5 \end{pmatrix}-\begin{pmatrix} 1 & -3 \\ 2 & -1 \end{pmatrix}=\begin{pmatrix} 1 & -1 \\ -5 & 6 \end{pmatrix}$이므로

$A(A-B)=\begin{pmatrix} 2 & -4 \\ -3 & 5 \end{pmatrix}\begin{pmatrix} 1 & -1 \\ -5 & 6 \end{pmatrix}=\begin{pmatrix} 22 & -26 \\ -28 & 33 \end{pmatrix}$

(2) $AB=\begin{pmatrix} 2 & -4 \\ -3 & 5 \end{pmatrix}\begin{pmatrix} 1 & -3 \\ 2 & -1 \end{pmatrix}=\begin{pmatrix} -6 & -2 \\ 7 & 4 \end{pmatrix}$,

$BA=\begin{pmatrix} 1 & -3 \\ 2 & -1 \end{pmatrix}\begin{pmatrix} 2 & -4 \\ -3 & 5 \end{pmatrix}=\begin{pmatrix} 11 & -19 \\ 7 & -13 \end{pmatrix}$이므로

$AB-BA=\begin{pmatrix} -6 & -2 \\ 7 & 4 \end{pmatrix}-\begin{pmatrix} 11 & -19 \\ 7 & -13 \end{pmatrix}=\begin{pmatrix} -17 & 17 \\ 0 & 17 \end{pmatrix}$

답 (1) $\begin{pmatrix} 22 & -26 \\ -28 & 33 \end{pmatrix}$ (2) $\begin{pmatrix} -17 & 17 \\ 0 & 17 \end{pmatrix}$

예제 02 / 행렬의 곱셈(2)

양변을 각각 계산한 후 행렬이 서로 같을 조건을 이용하여 식을 세운다.

등식 $\begin{pmatrix} x & 0 \\ y & -1 \end{pmatrix}\begin{pmatrix} x & y \\ 1 & 2 \end{pmatrix}=2\begin{pmatrix} 2 & x \\ 1 & -1 \end{pmatrix}-\begin{pmatrix} 0 & 3x \\ 1 & y \end{pmatrix}$가 성립하도록 하는 실수 x, y의 값을 구하시오.

• 유형 만렙 공통수학 1 182쪽에서 문제 더 풀기

| 풀이 | 등식의 좌변에서 $\begin{pmatrix} x & 0 \\ y & -1 \end{pmatrix}\begin{pmatrix} x & y \\ 1 & 2 \end{pmatrix}=\begin{pmatrix} x^2 & xy \\ xy-1 & y^2-2 \end{pmatrix}$

등식의 우변에서 $2\begin{pmatrix} 2 & x \\ 1 & -1 \end{pmatrix}-\begin{pmatrix} 0 & 3x \\ 1 & y \end{pmatrix}=\begin{pmatrix} 4 & 2x \\ 2 & -2 \end{pmatrix}-\begin{pmatrix} 0 & 3x \\ 1 & y \end{pmatrix}=\begin{pmatrix} 4 & -x \\ 1 & -y-2 \end{pmatrix}$

따라서 $\begin{pmatrix} x^2 & xy \\ xy-1 & y^2-2 \end{pmatrix}=\begin{pmatrix} 4 & -x \\ 1 & -y-2 \end{pmatrix}$이므로 행렬이 서로 같을 조건에 의하여

$x^2=4$, $xy=-x$, $xy-1=1$, $y^2-2=-y-2$

$x^2=4$에서 $x=-2$ 또는 $x=2$

즉, $x\neq0$이므로 $xy=-x$에서 $y=-1$

$xy-1=1$에서 $-x-1=1$　　$\therefore x=-2$

답 $x=-2$, $y=-1$

801 예제 01 유사

두 행렬 $A=\begin{pmatrix} 1 & 3 \\ 2 & -4 \end{pmatrix}$, $B=\begin{pmatrix} -1 & 3 \\ -2 & 0 \end{pmatrix}$에 대하여 다음을 구하시오.

(1) $B(A+B)$

(2) $BA-AB$

802 예제 02 유사

등식 $\begin{pmatrix} 3 & a \\ 4 & -2 \end{pmatrix}\begin{pmatrix} 1 & -1 \\ b & 2 \end{pmatrix}=\begin{pmatrix} 3 & 1 \\ x & 2 \end{pmatrix}+\begin{pmatrix} 0 & 6 \\ 1 & y \end{pmatrix}$를 만족시키는 실수 x, y에 대하여 $x+y$의 값을 구하시오. (단, a, b는 실수)

803 예제 01 변형

교육청

두 행렬 $A=\begin{pmatrix} 1 & -1 \\ 1 & -1 \end{pmatrix}$, $B=\begin{pmatrix} 0 & 1 \\ 1 & 0 \end{pmatrix}$에 대하여 $X+AB=B$를 만족시키는 행렬 X의 모든 성분의 합은?

① 1　② 2　③ 3　④ 4　⑤ 5

804 예제 02 변형

교과서

두 행렬 $A=\begin{pmatrix} -1 & x \\ 2 & -4 \end{pmatrix}$, $B=\begin{pmatrix} y & 2 \\ 3 & 1 \end{pmatrix}$에 대하여 $AB=O$가 성립할 때, 실수 x, y에 대하여 xy의 값을 구하시오. (단, O는 영행렬)

예제 03 / 행렬의 거듭제곱 - A^n 구하기

$A^{n+1}=A^nA$, $A^mA^n=A^{m+n}$이 성립함을 이용하여 행렬의 곱셈을 계산한다.

두 이차정사각행렬 A, B에 대하여 $2A+B=\begin{pmatrix} -3 & 7 \\ 2 & 4 \end{pmatrix}$, $A-B=\begin{pmatrix} 0 & 8 \\ 1 & 5 \end{pmatrix}$일 때, 행렬 A^2-B^2을 구하시오.

• 유형 만렙 공통수학 1 183쪽에서 문제 더 풀기

| 풀이 |

$2A+B=\begin{pmatrix} -3 & 7 \\ 2 & 4 \end{pmatrix}$ ······ ㉠

$A-B=\begin{pmatrix} 0 & 8 \\ 1 & 5 \end{pmatrix}$ ······ ㉡

㉠+㉡을 하면

$3A=\begin{pmatrix} -3 & 7 \\ 2 & 4 \end{pmatrix}+\begin{pmatrix} 0 & 8 \\ 1 & 5 \end{pmatrix}$

$=\begin{pmatrix} -3 & 15 \\ 3 & 9 \end{pmatrix}$

$\therefore A=\frac{1}{3}\begin{pmatrix} -3 & 15 \\ 3 & 9 \end{pmatrix}=\begin{pmatrix} -1 & 5 \\ 1 & 3 \end{pmatrix}$

이를 ㉡에 대입하면

$\begin{pmatrix} -1 & 5 \\ 1 & 3 \end{pmatrix}-B=\begin{pmatrix} 0 & 8 \\ 1 & 5 \end{pmatrix}$

$\therefore B=\begin{pmatrix} -1 & 5 \\ 1 & 3 \end{pmatrix}-\begin{pmatrix} 0 & 8 \\ 1 & 5 \end{pmatrix}$

$=\begin{pmatrix} -1 & -3 \\ 0 & -2 \end{pmatrix}$

$\therefore A^2-B^2=\begin{pmatrix} -1 & 5 \\ 1 & 3 \end{pmatrix}\begin{pmatrix} -1 & 5 \\ 1 & 3 \end{pmatrix}-\begin{pmatrix} -1 & -3 \\ 0 & -2 \end{pmatrix}\begin{pmatrix} -1 & -3 \\ 0 & -2 \end{pmatrix}$

◀ $A^2-B^2\neq(A+B)(A-B)$임에 주의하여 각각 거듭제곱을 계산한 후 차를 구한다.

$=\begin{pmatrix} 6 & 10 \\ 2 & 14 \end{pmatrix}-\begin{pmatrix} 1 & 9 \\ 0 & 4 \end{pmatrix}$

$=\begin{pmatrix} 5 & 1 \\ 2 & 10 \end{pmatrix}$

답 $\begin{pmatrix} 5 & 1 \\ 2 & 10 \end{pmatrix}$

805 유사

두 이차정사각행렬 A, B에 대하여

$$A+B=\begin{pmatrix} 0 & 2 \\ -2 & 4 \end{pmatrix},\ A-B=\begin{pmatrix} 2 & 2 \\ 4 & 2 \end{pmatrix}$$

일 때, 행렬 B^2-A^2을 구하시오.

806 변형

행렬 $A=\begin{pmatrix} a & -4 \\ 2 & b \end{pmatrix}$가 $A^2=\begin{pmatrix} 1 & 0 \\ 0 & 1 \end{pmatrix}$을 만족시킬 때, 실수 a, b에 대하여 ab의 값을 구하시오.

807 변형

행렬 $A=\begin{pmatrix} k & 3 \\ -1 & 1 \end{pmatrix}$에 대하여 행렬 A^2의 모든 성분의 합이 0이 되도록 하는 모든 실수 k의 값의 곱을 구하시오.

808 변형

교육청

행렬 $A=\begin{pmatrix} a & 1 \\ -4 & -2 \end{pmatrix}$가 $A^3=O$를 만족시킨다. 정수 a의 값은? (단, O는 영행렬이다.)

① -4 ② -2 ③ 0
④ 2 ⑤ 4

예제 04 / 행렬의 거듭제곱 - 규칙 찾기

$A^2=AA$, $A^3=A^2A$, …를 차례대로 구한 후 규칙을 찾는다.

다음 물음에 답하시오.

(1) 행렬 $A=\begin{pmatrix} 1 & 2 \\ 0 & 1 \end{pmatrix}$에 대하여 행렬 A^{20}을 구하시오.

(2) 행렬 $A=\begin{pmatrix} 3 & 0 \\ 3 & 0 \end{pmatrix}$에 대하여 $A^{40}=kA$일 때, 실수 k의 값을 구하시오.

• 유형 만렙 공통수학 1 184쪽에서 문제 더 풀기

| 풀이 | (1) A^2, A^3, A^4, …을 차례대로 구하면

$$A^2=AA=\begin{pmatrix} 1 & 2 \\ 0 & 1 \end{pmatrix}\begin{pmatrix} 1 & 2 \\ 0 & 1 \end{pmatrix}=\begin{pmatrix} 1 & 4 \\ 0 & 1 \end{pmatrix}$$

$$A^3=A^2A=\begin{pmatrix} 1 & 4 \\ 0 & 1 \end{pmatrix}\begin{pmatrix} 1 & 2 \\ 0 & 1 \end{pmatrix}=\begin{pmatrix} 1 & 6 \\ 0 & 1 \end{pmatrix}$$

$$A^4=A^3A=\begin{pmatrix} 1 & 6 \\ 0 & 1 \end{pmatrix}\begin{pmatrix} 1 & 2 \\ 0 & 1 \end{pmatrix}=\begin{pmatrix} 1 & 8 \\ 0 & 1 \end{pmatrix}$$

$$\vdots$$

(1, 2) 성분만 2씩 커지므로 자연수 n에 대하여 $A^n=\begin{pmatrix} 1 & 2n \\ 0 & 1 \end{pmatrix}$

따라서 구하는 행렬은

$$A^{20}=\begin{pmatrix} 1 & 2\times 20 \\ 0 & 1 \end{pmatrix}=\begin{pmatrix} 1 & 40 \\ 0 & 1 \end{pmatrix}$$

(2) A^2, A^3, A^4, …을 A를 이용하여 나타내면

$$A^2=AA=\begin{pmatrix} 3 & 0 \\ 3 & 0 \end{pmatrix}\begin{pmatrix} 3 & 0 \\ 3 & 0 \end{pmatrix}=\begin{pmatrix} 9 & 0 \\ 9 & 0 \end{pmatrix}=3\begin{pmatrix} 3 & 0 \\ 3 & 0 \end{pmatrix}=3A$$

$$A^3=A^2A=(3A)A=3A^2=3(3A)=3^2A$$

$$A^4=A^3A=(3^2A)A=3^2A^2=3^2(3A)=3^3A$$

$$\vdots$$

3배씩 커지므로 자연수 n에 대하여 $A^n=3^{n-1}A$ (단, $n\geq 2$)

따라서 $A^{40}=3^{39}A$이므로

$k=3^{39}$

답 (1) $\begin{pmatrix} 1 & 40 \\ 0 & 1 \end{pmatrix}$ (2) 3^{39}

809 유사

행렬 $A=\begin{pmatrix} 1 & 0 \\ 5 & 1 \end{pmatrix}$에 대하여 행렬 A^{50}을 구하시오.

810 유사

행렬 $A=\begin{pmatrix} 1 & -3 \\ 2 & -6 \end{pmatrix}$에 대하여 $A^{10}=kA$일 때, 실수 k의 값을 구하시오.

811 변형

행렬 $A=\begin{pmatrix} 1 & 0 \\ 0 & 2 \end{pmatrix}$에 대하여 행렬 A^n의 모든 성분의 합이 257이 되도록 하는 자연수 n의 값을 구하시오.

812 변형

행렬 $A=\begin{pmatrix} -1 & -1 \\ 0 & -1 \end{pmatrix}$에 대하여 행렬 $A+A^2+A^3+\cdots+A^{10}$을 구하시오.

2 행렬의 곱셈에 대한 성질

개념 01 행렬의 곱셈에 대한 성질

예제 05~07

합과 곱이 정의되는 세 행렬 A, B, C에 대하여

(1) $AB \neq BA$ ◀ 일반적으로 곱셈에 대한 교환법칙은 성립하지 않는다.

(2) $(AB)C=A(BC)$ ◀ 결합법칙

(3) $A(B+C)=AB+AC$, $(A+B)C=AC+BC$ ◀ 분배법칙

(4) $k(AB)=(kA)B=A(kB)$ (단, k는 실수)

행렬의 곱셈에서는 교환법칙이 성립하지 않으므로 수나 다항식의 계산과 큰 차이가 있다.
행렬의 곱셈에서 교환법칙이 성립하지 않기 때문에 지수법칙이나 곱셈 공식도 성립하지 않는다.

- $(AB)^2 \neq A^2B^2$ ➡ $(AB)^2=(AB)(AB)=ABAB$
- $(A+B)^2 \neq A^2+2AB+B^2$ ➡ $(A+B)^2=(A+B)(A+B)=A^2+AB+BA+B^2$
- $(A-B)^2 \neq A^2-2AB+B^2$ ➡ $(A-B)^2=(A-B)(A-B)=A^2-AB-BA+B^2$
- $(A+B)(A-B) \neq A^2-B^2$ ➡ $(A+B)(A-B)=A^2-AB+BA-B^2$

| 예 | (1) 두 행렬 $A=\begin{pmatrix} 0 & 0 \\ 1 & 0 \end{pmatrix}$, $B=\begin{pmatrix} 1 & 0 \\ 0 & 0 \end{pmatrix}$에 대하여

$AB=\begin{pmatrix} 0 & 0 \\ 1 & 0 \end{pmatrix}\begin{pmatrix} 1 & 0 \\ 0 & 0 \end{pmatrix}=\begin{pmatrix} 0 & 0 \\ 1 & 0 \end{pmatrix}$, $BA=\begin{pmatrix} 1 & 0 \\ 0 & 0 \end{pmatrix}\begin{pmatrix} 0 & 0 \\ 1 & 0 \end{pmatrix}=\begin{pmatrix} 0 & 0 \\ 0 & 0 \end{pmatrix}$

$\therefore AB \neq BA$

| 참고 | 행렬의 곱셈에 대한 성질을 이용할 때 다음에 주의한다.

- '$AB=O$이면 $A=O$ 또는 $B=O$'가 일반적으로 성립하지 않는다.

➡ $A=\begin{pmatrix} 1 & 0 \\ 0 & 0 \end{pmatrix}$, $B=\begin{pmatrix} 0 & 0 \\ 0 & 1 \end{pmatrix}$이면

$AB=\begin{pmatrix} 1 & 0 \\ 0 & 0 \end{pmatrix}\begin{pmatrix} 0 & 0 \\ 0 & 1 \end{pmatrix}=\begin{pmatrix} 0 & 0 \\ 0 & 0 \end{pmatrix}=O$이지만 $A \neq O$, $B \neq O$이다.

- '$A \neq O$일 때, $AB=AC$이면 $B=C$'가 일반적으로 성립하지 않는다.

➡ $A=\begin{pmatrix} 1 & 0 \\ 0 & 0 \end{pmatrix}$, $B=\begin{pmatrix} 0 & 0 \\ 1 & 0 \end{pmatrix}$, $C=\begin{pmatrix} 0 & 0 \\ 0 & 1 \end{pmatrix}$이면

$AB=\begin{pmatrix} 1 & 0 \\ 0 & 0 \end{pmatrix}\begin{pmatrix} 0 & 0 \\ 1 & 0 \end{pmatrix}=\begin{pmatrix} 0 & 0 \\ 0 & 0 \end{pmatrix}$, $AC=\begin{pmatrix} 1 & 0 \\ 0 & 0 \end{pmatrix}\begin{pmatrix} 0 & 0 \\ 0 & 1 \end{pmatrix}=\begin{pmatrix} 0 & 0 \\ 0 & 0 \end{pmatrix}$에서 $AB=AC$이지만 $B \neq C$이다.

- '$A^2=O$이면 $A=O$'가 일반적으로 성립하지 않는다.

➡ $A=\begin{pmatrix} 0 & 1 \\ 0 & 0 \end{pmatrix}$이면 $A^2=\begin{pmatrix} 0 & 1 \\ 0 & 0 \end{pmatrix}\begin{pmatrix} 0 & 1 \\ 0 & 0 \end{pmatrix}=\begin{pmatrix} 0 & 0 \\ 0 & 0 \end{pmatrix}=O$이지만 $A \neq O$이다.

개념 02 단위행렬

◎ 예제 08, 09

(1) $\begin{pmatrix} 1 & 0 \\ 0 & 1 \end{pmatrix}$, $\begin{pmatrix} 1 & 0 & 0 \\ 0 & 1 & 0 \\ 0 & 0 & 1 \end{pmatrix}$과 같이 왼쪽 위에서 오른쪽 아래로 내려가는 대각선 위의 성분이 모두 1이고, 그 외의 성분은 모두 0인 n차 정사각행렬을 **n차 단위행렬**이라 하고, 일반적으로 기호 $\boldsymbol{E}$로 나타낸다.

(2) n차 정사각행렬 A와 n차 단위행렬 E에 대하여

$$\boldsymbol{AE=EA=A}$$

가 성립한다.

(3) 단위행렬 E의 거듭제곱은 항상 단위행렬 자신이 된다.

$E^2=E,\ E^3=E,\ \dots,\ E^n=E$ (단, n은 자연수)

(2) 이차정사각행렬 $A=\begin{pmatrix} a & b \\ c & d \end{pmatrix}$와 단위행렬 $E=\begin{pmatrix} 1 & 0 \\ 0 & 1 \end{pmatrix}$에 대하여

$$AE=\begin{pmatrix} a & b \\ c & d \end{pmatrix}\begin{pmatrix} 1 & 0 \\ 0 & 1 \end{pmatrix}=\begin{pmatrix} a & b \\ c & d \end{pmatrix}=A,\ EA=\begin{pmatrix} 1 & 0 \\ 0 & 1 \end{pmatrix}\begin{pmatrix} a & b \\ c & d \end{pmatrix}=\begin{pmatrix} a & b \\ c & d \end{pmatrix}=A$$

이와 같이 모든 n차 정사각행렬 A에 대하여 $AE=EA=A$가 성립한다.

(3) ① $E^2=EE=\begin{pmatrix} 1 & 0 \\ 0 & 1 \end{pmatrix}\begin{pmatrix} 1 & 0 \\ 0 & 1 \end{pmatrix}=\begin{pmatrix} 1 & 0 \\ 0 & 1 \end{pmatrix}=E$이므로

$E^3=E^2E=EE=E$

같은 방법으로 하면 자연수 n에 대하여 $E^n=E$

② E를 포함한 행렬의 곱셈에서 교환법칙이 성립한다.

또 $E^n=E$이므로 지수법칙이나 곱셈 공식이 성립한다.

$(A+E)^2=A^2+AE+EA+E^2=A^2+2A+E$

$(A-E)^2=A^2-AE-EA+E^2=A^2-2A+E$

$(A+E)(A-E)=A^2-AE+EA-E^2=A^2-E$

| 참고 | 행렬 A와 단위행렬 E의 연산에서 단위행렬 E는 행렬 A와 같은 꼴인 행렬로 생각한다.

개념 확인

• 정답과 해설 148쪽

개념 02

813 단위행렬 $E=\begin{pmatrix} 1 & 0 \\ 0 & 1 \end{pmatrix}$에 대하여 다음을 구하시오.

(1) $4E$

(2) E^3

(3) $(-E)^7$

(4) $E^{101}+(-E)^{103}$

예제 05 행렬의 곱셈에 대한 성질(1)

공통인 행렬을 묶거나 복잡한 식을 간단히 한 후 계산한다.
이때 곱셈에 대한 교환법칙이 성립하지 않음에 유의한다.

세 행렬 $A=\begin{pmatrix}1&2\\4&3\end{pmatrix}$, $B=\begin{pmatrix}5&2\\8&7\end{pmatrix}$, $C=\begin{pmatrix}-2&4\\1&-3\end{pmatrix}$에 대하여 다음 행렬을 구하시오.

(1) $6A^2-3AB-2BA+B^2$

(2) $A(B-C)+(C-A)B-(B-A)C$

• 유형 만렙 공통수학 1 185쪽에서 문제 더 풀기

| 풀이 | (1) $6A^2-3AB-2BA+B^2=3A(2A-B)-B(2A-B)$

$=(3A-B)(2A-B)$ ...... ㉠

두 행렬 $3A-B$, $2A-B$를 각각 구하면

$$3A-B=3\begin{pmatrix}1&2\\4&3\end{pmatrix}-\begin{pmatrix}5&2\\8&7\end{pmatrix}=\begin{pmatrix}3&6\\12&9\end{pmatrix}-\begin{pmatrix}5&2\\8&7\end{pmatrix}=\begin{pmatrix}-2&4\\4&2\end{pmatrix}$$

$$2A-B=2\begin{pmatrix}1&2\\4&3\end{pmatrix}-\begin{pmatrix}5&2\\8&7\end{pmatrix}=\begin{pmatrix}2&4\\8&6\end{pmatrix}-\begin{pmatrix}5&2\\8&7\end{pmatrix}=\begin{pmatrix}-3&2\\0&-1\end{pmatrix}$$

따라서 ㉠에서 구하는 행렬은

$$(3A-B)(2A-B)=\begin{pmatrix}-2&4\\4&2\end{pmatrix}\begin{pmatrix}-3&2\\0&-1\end{pmatrix}=\begin{pmatrix}6&-8\\-12&6\end{pmatrix}$$

(2) $A(B-C)+(C-A)B-(B-A)C=AB-AC+CB-AB-BC+AC$

$=CB-BC$ ...... ㉠

두 행렬 CB, BC를 각각 구하면

$$CB=\begin{pmatrix}-2&4\\1&-3\end{pmatrix}\begin{pmatrix}5&2\\8&7\end{pmatrix}=\begin{pmatrix}22&24\\-19&-19\end{pmatrix}$$

$$BC=\begin{pmatrix}5&2\\8&7\end{pmatrix}\begin{pmatrix}-2&4\\1&-3\end{pmatrix}=\begin{pmatrix}-8&14\\-9&11\end{pmatrix}$$

따라서 ㉠에서 구하는 행렬은

$$CB-BC=\begin{pmatrix}22&24\\-19&-19\end{pmatrix}-\begin{pmatrix}-8&14\\-9&11\end{pmatrix}=\begin{pmatrix}30&10\\-10&-30\end{pmatrix}$$

답 (1) $\begin{pmatrix}6&-8\\-12&6\end{pmatrix}$ (2) $\begin{pmatrix}30&10\\-10&-30\end{pmatrix}$

TIP 행렬의 곱셈에서 교환법칙이 성립하지 않으므로
(1) $6A^2-3AB-2BA+B^2 \Rightarrow 6A^2-5AB+B^2$
(2) $A(B-C)+(C-A)B-(B-A)C \Rightarrow AB-AC+BC-AB-BC+AC=O$
로 풀지 않도록 주의한다.

814 유사

세 행렬 $A=\begin{pmatrix} -2 & 1 \\ 3 & -1 \end{pmatrix}$, $B=\begin{pmatrix} 1 & 0 \\ -2 & 1 \end{pmatrix}$, $C=\begin{pmatrix} 2 & 3 \\ -1 & 4 \end{pmatrix}$에 대하여 다음 행렬을 구하시오.

(1) $CAC+BAC$

(2) $A(B+C)-B(A+C)-(A-B)C$

815 변형

두 행렬 $A=\begin{pmatrix} -5 & 1 \\ -3 & 0 \end{pmatrix}$, $B=\begin{pmatrix} 0 & -1 \\ 4 & -7 \end{pmatrix}$에 대하여 $X+2A^2B=BAB$를 만족시키는 행렬 X를 구하시오.

816 변형

두 이차정사각행렬 A, B에 대하여

$A+B=\begin{pmatrix} 3 & 1 \\ 2 & -1 \end{pmatrix}$, $AB+BA=\begin{pmatrix} -3 & 4 \\ 1 & -2 \end{pmatrix}$

가 성립할 때, 행렬 A^2+B^2의 모든 성분의 합을 구하시오.

817 변형

두 이차정사각행렬 A, B에 대하여

$(2A-B)(3A+2B)=\begin{pmatrix} 2 & 4 \\ -1 & 1 \end{pmatrix}$,

$6A^2-2B^2=\begin{pmatrix} 0 & 1 \\ 2 & 1 \end{pmatrix}$일 때, 행렬

$(2A+B)(3A-2B)$를 구하시오.

예제 06 / 행렬의 곱셈에 대한 성질(2)

주어진 등식을 만족시키려면 $AB=BA$ ➡ 행렬이 서로 같을 조건 이용

두 행렬 $A=\begin{pmatrix} 3 & 2 \\ 2 & 1 \end{pmatrix}$, $B=\begin{pmatrix} -1 & 1 \\ x & y \end{pmatrix}$가 $(A+B)^2=A^2+2AB+B^2$을 만족시킬 때, 실수 x, y에 대하여 $x-y$의 값을 구하시오.

• 유형 만렙 공통수학1 185쪽에서 문제 더 풀기

| 풀이 | $(A+B)^2=A^2+2AB+B^2$을 만족시키므로 $A^2+AB+BA+B^2=A^2+2AB+B^2$

$AB+BA=2AB \qquad \therefore AB=BA \qquad \cdots\cdots ㉠$

$AB=\begin{pmatrix} 3 & 2 \\ 2 & 1 \end{pmatrix}\begin{pmatrix} -1 & 1 \\ x & y \end{pmatrix}=\begin{pmatrix} -3+2x & 3+2y \\ -2+x & 2+y \end{pmatrix}$

$BA=\begin{pmatrix} -1 & 1 \\ x & y \end{pmatrix}\begin{pmatrix} 3 & 2 \\ 2 & 1 \end{pmatrix}=\begin{pmatrix} -1 & -1 \\ 3x+2y & 2x+y \end{pmatrix}$

㉠에서 $\begin{pmatrix} -3+2x & 3+2y \\ -2+x & 2+y \end{pmatrix}=\begin{pmatrix} -1 & -1 \\ 3x+2y & 2x+y \end{pmatrix}$

행렬이 서로 같을 조건에 의하여 $-3+2x=-1$, $3+2y=-1$

따라서 $x=1$, $y=-2$이므로 $x-y=3$

답 3

예제 07 / 행렬의 곱셈의 변형

$A\begin{pmatrix} ma+nc \\ mb+nd \end{pmatrix}=A\left\{m\begin{pmatrix} a \\ b \end{pmatrix}+n\begin{pmatrix} c \\ d \end{pmatrix}\right\}=mA\begin{pmatrix} a \\ b \end{pmatrix}+nA\begin{pmatrix} c \\ d \end{pmatrix}$를 이용하여 주어진 행렬을 변형한다.

이차정사각행렬 A에 대하여 $A\begin{pmatrix} a \\ b \end{pmatrix}=\begin{pmatrix} 3 \\ 1 \end{pmatrix}$, $A\begin{pmatrix} c \\ d \end{pmatrix}=\begin{pmatrix} -1 \\ 1 \end{pmatrix}$일 때, 행렬 $A\begin{pmatrix} 3a+2c \\ 3b+2d \end{pmatrix}$를 구하시오.

• 유형 만렙 공통수학1 186쪽에서 문제 더 풀기

| 풀이 | $\begin{pmatrix} 3a+2c \\ 3b+2d \end{pmatrix}=\begin{pmatrix} 3a \\ 3b \end{pmatrix}+\begin{pmatrix} 2c \\ 2d \end{pmatrix}=3\begin{pmatrix} a \\ b \end{pmatrix}+2\begin{pmatrix} c \\ d \end{pmatrix}$이므로

$$A\begin{pmatrix} 3a+2c \\ 3b+2d \end{pmatrix}=3A\begin{pmatrix} a \\ b \end{pmatrix}+2A\begin{pmatrix} c \\ d \end{pmatrix}$$
$$=3\begin{pmatrix} 3 \\ 1 \end{pmatrix}+2\begin{pmatrix} -1 \\ 1 \end{pmatrix}$$
$$=\begin{pmatrix} 9 \\ 3 \end{pmatrix}+\begin{pmatrix} -2 \\ 2 \end{pmatrix}$$
$$=\begin{pmatrix} 7 \\ 5 \end{pmatrix}$$

답 $\begin{pmatrix} 7 \\ 5 \end{pmatrix}$

• 정답과 해설 149쪽

818 예제 06 유사

두 행렬 $A=\begin{pmatrix} 1 & x \\ 3 & -1 \end{pmatrix}$, $B=\begin{pmatrix} 1 & 2 \\ y & 3 \end{pmatrix}$이 $(A-B)^2=A^2-2AB+B^2$을 만족시킬 때, 실수 x, y에 대하여 $x+y$의 값을 구하시오.

819 예제 07 유사

이차정사각행렬 A에 대하여 $A\begin{pmatrix} a \\ b \end{pmatrix}=\begin{pmatrix} -2 \\ 2 \end{pmatrix}$, $A\begin{pmatrix} c \\ d \end{pmatrix}=\begin{pmatrix} 4 \\ 5 \end{pmatrix}$일 때, 행렬 $A\begin{pmatrix} -2a+3c \\ -2b+3d \end{pmatrix}$를 구하시오.

820 예제 06 유사

두 행렬 $A=\begin{pmatrix} -1 & x \\ 3 & 0 \end{pmatrix}$, $B=\begin{pmatrix} -2 & 3 \\ y & 1 \end{pmatrix}$이 $(A+B)(A-B)=A^2-B^2$을 만족시킬 때, 실수 x, y에 대하여 x^2+y^2의 값을 구하시오.

821 예제 07 변형

교육청

이차정사각행렬 A에 대하여 $A\begin{pmatrix} 1 \\ 0 \end{pmatrix}=\begin{pmatrix} 2 \\ 3 \end{pmatrix}$, $A\begin{pmatrix} 0 \\ 1 \end{pmatrix}=\begin{pmatrix} -1 \\ 2 \end{pmatrix}$이다. $A\begin{pmatrix} 1 \\ 2 \end{pmatrix}=\begin{pmatrix} p \\ q \end{pmatrix}$일 때, $p+q$의 값은?

① 6 ② 7 ③ 8
④ 9 ⑤ 10

예제 08 / 단위행렬

$AE=EA=A$가 성립함을 이용하여 주어진 식을 간단히 한 후 계산한다.

행렬 $A=\begin{pmatrix} 2 & 0 \\ 1 & 3 \end{pmatrix}$에 대하여 행렬 $(A-E)(A^2+A+E)$의 모든 성분의 합을 구하시오.

(단, E는 단위행렬)

• 유형 만렙 공통수학 1 187쪽에서 문제 더 풀기

| 풀이 | $(A-E)(A^2+A+E)=A^3+A^2+AE-EA^2-EA-E^2$

└ $AE=EA=A$ 이용 └ $E^n=E$ 이용

$=A^3+A^2+A-A^2-A-E$

$=A^3-E$ ······ ㉠

이때 $A^2=AA=\begin{pmatrix} 2 & 0 \\ 1 & 3 \end{pmatrix}\begin{pmatrix} 2 & 0 \\ 1 & 3 \end{pmatrix}=\begin{pmatrix} 4 & 0 \\ 5 & 9 \end{pmatrix}$,

$A^3=A^2A=\begin{pmatrix} 4 & 0 \\ 5 & 9 \end{pmatrix}\begin{pmatrix} 2 & 0 \\ 1 & 3 \end{pmatrix}=\begin{pmatrix} 8 & 0 \\ 19 & 27 \end{pmatrix}$이므로 ㉠에서

$A^3-E=\begin{pmatrix} 8 & 0 \\ 19 & 27 \end{pmatrix}-\begin{pmatrix} 1 & 0 \\ 0 & 1 \end{pmatrix}=\begin{pmatrix} 7 & 0 \\ 19 & 26 \end{pmatrix}$

따라서 구하는 모든 성분의 합은

$7+19+26=52$

답 52

예제 09 / 단위행렬을 이용한 거듭제곱

A^2, A^3, A^4, ...을 차례대로 구하여 단위행렬 E 꼴이 나오는 경우를 찾는다.

행렬 $A=\begin{pmatrix} -1 & 3 \\ -1 & 2 \end{pmatrix}$에 대하여 행렬 A^{100}의 모든 성분의 곱을 구하시오.

• 유형 만렙 공통수학 1 187쪽에서 문제 더 풀기

| 풀이 | A^2, A^3, A^4, ...을 차례대로 구하면

$A^2=AA=\begin{pmatrix} -1 & 3 \\ -1 & 2 \end{pmatrix}\begin{pmatrix} -1 & 3 \\ -1 & 2 \end{pmatrix}=\begin{pmatrix} -2 & 3 \\ -1 & 1 \end{pmatrix}$

$A^3=A^2A=\begin{pmatrix} -2 & 3 \\ -1 & 1 \end{pmatrix}\begin{pmatrix} -1 & 3 \\ -1 & 2 \end{pmatrix}=\begin{pmatrix} -1 & 0 \\ 0 & -1 \end{pmatrix}=-E$

$A^4=A^3A=(-E)A=-A$

$A^5=A^4A=(-A)A=-A^2$

$A^6=A^5A=(-A^2)A=-A^3=-(-E)=E$

⋮

$\therefore A^{100}=(A^6)^{16}A^4=EA^4=A^4=-A=\begin{pmatrix} 1 & -3 \\ 1 & -2 \end{pmatrix}$

따라서 구하는 모든 성분의 곱은 $1\times(-3)\times1\times(-2)=6$

답 6

822 예제 08 유사

행렬 $A=\begin{pmatrix} 0 & -1 \\ -2 & 2 \end{pmatrix}$에 대하여 행렬 $(A+E)(A^2-A+E)$의 모든 성분의 합을 구하시오. (단, E는 단위행렬)

823 예제 09 유사

행렬 $A=\begin{pmatrix} 1 & 2 \\ -1 & -1 \end{pmatrix}$에 대하여 $A^n=E$를 만족시키는 자연수 n의 최솟값을 구하시오.

(단, E는 단위행렬)

824 예제 08 변형

행렬 $A=\begin{pmatrix} a & 2 \\ -2 & b \end{pmatrix}$가 $(A+E)(A-E)=E$를 만족시킬 때, 실수 a, b에 대하여 ab의 값을 구하시오. (단, E는 단위행렬)

825 예제 09 변형

행렬 $A=\begin{pmatrix} 3 & -13 \\ 1 & -4 \end{pmatrix}$에 대하여 행렬 $A+A^2+A^3+\cdots+A^{100}$의 모든 성분의 합을 구하시오.

특강

케일리 – 해밀턴 정리

• 유형 만렙 공통수학1 189쪽에서 문제 더 풀기

이차정사각행렬 $A=\begin{pmatrix} a & b \\ c & d \end{pmatrix}$, $E=\begin{pmatrix} 1 & 0 \\ 0 & 1 \end{pmatrix}$, $O=\begin{pmatrix} 0 & 0 \\ 0 & 0 \end{pmatrix}$에 대하여

$$\boldsymbol{A^2-(a+d)A+(ad-bc)E=O}$$

가 성립한다. 이를 **케일리 – 해밀턴 정리**라 한다.

| 증명 | $A=\begin{pmatrix} a & b \\ c & d \end{pmatrix}$에 대하여

$$A^2=AA=\begin{pmatrix} a & b \\ c & d \end{pmatrix}\begin{pmatrix} a & b \\ c & d \end{pmatrix}=\begin{pmatrix} a^2+bc & ab+bd \\ ac+cd & bc+d^2 \end{pmatrix}$$

$$(a+d)A=(a+d)\begin{pmatrix} a & b \\ c & d \end{pmatrix}=\begin{pmatrix} a^2+ad & ab+bd \\ ac+cd & ad+d^2 \end{pmatrix}$$

$$(ad-bc)E=(ad-bc)\begin{pmatrix} 1 & 0 \\ 0 & 1 \end{pmatrix}=\begin{pmatrix} ad-bc & 0 \\ 0 & ad-bc \end{pmatrix}$$

$$\therefore\ A^2-(a+d)A+(ad-bc)E$$

$$=\begin{pmatrix} a^2+bc & ab+bd \\ ac+cd & bc+d^2 \end{pmatrix}-\begin{pmatrix} a^2+ad & ab+bd \\ ac+cd & ad+d^2 \end{pmatrix}+\begin{pmatrix} ad-bc & 0 \\ 0 & ad-bc \end{pmatrix}$$

$$=\begin{pmatrix} 0 & 0 \\ 0 & 0 \end{pmatrix}=O$$

| 예 | 행렬 $A=\begin{pmatrix} 1 & -3 \\ 2 & -4 \end{pmatrix}$에 대하여 행렬 A^3+3A^2을 케일리 – 해밀턴 정리를 이용하여 구해 보자.

케일리 – 해밀턴 정리에 의하여

$A^2-(1-4)A+\{1\times(-4)-(-3)\times2\}E=O \qquad \therefore\ A^2+3A+2E=O$

따라서 $A^2+3A=-2E$이므로

$$A^3+3A^2=A(A^2+3A)=A(-2E)=-2A=-2\begin{pmatrix} 1 & -3 \\ 2 & -4 \end{pmatrix}=\begin{pmatrix} -2 & 6 \\ -4 & 8 \end{pmatrix}$$

| 참고 | 행렬 $A=\begin{pmatrix} 1 & -3 \\ 2 & -4 \end{pmatrix}$에 대하여 케일리 – 해밀턴 정리에 의하여 $A^2+3A+2E=O$가 성립하지만

등식 $A^2+3A+2E=O$를 만족시키는 행렬이 $A=\begin{pmatrix} 1 & -3 \\ 2 & -4 \end{pmatrix}$가 유일한 것은 아니다.

예를 들어 $A=\begin{pmatrix} -1 & 0 \\ 0 & -1 \end{pmatrix}=-E$도 $\underset{E-3E+2E}{\underline{A^2+3A+2E}}=O$를 만족시킨다.

유제

• 정답과 해설 151쪽

826 두 행렬 $A=\begin{pmatrix} -7 & 2 \\ 4 & -1 \end{pmatrix}$, $E=\begin{pmatrix} 1 & 0 \\ 0 & 1 \end{pmatrix}$에 대하여 $A^3+8A^2+6A+E=pA+qE$가 성립할 때, 실수 p, q의 값을 구하시오.

연습문제

• 정답과 해설 151쪽

1단계

827 세 행렬 $A=(1 \quad 5)$, $B=\begin{pmatrix} -2 \\ 4 \end{pmatrix}$, $C=\begin{pmatrix} 3 & -1 \\ 0 & 5 \end{pmatrix}$에 대하여 보기에서 연산이 정의되는 행렬인 것만을 있는 대로 고르시오.

보기
ㄱ. AB　　ㄴ. AC　　ㄷ. BC
ㄹ. CA　　ㅁ. CB

교과서

828 두 행렬 $A=\begin{pmatrix} 1 & -2 \\ -3 & 1 \end{pmatrix}$, $B=\begin{pmatrix} 1 & -1 \\ x & y \end{pmatrix}$에 대하여 $AB=BA$가 성립할 때, 실수 x, y에 대하여 $x+y$의 값을 구하시오.

829 두 이차정사각행렬 A, B에 대하여 $A-B=\begin{pmatrix} 2 & 0 \\ -3 & 4 \end{pmatrix}$, $A^2+B^2=\begin{pmatrix} -4 & 1 \\ 5 & 6 \end{pmatrix}$일 때, 행렬 $AB+BA$를 구하시오.

830 두 행렬 $A=\begin{pmatrix} 1 & 2 \\ 1 & 3 \end{pmatrix}$, $B=\begin{pmatrix} k & -2 \\ -1 & 3 \end{pmatrix}$에 대하여 $(A+B)(A-B)=A^2-B^2$이 성립할 때, 실수 k의 값을 구하시오.

831 이차정사각행렬 A에 대하여 $A\begin{pmatrix} a \\ b \end{pmatrix}=\begin{pmatrix} 5 \\ -3 \end{pmatrix}$, $A\begin{pmatrix} c \\ d \end{pmatrix}=\begin{pmatrix} -1 \\ 2 \end{pmatrix}$일 때, 행렬 $A\begin{pmatrix} a+2c \\ b+2d \end{pmatrix}$를 구하시오.

2단계

832 두 행렬 $A=\begin{pmatrix} -3 & 2 \\ 2 & -1 \end{pmatrix}$, $B=\begin{pmatrix} 5 & -4 \\ -4 & 1 \end{pmatrix}$에 대하여 $A^2=xB+yE$일 때, 실수 x, y에 대하여 $x-y$의 값을 구하시오.
(단, E는 단위행렬)

833 행렬 $A=\begin{pmatrix} 1 & 0 \\ 3 & 1 \end{pmatrix}$과 자연수 n에 대하여 A^n의 (2, 1) 성분을 a_n이라 할 때, $a_n>100$을 만족시키는 n의 최솟값을 구하시오.

연습문제

• 정답과 해설 152쪽

834 어느 서점에서 소설책과 시집의 3월과 4월의 판매량은 오른쪽 표와 같다. 소설책과 시집의 권당 평균 가격이 각각 x원, y원일 때, 세 행렬 A, B, C를 $A=\begin{pmatrix} a & b \\ c & d \end{pmatrix}$, $B=\begin{pmatrix} x \\ y \end{pmatrix}$, $C=(x \quad y)$라 하자. 소설책과 시집의 4월 판매 금액의 총합을 나타내는 것은?

(단위: 권)

	소설책	시집
3월	a	b
4월	c	d

① AB의 (1, 1) 성분 ② AB의 (2, 1) 성분
③ BC의 (1, 1) 성분 ④ CA의 (1, 1) 성분
⑤ CA의 (1, 2) 성분

서술형

835 이차정사각행렬 A에 대하여
$A^2=\begin{pmatrix} 2 & 1 \\ -1 & k \end{pmatrix}$이고, 행렬
$(A^2-A+E)(A^2+A+E)$의 모든 성분의 합이 18일 때, 양수 k의 값을 구하시오.
(단, E는 단위행렬)

교육청

836 두 이차정사각행렬 A, B가
$A+B=E$, $AB=E$를 만족시킬 때,
$A^{2012}+B^{2012}$과 같은 행렬은?
(단, E는 단위행렬이다.)

① $-2E$ ② $-E$ ③ E
④ $2E$ ⑤ $3E$

837 두 이차정사각행렬 A, B에 대하여 보기에서 옳은 것만을 있는 대로 고른 것은?
(단, E는 단위행렬, O는 영행렬)

보기
ㄱ. $A+B=E$이면 $AB=BA$이다.
ㄴ. $AB=O$, $B\neq O$이면 $A=O$이다.
ㄷ. $AB=A$, $BA=B$이면 $B^2=B$이다.

① ㄱ ② ㄴ ③ ㄱ, ㄷ
④ ㄴ, ㄷ ⑤ ㄱ, ㄴ, ㄷ

3단계

838 두 행렬 $A=\begin{pmatrix} 3 & 0 \\ 0 & 1 \end{pmatrix}$, $B=\begin{pmatrix} 1 & 0 \\ 0 & -1 \end{pmatrix}$에 대하여 행렬 $A^3B^3+A^4B^4+A^5B^5$의 모든 성분의 합을 구하시오.

839 두 행렬 $A=\begin{pmatrix} -3 & -1 \\ 13 & 4 \end{pmatrix}$,
$B=\begin{pmatrix} -1 & -2 \\ 1 & 1 \end{pmatrix}$에 대하여 등식 $A^n+B^n=O$를 만족시키는 자연수 n의 최솟값을 구하시오.
(단, O는 영행렬)

빠른 정답

Ⅰ. 다항식

Ⅰ-1. 다항식의 연산

01 다항식의 연산

개념 확인 9쪽

001 (1) $x^3+3y^2x^2-2y^3x-4y+5$
(2) $x^3+5-4y+3x^2y^2-2xy^3$

002 (1) $3x^2+2xy+2y^2$ (2) $-x^2-4xy+4y^2$
(3) $4x^2+xy+5y^2$ (4) $-5x^2-10xy+6y^2$

유제 11쪽

003 $12x^3-20x^2-11x+33$

004 $5x^2-7xy+16y^2$

005 $-4x^2+11x+14$

006 $-x^2+9xy-4y^2+1$

개념 확인 15쪽

007 (1) $-8x^5y^7$ (2) $27a^7$ (3) $x^5y^3z^3$ (4) $64b^3$

008 (1) x^3-x^2-x-2
(2) $3x^4-6x^3+10x^2-2x+3$
(3) $2x^3-8xy^2+3xy+6y^2$
(4) $3x^2+y^2-4xy-5x+y-2$

009 (1) $x^2+xy+\dfrac{y^2}{4}$ (2) $4a^2-b^2$
(3) $x^2+3xy-18y^2$ (4) $6a^2+5ab-6b^2$

010 (1) 7 (2) 5 (3) -18

011 (1) 27 (2) 29 (3) 140

유제 17~27쪽

012 (1) -4 (2) 13, -4 013 2

014 274 015 5

016 (1) $x^2+4y^2+9z^2-4xy-12yz+6zx$
(2) $64x^3+48x^2y+12xy^2+y^3$
(3) $a^3+2a^2b-11ab^2-12b^3$
(4) $x^4+9x^2y^2+81y^4$
(5) x^6-1
(6) $a^3+8b^3-c^3+6abc$

017 (1) x^8-1 (2) a^6+16a^3+64
(3) $x^6-3x^4y^2+3x^2y^4-y^6$ (4) a^6-b^6

018 ⑤

019 (1) $x^2+9y^2-4z^2+6xy+9yz+3zx$
(2) $x^4+10x^3+7x^2-90x-144$

020 ⑤

021 (가) $b+d$ (나) $b^2+2bd+d^2$
(다) $a^2-b^2+c^2-d^2+2ac-2bd$

022 46 023 (1) $\sqrt{17}$ (2) 45

024 (1) $10\sqrt{2}$ (2) 140 025 $-4\sqrt{2}$ 026 194

027 (1) 1 (2) 183 028 (1) 7 (2) 8

029 4 030 17 031 33 032 10

033 240 034 112

개념 확인 29쪽

035 (1) x^2, $6x$, 19, 몫: $2x^2+x+6$, 나머지: 19
(2) 1, $6x$, $-5x$, 몫: $3x+1$, 나머지: $-5x+1$

036 (1) -1, -1, 2, -3, 몫: x^2-2x+1,
나머지: -3
(2) 0, 22, 3, 8, 21, 몫: $3x^3+4x^2+8x+11$,
나머지: 21

유제 31~35쪽

037 (1) 몫: $x^2-4x+14$, 나머지: -59
(2) 몫: $x^2+6x+11$, 나머지: $-x-32$

038 x^2+x+1 039 12 040 -12

041 ③ 042 $a=2$, $b=1$, $c=-2$

043 x^2+3x-2 044 ④

045 (1) 몫: x^2+x-4, 나머지: -10
(2) 몫: x^2+2x+1, 나머지: 1

046 -5 047 ③ 048 x^2+2x+3

연습문제 36~38쪽

049 -25 050 $-3x^2-8xy+4y^2$

051 3 052 ① 053 $-10\sqrt{2}$

054 64 055 ③ 056 ③ 057 ③

058 30 059 82 060 2 061 ②

062 64 063 ④ 064 9 065 $\dfrac{7}{6}$

066 11 067 12 068 ②

01 항등식과 나머지 정리

개념 확인 41쪽

069 ㄷ, ㄹ, ㅂ
070 (1) $a=-1,\ b=-1,\ c=2$
(2) $a=-1,\ b=-6,\ c=2$
071 (1) $a=-2,\ b=3$ (2) $a=-2,\ b=3$

유제 43~51쪽

072 (1) $a=2,\ k=-2$ (2) $a=2,\ x=-2$
073 $a=2,\ b=1,\ c=2$ 074 10 075 -7
076 (1) $a=1,\ b=-2,\ c=8$
(2) $a=-2,\ b=-1,\ c=1$
077 -1 078 ① 079 -2
080 (1) -1 (2) 27 (3) 13 (4) -14
081 1 082 0 083 0
084 (1) $a=4,\ b=-4$ (2) $a=2,\ b=4$
085 -2 086 $k=-1$, 나머지: $-4x+7$
087 4
088 $a=1,\ b=-6,\ c=14,\ d=-7$
089 10 090 -8
091 $a=1,\ b=2,\ c=-4,\ d=2$

개념 확인 53쪽

092 (1) -29 (2) $\frac{5}{9}$ 093 2 094 ㄴ
095 (1) -5 (2) -11

유제 55~65쪽

096 (1) -35 (2) $a=-4,\ b=-4$ 097 27
098 ⑤ 099 -11 100 $-6x+1$
101 $3x-3$ 102 $-x-3$
103 -5 104 $2x^2+x+1$
105 -8 106 x^2-3x+4
107 4 108 -21 109 -1 110 3
111 -3 112 -4 113 (1) 1 (2) 7
114 16 115 28
116 (1) -2 (2) $a=2,\ b=3$ 117 2
118 -9 119 16

연습문제 66~68쪽

120 ④ 121 9 122 5 123 ⑤
124 11 125 ④ 126 4 127 ①
128 (1) $a=3,\ b=6,\ c=3,\ d=2$ (2) 2,363
129 ③ 130 ③ 131 0 132 8
133 -6 134 ④ 135 128 136 74
137 13

02 인수분해

개념 확인 69쪽

138 (1) $(x+2)(ax-1)$
(2) $(4a+1)^2$
(3) $(3a-4b)^2$
(4) $(x+5)(x-5)$
(5) $(x-1)(x-3)$
(6) $(3x-2y)(2x+y)$

유제 71쪽

139 (1) $(x+2y+z)^2$ (2) $(2a-b)^3$
(3) $(a+3b)(a^2-3ab+9b^2)$
(4) $(2x+y-1)(4x^2+y^2-2xy+2x+y+1)$
(5) $(x^2+3x+9)(x^2-3x+9)$
(6) $(z+x-y)(z-x+y)$
(7) $(x-2y)(x+y)(x+4y)$
140 ④ 141 ㄹ, ㅁ

유제 75~85쪽

142 (1) $(x^2+3x+3)(x+4)(x-1)$
(2) $(x^2-x+1)(3x^2-3x-1)$
(3) $(x^2-4x+2)(x^2-4x-4)$
143 ④ 144 ㄱ, ㄴ, ㄹ 145 24
146 (1) $(2x^2+1)(x+2)(x-2)$
(2) $(x^2+2x+4)(x^2-2x+4)$
(3) $(x^2+3xy-3y^2)(x^2-3xy-3y^2)$
147 ② 148 ㄴ, ㄹ, ㅁ 149 $2x^2+36$
150 (1) $(x+y+1)(x^2-x-y+1)$
(2) $(x-3y+2)(x-y-1)$
(3) $(a+b)(b+c)(a-c)$

151 0　152 ㄷ, ㄹ　153 2
154 (1) $(x-2)(x+3)(x-3)$
(2) $(x+3)(3x-1)(x-5)$
(3) $(x+1)(x-2)(2x^2-3x+2)$
155 ㄴ, ㄷ, ㅁ
156 $(x-2)(x+1)(x+4)(x-1)$
157 13　158 (1) 1600 (2) 9500　159 2007
160 20
161 (1) $f(x)=(x-1)^2(x+4)$ (2) 1050000
162 $6\sqrt{5}$　163 빗변의 길이가 a인 직각삼각형
164 42　165 $\sqrt{3}$

연습문제 86~88쪽

166 ③　167 7　168 ㄱ, ㄷ, ㄹ, ㅁ
169 ④　170 6　171 ③　172 -24
173 ③　174 ⑤
175 (1) 1 (2) $(x-4y+2)(x-y-1)$
176 ②　177 6　178 ④　179 ②
180 ②　181 12　182 62　183 12

Ⅱ. 방정식과 부등식

Ⅱ-1. 복소수

01 복소수의 뜻과 사칙연산

개념 확인 91쪽

184 (1) 1, 2 (2) 0, -2 (3) $\sqrt{2}$, 0
185 실수: ㄷ, ㄹ, ㅂ, ㅅ
허수: ㄱ, ㄴ, ㅁ, ㅇ
순허수: ㄱ, ㅇ
186 (1) $4-i$ (2) $\frac{1}{3}i$ (3) $1+\sqrt{2}$

개념 확인 93쪽

187 (1) $-2i$ (2) $-4i$
(3) $-1+3i$ (4) $-\frac{1}{5}+\frac{2}{5}i$

유제 95~103쪽

188 (1) $3+5i$ (2) $38+8i$
(3) $-11+10i$ (4) $24-8i$
189 $6+5i$　190 $\frac{2}{3}$　191 ④
192 (1) -3, 3 (2) 10　193 2　194 -2, 2
195 9　196 (1) $x=2$, $y=1$ (2) $x=15$, $y=5$
197 18　198 24　199 5　200 4
201 30　202 10　203 $\frac{1}{2}$　204 8
205 $3-2i$　206 $11-3i$　207 $-2-3i$, $-2+3i$

개념 확인 105쪽

208 (1) $-i$ (2) $-i$ (3) 1
209 (1) ± 2 (2) $\pm\sqrt{7}i$ (3) $\pm\frac{1}{4}i$
210 (1) $\sqrt{21}\,i$ (2) $-2\sqrt{2}$ (3) $-\sqrt{5}i$

유제 107~113쪽

211 (1) $i+1$ (2) 1 (3) 0
212 $6-6i$　213 40　214 -2
215 (1) $-i$ (2) -1024
216 $-64+128i$　217 -2　218 8
219 (1) $-18+14i$ (2) $3i$
220 -3　221 $a=-1$, $b=2\sqrt{2}$
222 $-3+2i$　223 $2a-2b$
224 $-2b+1$　225 10
226 $a+b+2$

연습문제 114~116쪽

227 ④　228 ⑤　229 4　230 $\frac{3}{4}$
231 10　232 12　233 ①　234 ㄱ, ㄷ
235 ④　236 $-6i$　237 13　238 $2-4i$
239 -2　240 $-2i$　241 ⑤　242 ⑤
243 10　244 ①　245 12　246 -1

Ⅱ-2. 이차방정식

01 이차방정식의 판별식

개념 확인 121쪽

247 (1) $x=\pm 4i$, 허근 (2) $x=\pm 2\sqrt{6}$, 실근
(3) $x=1$(중근), 실근 (4) $x=\pm\sqrt{3}i$, 허근
248 (1) $x=-5$ 또는 $x=0$
(2) $x=-3$ 또는 $x=4$
(3) $x=-8$ 또는 $x=4$
(4) $x=-2$ 또는 $x=6$

(5) $x=\frac{1}{2}$ 또는 $x=3$

(6) $x=-\frac{1}{2}$ (중근)

249 (1) $x=\frac{1\pm\sqrt{13}}{2}$ (2) $x=-1\pm2i$

(3) $x=4\pm2\sqrt{3}$ (4) $x=\frac{5\pm\sqrt{17}}{4}$

(5) $x=\frac{-3\pm\sqrt{15}}{3}$ (6) $x=\frac{-\sqrt{2}\pm3\sqrt{2}i}{4}$

유제 123~130쪽

250 (1) $x=\frac{-3\pm\sqrt{53}}{2}$ (2) $x=1$ 또는 $x=11$

251 (1) $x=1$ 또는 $x=2\sqrt{2}-2$

(2) $x=-1$ 또는 $x=2-\sqrt{3}$

252 29　253 $\sqrt{3}-2$　254 2, $\frac{1}{2}$

255 -5, $-\frac{23}{6}$　256 4

257 $x=-7$ 또는 $x=2$

258 (1) $x=1-2\sqrt{2}$ 또는 $x=-1+2\sqrt{2}$

(2) $x=-2$ 또는 $x=4$

259 2　260 -24　261 -1　262 1 m

263 4　264 5초　265 800

266 (1) $x=\frac{\sqrt{3}}{3}$ 또는 $x=1$ (2) $2\le x<4$

개념 확인 133쪽

267 (1) 중근 (2) 서로 다른 두 실근

(3) 서로 다른 두 허근 (4) 중근

(5) 서로 다른 두 허근 (6) 서로 다른 두 실근

268 ㄴ, ㄷ, ㄹ, ㅂ

269 (1) $k<14$ (2) $k=14$ (3) $k>14$

유제 135~137쪽

270 (1) $k<\frac{13}{4}$ (2) $k=\frac{13}{4}$ (3) $k>\frac{13}{4}$

271 7　272 $-\frac{5}{4}<k<-1$ 또는 $k>-1$

273 -4　274 $m=3$, $n=\frac{9}{2}$　275 -3, 5

276 $x=-1$ 또는 $x=2$　277 6

연습문제 138~139쪽

278 ③　279 9　280 44　281 -1

282 3　283 -5　284 48　285 ①

286 12　287 15 cm　288 ②　289 9

290 ①　291 ②

Ⅱ-2. 이차방정식

02 이차방정식의 근과 계수의 관계

개념 확인 143쪽

292 (1) -2, 2 (2) $\frac{1}{2}$, $\frac{3}{4}$

293 (1) -4 (2) -6 (3) $2\sqrt{10}$ (4) -9

(5) $\frac{2}{3}$ (6) 28

294 (1) $x^2-x-6=0$ (2) $x^2+11x+30=0$

(3) $x^2-2x-1=0$ (4) $x^2-4x+5=0$

295 (1) $\left(x-\frac{1-\sqrt{5}}{2}\right)\left(x-\frac{1+\sqrt{5}}{2}\right)$

(2) $(x-2+\sqrt{2})(x-2-\sqrt{2})$

(3) $(x+1+\sqrt{2}i)(x+1-\sqrt{2}i)$

(4) $(x+4i)(x-4i)$

296 (1) $-\sqrt{3}-1$　(2) $2-4i$

유제 145~153쪽

297 (1) 20 (2) -76 (3) 44

298 $\sqrt{13}$　299 ③　300 30　301 5

302 $a=-8$, $b=-24$　303 28　304 -2

305 -3, 4　306 -3　307 1　308 5

309 $4x^2-28x+25=0$　310 28　311 7

312 4

313 (1) $a=2$, $b=-4$ (2) $a=14$, $b=50$

314 4　315 ③　316 $\frac{3}{2}$

연습문제 154~156쪽

317 ④　318 -20　319 $\frac{9}{2}$　320 ④

321 ②　322 ②　323 36　324 6

325 ④　326 6　327 ①　328 ③

329 4　330 47

331 (1) -4 (2) 5 (3) $2\pm i$　332 120

333 -10　334 41

01 이차방정식과 이차함수의 관계

개념 확인 161쪽

335 (1) 서로 다른 두 점에서 만난다.
(2) 한 점에서 만난다(접한다).
(3) 만나지 않는다.
336 (1) 서로 다른 두 점에서 만난다.
(2) 한 점에서 만난다(접한다).
(3) 만나지 않는다.

유제 163~169쪽

337 $a=5$, $b=-4$ 338 -4, 16
339 $(-3, 0)$, $(1, 0)$ 340 -3
341 (1) $k<6$ (2) $k=6$ (3) $k>6$
342 1 343 -2 344 2 345 -1
346 16 347 120 348 $(6, 7)$
349 (1) $k<21$ (2) $k=21$ (3) $k>21$
350 3 351 4 352 ④

연습문제 170~171쪽

353 ⑤ 354 ④ 355 12 356 6
357 -3 358 ③ 359 $\frac{3}{2}$ 360 20
361 9 362 ② 363 $\frac{9}{2}$ m

Ⅱ-3. 이차방정식과 이차함수

02 이차함수의 최대, 최소

개념 확인 173쪽

364 (1) 최댓값: 11, 최솟값: 없다.
(2) 최댓값: 없다., 최솟값: $-\frac{13}{2}$
(3) 최댓값: 32, 최솟값: 없다.
(4) 최댓값: 없다., 최솟값: -17
365 3

유제 175~182쪽

366 (1) 최댓값: 4, 최솟값: -8
(2) 최댓값: 13, 최솟값: 1
367 28 368 -4 369 9
370 (1) 14 (2) -14 371 5 372 2
373 6
374 (1) -7 (2) 최댓값: -9, 최솟값: -41
375 최댓값: 36, 최솟값: -24 376 -6
377 50 378 10 379 110 m 380 4
381 48 382 (1) -10 (2) 22

연습문제 183~184쪽

383 3 384 2 385 2 386 56
387 $\frac{13}{2}$ 388 11 389 18 390 14
391 30 392 44 393 ② 394 -5

Ⅱ-4. 여러 가지 방정식

01 삼차방정식과 사차방정식

개념 확인 187쪽

395 (1) $x=-1$ 또는 $x=2$ 또는 $x=3$
(2) $x=-4$ 또는 $x=0$ 또는 $x=4$
(3) $x=-4$ 또는 $x=-1$ 또는 $x=1$ 또는 $x=\frac{7}{2}$
(4) $x=\pm 3$ 또는 $x=\pm 3i$

유제 189~199쪽

396 (1) $x=2$ 또는 $x=\frac{1\pm\sqrt{33}}{4}$
(2) $x=-1$ 또는 $x=1$ 또는 $x=\frac{1\pm 2\sqrt{2}i}{3}$
397 -3 398 $-4+4\sqrt{2}$ 399 ③
400 (1) $x=-4$ 또는 $x=-1$(중근) 또는 $x=2$
(2) $x=-1$ 또는 $x=6$ 또는 $x=\frac{5\pm\sqrt{23}i}{2}$
401 4 402 1 403 -2
404 (1) $x=\pm\sqrt{2}i$ 또는 $x=\pm\sqrt{5}$
(2) $x=-2\pm 2i$ 또는 $x=2\pm 2i$
405 $x=-2\pm\sqrt{3}$ 또는 $x=\frac{1\pm\sqrt{3}i}{2}$
406 10 407 3
408 (1) $\frac{3-\sqrt{7}i}{2}$, $\frac{3+\sqrt{7}i}{2}$ (2) -2, 6
409 2 410 ① 411 -5
412 -20, 0, $\frac{1}{4}$ 413 -1 414 5
415 7 416 512 cm^3 417 2
418 10 m 419 10

개념 확인 201쪽

420 (1) 6 (2) 12 (3) 20

421 (1) $-\frac{1}{2}$ (2) 0 (3) 4

422 (1) $x^3-3x^2-6x+8=0$
(2) $x^3-19x-30=0$
(3) $x^3-7x^2+13x-3=0$
(4) $x^3-3x^2+x+5=0$

유제 203~205쪽

423 (1) 27 (2) $-\frac{5}{6}$ (3) $\frac{3}{2}$

424 13 425 -1 426 33

427 (1) $x^3+6x^2-81=0$ (2) $9x^3-6x^2+1=0$

428 (1) $a=-9$, $b=4$ (2) $a=-1$, $b=10$

429 2 430 11

개념 확인 207쪽

431 (1) 1 (2) 3 (3) 0 (4) -1

유제 209쪽

432 (1) 64 (2) 0 (3) 3

433 1 434 -2 435 8

연습문제 210~212쪽

436 0 437 ② 438 54 439 $4\sqrt{3}$

440 3 441 4 442 ③ 443 10

444 ㄱ, ㄴ, ㄷ 445 18 446 8

447 1 448 ③ 449 ④ 450 3 mm

451 ② 452 2 453 $\frac{3}{2}$ 454 12

455 $\frac{80}{9}$ 456 8

Ⅱ-4. 여러 가지 방정식

02 연립이차방정식

유제 217~229쪽

457 (1) $\begin{cases} x=10 \\ y=-9 \end{cases}$ (2) $\begin{cases} x=-23 \\ y=-9 \end{cases}$ 또는 $\begin{cases} x=-5 \\ y=-3 \end{cases}$

458 ① 459 1 460 100

461 (1) $\begin{cases} x=-\sqrt{2} \\ y=2\sqrt{2} \end{cases}$ 또는 $\begin{cases} x=\sqrt{2} \\ y=-2\sqrt{2} \end{cases}$
또는 $\begin{cases} x=-\sqrt{6} \\ y=-\sqrt{6} \end{cases}$ 또는 $\begin{cases} x=\sqrt{6} \\ y=\sqrt{6} \end{cases}$
(2) $\begin{cases} x=-\sqrt{3} \\ y=\sqrt{3} \end{cases}$ 또는 $\begin{cases} x=\sqrt{3} \\ y=-\sqrt{3} \end{cases}$
또는 $\begin{cases} x=-2\sqrt{6} \\ y=\sqrt{6} \end{cases}$ 또는 $\begin{cases} x=2\sqrt{6} \\ y=-\sqrt{6} \end{cases}$

462 4 463 10 464 $3\sqrt{2}$

465 (1) $\begin{cases} x=-4 \\ y=-2 \end{cases}$ 또는 $\begin{cases} x=-2 \\ y=-4 \end{cases}$ 또는 $\begin{cases} x=2 \\ y=4 \end{cases}$
또는 $\begin{cases} x=4 \\ y=2 \end{cases}$
(2) $\begin{cases} x=-4 \\ y=1 \end{cases}$ 또는 $\begin{cases} x=1 \\ y=-4 \end{cases}$
또는 $\begin{cases} x=1-\sqrt{15} \\ y=1+\sqrt{15} \end{cases}$ 또는 $\begin{cases} x=1+\sqrt{15} \\ y=1-\sqrt{15} \end{cases}$

466 ① 467 (1, 3), (3, 1) 468 4

469 -16 470 $k=5$, 공통근: 1 471 1

472 $\frac{13}{6}$ 473 $a=12$, $b=18$ 474 ⑤

475 18 476 53

477 $\begin{cases} x=-13 \\ y=0 \end{cases}$ 또는 $\begin{cases} x=-3 \\ y=-10 \end{cases}$ 또는 $\begin{cases} x=-1 \\ y=12 \end{cases}$
또는 $\begin{cases} x=9 \\ y=2 \end{cases}$

478 $x=2$, $y=-4$ 479 4 480 $\frac{5\sqrt{2}}{2}$

연습문제 230~232쪽

481 ③ 482 ⑤ 483 $-4\sqrt{2}$ 484 ④

485 6 cm 486 ④ 487 2 488 12

489 17 490 5 491 ⑤ 492 3

493 ③ 494 41 495 9 496 -3

497 -15

Ⅱ-5. 연립일차부등식

01 연립일차부등식

개념 확인 237쪽

498 (1) $\begin{cases} a>0\text{일 때, } x\le 4 \\ a=0\text{일 때, 모든 실수} \\ a<0\text{일 때, } x\ge 4 \end{cases}$

(2) $\begin{cases} a>2\text{일 때, } x>\frac{1}{a-2} \\ a=2\text{일 때, 해는 없다.} \\ a<2\text{일 때, } x<\frac{1}{a-2} \end{cases}$

499 (1) $-2<x\leq 1$ (2) $-3\leq x<4$ (3) $x>2$ (4) $x<-3$

500 (1) $x=-2$ (2) 해는 없다. (3) 해는 없다. (4) 해는 없다.

유제 239~251쪽

501 (1) $\begin{cases} a>2\text{일 때, } x>3 \\ a=2\text{일 때, 해는 없다.} \\ a<2\text{일 때, } x<3 \end{cases}$ (2) 4

502 $x<-5$ 503 -2 504 $x\geq -2$

505 (1) $x>1$ (2) $-3\leq x<-2$

506 (1) $5\leq x<6$ (2) $x<5$

507 7 508 4

509 (1) $x\geq 3$ (2) $1\leq x\leq 5$ 510 1

511 -15 512 3

513 (1) $x=-1$ (2) 해는 없다. 514 $x=3$

515 ⑤ 516 1 517 $a=7$, $b=-3$

518 6 519 -5 520 8

521 $a\leq -18$ 522 $-5<a\leq -4$

523 2 524 ⑤ 525 4

526 12 cm 이상 15 cm 이하 527 9

528 9

개념 확인 253쪽

529 (1) $-1\leq x\leq 1$ (2) $x<-2$ 또는 $x>2$ (3) $x\leq -4$ 또는 $x\geq 4$ (4) $-7<x<7$ (5) $-5\leq x\leq -2$ 또는 $2\leq x\leq 5$ (6) $-6\leq x<-1$ 또는 $1<x\leq 6$

530 (1) $-2\leq x\leq 6$ (2) $x<-3$ 또는 $x>1$

유제 255쪽

531 (1) $x<-\frac{1}{3}$ 또는 $x>3$ (2) $-\frac{3}{2}<x<-\frac{1}{2}$ 또는 $1<x<2$

532 (1) $-\frac{2}{3}\leq x\leq 4$ (2) $-5<x<4$

533 2 534 -4

연습문제 256~258쪽

535 -5 536 ② 537 ② 538 ②

539 ③ 540 7 541 ② 542 ①

543 8 544 ④ 545 9 546 9

547 50 g 이상 300 g 이하 548 ①

549 ⑤ 550 ④ 551 67 552 ⑤

01 이차부등식

개념 확인 263쪽

553 (1) $-2<x<2$ (2) $-2\leq x\leq 2$ (3) $x<-2$ 또는 $x>2$ (4) $x\leq -2$ 또는 $x\geq 2$

554 (1) 해는 없다. (2) $x=-3$ (3) $x\neq -3$인 모든 실수 (4) 모든 실수

555 (1) 해는 없다. (2) 해는 없다. (3) 모든 실수 (4) 모든 실수

556 (1) $x<1$ 또는 $x>3$ (2) $1\leq x\leq 3$ (3) $x\neq -\frac{1}{3}$인 모든 실수 (4) $x=-\frac{1}{3}$ (5) 모든 실수 (6) 해는 없다.

557 (1) $x^2-5x-6<0$ (2) $x^2+3x-4>0$

유제 265~277쪽

558 (1) $-4\leq x\leq 3$ (2) $x\leq -1$ 또는 $x\geq 4$ (3) $x<-4$ 또는 $0<x<3$ 또는 $x>5$

559 $-2\leq x\leq \frac{1}{2}$

560 $-4<x<-2$ 또는 $1<x<2$

561 $-2\leq x\leq \frac{5}{2}$

562 (1) $x<3$ 또는 $x>4$ (2) $x=\frac{2}{3}$ (3) 모든 실수

563 (1) $x\leq -2$ 또는 $x\geq 2$ (2) $-2<x<4$

564 9 565 8 566 10 m 567 2초

568 9 m 이상 13 m 이하 569 ③

570 (1) $a=8$, $b=8$ (2) $3<x<7$ 571 ①

572 -24 573 $-2\leq x\leq \frac{3}{2}$

574 (1) $-\frac{1}{4}\leq a\leq 1$ (2) $0\leq a\leq 1$

575 15　576 -3　577 $a<-1$ 또는 $a>\frac{5}{3}$

578 (1) $a<0$ 또는 $a>20$　(2) $a>9$

579 12　580 5　581 4

582 (1) $a>2$　(2) $a\le-4$ 또는 $a\ge2$

583 10　584 $-\frac{1}{2}<a<0$ 또는 $0<a<\frac{1}{5}$

585 3

연습문제 278~280쪽

586 $x<-2$ 또는 $1<x<5$ 또는 $x>6$　587 ④

588 12　589 16　590 ③　591 -3

592 ②　593 ①　594 $-3<x<2$

595 25　596 3

597 (1) $f(x)=a(x-2)(x-6)$ (단, $a<0$)

(2) $1\le x\le\frac{7}{3}$　(3) 3

598 ⑤　599 ③　600 ④　601 1

602 20　603 ⑤　604 ③

Ⅱ-6. 이차부등식

02 연립이차부등식

개념 확인 281쪽

605 $-2\le x<5$

유제 283~293쪽

606 (1) $-2<x<\frac{2}{3}$　(2) $3<x\le4$

607 5　608 5　609 23

610 $-2\le a\le5$　611 $a\ge2$　612 4

613 ①　614 $x>8$　615 12 cm　616 3 cm

617 4 이상 7 이하

618 (1) $k\le-4$　(2) $2\le k<\frac{9}{4}$　(3) $k>\frac{9}{4}$

619 1　620 3　621 5　622 $k\le1$

623 $k<-3$ 또는 $k>3$　624 3　625 1

연습문제 295~296쪽

626 15　627 ③　628 5　629 $a\le0$

630 ④　631 12　632 ④　633 5

634 15　635 $k>4$　636 5　637 5

638 $\frac{4}{5}<a\le6$　639 0

Ⅲ. 경우의 수

Ⅲ-1. 경우의 수와 순열

01 합의 법칙과 곱의 법칙

개념 확인 299쪽

640 (1) 6　(2) 6　641 12　642 8

유제 301~311쪽

643 8　644 24　645 22　646 33

647 6　648 16　649 6　650 7

651 40　652 (1) 6　(2) 24　653 27

654 13　655 24　656 13　657 6

658 108　659 48　660 6　661 ②

662 260　663 (1) 23　(2) 17

664 (1) 44　(2) 34　665 87　666 39

연습문제 312~314쪽

667 6　668 ①　669 ②　670 ⑤

671 ③　672 24　673 16　674 57

675 12　676 10　677 ④　678 3

679 5　680 36　681 18　682 ④

683 ③　684 35　685 ④

Ⅲ-1. 경우의 수와 순열

02 순열

개념 확인 317쪽

686 (1) 4　(2) 120　(3) 56

687 (1) 1　(2) 6　(3) 720

유제 319~329쪽

688 (1) 6　(2) 4　(3) 7　689 4　690 10

691 6　692 (1) 720　(2) 360　(3) 30

693 990　694 720　695 8　696 240

697 3600　698 5　699 72

700 (1) 12　(2) 24　701 2640　702 ⑤

703 3600　704 (1) 48　(2) 18

705 (1) 72 (2) 108　706 36　707 168
708 (1) 424번째 (2) $cabefd$　709 81번째
710 31042　711 4135

연습문제　330~332쪽

712 ③　713 ④　714 288　715 2880
716 24　717 ④　718 240　719 960
720 ③　721 ⑤　722 11　723 ③
724 ③　725 156　726 selmi　727 ③
728 336

Ⅲ-2. 조합

01 조합

개념 확인　337쪽

729 (1) 1 (2) 1 (3) 21 (4) 56
730 (1) 4 (2) 2 (3) 5 (4) 5
731 (가) $n-r$ (나) n

유제　339~347쪽

732 (1) 10 (2) 4 (3) 7　733 6　734 5
735 8　736 (1) 220 (2) 350 (3) 22
737 101　738 4　739 16
740 (1) 28 (2) 56　741 63　742 140
743 215　744 (1) 4800 (2) 7200　745 144
746 90　747 336　748 (1) 23 (2) 52
749 150　750 200　751 (1) 30 (2) 70

연습문제　349~350쪽

752 5　753 60　754 4　755 ⑤
756 ④　757 155　758 ④　759 56
760 240　761 ③　762 5　763 ④
764 34　765 18

Ⅳ. 행렬

Ⅳ-1. 행렬의 연산

01 행렬의 덧셈, 뺄셈과 실수배

개념 확인　353쪽

766 (1) 0, -3, -1 (2) 4, 0, 5 (3) 0 (4) 4
767 (1) $a=-1$, $b=3$ (2) $a=3$, $b=4$

유제　355~357쪽

768 (1) $\begin{pmatrix} 1 & -1 & -3 \\ 4 & 2 & 0 \end{pmatrix}$ (2) $\begin{pmatrix} 0 & -3 & -8 \\ 3 & 0 & -5 \\ 8 & 5 & 0 \end{pmatrix}$

769 -5　770 22　771 $\begin{pmatrix} 0 & 2 \\ 0 & 3 \end{pmatrix}$

772 $\begin{pmatrix} 0 & 0 & 1 \\ 1 & 1 & 1 \\ 2 & 1 & 0 \end{pmatrix}$

773 (1) $a=6$, $b=7$, $c=-1$
(2) $a=-3$, $b=-1$, $c=4$

774 $\begin{pmatrix} 0 & 1 & 0 \\ 0 & 1 & 1 \\ 1 & 1 & 1 \end{pmatrix}$　775 ③

개념 확인　359쪽

776 (1) $\begin{pmatrix} 2 & 3 \\ 0 & 4 \end{pmatrix}$ (2) $\begin{pmatrix} 1 & 3 & -3 \\ -1 & 3 & 7 \end{pmatrix}$
(3) $\begin{pmatrix} -2 & -1 \\ -1 & -7 \end{pmatrix}$ (4) $\begin{pmatrix} -7 & -8 \\ 3 & -2 \\ -8 & -2 \end{pmatrix}$

777 (1) $\begin{pmatrix} -5 & 12 \\ 8 & 6 \end{pmatrix}$ (2) $\begin{pmatrix} 5 & 10 \\ -2 & -10 \end{pmatrix}$

778 (1) $\begin{pmatrix} 6 & 18 \\ -6 & -12 \end{pmatrix}$ (2) $\begin{pmatrix} -1 & -3 \\ 1 & 2 \end{pmatrix}$

유제　361~363쪽

779 $\begin{pmatrix} -2 & -1 \\ -3 & 3 \end{pmatrix}$　780 $\begin{pmatrix} -1 & 0 \\ -1 & 2 \end{pmatrix}$

781 $\begin{pmatrix} 6 & 26 \\ 10 & 8 \end{pmatrix}$　782 9

783 $A=\begin{pmatrix} -1 & -1 \\ 3 & -1 \end{pmatrix}$, $B=\begin{pmatrix} 2 & 3 \\ -8 & 5 \end{pmatrix}$

784 $x=-2$, $y=1$　785 ②　786 1

연습문제 364~365쪽

787 ④ 788 ③ 789 -5 790 -12

791 -1 792 $\begin{pmatrix} 5 & 6 & 8 \\ 6 & 2 & 4 \\ 8 & 4 & 2 \end{pmatrix}$ 793 ③

794 -7 795 $\frac{33}{5}$ 796 -6 797 14

798 45

02 행렬의 곱셈

개념 확인 367쪽

799 (1) (-14) (2) (-15)
(3) $(0 \quad 1)$ (4) $(4 \quad -4)$
(5) $\begin{pmatrix} 0 & 10 \\ 0 & -2 \end{pmatrix}$ (6) $\begin{pmatrix} -12 & 2 \\ -18 & 3 \end{pmatrix}$
(7) $\begin{pmatrix} -7 \\ -14 \end{pmatrix}$ (8) $\begin{pmatrix} -3 \\ -9 \end{pmatrix}$
(9) $\begin{pmatrix} 3 & 2 \\ -12 & -9 \end{pmatrix}$ (10) $\begin{pmatrix} -16 & -17 \\ -5 & -7 \end{pmatrix}$

800 (1) $\begin{pmatrix} 9 & 1 \\ 0 & 4 \end{pmatrix}$ (2) $\begin{pmatrix} 27 & 7 \\ 0 & -8 \end{pmatrix}$

유제 369~373쪽

801 (1) $\begin{pmatrix} 0 & -18 \\ 0 & -12 \end{pmatrix}$ (2) $\begin{pmatrix} 12 & -18 \\ -8 & -12 \end{pmatrix}$

802 -7 803 ② 804 12

805 $\begin{pmatrix} -2 & -8 \\ -4 & -10 \end{pmatrix}$ 806 -9 807 -3

808 ④ 809 $\begin{pmatrix} 1 & 0 \\ 250 & 1 \end{pmatrix}$ 810 -5^9

811 8 812 $\begin{pmatrix} 0 & 5 \\ 0 & 0 \end{pmatrix}$

개념 확인 375쪽

813 (1) $\begin{pmatrix} 4 & 0 \\ 0 & 4 \end{pmatrix}$ (2) $\begin{pmatrix} 1 & 0 \\ 0 & 1 \end{pmatrix}$
(3) $\begin{pmatrix} -1 & 0 \\ 0 & -1 \end{pmatrix}$ (4) $\begin{pmatrix} 0 & 0 \\ 0 & 0 \end{pmatrix}$

유제 377~382쪽

814 (1) $\begin{pmatrix} 6 & 9 \\ 50 & 31 \end{pmatrix}$ (2) $\begin{pmatrix} -2 & 0 \\ -2 & 2 \end{pmatrix}$

815 $\begin{pmatrix} 40 & -29 \\ 40 & -41 \end{pmatrix}$ 816 20

817 $\begin{pmatrix} -2 & -2 \\ 5 & 1 \end{pmatrix}$ 818 -5

819 $\begin{pmatrix} 16 \\ 11 \end{pmatrix}$ 820 82 821 ② 822 4

823 4 824 -6 825 -13

826 $p=7$, $q=1$

연습문제 383~384쪽

827 ㄱ, ㄴ, ㅁ 828 $-\frac{1}{2}$

829 $\begin{pmatrix} -8 & 1 \\ 23 & -10 \end{pmatrix}$ 830 5 831 $\begin{pmatrix} 3 \\ 1 \end{pmatrix}$

832 -1 833 34 834 ② 835 3

836 ② 837 ③ 838 350 839 6

memo

정답과 해설

공통수학1

정답과 해설

I. 다항식

01 다항식의 연산

개념 확인 9쪽

001 답 (1) $x^3+3y^2x^2-2y^3x-4y+5$
(2) $x^3+5-4y+3x^2y^2-2xy^3$

002 답 (1) $3x^2+2xy+2y^2$
(2) $-x^2-4xy+4y^2$
(3) $4x^2+xy+5y^2$
(4) $-5x^2-10xy+6y^2$

유제 11쪽

003 답 $12x^3-20x^2-11x+33$

$2(A+B)-3(2B-C)$
$=2A+2B-6B+3C$
$=2A-4B+3C$
$=2(x^3-x+3)-4(-x^3+2x^2-6)+3(2x^3-4x^2-3x+1)$
$=2x^3-2x+6+4x^3-8x^2+24+6x^3-12x^2-9x+3$
$=12x^3-20x^2-11x+33$

004 답 $5x^2-7xy+16y^2$

$4A-(X-2B)=A$에서
$4A-X+2B=A$
$\therefore X=3A+2B$
$=3(3x^2-3xy+6y^2)+2(-2x^2+xy-y^2)$
$=9x^2-9xy+18y^2-4x^2+2xy-2y^2$
$=5x^2-7xy+16y^2$

005 답 $-4x^2+11x+14$

두 식의 양변을 각각 더하면
$2A=2x^2+2x+2$
$\therefore A=x^2+x+1$
$A+B=3x^2-2x-3$에서
$B=3x^2-2x-3-(x^2+x+1)=2x^2-3x-4$
$\therefore 2A-3B=2(x^2+x+1)-3(2x^2-3x-4)$
$=2x^2+2x+2-6x^2+9x+12$
$=-4x^2+11x+14$

006 답 $-x^2+9xy-4y^2+1$

$[x^2+3xy-2y^2, 2x^2-y^2]$
$=3(x^2+3xy-2y^2)-2(2x^2-y^2)+1$
$=3x^2+9xy-6y^2-4x^2+2y^2+1$
$=-x^2+9xy-4y^2+1$

개념 확인 15쪽

007 답 (1) $-8x^5y^7$ (2) $27a^7$ (3) $x^5y^3z^3$ (4) $64b^3$

008 답 (1) x^3-x^2-x-2
(2) $3x^4-6x^3+10x^2-2x+3$
(3) $2x^3-8xy^2+3xy+6y^2$
(4) $3x^2+y^2-4xy-5x+y-2$

009 답 (1) $x^2+xy+\dfrac{y^2}{4}$ (2) $4a^2-b^2$
(3) $x^2+3xy-18y^2$ (4) $6a^2+5ab-6b^2$

010 답 (1) 7 (2) 5 (3) -18

(1) $x^2+y^2=(x+y)^2-2xy=(-3)^2-2\times1=7$
(2) $(x-y)^2=(x+y)^2-4xy=(-3)^2-4\times1=5$
(3) $x^3+y^3=(x+y)^3-3xy(x+y)$
$=(-3)^3-3\times1\times(-3)=-18$

011 답 (1) 27 (2) 29 (3) 140

(1) $x^2+\dfrac{1}{x^2}=\left(x-\dfrac{1}{x}\right)^2+2=5^2+2=27$
(2) $\left(x+\dfrac{1}{x}\right)^2=\left(x-\dfrac{1}{x}\right)^2+4=5^2+4=29$
(3) $x^3-\dfrac{1}{x^3}=\left(x-\dfrac{1}{x}\right)^3+3\left(x-\dfrac{1}{x}\right)$
$=5^3+3\times5=140$

유제 17~27쪽

012 답 (1) -4 (2) 13, -4

(1) 주어진 식에서 x^2항이 나오는 부분만 전개하면
$x^2\times(-2)-x\times x+1\times(-x^2)$
$=-2x^2-x^2-x^2=-4x^2$
따라서 x^2의 계수는 -4이다.

(2) $(2x^2-x+3)^2=(2x^2-x+3)(2x^2-x+3)$에서

x^2항이 나오는 부분만 전개하면

$2x^2\times3+(-x)\times(-x)+3\times2x^2$

$=6x^2+x^2+6x^2=13x^2$

따라서 x^2의 계수는 13이다.

x^3항이 나오는 부분만 전개하면

$2x^2\times(-x)+(-x)\times2x^2=-2x^3-2x^3$

$=-4x^3$

따라서 x^3의 계수는 -4이다.

013 답 2

주어진 식에서 x^2항이 나오는 부분만 전개하면

$2x^2\times2a-3x\times(-6x)+a\times5x^2=(9a+18)x^2$

이때 x^2의 계수가 36이므로

$9a+18=36$, $9a=18$

$\therefore a=2$

014 답 274

주어진 식에서 x^4항이 나오는 부분만 전개하면

$x\times2x\times3x\times4x\times1+x\times2x\times3x\times1\times5x$

$+x\times2x\times1\times4x\times5x+x\times1\times3x\times4x\times5x$

$+1\times2x\times3x\times4x\times5x$

$=24x^4+30x^4+40x^4+60x^4+120x^4$

$=274x^4$

따라서 x^4의 계수는 274이다.

015 답 5

주어진 식에서 x^3항이 나오는 부분만 전개하면

$x^2\times bx+ax\times2x^2=(2a+b)x^3$

이때 x^3의 계수가 11이므로

$2a+b=11$ $\therefore b=11-2a$ ⋯⋯ ㉠

주어진 식에서 x^2항이 나오는 부분만 전개하면

$x^2\times3+ax\times bx+(-3)\times2x^2=(ab-3)x^2$

이때 x^2의 계수가 11이므로

$ab-3=11$ $\therefore ab=14$ ⋯⋯ ㉡

㉠을 ㉡에 대입하면

$a(11-2a)=14$, $2a^2-11a+14=0$

$(2a-7)(a-2)=0$

$\therefore a=\frac{7}{2}$ 또는 $a=2$

그런데 a는 정수이므로 $a=2$

이를 ㉠에 대입하면 $b=7$

$\therefore b-a=5$

016 답 (1) $\boldsymbol{x^2+4y^2+9z^2-4xy-12yz+6zx}$

(2) $\boldsymbol{64x^3+48x^2y+12xy^2+y^3}$

(3) $\boldsymbol{a^3+2a^2b-11ab^2-12b^3}$

(4) $\boldsymbol{x^4+9x^2y^2+81y^4}$ (5) $\boldsymbol{x^6-1}$

(6) $\boldsymbol{a^3+8b^3-c^3+6abc}$

(1) $(x-2y+3z)^2$

$=x^2+(-2y)^2+(3z)^2+2\times x\times(-2y)$

$+2\times(-2y)\times3z+2\times3z\times x$

$=x^2+4y^2+9z^2-4xy-12yz+6zx$

(2) $(4x+y)^3=(4x)^3+3\times(4x)^2\times y+3\times4x\times y^2+y^3$

$=64x^3+48x^2y+12xy^2+y^3$

(3) $(a-3b)(a+b)(a+4b)$

$=a^3+(-3b+b+4b)a^2$

$+\{(-3b)\times b+b\times4b+4b\times(-3b)\}a$

$+(-3b)\times b\times4b$

$=a^3+2a^2b-11ab^2-12b^3$

(4) $(x^2+3xy+9y^2)(x^2-3xy+9y^2)$

$=\{x^2+x\times3y+(3y)^2\}\{x^2-x\times3y+(3y)^2\}$

$=x^4+x^2\times(3y)^2+(3y)^4$

$=x^4+9x^2y^2+81y^4$

(5) $(x+1)(x-1)(x^2+x+1)(x^2-x+1)$

$=(x+1)(x^2-x\times1+1^2)(x-1)(x^2+x\times1+1^2)$

$=(x^3+1)(x^3-1)=(x^3)^2-1^2=x^6-1$

(6) $(a+2b-c)(a^2+4b^2+c^2-2ab+2bc+ac)$

$=\{a+2b+(-c)\}$

$\times\{a^2+(2b)^2+(-c)^2-a\times2b$

$-2b\times(-c)-(-c)\times a\}$

$=a^3+(2b)^3+(-c)^3-3\times a\times2b\times(-c)$

$=a^3+8b^3-c^3+6abc$

017 답 (1) $\boldsymbol{x^8-1}$ (2) $\boldsymbol{a^6+16a^3+64}$

(3) $\boldsymbol{x^6-3x^4y^2+3x^2y^4-y^6}$ (4) $\boldsymbol{a^6-b^6}$

(1) $(x-1)(x+1)(x^2+1)(x^4+1)$

$=(x^2-1)(x^2+1)(x^4+1)$

$=(x^4-1)(x^4+1)=x^8-1$

(2) $(a+2)^2(a^2-2a+4)^2$

$=\{(a+2)(a^2-a\times2+2^2)\}^2=(a^3+2^3)^2$

$=(a^3+8)^2=a^6+16a^3+64$

(3) $(x+y)^3(x-y)^3$

$=\{(x+y)(x-y)\}^3=(x^2-y^2)^3$

$=(x^2)^3-3(x^2)^2y^2+3x^2(y^2)^2-(y^2)^3$

$=x^6-3x^4y^2+3x^2y^4-y^6$

(4) $(a+b)(a-b)(a^4+a^2b^2+b^4)$
$=(a^2-b^2)\{(a^2)^2+a^2b^2+(b^2)^2\}$
$=(a^2)^3-(b^2)^3=a^6-b^6$

018 답 ⑤

① $(a-3b-c)^2$
$=a^2+(-3b)^2+(-c)^2+2\times a\times(-3b)$
$\quad+2\times(-3b)\times(-c)+2\times(-c)\times a$
$=a^2+9b^2+c^2-6ab+6bc-2ca$

② $(x+5)(x-3)(x-1)$
$=x^3+(5-3-1)x^2$
$\quad+\{5\times(-3)+(-3)\times(-1)+5\times(-1)\}x$
$\quad+5\times(-3)\times(-1)$
$=x^3+x^2-17x+15$

③ $(4a-3b)(16a^2+12ab+9b^2)=(4a)^3-(3b)^3$
$=64a^3-27b^3$

④ $(x^2+2xy+4y^2)(x^2-2xy+4y^2)$
$=x^4+x^2\times(2y)^2+(2y)^4$
$=x^4+4x^2y^2+16y^4$

⑤ $(x-y+z)(x^2+y^2+z^2+xy+yz-zx)$
$=x^3+(-y)^3+z^3-3\times x\times(-y)\times z$
$=x^3-y^3+z^3+3xyz$

따라서 옳은 것은 ⑤이다.

019 답 (1) $\boldsymbol{x^2+9y^2-4z^2+6xy+9yz+3zx}$ (2) $\boldsymbol{x^4+10x^3+7x^2-90x-144}$

(1) $x+3y=X$로 놓으면
$(x+3y-z)(x+3y+4z)$
$=(X-z)(X+4z)$
$=X^2+3zX-4z^2$
$=(x+3y)^2+3z(x+3y)-4z^2$
$=x^2+6xy+9y^2+3xz+9yz-4z^2$
$=x^2+9y^2-4z^2+6xy+9yz+3zx$

(2) $(x-3)(x+3)(x+2)(x+8)$
$=\{(x-3)(x+8)\}\{(x+3)(x+2)\}$
$=(x^2+5x-24)(x^2+5x+6)$
$x^2+5x=X$로 놓으면
$(x-3)(x+3)(x+2)(x+8)$
$=(X-24)(X+6)$
$=X^2-18X-144$
$=(x^2+5x)^2-18(x^2+5x)-144$
$=x^4+10x^3+25x^2-18x^2-90x-144$
$=x^4+10x^3+7x^2-90x-144$

020 답 ⑤

$a+b=A$로 놓으면 주어진 식은
$(A-1)(A^2+A+1)=8$
$A^3-1=8 \qquad \therefore A^3=9$
따라서 $(a+b)^3$의 값은 9이다.

021 답 (가) $\boldsymbol{b+d}$ (나) $\boldsymbol{b^2+2bd+d^2}$ (다) $\boldsymbol{a^2-b^2+c^2-d^2+2ac-2bd}$

$(a+b+c+d)(a-b+c-d)$
$=\{(a+c)+(b+d)\}\{(a+c)-($(가) $b+d$$)\}$
$=(a+c)^2-($(가) $b+d$$)^2$
$=a^2+2ac+c^2-($(나) $b^2+2bd+d^2$$)$
$=$(다) $a^2-b^2+c^2-d^2+2ac-2bd$

022 답 46

$(x-6)(x-2)(x+1)(x+3)$
$=\{(x-6)(x+1)\}\{(x-2)(x+3)\}$
$=(x^2-5x-6)(x^2+x-6)$
$x^2-6=X$로 놓으면
$(x-6)(x-2)(x+1)(x+3)$
$=(X-5x)(X+x)$
$=X^2-4xX-5x^2$
$=(x^2-6)^2-4x(x^2-6)-5x^2$
$=x^4-12x^2+36-4x^3+24x-5x^2$
$=x^4-4x^3-17x^2+24x+36$
따라서 $a=-4$, $b=-17$, $c=24$이므로
$3a-2b+c=46$

023 답 (1) $\boldsymbol{\sqrt{17}}$ (2) 45

$(x+y)^2=x^2+y^2+2xy$이므로
$3^2=13+2xy$, $2xy=-4 \qquad \therefore xy=-2$

(1) $(x-y)^2=(x+y)^2-4xy$
$=3^2-4\times(-2)=17$
$\therefore |x-y|=\sqrt{17}$ ($\because |x-y|>0$)

(2) $x^3+y^3=(x+y)^3-3xy(x+y)$
$=3^3-3\times(-2)\times3=45$

024 답 (1) $\boldsymbol{10\sqrt{2}}$ (2) 140

(1) $\left(x+\frac{1}{x}\right)^2=x^2+\frac{1}{x^2}+2=6+2=8$이므로
$x+\frac{1}{x}=2\sqrt{2}$ ($\because x>0$)
$\therefore x^3+\frac{1}{x^3}=\left(x+\frac{1}{x}\right)^3-3\left(x+\frac{1}{x}\right)$
$=(2\sqrt{2})^3-3\times2\sqrt{2}=10\sqrt{2}$

(2) $x^2-5x-1=0$에서 $x\neq0$이므로 양변을 x로 나누면

$$x-5-\frac{1}{x}=0 \qquad \therefore x-\frac{1}{x}=5$$

$$\therefore x^3-\frac{1}{x^3}=\left(x-\frac{1}{x}\right)^3+3\left(x-\frac{1}{x}\right)$$
$$=5^3+3\times5=140$$

025 답 $-4\sqrt{2}$

$x^2+xy+y^2=(x+y)^2-xy$이므로

$4=(\sqrt{2})^2-xy \qquad \therefore xy=-2$

$$\therefore \frac{x^2}{y}+\frac{y^2}{x}=\frac{x^3+y^3}{xy}=\frac{(x+y)^3-3xy(x+y)}{xy}$$
$$=\frac{(\sqrt{2})^3-3\times(-2)\times\sqrt{2}}{-2}=-4\sqrt{2}$$

026 답 194

$x^2-4x+1=0$에서 $x\neq0$이므로 양변을 x로 나누면

$$x-4+\frac{1}{x}=0 \qquad \therefore x+\frac{1}{x}=4$$

$x^2+\frac{1}{x^2}=\left(x+\frac{1}{x}\right)^2-2=4^2-2=14$이므로

$$x^4+\frac{1}{x^4}=\left(x^2+\frac{1}{x^2}\right)^2-2=14^2-2=194$$

027 답 (1) 1 (2) 183

(1) $a^2+b^2+c^2=(a+b+c)^2-2(ab+bc+ca)$이므로

$34=6^2-2(ab+bc+ca)$

$\therefore ab+bc+ca=1$

(2) $a^3+b^3+c^3$

$=(a+b+c)\{a^2+b^2+c^2-(ab+bc+ca)\}+3abc$

$=6\times(34-1)+3\times(-5)=183$

028 답 (1) 7 (2) 8

(1) $b+c=1-\sqrt{2}$, $a+b=1+\sqrt{2}$의 변끼리 빼면

$c-a=(1-\sqrt{2})-(1+\sqrt{2})=-2\sqrt{2}$

$\therefore a^2+b^2+c^2+ab+bc-ca$

$$=\frac{1}{2}\{(a+b)^2+(b+c)^2+(c-a)^2\}$$
$$=\frac{1}{2}\{(1+\sqrt{2})^2+(1-\sqrt{2})^2+(-2\sqrt{2})^2\}$$
$$=\frac{1}{2}(3+2\sqrt{2}+3-2\sqrt{2}+8)=7$$

(2) $a^3+b^3+c^3$

$=(a+b+c)(a^2+b^2+c^2-ab-bc-ca)+3abc$

이므로

$-24=0+3abc \qquad \therefore abc=-8$

$a+b+c=0$에서

$(a+b)(b+c)(c+a)=(-c)(-a)(-b)$

$=-abc$

$=8$

029 답 4

$\frac{1}{a}+\frac{1}{b}+\frac{1}{c}=\frac{bc+ac+ab}{abc}=2$에서

$abc=\frac{1}{2}(ab+bc+ca) \qquad \cdots\cdots$ ㉠

$a^2+b^2+c^2=(a+b+c)^2-2(ab+bc+ca)$이므로

$9=5^2-2(ab+bc+ca) \qquad \therefore ab+bc+ca=8$

㉠에서 $abc=\frac{1}{2}(ab+bc+ca)=\frac{1}{2}\times8=4$

030 답 17

$a+b+c=3$에서

$(a+b)(b+c)(c+a)$

$=(3-c)(3-a)(3-b)$

$=3^3+(-c-a-b)\times3^2+(ca+ab+bc)\times3-abc$

$=27-9(a+b+c)+3(ab+bc+ca)-abc$

이므로

$-8=27-9\times3+3(ab+bc+ca)+4$

$3(ab+bc+ca)=-12 \qquad \therefore ab+bc+ca=-4$

$\therefore a^2+b^2+c^2=(a+b+c)^2-2(ab+bc+ca)$

$=3^2-2\times(-4)=17$

031 답 33

직육면체의 가로, 세로의 길이와 높이를 각각 a, b, c라 하면 직육면체의 겉넓이는 $2(ab+bc+ca)$이다.

이때 모든 모서리의 길이의 합이 28이므로

$4(a+b+c)=28 \qquad \therefore a+b+c=7$

또 대각선의 길이가 4이므로

$\sqrt{a^2+b^2+c^2}=4 \qquad \therefore a^2+b^2+c^2=16$

$a^2+b^2+c^2=(a+b+c)^2-2(ab+bc+ca)$이므로

$2(ab+bc+ca)=(a+b+c)^2-(a^2+b^2+c^2)$

$=7^2-16=33$

따라서 직육면체의 겉넓이는 33이다.

032 답 10

직사각형 ODCE에서 $\overline{DE}=\overline{OC}=6$

$\overline{OD}=a$, $\overline{OE}=b$라 하면

$\overline{AD}+\overline{DE}+\overline{EB}=(6-a)+6+(6-b)$

$=18-(a+b) \qquad \cdots\cdots$ ㉠

직사각형 ODCE의 대각선의 길이가 6이므로

$\sqrt{a^2+b^2}=6 \quad \therefore a^2+b^2=36$

또 직사각형 ODCE의 넓이가 14이므로

$ab=14$

$(a+b)^2=a^2+b^2+2ab=36+2\times14=64$이므로

$a+b=8$ ($\because a>0, b>0$)

따라서 ㉠에서

$\overline{AD}+\overline{DE}+\overline{EB}=18-(a+b)=18-8=10$

033 답 240

$\overline{AC}=a$, $\overline{BC}=b$라 하면 두 정육면체의 겉넓이의 합은 $6(a^2+b^2)$이다.

이때 $\overline{AB}=8$이므로 $a+b=8$

또 두 정육면체의 부피의 합이 224이므로

$a^3+b^3=224$

$a^3+b^3=(a+b)^3-3ab(a+b)$이므로

$224=8^3-3ab\times8$, $24ab=288 \quad \therefore ab=12$

$\therefore a^2+b^2=(a+b)^2-2ab=8^2-2\times12=40$

따라서 두 정육면체의 겉넓이의 합은

$6(a^2+b^2)=6\times40=240$

034 답 112

$\overline{OA}=a$, $\overline{OB}=b$, $\overline{OC}=c$라 하면

$\overline{AB}^2+\overline{BC}^2+\overline{CA}^2$

$=(\overline{OA}^2+\overline{OB}^2)+(\overline{OB}^2+\overline{OC}^2)+(\overline{OC}^2+\overline{OA}^2)$

$=(a^2+b^2)+(b^2+c^2)+(c^2+a^2)$

$=2(a^2+b^2+c^2)$

(가)에서 $a+b+c=14$

(나)에서 $\frac{1}{2}ab+\frac{1}{2}bc+\frac{1}{2}ca=35$

$\therefore ab+bc+ca=70$

$a^2+b^2+c^2=(a+b+c)^2-2(ab+bc+ca)$

$=14^2-2\times70=56$

이므로

$\overline{AB}^2+\overline{BC}^2+\overline{CA}^2=2(a^2+b^2+c^2)$

$=2\times56=112$

개념 확인 29쪽

035 답 (1) x^2, $6x$, 19

몫: $2x^2+x+6$, 나머지: 19

(2) **1, $6x$, $-5x$**

몫: $3x+1$, 나머지: $-5x+1$

036 답 (1) -1, -1, 2, -3

몫: x^2-2x+1, 나머지: -3

(2) **0, 22, 3, 8, 21**

몫: $3x^3+4x^2+8x+11$, 나머지: 21

유제 31~35쪽

037 답 (1) 몫: $x^2-4x+14$, 나머지: -59

(2) 몫: $x^2+6x+11$, 나머지: $-x-32$

(1)

$$\begin{array}{r} x^2-4x+14 \\ x+4\,\overline{\big)\,x^3 \qquad -2x-3} \\ \underline{x^3+4x^2 \qquad\qquad} \\ -4x^2-2x \quad \\ \underline{-4x^2-16x \quad} \\ 14x-3 \\ \underline{14x+56} \\ -59 \end{array}$$

따라서 몫은 $x^2-4x+14$, 나머지는 -59이다.

(2)

$$\begin{array}{r} x^2+6x+11 \\ x^2-2x+3\,\overline{\big)\,x^4+4x^3+2x^2-5x+1} \\ \underline{x^4-2x^3+3x^2 \qquad\qquad} \\ 6x^3-x^2-5x \quad \\ \underline{6x^3-12x^2+18x \quad} \\ 11x^2-23x+1 \\ \underline{11x^2-22x+33} \\ -x-32 \end{array}$$

따라서 몫은 $x^2+6x+11$, 나머지는 $-x-32$이다.

038 답 x^2+x+1

$2x^3-x^2+4x+3=A(2x-3)+5x+6$이므로

$A(2x-3)=2x^3-x^2-x-3$

$\therefore A=(2x^3-x^2-x-3)\div(2x-3)$

$$\begin{array}{r} x^2+x+1 \\ 2x-3\,\overline{\big)\,2x^3-x^2-x-3} \\ \underline{2x^3-3x^2 \qquad\quad} \\ 2x^2-x \quad \\ \underline{2x^2-3x \quad} \\ 2x-3 \\ \underline{2x-3} \\ 0 \end{array}$$

$\therefore A=x^2+x+1$

039 답 **12**

$$\begin{array}{r} 4x+6 \\ x^2-x+2\,\big)\,\overline{4x^3+2x^2-\ 5x+\ 3} \\ \underline{4x^3-4x^2+\ 8x} \\ 6x^2-13x+\ 3 \\ \underline{6x^2-\ 6x+12} \\ -\ 7x-\ 9 \end{array}$$

따라서 $Q(x)=4x+6$, $R(x)=-7x-9$이므로

$Q(1)-R(-1)=(4+6)-(7-9)=12$

040 답 **−12**

$f(x)=(x^2+2x-2)(3x+1)+x-1$

$=3x^3+7x^2-3x-3$

다항식 $f(x)$를 $3x^2-2x+3$으로 나누면

$$\begin{array}{r} x+3 \\ 3x^2-2x+3\,\big)\,\overline{3x^3+7x^2-3x-\ 3} \\ \underline{3x^3-2x^2+3x} \\ 9x^2-6x-\ 3 \\ \underline{9x^2-6x+\ 9} \\ -12 \end{array}$$

따라서 구하는 나머지는 -12이다.

041 답 ③

$f(x)=\left(\frac{3}{2}x-1\right)Q(x)+R$

$=\frac{3}{2}\left(x-\frac{2}{3}\right)Q(x)+R$

$=\left(x-\frac{2}{3}\right)\times\frac{3}{2}Q(x)+R$

따라서 $f(x)$를 $x-\frac{2}{3}$로 나누었을 때의 몫은

$\frac{3}{2}Q(x)$, 나머지는 R이다.

042 답 $a=2$, $b=1$, $c=-2$

$f(x)=(2x+4)Q(x)+R$

양변에 x를 곱하면

$xf(x)=x(2x+4)Q(x)+Rx$

$=2x(x+2)Q(x)+R(x+2)-2R$

$=(x+2)\{2xQ(x)+R\}-2R$

따라서 $xf(x)$를 $x+2$로 나누었을 때의 몫은

$2xQ(x)+R$, 나머지는 $-2R$이므로

$a=2$, $b=1$, $c=-2$

043 답 x^2+3x-2

$f(x)=\left(x-\frac{1}{4}\right)(4x^2+12x-8)+5$

$=\left(x-\frac{1}{4}\right)\times 4(x^2+3x-2)+5$

$=(4x-1)(x^2+3x-2)+5$

따라서 $f(x)$를 $4x-1$로 나누었을 때의 몫은

x^2+3x-2이다.

044 답 ④

$f(x)=(x+1)Q(x)+R$이므로

$x^2f(x)=x^2(x+1)Q(x)+Rx^2$

$x^2f(x)$를 $x+1$로 나누었을 때의 나머지가 R이므로

$x^2f(x)=x^2(x+1)Q(x)+Rx^2$

$=x^2(x+1)Q(x)+R(x^2-1)+R$

$=x^2(x+1)Q(x)+R(x+1)(x-1)+R$

$=(x+1)\{x^2Q(x)+R(x-1)\}+R$

따라서 구하는 몫은 $x^2Q(x)+R(x-1)$이다.

045 답 (1) 몫: x^2+x-4, 나머지: -10
(2) 몫: x^2+2x+1, 나머지: 1

(1)
$$\begin{array}{r|rrrr} 1 & 1 & 0 & -5 & -6 \\ & & 1 & 1 & -4 \\ \hline & 1 & 1 & -4 & -10 \end{array}$$

따라서 몫은 x^2+x-4이고 나머지는 -10이다.

(2)
$$\begin{array}{r|rrrr} -\frac{1}{3} & 3 & 7 & 5 & 2 \\ & & -1 & -2 & -1 \\ \hline & 3 & 6 & 3 & 1 \end{array}$$

$3x^3+7x^2+5x+2=\left(x+\frac{1}{3}\right)(3x^2+6x+3)+1$

$=3\left(x+\frac{1}{3}\right)(x^2+2x+1)+1$

$=(3x+1)(x^2+2x+1)+1$

따라서 몫은 x^2+2x+1이고 나머지는 1이다.

046 답 **−5**

$$\begin{array}{r|rrrr} -1 & 1 & -2 & 0 & -3 \\ & & -1 & 3 & -3 \\ \hline & 1 & -3 & 3 & -6 \end{array}$$

따라서 $a=-1$, $b=0$, $c=-1$, $d=3$, $e=-6$이므로

$a+b+c+d+e=-5$

047 답 ③

주어진 조립제법을 식으로 나타내면

$$3x^3-4x^2+2x+1=\left(x+\frac{2}{3}\right)(3x^2-6x+6)-3$$
$$=3\left(x+\frac{2}{3}\right)(x^2-2x+2)-3$$
$$=(3x+2)(x^2-2x+2)-3$$

따라서 몫은 x^2-2x+2이고 나머지는 -3이다.

048 답 x^2+2x+3

주어진 조립제법에서 $P(x)$를 $x-3$으로 나누었을 때의 몫이 x^2+x-2, 나머지가 5이므로

$$P(x)=(x-3)(x^2+x-2)+5$$
$$=x^3-2x^2-5x+11$$

따라서 $P(x)$를 $x-4$로 나누었을 때의 몫을 오른쪽과 같이 조립제법을 이용하여 구하면 x^2+2x+3이다.

4	1	−2	−5	11
		4	8	12
	1	2	3	23

연습문제 36~38쪽

049 답 -25

$$2(A+B)-3(B-2C)$$
$$=2A+2B-3B+6C$$
$$=2A-B+6C$$
$$=2(3x^3+x^2-2x+1)-(x^3-x-3)+6(-x^2+5x-2)$$
$$=6x^3+2x^2-4x+2-x^3+x+3-6x^2+30x-12$$
$$=5x^3-4x^2+27x-7$$

따라서 $a=5$, $b=-4$, $c=27$, $d=-7$이므로

$a-b-c+d=-25$

050 답 $-3x^2-8xy+4y^2$

$3(X-2A)=X-4B$에서

$$3X-6A=X-4B$$
$$2X=6A-4B$$
$$\therefore X=3A-2B$$
$$=3(x^2-4xy+2y^2)-2(3x^2-2xy+y^2)$$
$$=3x^2-12xy+6y^2-6x^2+4xy-2y^2$$
$$=-3x^2-8xy+4y^2$$

051 답 3

$$(x+a)^3+x(x-4)$$
$$=(x^3+3ax^2+3a^2x+a^3)+x^2-4x$$
$$=x^3+(3a+1)x^2+(3a^2-4)x+a^3$$

이때 x^2의 계수가 10이므로

$3a+1=10 \qquad \therefore a=3$

052 답 ①

$x^2-3x=X$로 놓으면

$$(x^2-3x+1)(x^2-3x-4)+2$$
$$=(X+1)(X-4)+2=X^2-3X-2$$
$$=(x^2-3x)^2-3(x^2-3x)-2$$
$$=x^4-6x^3+9x^2-3x^2+9x-2$$
$$=x^4-6x^3+6x^2+9x-2$$

053 답 $-10\sqrt{2}$

$$x-y=(1+\sqrt{2})-(1-\sqrt{2})=2\sqrt{2}$$
$$xy=(1+\sqrt{2})(1-\sqrt{2})=1^2-(\sqrt{2})^2=-1$$
$$\therefore \frac{x^2}{y}-\frac{y^2}{x}=\frac{x^3-y^3}{xy}=\frac{(x-y)^3+3xy(x-y)}{xy}$$
$$=\frac{(2\sqrt{2})^3+3\times(-1)\times2\sqrt{2}}{-1}=-10\sqrt{2}$$

054 답 64

$$a^2b^2+b^2c^2+c^2a^2$$
$$=(ab)^2+(bc)^2+(ca)^2$$
$$=(ab+bc+ca)^2-2(ab^2c+bc^2a+ca^2b)$$
$$=(ab+bc+ca)^2-2abc(a+b+c)$$
$$=(-2)^2-2\times6\times(-5)=64$$

055 답 ③

$$\begin{array}{r|l}
 & 2x^2-2x-1 \\
3x^2+3x-1 & 6x^4 \qquad -11x^2+3x+2 \\
 & 6x^4+6x^3-2x^2 \\ \hline
 & -6x^3-9x^2+3x \\
 & -6x^3-6x^2+2x \\ \hline
 & -3x^2+x+2 \\
 & -3x^2-3x+1 \\ \hline
 & 4x+1
\end{array}$$

따라서 몫은 $2x^2-2x-1$이고 나머지는 $4x+1$이므로

$a=-2$, $b=-1$, $c=4$, $d=1$

$\therefore ad+bc=-6$

056 답 ③

$$\begin{array}{r} x^2-2x+2 \\ x^2+x+2\overline{)\,x^4-x^3+2x^2-2x+k} \\ \underline{x^4+x^3+2x^2\qquad\quad} \\ -2x^3\qquad-2x \\ \underline{-2x^3-2x^2-4x} \\ 2x^2+2x+k \\ \underline{2x^2+2x+4} \\ k-4 \end{array}$$

이때 나머지가 0이므로

$k-4=0 \qquad \therefore k=4$

057 답 ③

$2AB-BA+CA$ ◀ $BA=AB$

$=AB+CA=A(B+C)$

$=(x^2-2xy+3y^2)\{(x^2+xy)+(y^2-xy)\}$

$=(x^2-2xy+3y^2)(x^2+y^2)$

$=x^4+x^2y^2-2x^3y-2xy^3+3x^2y^2+3y^4$

$=x^4-2x^3y+4x^2y^2-2xy^3+3y^4$

058 답 30

$(1+x+2x^2+3x^3+\cdots+10x^{10})^2$

$=(1+x+2x^2+\cdots+10x^{10})(1+x+2x^2+\cdots+10x^{10})$

에서 x^5항이 나오는 부분만 전개하면

$1\times5x^5+x\times4x^4+2x^2\times3x^3+3x^3\times2x^2$

$+4x^4\times x+5x^5\times1$

$=5x^5+4x^5+6x^5+6x^5+4x^5+5x^5=30x^5$

따라서 x^5의 계수는 30이다.

059 답 82

$x^3+y^3=(x+y)^3-3xy(x+y)$이므로

$14=2^3-3xy\times2,\ 6xy=-6 \qquad \therefore xy=-1$

$x^2+y^2=(x+y)^2-2xy=2^2-2\times(-1)=6$이고

$(x^2+y^2)(x^3+y^3)=x^5+y^5+x^2y^2(x+y)$이므로

$6\times14=x^5+y^5+(-1)^2\times2$

$\therefore x^5+y^5=84-2=82$

060 답 2

$\left(x-\frac{4}{x}\right)^2+\left(4x+\frac{1}{x}\right)^2$

$=x^2+\frac{16}{x^2}-8+16x^2+\frac{1}{x^2}+8$

$=17x^2+\frac{17}{x^2}$

즉, $17x^2+\frac{17}{x^2}=34$이므로 $x^2+\frac{1}{x^2}=2$

$\therefore \left(x+\frac{1}{x}\right)^2=x^2+\frac{1}{x^2}+2=2+2=4$

이때 $x>0$이므로

$x+\frac{1}{x}=2$

061 답 ②

$x^2-2x-1=0$에서 $x\neq0$이므로 양변을 x로 나누면

$x-2-\frac{1}{x}=0 \qquad \therefore x-\frac{1}{x}=2$

$\therefore 2x^2-x-8+\frac{1}{x}+\frac{2}{x^2}$

$=2\left(x^2+\frac{1}{x^2}\right)-\left(x-\frac{1}{x}\right)-8$

$=2\left\{\left(x-\frac{1}{x}\right)^2+2\right\}-\left(x-\frac{1}{x}\right)-8$

$=2\times(2^2+2)-2-8=2$

062 답 64

$a^3+b^3+c^3$

$=(a+b+c)(a^2+b^2+c^2-ab-bc-ca)+3abc$

이고 $a^3+b^3+c^3=3abc$이므로

$(a+b+c)(a^2+b^2+c^2-ab-bc-ca)=0$

이때 $a+b+c=12$이므로

$a^2+b^2+c^2-ab-bc-ca=0$

$\frac{1}{2}\{(a-b)^2+(b-c)^2+(c-a)^2\}=0$

즉, $a-b=0,\ b-c=0,\ c-a=0$이므로

$a=b=c$

이때 $a+b+c=12$이므로 $a=b=c=4$

$\therefore abc=4^3=64$

063 답 ④

$\overline{AB}=a,\ \overline{AD}=b,\ \overline{AE}=c$라 하면

$\overline{BG}^2=b^2+c^2,\ \overline{GD}^2=a^2+c^2,\ \overline{DB}^2=a^2+b^2$

이때 직육면체의 겉넓이가 148이므로

$2(ab+bc+ca)=148 \qquad \therefore ab+bc+ca=74$

또 모든 모서리의 길이의 합이 60이므로

$4(a+b+c)=60 \qquad \therefore a+b+c=15$

$\therefore \overline{BG}^2+\overline{GD}^2+\overline{DB}^2$

$=2(a^2+b^2+c^2)$

$=2\{(a+b+c)^2-2(ab+bc+ca)\}$

$=2\times(15^2-2\times74)=154$

064 답 9

| 접근 방법 | 주어진 다항식을 $2x^2+x+1$로 나누었을 때의 몫과 나머지를 구하여 등식으로 나타낸다.

$$\begin{array}{r} x^2+2x-5 \\ 2x^2+x+1 \overline{)\,2x^4+5x^3-7x^2-3x+4} \\ 2x^4+x^3+x^2 \\ \hline 4x^3-8x^2-3x \\ 4x^3+2x^2+2x \\ \hline -10x^2-5x+4 \\ -10x^2-5x-5 \\ \hline 9 \end{array}$$

$\therefore 2x^4+5x^3-7x^2-3x+4$

$=(2x^2+x+1)(x^2+2x-5)+9$

$=9$ ($\because 2x^2+x+1=0$)

065 답 $\frac{7}{6}$

$f(x)=(6x-3)A(x)+R_1$

$=6\left(x-\frac{1}{2}\right)A(x)+R_1$

$=\left(x-\frac{1}{2}\right)\times 6A(x)+R_1$

따라서 $B(x)=6A(x)$, $R_2=R_1$이므로

$\frac{A(x)}{B(x)}+\frac{R_2}{R_1}=\frac{1}{6}+1=\frac{7}{6}$

066 답 11

주어진 조립제법을 식으로 나타내면

$P(x)=\left(x-\frac{2}{3}\right)(6x^2+3x+9)+5$

$=3\left(x-\frac{2}{3}\right)(2x^2+x+3)+5$

$=(3x-2)(2x^2+x+3)+5$

$\therefore Q(x)=2x^2+x+3$, $R=5$

$\therefore Q(1)+R=(2+1+3)+5=11$

067 답 12

$\frac{1}{x}+\frac{1}{y}+\frac{1}{z}=\frac{yz+zx+xy}{xyz}=\frac{xy+yz+zx}{6}=2$

이므로 $xy+yz+zx=12$ ▸▸▸▸▸▸ ❶

$x+y+z=k$ (k는 상수)라 하면

$(x+y)(y+z)(z+x)$

$=(k-z)(k-x)(k-y)$

$=k^3-(x+y+z)k^2+(xy+yz+zx)k-xyz$

$=k^3-k\times k^2+12k-6=12k-6$

즉, $12k-6=66$이므로 $k=6$

$\therefore x+y+z=6$ ▸▸▸▸▸▸ ❷

$\therefore x^2+y^2+z^2=(x+y+z)^2-2(xy+yz+zx)$

$=6^2-2\times 12=12$ ▸▸▸▸▸▸ ❸

단계	채점 기준	비율
❶	$xy+yz+zx$의 값 구하기	40%
❷	$x+y+z$의 값 구하기	40%
❸	$x^2+y^2+z^2$의 값 구하기	20%

068 답 ②

| 접근 방법 | $\overline{PH}=a$, $\overline{PI}=b$로 놓고 내접원의 성질과 직각삼각형의 넓이 관계를 이용하여 a, b에 대한 식을 세운다.

직사각형 OHPI에서 $\overline{HI}=\overline{OP}=4$

$\overline{PH}=a$, $\overline{PI}=b$라 하면 직사각형 OHPI의 대각선의 길이가 4이므로

$\sqrt{a^2+b^2}=4$ $\therefore a^2+b^2=16$ ...... ㉠

삼각형 PIH에 내접하는 원의 반지름의 길이를 r라 하면 삼각형 PIH의 넓이는

$\frac{1}{2}\times\overline{PH}\times\overline{PI}=\frac{1}{2}\times r\times(\overline{PH}+\overline{PI}+\overline{HI})$

$\frac{1}{2}ab=\frac{1}{2}r(a+b+4)$

$\therefore ab=r(a+b+4)$ ...... ㉡

이때 삼각형 PIH에 내접하는 원의 넓이가 $\frac{\pi}{4}$이므로

$\pi r^2=\frac{\pi}{4}$, $r^2=\frac{1}{4}$ $\therefore r=\frac{1}{2}$ ($\because r>0$)

이를 ㉡에 대입하면 $ab=\frac{1}{2}(a+b+4)$

$a+b=2ab-4$ ...... ㉢

㉢의 양변을 제곱하면

$a^2+2ab+b^2=4a^2b^2-16ab+16$

㉠을 대입하면 $16+2ab=4a^2b^2-16ab+16$

$4a^2b^2-18ab=0$, $2ab(2ab-9)=0$

$\therefore ab=\frac{9}{2}$ ($\because a>0$, $b>0$)

이를 ㉢에 대입하면 $a+b=2\times\frac{9}{2}-4=5$

$\therefore \overline{PH}^3+\overline{PI}^3=a^3+b^3=(a+b)^3-3ab(a+b)$

$=5^3-3\times\frac{9}{2}\times 5=\frac{115}{2}$

| 참고 | 삼각형 PIH에 내접하는 원의 중심을 C라 하면 삼각형 PIH의 넓이는 세 삼각형 CIH, CHP, CPI의 넓이의 합과 같으므로

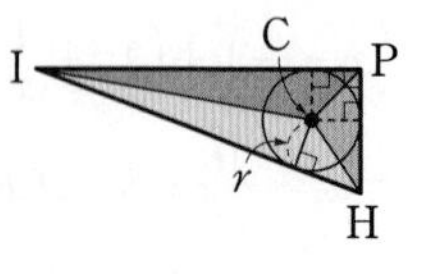

$\triangle PIH=\frac{1}{2}\times r\times(\overline{PH}+\overline{PI}+\overline{HI})$

01 항등식과 나머지 정리

개념 확인

41쪽

069 답 ㄷ, ㄹ, ㅂ

070 답 (1) $a=-1$, $b=-1$, $c=2$
(2) $a=-1$, $b=-6$, $c=2$

071 답 (1) $a=-2$, $b=3$ (2) $a=-2$, $b=3$

(1) 주어진 등식의 좌변을 x에 대하여 정리하면
$(a+b)x+2a=x-4$
$a+b=1$, $2a=-4$이므로
$a=-2$, $b=3$

(2) 주어진 등식의 양변에 $x=-2$를 대입하면
$-2b=-6$ $\quad\therefore b=3$
주어진 등식의 양변에 $x=0$을 대입하면
$2a=-4$ $\quad\therefore a=-2$

유제

43~51쪽

072 답 (1) $a=2$, $k=-2$ (2) $a=2$, $x=-2$

(1) 주어진 등식의 좌변을 x에 대하여 정리하면
$(k+2)x+3a-ak+4k-2=0$
이 등식이 x에 대한 항등식이므로
$k+2=0$, $3a-ak+4k-2=0$
$\therefore a=2$, $k=-2$

(2) 주어진 등식의 좌변을 k에 대하여 정리하면
$(x-a+4)k+2x+3a-2=0$
이 등식이 k에 대한 항등식이므로
$x-a+4=0$, $2x+3a-2=0$
두 식을 연립하여 풀면
$a=2$, $x=-2$

073 답 $a=2$, $b=1$, $c=2$

주어진 등식의 좌변을 x, y에 대하여 정리하면
$(a+b-3)x+(a-b-1)y-c+2=0$
이 등식이 x, y에 대한 항등식이므로
$a+b-3=0$, $a-b-1=0$, $-c+2=0$
$\therefore c=2$
$a+b-3=0$, $a-b-1=0$을 연립하여 풀면
$a=2$, $b=1$

074 답 10

주어진 등식이 x에 대한 항등식이므로
$a+b-6=0$, $ab-4=0$
즉, $a+b=6$, $ab=4$이므로
$(\sqrt{a}+\sqrt{b})^2=a+b+2\sqrt{ab}=6+2\sqrt{4}=10$

075 답 -7

$x+2y=1$에서 $x=1-2y$를 주어진 등식에 대입하면
$2a(1-2y)+by-4=(1-b)(1-2y)+ay$
양변을 y에 대하여 정리하면
$(-4a+b)y+2a-4=(a+2b-2)y+1-b$
이 등식이 y에 대한 항등식이므로
$-4a+b=a+2b-2$, $2a-4=1-b$
$\therefore 5a+b=2$, $2a+b=5$
두 식을 연립하여 풀면 $a=-1$, $b=7$
$\therefore ab=-7$

076 답 (1) $a=1$, $b=-2$, $c=8$
(2) $a=-2$, $b=-1$, $c=1$

(1) 주어진 등식의 좌변을 전개하면
$3ax^3+(-a+3b)x^2+(6-b)x-2$
$=3x^3-7x^2+cx-2$
이 등식이 x에 대한 항등식이므로
$3a=3$, $-a+3b=-7$, $6-b=c$
$\therefore a=1$, $b=-2$, $c=8$

(2) 주어진 등식이 x에 대한 항등식이므로
양변에 $x=0$을 대입하면 $c\times(-1)\times2=-2$
$-2c=-2$ $\quad\therefore c=1$
양변에 $x=-2$를 대입하면
$b\times(-2)\times(-3)=-8+4-2$
$6b=-6$ $\quad\therefore b=-1$
양변에 $x=1$을 대입하면 $a\times1\times3=-2-2-2$
$3a=-6$ $\quad\therefore a=-2$

| 다른 풀이 |

(2) 주어진 등식의 좌변을 전개하면
$(a+b+c)x^2+(2a-b+c)x-2c$
$=-2x^2-2x-2$
이 등식이 x에 대한 항등식이므로
$a+b+c=-2$, $2a-b+c=-2$, $-2c=-2$
$c=1$이므로 $a+b=-3$, $2a-b=-3$
두 식을 연립하여 풀면
$a=-2$, $b=-1$

077 답 -1

주어진 등식의 최고차항을 비교하면 $a=1$

$x^2-3x+3=(x-1)^2+b(x-1)+c$가 x에 대한 항등식이므로 양변에 $x=1$을 대입하면

$1-3+3=c \quad \therefore c=1$

양변에 $x=0$을 대입하면

$3=1-b+c \quad \therefore b=-1$

$\therefore abc=1\times(-1)\times1=-1$

| 다른 풀이 |

주어진 등식의 우변을 전개하면

$x^2-3x+3=ax^2+(-2a+b)x+a-b+c$

이 등식이 x에 대한 항등식이므로

$1=a,\ -3=-2a+b,\ 3=a-b+c$

$\therefore a=1,\ b=-1,\ c=1$

$\therefore abc=-1$

078 답 ①

주어진 등식의 양변에 $x=1$을 대입하면

$1-5+a+1=-1 \quad \therefore a=2$

따라서 양변에 $x=2$를 대입하면

$8-20+2a+1=Q(2)-1$

$\therefore Q(2)=Q(a)=-6$

079 답 -2

$f(x)=x^2+px+q$ (p, q는 상수)라 하면

$(x^2-x+1)(x^2+px+q)=x^4+3x^3+ax+b$

좌변을 전개하면

$x^4+(p-1)x^3+(1-p+q)x^2+(p-q)x+q$

$=x^4+3x^3+ax+b$

이 등식이 x에 대한 항등식이므로

$p-1=3,\ 1-p+q=0,\ p-q=a,\ q=b$

따라서 $p=4$, $q=3$이므로 $a=1$, $b=3$

$\therefore a-b=-2$

080 답 (1) -1 (2) 27 (3) 13 (4) -14

(1) 주어진 등식의 양변에 $x=1$을 대입하면

$(1+2-3-1)^3=a_0+a_1+a_2+a_3+\cdots+a_9$

$\therefore a_0+a_1+a_2+a_3+\cdots+a_9=-1 \quad \cdots\cdots ㉠$

(2) 주어진 등식의 양변에 $x=-1$을 대입하면

$(-1+2+3-1)^3=a_0-a_1+a_2-a_3+\cdots-a_9$

$\therefore a_0-a_1+a_2-a_3+\cdots-a_9=27 \quad \cdots\cdots ㉡$

(3) ㉠+㉡을 하면

$2(a_0+a_2+a_4+a_6+a_8)=26$

$\therefore a_0+a_2+a_4+a_6+a_8=13$

(4) ㉠−㉡을 하면

$2(a_1+a_3+a_5+a_7+a_9)=-28$

$\therefore a_1+a_3+a_5+a_7+a_9=-14$

081 답 1

주어진 등식의 양변에 $x=-\frac{1}{3}$을 대입하면

$\left\{3\times\left(-\frac{1}{3}\right)+2\right\}^8=a_0-\frac{1}{3}a_1+\frac{1}{3^2}a_2-\cdots+\frac{1}{3^8}a_8$

$\therefore a_0-\frac{a_1}{3}+\frac{a_2}{3^2}-\cdots+\frac{a_8}{3^8}=1^8=1$

082 답 0

주어진 등식의 양변에 $x=1$을 대입하면

$(2-1)^{10}=a_0+a_1+a_2+\cdots+a_{10}$

$\therefore a_0+a_1+a_2+\cdots+a_{10}=1 \quad \cdots\cdots ㉠$

주어진 등식의 양변에 $x=0$을 대입하면

$(-1)^{10}=a_0 \quad \therefore a_0=1$

이를 ㉠에 대입하면 $1+a_1+a_2+a_3+\cdots+a_{10}=1$

$\therefore a_1+a_2+a_3+\cdots+a_{10}=0$

083 답 0

주어진 등식의 양변에 $x=2$를 대입하면

$(4-4-1)^5=a_0+a_1+a_2+\cdots+a_{10}$

$\therefore a_0+a_1+a_2+\cdots+a_{10}=-1 \quad \cdots\cdots ㉠$

주어진 등식의 양변에 $x=0$을 대입하면

$(-1)^5=a_0-a_1+a_2-\cdots+a_{10}$

$\therefore a_0-a_1+a_2-\cdots+a_{10}=-1 \quad \cdots\cdots ㉡$

㉠−㉡을 하면

$2(a_1+a_3+a_5+a_7+a_9)=0$

$\therefore a_1+a_3+a_5+a_7+a_9=0$

084 답 (1) $a=4$, $b=-4$ (2) $a=2$, $b=4$

(1) x^3+ax^2+b를 x^2+x-2, 즉 $(x+2)(x-1)$로 나누었을 때의 몫을 $Q(x)$라 하면 나머지가 $-x+2$이므로

$x^3+ax^2+b=(x+2)(x-1)Q(x)-x+2$

이 등식이 x에 대한 항등식이므로

양변에 $x=-2$를 대입하면

$-8+4a+b=2+2$

$\therefore 4a+b=12 \quad \cdots\cdots ㉠$

양변에 $x=1$을 대입하면

$1+a+b=-1+2$

$\therefore a+b=0$ ······ ㉡

㉠, ㉡을 연립하여 풀면

$a=4,\ b=-4$

(2) $2x^3+ax+b$를 x^2-x+2로 나누었을 때의 몫은 최고차항의 계수가 2인 일차식이다.

따라서 몫을 $2x+c$ (c는 상수)라 하면 나머지가 0이므로

$2x^3+ax+b=(x^2-x+2)(2x+c)$

이 등식의 우변을 전개하면

$2x^3+ax+b=2x^3+(c-2)x^2+(4-c)x+2c$

이 등식이 x에 대한 항등식이므로

$0=c-2,\ a=4-c,\ b=2c$

$\therefore a=2,\ b=4,\ c=2$

085 답 -2

$x^4+3x^3-2x^2+ax$

$=(x^2+3x+b)(x^2+1)-4x+3$

이 등식의 우변을 전개하면

$x^4+3x^3-2x^2+ax$

$=x^4+3x^3+(b+1)x^2-x+b+3$

이 등식이 x에 대한 항등식이므로

$-2=b+1,\ a=-1,\ 0=b+3$

따라서 $a=-1,\ b=-3$이므로

$b-a=-2$

086 답 $k=-1$, 나머지: $-4x+7$

x^3+kx^2-3x+1을 x^2+x+3으로 나누었을 때의 나머지를 $ax+b$ (a, b는 상수)라 하면 몫이 $x-2$이므로

$x^3+kx^2-3x+1=(x^2+x+3)(x-2)+ax+b$

이 등식의 우변을 전개하면

$x^3+kx^2-3x+1=x^3-x^2+(a+1)x+b-6$

이 등식이 x에 대한 항등식이므로

$k=-1,\ -3=a+1,\ 1=b-6$

$\therefore k=-1,\ a=-4,\ b=7$

따라서 나머지는 $-4x+7$이다.

087 답 4

$x^{10}+1$을 x^2-x로 나누었을 때의 몫을 $Q(x)$라 하고 $R(x)=ax+b$ (a, b는 상수)라 하면

$x^{10}+1=(x^2-x)Q(x)+ax+b$

$\quad\quad\ =x(x-1)Q(x)+ax+b$

이 등식이 x에 대한 항등식이므로

양변에 $x=0$을 대입하면

$b=1$

양변에 $x=1$을 대입하면

$2=a+b \quad \therefore a=1$

따라서 $R(x)=x+1$이므로

$R(3)=3+1=4$

088 답 $a=1,\ b=-6,\ c=14,\ d=-7$

-2	1	0	2	5
		-2	4	-12
-2	1	-2	6	-7
		-2	8	
-2	1	-4	14	
		-2		
	1	-6		

위의 조립제법을 이용하면

x^3+2x+5

$=(x+2)(x^2-2x+6)-7$

$=(x+2)\{(x+2)(x-4)+14\}-7$

$=(x+2)^2(x-4)+14(x+2)-7$

$=(x+2)^2\{(x+2)-6\}+14(x+2)-7$

$=(x+2)^3-6(x+2)^2+14(x+2)-7$

$\therefore a=1,\ b=-6,\ c=14,\ d=-7$

089 답 10

$(x-2)^3=x^3-6x^2+12x-8$이므로

-1	1	-6	12	-8
		-1	7	-19
-1	1	-7	19	-27
		-1	8	
-1	1	-8	27	
		-1		
	1	-9		

위의 조립제법을 이용하면

$(x-2)^3=(x+1)(x^2-7x+19)-27$

$\quad\quad\quad\ =(x+1)\{(x+1)(x-8)+27\}-27$

$\quad\quad\quad\ =(x+1)^2(x-8)+27(x+1)-27$

$\quad\quad\quad\ =(x+1)^2\{(x+1)-9\}+27(x+1)-27$

$\quad\quad\quad\ =(x+1)^3-9(x+1)^2+27(x+1)-27$

따라서 $a=1,\ b=-9,\ c=27,\ d=-27$이므로

$a-b+c+d=10$

090 답 -8

$p-2=1$에서 $p=3$

$q-1=1$에서 $q=2$

주어진 조립제법을 이용하면

$$2x^2+3x+2=(x+1)(2x+1)+1$$
$$=(x+1)\{2(x+1)-1\}+1$$
$$=2(x+1)^2-(x+1)+1$$

따라서 $a=2$, $b=-1$, $c=1$이므로

$abc-pq=2\times(-1)\times1-3\times2=-8$

091 답 $a=1$, $b=2$, $c=-4$, $d=2$

$\frac{1}{3}$	27	-9	-15	7
		9	0	-5
$\frac{1}{3}$	27	0	-15	2
		9	3	
$\frac{1}{3}$	27	9	-12	
		9		
	27	18		

위의 조립제법을 이용하면

$$27x^3-9x^2-15x+7$$
$$=\left(x-\frac{1}{3}\right)(27x^2-15)+2$$
$$=\left(x-\frac{1}{3}\right)\left\{\left(x-\frac{1}{3}\right)(27x+9)-12\right\}+2$$
$$=\left(x-\frac{1}{3}\right)^2(27x+9)-12\left(x-\frac{1}{3}\right)+2$$
$$=\left(x-\frac{1}{3}\right)^2\left\{27\left(x-\frac{1}{3}\right)+18\right\}-12\left(x-\frac{1}{3}\right)+2$$
$$=27\left(x-\frac{1}{3}\right)^3+18\left(x-\frac{1}{3}\right)^2-12\left(x-\frac{1}{3}\right)+2$$
$$=(3x-1)^3+2(3x-1)^2-4(3x-1)+2$$

$\therefore a=1$, $b=2$, $c=-4$, $d=2$

개념 확인

53쪽

092 답 (1) -29 (2) $\frac{5}{9}$

$f(x)=6x^3+3x^2-3x+1$이라 하면 나머지 정리에 의하여

(1) $f(-2)=-48+12+6+1=-29$

(2) $f\left(\frac{1}{3}\right)=\frac{2}{9}+\frac{1}{3}-1+1=\frac{5}{9}$

093 답 2

$f(x)=ax^3-3x^2+x-1$이라 하면 나머지 정리에 의하여 $f(1)=-1$이므로

$a-3+1-1=-1$ $\quad\therefore a=2$

094 답 ㄴ

$f(x)=x^3-x^2-2x+2$라 하자.

ㄱ. $f(-1)=-1-1+2+2\neq0$이므로 $x+1$은 $f(x)$의 인수가 아니다.

ㄴ. $f(1)=1-1-2+2=0$이므로 $x-1$은 $f(x)$의 인수이다.

ㄷ. $f(-2)=-8-4+4+2\neq0$이므로 $x+2$는 $f(x)$의 인수가 아니다.

따라서 보기에서 $f(x)$의 인수인 것은 ㄴ이다.

095 답 (1) -5 (2) -11

$f(x)=2x^3+3x^2+kx-6$이라 하자.

(1) 인수 정리에 의하여 $f(-2)=0$이므로

$-16+12-2k-6=0$

$2k=-10$ $\quad\therefore k=-5$

(2) 인수 정리에 의하여 $f\left(-\frac{1}{2}\right)=0$이므로

$-\frac{1}{4}+\frac{3}{4}-\frac{1}{2}k-6=0$

$\frac{1}{2}k=-\frac{11}{2}$ $\quad\therefore k=-11$

유제

55~65쪽

096 답 (1) -35 (2) $a=-4$, $b=-4$

(1) 나머지 정리에 의하여 $f(1)=7$이므로

$2-1+a-1=7$ $\quad\therefore a=7$

따라서 $f(x)=2x^3-x^2+7x-1$이므로

$f(x)$를 $x+2$로 나누었을 때의 나머지는

$f(-2)=-16-4-14-1=-35$

(2) $f(x)=x^3-ax^2+3x+b$라 하면 나머지 정리에 의하여

$f(-1)=-4$, $f(-2)=-2$

$f(-1)=-4$에서 $-1-a-3+b=-4$

$\therefore a-b=0$ $\quad\cdots\cdots$ ㉠

$f(-2)=-2$에서 $-8-4a-6+b=-2$

$\therefore 4a-b=-12$ $\quad\cdots\cdots$ ㉡

㉠, ㉡을 연립하여 풀면

$a=-4$, $b=-4$

097 답 27

$f(x)=3x^3+ax^2+bx+1$이라 하면 나머지 정리에 의하여

$f\left(\frac{1}{3}\right)=2$, $f(-1)=-6$

$f\left(\frac{1}{3}\right)=2$에서 $\frac{1}{9}+\frac{1}{9}a+\frac{1}{3}b+1=2$

$\therefore a+3b=8$ …… ㉠

$f(-1)=-6$에서 $-3+a-b+1=-6$

$\therefore a-b=-4$ …… ㉡

㉠, ㉡을 연립하여 풀면 $a=-1$, $b=3$

따라서 $f(x)=3x^3-x^2+3x+1$이므로 $f(x)$를 $x-2$로 나누었을 때의 나머지는

$f(2)=24-4+6+1=27$

098 답 ⑤

$f(x)=x^2+ax+b$ (a, b는 상수)라 하면 나머지 정리에 의하여 $f(1)=f(3)=6$이므로

$1+a+b=6$, $9+3a+b=6$

$\therefore a+b=5$, $3a+b=-3$

두 식을 연립하여 풀면 $a=-4$, $b=9$

따라서 $f(x)=x^2-4x+9$이므로 $f(x)$를 $x-4$로 나누었을 때의 나머지는

$f(4)=16-16+9=9$

099 답 −11

$f(x)$, $g(x)$를 $x+2$로 나누었을 때의 나머지가 각각 -3, 1이므로 나머지 정리에 의하여

$f(-2)=-3$, $g(-2)=1$

따라서 $3f(x)-2g(x)$를 $x+2$로 나누었을 때의 나머지는

$3f(-2)-2g(-2)=3\times(-3)-2\times1=-11$

100 답 −6x+1

나머지 정리에 의하여

$f(-1)=7$, $f\left(\frac{2}{3}\right)=-3$

$f(x)$를 $3x^2+x-2$, 즉 $(x+1)(3x-2)$로 나누었을 때의 몫을 $Q(x)$, 나머지를 $ax+b$ (a, b는 상수)라 하면

$f(x)=(x+1)(3x-2)Q(x)+ax+b$ …… ㉠

㉠의 양변에 $x=-1$을 대입하면

$f(-1)=-a+b$

$\therefore -a+b=7$ …… ㉡

㉠의 양변에 $x=\frac{2}{3}$를 대입하면

$f\left(\frac{2}{3}\right)=\frac{2}{3}a+b$

$\therefore \frac{2}{3}a+b=-3$ …… ㉢

㉡, ㉢을 연립하여 풀면 $a=-6$, $b=1$

따라서 구하는 나머지는 $-6x+1$이다.

101 답 3x−3

나머지 정리에 의하여

$f(-3)=4$, $f\left(\frac{1}{2}\right)=-3$

$xf(x)$를 $(x+3)(2x-1)$로 나누었을 때의 몫을 $Q(x)$, 나머지를 $ax+b$ (a, b는 상수)라 하면

$xf(x)=(x+3)(2x-1)Q(x)+ax+b$ …… ㉠

㉠의 양변에 $x=-3$을 대입하면

$-3f(-3)=-3a+b$

$\therefore -3a+b=-12$ …… ㉡

㉠의 양변에 $x=\frac{1}{2}$을 대입하면

$\frac{1}{2}f\left(\frac{1}{2}\right)=\frac{1}{2}a+b$

$\therefore a+2b=-3$ …… ㉢

㉡, ㉢을 연립하여 풀면 $a=3$, $b=-3$

따라서 구하는 나머지는 $3x-3$이다.

102 답 −x−3

$f(x)$를 x^2+3x+2, 즉 $(x+1)(x+2)$로 나누었을 때의 몫을 $Q_1(x)$라 하면 나머지가 $2x$이므로

$f(x)=(x+1)(x+2)Q_1(x)+2x$ …… ㉠

$f(x)$를 x^2+5x+6, 즉 $(x+2)(x+3)$으로 나누었을 때의 몫을 $Q_2(x)$라 하면 나머지가 $-4x-12$이므로

$f(x)=(x+2)(x+3)Q_2(x)-4x-12$ …… ㉡

$f(x)$를 x^2+4x+3, 즉 $(x+1)(x+3)$으로 나누었을 때의 몫을 $Q(x)$, 나머지를 $ax+b$ (a, b는 상수)라 하면

$f(x)=(x+1)(x+3)Q(x)+ax+b$ …… ㉢

㉢의 양변에 $x=-1$을 대입하면

$f(-1)=-a+b$

㉠에서 $f(-1)=-2$이므로

$-a+b=-2$ ······ ㉣

㉢의 양변에 $x=-3$을 대입하면

$f(-3)=-3a+b$

㉡에서 $f(-3)=0$이므로 $-3a+b=0$ ······ ㉤

㉣, ㉤을 연립하여 풀면 $a=-1$, $b=-3$

따라서 구하는 나머지는 $-x-3$이다.

103 답 -5

나머지 정리에 의하여

$f(3)=-3$, $f(-2)=7$

$f(x)$를 $(x-3)(x+2)$로 나누었을 때의 몫과 나머지를 $ax+b$ (a, b는 상수)라 하면

$f(x)=(x-3)(x+2)(ax+b)+ax+b$ ······ ㉠

㉠의 양변에 $x=3$을 대입하면

$f(3)=3a+b$

$\therefore 3a+b=-3$ ······ ㉡

㉠의 양변에 $x=-2$를 대입하면

$f(-2)=-2a+b$

$\therefore -2a+b=7$ ······ ㉢

㉡, ㉢을 연립하여 풀면 $a=-2$, $b=3$

이를 ㉠에 대입하면

$f(x)=(x-3)(x+2)(-2x+3)-2x+3$

$\therefore f(1)=(-2)\times3\times1-2+3=-5$

104 답 $2x^2+x+1$

$f(x)$를 $(x^2+1)(x-1)$로 나누었을 때의 몫을 $Q(x)$, 나머지를 ax^2+bx+c (a, b, c는 상수)라 하면

$f(x)=(x^2+1)(x-1)Q(x)+ax^2+bx+c$

이때 $(x^2+1)(x-1)Q(x)$는 x^2+1로 나누어떨어지므로 $f(x)$를 x^2+1로 나누었을 때의 나머지는 ax^2+bx+c를 x^2+1로 나누었을 때의 나머지와 같다.

즉, ax^2+bx+c를 x^2+1로 나누었을 때의 나머지가 $x-1$이므로

$ax^2+bx+c=a(x^2+1)+x-1$ ······ ㉠

$\therefore f(x)$

$=(x^2+1)(x-1)Q(x)+a(x^2+1)+x-1$

······ ㉡

한편 나머지 정리에 의하여 $f(1)=4$이므로 ㉡의 양변에 $x=1$을 대입하면

$4=2a \qquad \therefore a=2$

따라서 ㉠에서 구하는 나머지는

$2(x^2+1)+x-1=2x^2+x+1$

105 답 -8

나머지 정리에 의하여

$f(0)=2$, $f(2)=4$, $f(-3)=-16$

$f(x)$를 $x(x-2)(x+3)$으로 나누었을 때의 몫을 $Q(x)$, $R(x)=ax^2+bx+c$ (a, b, c는 상수)라 하면

$f(x)=x(x-2)(x+3)Q(x)+ax^2+bx+c$

······ ㉠

㉠의 양변에 $x=0$을 대입하면 $f(0)=c$

$f(0)=2$이므로 $c=2$

㉠의 양변에 $x=2$를 대입하면 $f(2)=4a+2b+c$

$f(2)=4$이므로 $4a+2b+2=4$

$\therefore 2a+b=1$ ······ ㉡

㉠의 양변에 $x=-3$을 대입하면

$f(-3)=9a-3b+c$

$f(-3)=-16$이므로 $9a-3b+2=-16$

$\therefore 3a-b=-6$ ······ ㉢

㉡, ㉢을 연립하여 풀면 $a=-1$, $b=3$

따라서 $R(x)=-x^2+3x+2$이므로

$R(-2)=-4-6+2=-8$

106 답 x^2-3x+4

$f(x)$를 $x(x-1)$로 나누었을 때의 몫을 $Q_1(x)$라 하면 나머지가 $-2x+4$이므로

$f(x)=x(x-1)Q_1(x)-2x+4$

양변에 $x=0$, $x=1$을 각각 대입하면

$f(0)=4$, $f(1)=2$

$f(x)$를 $(x+2)(x-1)$로 나누었을 때의 몫을 $Q_2(x)$라 하면 나머지가 $-4x+6$이므로

$f(x)=(x+2)(x-1)Q_2(x)-4x+6$

양변에 $x=-2$를 대입하면

$f(-2)=14$

$f(x)$를 $x(x+2)(x-1)$로 나누었을 때의 몫을 $Q(x)$, 나머지를 ax^2+bx+c (a, b, c는 상수)라 하면

$f(x)=x(x+2)(x-1)Q(x)+ax^2+bx+c$

······ ㉠

㉠의 양변에 $x=0$을 대입하면 $f(0)=c$

$f(0)=4$이므로 $c=4$

㉠의 양변에 $x=1$을 대입하면

$f(1)=a+b+c$

$f(1)=2$이므로 $a+b+4=2$

$\therefore a+b=-2$ ······ ㉡

㉠의 양변에 $x=-2$를 대입하면

$f(-2)=4a-2b+c$

$f(-2)=14$이므로 $4a-2b+4=14$

$\therefore 2a-b=5$ …… ㉢

㉡, ㉢을 연립하여 풀면

$a=1, b=-3$

따라서 구하는 나머지는 x^2-3x+4이다.

107 답 4

$f(x)$를 $(x+1)^2(x+3)$으로 나누었을 때의 몫을 $Q(x)$, $R(x)=ax^2+bx+c$ (a, b, c는 상수)라 하면

$f(x)=(x+1)^2(x+3)Q(x)+ax^2+bx+c$

이때 $(x+1)^2(x+3)Q(x)$는 $(x+1)^2$으로 나누어 떨어지므로 $f(x)$를 $(x+1)^2$으로 나누었을 때의 나머지는 ax^2+bx+c를 $(x+1)^2$으로 나누었을 때의 나머지와 같다.

즉, ax^2+bx+c를 $(x+1)^2$으로 나누었을 때의 나머지가 $x+5$이므로

$R(x)=ax^2+bx+c=a(x+1)^2+x+5$ …… ㉠

$\therefore f(x)=(x+1)^2(x+3)Q(x)+a(x+1)^2+x+5$ …… ㉡

$f(x)$를 $(x+3)^2$으로 나누었을 때의 몫을 $Q'(x)$라 하면 나머지가 $x+4$이므로

$f(x)=(x+3)^2Q'(x)+x+4$

양변에 $x=-3$을 대입하면

$f(-3)=1$

㉡의 양변에 $x=-3$을 대입하면

$1=4a-3+5 \quad \therefore a=-\frac{1}{4}$

㉠에서 $R(x)=-\frac{1}{4}(x+1)^2+x+5$이므로

$R(3)=-4+3+5=4$

108 답 −21

$f(x)$를 $x-2$로 나누었을 때의 몫이 $Q(x)$, 나머지가 -1이므로

$f(x)=(x-2)Q(x)-1$ …… ㉠

나머지 정리에 의하여 $Q(-3)=4$

$f(x)$를 $x+3$으로 나누었을 때의 나머지는 $f(-3)$이므로 ㉠의 양변에 $x=-3$을 대입하면

$f(-3)=-5Q(-3)-1$

$=-5\times4-1=-21$

따라서 구하는 나머지는 -21이다.

109 답 −1

나머지 정리에 의하여 $f(-2)=2$

$f(x)$를 x^2+x+1로 나누었을 때의 몫이 $Q(x)$, 나머지가 $-2x+1$이므로

$f(x)=(x^2+x+1)Q(x)-2x+1$ …… ㉠

이때 $Q(x)$를 $x+2$로 나누었을 때의 나머지는 $Q(-2)$이므로 ㉠의 양변에 $x=-2$를 대입하면

$f(-2)=(4-2+1)Q(-2)+4+1$

$2=3Q(-2)+5$

$\therefore Q(-2)=-1$

따라서 구하는 나머지는 -1이다.

110 답 3

$f(x)$를 $x-3$으로 나누었을 때의 몫이 $Q(x)$, 나머지가 4이므로

$f(x)=(x-3)Q(x)+4$ …… ㉠

나머지 정리에 의하여 $f(-1)=-8$

이때 $Q(x)$를 $x+1$로 나누었을 때의 나머지는 $Q(-1)$이므로 ㉠의 양변에 $x=-1$을 대입하면

$f(-1)=-4Q(-1)+4$

$-8=-4Q(-1)+4$

$\therefore Q(-1)=3$

따라서 구하는 나머지는 3이다.

111 답 −3

$f(x)=x^{30}+2x^{16}-3x+1$이라 하면

$f(-1)=1+2+3+1=7$

$f(x)$를 $x+1$로 나누었을 때의 몫이 $Q(x)$이므로

$x^{30}+2x^{16}-3x+1=(x+1)Q(x)+7$ …… ㉠

이때 $Q(x)$를 $x-1$로 나누었을 때의 나머지는 $Q(1)$이므로 ㉠의 양변에 $x=1$을 대입하면

$1+2-3+1=2Q(1)+7$

$2Q(1)=-6$

$\therefore Q(1)=-3$

따라서 구하는 나머지는 -3이다.

112 답 −4

$f(x)$를 $3x^2-x-2$로 나누었을 때의 몫을 $Q(x)$라 하면 나머지가 $x-5$이므로

$f(x)=(3x^2-x-2)Q(x)+x-5$

$=(3x+2)(x-1)Q(x)+x-5$ …… ㉠

$f(x+3)$을 $x+2$로 나누었을 때의 나머지는 나머지 정리에 의하여

$f(-2+3)=f(1)$

㉠의 양변에 $x=1$을 대입하면 구하는 나머지는

$f(1)=1-5=-4$

113 답 (1) 1 (2) 7

(1) $8=x$로 놓으면 $7=x-1$이다.

x^{30}을 $x-1$로 나누었을 때의 몫을 $Q(x)$, 나머지를 R라 하면

$x^{30}=(x-1)Q(x)+R$

양변에 $x=1$을 대입하면 $R=1^{30}=1$

따라서 구하는 나머지는 1이다.

(2) $22=x$로 놓으면 $25=x+3$이다.

x^5을 $x+3$으로 나누었을 때의 몫을 $Q(x)$, 나머지를 R라 하면

$x^5=(x+3)Q(x)+R$

양변에 $x=-3$을 대입하면

$(-3)^5=R \qquad \therefore R=-243$

$\therefore 22^5=25Q(22)-243=25\{Q(22)-10\}+7$

따라서 구하는 나머지는 7이다.

114 답 16

$f(x)$를 $3x^2-5x-2$로 나누었을 때의 몫을 $Q(x)$라 하면 나머지가 $x+2$이므로

$f(x)=(3x^2-5x-2)Q(x)+x+2$

$\quad=(3x+1)(x-2)Q(x)+x+2 \qquad \cdots\cdots ㉠$

$(x+2)f(3x-4)$를 $x-2$로 나누었을 때의 나머지는 나머지 정리에 의하여

$(2+2)f(3\times2-4)=4f(2)$

㉠의 양변에 $x=2$를 대입하면

$f(2)=2+2=4$

따라서 구하는 나머지는

$4f(2)=4\times4=16$

115 답 28

$2020=x$로 놓으면 $2017=x-3$이다.

$(2020+1)(2020^2-2020+1)$

$=(x+1)(x^2-x+1)$

$=x^3+1$

이므로 x^3+1을 $x-3$으로 나누었을 때의 몫을 $Q(x)$, 나머지를 R라 하면

$x^3+1=(x-3)Q(x)+R$

양변에 $x=3$을 대입하면

$R=3^3+1=28$

따라서 구하는 나머지는 28이다.

116 답 (1) -2 (2) $a=2$, $b=3$

(1) $f(x)=x^3+ax^2-2x-3$이라 하면 $f(x)$가 $x-3$을 인수로 가지므로 인수 정리에 의하여

$f(3)=0$

$27+9a-6-3=0$, $18+9a=0$

$\therefore a=-2$

(2) $f(x)=2x^3-7x^2+ax+b$라 하면 $f(x)$가 x^2-4x+3, 즉 $(x-1)(x-3)$으로 나누어떨어지므로 $f(x)$는 $x-1$, $x-3$으로 각각 나누어떨어진다.

따라서 인수 정리에 의하여

$f(1)=0$, $f(3)=0$

$f(1)=0$에서 $2-7+a+b=0$

$\therefore a+b=5 \qquad \cdots\cdots ㉠$

$f(3)=0$에서 $54-63+3a+b=0$

$\therefore 3a+b=9 \qquad \cdots\cdots ㉡$

㉠, ㉡을 연립하여 풀면

$a=2$, $b=3$

117 답 2

$f(x+2)$가 $x+1$로 나누어떨어지므로 인수 정리에 의하여

$f(-1+2)=0$, 즉 $f(1)=0$

$2-5+a+1=0 \qquad \therefore a=2$

118 답 -9

$f(x)=x^3+ax^2-6x+b$라 하면 $f(x)$가 $x+1$, $x-2$를 인수로 가지므로 인수 정리에 의하여

$f(-1)=0$, $f(2)=0$

$f(-1)=0$에서 $-1+a+6+b=0$

$\therefore a+b=-5 \qquad \cdots\cdots ㉠$

$f(2)=0$에서 $8+4a-12+b=0$

$\therefore 4a+b=4 \qquad \cdots\cdots ㉡$

㉠, ㉡을 연립하여 풀면

$a=3$, $b=-8$

$x^3+3x^2-6x-8=(x+1)(x-2)(x-c)$가 x에 대한 항등식이므로 양변에 $x=0$을 대입하면

$-8=2c \qquad \therefore c=-4$

$\therefore a+b+c=3+(-8)+(-4)=-9$

119 답 16

$f(3x+1)$이 x^2-1, 즉 $(x+1)(x-1)$로 나누어떨어지므로 $f(3x+1)$은 $x+1$, $x-1$로 각각 나누어떨어진다.
따라서 인수 정리에 의하여
$f(3\times(-1)+1)=0$, $f(3\times1+1)=0$
$\therefore f(-2)=0$, $f(4)=0$
$f(-2)=0$에서 $-8+4a-2b+16=0$
$\therefore 2a-b=-4$ ...... ㉠
$f(4)=0$에서 $64+16a+4b+16=0$
$\therefore 4a+b=-20$ ...... ㉡
㉠, ㉡을 연립하여 풀면 $a=-4$, $b=-4$
$\therefore ab=16$

연습문제 66~68쪽

120 답 ④

ㄱ. $x=2$일 때만 등식이 성립한다.
ㄷ. $x^2-6x+9=x^2+9$이므로 $x=0$일 때만 등식이 성립한다.
따라서 보기에서 항등식인 것은 ㄴ, ㄹ, ㅁ이다.

121 답 9

주어진 등식의 좌변을 x, y에 대하여 정리하면
$(a+2b)x+(-2a+b)y+a+3=-9x+3y$
이 등식이 x, y에 대한 항등식이므로
$a+2b=-9$, $-2a+b=3$, $a+3=0$
따라서 $a=-3$, $b=-3$이므로 $ab=9$

122 답 5

주어진 등식이 x에 대한 항등식이므로
양변에 $x=0$을 대입하면
$3\times(-2)+8=b\times(-2)$
$-2b=2$ $\therefore b=-1$
양변에 $x=2$를 대입하면
$8=2c$ $\therefore c=4$
양변에 $x=1$을 대입하면
$5\times(-1)+8=a\times1\times(-1)+b\times(-1)+c\times1$
$-a+1+4=3$ $\therefore a=2$
$\therefore a+b+c=2+(-1)+4=5$

| 다른 풀이 |
주어진 등식을 전개하면
$2x^2-x+2=ax^2+(-2a+b+c)x-2b$
이 등식이 x에 대한 항등식이므로
$2=a$, $-1=-2a+b+c$, $2=-2b$
$\therefore a=2$, $b=-1$, $c=4$
$\therefore a+b+c=5$

123 답 ⑤

x^3+ax+b를 x^2+x+2로 나누었을 때의 몫은 최고차항의 계수가 1인 일차식이다.
따라서 몫을 $x+c$ (c는 상수)라 하면 나머지가 0이므로
$x^3+ax+b=(x^2+x+2)(x+c)$
이 등식의 우변을 전개하면
$x^3+ax+b=x^3+(c+1)x^2+(c+2)x+2c$
이 등식이 x에 대한 항등식이므로
$0=c+1$, $a=c+2$, $b=2c$
따라서 $a=1$, $b=-2$, $c=-1$이므로
$a-b=3$

124 답 11

나머지 정리에 의하여
$f(1)=3$, $f(2)=6$
$f(1)=3$이므로 $1+a+b=3$
$\therefore a+b=2$ ...... ㉠
$f(2)=6$이므로 $4+2a+b=6$
$\therefore 2a+b=2$ ...... ㉡
㉠, ㉡을 연립하여 풀면
$a=0$, $b=2$
따라서 $f(x)=x^2+2$이므로
$f(3)=9+2=11$

125 답 ④

$f(x)$를 $3x^2+7x+2$로 나누었을 때의 몫을 $Q(x)$라 하면 나머지가 $x+6$이므로
$f(x)=(3x^2+7x+2)Q(x)+x+6$
$\quad=(3x+1)(x+2)Q(x)+x+6$ ...... ㉠
$f(x+2)$를 $x+4$로 나누었을 때의 나머지는 나머지 정리에 의하여
$f(-4+2)=f(-2)$
㉠의 양변에 $x=-2$를 대입하면 구하는 나머지는
$f(-2)=-2+6=4$

126 답 4

주어진 방정식의 근이 1이므로 $x=1$을 대입하면
$1+k(4p-5)-(p^2-1)k+q-3=0$

이 등식의 좌변을 k에 대하여 정리하면

$(-p^2+4p-4)k+q-2=0$

이 등식이 k에 대한 항등식이므로

$-p^2+4p-4=0,\ q-2=0 \qquad \therefore\ q=2$

$-p^2+4p-4=0$에서 $p^2-4p+4=0$

$(p-2)^2=0 \qquad \therefore\ p=2$

$\therefore\ p+q=2+2=4$

127 답 ①

주어진 등식의 양변에 $x=1$을 대입하면

$(2-1-1)^{10}=a_0+a_1+a_2+\cdots+a_{20}$

$\therefore\ a_0+a_1+a_2+\cdots+a_{20}=0 \qquad \cdots\cdots$ ㉠

주어진 등식의 양변에 $x=-1$을 대입하면

$(2+1-1)^{10}=a_0-a_1+a_2-\cdots+a_{20}$

$\therefore\ a_0-a_1+a_2-\cdots+a_{20}=2^{10} \qquad \cdots\cdots$ ㉡

㉠+㉡을 하면

$2(a_0+a_2+a_4+\cdots+a_{20})=2^{10}$

$\therefore\ a_0+a_2+a_4+\cdots+a_{20}=2^9$

주어진 등식의 양변에 $x=0$을 대입하면

$(-1)^{10}=a_0 \qquad \therefore\ a_0=1$

$\therefore\ a_2+a_4+a_6+\cdots+a_{20}=2^9-a_0$

$=2^9-1$

128 답 (1) $a=3,\ b=6,\ c=3,\ d=2$ (2) 2.363

(1)

1	3	−3	0	2
		3	0	0
1	3	0	0	2
		3	3	
1	3	3	3	
		3		
	3	6		

위의 조립제법을 이용하면

$f(x)=3x^3-3x^2+2$

$=3(x-1)^3+6(x-1)^2+3(x-1)+2$

$\therefore\ a=3,\ b=6,\ c=3,\ d=2$ ▸▸▸▸▸▸ ❶

(2) $f(1.1)=3\times0.1^3+6\times0.1^2+3\times0.1+2$

$=0.003+0.06+0.3+2$

$=2.363$ ▸▸▸▸▸▸ ❷

단계	채점 기준	비율
❶	a, b, c, d의 값 구하기	50%
❷	$f(1.1)$의 값 구하기	50%

129 답 ③

$f(x)=x^5+ax^2+(a+1)x+2$라 하면 나머지 정리에 의하여 $f(1)=6$이므로

$1+a+a+1+2=6,\ 2a=2 \qquad \therefore\ a=1$

따라서 $x^5+x^2+2x+2=(x-1)Q(x)+6$이므로 양변에 $x=2$를 대입하면

$32+4+4+2=Q(2)+6$

$\therefore\ Q(2)=36$

$\therefore\ a+Q(2)=1+36=37$

130 답 ③

$f(x)$를 x^2-4, 즉 $(x+2)(x-2)$로 나누었을 때의 몫을 $Q_1(x)$라 하면 나머지가 $-2x+1$이므로

$f(x)=(x+2)(x-2)Q_1(x)-2x+1 \qquad \cdots\cdots$ ㉠

$f(x)$를 x^2-9, 즉 $(x+3)(x-3)$으로 나누었을 때의 몫을 $Q_2(x)$라 하면 나머지가 $x+5$이므로

$f(x)=(x+3)(x-3)Q_2(x)+x+5 \qquad \cdots\cdots$ ㉡

$f(x)$를 x^2-5x+6, 즉 $(x-2)(x-3)$으로 나누었을 때의 몫을 $Q(x)$, 나머지를 $ax+b$ (a, b는 상수)라 하면

$f(x)=(x-2)(x-3)Q(x)+ax+b \qquad \cdots\cdots$ ㉢

㉢의 양변에 $x=2$를 대입하면 $f(2)=2a+b$

㉠에서 $f(2)=-3$이므로 $2a+b=-3 \qquad \cdots\cdots$ ㉣

㉢의 양변에 $x=3$을 대입하면 $f(3)=3a+b$

㉡에서 $f(3)=8$이므로 $3a+b=8 \qquad \cdots\cdots$ ㉤

㉣, ㉤을 연립하여 풀면 $a=11,\ b=-25$

따라서 구하는 나머지는 $11x-25$이다.

131 답 0

$f(x)$를 $(x-1)^2(x+2)$로 나누었을 때의 몫을 $Q(x)$, $R(x)=ax^2+bx+c$ (a, b, c는 상수)라 하면

$f(x)=(x-1)^2(x+2)Q(x)+ax^2+bx+c$

이때 $(x-1)^2(x+2)Q(x)$는 $(x-1)^2$으로 나누어떨어지므로 $f(x)$를 $(x-1)^2$으로 나누었을 때의 나머지는 ax^2+bx+c를 $(x-1)^2$으로 나누었을 때의 나머지와 같다.

즉, ax^2+bx+c를 $(x-1)^2$으로 나누었을 때의 나머지가 $-x+3$이므로

$R(x)=ax^2+bx+c=a(x-1)^2-x+3 \qquad \cdots\cdots$ ㉠

$\therefore\ f(x)$

$=(x-1)^2(x+2)Q(x)+a(x-1)^2-x+3$

$\cdots\cdots$ ㉡

한편 나머지 정리에 의하여 $f(-2)=-4$이므로

㉡의 양변에 $x=-2$를 대입하면

$-4=9a+5 \quad \therefore a=-1$

따라서 ㉠에서 $R(x)=-(x-1)^2-x+3$이므로

$R(2)=-1-2+3=0$

132 답 8

$f(x)$를 $x+1$로 나누었을 때의 몫이 $Q(x)$, 나머지는 5이므로 나머지 정리에 의하여 $f(-1)=5$이고

$f(x)=(x+1)Q(x)+5$ ...... ㉠

$Q(x)$를 $x-2$로 나누었을 때의 나머지가 8이므로 나머지 정리에 의하여

$Q(2)=8$

㉠의 양변에 $x=2$를 대입하면

$f(2)=3Q(2)+5=3\times8+5=29$

$f(x)$를 $(x+1)(x-2)$로 나누었을 때의 몫을 $Q'(x)$라 하면 나머지가 $ax+b$이므로

$f(x)=(x+1)(x-2)Q'(x)+ax+b$ ...... ㉡

㉡의 양변에 $x=-1$을 대입하면

$f(-1)=-a+b$

$\therefore -a+b=5$ ...... ㉢

㉡의 양변에 $x=2$를 대입하면

$f(2)=2a+b$

$\therefore 2a+b=29$ ...... ㉣

㉢, ㉣을 연립하여 풀면

$a=8,\ b=13$

$\therefore f(2)-a-b=29-8-13=8$

133 답 −6

$f(x)=x^3-2x^2+ax+3$이라 하면 나머지 정리에 의하여 $f(-2)=7$이므로

$-8-8-2a+3=7$

$-2a=20 \quad \therefore a=-10$

$f(x)$를 $x+2$로 나누었을 때의 몫이 $Q(x)$이므로

$x^3-2x^2-10x+3=(x+2)Q(x)+7$ ...... ㉠

이때 $Q(x)$를 $x-2$로 나누었을 때의 나머지는 $Q(2)$이므로 ㉠의 양변에 $x=2$를 대입하면

$8-8-20+3=4Q(2)+7$

$-17=4Q(2)+7$

$\therefore Q(2)=-6$

따라서 구하는 나머지는 -6이다.

134 답 ④

$f(x)+8$이 $(x+2)^2$으로 나누어떨어지므로

$f(x)+8=(x+2)^2(ax+b)$ (a, b는 상수)라 하면

$f(x)=(x+2)^2(ax+b)-8$

$\therefore 10-f(x)=10-\{(x+2)^2(ax+b)-8\}$

$=18-(x+2)^2(ax+b)$ ...... ㉠

$10-f(x)$가 x^2-1, 즉 $(x+1)(x-1)$로 나누어떨어지므로 $10-f(x)$는 $x+1$, $x-1$로 각각 나누어떨어진다.

따라서 인수 정리에 의하여

$10-f(-1)=0,\ 10-f(1)=0$

㉠의 양변에 $x=-1$을 대입하면

$0=18-(-a+b)$

$\therefore a-b=-18$ ...... ㉡

㉠의 양변에 $x=1$을 대입하면

$0=18-9(a+b)$

$\therefore a+b=2$ ...... ㉢

㉡, ㉢을 연립하여 풀면

$a=-8,\ b=10$

따라서 $f(x)=(x+2)^2(-8x+10)-8$이고, $f(x)$를 x로 나누었을 때의 나머지는 $f(0)$이므로 구하는 나머지는

$f(0)=4\times10-8=32$

135 답 128

x^7을 $x+2$로 나누었을 때의 몫이

$a_0+a_1x+a_2x^2+\cdots+a_6x^6$이므로 나머지를 R라 하면

$x^7=(x+2)(a_0+a_1x+a_2x^2+\cdots+a_6x^6)+R$

이 등식이 x에 대한 항등식이므로

양변에 $x=-2$를 대입하면

$(-2)^7=R \quad \therefore R=-128$

$\therefore x^7=(x+2)(a_0+a_1x+a_2x^2+\cdots+a_6x^6)-128$ ...... ㉠

㉠의 양변에 $x=1$을 대입하면

$1=3(a_0+a_1+a_2+\cdots+a_6)-128$

$3(a_0+a_1+a_2+\cdots+a_6)=129$

$\therefore a_0+a_1+a_2+\cdots+a_6=43$ ...... ㉡

㉠의 양변에 $x=-1$을 대입하면

$-1=a_0-a_1+a_2-\cdots+a_6-128$

$\therefore a_0-a_1+a_2-\cdots+a_6=127$ ...... ㉢

㉡+㉢을 하면

$2a_0+2a_2+2a_4+2a_6=170$

$\therefore\ a_0+a_2+a_4+a_6=85$

$\therefore\ 2a_0+a_1+2a_2+a_3+2a_4+a_5+2a_6$

$=(a_0+a_1+a_2+\cdots+a_6)+(a_0+a_2+a_4+a_6)$

$=43+85=128$

136 답 74

| 접근 방법 | 나머지의 차수는 나누는 식의 차수보다 낮음을 이용하여 나머지 $g(x)-2x^2$에서 $g(x)$의 최고차항을 추론한다.

(가)에서 $f(x)$를 $g(x)$로 나누었을 때의 나머지가 $g(x)-2x^2$이므로 $g(x)$의 최고차항은 $2x^2$이다.

따라서 $g(x)=2x^2+ax+b$ (a, b는 상수)라 하면

$f(x)=g(x)\{g(x)-2x^2\}+g(x)-2x^2$

$=(2x^2+ax+b)(ax+b)+ax+b$

이때 $f(x)$의 최고차항의 계수가 1이므로

$2a=1\qquad\therefore\ a=\frac{1}{2}$

$\therefore\ f(x)=\left(2x^2+\frac{1}{2}x+b\right)\left(\frac{1}{2}x+b\right)+\frac{1}{2}x+b$ …… ㉠

(나)에서 나머지 정리에 의하여 $f(1)=-\frac{9}{4}$이므로 ㉠의 양변에 $x=1$을 대입하면

$f(1)=\left(2+\frac{1}{2}+b\right)\left(\frac{1}{2}+b\right)+\frac{1}{2}+b$

$b^2+4b+\frac{7}{4}=-\frac{9}{4}$, $b^2+4b+4=0$

$(b+2)^2=0\qquad\therefore\ b=-2$

즉, $f(x)=\left(2x^2+\frac{1}{2}x-2\right)\left(\frac{1}{2}x-2\right)+\frac{1}{2}x-2$이므로

$f(6)=(72+3-2)(3-2)+3-2=74$

137 답 13

$3^{99}+3^{100}+3^{101}=3^{99}(1+3+3^2)=13\times3^{99}$

$3^3=x$로 놓으면 $13\times3^{99}=13\times(3^3)^{33}=13x^{33}$이고 $26=x-1$이다.

$13x^{33}$을 $x-1$로 나누었을 때의 몫을 $Q(x)$, 나머지를 R라 하면

$13x^{33}=(x-1)Q(x)+R$

양변에 $x=1$을 대입하면

$R=13$

따라서 구하는 나머지는 13이다.

02 인수분해

개념 확인 69쪽

138 답

(1) $(x+2)(ax-1)$

(2) $(4a+1)^2$

(3) $(3a-4b)^2$

(4) $(x+5)(x-5)$

(5) $(x-1)(x-3)$

(6) $(3x-2y)(2x+y)$

유제 71쪽

139 답

(1) $(x+2y+z)^2$

(2) $(2a-b)^3$

(3) $(a+3b)(a^2-3ab+9b^2)$

(4) $(2x+y-1)(4x^2+y^2-2xy+2x+y+1)$

(5) $(x^2+3x+9)(x^2-3x+9)$

(6) $(z+x-y)(z-x+y)$

(7) $(x-2y)(x+y)(x+4y)$

(1) $x^2+4y^2+z^2+4xy+4yz+2zx$

$=x^2+(2y)^2+z^2+2\times x\times2y+2\times2y\times z+2\times z\times x$

$=(x+2y+z)^2$

(2) $8a^3-12a^2b+6ab^2-b^3$

$=(2a)^3-3\times(2a)^2\times b+3\times2a\times b^2-b^3$

$=(2a-b)^3$

(3) $a^3+27b^3=a^3+(3b)^3$

$=(a+3b)(a^2-3ab+9b^2)$

(4) $8x^3+y^3+6xy-1$

$=(2x)^3+y^3+(-1)^3-3\times2x\times y\times(-1)$

$=(2x+y-1)\{(2x)^2+y^2+(-1)^2-2x\times y-y\times(-1)-(-1)\times2x\}$

$=(2x+y-1)(4x^2+y^2-2xy+2x+y+1)$

(5) $x^4+9x^2+81=x^4+x^2\times3^2+3^4$

$=(x^2+3x+9)(x^2-3x+9)$

(6) $2xy+z^2-x^2-y^2=z^2-(x^2+y^2-2xy)$

$=z^2-(x-y)^2$

$=(z+x-y)(z-x+y)$

(7) $x^3-8y^3+3xy(x-2y)$

$=(x-2y)(x^2+2xy+4y^2)+3xy(x-2y)$

$=(x-2y)(x^2+2xy+4y^2+3xy)$

$=(x-2y)(x^2+5xy+4y^2)$

$=(x-2y)(x+y)(x+4y)$

140 답 ④

④ $4x^2+9y^2+12xy-4x-6y+1$

$=(2x)^2+(3y)^2+(-1)^2+2\times2x\times3y$
$+2\times3y\times(-1)+2\times(-1)\times2x$

$=(2x+3y-1)^2$

따라서 옳지 않은 것은 ④이다.

141 답 ㄹ, ㅁ

$(a^2-b^2+c^2)^2-4a^2c^2$

$=(a^2-b^2+c^2)^2-(2ac)^2$

$=(a^2-b^2+c^2+2ac)(a^2-b^2+c^2-2ac)$

$=\{(a+c)^2-b^2\}\{(a-c)^2-b^2\}$

$=(a+c+b)(a+c-b)(a-c+b)(a-c-b)$

$=(a+b+c)(a+b-c)(a-b+c)(a-b-c)$

따라서 보기에서 인수가 아닌 것은 ㄹ, ㅁ이다.

유제 75~85쪽

142 답 (1) $(x^2+3x+3)(x+4)(x-1)$
(2) $(x^2-x+1)(3x^2-3x-1)$
(3) $(x^2-4x+2)(x^2-4x-4)$

(1) $x^2+3x=X$로 놓으면

$(x^2+3x+1)(x^2+3x-2)-10$

$=(X+1)(X-2)-10$

$=X^2-X-12$

$=(X+3)(X-4)$

$=(x^2+3x+3)(x^2+3x-4)$

$=(x^2+3x+3)(x+4)(x-1)$

(2) $x(x-1)=X$로 놓으면

$3x^2(x-1)^2+2x^2-2x-1$

$=3\{x(x-1)\}^2+2x(x-1)-1$

$=3X^2+2X-1$

$=(X+1)(3X-1)$

$=\{x(x-1)+1\}\{3x(x-1)-1\}$

$=(x^2-x+1)(3x^2-3x-1)$

(3) $(x+1)(x-1)(x-3)(x-5)+7$

$=\{(x+1)(x-5)\}\{(x-1)(x-3)\}+7$

$=(x^2-4x-5)(x^2-4x+3)+7$

$x^2-4x=X$로 놓으면

$(x^2-4x-5)(x^2-4x+3)+7$

$=(X-5)(X+3)+7$

$=X^2-2X-8$

$=(X+2)(X-4)$

$=(x^2-4x+2)(x^2-4x-4)$

143 답 ④

$x^2+x=X$로 놓으면

$(x^2+x)(x^2+x+1)-6$

$=X(X+1)-6$

$=X^2+X-6$

$=(X+3)(X-2)$

$=(x^2+x+3)(x^2+x-2)$

$=(x+2)(x-1)(x^2+x+3)$

따라서 $a=1$, $b=3$이므로 $a+b=4$

144 답 ㄱ, ㄴ, ㄹ

$x^2-5x=X$로 놓으면

$(x^2-5x)^2-4x^2+20x-12$

$=(x^2-5x)^2-4(x^2-5x)-12$

$=X^2-4X-12$

$=(X+2)(X-6)$

$=(x^2-5x+2)(x^2-5x-6)$

$=(x^2-5x+2)(x+1)(x-6)$

따라서 보기에서 인수인 것은 ㄱ, ㄴ, ㄹ이다.

145 답 24

$(x^2+4x+3)(x^2+12x+35)+15$

$=(x+1)(x+3)(x+5)(x+7)+15$

$=\{(x+1)(x+7)\}\{(x+3)(x+5)\}+15$

$=(x^2+8x+7)(x^2+8x+15)+15$

$x^2+8x=X$로 놓으면

$(x^2+8x+7)(x^2+8x+15)+15$

$=(X+7)(X+15)+15$

$=X^2+22X+120$

$=(X+10)(X+12)$

$=(x^2+8x+10)(x^2+8x+12)$

$=(x+2)(x+6)(x^2+8x+10)$

따라서 $a=6$, $b=8$, $c=10$이므로

$a+b+c=24$

146 답 (1) $(2x^2+1)(x+2)(x-2)$
(2) $(x^2+2x+4)(x^2-2x+4)$
(3) $(x^2+3xy-3y^2)(x^2-3xy-3y^2)$

(1) $x^2=X$로 놓으면

$$\begin{aligned}2x^4-7x^2-4&=2X^2-7X-4\\&=(2X+1)(X-4)\\&=(2x^2+1)(x^2-4)\\&=(2x^2+1)(x+2)(x-2)\end{aligned}$$

(2) $$\begin{aligned}x^4+4x^2+16&=(x^4+8x^2+16)-4x^2\\&=(x^2+4)^2-(2x)^2\\&=(x^2+2x+4)(x^2-2x+4)\end{aligned}$$

(3) $$\begin{aligned}&x^4-15x^2y^2+9y^4\\&=(x^4-6x^2y^2+9y^4)-9x^2y^2\\&=(x^2-3y^2)^2-(3xy)^2\\&=(x^2+3xy-3y^2)(x^2-3xy-3y^2)\end{aligned}$$

147 답 ②

$x^2=X$로 놓으면

$$\begin{aligned}x^4-x^2-12&=X^2-X-12\\&=(X-4)(X+3)\\&=(x^2-4)(x^2+3)\\&=(x-2)(x+2)(x^2+3)\end{aligned}$$

따라서 $a=2$, $b=3$이므로

$a+b=5$

148 답 ㄴ, ㄹ, ㅁ

$a^2=A$, $b^2=B$로 놓으면

$$\begin{aligned}a^4-11a^2b^2+18b^4&=A^2-11AB+18B^2\\&=(A-2B)(A-9B)\\&=(a^2-2b^2)(a^2-9b^2)\\&=(a^2-2b^2)(a+3b)(a-3b)\end{aligned}$$

따라서 보기에서 인수인 것은 ㄴ, ㄹ, ㅁ이다.

149 답 $2x^2+36$

$$\begin{aligned}x^4+324&=(x^4+36x^2+324)-36x^2\\&=(x^2+18)^2-(6x)^2\\&=(x^2+6x+18)(x^2-6x+18)\end{aligned}$$

따라서 구하는 두 이차식의 합은

$x^2+6x+18+(x^2-6x+18)=2x^2+36$

150 답 (1) $(x+y+1)(x^2-x-y+1)$
(2) $(x-3y+2)(x-y-1)$
(3) $(a+b)(b+c)(a-c)$

(1) y에 대하여 내림차순으로 정리한 후 인수분해하면

$$\begin{aligned}&x^3+x^2y-y^2-2xy+1\\&=-y^2+(x^2-2x)y+x^3+1\\&=-y^2+(x^2-2x)y+(x+1)(x^2-x+1)\\&=\{y+(x+1)\}\{-y+(x^2-x+1)\}\\&=(x+y+1)(x^2-x-y+1)\end{aligned}$$

(2) x에 대하여 내림차순으로 정리한 후 인수분해하면

$$\begin{aligned}&x^2+3y^2-4xy+x+y-2\\&=x^2+(1-4y)x+3y^2+y-2\\&=x^2+(1-4y)x+(3y-2)(y+1)\\&=\{x-(3y-2)\}\{x-(y+1)\}\\&=(x-3y+2)(x-y-1)\end{aligned}$$

(3) a에 대하여 내림차순으로 정리한 후 인수분해하면

$$\begin{aligned}&ab(a+b)-bc(b+c)-ca(c-a)\\&=a^2b+ab^2-b^2c-bc^2-c^2a+ca^2\\&=(b+c)a^2+(b^2-c^2)a-b^2c-bc^2\\&=(b+c)a^2+(b+c)(b-c)a-bc(b+c)\\&=(b+c)\{a^2+(b-c)a-bc\}\\&=(b+c)(a+b)(a-c)\\&=(a+b)(b+c)(a-c)\end{aligned}$$

151 답 0

x에 대하여 내림차순으로 정리한 후 인수분해하면

$$\begin{aligned}&x^2-y^2-z^2+2yz+x-y+z\\&=x^2+x-y^2-z^2+2yz-y+z\\&=x^2+x-(y^2-2yz+z^2)-(y-z)\\&=x^2+x-(y-z)^2-(y-z)\\&=x^2+x-(y-z)(y-z+1)\end{aligned}$$

$x \quad -(y-z) \quad\quad -(y-z)x$
$x \quad y-z+1 \quad\quad +)\ (y-z+1)x$
$\quad\quad\quad\quad\quad\quad\quad x$

$$\begin{aligned}&=\{x-(y-z)\}\{x+(y-z+1)\}\\&=(x-y+z)(x+y-z+1)\end{aligned}$$

따라서 $a=-1$, $b=1$, $c=1$, $d=-1$이므로

$ab-cd=-1-(-1)=0$

152 답 ㄷ, ㄹ

a에 대하여 내림차순으로 정리한 후 인수분해하면

$a^2(b-c)+b^2(c-a)+c^2(a-b)$

$=(b-c)a^2-(b^2-c^2)a+b^2c-bc^2$

$=(b-c)a^2-(b-c)(b+c)a+bc(b-c)$

$=(b-c)\{a^2-(b+c)a+bc\}$

$=(b-c)(a-b)(a-c)$

따라서 보기에서 인수인 것은 ㄷ, ㄹ이다.

153 답 **2**

주어진 식을 x에 대하여 내림차순으로 정리하면

$x^2+kxy-3y^2+x+11y-6$

$=x^2+(ky+1)x-3y^2+11y-6$

$=x^2+(ky+1)x-(3y-2)(y-3)$

이때 x의 계수가 $ky+1$이므로 x에 대한 상수항을 두 일차식으로 인수분해했을 때 두 일차식의 합이 $ky+1$이어야 한다.

즉, $(3y-2)+\{-(y-3)\}=ky+1$이므로

$2y+1=ky+1 \qquad \therefore k=2$

154 답 (1) $\boldsymbol{(x-2)(x+3)(x-3)}$
(2) $\boldsymbol{(x+3)(3x-1)(x-5)}$
(3) $\boldsymbol{(x+1)(x-2)(2x^2-3x+2)}$

(1) $f(x)=x^3-2x^2-9x+18$이라 하면

$f(2)=8-8-18+18=0$

$x-2$는 $f(x)$의 인수이므로 조립제법을 이용하여 $f(x)$를 인수분해하면

2	1	−2	−9	18
		2	0	−18
	1	0	−9	0

$x^3-2x^2-9x+18=(x-2)(x^2-9)$

$=(x-2)(x+3)(x-3)$

(2) $f(x)=3x^3-7x^2-43x+15$라 하면

$f(-3)=-81-63+129+15=0$

$x+3$은 $f(x)$의 인수이므로 조립제법을 이용하여 $f(x)$를 인수분해하면

−3	3	−7	−43	15
		−9	48	−15
	3	−16	5	0

$3x^3-7x^2-43x+15=(x+3)(3x^2-16x+5)$

$=(x+3)(3x-1)(x-5)$

(3) $f(x)=2x^4-5x^3+x^2+4x-4$라 하면

$f(-1)=2+5+1-4-4=0$

$f(2)=32-40+4+8-4=0$

$x+1$, $x-2$는 $f(x)$의 인수이므로 조립제법을 이용하여 $f(x)$를 인수분해하면

−1	2	−5	1	4	−4
		−2	7	−8	4
2	2	−7	8	−4	0
		4	−6	4	
	2	−3	2	0	

$2x^4-5x^3+x^2+4x-4$

$=(x+1)(x-2)(2x^2-3x+2)$

| 참고 | $f(\alpha)=0$을 만족시키는 상수 α의 값은

$\pm\dfrac{(f(x)\text{의 상수항의 양의 약수})}{(f(x)\text{의 최고차항의 계수의 양의 약수})}$ 중에서 찾는다.

(1) $f(x)=x^3-2x^2-9x+18$에서 $f(\alpha)=0$을 만족시키는 상수 α의 값은 $\pm$(18의 양의 약수), 즉 ±1, ±2, ±3, …, ±18을 x에 대입하여 찾는다.

(2) $f(x)=3x^3-7x^2-43x+15$에서 $f(\alpha)=0$을 만족시키는 상수 α의 값은 $\pm\dfrac{(15\text{의 양의 약수})}{(3\text{의 양의 약수})}$, 즉 ±1, ±3, ±5, ±15를 x에 대입하여 찾는다.

155 답 ㄴ, ㄷ, ㅁ

$f(x)=x^3-6x^2+11x-6$이라 하면

$f(1)=1-6+11-6=0$

$x-1$은 $f(x)$의 인수이므로 조립제법을 이용하여 $f(x)$를 인수분해하면

1	1	−6	11	−6
		1	−5	6
	1	−5	6	0

$x^3-6x^2+11x-6=(x-1)(x^2-5x+6)$

$=(x-1)(x-2)(x-3)$

따라서 보기에서 인수인 것은 ㄴ, ㄷ, ㅁ이다.

156 답 $\boldsymbol{(x-2)(x+1)(x+4)(x-1)}$

$f(x)$가 $x-2$를 인수로 가지므로 $f(2)=0$에서

$16+8a+4b-4+8=0$

$\therefore 2a+b=-5 \qquad$ …… ㉠

$f(x)$가 $x+1$을 인수로 가지므로 $f(-1)=0$에서

$1-a+b+2+8=0$

$\therefore a-b=11 \qquad$ …… ㉡

㉠, ㉡을 연립하여 풀면 $a=2$, $b=-9$

따라서 $f(x)=x^4+2x^3-9x^2-2x+8$이고, $x-2$, $x+1$은 $f(x)$의 인수이므로 조립제법을 이용하여 $f(x)$를 인수분해하면

2	1	2	−9	−2	8
		2	8	−2	−8
−1	1	4	−1	−4	0
		−1	−3	4	
	1	3	−4	0	

$$f(x)=x^4+2x^3-9x^2-2x+8$$
$$=(x-2)(x+1)(x^2+3x-4)$$
$$=(x-2)(x+1)(x+4)(x-1)$$

157 답 13

$h(x)=x^4-2x^3+2x^2-x-6$이라 하면

$h(-1)=1+2+2+1-6=0$

$h(2)=16-16+8-2-6=0$

$x+1$, $x-2$는 $h(x)$의 인수이므로 조립제법을 이용하여 $h(x)$를 인수분해하면

−1	1	−2	2	−1	−6
		−1	3	−5	6
2	1	−3	5	−6	0
		2	−2	6	
	1	−1	3	0	

$x^4-2x^3+2x^2-x-6$

$=(x+1)(x-2)(x^2-x+3)$

$=(x^2-x-2)(x^2-x+3)$

이때 $f(0)>0$이므로

$f(x)=x^2-x+3$, $g(x)=x^2-x-2$

$\therefore\ f(-2)+g(-2)=(4+2+3)+(4+2-2)=13$

158 답 (1) 1600 (2) 9500

(1) $40=x$로 놓으면

$$\frac{40^8+40^4+1}{40^4-40^2+1}-\frac{40^8-1}{40^4-1}$$
$$=\frac{x^8+x^4+1}{x^4-x^2+1}-\frac{x^8-1}{x^4-1}$$
$$=\frac{(x^4+x^2+1)(x^4-x^2+1)}{x^4-x^2+1}-\frac{(x^4+1)(x^4-1)}{x^4-1}$$
$$=(x^4+x^2+1)-(x^4+1)$$
$$=x^2$$
$=40^2$ ◀ $x=40$ 대입

$=1600$

(2) $100=x$로 놓으면

$94\times97\times98\times101+36$

$=(x-6)(x-3)(x-2)(x+1)+36$

$=\{(x-6)(x+1)\}\{(x-3)(x-2)\}+36$

$=(x^2-5x-6)(x^2-5x+6)+36$

$x^2-5x=X$로 놓고 인수분해하면

$(x^2-5x-6)(x^2-5x+6)+36$

$=(X-6)(X+6)+36=X^2$

$=(x^2-5x)^2$

$=(10000-500)^2$ ◀ $x=100$ 대입

$=9500^2$

$\therefore\ \sqrt{94\times97\times98\times101+36}=\sqrt{9500^2}=9500$

159 답 2007

$\sqrt{4011}=x$로 놓으면

$$\frac{(1+\sqrt{4011})^3-(1-\sqrt{4011})^3}{(1+\sqrt{4011})^2-(1-\sqrt{4011})^2}$$
$$=\frac{(1+x)^3-(1-x)^3}{(1+x)^2-(1-x)^2}$$
$$=\frac{(1+3x+3x^2+x^3)-(1-3x+3x^2-x^3)}{(1+2x+x^2)-(1-2x+x^2)}$$
$$=\frac{6x+2x^3}{4x}=\frac{2x(3+x^2)}{4x}$$
$$=\frac{3+x^2}{2}$$
$=\dfrac{3+4011}{2}$ ◀ $x=\sqrt{4011}$ 대입

$=2007$

160 답 20

$23=x$로 놓으면

$23^3+3\times23^2-4=x^3+3x^2-4$

$f(x)=x^3+3x^2-4$라 하면 $f(1)=1+3-4=0$

$x-1$은 $f(x)$의 인수이므로 조립제법을 이용하여 $f(x)$를 인수분해하면

1	1	3	0	−4
		1	4	4
	1	4	4	0

$f(x)=(x-1)(x^2+4x+4)$

$=(x-1)(x+2)^2$

$x=23$을 대입하면

$(23-1)\times(23+2)^2=22\times25^2=2\times5^4\times11$

따라서 구하는 양의 약수의 개수는

$(1+1)\times(4+1)\times(1+1)=20$

161 답 (1) $f(x)=(x-1)^2(x+4)$ (2) 1050000

(1) 조립제법을 이용하여 $f(x)$를 인수분해하면

$$\begin{array}{r|rrrr} 1 & 1 & 2 & -7 & 4 \\ & & 1 & 3 & -4 \\ \hline & 1 & 3 & -4 & 0 \end{array}$$

$f(x)=x^3+2x^2-7x+4$
$=(x-1)(x^2+3x-4)$
$=(x-1)^2(x+4)$

(2) $f(101)=100^2\times105=1050000$

162 답 $6\sqrt{5}$

$x^2y+xy^2+x+y=xy(x+y)+(x+y)$
$=(x+y)(xy+1)$ ······ ㉠

$x+y=(\sqrt{5}+\sqrt{3})+(\sqrt{5}-\sqrt{3})=2\sqrt{5}$,
$xy=(\sqrt{5}+\sqrt{3})(\sqrt{5}-\sqrt{3})=2$

㉠에 식의 값을 대입하면
$(x+y)(xy+1)=2\sqrt{5}\times3=6\sqrt{5}$

163 답 빗변의 길이가 a인 직각삼각형

주어진 식의 좌변을 b에 대하여 내림차순으로 정리한 후 인수분해하면

$a^3+a^2c-ab^2-ac^2-b^2c-c^3$
$=-(a+c)b^2+a^3+a^2c-ac^2-c^3$
$=-(a+c)b^2+a^2(a+c)-c^2(a+c)$
$=(a+c)(a^2-b^2-c^2)$
$\therefore (a+c)(a^2-b^2-c^2)=0$

이때 a, b, c는 삼각형의 세 변의 길이이므로 $a+c>0$
즉, $a^2-b^2-c^2=0$이므로 $a^2=b^2+c^2$
따라서 주어진 조건을 만족시키는 삼각형은 빗변의 길이가 a인 직각삼각형이다.

164 답 42

주어진 식을 b에 대하여 내림차순으로 정리한 후 인수분해하면

$b^2(c+a)-a^2(c+b)-c^2(a-b)$
$=(c+a)b^2+(c^2-a^2)b-a^2c-ac^2$
$=(c+a)b^2+(c+a)(c-a)b-ac(a+c)$
$=(c+a)\{b^2+(c-a)b-ac\}$
$=(c+a)(b+c)(b-a)$ ······ ㉠

$b-a=3+\sqrt{2}$, $a+c=3-\sqrt{2}$를 각 변끼리 더하면
$b+c=6$

㉠에 식의 값을 대입하면
$(c+a)(b+c)(b-a)=(3-\sqrt{2})\times6\times(3+\sqrt{2})$
$=42$

165 답 $\sqrt{3}$

$a^3+b^3+c^3=3abc$에서 $a^3+b^3+c^3-3abc=0$
이 식의 좌변을 인수분해하면

$a^3+b^3+c^3-3abc$
$=(a+b+c)(a^2+b^2+c^2-ab-bc-ca)$
$=\frac{1}{2}(a+b+c)\{(a-b)^2+(b-c)^2+(c-a)^2\}$
$\therefore \frac{1}{2}(a+b+c)\{(a-b)^2+(b-c)^2+(c-a)^2\}=0$

이때 a, b, c는 삼각형의 세 변의 길이이므로
$a+b+c>0$
$\therefore (a-b)^2+(b-c)^2+(c-a)^2=0$
즉, $a-b=0$, $b-c=0$, $c-a=0$이므로 $a=b=c$
$3abc=24$에서 $a=b=c$이므로
$3a^3=24$, $a^3=8$ $\therefore a=b=c=2$

따라서 이 삼각형은 한 변의 길이가 2인 정삼각형이므로 구하는 넓이는
$\frac{\sqrt{3}}{4}\times2^2=\sqrt{3}$

| 참고 | 한 변의 길이가 a인 정삼각형의 넓이는 $\frac{\sqrt{3}}{4}a^2$이다.

연습문제 86~88쪽

166 답 ③

ㄱ. $2ax-2ay-bx+by+cx-cy$
$=2a(x-y)-b(x-y)+c(x-y)$
$=(x-y)(2a-b+c)$

ㄴ. $a^2-b^2-c^2+2bc$
$=a^2-(b^2-2bc+c^2)=a^2-(b-c)^2$
$=(a+b-c)(a-b+c)$

ㄷ. $x^3-x^2y-xz^2+yz^2=x^2(x-y)-z^2(x-y)$
$=(x-y)(x^2-z^2)$
$=(x-y)(x+z)(x-z)$

ㄹ. $a^3-8b^3+c^3+6abc$
$=a^3+(-2b)^3+c^3-3\times a\times(-2b)\times c$
$=(a-2b+c)(a^2+4b^2+c^2+2ab+2bc-ca)$

따라서 보기에서 옳은 것은 ㄱ, ㄹ이다.

167 답 7

$4x^2+9y^2-12xy-8x+12y+4$
$=(2x)^2+(-3y)^2+(-2)^2+2\times2x\times(-3y)$
$+2\times(-3y)\times(-2)+2\times(-2)\times2x$
$=(2x-3y-2)^2$

따라서 $a=2$, $b=-3$, $n=2$이므로

$a-b+n=7$

168 답 ㄱ, ㄷ, ㄹ, ㅁ

$x^6-y^6=(x^3)^2-(y^3)^2=(x^3+y^3)(x^3-y^3)$

$=(x+y)(x^2-xy+y^2)(x-y)(x^2+xy+y^2)$

따라서 보기에서 인수인 것은 ㄱ, ㄷ, ㄹ, ㅁ이다.

| 참고 | $(x+y)(x^2-xy+y^2)(x-y)(x^2+xy+y^2)$

$=(x+y)(x-y)(x^4+x^2y^2+y^4)$

이므로 $x^4+x^2y^2+y^4$은 인수가 될 수 있지만 $x^4-x^2y^2+y^4$은 인수가 될 수 없다.

169 답 ④

$x^2+x=X$로 놓으면

$(x^2+x)^2+2(x^2+x)-3$

$=X^2+2X-3=(X-1)(X+3)$

$=(x^2+x-1)(x^2+x+3)$

따라서 $a=1$, $b=3$이므로 $a+b=4$

170 답 6

$x^4-12x^2+16=(x^4-8x^2+16)-4x^2$

$=(x^2-4)^2-(2x)^2$

$=(x^2+2x-4)(x^2-2x-4)$

따라서 $a=2$, $b=4$이므로

$a+b=6$

171 답 ③

x에 대하여 내림차순으로 정리한 후 인수분해하면

$x^2-xy-2y^2+2x+5y-3$

$=x^2+(-y+2)x-2y^2+5y-3$

$=x^2+(-y+2)x-(2y-3)(y-1)$

$=\{x+(y-1)\}\{x-(2y-3)\}$

$=(x+y-1)(x-2y+3)$

172 답 −24

$x^3y+xy^3-x^2-y^2=xy(x^2+y^2)-(x^2+y^2)$

$=(x^2+y^2)(xy-1)$ ······ ㉠

$x+y=(1-\sqrt{3})+(1+\sqrt{3})=2$,

$xy=(1-\sqrt{3})(1+\sqrt{3})=-2$이므로

$x^2+y^2=(x+y)^2-2xy=2^2-2\times(-2)=8$

㉠에 식의 값을 대입하면

$(x^2+y^2)(xy-1)=8\times(-3)=-24$

173 답 ③

$(x^2+2x-3)(x^2+6x+5)-9$

$=(x+3)(x-1)(x+5)(x+1)-9$

$=\{(x+3)(x+1)\}\{(x-1)(x+5)\}-9$

$=(x^2+4x+3)(x^2+4x-5)-9$

$x^2+4x=X$로 놓으면

$(x^2+4x+3)(x^2+4x-5)-9$

$=(X+3)(X-5)-9$

$=X^2-2X-24=(X+4)(X-6)$

$=(x^2+4x+4)(x^2+4x-6)$

$=(x+2)^2(x^2+4x-6)$

174 답 ⑤

$(x-1)(x-4)(x-5)(x-8)+a$

$=\{(x-1)(x-8)\}\{(x-4)(x-5)\}+a$

$=(x^2-9x+8)(x^2-9x+20)+a$

$x^2-9x=X$로 놓으면

$(x^2-9x+8)(x^2-9x+20)+a$

$=(X+8)(X+20)+a$

$=X^2+28X+160+a$ ······ ㉠

이 식이 $(x+b)^2(x+c)^2$, 즉 $\{(x+b)(x+c)\}^2$으로 인수분해되려면 ㉠이 완전제곱식이어야 하므로

$160+a=\left(\frac{28}{2}\right)^2$ $\quad\therefore a=196-160=36$

㉠에서

$X^2+28X+160+a=X^2+28X+196$

$=(X+14)^2=(x^2-9x+14)^2$

$=\{(x-2)(x-7)\}^2$

$=(x-2)^2(x-7)^2$

따라서 $b=-2$, $c=-7$ 또는 $b=-7$, $c=-2$이므로

$a+b+c=36+(-2)+(-7)=27$

| 참고 | 이차식 x^2+Ax+B가 완전제곱식이면 $B=\left(\frac{A}{2}\right)^2$

175 답 (1) 1 (2) $(x-4y+2)(x-y-1)$

(1) 주어진 식을 x에 대하여 내림차순으로 정리하면

$x^2+4y^2-5xy+ax+2y-2$

$=x^2+(a-5y)x+4y^2+2y-2$

$=x^2+(a-5y)x+2(2y-1)(y+1)$

이때 x의 계수가 $a-5y$이므로 x에 대한 상수항을 두 일차식으로 인수분해했을 때 두 일차식의 합이 $a-5y$이어야 한다.

즉, $-2(2y-1)+\{-(y+1)\}=a-5y$이므로

$1-5y=a-5y$ $\quad\therefore a=1$ ▸▸▸▸▸▸ ❶

(2) $x^2+(a-5y)x+2(2y-1)(y+1)$

$=x^2+(1-5y)x+2(2y-1)(y+1)$

$=\{x-2(2y-1)\}\{x-(y+1)\}$

$=(x-4y+2)(x-y-1)$ ▸▸▸▸▸▸ ❷

단계	채점 기준	비율
❶	a의 값 구하기	50%
❷	주어진 식을 인수분해하기	50%

176 답 ②

$f(x)=x^4+ax^3-7x^2-20x-12$라 하면

$f(-2)=0$이므로 $16-8a-28+40-12=0$

$8a=16 \quad \therefore a=2$

즉, $f(x)=x^4+2x^3-7x^2-20x-12$이므로 조립제법을 이용하여 $f(x)$를 인수분해하면

$$\begin{array}{r|rrrrr} -2 & 1 & 2 & -7 & -20 & -12 \\ & & -2 & 0 & 14 & 12 \\ \hline -1 & 1 & 0 & -7 & -6 & 0 \\ & & -1 & 1 & 6 & \\ \hline & 1 & -1 & -6 & 0 & \end{array}$$

$x^4+2x^3-7x^2-20x-12$

$=(x+2)(x+1)(x^2-x-6)$

$=(x+2)(x+1)(x+2)(x-3)$

$=(x+2)^2(x+1)(x-3)$

따라서 인수가 아닌 것은 ② $x-2$이다.

177 답 6

$f(x)=x^3+8x^2+20x+16$이라 할 때,

$f(-2)=-8+32-40+16=0$이므로 조립제법을 이용하여 $f(x)$를 인수분해하면

$$\begin{array}{r|rrrr} -2 & 1 & 8 & 20 & 16 \\ & & -2 & -12 & -16 \\ \hline & 1 & 6 & 8 & 0 \end{array}$$

$x^3+8x^2+20x+16=(x+2)(x^2+6x+8)$

$=(x+2)^2(x+4)$

따라서 원기둥의 밑면의 반지름의 길이는 $x+2$, 높이는 $x+4$이므로 원기둥의 겉넓이는

$2\times\pi(x+2)^2+2\pi(x+2)\times(x+4)$

$=4\pi(x+2)(x+3)$

따라서 $a=2$, $b=3$ 또는 $a=3$, $b=2$이므로 $ab=6$

| 참고 | 밑면의 반지름의 길이가 r, 높이가 h인 원기둥의 겉넓이는 $2\pi r^2+2\pi rh$이다.

178 답 ④

$f(x)=2x^3+ax^2-(2a-2)x-20$이라 하면

$f(2)=16+4a-2(2a-2)-20=0$이므로 조립제법을 이용하여 $f(x)$를 인수분해하면

$$\begin{array}{r|rrrr} 2 & 2 & a & -2a+2 & -20 \\ & & 4 & 2a+8 & 20 \\ \hline & 2 & a+4 & 10 & 0 \end{array}$$

$f(x)=2x^3+ax^2-(2a-2)x-20$

$=(x-2)\{2x^2+(a+4)x+10\}$

$f(x)$가 세 일차식의 곱으로 인수분해되므로

$2x^2+(a+4)x+10$이 두 일차식의 곱으로 인수분해된다.

이때 $10=1\times10$ 또는 $10=2\times5$이므로 $a+4$의 값이 될 수 있는 것은

$2\times10+1\times1$ 또는 $2\times1+1\times10$ 또는 $2\times5+1\times2$ 또는 $2\times2+1\times5$

즉, $a+4=21$ 또는 $a+4=12$ 또는 $a+4=9$이므로

$a=5$ 또는 $a=8$ 또는 $a=17$

따라서 자연수 a의 최댓값은 17이다.

179 답 ②

$101=a$, $99=b$로 놓으면

$\dfrac{101^3-99^3}{101^2+99\times101+99^2}\times\dfrac{99^2+2\times101}{101^3+99^3}$

$=\dfrac{a^3-b^3}{a^2+ab+b^2}\times\dfrac{b^2+(a-b)a}{a^3+b^3}$

$=\dfrac{(a-b)(a^2+ab+b^2)}{a^2+ab+b^2}\times\dfrac{a^2-ab+b^2}{(a+b)(a^2-ab+b^2)}$

$=\dfrac{a-b}{a+b}=\dfrac{101-99}{101+99}=\dfrac{1}{100}$

180 답 ②

$a^2b+2ab+a^2+2a+b+1$

$=(a^2+2a+1)b+(a^2+2a+1)$

$=(a+1)^2(b+1)$

이때 $245=7^2\times5$이므로 $a+1=7$, $b+1=5$

따라서 $a=6$, $b=4$이므로 $a+b=10$

181 답 12

| 접근 방법 | 주어진 다항식이 $(x-2)^2$을 인수로 가지므로 $x-2$로 나누는 조립제법을 두 번 이용한다.

$g(x)=2x^4+ax^3-6x^2+bx-8$이라 하면 $g(2)=0$이므로

$32+8a-24+2b-8=0$

$4a+b=0 \quad \therefore b=-4a \quad \cdots\cdots ㉠$

즉, $g(x)=2x^4+ax^3-6x^2-4ax-8$이므로 조립제법을 이용하여 $g(x)$를 인수분해하면

2	2	a	-6	$-4a$	-8
		4	$2a+8$	$4a+4$	8
2	2	$a+4$	$2a+2$	4	0
		4	$2a+16$	$8a+36$	
	2	$a+8$	$4a+18$	$8a+40$	

$g(x)$가 $(x-2)^2$을 인수로 가지므로

$8a+40=0 \quad \therefore a=-5$

이를 ㉠에 대입하면 $b=20$

따라서 $f(x)=2x^2+3x-2$이므로

$a+b+f(-1)=-5+20+(2-3-2)=12$

182 답 **62**

$7^6-1=(7^3)^2-1^2=(7^3+1)(7^3-1)$

$=(7+1)(7^2-7+1)(7-1)(7^2+7+1)$

$=8\times43\times6\times57$

$=2^3\times43\times2\times3\times3\times19$

$=2^4\times3^2\times19\times43$

이므로 7^6-1을 나누었을 때 나누어떨어지는 소수인 두 자리의 자연수 n은 19, 43이다.

따라서 구하는 합은 $19+43=62$

183 답 **12**

(가)에서 좌변을 인수분해하면

$(a-b)c^2+(2a^2-ab-b^2)c+a^3-ab^2$

$=(a-b)c^2+(a-b)(2a+b)c+a(a-b)(a+b)$

$=(a-b)\{c^2+(2a+b)c+a(a+b)\}$

$=(a-b)(c+a)(c+a+b)$

즉, $(a-b)(c+a)(c+a+b)=0$이므로

$a=b \ (\because c+a>0, c+a+b>0)$

이때 (나)에서 $2a+4a=5c$

$\therefore 6a=5c \quad \cdots\cdots ㉠$

(다)에서 $a+b+c=16$이므로

$2a+c=16 \quad \cdots\cdots ㉡$

㉠, ㉡을 연립하여 풀면 $a=5$, $c=6$

따라서 삼각형 ABC는 오른쪽 그림과 같으므로 넓이는

$\frac{1}{2}\times6\times4=12$

└ $\sqrt{5^2-3^2}=\sqrt{16}=4$

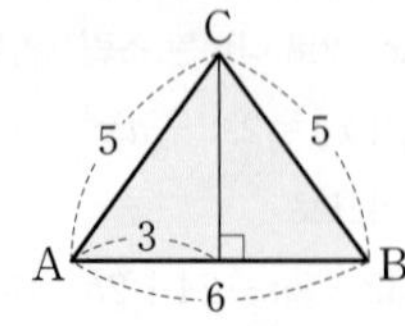

Ⅱ. 방정식과 부등식

Ⅱ-1. 복소수

01 복소수의 뜻과 사칙연산

개념 확인 91쪽

184 답 (1) **1, 2** (2) **0, −2** (3) $\boldsymbol{\sqrt{2}}$**, 0**

185 답 실수: ㄷ, ㄹ, ㅂ, ㅅ

허수: ㄱ, ㄴ, ㅁ, ㅇ

순허수: ㄱ, ㅇ

186 답 (1) $\boldsymbol{4-i}$ (2) $\boldsymbol{\frac{1}{3}i}$ (3) $\boldsymbol{1+\sqrt{2}}$

개념 확인 93쪽

187 답 (1) $\boldsymbol{-2i}$ (2) $\boldsymbol{-4i}$

(3) $\boldsymbol{-1+3i}$ (4) $\boldsymbol{-\frac{1}{5}+\frac{2}{5}i}$

(4) $i\times\frac{1}{2-i}=i\times\frac{2+i}{(2-i)(2+i)}=i\times\frac{2+i}{5}$

$=\frac{2i+i^2}{5}=-\frac{1}{5}+\frac{2}{5}i$

유제 95~103쪽

188 답 (1) $\boldsymbol{3+5i}$ (2) $\boldsymbol{38+8i}$

(3) $\boldsymbol{-11+10i}$ (4) $\boldsymbol{24-8i}$

(1) $(9+i)-(6-4i)=9+i-6+4i$

$=3+5i$

(2) $(5-i)(7+3i)=35+15i-7i-3i^2$

$=38+8i$

(3) $(1+2i)^2-(3-i)^2=1+4i+4i^2-(9-6i+i^2)$

$=-3+4i-8+6i$

$=-11+10i$

(4) $(5-i)^2+\frac{2+2i}{1-i}$

$=25-10i+i^2+\frac{(2+2i)(1+i)}{(1-i)(1+i)}$

$=24-10i+\frac{2+2i+2i+2i^2}{1-i^2}$

$=24-10i+\frac{4i}{2}$

$=24-10i+2i$

$=24-8i$

189 답 $6+5i$

$(2+i)\overline{(3-2i)}+\frac{4}{1+i}$

$=(2+i)(3+2i)+\frac{4(1-i)}{(1+i)(1-i)}$

$=6+4i+3i+2i^2+\frac{4-4i}{1-i^2}$

$=4+7i+\frac{4-4i}{2}$

$=4+7i+2-2i$

$=6+5i$

190 답 $\frac{2}{3}$

$\frac{\sqrt{2}+i}{i}+\frac{1+\sqrt{2}i}{1-\sqrt{2}i}$

$=\frac{i(\sqrt{2}+i)}{i\times i}+\frac{(1+\sqrt{2}i)^2}{(1-\sqrt{2}i)(1+\sqrt{2}i)}$

$=\frac{\sqrt{2}i+i^2}{i^2}+\frac{1+2\sqrt{2}i+2i^2}{1-2i^2}$

$=-\sqrt{2}i+1+\frac{-1+2\sqrt{2}i}{3}$

$=\frac{2}{3}-\frac{\sqrt{2}}{3}i$

따라서 $a=\frac{2}{3}$, $b=-\frac{\sqrt{2}}{3}$이므로

$a^2+b^2=\left(\frac{2}{3}\right)^2+\left(-\frac{\sqrt{2}}{3}\right)^2=\frac{2}{3}$

191 답 ④

$\frac{a+3i}{2-i}=\frac{(a+3i)(2+i)}{(2-i)(2+i)}$

$=\frac{2a+ai+6i+3i^2}{4-i^2}$

$=\frac{2a-3+(a+6)i}{5}$

즉, 실수부분이 $\frac{2a-3}{5}$, 허수부분이 $\frac{a+6}{5}$이므로

$\frac{2a-3}{5}+\frac{a+6}{5}=3$

$3a+3=15$, $3a=12$ $\quad\therefore a=4$

192 답 (1) -3, 3 (2) 10

(1) $x(x-1+xi)-9(1+i)$

$=(x^2-x-9)+(x^2-9)i$

이 복소수가 실수이므로

$x^2-9=0$, $(x+3)(x-3)=0$

$\therefore x=-3$ 또는 $x=3$

(2) $x^2-(i-3)^2x-20+12i$

$=x^2-(i^2-6i+9)x-20+12i$

$=(x^2-8x-20)+(6x+12)i$

이 복소수가 순허수이므로

$x^2-8x-20=0$, $6x+12\neq0$

$x^2-8x-20=0$에서 $(x+2)(x-10)=0$

$\therefore x=-2$ 또는 $x=10$ ……㉠

$6x+12\neq0$에서 $6x\neq-12$

$\therefore x\neq-2$ ……㉡

㉠, ㉡에서 $x=10$

193 답 2

$z=(1+i)x^2+(1-i)x-6-12i$

$=(x^2+x-6)+(x^2-x-12)i$

z^2이 음의 실수이려면 z가 순허수이어야 하므로

$x^2+x-6=0$, $x^2-x-12\neq0$

$x^2+x-6=0$에서 $(x+3)(x-2)=0$

$\therefore x=-3$ 또는 $x=2$ ……㉠

$x^2-x-12\neq0$에서 $(x+3)(x-4)\neq0$

$\therefore x\neq-3$, $x\neq4$ ……㉡

㉠, ㉡에서 $x=2$

194 답 -2, 2

z_1-z_2

$=(2-3i)x^2+x-i-\{(1-2i)x^2-3x+12-5i\}$

$=(x^2+4x-12)-(x^2-4)i$

z_1-z_2가 실수이므로

$x^2-4=0$, $(x+2)(x-2)=0$

$\therefore x=-2$ 또는 $x=2$

195 답 9

$z=x^2-(7-2i)x+6-4i$

$=(x^2-7x+6)+(2x-4)i$

z^2이 실수이려면 z가 실수 또는 순허수이어야 하므로

$x^2-7x+6=0$ 또는 $2x-4=0$

$x^2-7x+6=0$에서 $(x-1)(x-6)=0$

$\therefore x=1$ 또는 $x=6$ ……㉠

$2x-4=0$에서 $x=2$ ……㉡

㉠, ㉡에서 $x=1$ 또는 $x=2$ 또는 $x=6$이므로 구하는 합은

$1+2+6=9$

196 답 (1) $x=2$, $y=1$ (2) $x=15$, $y=5$

(1) $(1+2i)x+(3-i)y=5+3i$에서

$(x+3y)+(2x-y)i=5+3i$

복소수가 서로 같을 조건에 의하여

$x+3y=5$, $2x-y=3$

두 식을 연립하여 풀면

$x=2$, $y=1$

(2) $\frac{x}{1+2i}+\frac{y}{1-2i}=4-4i$에서

$\frac{x(1-2i)+y(1+2i)}{(1+2i)(1-2i)}=4-4i$

$\frac{x-2xi+y+2yi}{1+4}=4-4i$

$\frac{x+y}{5}-\frac{2x-2y}{5}i=4-4i$

복소수가 서로 같을 조건에 의하여

$\frac{x+y}{5}=4$, $-\frac{2x-2y}{5}=-4$

$\therefore x+y=20$, $x-y=10$

두 식을 연립하여 풀면

$x=15$, $y=5$

197 답 18

$(3+ai)(2-i)=13+bi$에서

$6-3i+2ai+a=13+bi$

$(a+6)+(2a-3)i=13+bi$

복소수가 서로 같을 조건에 의하여

$a+6=13$, $2a-3=b$ $\quad \therefore a=7$, $b=11$

$\therefore a+b=18$

198 답 24

$(4+xi)^2=\overline{y-16i}$에서

$16+8xi-x^2=y+16i$

$(16-x^2)+8xi=y+16i$

복소수가 서로 같을 조건에 의하여

$16-x^2=y$, $8x=16$ $\quad \therefore x=2$, $y=12$

$\therefore xy=24$

199 답 5

$(x+i)(y-i)=\frac{10}{3+i}$에서

$xy-xi+yi+1=\frac{10(3-i)}{(3+i)(3-i)}$

$(xy+1)-(x-y)i=\frac{10(3-i)}{9+1}$

$(xy+1)-(x-y)i=3-i$

복소수가 서로 같을 조건에 의하여

$xy+1=3$, $x-y=1$

$\therefore xy=2$, $x-y=1$

$\therefore x^2+y^2=(x-y)^2+2xy$

$=1^2+2\times 2=5$

200 답 4

$z=1+\sqrt{3}i$에서 $z-1=\sqrt{3}i$

양변을 제곱하면

$z^2-2z+1=-3$

$\therefore z^2-2z+4=0$

$\therefore 3z^2-6z+16=3(z^2-2z+4)+4$

$=4$

201 답 30

$x+y=(2-\sqrt{2}i)+(2+\sqrt{2}i)=4$

$xy=(2-\sqrt{2}i)(2+\sqrt{2}i)=4+2=6$

$\therefore x^2y+xy^2+xy=xy(x+y+1)$

$=6\times(4+1)=30$

202 답 10

$z=\frac{2+i}{1-i}=\frac{(2+i)(1+i)}{(1-i)(1+i)}$

$=\frac{2+2i+i-1}{1+1}=\frac{1+3i}{2}$

즉, $2z-1=3i$이므로 양변을 제곱하면

$4z^2-4z+1=-9$ $\quad \therefore 2z^2-2z+5=0$

$\therefore 4z^3-6z^2+12z+5$

$=2z(2z^2-2z+5)-2z^2+2z+5$

$=-2z^2+2z+5$

$=-(2z^2-2z+5)+10$

$=10$

203 답 $\frac{1}{2}$

$x+y=\left(\frac{1+i}{2i}\right)+\left(\frac{1-i}{2i}\right)=\frac{2}{2i}=-i$

$xy=\left(\frac{1+i}{2i}\right)\left(\frac{1-i}{2i}\right)=\frac{2}{-4}=-\frac{1}{2}$

$\therefore x^2-xy+y^2=(x+y)^2-3xy$

$=(-i)^2-3\times\left(-\frac{1}{2}\right)=\frac{1}{2}$

204 답 8

$$\alpha\bar{\alpha}-\alpha\bar{\beta}-\bar{\alpha}\beta+\beta\bar{\beta}=\alpha(\bar{\alpha}-\bar{\beta})-\beta(\bar{\alpha}-\bar{\beta})$$
$$=(\alpha-\beta)(\bar{\alpha}-\bar{\beta})$$
$$=(\alpha-\beta)(\overline{\alpha-\beta})$$

이때 $\alpha-\beta=(-1+4i)-(1+2i)=-2+2i$이므로

$$\alpha\bar{\alpha}-\alpha\bar{\beta}-\bar{\alpha}\beta+\beta\bar{\beta}=(\alpha-\beta)(\overline{\alpha-\beta})$$
$$=(-2+2i)(-2-2i)$$
$$=4+4=8$$

205 답 $3-2i$

$z=a+bi$ (a, b는 실수)라 하면 $\bar{z}=a-bi$

이를 $\frac{z}{i}+3i\bar{z}=-8+6i$에 대입하면

$$\frac{a+bi}{i}+3i(a-bi)=-8+6i$$
$$\frac{i(a+bi)}{i\times i}+3ai+3b=-8+6i$$
$$\frac{ai-b}{-1}+3ai+3b=-8+6i$$
$$4b+2ai=-8+6i$$

복소수가 서로 같을 조건에 의하여

$4b=-8$, $2a=6$

$\therefore a=3$, $b=-2$

따라서 구하는 복소수 z는 $3-2i$이다.

206 답 $11-3i$

$\bar{\alpha}+\bar{\beta}=3+i$에서 $\overline{\alpha+\beta}=3+i$

$\therefore \alpha+\beta=\overline{(\overline{\alpha+\beta})}=3-i$

$\bar{\alpha}\times\bar{\beta}=1+i$에서 $\overline{\alpha\beta}=1+i$

$\therefore \alpha\beta=\overline{(\overline{\alpha\beta})}=1-i$

$$\therefore (\alpha+2)(\beta+2)=\alpha\beta+2(\alpha+\beta)+4$$
$$=(1-i)+2(3-i)+4$$
$$=11-3i$$

207 답 $-2-3i$, $-2+3i$

$z=a+bi$ (a, b는 실수)라 하면 $\bar{z}=a-bi$

$z+\bar{z}=-4$에서 $a+bi+a-bi=-4$

$2a=-4$ $\quad\therefore a=-2$

$z\bar{z}=13$에서 $(a+bi)(a-bi)=13$

$a^2+b^2=13$

$a=-2$를 대입하면 $b^2=9$

$\therefore b=-3$ 또는 $b=3$

따라서 구하는 복소수 z는 $-2-3i$, $-2+3i$이다.

개념 확인 105쪽

208 답 (1) $-i$ (2) $-i$ (3) 1

(1) $i^{15}=(i^4)^3\times i^3=-i$

(2) $(-i)^{101}=(-1)^{101}\times(i^4)^{25}\times i$
$=-i$

(3) $i^{200}=(i^4)^{50}=1^{50}=1$

209 답 (1) ±2 (2) $\pm\sqrt{7}i$ (3) $\pm\frac{1}{4}i$

210 답 (1) $\sqrt{21}i$ (2) $-2\sqrt{2}$ (3) $-\sqrt{5}i$

(1) $\sqrt{3}\sqrt{-7}=\sqrt{3\times(-7)}=\sqrt{-21}=\sqrt{21}i$

(2) $\sqrt{-2}\sqrt{-4}=-\sqrt{(-2)\times(-4)}$
$=-\sqrt{8}=-2\sqrt{2}$

(3) $\frac{\sqrt{20}}{\sqrt{-4}}=-\sqrt{\frac{20}{-4}}=-\sqrt{-5}=-\sqrt{5}i$

유제 107~113쪽

211 답 (1) $i+1$ (2) 1 (3) 0

(1) $i^{45}+i^{60}=(i^4)^{11}\times i+(i^4)^{15}$
$=i+1$

(2) $i+i^2+i^3+i^4=i-1-i+1=0$이므로

$$1+i+i^2+i^3+\cdots+i^{2048}$$
$$=1+(i+i^2+i^3+i^4)+i^4(i+i^2+i^3+i^4)+\cdots+i^{2044}(i+i^2+i^3+i^4)$$
$$=1+0+0+\cdots+0=1$$

(3) $\frac{1}{i}+\frac{1}{i^2}+\frac{1}{i^3}+\frac{1}{i^4}=\frac{1}{i}-1-\frac{1}{i}+1=0$이므로

$$\frac{1}{i}+\frac{1}{i^2}+\frac{1}{i^3}+\cdots+\frac{1}{i^{500}}$$
$$=\left(\frac{1}{i}+\frac{1}{i^2}+\frac{1}{i^3}+\frac{1}{i^4}\right)+\frac{1}{i^4}\left(\frac{1}{i}+\frac{1}{i^2}+\frac{1}{i^3}+\frac{1}{i^4}\right)+\cdots+\frac{1}{i^{496}}\left(\frac{1}{i}+\frac{1}{i^2}+\frac{1}{i^3}+\frac{1}{i^4}\right)$$
$$=0$$

212 답 $6-6i$

$$i+2i^2+3i^3+\cdots+12i^{12}$$
$$=(i+2i^2+3i^3+4i^4)+i^4(5i+6i^2+7i^3+8i^4)+i^8(9i+10i^2+11i^3+12i^4)$$
$$=(i-2-3i+4)+(5i-6-7i+8)+(9i-10-11i+12)$$
$$=(2-2i)+(2-2i)+(2-2i)$$
$$=6-6i$$

213 답 40

$\frac{2}{i}+\frac{4}{i^2}+\frac{6}{i^3}+\cdots+\frac{40}{i^{20}}$

$=\left(\frac{2}{i}+\frac{4}{i^2}+\frac{6}{i^3}+\frac{8}{i^4}\right)+\frac{1}{i^4}\left(\frac{10}{i}+\frac{12}{i^2}+\frac{14}{i^3}+\frac{16}{i^4}\right)$

$+\cdots+\frac{1}{i^{16}}\left(\frac{34}{i}+\frac{36}{i^2}+\frac{38}{i^3}+\frac{40}{i^4}\right)$

$=(-2i-4+6i+8)+(-10i-12+14i+16)$

$+\cdots+(-34i-36+38i+40)$

$=(4+4i)+(4+4i)+\cdots+(4+4i)$

$=5\times(4+4i)$

$=20+20i$

따라서 $a=20$, $b=20$이므로

$a+b=40$

214 답 −2

$i+i^2+i^3+i^4=i-1-i+1=0$,

$\frac{1}{i}+\frac{1}{i^2}+\frac{1}{i^3}+\frac{1}{i^4}=\frac{1}{i}-1-\frac{1}{i}+1=0$이므로

$\left(i+\frac{1}{i}\right)+\left(i^2+\frac{1}{i^2}\right)+\left(i^3+\frac{1}{i^3}\right)+\cdots+\left(i^{50}+\frac{1}{i^{50}}\right)$

$=(i+i^2+i^3+\cdots+i^{50})+\left(\frac{1}{i}+\frac{1}{i^2}+\frac{1}{i^3}+\cdots+\frac{1}{i^{50}}\right)$

$=(i+i^2+i^3+i^4)+i^4(i+i^2+i^3+i^4)$

$+\cdots+i^{44}(i+i^2+i^3+i^4)+i^{48}(i+i^2)$

$+\left(\frac{1}{i}+\frac{1}{i^2}+\frac{1}{i^3}+\frac{1}{i^4}\right)+\frac{1}{i^4}\left(\frac{1}{i}+\frac{1}{i^2}+\frac{1}{i^3}+\frac{1}{i^4}\right)$

$+\cdots+\frac{1}{i^{44}}\left(\frac{1}{i}+\frac{1}{i^2}+\frac{1}{i^3}+\frac{1}{i^4}\right)+\frac{1}{i^{48}}\left(\frac{1}{i}+\frac{1}{i^2}\right)$

$=i+i^2+\frac{1}{i}+\frac{1}{i^2}$

$=i-1-i-1$

$=-2$

215 답 (1) $-i$ (2) -1024

(1) $\frac{1+i}{1-i}=\frac{(1+i)^2}{(1-i)(1+i)}=\frac{1+2i-1}{1+1}=i$이므로

$\left(\frac{1+i}{1-i}\right)^{135}=i^{135}=(i^4)^{33}\times i^3=-i$

(2) $(1-i)^2=1-2i-1=-2i$이므로

$(1-i)^{20}=\{(1-i)^2\}^{10}=(-2i)^{10}$

$=(-2)^{10}\times i^{10}$

$=1024\times(i^4)^2\times i^2$

$=-1024$

216 답 $-64+128i$

$\left(\frac{1+i}{i}\right)^2=\frac{1+2i-1}{-1}=-2i$,

$\left(\frac{1-i}{i}\right)^2=\frac{1-2i-1}{-1}=2i$이므로

$\left(\frac{1+i}{i}\right)^{12}-\left(\frac{1-i}{i}\right)^{14}=\left\{\left(\frac{1+i}{i}\right)^2\right\}^6-\left\{\left(\frac{1-i}{i}\right)^2\right\}^7$

$=(-2i)^6-(2i)^7$

$=(-2)^6\times i^6-2^7\times i^7$

$=64\times i^4\times i^2-128\times i^4\times i^3$

$=-64+128i$

217 답 −2

$\left(\frac{\sqrt{2}}{1+i}\right)^2=\frac{2}{1+2i-1}=\frac{1}{i}=-i$,

$\left(\frac{\sqrt{2}}{1-i}\right)^2=\frac{2}{1-2i-1}=-\frac{1}{i}=i$이므로

$\left(\frac{\sqrt{2}}{1+i}\right)^{4n}+\left(\frac{\sqrt{2}}{1-i}\right)^{4n}=\left\{\left(\frac{\sqrt{2}}{1+i}\right)^2\right\}^{2n}+\left\{\left(\frac{\sqrt{2}}{1-i}\right)^2\right\}^{2n}$

$=(-i)^{2n}+i^{2n}$

$=\{(-i)^2\}^n+(i^2)^n$

$=(-1)^n+(-1)^n$

$=-1-1$ ($\because$ n은 홀수)

$=-2$

218 답 8

$z^2=\left(\frac{1-i}{\sqrt{2}i}\right)^2=\frac{1-2i-1}{-2}=i$이므로

$z^4=(z^2)^2=i^2=-1$, $z^8=(z^4)^2=(-1)^2=1$, ...

따라서 $z^n=1$을 만족시키는 자연수 n의 최솟값은 8이다.

219 답 (1) $-18+14i$ (2) $3i$

(1) $\sqrt{-6}\sqrt{6}+\sqrt{9}\sqrt{-18}\sqrt{-2}+\sqrt{-64}$

$=\sqrt{-36}+3\times(-\sqrt{36})+8i$

$=6i+3\times(-6)+8i=-18+14i$

(2) $\frac{\sqrt{27}}{\sqrt{-3}}+\sqrt{-16}+\frac{\sqrt{-28}}{\sqrt{7}}$

$=-\sqrt{\frac{27}{-3}}+4i+\sqrt{\frac{-28}{7}}$

$=-\sqrt{-9}+4i+\sqrt{-4}=-3i+4i+2i=3i$

| 참고 | $\sqrt{9}\sqrt{-18}\sqrt{-2}=\sqrt{9}\times(\sqrt{-18}\times\sqrt{-2})$

$=3\times(-\sqrt{36})=3\times(-6)=-18$

$\sqrt{9}\sqrt{-18}\sqrt{-2}=(\sqrt{9}\times\sqrt{-18})\times\sqrt{-2}=\sqrt{-162}\times\sqrt{-2}$

$=-\sqrt{324}=-18$

위와 같이 곱셈에 대한 결합법칙이 성립한다.

| 다른 풀이 |

(1) $\sqrt{-6}\sqrt{6}+\sqrt{9}\sqrt{-18}\sqrt{-2}+\sqrt{-64}$
$=\sqrt{6}i\times\sqrt{6}+\sqrt{9}\times\sqrt{18}i\times\sqrt{2}i+\sqrt{64}i$
$=6i-18+8i=-18+14i$

(2) $\frac{\sqrt{27}}{\sqrt{-3}}+\sqrt{-16}+\frac{\sqrt{-28}}{\sqrt{7}}=\frac{\sqrt{27}}{\sqrt{3}i}+4i+\frac{\sqrt{28}i}{\sqrt{7}}$
$=-3i+4i+2i=3i$

220 답 -3

$\sqrt{-2}\times\left(\sqrt{-32}-\frac{\sqrt{-25}}{\sqrt{2}}\right)$
$=\sqrt{-2}\times\sqrt{-32}-\sqrt{-2}\times\frac{\sqrt{-25}}{\sqrt{2}}$
$=-\sqrt{64}-\sqrt{-2}\times\sqrt{-\frac{25}{2}}$
$=-8+\sqrt{25}=-8+5=-3$

| 다른 풀이 |

$\sqrt{-2}\times\left(\sqrt{-32}-\frac{\sqrt{-25}}{\sqrt{2}}\right)=\sqrt{2}i\left(4\sqrt{2}i-\frac{5i}{\sqrt{2}}\right)$
$=\sqrt{2}i\left(4\sqrt{2}i-\frac{5\sqrt{2}}{2}i\right)$
$=\sqrt{2}i\times\frac{3\sqrt{2}}{2}i$
$=3i^2=-3$

221 답 $a=-1$, $b=2\sqrt{2}$

$\sqrt{-2}\sqrt{-8}+\sqrt{(-3)^2}+\frac{\sqrt{-4}\sqrt{-6}}{\sqrt{-3}}$
$=-\sqrt{16}+3-\frac{\sqrt{24}}{\sqrt{-3}}$
$=-4+3+\sqrt{-8}=-1+2\sqrt{2}i$
따라서 $-1+2\sqrt{2}i=a+bi$이므로 복소수가 서로 같을 조건에 의하여
$a=-1$, $b=2\sqrt{2}$

222 답 $-3+2i$

$(1+3i)x+(1-i)y=-4$에서
$(x+y)+(3x-y)i=-4$
복소수가 서로 같을 조건에 의하여
$x+y=-4$, $3x-y=0$
두 식을 연립하여 풀면 $x=-1$, $y=-3$
$\therefore \sqrt{x}\sqrt{3y}-\frac{\sqrt{-12x}}{\sqrt{y}}=\sqrt{-1}\sqrt{-9}-\frac{\sqrt{12}}{\sqrt{-3}}$
$=-\sqrt{9}+\sqrt{-4}=-3+2i$

223 답 $2a-2b$

$\sqrt{a}\sqrt{b}=-\sqrt{ab}$에서 $a<0$, $b<0$
$\therefore \sqrt{a^2}=|a|=-a$, $|b|=-b$
$a<0$, $b<0$이면 $a+b<0$이므로
$\sqrt{(a+b)^2}=|a+b|=-(a+b)$
$\therefore \sqrt{(a+b)^2}-3\sqrt{a^2}+|b|$
$=-(a+b)-3(-a)-b$
$=-a-b+3a-b$
$=2a-2b$

224 답 $-2b+1$

$\frac{\sqrt{a}}{\sqrt{b}}=-\sqrt{\frac{a}{b}}$에서 $a>0$, $b<0$
$a>0$, $b<0$이면 $a-b>0$이므로
$\sqrt{(a-b)^2}=|a-b|=a-b$
또 $b-2<0$, $a+1>0$이므로
$|b-2|=-(b-2)$
$\sqrt{(a+1)^2}=|a+1|=a+1$
$\therefore \sqrt{(a-b)^2}+|b-2|-\sqrt{(a+1)^2}$
$=a-b-(b-2)-(a+1)$
$=-2b+1$

225 답 10

$\sqrt{-3}\sqrt{2a-9}=-\sqrt{27-6a}$에서
$2a-9\le0$ $\quad\therefore a\le\frac{9}{2}$
따라서 자연수 a는 1, 2, 3, 4이므로 구하는 합은
$1+2+3+4=10$

226 답 $a+b+2$

$\frac{\sqrt{b-1}}{\sqrt{3-a}}=-\sqrt{\frac{b-1}{3-a}}$에서 $b-1>0$, $3-a<0$
즉, $1-a=(3-a)-2<0$이므로
$\sqrt{(1-a)^2}=|1-a|=-(1-a)$
또 $b+3=(b-1)+4>0$이므로
$|b+3|=b+3$
$\therefore \sqrt{(1-a)^2}+|b+3|=-(1-a)+b+3=a+b+2$

연습문제

114~116쪽

227 답 ④

④ $3+2i$의 허수부분은 2이다.
따라서 옳지 않은 것은 ④이다.

228 답 ⑤

$\bar{z}=2-i$이므로

$z+i\bar{z}=2+i+i(2-i)$

$=2+i+2i+1$

$=3+3i$

229 답 4

$z=(1-i)(1+i)x^2+(2i-8)x+4i-24$

$=2x^2+2xi-8x+4i-24$

$=(2x^2-8x-24)+(2x+4)i$

z가 실수이면 $2x+4=0$

$2x=-4\quad\therefore x=-2\quad\therefore a=-2$

z가 순허수이면

$2x^2-8x-24=0,\ 2x+4\neq0$

$2x^2-8x-24=0$에서 $2(x+2)(x-6)=0$

$\therefore x=-2$ 또는 $x=6\quad\cdots\cdots$ ㉠

$2x+4\neq0$에서 $x\neq-2\quad\cdots\cdots$ ㉡

㉠, ㉡에서 $x=6\quad\therefore b=6$

$\therefore a+b=(-2)+6=4$

230 답 $\frac{3}{4}$

$\frac{2x}{1-i}-4y=\frac{5}{2+i}$에서

$\frac{2x(1+i)}{(1-i)(1+i)}-4y=\frac{5(2-i)}{(2+i)(2-i)}$

$x(1+i)-4y=2-i$

$\therefore (x-4y)+xi=2-i$

복소수가 서로 같을 조건에 의하여

$x-4y=2,\ x=-1\quad\therefore y=-\frac{3}{4}$

$\therefore xy=\frac{3}{4}$

231 답 10

$\overline{\alpha+\beta}=3+i$에서 $\alpha+\beta=\overline{(\overline{\alpha+\beta})}=3-i$

$\therefore \alpha\bar{\alpha}+\bar{\alpha}\beta+\alpha\bar{\beta}+\beta\bar{\beta}=\alpha(\bar{\alpha}+\bar{\beta})+\beta(\bar{\alpha}+\bar{\beta})$

$=(\alpha+\beta)(\bar{\alpha}+\bar{\beta})$

$=(\alpha+\beta)(\overline{\alpha+\beta})$

$=(3-i)(3+i)$

$=10$

232 답 12

$i+2i^2+3i^3+4i^4+5i^5=a+bi$에서

$i-2-3i+4+5i^4\times i=a+bi$

$-2i+2+5i=a+bi\quad\therefore 2+3i=a+bi$

복소수가 서로 같을 조건에 의하여

$a=2,\ b=3$

$\therefore 3a+2b=3\times2+2\times3=12$

233 답 ①

$(1-i)^2=1-2i-1=-2i,$

$(1+i)^2=1+2i-1=2i$이므로

$(1-i)^{60}+(1+i)^{60}=\{(1-i)^2\}^{30}+\{(1+i)^2\}^{30}$

$=(-2i)^{30}+(2i)^{30}$

$=(-2)^{30}\times i^{30}+2^{30}\times i^{30}$

$=2^{30}\times(i^4)^7\times i^2+2^{30}\times(i^4)^7\times i^2$

$=-2^{30}-2^{30}=-2\times2^{30}$

$=-2^{31}$

234 답 ㄱ, ㄷ

ㄴ. $\sqrt{-2}\sqrt{3}=\sqrt{(-2)\times3}=\sqrt{-6}=\sqrt{6}i$

ㄹ. $\frac{\sqrt{(-3)^2}}{\sqrt{-2}}=\frac{\sqrt{9}}{\sqrt{-2}}=-\sqrt{-\frac{9}{2}}=-\frac{3\sqrt{2}}{2}i$

따라서 보기에서 옳은 것은 ㄱ, ㄷ이다.

235 답 ④

$\frac{\sqrt{a}}{\sqrt{b}}=-\sqrt{\frac{a}{b}}$에서 $a>0,\ b<0$

① $ab<0$이므로 $|ab|=-ab$

② $\sqrt{a^2}=|a|=a$

③ $\frac{\sqrt{b}}{\sqrt{a}}=\sqrt{\frac{b}{a}}$

⑤ $-a<0,\ -b>0$이므로 $\sqrt{-a}\sqrt{-b}=\sqrt{ab}$

따라서 옳은 것은 ④이다.

236 답 $-6i$

$z=(1+i)x^2+(1-i)x-(2+6i)$

$=(x^2+x-2)+(x^2-x-6)i$ ▸▸▸▸▸▸ ❶

z^2이 음의 실수이려면 z가 순허수이어야 하므로

$x^2+x-2=0,\ x^2-x-6\neq0$

$x^2+x-2=0$에서 $(x+2)(x-1)=0$

$\therefore x=-2$ 또는 $x=1\quad\cdots\cdots$ ㉠

$x^2-x-6\neq0$에서 $(x+2)(x-3)\neq0$

$\therefore x\neq-2,\ x\neq3\quad\cdots\cdots$ ㉡

㉠, ㉡에서 $x=1$ ▸▸▸▸▸▸ ❷

$\therefore z=-6i$

$\therefore xz=-6i$ ▸▸▸▸▸▸ ❸

단계	채점 기준	비율
❶	z를 $a+bi$ 꼴로 나타내기	20%
❷	x의 값 구하기	60%
❸	z의 값과 xz의 값 구하기	20%

237 답 13

$$z=\frac{1-\sqrt{2}i}{1+\sqrt{2}i}=\frac{(1-\sqrt{2}i)^2}{(1+\sqrt{2}i)(1-\sqrt{2}i)}$$
$$=\frac{1-2\sqrt{2}i-2}{3}=\frac{-1-2\sqrt{2}i}{3}$$

즉, $3z+1=-2\sqrt{2}i$이므로 양변을 제곱하면

$9z^2+6z+1=-8 \qquad \therefore 3z^2+2z+3=0$

$\therefore 6z^3+z^2+4z+10$
$=2z(3z^2+2z+3)-3z^2-2z+10$
$=-3z^2-2z+10$
$=-(3z^2+2z+3)+13=13$

238 답 $2-4i$

$\overline{z}^2=-1+4i$에서 $\overline{z^2}=-1+4i$

$\therefore z^2=-1-4i$

즉, $z^2+1=-4i$이므로 양변을 제곱하면

$z^4+2z^2+1=-16 \qquad \therefore z^4+2z^2+17=0$

$\therefore z^4+3z^2+20=(z^4+2z^2+17)+z^2+3$
$=z^2+3=-1-4i+3=2-4i$

239 답 -2

$$x+y=\frac{1}{1+i}+\frac{1}{1-i}$$
$$=\frac{1-i+1+i}{(1+i)(1-i)}=\frac{2}{2}=1$$
$$xy=\left(\frac{1}{1+i}\right)\left(\frac{1}{1-i}\right)=\frac{1}{(1+i)(1-i)}=\frac{1}{2}$$
$$\therefore \frac{y}{x^2}+\frac{x}{y^2}=\frac{x^3+y^3}{x^2y^2}=\frac{(x+y)^3-3xy(x+y)}{(xy)^2}$$
$$=\frac{1^3-3\times\frac{1}{2}\times 1}{\left(\frac{1}{2}\right)^2}=-2$$

240 답 $-2i$

$\alpha\overline{\alpha}=1$, $\beta\overline{\beta}=1$에서 $\overline{\alpha}=\frac{1}{\alpha}$, $\overline{\beta}=\frac{1}{\beta}$

$$\therefore \frac{2}{\alpha}+\frac{2}{\beta}=2\overline{\alpha}+2\overline{\beta}=2(\overline{\alpha}+\overline{\beta})$$
$$=2(\overline{\alpha+\beta})=2\times(-i)\ (\because \alpha+\beta=i)$$
$$=-2i$$

| 다른 풀이 |

$\alpha=a+bi$, $\beta=c+di$ (a, b, c, d는 실수)라 하면

$\alpha\overline{\alpha}=1$, $\beta\overline{\beta}=1$에서

$(a+bi)(a-bi)=1$, $(c+di)(c-di)=1$

$\therefore a^2+b^2=1$, $c^2+d^2=1 \qquad \cdots\cdots ㉠$

$\alpha+\beta=i$에서 $(a+bi)+(c+di)=i$

$(a+c)+(b+d)i=i$

복소수가 서로 같을 조건에 의하여

$a+c=0$, $b+d=1 \qquad \cdots\cdots ㉡$

$$\therefore \frac{2}{\alpha}+\frac{2}{\beta}=\frac{2}{a+bi}+\frac{2}{c+di}$$
$$=\frac{2(a-bi)}{(a+bi)(a-bi)}+\frac{2(c-di)}{(c+di)(c-di)}$$
$$=\frac{2a-2bi}{a^2+b^2}+\frac{2c-2di}{c^2+d^2}$$
$$=2(a+c)-2(b+d)i\ (\because ㉠)$$
$$=-2i\ (\because ㉡)$$

241 답 ⑤

$z=1+ai$ (a는 실수)라 하면 $\overline{z}=1-ai$

$\frac{z}{2+i}+\frac{\overline{z}}{2-i}=2$에서 $\frac{1+ai}{2+i}+\frac{1-ai}{2-i}=2$

$$\frac{(1+ai)(2-i)+(1-ai)(2+i)}{(2+i)(2-i)}=2$$

$\frac{2a+4}{5}=2$, $2a+4=10 \qquad \therefore a=3$

따라서 $z=1+3i$이므로

$z\overline{z}=(1+3i)(1-3i)=10$

242 답 ⑤

$z=a+bi$ (a, b는 실수)라 하면 $\overline{z}=a-bi$

ㄱ. $z\overline{z}=(a+bi)(a-bi)=a^2+b^2$이므로
$z\overline{z}$는 실수이다.

ㄴ. $$\frac{1}{z}+\frac{1}{\overline{z}}=\frac{1}{a+bi}+\frac{1}{a-bi}$$
$$=\frac{(a-bi)+(a+bi)}{(a+bi)(a-bi)}=\frac{2a}{a^2+b^2}$$
이므로 $\frac{1}{z}+\frac{1}{\overline{z}}$은 실수이다.

ㄷ. $z=-\overline{z}$에서 $a+bi=-a+bi \qquad \therefore a=0$
이때 z는 0이 아닌 복소수이므로 $b\neq 0$
즉, z는 순허수이다.

따라서 보기에서 옳은 것은 ㄱ, ㄴ, ㄷ이다.

243 답 10

$\sqrt{x}\sqrt{y}=-\sqrt{xy}$에서 $x<0$, $y<0$ ······ ㉠

$x(x-2)+y(y+3)i=8+10i$에서

$(x^2-2x)+(y^2+3y)i=8+10i$

복소수가 서로 같을 조건에 의하여

$x^2-2x=8$, $y^2+3y=10$

$\therefore$ $x^2-2x-8=0$, $y^2+3y-10=0$

$x^2-2x-8=0$에서

$(x+2)(x-4)=0$

$\therefore$ $x=-2$ ($\because$ ㉠)

$y^2+3y-10=0$에서

$(y+5)(y-2)=0$

$\therefore$ $y=-5$ ($\because$ ㉠)

$\therefore$ $xy=10$

244 답 ①

| 접근 방법 | 복소수 z^2+2z가 실수이면 (허수부분)$=0$임을 이용한다.

$z=a+bi$ (a, b는 실수)라 하면

$z^2+2z=(a+bi)^2+2(a+bi)$

$=a^2+2abi-b^2+2a+2bi$

$=(a^2-b^2+2a)+(2ab+2b)i$

z^2+2z가 실수이므로

$2ab+2b=0$, $2b(a+1)=0$

$\therefore$ $a=-1$ 또는 $b=0$

$\therefore$ $z=-1+bi$ ($b\neq0$) 또는 $z=a$

ㄱ. z^2+2z가 실수이므로

$z^2+2z=\overline{z^2+2z}$

ㄴ. $z=-1+bi$일 때,

$z+\overline{z}=(-1+bi)+(-1-bi)=-2$

$z=a$일 때, $z+\overline{z}=a+a=2a$

즉, $z+\overline{z}=-2$는 $a=-1$일 때만 성립한다.

ㄷ. $z=-1+bi$일 때,

$z\overline{z}=(-1+bi)(-1-bi)$

$=1+b^2>1$ ($\because$ $b^2>0$)

$z=a$일 때, $z\overline{z}=a^2$

그런데 $-1\le a\le1$이면 $z\overline{z}>1$은 성립하지 않는다.

따라서 보기에서 옳은 것은 ㄱ이다.

245 답 12

| 접근 방법 | i^n의 규칙성을 이용하여 주어진 식의 값의 규칙성을 파악한다.

음이 아닌 정수 k에 대하여

$$i^n=\begin{cases} i & (n=4k+1) \\ -1 & (n=4k+2) \\ -i & (n=4k+3) \\ 1 & (n=4k+4) \end{cases}$$

이므로

$\frac{1}{i}-\frac{1}{i^2}+\frac{1}{i^3}-\frac{1}{i^4}+\cdots+\frac{(-1)^{n+1}}{i^n}$

$=-i+1+i-1+\cdots+\frac{(-1)^{n+1}}{i^n}$

$$=\begin{cases} -i & (n=4k+1) \\ -i+1 & (n=4k+2) \\ 1 & (n=4k+3) \\ 0 & (n=4k+4) \end{cases}$$

즉, 주어진 등식을 만족시키는 n의 값은 $n=4k+3$ 꼴이다.

따라서 50 이하의 자연수 n은 3, 7, 11, ..., 47의 12개이다.

246 답 -1

| 접근 방법 | z^n의 규칙성을 파악하여 $z+z^2+z^3+\cdots+z^{39}$을 간단히 한다.

$z^2=\left(\frac{1-i}{\sqrt{2}}\right)^2=\frac{1-2i-1}{2}=-i$이므로

$z^3=z^2\times z=-i\times\frac{1-i}{\sqrt{2}}=\frac{-i-1}{\sqrt{2}}$

$z^4=(z^2)^2=(-i)^2=-1$

$z^5=z^4\times z=(-1)\times\frac{1-i}{\sqrt{2}}=\frac{-1+i}{\sqrt{2}}$

$z^6=z^4\times z^2=(-1)\times(-i)=i$

$z^7=z^4\times z^3=(-1)\times\left(\frac{-i-1}{\sqrt{2}}\right)=\frac{i+1}{\sqrt{2}}$

$z^8=(z^4)^2=(-1)^2=1$

$\therefore$ $z+z^2+z^3+\cdots+z^8$

$=z+z^2+z^3+z^4+z^4(z+z^2+z^3+z^4)$

$=z+z^2+z^3+z^4-(z+z^2+z^3+z^4)$ ($\because$ $z^4=-1$)

$=0$

$\therefore$ $z+z^2+z^3+\cdots+z^{39}$

$=(z+z^2+z^3+\cdots+z^8)+z^8(z+z^2+z^3+\cdots+z^8)$

$+\cdots+z^{32}(z+z^2+z^3+\cdots+z^7+z^8)-z^{32}\times z^8$

$=-1$

01 이차방정식의 판별식

개념 확인 121쪽

247 답 (1) $x=\pm 4i$, 허근 (2) $x=\pm 2\sqrt{6}$, 실근
(3) $x=1$(중근), 실근 (4) $x=\pm\sqrt{3}i$, 허근

(1) $x^2+16=0$에서 $x^2=-16$
$\therefore x=\pm\sqrt{-16}=\pm 4i$
따라서 주어진 이차방정식의 근은 허근이다.

(2) $x^2-24=0$에서 $x^2=24$
$\therefore x=\pm\sqrt{24}=\pm 2\sqrt{6}$
따라서 주어진 이차방정식의 근은 실근이다.

(3) $(x-1)^2=0$에서
$x=1$ (중근)
따라서 주어진 이차방정식의 근은 실근이다.

(4) $2x^2+6=0$에서 $x^2=-3$
$\therefore x=\pm\sqrt{3}i$
따라서 주어진 이차방정식의 근은 허근이다.

248 답 (1) $x=-5$ 또는 $x=0$
(2) $x=-3$ 또는 $x=4$
(3) $x=-8$ 또는 $x=4$
(4) $x=-2$ 또는 $x=6$
(5) $x=\frac{1}{2}$ 또는 $x=3$
(6) $x=-\frac{1}{2}$ (중근)

(1) $x^2+5x=0$에서 $x(x+5)=0$
$\therefore x=-5$ 또는 $x=0$

(2) $x^2-x-12=0$에서 $(x+3)(x-4)=0$
$\therefore x=-3$ 또는 $x=4$

(3) $x^2+4x-32=0$에서 $(x+8)(x-4)=0$
$\therefore x=-8$ 또는 $x=4$

(4) $\frac{1}{2}x^2-2x-6=0$의 양변에 2를 곱하면
$x^2-4x-12=0$
$(x+2)(x-6)=0$
$\therefore x=-2$ 또는 $x=6$

(5) $2x^2-7x+3=0$에서 $(2x-1)(x-3)=0$
$\therefore x=\frac{1}{2}$ 또는 $x=3$

(6) $4x^2+4x+1=0$에서 $(2x+1)^2=0$
$\therefore x=-\frac{1}{2}$ (중근)

249 답 (1) $x=\frac{1\pm\sqrt{13}}{2}$ (2) $x=-1\pm 2i$
(3) $x=4\pm 2\sqrt{3}$ (4) $x=\frac{5\pm\sqrt{17}}{4}$
(5) $x=\frac{-3\pm\sqrt{15}}{3}$
(6) $x=\frac{-\sqrt{2}\pm 3\sqrt{2}i}{4}$

(1) $x^2-x-3=0$에서
$x=\frac{-(-1)\pm\sqrt{(-1)^2-4\times 1\times(-3)}}{2\times 1}$
$=\frac{1\pm\sqrt{13}}{2}$

(2) $x^2+2x+5=0$에서
$x=-1\pm\sqrt{1^2-1\times 5}=-1\pm 2i$

(3) $x^2-8x+4=0$에서
$x=-(-4)\pm\sqrt{(-4)^2-1\times 4}=4\pm 2\sqrt{3}$

(4) $2x^2-5x+1=0$에서
$x=\frac{-(-5)\pm\sqrt{(-5)^2-4\times 2\times 1}}{2\times 2}=\frac{5\pm\sqrt{17}}{4}$

(5) $3x^2+6x-2=0$에서
$x=\frac{-3\pm\sqrt{3^2-3\times(-2)}}{3}=\frac{-3\pm\sqrt{15}}{3}$

(6) $4x^2+2\sqrt{2}x+5=0$에서
$x=\frac{-\sqrt{2}\pm\sqrt{(\sqrt{2})^2-4\times 5}}{4}=\frac{-\sqrt{2}\pm 3\sqrt{2}i}{4}$

유제 123~130쪽

250 답 (1) $x=\frac{-3\pm\sqrt{53}}{2}$
(2) $x=1$ 또는 $x=11$

(1) $3(x-1)(x+5)=x(x+6)+7$에서
$3x^2+12x-15=x^2+6x+7$
$2x^2+6x-22=0$, $x^2+3x-11=0$
$\therefore x=\frac{-3\pm\sqrt{3^2-4\times 1\times(-11)}}{2\times 1}$
$=\frac{-3\pm\sqrt{53}}{2}$

(2) 주어진 이차방정식의 양변에 24를 곱하면
$9x^2+3-12x=8x^2-8$
$x^2-12x+11=0$, $(x-1)(x-11)=0$
$\therefore x=1$ 또는 $x=11$

251 답 (1) $x=1$ 또는 $x=2\sqrt{2}-2$
(2) $x=-1$ 또는 $x=2-\sqrt{3}$

(1) 주어진 이차방정식의 양변에 $\sqrt{2}-1$을 곱하면

$(\sqrt{2}-1)(\sqrt{2}+1)x^2-(\sqrt{2}-1)(3+\sqrt{2})x+2(\sqrt{2}-1)=0$

$x^2-(2\sqrt{2}-1)x+(2\sqrt{2}-2)=0$

$(x-1)\{x-(2\sqrt{2}-2)\}=0$

$\therefore$ $x=1$ 또는 $x=2\sqrt{2}-2$

(2) 주어진 이차방정식의 양변에 $2-\sqrt{3}$을 곱하면

$(2-\sqrt{3})(2+\sqrt{3})x^2+(2-\sqrt{3})(1+\sqrt{3})x-(2-\sqrt{3})=0$

$x^2+(\sqrt{3}-1)x-(2-\sqrt{3})=0$

$(x+1)\{x-(2-\sqrt{3})\}=0$

$\therefore$ $x=-1$ 또는 $x=2-\sqrt{3}$

252 답 29

$4(x-5)=(3-x)^2$에서

$4x-20=x^2-6x+9$

$x^2-10x+29=0$

$\therefore x=-(-5)\pm\sqrt{(-5)^2-1\times29}=5\pm2i$

따라서 $a=5$, $b=-2$ 또는 $b=2$이므로

$a^2+b^2=25+4=29$

253 답 $\sqrt{3}-2$

주어진 이차방정식의 양변에 $\sqrt{3}+1$을 곱하면

$(\sqrt{3}+1)(\sqrt{3}-1)x^2+(\sqrt{3}+1)(3-\sqrt{3})x+(\sqrt{3}+1)(4-2\sqrt{3})=0$

$2x^2+2\sqrt{3}x+(2\sqrt{3}-2)=0$

$x^2+\sqrt{3}x+(\sqrt{3}-1)=0$

$(x+1)\{x+(\sqrt{3}-1)\}=0$

$\therefore$ $x=-1$ 또는 $x=-\sqrt{3}+1$

따라서 $\alpha=-1$, $\beta=-\sqrt{3}+1$이므로

$\alpha-\beta=-1-(-\sqrt{3}+1)=\sqrt{3}-2$

254 답 2, $\frac{1}{2}$

이차방정식 $2x^2-5x+k=0$의 한 근이 2이므로

$x=2$를 대입하면

$8-10+k=0 \quad \therefore k=2$

이를 주어진 이차방정식에 대입하면

$2x^2-5x+2=0$, $(2x-1)(x-2)=0$

$\therefore$ $x=\frac{1}{2}$ 또는 $x=2$

따라서 다른 한 근은 $\frac{1}{2}$이다.

255 답 -5, $-\frac{23}{6}$

$(k-1)x^2-(k^2+4)x+3k-8=0$이 x에 대한 이차방정식이므로

$k-1\neq0 \quad \therefore k\neq1$

이 이차방정식의 한 근이 -1이므로 $x=-1$을 대입하면

$k-1+k^2+4+3k-8=0$

$k^2+4k-5=0$, $(k+5)(k-1)=0$

$\therefore$ $k=-5$ 또는 $k=1$

그런데 $k\neq1$이므로

$k=-5$

이를 주어진 이차방정식에 대입하면

$-6x^2-29x-23=0$

$6x^2+29x+23=0$, $(6x+23)(x+1)=0$

$\therefore$ $x=-\frac{23}{6}$ 또는 $x=-1$

따라서 다른 한 근은 $-\frac{23}{6}$이다.

256 답 4

이차방정식 $x^2+ax-4=0$의 한 근이 -4이므로

$x=-4$를 대입하면

$16-4a-4=0 \quad \therefore a=3$

이를 주어진 이차방정식에 대입하면

$x^2+3x-4=0$, $(x+4)(x-1)=0$

$\therefore$ $x=-4$ 또는 $x=1$

따라서 $b=1$이므로

$a+b=3+1=4$

257 답 $x=-7$ 또는 $x=2$

이차방정식 $x^2-(k+3)x+3k=0$의 한 근이 5이므로 $x=5$를 대입하면

$25-5k-15+3k=0 \quad \therefore k=5$

이를 이차방정식 $x^2+kx-k^2+11=0$에 대입하면

$x^2+5x-14=0$, $(x+7)(x-2)=0$

$\therefore$ $x=-7$ 또는 $x=2$

258 답 (1) $x=1-2\sqrt{2}$ 또는 $x=-1+2\sqrt{2}$
(2) $x=-2$ 또는 $x=4$

(1) (i) $x<0$일 때,
$|x|=-x$이므로
$x^2-2x-7=0$
$\therefore x=1\pm2\sqrt{2}$
그런데 $x<0$이므로 $x=1-2\sqrt{2}$
(ii) $x\geq0$일 때,
$|x|=x$이므로
$x^2+2x-7=0$
$\therefore x=-1\pm2\sqrt{2}$
그런데 $x\geq0$이므로 $x=-1+2\sqrt{2}$
(i), (ii)에서 주어진 방정식의 해는
$x=1-2\sqrt{2}$ 또는 $x=-1+2\sqrt{2}$

(2) (i) $x<-2$일 때,
$|x+2|=-(x+2)$이므로
$x^2-x-2=3x+10$
$x^2-4x-12=0$, $(x+2)(x-6)=0$
$\therefore x=-2$ 또는 $x=6$
그런데 $x<-2$이므로 해는 없다.
(ii) $x\geq-2$일 때,
$|x+2|=x+2$이므로
$x^2+x+2=3x+10$
$x^2-2x-8=0$, $(x+2)(x-4)=0$
$\therefore x=-2$ 또는 $x=4$
그런데 $x\geq-2$이므로 $x=-2$ 또는 $x=4$
(i), (ii)에서 주어진 방정식의 해는
$x=-2$ 또는 $x=4$

| 다른 풀이 |
(1) $x^2=|x|^2$이므로 $x^2+2|x|-7=0$에서
$|x|^2+2|x|-7=0$
$\therefore |x|=-1\pm2\sqrt{2}$
그런데 $|x|\geq0$이므로 $|x|=-1+2\sqrt{2}$
$\therefore x=1-2\sqrt{2}$ 또는 $x=-1+2\sqrt{2}$

259 답 2

(i) $x<0$일 때,
$|2x|=-2x$이므로
$x^2-2x=3x+6$
$x^2-5x-6=0$, $(x+1)(x-6)=0$
$\therefore x=-1$ 또는 $x=6$
그런데 $x<0$이므로 $x=-1$
(ii) $x\geq0$일 때,
$|2x|=2x$이므로
$x^2+2x=3x+6$
$x^2-x-6=0$, $(x+2)(x-3)=0$
$\therefore x=-2$ 또는 $x=3$
그런데 $x\geq0$이므로 $x=3$
(i), (ii)에서 주어진 방정식의 해는
$x=-1$ 또는 $x=3$
따라서 모든 근의 합은 $-1+3=2$

260 답 -24

(i) $x<1$일 때,
$|x-1|=-(x-1)$이므로
$\{-(x-1)\}^2+4(x-1)-5=0$
$x^2-2x+1+4x-4-5=0$
$x^2+2x-8=0$, $(x+4)(x-2)=0$
$\therefore x=-4$ 또는 $x=2$
그런데 $x<1$이므로 $x=-4$
(ii) $x\geq1$일 때,
$|x-1|=x-1$이므로
$(x-1)^2-4(x-1)-5=0$
$x^2-2x+1-4x+4-5=0$
$x^2-6x=0$, $x(x-6)=0$
$\therefore x=0$ 또는 $x=6$
그런데 $x\geq1$이므로 $x=6$
(i), (ii)에서 주어진 방정식의 해는
$x=-4$ 또는 $x=6$
따라서 모든 근의 곱은 $-4\times6=-24$

261 답 -1

(i) $x<\frac{5}{3}$일 때,
$|3x-5|=-(3x-5)$이므로
$x^2+(3x-5)-5=0$
$x^2+3x-10=0$, $(x+5)(x-2)=0$
$\therefore x=-5$ 또는 $x=2$
그런데 $x<\frac{5}{3}$이므로 $x=-5$
(ii) $x\geq\frac{5}{3}$일 때,
$|3x-5|=3x-5$이므로
$x^2-(3x-5)-5=0$

$x^2-3x=0$, $x(x-3)=0$

$\therefore$ $x=0$ 또는 $x=3$

그런데 $x \geq \frac{5}{3}$이므로 $x=3$

(i), (ii)에서 주어진 방정식의 해는

$x=-5$ 또는 $x=3$

이때 $\alpha>\beta$에서 $\alpha=3$, $\beta=-5$이므로 이차방정식 $x^2+ax-20=0$의 한 근은 -5이다.

이 이차방정식에 $x=-5$를 대입하면

$25-5a-20=0$ $\therefore$ $a=1$

$\therefore$ $\alpha+\beta+a=3+(-5)+1=-1$

262 답 1 m

길의 폭을 x m라 하면 길을 제외한 땅의 넓이는 다음 그림에서 색칠한 부분의 넓이와 같다.

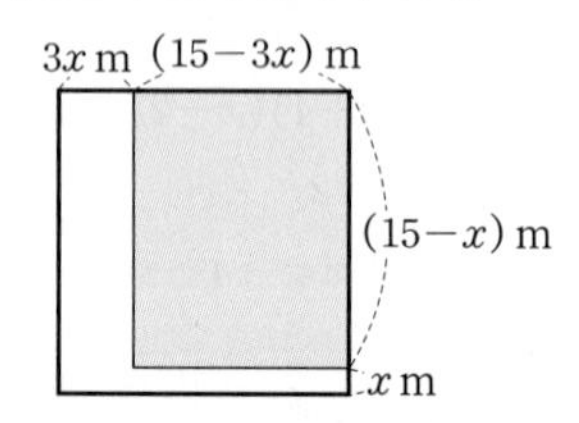

길을 제외한 땅의 넓이가 168 m^2이므로

$(15-3x)(15-x)=168$

$3x^2-60x+57=0$, $x^2-20x+19=0$

$(x-1)(x-19)=0$

$\therefore$ $x=1$ 또는 $x=19$

그런데 가로의 길이에서 $0<x<5$이므로

$x=1$ └ $3x>0$, $15-3x>0$이므로 $0<x<5$

따라서 길의 폭은 1 m이다.

263 답 4

가장 작은 자연수를 x라 하면 다른 두 자연수는 $x+1$, $x+2$이다.

가장 큰 수의 제곱이 다른 두 수의 곱의 3배보다 24가 작으므로

$(x+2)^2=3x(x+1)-24$

$x^2+4x+4=3x^2+3x-24$

$2x^2-x-28=0$, $(2x+7)(x-4)=0$

$\therefore$ $x=-\frac{7}{2}$ 또는 $x=4$

그런데 x는 자연수이므로

$x=4$

따라서 가장 작은 자연수는 4이다.

264 답 5초

t초 후의 삼각형의 밑변의 길이는 $10+2t$, 높이는 $10+t$이므로 삼각형의 넓이는

$\frac{1}{2}(10+2t)(10+t)=3\times\frac{1}{2}\times10\times10$

$t^2+15t+50=150$, $t^2+15t-100=0$

$(t+20)(t-5)=0$

$\therefore$ $t=-20$ 또는 $t=5$

그런데 $t>0$이므로 $t=5$

따라서 5초 후의 삼각형의 넓이가 처음 직각이등변삼각형의 넓이의 3배가 된다.

265 답 800

1인당 입장료에서 100원씩 인하하는 횟수를 x라 하면 1인당 입장료는 $(5000-100x)$원이고 하루 입장객은 $(600+20x)$명이다.

하루 입장료의 총수입이 3200000원이므로

$(5000-100x)(600+20x)=3200000$

$(50-x)(30+x)=1600$, $x^2-20x+100=0$

$(x-10)^2=0$ $\therefore$ $x=10$

따라서 $x=10$일 때 입장객의 수는

$600+20\times10=800$

266 답 (1) $x=\frac{\sqrt{3}}{3}$ 또는 $x=1$ (2) $2\leq x<4$

(1) (i) $0<x<1$일 때, $[x]=0$이므로

$3x^2-1=0$, $x^2=\frac{1}{3}$

$\therefore$ $x=-\frac{\sqrt{3}}{3}$ 또는 $x=\frac{\sqrt{3}}{3}$

그런데 $0<x<1$이므로 $x=\frac{\sqrt{3}}{3}$

(ii) $1\leq x<2$일 때, $[x]=1$이므로

$3x^2-1=2$, $x^2=1$

$\therefore$ $x=-1$ 또는 $x=1$

그런데 $1\leq x<2$이므로 $x=1$

(i), (ii)에서 주어진 방정식의 해는

$x=\frac{\sqrt{3}}{3}$ 또는 $x=1$

(2) $[x]^2-5[x]+6=0$에서 좌변의 $[x]$를 한 문자로 생각하여 인수분해하면

$([x]-2)([x]-3)=0$

$\therefore$ $[x]=2$ 또는 $[x]=3$ $\therefore$ $2\leq x<4$

개념 확인 133쪽

267 답 (1) 중근
(2) 서로 다른 두 실근
(3) 서로 다른 두 허근
(4) 중근
(5) 서로 다른 두 허근
(6) 서로 다른 두 실근

각 이차방정식의 판별식을 D라 하자.

(1) $\frac{D}{4}=(-\sqrt{3})^2-1\times3=0$이므로 중근을 갖는다.

(2) $D=(-5)^2-4\times1\times(-3)=37>0$이므로 서로 다른 두 실근을 갖는다.

(3) $\frac{D}{4}=1^2-(-1)\times(-7)=-6<0$이므로 서로 다른 두 허근을 갖는다.

(4) $\frac{D}{4}=2^2-\frac{1}{2}\times8=0$이므로 중근을 갖는다.

(5) $D=(-1)^2-4\times2\times1=-7<0$이므로 서로 다른 두 허근을 갖는다.

(6) $D=1^2-4\times3\times(-2)=25>0$이므로 서로 다른 두 실근을 갖는다.

268 답 ㄴ, ㄷ, ㄹ, ㅂ

각 이차방정식의 판별식을 D라 하면 $D\geq0$이어야 한다.

ㄱ. $D=3^2-4\times1\times6=-15<0$

ㄴ. $\frac{D}{4}=2^2-1\times(-5)=9>0$

ㄷ. $D=(-3)^2-4\times2\times(-1)=17>0$

ㄹ. $\frac{D}{4}=(-6)^2-4\times9=0$

ㅁ. $\frac{D}{4}=1^2-\left(-\frac{1}{3}\right)\times(-4)=-\frac{1}{3}<0$

ㅂ. $D=5^2-4\times\frac{3}{4}\times(-1)=28>0$

따라서 보기에서 실근을 갖는 이차방정식은 ㄴ, ㄷ, ㄹ, ㅂ이다.

269 답 (1) $k<14$ (2) $k=14$ (3) $k>14$

이차방정식 $x^2+6x+k-5=0$의 판별식을 D라 하면

$\frac{D}{4}=3^2-(k-5)=-k+14$

(1) $D>0$이어야 하므로

$-k+14>0 \quad \therefore k<14$

(2) $D=0$이어야 하므로

$-k+14=0 \quad \therefore k=14$

(3) $D<0$이어야 하므로

$-k+14<0 \quad \therefore k>14$

유제 135~137쪽

270 답 (1) $k<\frac{13}{4}$ (2) $k=\frac{13}{4}$ (3) $k>\frac{13}{4}$

이차방정식 $x^2-(2k+1)x+k^2+2k-3=0$의 판별식을 D라 하면

$D=\{-(2k+1)\}^2-4(k^2+2k-3)$
$=-4k+13$

(1) $D>0$이어야 하므로

$-4k+13>0 \quad \therefore k<\frac{13}{4}$

(2) $D=0$이어야 하므로

$-4k+13=0 \quad \therefore k=\frac{13}{4}$

(3) $D<0$이어야 하므로

$-4k+13<0 \quad \therefore k>\frac{13}{4}$

271 답 7

이차방정식 $x^2+2ax+a^2+4a-28=0$의 판별식을 D라 하면 $D\geq0$이어야 하므로

$\frac{D}{4}=a^2-(a^2+4a-28)\geq0$

$-4a+28\geq0$

$4a\leq28 \quad \therefore a\leq7$

따라서 자연수 a는 1, 2, 3, …, 7의 7개이다.

272 답 $-\frac{5}{4}<k<-1$ 또는 $k>-1$

$(k+1)x^2+2kx+k-5=0$이 이차방정식이므로

$k+1\neq0 \quad \therefore k\neq-1$

이차방정식 $(k+1)x^2+2kx+k-5=0$의 판별식을 D라 하면 $D>0$이어야 하므로

$\frac{D}{4}=k^2-(k+1)(k-5)>0$

$4k+5>0$

$4k>-5 \quad \therefore k>-\frac{5}{4}$

그런데 $k\neq-1$이므로

$-\frac{5}{4}<k<-1$ 또는 $k>-1$

273 답 -4

이차방정식 $x^2-2(k+4)x+k^2+7=0$의 판별식을 D_1이라 하면 $D_1<0$이어야 하므로

$\frac{D_1}{4}=\{-(k+4)\}^2-(k^2+7)<0$

$8k+9<0$, $8k<-9$ $\therefore k<-\frac{9}{8}$

또 이차방정식 $x^2+4x+k^2-12=0$의 판별식을 D_2라 하면 $D_2=0$이어야 하므로

$\frac{D_2}{4}=2^2-(k^2-12)=0$

$-k^2+16=0$, $k^2=16$ $\therefore k=-4$ 또는 $k=4$

그런데 $k<-\frac{9}{8}$이므로 $k=-4$

274 답 $m=3$, $n=\frac{9}{2}$

이차방정식 $x^2-2(m+a)x+a^2+6a+2n=0$의 판별식을 D라 하면 $D=0$이므로

$\frac{D}{4}=\{-(m+a)\}^2-(a^2+6a+2n)=0$

$(2m-6)a+m^2-2n=0$

이 등식이 a에 대한 항등식이므로

$2m-6=0$, $m^2-2n=0$ $\therefore m=3$, $n=\frac{9}{2}$

275 답 -3, 5

주어진 이차식이 완전제곱식이면 이차방정식 $x^2-(k+1)x+k+4=0$이 중근을 갖는다.

이 이차방정식의 판별식을 D라 하면 $D=0$이므로

$D=\{-(k+1)\}^2-4(k+4)=0$

$k^2-2k-15=0$, $(k+3)(k-5)=0$

$\therefore k=-3$ 또는 $k=5$

276 답 $x=-1$ 또는 $x=2$

$mn>0$이므로

$m>0$, $n>0$ 또는 $m<0$, $n<0$ ······ ㉠

이차방정식 $x^2-2(k+2m)x+k^2-4k+n^2=0$의 판별식을 D라 하면 $D=0$이므로

$\frac{D}{4}=\{-(k+2m)\}^2-(k^2-4k+n^2)=0$

$(4m+4)k+4m^2-n^2=0$

이 등식이 k에 대한 항등식이므로

$4m+4=0$, $4m^2-n^2=0$

$\therefore m=-1$, $n=-2$ ($\because$ ㉠)

이차방정식 $x^2+mx+n=0$, 즉 $x^2-x-2=0$에서

$(x+1)(x-2)=0$ $\therefore x=-1$ 또는 $x=2$

277 답 6

$(2k-1)x^2+(4k-2)x+k+1$이 이차식이므로

$2k-1\neq0$ $\therefore k\neq\frac{1}{2}$

이 이차식이 완전제곱식이면 이차방정식 $(2k-1)x^2+(4k-2)x+k+1=0$이 중근을 갖는다.

이 이차방정식의 판별식을 D_1이라 하면 $D_1=0$이므로

$\frac{D_1}{4}=(2k-1)^2-(2k-1)(k+1)=0$

$2k^2-5k+2=0$, $(2k-1)(k-2)=0$

$\therefore k=\frac{1}{2}$ 또는 $k=2$

그런데 $k\neq\frac{1}{2}$이므로 $k=2$

또 $x^2+(a+k)x+3a-3$, 즉

$x^2+(a+2)x+3a-3$도 완전제곱식이므로 이차방정식 $x^2+(a+2)x+3a-3=0$이 중근을 갖는다.

이 이차방정식의 판별식을 D_2라 하면 $D_2=0$이므로

$D_2=(a+2)^2-4(3a-3)=0$

$a^2-8a+16=0$, $(a-4)^2=0$

$\therefore a=4$

$\therefore k+a=2+4=6$

연습문제 138~139쪽

278 답 ③

$x^2+2\sqrt{3}x-6=0$에서

$x=-\sqrt{3}\pm\sqrt{(\sqrt{3})^2-1\times(-6)}=-\sqrt{3}\pm3$

279 답 9

주어진 이차방정식의 양변에 $3+\sqrt{2}$를 곱하면

$(3+\sqrt{2})(3-\sqrt{2})x^2-7(3+\sqrt{2})x+(3+\sqrt{2})(4\sqrt{2}+2)=0$

$7x^2-7(3+\sqrt{2})x+14\sqrt{2}+14=0$

$x^2-(3+\sqrt{2})x+2(1+\sqrt{2})=0$

$(x-2)\{x-(1+\sqrt{2})\}=0$

$\therefore x=2$ 또는 $x=1+\sqrt{2}$

따라서 $a=2$, $b=1$, $c=2$이므로

$a^2+b^2+c^2=9$

280 답 44

이차방정식 $x^2+8x-a=0$의 한 근이 3이므로 $x=3$을 대입하면

$9+24-a=0$ $\therefore a=33$

이를 주어진 이차방정식에 대입하면

$x^2+8x-33=0$, $(x+11)(x-3)=0$

$\therefore x=-11$ 또는 $x=3$

따라서 $b=-11$이므로

$a-b=33-(-11)=44$

281 답 −1

(i) $x<-\frac{2}{3}$일 때,

$|3x+2|=-(3x+2)$이므로

$x^2-(3x+2)=2$

$x^2-3x-4=0$, $(x+1)(x-4)=0$

$\therefore x=-1$ 또는 $x=4$

그런데 $x<-\frac{2}{3}$이므로 $x=-1$

(ii) $x\geq-\frac{2}{3}$일 때,

$|3x+2|=3x+2$이므로

$x^2+3x+2=2$

$x^2+3x=0$, $x(x+3)=0$

$\therefore x=-3$ 또는 $x=0$

그런데 $x\geq-\frac{2}{3}$이므로 $x=0$

(i), (ii)에서 주어진 방정식의 해는

$x=-1$ 또는 $x=0$

따라서 모든 근의 합은 $-1+0=-1$

282 답 3

이차방정식 $x^2-5x+a+4=0$이 실근을 갖지 않으려면 서로 다른 두 허근을 가져야 한다.

즉, 이 이차방정식의 판별식을 D라 하면 $D<0$이어야 하므로

$D=(-5)^2-4(a+4)<0$

$-4a+9<0$, $4a>9$ $\quad\therefore a>\frac{9}{4}$

따라서 정수 a의 최솟값은 3이다.

283 답 −5

주어진 이차식이 완전제곱식이면 이차방정식 $x^2-(2a+6)x+a+9=0$이 중근을 갖는다.

이 이차방정식의 판별식을 D라 하면 $D=0$이므로

$\frac{D}{4}=\{-(a+3)\}^2-(a+9)=0$

$a^2+5a=0$, $a(a+5)=0$ $\quad\therefore a=-5$ 또는 $a=0$

따라서 모든 실수 a의 값의 합은 $-5+0=-5$

284 답 48

$(x*x)-(2x*6)=0$에서

$(x+x)+x^2-\{(2x+6)+12x\}=0$

$x^2-12x-6=0$

$\therefore x=-(-6)\pm\sqrt{(-6)^2-1\times(-6)}=6\pm\sqrt{42}$

따라서 $p=6$, $q=42$이므로

$p+q=48$

285 답 ①

이차방정식 $2x^2-2x+1=0$의 한 근이 α이므로

$x=\alpha$를 대입하면

$2\alpha^2-2\alpha+1=0$ $\quad\therefore \alpha^2=\alpha-\frac{1}{2}$

양변을 제곱하면

$\alpha^4=\left(\alpha-\frac{1}{2}\right)^2=\alpha^2-\alpha+\frac{1}{4}$

$\therefore \alpha^4-\alpha^2+\alpha=\frac{1}{4}$

286 답 12

$x^2-5+\sqrt{x^2}=|x-3|$에서

$x^2-5+|x|=|x-3|$

(i) $x<0$일 때,

$|x|=-x$, $|x-3|=-(x-3)$이므로

$x^2-5-x=-(x-3)$

$x^2=8$ $\quad\therefore x=-2\sqrt{2}$ 또는 $x=2\sqrt{2}$

그런데 $x<0$이므로 $x=-2\sqrt{2}$

(ii) $0\leq x<3$일 때,

$|x|=x$, $|x-3|=-(x-3)$이므로

$x^2-5+x=-(x-3)$

$x^2+2x-8=0$, $(x+4)(x-2)=0$

$\therefore x=-4$ 또는 $x=2$

그런데 $0\leq x<3$이므로 $x=2$

(iii) $x\geq3$일 때,

$|x|=x$, $|x-3|=x-3$이므로

$x^2-5+x=x-3$

$x^2=2$ $\quad\therefore x=-\sqrt{2}$ 또는 $x=\sqrt{2}$

그런데 $x\geq3$이므로 해는 없다.

(i), (ii), (iii)에서 주어진 방정식의 해는

$x=-2\sqrt{2}$ 또는 $x=2$

따라서 $\alpha=-2\sqrt{2}$, $\beta=2$ 또는 $\alpha=2$, $\beta=-2\sqrt{2}$이므로

$\alpha^2+\beta^2=8+4=12$

287 답 15 cm

처음 정사각형의 한 변의 길이를 x cm라 하면 새로 만들어진 직사각형의 가로의 길이는 $(x-5)$ cm, 세로의 길이는 $(x+3)$ cm이므로 직사각형의 넓이는

$(x-5)(x+3)=\frac{4}{5}x^2$

$x^2-2x-15=\frac{4}{5}x^2$

$x^2-10x-75=0$, $(x+5)(x-15)=0$

$\therefore x=-5$ 또는 $x=15$

그런데 가로의 길이에서 $x>5$이므로

$x=15$

따라서 처음 정사각형의 한 변의 길이는 15 cm이다.

288 답 ②

$\frac{\sqrt{a}}{\sqrt{b}}=-\sqrt{\frac{a}{b}}$에서 $a>0$, $b<0$

ㄱ. 이차방정식 $x^2+ax+b=0$의 판별식을 D라 하면
$D=a^2-4b>0$
이므로 서로 다른 두 실근을 갖는다.

ㄴ. 이차방정식 $-x^2+ax+b=0$의 판별식을 D라 하면
$D=a^2+4b$
a^2+4b의 값의 부호는 알 수 없으므로 이 이차방정식의 근은 판별할 수 없다.

ㄷ. 이차방정식 $ax^2+x-b=0$의 판별식을 D라 하면
$D=1+4ab$
$1+4ab$의 값의 부호는 알 수 없으므로 이 이차방정식의 근은 판별할 수 없다.

ㄹ. 이차방정식 $bx^2+2ax-b=0$의 판별식을 D라 하면
$\frac{D}{4}=a^2+b^2>0$
이므로 서로 다른 두 실근을 갖는다.

따라서 보기에서 항상 서로 다른 두 실근을 갖는 이차방정식은 ㄱ, ㄹ이다.

289 답 9

이차방정식 $kx^2+2(a+3)x+a+1=0$의 판별식을 D_1이라 하면 $D_1=0$이어야 하므로

$\frac{D_1}{4}=(a+3)^2-k(a+1)=0$

$a^2+(6-k)a+9-k=0$ ······ ㉠ ▸▸▸▸▸▸ ❶

주어진 이차방정식이 중근을 갖도록 하는 실수 a가 오직 하나뿐이므로 ㉠은 중근을 갖는다.

㉠의 판별식을 D_2라 하면 $D_2=0$이므로

$D_2=(6-k)^2-4(9-k)=0$

$k^2-8k=0$, $k(k-8)=0$

$\therefore k=8$ ($\because k\neq0$) ▸▸▸▸▸▸ ❷

이를 ㉠에 대입하면 $a^2-2a+1=0$

$(a-1)^2=0$ $\therefore a=1$

$\therefore k+a=8+1=9$ ▸▸▸▸▸▸ ❸

단계	채점 기준	비율
❶	a에 대한 이차방정식 구하기	30%
❷	k의 값 구하기	40%
❸	$k+a$의 값 구하기	30%

290 답 ①

| 접근 방법 | 실수 m의 값에 관계없이 성립하는 등식은 m에 대한 항등식임을 이용한다.

이차방정식 $x^2-2(m+a)x+m^2+m+b=0$의 판별식을 D라 하면 $D=0$이므로

$\frac{D}{4}=\{-(m+a)\}^2-(m^2+m+b)=0$

$(2a-1)m+a^2-b=0$

이 등식이 m에 대한 항등식이므로

$2a-1=0$, $a^2-b=0$ $\therefore a=\frac{1}{2}$, $b=\frac{1}{4}$

$\therefore 12(a+b)=9$

291 답 ②

| 접근 방법 | 이차식이 완전제곱식이면 (이차식)=0이 중근을 가짐을 이용한다.

주어진 두 이차식이 완전제곱식이면 두 이차방정식

$(a-b)x^2+2cx+a+b=0$,

$x^2+2(a+c)x+(a+b)^2=0$이 각각 중근을 갖는다.

이차방정식 $(a-b)x^2+2cx+a+b=0$의 판별식을 D_1이라 하면 $D_1=0$이므로

$\frac{D_1}{4}=c^2-(a-b)(a+b)=0$

$c^2-a^2+b^2=0$ $\therefore b^2+c^2=a^2$ ······ ㉠

이차방정식 $x^2+2(a+c)x+(a+b)^2=0$의 판별식을 D_2라 하면 $D_2=0$이므로

$\frac{D_2}{4}=(a+c)^2-(a+b)^2=0$

$2ac+c^2-2ab-b^2=0$

$2a(c-b)+(c-b)(c+b)=0$

$(c-b)(2a+c+b)=0$

이때 a, b, c는 삼각형의 세 변의 길이이므로

$2a+c+b>0$

즉, $c-b=0$에서 $b=c$ ...... ㉡

㉠, ㉡에서 a, b, c를 세 변의 길이로 하는 삼각형은 $b=c$이고 빗변의 길이가 a인 직각이등변삼각형이다.

따라서 구하는 삼각형의 넓이는

$\frac{1}{2}bc=\frac{1}{2}b^2$

Ⅱ-2. 이차방정식

02 이차방정식의 근과 계수의 관계

개념 확인 143쪽

292 답 (1) $\mathbf{-2,\ 2}$ (2) $\mathbf{\frac{1}{2},\ \frac{3}{4}}$

293 답 (1) $\mathbf{-4}$ (2) $\mathbf{-6}$ (3) $\mathbf{2\sqrt{10}}$

(4) $\mathbf{-9}$ (5) $\mathbf{\frac{2}{3}}$ (6) $\mathbf{28}$

(4) $(\alpha+1)(\beta+1)=\alpha\beta+\alpha+\beta+1$

$=-6+(-4)+1=-9$

(5) $\frac{1}{\alpha}+\frac{1}{\beta}=\frac{\alpha+\beta}{\alpha\beta}=\frac{-4}{-6}=\frac{2}{3}$

(6) $\alpha^2+\beta^2=(\alpha+\beta)^2-2\alpha\beta$

$=(-4)^2-2\times(-6)=28$

294 답 (1) $\mathbf{x^2-x-6=0}$ (2) $\mathbf{x^2+11x+30=0}$

(3) $\mathbf{x^2-2x-1=0}$ (4) $\mathbf{x^2-4x+5=0}$

295 답 (1) $\mathbf{\left(x-\frac{1-\sqrt{5}}{2}\right)\left(x-\frac{1+\sqrt{5}}{2}\right)}$

(2) $\mathbf{(x-2+\sqrt{2})(x-2-\sqrt{2})}$

(3) $\mathbf{(x+1+\sqrt{2}i)(x+1-\sqrt{2}i)}$

(4) $\mathbf{(x+4i)(x-4i)}$

(1) 이차방정식 $x^2-x-1=0$의 해는 $x=\frac{1\pm\sqrt{5}}{2}$이므로

$x^2-x-1=\left(x-\frac{1-\sqrt{5}}{2}\right)\left(x-\frac{1+\sqrt{5}}{2}\right)$

(2) 이차방정식 $x^2-4x+2=0$의 해는 $x=2\pm\sqrt{2}$이므로

$x^2-4x+2=(x-2+\sqrt{2})(x-2-\sqrt{2})$

(3) 이차방정식 $x^2+2x+3=0$의 해는

$x=-1\pm\sqrt{2}i$이므로

$x^2+2x+3=(x+1+\sqrt{2}i)(x+1-\sqrt{2}i)$

(4) 이차방정식 $x^2+16=0$의 해는 $x=\pm4i$이므로

$x^2+16=(x+4i)(x-4i)$

296 답 (1) $\mathbf{-\sqrt{3}-1}$ (2) $\mathbf{2-4i}$

유제 145~153쪽

297 답 (1) **20** (2) **−76** (3) **44**

이차방정식 $x^2-4x-1=0$의 두 근이 α, β이므로 근과 계수의 관계에 의하여

$\alpha+\beta=4$, $\alpha\beta=-1$

(1) $(\alpha-\beta)^2=(\alpha+\beta)^2-4\alpha\beta$

$=4^2-4\times(-1)=20$

(2) $\frac{\alpha^2}{\beta}+\frac{\beta^2}{\alpha}=\frac{\alpha^3+\beta^3}{\alpha\beta}$

$=\frac{(\alpha+\beta)^3-3\alpha\beta(\alpha+\beta)}{\alpha\beta}$

$=\frac{4^3-3\times(-1)\times4}{-1}=-76$

(3) α, β가 이차방정식 $x^2-4x-1=0$의 두 근이므로

$\alpha^2-4\alpha-1=0$, $\beta^2-4\beta-1=0$

$\therefore \alpha^2=4\alpha+1$, $\beta^2=4\beta+1$

$\therefore (2\alpha^2-7\alpha+3)(2\beta^2-7\beta+3)$

$=(8\alpha+2-7\alpha+3)(8\beta+2-7\beta+3)$

$=(\alpha+5)(\beta+5)$

$=\alpha\beta+5(\alpha+\beta)+25$

$=-1+5\times4+25=44$

298 답 $\mathbf{\sqrt{13}}$

이차방정식 $x^2-7x+9=0$의 두 근이 α, β이므로 근과 계수의 관계에 의하여

$\alpha+\beta=7$, $\alpha\beta=9$

주어진 이차방정식의 판별식을 D라 하면

$D=(-7)^2-4\times9=13>0$

이므로 α, β는 모두 실수이다.

또 $\alpha+\beta>0$, $\alpha\beta>0$이므로

$\alpha>0$, $\beta>0$ ...... ㉠

$\therefore (\sqrt{\alpha}+\sqrt{\beta})^2=\alpha+\beta+2\sqrt{\alpha}\sqrt{\beta}$

$=\alpha+\beta+2\sqrt{\alpha\beta}$ ($\because$ ㉠)

$=7+2\times3=13$

㉠에서 $\sqrt{\alpha}+\sqrt{\beta}>0$이므로 $\sqrt{\alpha}+\sqrt{\beta}=\sqrt{13}$

299 답 ③

α, β가 이차방정식 $x^2+2x+3=0$의 두 근이므로

$\alpha^2+2\alpha+3=0$, $\beta^2+2\beta+3=0$

$\therefore \alpha^2=-2\alpha-3$, $\beta^2=-2\beta-3$

근과 계수의 관계에 의하여 $\alpha+\beta=-2$, $\alpha\beta=3$이므로

$\frac{1}{\alpha^2+3\alpha+3}+\frac{1}{\beta^2+3\beta+3}$

$=\frac{1}{-2\alpha-3+3\alpha+3}+\frac{1}{-2\beta-3+3\beta+3}$

$=\frac{1}{\alpha}+\frac{1}{\beta}=\frac{\alpha+\beta}{\alpha\beta}$

$=\frac{-2}{3}=-\frac{2}{3}$

300 답 30

α는 이차방정식 $x^2+6x+3=0$의 한 근이므로

$\alpha^2+6\alpha+3=0$

$\therefore \alpha^2=-6\alpha-3$

근과 계수의 관계에 의하여 $\alpha+\beta=-6$, $\alpha\beta=3$이므로

$(\alpha^2-9)(\beta+2)=(-6\alpha-3-9)(\beta+2)$

$=(-6\alpha-12)(\beta+2)$

$=-6(\alpha+2)(\beta+2)$

$=-6\{\alpha\beta+2(\alpha+\beta)+4\}$

$=-6\times\{3+2\times(-6)+4\}$

$=30$

301 답 5

이차방정식 $x^2-ax+b=0$의 두 근이 -2, 4이므로

근과 계수의 관계에 의하여

$-2+4=a$, $-2\times4=b$

$\therefore a=2$, $b=-8$

따라서 이차방정식 $ax^2+bx+a-b=0$, 즉

$2x^2-8x+10=0$의 두 근의 곱은

$\frac{10}{2}=5$

302 답 $a=-8$, $b=-24$

이차방정식 $x^2+ax-3=0$의 두 근이 α, β이므로 근과 계수의 관계에 의하여

$\alpha+\beta=-a$, $\alpha\beta=-3$ ...... ㉠

이차방정식 $x^2-5x+b=0$의 두 근이 $\alpha+\beta$, $\alpha\beta$이므로 근과 계수의 관계에 의하여

$\alpha+\beta+\alpha\beta=5$, $\alpha\beta(\alpha+\beta)=b$

㉠을 각각 대입하면

$-a-3=5$, $(-3)\times(-a)=b$

$\therefore a=-8$, $b=-24$

303 답 28

이차방정식 $x^2-10x+a=0$의 두 근이 α, β이므로

근과 계수의 관계에 의하여 두 근의 합은

$\alpha+\beta=10$ ...... ㉠

이차방정식 $x^2+4x+b=0$의 두 근이 α, γ이므로 근과 계수의 관계에 의하여 두 근의 합은

$\alpha+\gamma=-4$ ...... ㉡

㉠+㉡을 하면

$2\alpha+\beta+\gamma=6$

이때 $\alpha=\beta+\gamma$이므로

$3\alpha=6$ $\therefore \alpha=2$

$\alpha=2$를 ㉠에 대입하면

$\beta=8$

$\therefore a=\alpha\beta=2\times8=16$

$\alpha=2$를 ㉡에 대입하면

$\gamma=-6$

$\therefore b=\alpha\gamma=2\times(-6)=-12$

$\therefore a-b=16-(-12)=28$

304 답 -2

a를 잘못 보고 풀었을 때 b는 바르게 보고 풀었으므로 두 근의 곱은

$-1\times3=\frac{b}{2}$ $\therefore b=-6$

b를 잘못 보고 풀었을 때 a는 바르게 보고 풀었으므로 두 근의 합은

$-4+2=-\frac{a}{2}$ $\therefore a=4$

$\therefore a+b=4+(-6)=-2$

305 답 -3, 4

주어진 이차방정식의 두 근을 3α, 4α $(\alpha\neq0)$라 하면

근과 계수의 관계에 의하여 두 근의 합은

$3\alpha+4\alpha=2k-1$

$\therefore \alpha=\frac{2k-1}{7}$ ...... ㉠

두 근의 곱은 $3\alpha\times4\alpha=k^2-k$

㉠을 대입하면

$\frac{3(2k-1)}{7}\times\frac{4(2k-1)}{7}=k^2-k$

$12(4k^2-4k+1)=49k^2-49k$

$k^2-k-12=0$, $(k+3)(k-4)=0$

$\therefore k=-3$ 또는 $k=4$

306 답 -3

주어진 이차방정식의 두 근을 α, $\alpha+\frac{7}{2}$이라 하면 근과 계수의 관계에 의하여 두 근의 합은

$\alpha+\left(\alpha+\frac{7}{2}\right)=\frac{5}{2}$　　$\therefore \alpha=-\frac{1}{2}$

두 근의 곱은 $\alpha\left(\alpha+\frac{7}{2}\right)=\frac{a}{2}$

$\alpha=-\frac{1}{2}$을 대입하면

$-\frac{1}{2}\times\left(-\frac{1}{2}+\frac{7}{2}\right)=\frac{a}{2}$

$\therefore a=-3$

| 다른 풀이 |

이차방정식 $2x^2-5x+a=0$의 두 근을 α, β라 하면 근과 계수의 관계에 의하여

$\alpha+\beta=\frac{5}{2}$, $\alpha\beta=\frac{a}{2}$　　$\cdots\cdots$ ㉠

두 근의 차가 $\frac{7}{2}$이므로 $|\alpha-\beta|=\frac{7}{2}$

양변을 제곱하면 $(\alpha-\beta)^2=\frac{49}{4}$

$(\alpha+\beta)^2-4\alpha\beta=\frac{49}{4}$, $\frac{25}{4}-2a=\frac{49}{4}$ ($\because$ ㉠)

$2a=-6$　　$\therefore a=-3$

307 답 1

주어진 이차방정식의 두 근을 α, $\alpha+1$이라 하면 근과 계수의 관계에 의하여 두 근의 합은

$\alpha+(\alpha+1)=-2k-3$

$\therefore k=-\alpha-2$　　$\cdots\cdots$ ㉠

두 근의 곱은 $\alpha(\alpha+1)=4k+22$

㉠을 대입하면 $\alpha^2+\alpha=-4\alpha-8+22$

$\alpha^2+5\alpha-14=0$, $(\alpha+7)(\alpha-2)=0$

$\therefore \alpha=-7$ 또는 $\alpha=2$

이를 ㉠에 대입하면

$\alpha=-7$일 때 $k=5$, $\alpha=2$일 때 $k=-4$

따라서 모든 상수 k의 값의 합은

$5+(-4)=1$

308 답 5

주어진 이차방정식의 두 실근을 α, $-\alpha\ (\alpha\neq0)$라 하면 근과 계수의 관계에 의하여 두 근의 합은

$\alpha+(-\alpha)=-(a^2-4a-5)$

$a^2-4a-5=0$, $(a+1)(a-5)=0$

$\therefore a=-1$ 또는 $a=5$

이때 두 근의 곱은 $-a+3$이고, 두 실근의 부호가 서로 다르면 두 근의 곱이 음수이므로 $-a+3<0$에서

$a>3$　　$\therefore a=5$

309 답 $4x^2-28x+25=0$

이차방정식 $x^2+2x-5=0$의 두 근이 α, β이므로 근과 계수의 관계에 의하여 $\alpha+\beta=-2$, $\alpha\beta=-5$

두 근 $\frac{\alpha^2}{2}$, $\frac{\beta^2}{2}$의 합과 곱은 각각

$$\frac{\alpha^2}{2}+\frac{\beta^2}{2}=\frac{(\alpha+\beta)^2-2\alpha\beta}{2}=\frac{(-2)^2-2\times(-5)}{2}=7$$

$$\frac{\alpha^2}{2}\times\frac{\beta^2}{2}=\left(\frac{\alpha\beta}{2}\right)^2=\left(\frac{-5}{2}\right)^2=\frac{25}{4}$$

따라서 $\frac{\alpha^2}{2}$, $\frac{\beta^2}{2}$을 두 근으로 하고 x^2의 계수가 4인 이차방정식은

$4\left(x^2-7x+\frac{25}{4}\right)=0$　　$\therefore 4x^2-28x+25=0$

310 답 28

이차방정식 $f(x)=0$의 두 근을 α, β라 하면

$f(\alpha)=0$, $f(\beta)=0$, $\alpha+\beta=16$

이차방정식 $f(120-8x)=0$의 두 근을 구하면

$120-8x=\alpha$ 또는 $120-8x=\beta$

$\therefore x=\frac{120-\alpha}{8}$ 또는 $x=\frac{120-\beta}{8}$

따라서 이차방정식 $f(120-8x)=0$의 두 근의 합은

$$\frac{120-\alpha}{8}+\frac{120-\beta}{8}=\frac{240-(\alpha+\beta)}{8}=\frac{240-16}{8}=28$$

311 답 7

이차방정식 $x^2-3x-2=0$의 두 근이 α, β이므로 근과 계수의 관계에 의하여 $\alpha+\beta=3$, $\alpha\beta=-2$

두 근 $\frac{\alpha+1}{\beta}$, $\frac{\beta+1}{\alpha}$의 합과 곱은 각각

$$\frac{\alpha+1}{\beta}+\frac{\beta+1}{\alpha}=\frac{\alpha^2+\alpha+\beta^2+\beta}{\alpha\beta}=\frac{(\alpha+\beta)^2-2\alpha\beta+(\alpha+\beta)}{\alpha\beta}=\frac{3^2-2\times(-2)+3}{-2}=-8$$

$$\frac{\alpha+1}{\beta}\times\frac{\beta+1}{\alpha}=\frac{\alpha\beta+(\alpha+\beta)+1}{\alpha\beta}$$
$$=\frac{-2+3+1}{-2}=-1$$

따라서 $\frac{\alpha+1}{\beta}$, $\frac{\beta+1}{\alpha}$을 두 근으로 하고 x^2의 계수가 1인 이차방정식은

$x^2+8x-1=0$

따라서 $a=8$, $b=-1$이므로

$a+b=7$

312 답 4

이차방정식 $f(x)=0$의 두 근이 α, β이므로

$f(\alpha)=0$, $f(\beta)=0$

이차방정식 $f(5x-2)=0$의 두 근을 구하면

$5x-2=\alpha$ 또는 $5x-2=\beta$

$\therefore x=\frac{\alpha+2}{5}$ 또는 $x=\frac{\beta+2}{5}$

따라서 이차방정식 $f(5x-2)=0$의 두 근의 합은

$$a=\frac{\alpha+2}{5}+\frac{\beta+2}{5}=\frac{(\alpha+\beta)+4}{5}=\frac{6+4}{5}=2$$

두 근의 곱은

$$b=\frac{\alpha+2}{5}\times\frac{\beta+2}{5}=\frac{\alpha\beta+2(\alpha+\beta)+4}{25}$$
$$=\frac{34+2\times6+4}{25}=2$$

$\therefore ab=2\times2=4$

313 답 (1) $a=2$, $b=-4$ (2) $a=14$, $b=50$

(1) 주어진 이차방정식의 계수가 유리수이므로 $1+\sqrt{5}$가 근이면 다른 한 근은 $1-\sqrt{5}$이다.
이차방정식 $x^2-ax+b=0$에서 근과 계수의 관계에 의하여
$(1+\sqrt{5})+(1-\sqrt{5})=a$, $(1+\sqrt{5})(1-\sqrt{5})=b$
$\therefore a=2$, $b=-4$

(2) 주어진 이차방정식의 계수가 실수이므로 $7-i$가 근이면 다른 한 근은 $7+i$이다.
이차방정식 $x^2-ax+b=0$에서 근과 계수의 관계에 의하여
$(7-i)+(7+i)=a$, $(7-i)(7+i)=b$
$\therefore a=14$, $b=50$

314 답 4

주어진 이차방정식의 계수가 유리수이므로 $2+b\sqrt{2}$가 근이면 다른 한 근은 $2-b\sqrt{2}$이다.

이차방정식 $x^2+ax-2b=0$에서 근과 계수의 관계에 의하여 두 근의 합은

$(2+b\sqrt{2})+(2-b\sqrt{2})=-a$ $\quad\therefore a=-4$

두 근의 곱은

$(2+b\sqrt{2})(2-b\sqrt{2})=-2b$

$4-2b^2=-2b$

$2b^2-2b-4=0$, $b^2-b-2=0$

$(b+1)(b-2)=0$ $\quad\therefore b=-1$ 또는 $b=2$

그런데 $b<0$이므로 $b=-1$

$\therefore ab=-4\times(-1)=4$

315 답 ③

주어진 이차방정식의 계수가 실수이므로 $\frac{b}{2}+i$가 근이면 다른 한 근은 $\frac{b}{2}-i$이다.

이차방정식 $x^2+ax+b=0$에서 근과 계수의 관계에 의하여 두 근의 합은

$\left(\frac{b}{2}+i\right)+\left(\frac{b}{2}-i\right)=-a$

$\therefore b=-a$ $\quad\cdots\cdots$ ㉠

두 근의 곱은

$\left(\frac{b}{2}+i\right)\left(\frac{b}{2}-i\right)=b$

$\frac{b^2}{4}+1=b$, $b^2-4b+4=0$

$(b-2)^2=0$ $\quad\therefore b=2$

따라서 ㉠에서 $a=-2$

$\therefore ab=-4$

316 답 $\frac{3}{2}$

$$\frac{2-i}{1+i}=\frac{(2-i)(1-i)}{(1+i)(1-i)}=\frac{1}{2}-\frac{3}{2}i$$

주어진 이차방정식의 계수가 실수이므로 $\frac{1}{2}-\frac{3}{2}i$가 근이면 다른 한 근은 $\frac{1}{2}+\frac{3}{2}i$이다.

이차방정식 $x^2+ax+b=0$에서 근과 계수의 관계에 의하여

$\left(\frac{1}{2}-\frac{3}{2}i\right)+\left(\frac{1}{2}+\frac{3}{2}i\right)=-a$,

$\left(\frac{1}{2}-\frac{3}{2}i\right)\left(\frac{1}{2}+\frac{3}{2}i\right)=b$

$\therefore a=-1$, $b=\frac{5}{2}$

$\therefore a+b=\frac{3}{2}$

연습문제 154~156쪽

317 답 ④

이차방정식 $x^2-5x+8=0$의 두 근이 α, β이므로 근과 계수의 관계에 의하여

$\alpha+\beta=5$, $\alpha\beta=8$

② $(\alpha-1)(\beta-1)=\alpha\beta-(\alpha+\beta)+1$
$=8-5+1=4$

③ $\alpha^2\beta+\alpha\beta^2=\alpha\beta(\alpha+\beta)$
$=8\times5=40$

④ $\alpha^2-\alpha\beta+\beta^2=(\alpha+\beta)^2-3\alpha\beta$
$=5^2-3\times8=1$

⑤ $\dfrac{1}{\alpha}+\dfrac{1}{\beta}=\dfrac{\alpha+\beta}{\alpha\beta}=\dfrac{5}{8}$

따라서 옳지 않은 것은 ④이다.

318 답 -20

이차방정식 $x^2+ax+b=0$의 두 근이 1, 4이므로 근과 계수의 관계에 의하여

$1+4=-a$, $1\times4=b$

$\therefore a=-5$, $b=4$

따라서 이차방정식 $(a+b)x^2+ax-ab=0$, 즉 $-x^2-5x+20=0$의 두 근의 곱은

$\dfrac{20}{-1}=-20$

319 답 $\dfrac{9}{2}$

이차방정식 $x^2+6x+a=0$의 두 근이 α, β이므로 근과 계수의 관계에 의하여

$\alpha+\beta=-6$, $\alpha\beta=a$ ······ ㉠

이차방정식 $x^2+3bx+2=0$의 두 근이 $\dfrac{1}{\alpha}$, $\dfrac{1}{\beta}$이므로 근과 계수의 관계에 의하여

$\dfrac{1}{\alpha}+\dfrac{1}{\beta}=-3b$, $\dfrac{1}{\alpha}\times\dfrac{1}{\beta}=2$

$\therefore \dfrac{\alpha+\beta}{\alpha\beta}=-3b$, $\dfrac{1}{\alpha\beta}=2$

㉠을 각각 대입하면

$\dfrac{-6}{a}=-3b$, $\dfrac{1}{a}=2$

$\therefore a=\dfrac{1}{2}$, $b=4$

$\therefore a+b=\dfrac{9}{2}$

320 답 ④

이차방정식 $x^2+2x+k=0$의 두 근이 α, β이므로 근과 계수의 관계에 의하여

$\alpha+\beta=-2$, $\alpha\beta=k$

이때 $\alpha^2+\beta^2=8$이므로

$(\alpha+\beta)^2-2\alpha\beta=8$

$(-2)^2-2k=8$

$2k=-4$ $\quad\therefore k=-2$

321 답 ②

이차방정식 $x^2-4x-3=0$의 두 근이 α, β이므로 근과 계수의 관계에 의하여

$\alpha+\beta=4$, $\alpha\beta=-3$

두 근 $\alpha+\beta$, $\alpha\beta$의 합과 곱은 각각

$(\alpha+\beta)+\alpha\beta=4-3=1$

$(\alpha+\beta)\times\alpha\beta=4\times(-3)=-12$

따라서 $\alpha+\beta$, $\alpha\beta$를 두 근으로 하고 x^2의 계수가 1인 이차방정식은 $x^2-x-12=0$

322 답 ②

이차방정식 $9x^2-6x+4=0$의 해는 $x=\dfrac{1\pm\sqrt{3}i}{3}$이므로

$9x^2-6x+4=9\left(x-\dfrac{1-\sqrt{3}i}{3}\right)\left(x-\dfrac{1+\sqrt{3}i}{3}\right)$
$=\{3x-(1-\sqrt{3}i)\}\{3x-(1+\sqrt{3}i)\}$
$=(3x-1+\sqrt{3}i)(3x-1-\sqrt{3}i)$

따라서 주어진 이차식의 인수인 것은 ②이다.

323 답 36

주어진 이차방정식의 계수가 실수이므로 $2-i$가 근이면 다른 한 근은 $2+i$이다.

이차방정식 $x^2-(a+b)x-ab=0$에서 근과 계수의 관계에 의하여

$(2-i)+(2+i)=a+b$, $(2-i)(2+i)=-ab$

$\therefore a+b=4$, $ab=-5$

$\therefore (a-b)^2=(a+b)^2-4ab=4^2-4\times(-5)=36$

324 답 6

α, β가 이차방정식 $x^2+4x-6=0$의 두 근이므로

$\alpha^2+4\alpha-6=0$, $\beta^2+4\beta-6=0$

$\therefore \alpha^2=-4\alpha+6$, $\beta^2=-4\beta+6$

근과 계수의 관계에 의하여 $\alpha+\beta=-4$, $\alpha\beta=-6$이므로

$(\alpha^2+3\alpha-4)(2\beta^2+7\beta-10)$
$=(-4\alpha+6+3\alpha-4)(-8\beta+12+7\beta-10)$
$=(-\alpha+2)(-\beta+2)$
$=\alpha\beta-2(\alpha+\beta)+4$
$=-6-2\times(-4)+4=6$

325 답 ④

이차방정식 $x^2-ax+b=0$의 두 근이 α, β이므로 근과 계수의 관계에 의하여

$\alpha+\beta=a$, $\alpha\beta=b$ ...... ㉠

이차방정식 $x^2-4(a+2)x+b+2=0$의 두 근이 α^2, β^2이므로 근과 계수의 관계에 의하여

$\alpha^2+\beta^2=4a+8$, $\alpha^2\beta^2=b+2$

$\therefore (\alpha+\beta)^2-2\alpha\beta=4a+8$, $(\alpha\beta)^2=b+2$

㉠을 각각 대입하면

$a^2-2b=4a+8$, $b^2=b+2$

$b^2=b+2$에서 $b^2-b-2=0$

$(b+1)(b-2)=0$ $\therefore b=-1$ 또는 $b=2$

그런데 $b>0$이므로 $b=2$

$a^2-2b=4a+8$, 즉 $a^2-4a-12=0$에서

$(a+2)(a-6)=0$ $\therefore a=-2$ 또는 $a=6$

그런데 $a>0$이므로 $a=6$

따라서 ㉠에서 $\alpha+\beta=6$, $\alpha\beta=2$이므로

$\alpha^3+\beta^3=(\alpha+\beta)^3-3\alpha\beta(\alpha+\beta)$
$=6^3-3\times2\times6=180$

326 답 6

이차방정식 $x^2-3x+k=0$의 두 근이 α, β이므로 근과 계수의 관계에 의하여

$\alpha+\beta=3$, $\alpha\beta=k$ ...... ㉠

또 α, β가 이차방정식 $x^2-3x+k=0$의 두 근이므로

$\alpha^2-3\alpha+k=0$, $\beta^2-3\beta+k=0$

$\therefore \alpha^2=3\alpha-k$, $\beta^2=3\beta-k$

이를 주어진 등식에 대입하면

$$\frac{1}{3\alpha-k-\alpha+k}+\frac{1}{3\beta-k-\beta+k}=\frac{1}{4}$$

$\frac{1}{2\alpha}+\frac{1}{2\beta}=\frac{1}{4}$ $\therefore \frac{\alpha+\beta}{2\alpha\beta}=\frac{1}{4}$

㉠을 대입하면

$\frac{3}{2k}=\frac{1}{4}$, $2k=12$ $\therefore k=6$

327 답 ①

한 근이 다른 한 근의 3배보다 1만큼 크고, 두 근 중 작은 근이 α이므로 다른 한 근은 $3\alpha+1$이다.

이차방정식 $x^2+px-2p+4=0$에서 근과 계수의 관계에 의하여 두 근의 합은

$\alpha+(3\alpha+1)=-p$ $\therefore p=-4\alpha-1$ ...... ㉠

두 근의 곱은 $\alpha(3\alpha+1)=-2p+4$

㉠을 대입하면 $3\alpha^2+\alpha=-2(-4\alpha-1)+4$

$3\alpha^2-7\alpha-6=0$, $(3\alpha+2)(\alpha-3)=0$

$\therefore \alpha=-\frac{2}{3}$ 또는 $\alpha=3$

그런데 $\alpha>0$이므로 $\alpha=3$

이를 ㉠에 대입하면 $p=-13$

$\therefore \alpha+p=-10$

328 답 ③

| 접근 방법 | 이차방정식의 근과 계수의 관계를 이용하여 두 근의 부호를 먼저 확인한 후 두 근을 한 문자를 사용하여 나타내고, 식을 세워서 두 근을 구한다.

이차방정식 $2ax^2-2(a+1)x-5a=0$에서 근과 계수의 관계에 의하여 두 근의 곱은 $\frac{-5a}{2a}=-\frac{5}{2}<0$ 이므로 두 실근의 부호는 서로 다르다.

이때 두 실근의 절댓값의 비가 5 : 2이므로 두 실근을 5α, $-2\alpha\,(\alpha\neq0)$라 하면 두 근의 곱은

$5\alpha\times(-2\alpha)=-\frac{5}{2}$

$\alpha^2=\frac{1}{4}$ $\therefore \alpha=-\frac{1}{2}$ 또는 $\alpha=\frac{1}{2}$

(i) $\alpha=-\frac{1}{2}$일 때,

두 실근은 $-\frac{5}{2}$, 1이므로 두 근의 합은

$-\frac{5}{2}+1=-\frac{-2(a+1)}{2a}$

$-\frac{3}{2}=\frac{a+1}{a}$

$-3a=2a+2$, $-5a=2$ $\therefore a=-\frac{2}{5}$

(ii) $\alpha=\frac{1}{2}$일 때,

두 실근은 $\frac{5}{2}$, -1이므로 두 근의 합은

$\frac{5}{2}+(-1)=-\frac{-2(a+1)}{2a}$

$\frac{3}{2}=\frac{a+1}{a}$

$3a=2a+2$ $\therefore a=2$

(i), (ii)에서 $a=-\frac{2}{5}$ 또는 $a=2$이므로 구하는 합은

$-\frac{2}{5}+2=\frac{8}{5}$

329 답 4

이차방정식 $f(2x)=0$의 두 근을 α, β라 하면

$f(2\alpha)=0$, $f(2\beta)=0$, $\alpha+\beta=10$, $\alpha\beta=5$

이차방정식 $f(4x-2)=0$의 두 근을 구하면

$4x-2=2\alpha$ 또는 $4x-2=2\beta$

$\therefore x=\frac{\alpha+1}{2}$ 또는 $x=\frac{\beta+1}{2}$

따라서 이차방정식 $f(4x-2)=0$의 두 근의 곱은

$$\frac{\alpha+1}{2}\times\frac{\beta+1}{2}=\frac{\alpha\beta+(\alpha+\beta)+1}{4}$$
$$=\frac{5+10+1}{4}=4$$

330 답 47

$$\frac{1}{4-\sqrt{15}}=\frac{4+\sqrt{15}}{(4-\sqrt{15})(4+\sqrt{15})}=4+\sqrt{15}$$

주어진 이차방정식의 계수가 유리수이므로 $4+\sqrt{15}$가 근이면 다른 한 근은 $4-\sqrt{15}$이다.

이차방정식 $x^2-mx+n=0$에서 근과 계수의 관계에 의하여

$(4+\sqrt{15})+(4-\sqrt{15})=m$,

$(4+\sqrt{15})(4-\sqrt{15})=n$

$\therefore m=8$, $n=1$

$\therefore m+n=9$, $m-n=7$

즉, $m+n$, $m-n$을 두 근으로 하는 이차방정식은

$x^2-(9+7)x+9\times7=0$

$\therefore x^2-16x+63=0$

따라서 $a=-16$, $b=63$이므로

$a+b=47$

331 답 (1) -4 (2) 5 (3) $2\pm i$

(1) 이차방정식의 계수가 실수이므로 $2-3i$가 근이면 다른 한 근은 $2+3i$이다.

b를 잘못 보고 풀었을 때 a는 바르게 보고 풀었으므로 이차방정식 $x^2+ax+b=0$에서 근과 계수의 관계에 의하여 두 근의 합은

$(2-3i)+(2+3i)=-a$

$\therefore a=-4$ ▸▸▸▸▸▸ ❶

(2) 이차방정식의 계수가 실수이므로 $1+2i$가 근이면 다른 한 근은 $1-2i$이다.

a를 잘못 보고 풀었을 때 b는 바르게 보고 풀었으므로 이차방정식 $x^2+ax+b=0$에서 근과 계수의 관계에 의하여 두 근의 곱은

$(1+2i)(1-2i)=b$

$\therefore b=5$ ▸▸▸▸▸▸ ❷

(3) 주어진 이차방정식은 $x^2-4x+5=0$이므로

$x=-(-2)\pm\sqrt{(-2)^2-1\times5}=2\pm i$ ▸▸▸▸▸▸ ❸

단계	채점 기준	비율
❶	a의 값 구하기	40%
❷	b의 값 구하기	40%
❸	올바른 근 구하기	20%

332 답 120

| 접근 방법 | $|\alpha-\beta|$를 a, b에 대한 식으로 나타낸 후 a에 1, 2, 3, …을 차례대로 대입하여 부등식을 만족시키는 순서쌍의 개수를 구한다.

이차방정식 $x^2+2ax-b=0$의 두 근이 α, β이므로 근과 계수의 관계에 의하여

$\alpha+\beta=-2a$, $\alpha\beta=-b$

$$\therefore |\alpha-\beta|=\sqrt{(\alpha-\beta)^2}$$
$$=\sqrt{(\alpha+\beta)^2-4\alpha\beta}$$
$$=\sqrt{(-2a)^2-4\times(-b)}=\sqrt{4a^2+4b}$$
$$=2\sqrt{a^2+b}$$

이때 $|\alpha-\beta|<12$에서 $2\sqrt{a^2+b}<12$이므로

$\sqrt{a^2+b}<6$ $\therefore a^2+b<36$ ($\because$ a, b는 자연수)

(i) $a=1$일 때, $b<35$이므로 순서쌍 (a, b)의 개수는 34이다. (1, 1), (1, 2), …, (1, 34)

(ii) $a=2$일 때, $b<32$이므로 순서쌍 (a, b)의 개수는 31이다. (2, 1), (2, 2), …, (2, 31)

(iii) $a=3$일 때, $b<27$이므로 순서쌍 (a, b)의 개수는 26이다. (3, 1), (3, 2), …, (3, 26)

(iv) $a=4$일 때, $b<20$이므로 순서쌍 (a, b)의 개수는 19이다. (4, 1), (4, 2), …, (4, 19)

(v) $a=5$일 때, $b<11$이므로 순서쌍 (a, b)의 개수는 10이다. (5, 1), (5, 2), …, (5, 10)

(vi) $a\geq6$일 때, 자연수 b는 존재하지 않는다.

(i)~(vi)에서 모든 순서쌍 (a, b)의 개수는

$34+31+26+19+10=120$

333 답 -10

| 접근 방법 | 삼각형 ABC에서 $\angle C$는 지름에 대한 원주각이므로 $\angle C=90°$이다. 따라서 두 직각삼각형 ADC와 CDB가 서로 닮음임을 이용하여 식을 세운다.

이차방정식 $x^2-8x+4=0$의 두 근이 α, β이므로 근과 계수의 관계에 의하여

$\alpha+\beta=8$, $\alpha\beta=4$

오른쪽 그림과 같이 $\overline{AC}$, $\overline{BC}$를 그으면 $\angle ACB$는 지름에 대한 원주각이므로 삼각형 ABC는 $\angle ACB=90°$인 직각삼각형이다.

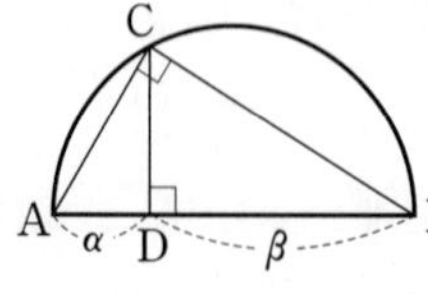

즉, $\triangle ADC$와 $\triangle CDB$는 서로 닮음이므로

$\overline{AD}:\overline{CD}=\overline{CD}:\overline{BD}$

$\overline{CD}^2=\overline{AD}\times\overline{BD}=\alpha\beta=4$

$\therefore \overline{CD}=2$ ($\because \overline{CD}>0$)

또 점 D는 선분 AB 위의 점이므로

$\overline{AB}=\overline{AD}+\overline{BD}=\alpha+\beta=8$

따라서 $\frac{1}{\overline{AB}}$, $\frac{1}{\overline{CD}}$, 즉 $\frac{1}{8}$, $\frac{1}{2}$을 두 근으로 하고 x^2의 계수가 16인 이차방정식은

$16\left\{x^2-\left(\frac{1}{8}+\frac{1}{2}\right)x+\frac{1}{8}\times\frac{1}{2}\right\}=0$

$\therefore 16x^2-10x+1=0$

따라서 $a=-10$, $b=1$이므로 $ab=-10$

334 답 41

| 접근 방법 | 나머지 정리와 켤레근의 성질을 이용하여 p, q에 대한 식을 세운다.

(가)에서 나머지 정리에 의하여 $f(1)=2$

즉, $1+p+q=2$에서 $p+q=1$ …… ㉠

(나)에서 이차방정식의 계수가 실수이므로 $a+i$가 근이면 다른 한 근은 $a-i$이다.

이차방정식 $x^2+px+q=0$에서 근과 계수의 관계에 의하여

$(a+i)+(a-i)=-p$, $(a+i)(a-i)=q$

$\therefore p=-2a$, $q=a^2+1$

이를 ㉠에 대입하면

$-2a+a^2+1=1$

$a^2-2a=0$, $a(a-2)=0$

$\therefore a=2$ ($\because a\neq0$)

따라서 $p=-4$, $q=5$이므로 $p^2+q^2=41$

01 이차방정식과 이차함수의 관계

개념 확인 161쪽

335 답 (1) 서로 다른 두 점에서 만난다.
(2) 한 점에서 만난다(접한다).
(3) 만나지 않는다.

(1) 이차방정식 $-x^2+3x+4=0$의 판별식을 D라 하면

$D=9+16=25>0$

따라서 x축과 서로 다른 두 점에서 만난다.

(2) 이차방정식 $x^2-2x+1=0$의 판별식을 D라 하면

$\frac{D}{4}=1-1=0$

따라서 x축과 한 점에서 만난다(접한다).

(3) 이차방정식 $x^2+4x+8=0$의 판별식을 D라 하면

$\frac{D}{4}=4-8=-4<0$

따라서 x축과 만나지 않는다.

336 답 (1) 서로 다른 두 점에서 만난다.
(2) 한 점에서 만난다(접한다).
(3) 만나지 않는다.

(1) $x^2+2x-4=x$에서 $x^2+x-4=0$

이 이차방정식의 판별식을 D라 하면

$D=1+16=17>0$

따라서 직선과 서로 다른 두 점에서 만난다.

(2) $x^2+2x-4=-2x-8$에서 $x^2+4x+4=0$

이 이차방정식의 판별식을 D라 하면

$\frac{D}{4}=4-4=0$

따라서 직선과 한 점에서 만난다(접한다).

(3) $x^2+2x-4=-x-7$에서 $x^2+3x+3=0$

이 이차방정식의 판별식을 D라 하면

$D=9-12=-3<0$

따라서 직선과 만나지 않는다.

유제 163~169쪽

337 답 $a=5$, $b=-4$

이차함수의 그래프와 x축의 교점의 x좌표가 -4, -1이므로 -4, -1은 이차방정식 $-x^2-ax+b=0$, 즉 $x^2+ax-b=0$의 두 근이다.

근과 계수의 관계에 의하여

$-4+(-1)=-a$, $-4\times(-1)=-b$

$\therefore a=5, b=-4$

338 답 -4, 16

이차함수의 그래프와 x축의 교점의 x좌표를 α, β라 하면 α, β는 이차방정식 $x^2-kx+3k+9=0$의 두 근이므로 근과 계수의 관계에 의하여

$\alpha+\beta=k$, $\alpha\beta=3k+9$ …… ㉠

이때 두 점 사이의 거리가 $2\sqrt{7}$이므로

$|\alpha-\beta|=2\sqrt{7}$

양변을 제곱하면 $(\alpha-\beta)^2=28$

$(\alpha+\beta)^2-4\alpha\beta=28$

㉠을 대입하면 $k^2-4(3k+9)=28$

$k^2-12k-64=0$, $(k+4)(k-16)=0$

$\therefore k=-4$ 또는 $k=16$

339 답 $(-3, 0)$, $(1, 0)$

이차함수의 그래프와 x축의 교점의 x좌표가 -6, 3이므로 -6, 3은 이차방정식 $-x^2+ax+b=0$, 즉 $x^2-ax-b=0$의 두 근이다.

근과 계수의 관계에 의하여

$-6+3=a$, $-6\times3=-b$

$\therefore a=-3, b=18$

이때 이차함수 $y=x^2+\frac{b}{9}x+a$의 그래프와 x축의 교점의 x좌표는 이차방정식 $x^2+\frac{b}{9}x+a=0$, 즉 $x^2+2x-3=0$의 두 근이므로

$(x+3)(x-1)=0$ $\quad\therefore x=-3$ 또는 $x=1$

따라서 구하는 두 점의 좌표는 $(-3, 0)$, $(1, 0)$이다.

340 답 -3

이차함수의 그래프와 x축의 교점의 x좌표가 a, $2b$이므로 a, $2b$는 이차방정식 $-x^2+5ax-4=0$, 즉 $x^2-5ax+4=0$의 두 근이다.

근과 계수의 관계에 의하여

$a+2b=5a$, $a\times2b=4$

$\therefore b=2a$, $ab=2$

$b=2a$를 $ab=2$에 대입하면

$2a^2=2$, $a^2=1$ $\quad\therefore a=-1$ ($\because a<0$)

이를 $b=2a$에 대입하면 $b=-2$

$\therefore a+b=-3$

341 답 (1) $k<6$ (2) $k=6$ (3) $k>6$

이차방정식 $2x^2-8x+k+2=0$의 판별식을 D라 하면

$\frac{D}{4}=16-2(k+2)=-2k+12$

(1) $D>0$이어야 하므로 $-2k+12>0$

$\therefore k<6$

(2) $D=0$이어야 하므로 $-2k+12=0$

$\therefore k=6$

(3) $D<0$이어야 하므로 $-2k+12<0$

$\therefore k>6$

342 답 1

이차방정식 $x^2+(2m-3)x+m^2+m-5=0$의 판별식을 D라 하면 $D\geq0$이어야 하므로

$D=(2m-3)^2-4(m^2+m-5)\geq0$

$-16m+29\geq0$ $\quad\therefore m\leq\frac{29}{16}=1+\frac{13}{16}$

따라서 정수 m의 최댓값은 1이다.

343 답 -2

이차방정식 $x^2+3kx-3k+3=0$의 판별식을 D_1이라 하면 $D_1=0$이어야 하므로

$D_1=(3k)^2-4(-3k+3)=0$

$9k^2+12k-12=0$, $3k^2+4k-4=0$

$(k+2)(3k-2)=0$

$\therefore k=-2$ 또는 $k=\frac{2}{3}$ …… ㉠

이차방정식 $-x^2+x+k+1=0$의 판별식을 D_2라 하면 $D_2<0$이어야 하므로

$D_2=1+4(k+1)<0$

$4k+5<0$ $\quad\therefore k<-\frac{5}{4}$ …… ㉡

㉠, ㉡에서 $k=-2$

344 답 2

이차방정식 $x^2-2(a+k)x+k^2-4k-b=0$의 판별식을 D라 하면 $D=0$이어야 하므로

$\frac{D}{4}=\{-(a+k)\}^2-(k^2-4k-b)=0$

$(2a+4)k+a^2+b=0$

이 등식이 k에 대한 항등식이므로 (k의 값에 관계없이 항상 성립한다.)

$2a+4=0$, $a^2+b=0$

$\therefore a=-2, b=-4$ $\quad\therefore a-b=2$

345 답 -1

이차함수의 그래프와 직선의 교점의 x좌표가 -1, 2이므로 -1, 2는 이차방정식 $-4x^2+ax+2=x+b$, 즉 $4x^2+(1-a)x+b-2=0$의 두 근이다.
근과 계수의 관계에 의하여
$-1+2=\frac{a-1}{4}$, $-1\times2=\frac{b-2}{4}$
$\therefore a=5,\ b=-6$
$\therefore a+b=-1$

346 답 16

이차함수의 그래프와 직선의 한 교점의 x좌표가 $4-\sqrt{3}$이므로 $4-\sqrt{3}$은 이차방정식
$x^2+ax-6=5x+b$, 즉
$x^2+(a-5)x-6-b=0$의 한 근이다.
이때 a, b가 유리수이므로 다른 한 근은 $4+\sqrt{3}$이다.
근과 계수의 관계에 의하여
$(4-\sqrt{3})+(4+\sqrt{3})=-a+5$,
$(4-\sqrt{3})(4+\sqrt{3})=-6-b$
$\therefore a=-3,\ b=-19$
$\therefore a-b=16$

347 답 120

이차함수의 그래프와 직선의 교점의 x좌표는 이차방정식 $3x^2-x-6=ax+b$, 즉
$3x^2-(1+a)x-6-b=0$의 두 근이므로 근과 계수의 관계에 의하여
$-3=\frac{1+a}{3}$, $2=\frac{-6-b}{3}$
$\therefore a=-10,\ b=-12$
$\therefore ab=120$

348 답 (6, 7)

점 B의 x좌표를 a라 하면 -4, a는 이차방정식 $-x^2+6x+7=4x+k$, 즉 $x^2-2x+k-7=0$의 두 근이므로 근과 계수의 관계에 의하여
$-4+a=2$, $-4\times a=k-7$
$\therefore a=6,\ k=-17$
즉, 점 B의 x좌표는 6이고 점 B는 직선 $y=4x-17$ 위의 점이므로 점 B의 y좌표는
$y=4\times6-17=7$
따라서 점 B의 좌표는 (6, 7)이다.

| 다른 풀이 |

이차함수의 그래프와 직선의 교점의 x좌표는 이차방정식 $-x^2+6x+7=4x+k$, 즉
$x^2-2x+k-7=0$의 두 근이다.
즉, 이차방정식 $x^2-2x+k-7=0$의 한 근이 -4이므로 $x=-4$를 대입하면
$16+8+k-7=0$ $\quad\therefore k=-17$
이를 $x^2-2x+k-7=0$에 대입하면
$x^2-2x-24=0$, $(x+4)(x-6)=0$
$\therefore x=-4$ 또는 $x=6$
즉, 점 B의 x좌표는 6이고 점 B는 직선 $y=4x-17$ 위의 점이므로 점 B의 y좌표는
$y=4\times6-17=7$
따라서 점 B의 좌표는 (6, 7)이다.

349 답 (1) $k<21$ (2) $k=21$ (3) $k>21$

이차방정식 $-x^2-8x-2k=4x-6$, 즉
$x^2+12x+2k-6=0$의 판별식을 D라 하면
$\frac{D}{4}=36-(2k-6)=-2k+42$
(1) $D>0$이어야 하므로
$-2k+42>0$ $\quad\therefore k<21$
(2) $D=0$이어야 하므로
$-2k+42=0$ $\quad\therefore k=21$
(3) $D<0$이어야 하므로
$-2k+42<0$ $\quad\therefore k>21$

350 답 3

이차방정식 $x^2-2ax-a=-6x-a^2+5$, 즉
$x^2-2(a-3)x+a^2-a-5=0$의 판별식을 D라 하면 $D<0$이어야 하므로
$\frac{D}{4}=\{-(a-3)\}^2-(a^2-a-5)<0$
$-5a+14<0$ $\quad\therefore a>\frac{14}{5}=2+\frac{4}{5}$
따라서 정수 a의 최솟값은 3이다.

351 답 4

이차방정식 $-x^2+x-k=-x-3$, 즉
$x^2-2x+k-3=0$의 판별식을 D라 하면 $D\geq0$이어야 하므로
$\frac{D}{4}=1-(k-3)\geq0$
$-k+4\geq0$ $\quad\therefore k\leq4$
따라서 자연수 k는 1, 2, 3, 4의 4개이다.

352 답 ④

점 $(-1, 0)$을 지나고 기울기가 m인 직선의 방정식은

$y=m(x+1)$ $\quad\therefore y=mx+m$

이차방정식 $x^2+x+4=mx+m$, 즉

$x^2+(1-m)x+4-m=0$의 판별식을 D라 하면

$D=0$이므로

$D=(1-m)^2-4(4-m)=0$

$m^2+2m-15=0$, $(m+5)(m-3)=0$

$\therefore m=-5$ 또는 $m=3$

그런데 m은 양수이므로 $m=3$

연습문제 170~171쪽

353 답 ⑤

이차함수의 그래프와 x축의 교점의 x좌표를 α, β라 하면 α, β는 이차방정식 $2x^2+ax-1=0$의 두 근이므로 근과 계수의 관계에 의하여

$\alpha+\beta=-\frac{a}{2}$

따라서 $-\frac{a}{2}=-1$이므로 $a=2$

354 답 ④

① 이차방정식 $-2x^2-6x-3=0$의 판별식을 D라 하면

$\frac{D}{4}=9-6=3>0$

이므로 x축과의 교점의 개수는 2이다.

② 이차방정식 $-x^2-5x+9=0$의 판별식을 D라 하면

$D=25+36=61>0$

이므로 x축과의 교점의 개수는 2이다.

③ 이차방정식 $x^2-5x+2=0$의 판별식을 D라 하면

$D=25-8=17>0$

이므로 x축과의 교점의 개수는 2이다.

④ 이차방정식 $2x^2+3x+4=0$의 판별식을 D라 하면

$D=9-32=-23<0$

이므로 x축과의 교점의 개수는 0이다.

⑤ 이차방정식 $3x^2+4x-1=0$의 판별식을 D라 하면

$\frac{D}{4}=4+3=7>0$

이므로 x축과의 교점의 개수는 2이다.

따라서 x축과의 교점의 개수가 나머지 넷과 다른 것은 ④이다.

355 답 12

점 $(-1, -3)$이 이차함수 $y=x^2+ax+b$의 그래프 위의 점이므로 $x=-1$, $y=-3$을 대입하면

$-3=1-a+b$ $\quad\therefore b=a-4$ $\quad$ ······ ㉠

이차방정식 $x^2+ax+a-4=4x+1$, 즉

$x^2+(a-4)x+a-5=0$의 판별식을 D라 하면

$D=0$이므로

$D=(a-4)^2-4(a-5)=0$

$a^2-12a+36=0$, $(a-6)^2=0$

$\therefore a=6$

이를 ㉠에 대입하면 $b=2$

$\therefore ab=12$

356 답 6

두 이차함수의 그래프의 교점의 x좌표는 이차방정식

$-\frac{1}{2}x^2+2x+k=\frac{1}{2}x^2-4x+6$, 즉

$x^2-6x+6-k=0$의 두 근이다.

즉, 이차방정식 $x^2-6x+6-k=0$의 한 근이 1이므로

$x=1$을 대입하면

$1-6+6-k=0$ $\quad\therefore k=1$

이를 $x^2-6x+6-k=0$에 대입하면

$x^2-6x+5=0$, $(x-1)(x-5)=0$

$\therefore x=1$ 또는 $x=5$

따라서 $\alpha=5$이므로

$k+\alpha=1+5=6$

| 참고 | 두 이차함수 $y=f(x)$와 $y=g(x)$의 그래프가 서로 다른 두 점에서 만나면 두 교점의 x좌표는 방정식 $f(x)-g(x)=0$의 실근과 같다.

357 답 −3

(가)에서 이차함수 $y=f(x)$의 그래프의 축의 방정식은

$x=\frac{-3+1}{2}=-1$

따라서 $f(x)=(x+1)^2+k$ (k는 상수)라 하자. ▸▸▸▸▸▸ ❶

(나)에서 이차방정식 $(x+1)^2+k=-4$, 즉

$x^2+2x+k+5=0$의 판별식을 D라 하면 $D=0$이어야 하므로

$\frac{D}{4}=1-(k+5)=0$ $\quad\therefore k=-4$

$\therefore f(x)=(x+1)^2-4$

$\qquad\quad=x^2+2x-3$ ▸▸▸▸▸▸ ❷

따라서 이차방정식 $x^2+2x-3=0$에서 근과 계수의
└ $\frac{D}{4}=1+3=4>0$

관계에 의하여 두 근의 곱은 -3이므로 함수 $y=f(x)$의 그래프가 x축과 만나는 두 점의 x좌표의 곱은 -3이다. ▸▸▸▸▸▸ ❸

단계	채점 기준	비율
❶	그래프의 축을 이용하여 $f(x)$의 식 세우기	30%
❷	$f(x)$ 구하기	40%
❸	이차함수의 그래프가 x축과 만나는 두 점의 x좌표의 곱 구하기	30%

358 답 ③

이차함수 $y=x^2+ax+b$의 그래프가 점 $(1, 0)$에서 x축에 접하므로 이차방정식 $x^2+ax+b=0$은 $x=1$을 중근으로 갖는다.

즉, $x^2+ax+b=(x-1)^2$이므로

$x^2+ax+b=x^2-2x+1$

$\therefore a=-2, b=1$

이차함수 $y=x^2+bx+a$, 즉 $y=x^2+x-2$의 그래프가 x축과 만나는 두 점의 x좌표는 이차방정식 $x^2+x-2=0$의 두 근이므로

$(x+2)(x-1)=0 \qquad \therefore x=-2$ 또는 $x=1$

따라서 두 점 $(-2, 0)$, $(1, 0)$ 사이의 거리는

$1-(-2)=3$

359 답 $\frac{3}{2}$

α, β는 이차방정식 $x^2+(2k-3)x+k=-kx+1$, 즉 $x^2+(3k-3)x+k-1=0$의 두 근이므로 근과 계수의 관계에 의하여

$\alpha+\beta=-3k+3 \quad \cdots\cdots ㉠$

$\alpha\beta=k-1 \quad \cdots\cdots ㉡$

$\alpha=2\beta$를 ㉠에 대입하면

$3\beta=-3k+3$

$\therefore \beta=-k+1$

이를 ㉡에 대입하면 $\alpha(-k+1)=k-1$

이때 $k\neq1$이므로 $\alpha=-1$

$\alpha=2\beta$이므로 $\beta=-\frac{1}{2}$

따라서 ㉡에서

$k=\alpha\beta+1$

$=\frac{1}{2}+1=\frac{3}{2}$

360 답 20

이차방정식 $x^2-2ax+a^2-5a=mx+n$, 즉 $x^2-(2a+m)x+a^2-5a-n=0$의 판별식을 D라 하면 $D=0$이어야 하므로

$D=\{-(2a+m)\}^2-4(a^2-5a-n)=0$

$(4m+20)a+m^2+4n=0$

이 등식이 a에 대한 항등식이므로

$4m+20=0$, $m^2+4n=0$

$\therefore m=-5, n=-\frac{25}{4}$

$\therefore m-4n=-5+25=20$

361 답 9

이차방정식 $x^2-2ax+a^2-11=6x-4k$, 즉 $x^2-2(a+3)x+a^2+4k-11=0$의 판별식을 D라 하면 $D<0$이어야 하므로

$\frac{D}{4}=\{-(a+3)\}^2-(a^2+4k-11)<0$

$6a-4k+20<0 \qquad \therefore a<\frac{2k-10}{3}$

$k=10$일 때, $a<\frac{10}{3}$이므로 자연수 a는 1, 2, 3의 3개이다.

$\therefore f(10)=3$

$k=15$일 때, $a<\frac{20}{3}$이므로 자연수 a는 1, 2, 3, 4, 5, 6의 6개이다.

$\therefore f(15)=6$

$\therefore f(10)+f(15)=3+6=9$

362 답 ②

| 접근 방법 | 선분 BC의 길이를 α, β를 이용하여 나타낸 후 $\alpha+\beta$, $\alpha\beta$의 값을 구한다.

이차함수 $y=ax^2$의 그래프와 직선 $y=x+6$이 만나는 두 점의 x좌표가 α, β이므로 α, β는 이차방정식 $ax^2=x+6$, 즉 $ax^2-x-6=0$의 두 근이다.

근과 계수의 관계에 의하여

$\alpha+\beta=\frac{1}{a}, \alpha\beta=-\frac{6}{a} \quad \cdots\cdots ㉠$

이때 두 점 A, B는 직선 $y=x+6$ 위의 점이므로

$A(\alpha, \alpha+6)$, $B(\beta, \beta+6)$

즉, $C(\beta, \alpha+6)$이므로

$\overline{BC}=(\beta+6)-(\alpha+6)=\frac{7}{2}$

$\therefore \alpha-\beta=-\frac{7}{2}$

양변을 제곱하면 $(\alpha-\beta)^2=\frac{49}{4}$

$(\alpha+\beta)^2-4\alpha\beta=\frac{49}{4}$

㉠을 대입하면

$\left(\frac{1}{a}\right)^2-4\times\left(-\frac{6}{a}\right)=\frac{49}{4}$

$49a^2-96a-4=0$ ($\because a>0$)

$(49a+2)(a-2)=0 \qquad \therefore a=2$ ($\because a>0$)

따라서 $\alpha+\beta=\frac{1}{2}$, $\alpha\beta=-3$이므로

$\alpha^2+\beta^2=(\alpha+\beta)^2-2\alpha\beta$

$\qquad=\left(\frac{1}{2}\right)^2-2\times(-3)=\frac{25}{4}$

363 답 $\frac{9}{2}$ m

| 접근 방법 | 조형물을 이차함수의 그래프, 불빛을 직선으로 생각하여 이차함수의 그래프와 직선이 접하는 경우를 이용한다.

A 지점을 원점, 지면을 x축, 조명을 y축으로 하여 좌표평면 위에 나타내면 오른쪽 그림과 같다.

이때 포물선의 방정식을

$y=ax(x-4)$ $(a<0)$

라 하면 이 포물선이 점 $(2, 4)$를 지나므로

$4=-4a \qquad \therefore a=-1$

즉, 포물선의 방정식은

$y=-x(x-4)=-x^2+4x$

한편 포물선의 접선의 y절편이 9이므로 직선의 방정식을 $y=bx+9$ $(b<0)$라 하면

$-x^2+4x=bx+9$에서

$x^2+(b-4)x+9=0$

이 이차방정식의 판별식을 D라 하면 $D=0$이어야 하므로

$D=(b-4)^2-36=0$

$b^2-8b-20=0$, $(b+2)(b-10)=0$

$\therefore b=-2$ 또는 $b=10$

그런데 $b<0$이므로 $b=-2$

즉, 직선의 방정식은 $y=-2x+9$

이 직선의 x절편은 $\frac{9}{2}$이므로 $\overline{AC}=\frac{9}{2}$

따라서 두 지점 A, C 사이의 거리는 $\frac{9}{2}$ m이다.

02 이차함수의 최대, 최소

개념 확인 173쪽

364 답 (1) 최댓값: 11, 최솟값: 없다.

(2) 최댓값: 없다., 최솟값: $-\frac{13}{2}$

(3) 최댓값: 32, 최솟값: 없다.

(4) 최댓값: 없다., 최솟값: -17

(1) $y=-x^2+4x+7=-(x-2)^2+11$이므로 최솟값은 없고, $x=2$일 때 최댓값 11을 갖는다.

(2) $y=\frac{1}{2}x^2+3x-2=\frac{1}{2}(x+3)^2-\frac{13}{2}$이므로 최댓값은 없고, $x=-3$일 때 최솟값 $-\frac{13}{2}$을 갖는다.

(3) $y=-3x^2-18x+5=-3(x+3)^2+32$이므로 최솟값은 없고, $x=-3$일 때 최댓값 32를 갖는다.

(4) $y=2x^2-8x-9=2(x-2)^2-17$이므로 최댓값은 없고, $x=2$일 때 최솟값 -17을 갖는다.

365 답 3

$y=-(x-p)^2+q$는 $x=p$일 때 최댓값 q를 갖는다.

따라서 $p=1$, $q=2$이므로

$p+q=3$

유제 175~182쪽

366 답 (1) 최댓값: 4, 최솟값: -8

(2) 최댓값: 13, 최솟값: 1

(1) $y=-3x^2-6x+1$

$\quad=-3(x+1)^2+4$

꼭짓점의 x좌표 -1이 $-2\le x\le 1$에 포함되므로

$x=-1$일 때, 최댓값 4

$x=1$일 때, 최솟값 -8

(2) $y=x^2+2x-2$

$\quad=(x+1)^2-3$

꼭짓점의 x좌표 -1이 $-5\le x\le -3$에 포함되지 않으므로

$x=-5$일 때, 최댓값 13

$x=-3$일 때, 최솟값 1

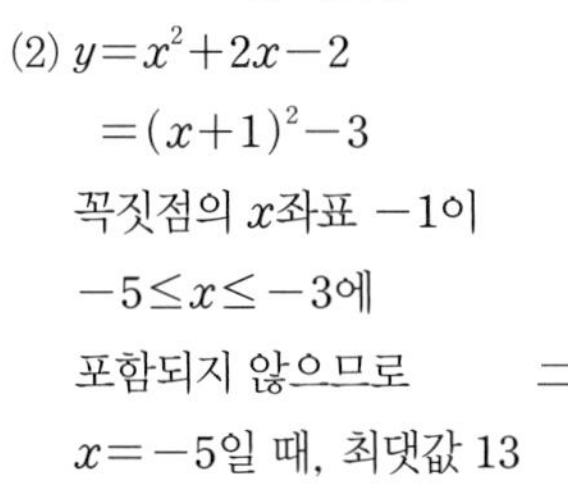

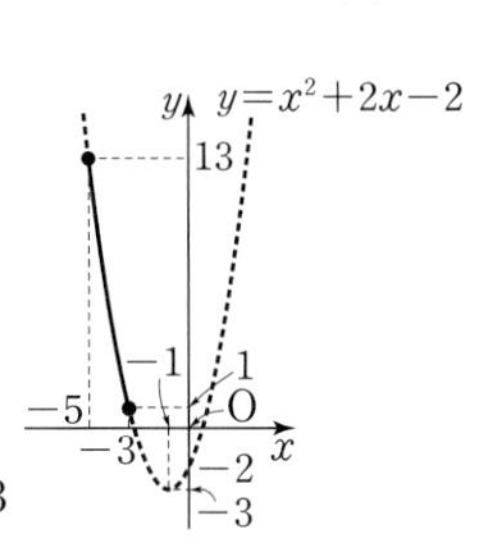

367 답 28

$y=-\frac{1}{2}x^2+5x+\frac{11}{2}$

$=-\frac{1}{2}(x-5)^2+18$

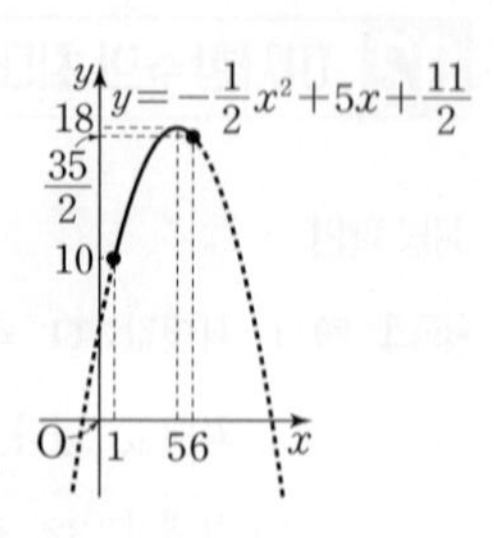

꼭짓점의 x좌표 5가

$1 \le x \le 6$에 포함되므로

$x=5$일 때, 최댓값 $M=18$

$x=1$일 때, 최솟값 $m=10$

$\therefore M+m=28$

368 답 -4

$y=x^2-2x+k=(x-1)^2+k-1$

꼭짓점의 x좌표 1이 $0 \le x \le 3$에 포함되므로

$x=3$일 때, 최댓값 $M=k+3$

$x=1$일 때, 최솟값 $m=k-1$

$\therefore Mm=(k+3)(k-1)=k^2+2k-3=(k+1)^2-4$

따라서 Mm은 $k=-1$일 때 최솟값 -4를 갖는다.

369 답 9

$f(x)=x^2-4mx+3m^2+6m+1$

$=(x-2m)^2-m^2+6m+1$

따라서 $f(x)$는 $x=2m$일 때 최솟값 $-m^2+6m+1$을 가지므로

$g(m)=-m^2+6m+1=-(m-3)^2+10$

따라서 꼭짓점의 m좌표 3이 $-5 \le m \le 2$에 포함되지 않으므로 $m=2$일 때 최댓값 9를 갖는다.

370 답 (1) 14 (2) -14

(1) $y=3x^2-12x+k=3(x-2)^2+k-12$

꼭짓점의 x좌표 2가 $0 \le x \le 3$에 포함되므로 $x=2$일 때 최솟값 $k-12$를 갖는다.

이때 주어진 조건에서 최솟값이 2이므로

$k-12=2 \quad \therefore k=14$

따라서 $y=3(x-2)^2+2$는 $x=0$일 때 최댓값 14를 갖는다.

(2) $y=-x^2-2x+k=-(x+1)^2+k+1$

꼭짓점의 x좌표 -1이 $-6 \le x \le -3$에 포함되지 않으므로 $x=-3$일 때 최댓값 $k-3$을 갖는다.

이때 주어진 조건에서 최댓값이 7이므로

$k-3=7 \quad \therefore k=10$

따라서 $y=-(x+1)^2+11$은 $x=-6$일 때 최솟값 -14를 갖는다.

371 답 5

$y=x^2-4x+a=(x-2)^2+a-4$

꼭짓점의 x좌표 2가 $-2 \le x \le 4$에 포함되므로

$x=-2$일 때 최댓값 $a+12$, $x=2$일 때 최솟값 $a-4$를 갖는다.

이때 주어진 조건에서 최댓값과 최솟값의 합이 18이므로

$(a+12)+(a-4)=18$, $2a=10$

$\therefore a=5$

372 답 2

$y=ax^2-8ax+b=a(x-4)^2-16a+b$

꼭짓점의 x좌표 4가 $2 \le x \le 5$에 포함되고 $a<0$이므로 $x=4$일 때 최댓값 $-16a+b$, $x=2$일 때 최솟값 $-12a+b$를 갖는다.

이때 주어진 조건에서 최댓값이 17, 최솟값이 13이므로

$-16a+b=17$, $-12a+b=13$

두 식을 연립하여 풀면

$a=-1$, $b=1$

$\therefore b-a=2$

373 답 6

$y=x^2-6x+a=(x-3)^2+a-9$

(i) $0<a<3$일 때,

꼭짓점의 x좌표 3은 $0 \le x \le a$에 포함되지 않으므로 $x=a$일 때 최솟값 a^2-5a를 갖는다.

이때 주어진 조건에서 최솟값이 -4이므로

$a^2-5a=-4$

$a^2-5a+4=0$

$(a-1)(a-4)=0$

$\therefore a=1$ 또는 $a=4$

그런데 $0<a<3$이므로 $a=1$

(ii) $a \ge 3$일 때,

꼭짓점의 x좌표 3은 $0 \le x \le a$에 포함되므로 $x=3$일 때 최솟값 $a-9$를 갖는다.

이때 주어진 조건에서 최솟값이 -4이므로

$a-9=-4$

$\therefore a=5$

(i), (ii)에서 $a=1$ 또는 $a=5$

따라서 모든 양수 a의 값의 합은

$1+5=6$

374 답 (1) -7 (2) 최댓값: -9, 최솟값: -41

(1) $y=(x^2+x)^2-4(x^2+x)-3$에서

$x^2+x=t$로 놓으면

$t=x^2+x=\left(x+\frac{1}{2}\right)^2-\frac{1}{4}$

$x=-\frac{1}{2}$일 때 최솟값 $-\frac{1}{4}$을 가지므로 t의 값의 범위는

$t\ge-\frac{1}{4}$

주어진 함수는

$y=t^2-4t-3=(t-2)^2-7$ …… ㉠

따라서 $t\ge-\frac{1}{4}$에서 ㉠은 $t=2$일 때 최솟값 -7을 갖는다.

(2) $y=-(x^2+4x-1)^2+2(x^2+4x-1)-6$에서

$x^2+4x-1=t$로 놓으면

$t=x^2+4x-1=(x+2)^2-5$

$-4\le x\le-1$에서 $x=-4$일 때 최댓값 -1, $x=-2$일 때 최솟값 -5를 가지므로 t의 값의 범위는

$-5\le t\le-1$

주어진 함수는

$y=-t^2+2t-6=-(t-1)^2-5$ …… ㉠

따라서 $-5\le t\le-1$에서 ㉠은 $t=-1$일 때 최댓값 -9, $t=-5$일 때 최솟값 -41을 갖는다.

375 답 최댓값: 36, 최솟값: -24

$4x+y=6$에서 $y=-4x+6$이므로

$x^2-2y=x^2-2(-4x+6)$

$=x^2+8x-12$

$=(x+4)^2-28$ …… ㉠

따라서 $-2\le x\le4$에서 ㉠은 $x=4$일 때 최댓값 36, $x=-2$일 때 최솟값 -24를 갖는다.

376 답 -6

$y=2(x^2-2x+3)^2-8(x^2-2x+3)+1$에서

$x^2-2x+3=t$로 놓으면

$t=x^2-2x+3=(x-1)^2+2$

$-2\le x\le2$에서 $x=-2$일 때 최댓값 11, $x=1$일 때 최솟값 2를 갖는다. …… ㉠

t의 값의 범위는

$2\le t\le11$

주어진 함수는

$y=2t^2-8t+1=2(t-2)^2-7$ …… ㉡

$2\le t\le11$에서 ㉡은 $t=2$일 때 최솟값 -7을 갖는다.

$\therefore b=-7$

이때 ㉠에서 $x=1$일 때 $t=2$이므로 $a=1$

$\therefore a+b=-6$

377 답 50

이차방정식 $x^2+2mx+m^2-m+5=0$의 판별식을 D라 하면 $D\ge0$이어야 하므로

└ 두 실근 α, β가 같을 수 있으므로 $D=0$까지 생각한다.

$\frac{D}{4}=m^2-(m^2-m+5)\ge0$

$m-5\ge0$ $\therefore m\ge5$

이차방정식의 근과 계수의 관계에 의하여

$\alpha+\beta=-2m$

$\alpha\beta=m^2-m+5$

$\therefore \alpha^2+\beta^2=(\alpha+\beta)^2-2\alpha\beta$

$=(-2m)^2-2(m^2-m+5)$

$=2m^2+2m-10$

$=2\left(m+\frac{1}{2}\right)^2-\frac{21}{2}$ …… ㉠

$m\ge5$에서 ㉠은 $m=5$일 때 최솟값 50을 갖는다.

378 답 10

$y=-x^2+4x=-(x-2)^2+4$

점 A의 좌표를 $(a, 0)$ $(0<a<2)$이라 하면

$\mathrm{B}(4-a, 0)$, $\mathrm{D}(a, -a^2+4a)$

두 선분 AB, AD의 길이는

$\overline{\mathrm{AB}}=4-2a$

$\overline{\mathrm{AD}}=-a^2+4a$

직사각형 ABCD의 둘레의 길이를 l이라 하면

$l=2(\overline{\mathrm{AB}}+\overline{\mathrm{AD}})$

$=2(4-2a-a^2+4a)$

$=-2a^2+4a+8$

$=-2(a-1)^2+10$

따라서 $0<a<2$에서 $a=1$일 때 최댓값 10을 가지므로 직사각형 ABCD의 둘레의 길이의 최댓값은 10이다.

| 참고 | 이차함수 $y=-x^2+4x$의 그래프의 축이 $x=2$이므로 점 A를 $(a, 0)$이라 하면 $0<a<2$이다.

379 답 110 m

$y=-5t^2+40t+30$

$=-5(t-4)^2+110$

따라서 $0\le t\le 8$에서 $t=4$일 때 최댓값 110을 가지므로 폭죽이 가장 높이 올라갔을 때의 지면으로부터의 높이는 110 m이다.

380 답 4

직사각형의 가로에 필요한 철사의 개수를 x라 하면 가로와 세로의 합에 필요한 철사의 개수가 8개이므로 세로에 필요한 철사의 개수는 $8-x\,(0<x<8)$이다.

직사각형의 넓이를 S라 하면

$S=3x\times 3(8-x)$

$=-9(x^2-8x)$

$=-9(x-4)^2+144$

따라서 $0<x<8$에서 $x=4$일 때 최댓값 144를 갖는다.

즉, 직사각형의 가로에 필요한 철사의 개수는 4이다.

381 답 48

$\triangle ABC\backsim\triangle DFC$ (AA 닮음)이므로

$\overline{AB}:\overline{BC}=\overline{DF}:\overline{FC}$ $\quad\therefore \overline{DF}:\overline{FC}=3:4$

$\overline{DF}=3x$, $\overline{FC}=4x$라 하면

$\overline{BF}=16-4x\,(0<x<4)$

직사각형 DEBF의 넓이를 S라 하면

$S=(16-4x)\times 3x$

$=-12x^2+48x$

$=-12(x-2)^2+48$

따라서 $0<x<4$에서 $x=2$일 때 최댓값 48을 가지므로 직사각형 DEBF의 넓이의 최댓값은 48이다.

| 참고 | $\triangle ABC$, $\triangle DFC$에서

$\angle ABC=\angle DFC=90^\circ$, $\angle ACB=\angle DCF$

이므로 두 삼각형은 AA 닮음이다.

382 답 (1) −10 (2) 22

(1) $2x^2+8x+y^2+3y+\frac{1}{4}$

$=2(x+2)^2+\left(y+\frac{3}{2}\right)^2-10$

이때 x, y가 실수이므로

$2(x+2)^2\ge 0$, $\left(y+\frac{3}{2}\right)^2\ge 0$

따라서 주어진 식은 $x=-2$, $y=-\frac{3}{2}$일 때 최솟값 -10을 갖는다.

(2) $16x-4x^2+12y-3y^2-6$

$=-4(x-2)^2-3(y-2)^2+22$

이때 x, y는 실수이므로

$-4(x-2)^2\le 0$, $-3(y-2)^2\le 0$

따라서 주어진 식은 $x=2$, $y=2$일 때 최댓값 22를 갖는다.

연습문제

183~184쪽

383 답 3

$y=x^2-4x+1$

$=(x-2)^2-3$

꼭짓점의 x좌표 2가 $-1\le x\le 3$에 포함되므로

$x=-1$일 때, 최댓값 6

$x=2$일 때, 최솟값 -3

따라서 최댓값과 최솟값의 합은

$6+(-3)=3$

384 답 2

$y=-x^2-4ax+3=-(x+2a)^2+4a^2+3$이므로

$x=-2a$일 때 최댓값 $4a^2+3$을 갖는다.

이때 주어진 조건에서 최댓값은 7이므로

$4a^2+3=7$, $a^2=1$

$\therefore a=-1$ 또는 $a=1$

그런데 $a>0$이므로 $a=1$

$y=2x^2+4x-5=2(x+1)^2-7$이고, 꼭짓점의 x좌표 -1이 $1\le x\le 3$에 포함되지 않으므로 $x=1$일 때 최솟값 1을 갖는다.

따라서 $a=1$, $m=1$이므로

$a+m=2$

385 답 2

$y=x^2-2x+10$

$=(x-1)^2+9$ $\quad\cdots\cdots$ ㉠

$x=1$일 때 $y=9$이므로 꼭짓점의 x좌표 1은 $a\le x\le 4$에 포함되지 않는다.

$\therefore a>1$

따라서 $a\le x\le 4$에서 ㉠은 $x=a$일 때 최솟값

$a^2-2a+10$을 갖는다.

이때 최솟값이 10이므로

$a^2-2a+10=10$

$a^2-2a=0,\ a(a-2)=0$

$\therefore\ a=0$ 또는 $a=2$

그런데 $a>1$이므로 $a=2$

386 답 56

$6x+2y=4$에서 $y=-3x+2$이므로

$5x^2+xy-y^2=5x^2+x(-3x+2)-(-3x+2)^2$

$=-7x^2+14x-4$

$=-7(x-1)^2+3$ …… ㉠

따라서 $2\le x\le 4$에서 ㉠은 $x=2$일 때 최댓값

$M=-4$, $x=4$일 때 최솟값 $m=-60$을 가지므로

$M-m=56$

387 답 $\frac{13}{2}$

(i) $-3\le x<0$일 때,

$|x|=-x$이므로

$y=2x^2+6x+5$

$=2\left(x+\frac{3}{2}\right)^2+\frac{1}{2}$

따라서 꼭짓점의 x좌표 $-\frac{3}{2}$이 $-3\le x<0$에 포함되므로

$x=-3$일 때, 최댓값 5

$x=-\frac{3}{2}$일 때, 최솟값 $\frac{1}{2}$

(ii) $0\le x\le 4$일 때,

$|x|=x$이므로

$y=2x^2-6x+5$

$=2\left(x-\frac{3}{2}\right)^2+\frac{1}{2}$

따라서 꼭짓점의 x좌표 $\frac{3}{2}$이 $0\le x\le 4$에 포함되므로

$x=4$일 때, 최댓값 13

$x=\frac{3}{2}$일 때, 최솟값 $\frac{1}{2}$

(i), (ii)에서 최댓값은 13, 최솟값은 $\frac{1}{2}$이므로 구하는 곱은

$13\times\frac{1}{2}=\frac{13}{2}$

| 다른 풀이 |

$y=2x^2-6|x|+5$에서 $x^2=|x|^2$이므로

$|x|=t$로 놓으면 $-3\le x\le 4$에서 t의 값의 범위는

$0\le t\le 4$

주어진 함수는

$y=2x^2-6|x|+5$

$=2t^2-6t+5$

$=2\left(t-\frac{3}{2}\right)^2+\frac{1}{2}$

따라서 $0\le t\le 4$에서 y는 $t=4$일 때 최댓값 13,

$t=\frac{3}{2}$일 때 최솟값 $\frac{1}{2}$을 가지므로 구하는 곱은 $\frac{13}{2}$

388 답 11

(가)에서 이차방정식 $x^2+ax+b=-ax+1$, 즉

$x^2+2ax+b-1=0$의 두 근의 합이 4이므로

$4=-2a\qquad\therefore\ a=-2$

$\therefore\ f(x)=x^2-2x+b$

$=(x-1)^2+b-1$

$0\le x\le 3$에서 $f(x)$는 $x=3$일 때 최댓값 $b+3$을 갖고, (나)에서 최댓값은 16이므로

$b+3=16\qquad\therefore\ b=13$

$\therefore\ a+b=-2+13=11$

389 답 18

$f(x)=x^2-2ax+2a^2=(x-a)^2+a^2$

(i) $0<a\le 2$일 때,

$f(x)$는 $x=a$일 때 최솟값 a^2을 가지므로

$a^2=10$

$\therefore\ a=-\sqrt{10}$ 또는 $a=\sqrt{10}$

그런데 $0<a\le 2$이므로 조건을 만족시키는 a는 존재하지 않는다.

(ii) $a>2$일 때,

$f(x)$는 $x=2$일 때 최솟값 $2a^2-4a+4$를 가지므로

$2a^2-4a+4=10$

$2a^2-4a-6=0$

$a^2-2a-3=0$

$(a+1)(a-3)=0$

$\therefore\ a=-1$ 또는 $a=3$

그런데 $a>2$이므로 $a=3$

(i), (ii)에서 $a=3$

따라서 $f(x)=(x-3)^2+9$이므로 $x=0$일 때 최댓값 18을 갖는다.

390 답 14

$y=(x^2-6x+9)^2-8(x^2-6x+9)+10$에서

$x^2-6x+9=t$로 놓으면

$t=x^2-6x+9=(x-3)^2$

$0\leq x\leq 4$에서 $x=0$일 때 최댓값 9, $x=3$일 때 최솟값 0을 갖는다. ······ ㉠

t의 값의 범위는

$0\leq t\leq 9$

주어진 함수는

$y=t^2-8t+10$

$=(t-4)^2-6$ ······ ㉡

$0\leq t\leq 9$에서 ㉡은 $t=4$일 때 최솟값 -6, $t=9$일 때 최댓값 19를 갖는다.

$t=4$에서 $x^2-6x+9=4$

$x^2-6x+5=0$

$(x-1)(x-5)=0$

$\therefore x=1$ 또는 $x=5$

그런데 $0\leq x\leq 4$이므로

$x=1$

$\therefore \alpha=1$

㉠에서 $x=0$일 때 $t=9$이므로

$\beta=0$

따라서 $\alpha=1$, $\beta=0$, $m=-6$, $M=19$이므로

$\alpha+\beta+m+M=14$

391 답 30

이차함수의 그래프가 y축과 만나는 점은

A$(0, 6)$

이차함수의 그래프가 x축과 만나는 점의 x좌표는

$x^2-7x+6=0$에서

$(x-1)(x-6)=0$

$\therefore x=1$ 또는 $x=6$

$\therefore$ B$(1, 0)$, C$(6, 0)$

점 P(a, b)가 점 A에서 점 B를 거쳐 점 C까지 움직이므로 $0\leq a\leq 6$

점 P(a, b)는 이차함수 $y=x^2-7x+6$의 그래프 위의 점이므로

$b=a^2-7a+6$

$\therefore 5a+b=5a+(a^2-7a+6)$

$=a^2-2a+6$

$=(a-1)^2+5$

따라서 $0\leq a\leq 6$에서 $a=6$일 때 최댓값 30을 갖는다.

392 답 44

| 접근 방법 | △APS와 △ABC가 닮음임을 이용하여 직사각형 PQRS의 가로의 길이와 세로의 길이를 변수로 나타낸다.

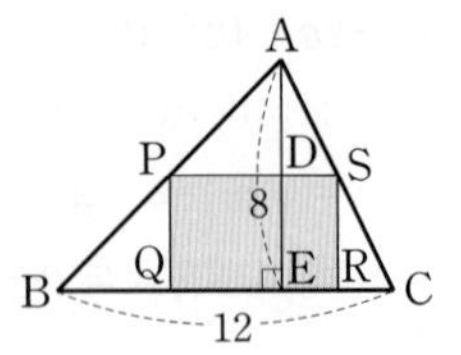

오른쪽 그림과 같이 점 A에서 두 선분 PS, BC에 내린 수선의 발을 각각 D, E라 하면 △APS∽△ABC (AA 닮음)이므로

$\overline{AD}:\overline{PS}=\overline{AE}:\overline{BC}=8:12=2:3$

$\overline{AD}=2x$, $\overline{PS}=3x$라 하면

$\overline{PQ}=\overline{DE}=8-2x$ (단, $0<x<4$)

직사각형 PQRS의 넓이를 S라 하면

$S=3x\times(8-2x)$

$=-6(x^2-4x)$

$=-6(x-2)^2+24$

따라서 $0<x<4$에서 $x=2$일 때 최댓값 24를 가지므로 직사각형 PQRS의 넓이의 최댓값은 $m=24$ ▸▸▸▸▸▸ ❶

이때 $\overline{PS}=6$, $\overline{PQ}=4$이므로 직사각형 PQRS의 둘레의 길이는

$n=2\times(6+4)=20$ ▸▸▸▸▸▸ ❷

$\therefore m+n=24+20=44$ ▸▸▸▸▸▸ ❸

단계	채점 기준	비율
❶	m의 값 구하기	60%
❷	n의 값 구하기	30%
❸	$m+n$의 값 구하기	10%

393 답 ②

점 P는 이차함수 $y=2x^2+1$의 그래프 위의 점이고, 점 Q는 이차함수 $y=-(x-3)^2+1$의 그래프 위의 점이므로

P$(t, 2t^2+1)$, Q$(t, -(t-3)^2+1)$

$\therefore \overline{PQ}=(2t^2+1)-\{-(t-3)^2+1\}$

$=3t^2-6t+9$

사각형 PAQB의 넓이를 S라 하면 두 삼각형 APQ, BPQ의 넓이의 합과 같으므로

$S=\frac{1}{2}\times t\times(3t^2-6t+9)+\frac{1}{2}\times(3-t)\times(3t^2-6t+9)$

$=\frac{9}{2}(t^2-2t+3)$

$=\frac{9}{2}(t-1)^2+9$

따라서 $0<t<3$에서 $t=1$일 때 최솟값 9를 가지므로 사각형 PAQB의 넓이의 최솟값은 9이다.

394 답 -5

| 접근 방법 | 공통부분을 t로 치환한 후 a의 값의 범위에 따라 경우를 나누어 최솟값을 구한다.

$y=(x^2+2x)^2-2a(x^2+2x)$에서

$x^2+2x=t$로 놓으면

$t=x^2+2x=(x+1)^2-1$

$-3\le x\le 2$에서 $x=2$일 때 최댓값 8, $x=-1$일 때 최솟값 -1을 가지므로 t의 값의 범위는

$-1\le t\le 8$

주어진 함수는

$y=t^2-2at$

$=(t-a)^2-a^2$ ······ ㉠

(i) $a<-1$일 때,

꼭짓점의 t좌표 a가 $-1\le t\le 8$에 포함되지 않으므로 ㉠은 $t=-1$일 때 최솟값 $1+2a$를 갖는다.

이때 주어진 조건에서 최솟값이 -4이므로

$1+2a=-4$

$\therefore a=-\frac{5}{2}$

(ii) $-1\le a\le 8$일 때,

꼭짓점의 t좌표 a가 $-1\le t\le 8$에 포함되므로 ㉠은 $t=a$일 때 최솟값 $-a^2$을 갖는다.

이때 주어진 조건에서 최솟값이 -4이므로

$-a^2=-4,\ a^2=4$

$\therefore a=-2$ 또는 $a=2$

그런데 $-1\le a\le 8$이므로 $a=2$

(iii) $a>8$일 때,

꼭짓점의 t좌표 a가 $-1\le t\le 8$에 포함되지 않으므로 ㉠은 $t=8$일 때 최솟값 $64-16a$를 갖는다.

이때 주어진 조건에서 최솟값이 -4이므로

$64-16a=-4$

$\therefore a=\frac{17}{4}$

그런데 $a>8$이므로 조건을 만족시키지 않는다.

(i), (ii), (iii)에서 $a=-\frac{5}{2}$ 또는 $a=2$

따라서 구하는 모든 상수 a의 값의 곱은

$-\frac{5}{2}\times 2=-5$

01 삼차방정식과 사차방정식

개념 확인 187쪽

395 답 (1) $x=-1$ 또는 $x=2$ 또는 $x=3$

(2) $x=-4$ 또는 $x=0$ 또는 $x=4$

(3) $x=-4$ 또는 $x=-1$ 또는 $x=1$ 또는 $x=\frac{7}{2}$

(4) $x=\pm 3$ 또는 $x=\pm 3i$

유제 189~199쪽

396 답 (1) $x=2$ 또는 $x=\frac{1\pm\sqrt{33}}{4}$

(2) $x=-1$ 또는 $x=1$ 또는 $x=\frac{1\pm 2\sqrt{2}i}{3}$

(1) $f(x)=2x^3-5x^2-2x+8$이라 하면

$f(2)=16-20-4+8=0$

$x-2$는 $f(x)$의 인수이므로 조립제법을 이용하여 $f(x)$를 인수분해하면

2	2	−5	−2	8
		4	−2	−8
	2	−1	−4	0

$f(x)=(x-2)(2x^2-x-4)$

주어진 방정식은

$(x-2)(2x^2-x-4)=0$

$\therefore x=2$ 또는 $x=\frac{1\pm\sqrt{33}}{4}$

(2) $f(x)=3x^4-2x^3+2x-3$이라 하면

$f(1)=3-2+2-3=0$

$f(-1)=3+2-2-3=0$

$x-1,\ x+1$은 $f(x)$의 인수이므로 조립제법을 이용하여 $f(x)$를 인수분해하면

1	3	−2	0	2	−3
		3	1	1	3
−1	3	1	1	3	0
		−3	2	−3	
	3	−2	3	0	

$f(x)=(x-1)(x+1)(3x^2-2x+3)$

주어진 방정식은

$(x+1)(x-1)(3x^2-2x+3)=0$

$\therefore x=-1$ 또는 $x=1$ 또는 $x=\frac{1\pm 2\sqrt{2}i}{3}$

397 답 -3

$f(x)=x^3+4x^2+x-6$이라 하면

$f(1)=1+4+1-6=0$

$x-1$은 $f(x)$의 인수이므로 조립제법을 이용하여 $f(x)$를 인수분해하면

1	1	4	1	-6
		1	5	6
	1	5	6	0

$f(x)=(x-1)(x^2+5x+6)$

$\quad=(x-1)(x+2)(x+3)$

주어진 방정식은

$(x+3)(x+2)(x-1)=0$

$\therefore x=-3$ 또는 $x=-2$ 또는 $x=1$

이때 $\alpha<\beta<\gamma$이므로 $\alpha=-3$, $\beta=-2$, $\gamma=1$

$\therefore \alpha+5\beta+10\gamma=-3$

398 답 $-4+4\sqrt{2}$

$f(x)=x^4-13x^2+14x+8$이라 하면

$f(2)=16-52+28+8=0$

$f(-4)=256-208-56+8=0$

$x-2$, $x+4$는 $f(x)$의 인수이므로 조립제법을 이용하여 $f(x)$를 인수분해하면

2	1	0	-13	14	8
		2	4	-18	-8
-4	1	2	-9	-4	0
		-4	8	4	
	1	-2	-1	0	

$f(x)=(x-2)(x+4)(x^2-2x-1)$

주어진 방정식은

$(x+4)(x-2)(x^2-2x-1)=0$

$\therefore x=-4$ 또는 $x=2$ 또는 $x=1\pm\sqrt{2}$

따라서 모든 음의 근의 곱은

$-4\times(1-\sqrt{2})=-4+4\sqrt{2}$

399 답 ③

$f(x)=x^3+x-2$라 하면

$f(1)=1+1-2=0$

$x-1$은 $f(x)$의 인수이므로 조립제법을 이용하여 $f(x)$를 인수분해하면

1	1	0	1	-2
		1	1	2
	1	1	2	0

$f(x)=(x-1)(x^2+x+2)$

주어진 방정식은

$(x-1)(x^2+x+2)=0$

즉, 주어진 방정식의 두 허근은 이차방정식 $x^2+x+2=0$의 두 근이므로 근과 계수의 관계에 의하여

$\alpha+\beta=-1$, $\alpha\beta=2$

$$\therefore \frac{\beta}{\alpha}+\frac{\alpha}{\beta}=\frac{\alpha^2+\beta^2}{\alpha\beta}=\frac{(\alpha+\beta)^2-2\alpha\beta}{\alpha\beta}=\frac{(-1)^2-2\times2}{2}=-\frac{3}{2}$$

400 답 (1) $x=-4$ 또는 $x=-1$(중근) 또는 $x=2$

(2) $x=-1$ 또는 $x=6$ 또는 $x=\frac{5\pm\sqrt{23}i}{2}$

(1) $(x^2+2x)(x^2+2x-7)-8=0$에서

$x^2+2x=X$로 놓으면

$X(X-7)-8=0$

$X^2-7X-8=0$, $(X+1)(X-8)=0$

$\therefore X=-1$ 또는 $X=8$

(i) $X=-1$일 때,

$x^2+2x+1=0$, $(x+1)^2=0$

$\therefore x=-1$(중근)

(ii) $X=8$일 때,

$x^2+2x-8=0$, $(x+4)(x-2)=0$

$\therefore x=-4$ 또는 $x=2$

(i), (ii)에서 주어진 방정식의 해는

$x=-4$ 또는 $x=-1$(중근) 또는 $x=2$

(2) $x(x-2)(x-3)(x-5)=72$에서

$\{x(x-5)\}\{(x-2)(x-3)\}=72$

$(x^2-5x)(x^2-5x+6)=72$

$x^2-5x=X$로 놓으면

$X(X+6)=72$

$X^2+6X-72=0$, $(X+12)(X-6)=0$

$\therefore X=-12$ 또는 $X=6$

(i) $X=-12$일 때,

$x^2-5x+12=0$

$\therefore x=\frac{5\pm\sqrt{23}i}{2}$

(ii) $X=6$일 때,

$x^2-5x-6=0$, $(x+1)(x-6)=0$

$\therefore x=-1$ 또는 $x=6$

(i), (ii)에서 주어진 방정식의 해는

$x=-1$ 또는 $x=6$ 또는 $x=\frac{5\pm\sqrt{23}i}{2}$

401 답 4

$(x^2-4x)^2-2(x^2-4x)-15=0$에서

$x^2-4x=X$로 놓으면

$X^2-2X-15=0$, $(X+3)(X-5)=0$

$\therefore X=-3$ 또는 $X=5$

(i) $X=-3$일 때,

$x^2-4x+3=0$, $(x-1)(x-3)=0$

$\therefore x=1$ 또는 $x=3$

(ii) $X=5$일 때,

$x^2-4x-5=0$, $(x+1)(x-5)=0$

$\therefore x=-1$ 또는 $x=5$

(i), (ii)에서 주어진 방정식의 해는

$x=-1$ 또는 $x=1$ 또는 $x=3$ 또는 $x=5$

따라서 $M=5$, $m=-1$이므로

$M+m=4$

402 답 1

$(x+1)(x+2)(x+3)(x+4)=15$에서

$\{(x+1)(x+4)\}\{(x+2)(x+3)\}=15$

$(x^2+5x+4)(x^2+5x+6)=15$

$x^2+5x=X$로 놓으면

$(X+4)(X+6)=15$

$X^2+10X+9=0$, $(X+9)(X+1)=0$

$\therefore X=-9$ 또는 $X=-1$

(i) $X=-9$일 때,

$x^2+5x+9=0$이므로 이 이차방정식의 판별식을

D_1이라 하면

$D_1=25-36=-11<0$

따라서 서로 다른 두 허근을 갖는다.

(ii) $X=-1$일 때,

$x^2+5x+1=0$이므로 이 이차방정식의 판별식을

D_2라 하면

$D_2=25-4=21>0$

따라서 서로 다른 두 실근을 갖는다.

(i), (ii)에서 주어진 방정식의 실근은 이차방정식

$x^2+5x+1=0$의 두 근이므로 근과 계수의 관계에 의하여 두 실근의 곱은 1이다.

403 답 -2

$(x^2-x)^2-4(x^2-x)-12=0$에서

$x^2-x=X$로 놓으면

$X^2-4X-12=0$, $(X+2)(X-6)=0$

$\therefore X=-2$ 또는 $X=6$

(i) $X=-2$일 때,

$x^2-x+2=0$이므로 이 이차방정식의 판별식을

D_1이라 하면

$D_1=1-8=-7<0$

따라서 서로 다른 두 허근을 갖는다.

(ii) $X=6$일 때,

$x^2-x-6=0$이므로 이 이차방정식의 판별식을

D_2라 하면

$D_2=1+24=25>0$

따라서 서로 다른 두 실근을 갖는다.

(i), (ii)에서 주어진 방정식의 한 허근 α는 이차방정식

$x^2-x+2=0$의 한 근이므로 $x=\alpha$를 대입하면

$\alpha^2-\alpha+2=0$

$\therefore \alpha^2-\alpha=-2$

404 답 (1) $x=\pm\sqrt{2}i$ 또는 $x=\pm\sqrt{5}$ (2) $x=-2\pm2i$ 또는 $x=2\pm2i$

(1) $x^4-3x^2-10=0$에서 $x^2=X$로 놓으면

$X^2-3X-10=0$, $(X+2)(X-5)=0$

$\therefore X=-2$ 또는 $X=5$

즉, $x^2=-2$ 또는 $x^2=5$이므로

$x=\pm\sqrt{2}i$ 또는 $x=\pm\sqrt{5}$

(2) $x^4+64=0$에서 $(x^4+16x^2+64)-16x^2=0$

$(x^2+8)^2-(4x)^2=0$

$(x^2+4x+8)(x^2-4x+8)=0$

$\therefore x=-2\pm2i$ 또는 $x=2\pm2i$

405 답 $x=-2\pm\sqrt{3}$ 또는 $x=\frac{1\pm\sqrt{3}i}{2}$

$x\neq0$이므로 주어진 방정식의 양변을 x^2으로 나누면

$x^2+3x-2+\frac{3}{x}+\frac{1}{x^2}=0$

$x^2+\frac{1}{x^2}+3\left(x+\frac{1}{x}\right)-2=0$

$\left(x+\frac{1}{x}\right)^2+3\left(x+\frac{1}{x}\right)-4=0$

$x+\frac{1}{x}=X$로 놓으면

$X^2+3X-4=0$, $(X+4)(X-1)=0$

$\therefore X=-4$ 또는 $X=1$

(i) $X=-4$일 때,

$x+\frac{1}{x}+4=0$, $x^2+4x+1=0$

$\therefore x=-2\pm\sqrt{3}$

(ⅱ) $X=1$일 때,

$x+\frac{1}{x}-1=0$, $x^2-x+1=0$

$\therefore x=\frac{1\pm\sqrt{3}i}{2}$

(ⅰ), (ⅱ)에서 주어진 방정식의 해는

$x=-2\pm\sqrt{3}$ 또는 $x=\frac{1\pm\sqrt{3}i}{2}$

406 답 10

$x^4-2x^2-24=0$에서 $x^2=X$로 놓으면

$X^2-2X-24=0$, $(X+4)(X-6)=0$

$\therefore X=-4$ 또는 $X=6$

즉, $x^2=-4$ 또는 $x^2=6$이므로

$x=\pm 2i$ 또는 $x=\pm\sqrt{6}$

따라서 서로 다른 두 실근의 곱은 -6, 서로 다른 두 허근의 곱은 4이므로

$a=-6$, $b=4$

$\therefore b-a=10$

407 답 3

$x\neq 0$이므로 주어진 방정식의 양변을 x^2으로 나누면

$2x^2-5x+1-\frac{5}{x}+\frac{2}{x^2}=0$

$2\left(x^2+\frac{1}{x^2}\right)-5\left(x+\frac{1}{x}\right)+1=0$

$2\left(x+\frac{1}{x}\right)^2-5\left(x+\frac{1}{x}\right)-3=0$

$x+\frac{1}{x}=X$로 놓으면

$2X^2-5X-3=0$, $(2X+1)(X-3)=0$

$\therefore X=-\frac{1}{2}$ 또는 $X=3$

(ⅰ) $X=-\frac{1}{2}$일 때,

$x+\frac{1}{x}+\frac{1}{2}=0$, 즉 $2x^2+x+2=0$이므로 이 이차방정식의 판별식을 D_1이라 하면

$D_1=1-16=-15<0$

따라서 서로 다른 두 허근을 갖는다.

(ⅱ) $X=3$일 때,

$x+\frac{1}{x}-3=0$, 즉 $x^2-3x+1=0$이므로 이 이차방정식의 판별식을 D_2라 하면

$D_2=9-4=5>0$

따라서 서로 다른 두 실근을 갖는다.

(ⅰ), (ⅱ)에서 주어진 방정식의 한 실근 α는 방정식 $x+\frac{1}{x}-3=0$의 한 근이므로 $x=\alpha$를 대입하면

$\alpha+\frac{1}{\alpha}-3=0$

$\therefore \alpha+\frac{1}{\alpha}=3$

408 답 (1) $\frac{3-\sqrt{7}i}{2}$, $\frac{3+\sqrt{7}i}{2}$ (2) -2, 6

(1) 삼차방정식 $x^3-x^2+ax+8=0$의 한 근이 -2이므로 $x=-2$를 대입하면

$-8-4-2a+8=0$

$-2a-4=0$　　$\therefore a=-2$

이를 주어진 방정식에 대입하면

$x^3-x^2-2x+8=0$

이 방정식의 한 근이 -2이므로 조립제법을 이용하여 좌변을 인수분해하면

-2	1	-1	-2	8
		-2	6	-8
	1	-3	4	0

$(x+2)(x^2-3x+4)=0$

$\therefore x=-2$ 또는 $x=\frac{3\pm\sqrt{7}i}{2}$

따라서 나머지 두 근은 $\frac{3-\sqrt{7}i}{2}$, $\frac{3+\sqrt{7}i}{2}$이다.

(2) 사차방정식 $x^4-3x^3+ax^2+12x+b=0$의 두 근이 -3, 2이므로 $x=-3$, $x=2$를 각각 대입하면

$81+81+9a-36+b=0$,

$16-24+4a+24+b=0$

$\therefore 9a+b=-126$, $4a+b=-16$

두 식을 연립하여 풀면 $a=-22$, $b=72$

이를 주어진 방정식에 대입하면

$x^4-3x^3-22x^2+12x+72=0$

이 방정식의 두 근이 -3, 2이므로 조립제법을 이용하여 좌변을 인수분해하면

-3	1	-3	-22	12	72
		-3	18	12	-72
2	1	-6	-4	24	0
		2	-8	-24	
	1	-4	-12	0	

$(x+3)(x-2)(x^2-4x-12)=0$

$(x+3)(x-2)(x+2)(x-6)=0$

$\therefore x=-3$ 또는 $x=2$ 또는 $x=-2$ 또는 $x=6$

따라서 나머지 두 근은 -2, 6이다.

409 답 2

삼차방정식 $x^3-(k-2)x^2+kx-10=0$의 한 근이 2이므로 $x=2$를 대입하면

$8-4(k-2)+2k-10=0$

$-2k+6=0 \quad \therefore k=3$

이를 주어진 방정식에 대입하면

$x^3-x^2+3x-10=0$

이 방정식의 한 근이 2이므로 조립제법을 이용하여 좌변을 인수분해하면

2	1	−1	3	−10
		2	2	10
	1	1	5	0

$(x-2)(x^2+x+5)=0$

따라서 나머지 두 근 α, β는 이차방정식 $x^2+x+5=0$의 두 근이므로 근과 계수의 관계에 의하여

$\alpha+\beta=-1$

$\therefore k+\alpha+\beta=3+(-1)=2$

410 답 ①

삼차방정식 $x^3+(k+1)x^2+(4k-3)x+k+7=0$의 한 근이 1이므로 $x=1$을 대입하면

$1+k+1+4k-3+k+7=0$

$6k+6=0 \quad \therefore k=-1$

이를 주어진 방정식에 대입하면

$x^3-7x+6=0$

이 방정식의 한 근이 1이므로 조립제법을 이용하여 좌변을 인수분해하면

1	1	0	−7	6
		1	1	−6
	1	1	−6	0

$(x-1)(x^2+x-6)=0$

$(x-1)(x+3)(x-2)=0$

$\therefore x=1$ 또는 $x=-3$ 또는 $x=2$

따라서 $\alpha=-3$, $\beta=2$ 또는 $\alpha=2$, $\beta=-3$이므로

$|\alpha-\beta|=5$

411 답 −5

사차방정식 $x^4-x^3-ax^2+bx-9=0$의 두 근이 -1, 3이므로 $x=-1$, $x=3$을 각각 대입하면

$1+1-a-b-9=0$, $81-27-9a+3b-9=0$

$\therefore a+b=-7$, $3a-b=15$

두 식을 연립하여 풀면 $a=2$, $b=-9$

이를 주어진 방정식에 대입하면

$x^4-x^3-2x^2-9x-9=0$

이 방정식의 두 근이 -1, 3이므로 조립제법을 이용하여 좌변을 인수분해하면

−1	1	−1	−2	−9	−9
		−1	2	0	9
3	1	−2	0	−9	0
		3	3	9	
	1	1	3	0	

$(x+1)(x-3)(x^2+x+3)=0$

따라서 나머지 두 근 α, β는 이차방정식 $x^2+x+3=0$의 두 근이므로 근과 계수의 관계에 의하여

$\alpha+\beta=-1$, $\alpha\beta=3$

$\therefore \alpha^2+\beta^2=(\alpha+\beta)^2-2\alpha\beta=(-1)^2-2\times3=-5$

412 답 $-20, 0, \frac{1}{4}$

$f(x)=x^3+(k-1)x^2-6kx+5k$라 하면

$f(1)=1+k-1-6k+5k=0$

$x-1$은 $f(x)$의 인수이므로 조립제법을 이용하여 $f(x)$를 인수분해하면

1	1	$k-1$	$-6k$	$5k$
		1	k	$-5k$
	1	k	$-5k$	0

$f(x)=(x-1)(x^2+kx-5k)$

이때 주어진 방정식이 중근을 가지려면 이차방정식 $x^2+kx-5k=0$이 1을 근으로 갖거나 중근을 가져야 한다.

(i) $x^2+kx-5k=0$이 1을 근으로 갖는 경우

$x=1$을 대입하면 $1+k-5k=0 \qquad \therefore k=\frac{1}{4}$

(ii) $x^2+kx-5k=0$이 중근을 갖는 경우

이차방정식 $x^2+kx-5k=0$의 판별식을 D라 하면

$D=k^2+20k=0$, $k(k+20)=0$

$\therefore k=0$ 또는 $k=-20$

(i), (ii)에서 $k=-20$ 또는 $k=0$ 또는 $k=\frac{1}{4}$

413 답 −1

$f(x)=x^3-3x^2-(4k-2)x+8k$라 하면

$f(2)=8-12-8k+4+8k=0$

$x-2$는 $f(x)$의 인수이므로 조립제법을 이용하여 $f(x)$를 인수분해하면

2	1	−3	$-4k+2$	$8k$
		2	−2	$-8k$
	1	−1	$-4k$	0

$f(x)=(x-2)(x^2-x-4k)$

이때 주어진 방정식이 한 실근과 서로 다른 두 허근을 가지려면 이차방정식 $x^2-x-4k=0$이 서로 다른 두 허근을 가져야 한다.
이차방정식 $x^2-x-4k=0$의 판별식을 D라 하면
$D=1+16k<0$ $\quad\therefore k<-\frac{1}{16}$
따라서 정수 k의 최댓값은 -1이다.

414 답 5

$f(x)=2x^3+11x^2+(k+14)x+2k$라 하면
$f(-2)=-16+44-2k-28+2k=0$
$x+2$는 $f(x)$의 인수이므로 조립제법을 이용하여 $f(x)$를 인수분해하면

-2	2	11	$k+14$	$2k$
		-4	-14	$-2k$
	2	7	k	0

$f(x)=(x+2)(2x^2+7x+k)$
이때 주어진 방정식이 서로 다른 세 실근을 가지려면 이차방정식 $2x^2+7x+k=0$이 서로 다른 두 실근을 가져야 한다.
이차방정식 $2x^2+7x+k=0$의 판별식을 D라 하면
$D=49-8k>0$ $\quad\therefore k<\frac{49}{8}$
그런데 이차방정식 $2x^2+7x+k=0$이 $x=-2$를 근으로 가지면 안 되므로
$8-14+k\neq0$ $\quad\therefore k\neq6$
따라서 자연수 k는 1, 2, 3, 4, 5의 5개이다.

415 답 7

$f(x)=x^3-5x^2+(a+4)x-a$라 하면
$f(1)=1-5+a+4-a=0$
$x-1$은 $f(x)$의 인수이므로 조립제법을 이용하여 $f(x)$를 인수분해하면

1	1	-5	$a+4$	$-a$
		1	-4	a
	1	-4	a	0

$f(x)=(x-1)(x^2-4x+a)$
이때 주어진 방정식의 서로 다른 실근이 2개가 되려면 중근을 가져야 하므로 이차방정식 $x^2-4x+a=0$이 1과 다른 한 실근을 갖거나 1이 아닌 중근을 가져야 한다.
(i) $x^2-4x+a=0$이 1을 근으로 갖는 경우
  $x=1$을 대입하면
  $1-4+a=0$ $\quad\therefore a=3$
(ii) $x^2-4x+a=0$이 1이 아닌 중근을 갖는 경우
  이차방정식 $x^2-4x+a=0$의 판별식을 D라 하면
  $\frac{D}{4}=4-a=0$ $\quad\therefore a=4$ ◀ $x\neq1$인 중근을 갖는다.
(i), (ii)에서 $a=3$ 또는 $a=4$
따라서 모든 실수 a의 값의 합은
$3+4=7$

416 답 512 cm³

처음 정육면체의 한 모서리의 길이를 x cm라 하자.
새로 만든 직육면체의 부피가 500 cm^3이므로
$(x+2)(x+2)(x-3)=500$
$x^3+x^2-8x-512=0$ ⋯⋯ ㉠
$f(x)=x^3+x^2-8x-512$라 하면
$f(8)=512+64-64-512=0$
$x-8$은 $f(x)$의 인수이므로 조립제법을 이용하여 $f(x)$를 인수분해하면

8	1	1	-8	-512
		8	72	512
	1	9	64	0

$f(x)=(x-8)(x^2+9x+64)$
따라서 ㉠에서
$(x-8)(x^2+9x+64)=0$
$\therefore x=8$ 또는 $x=\frac{-9\pm5\sqrt{7}i}{2}$
그런데 $x>3$이므로 $x=8$
따라서 처음 정육면체의 한 모서리의 길이는 8 cm이므로 부피는 $8^3=512(cm^3)$이다.

417 답 2

직육면체 모양의 상자의 부피가 120 cm^3이므로
$(14-2x)(10-2x)x=120$
$x^3-12x^2+35x-30=0$ ⋯⋯ ㉠
$f(x)=x^3-12x^2+35x-30$이라 하면
$f(2)=8-48+70-30=0$
$x-2$는 $f(x)$의 인수이므로 조립제법을 이용하여 $f(x)$를 인수분해하면

2	1	-12	35	-30
		2	-20	30
	1	-10	15	0

$f(x)=(x-2)(x^2-10x+15)$
따라서 ㉠에서
$(x-2)(x^2-10x+15)=0$
$\therefore x=2$ 또는 $x=5\pm\sqrt{10}$
그런데 $0<x<5$이고 x는 자연수이므로 $x=2$

418 답 10 m

원기둥의 밑면의 반지름의 길이를 x m라 하면 높이는 $2x$ m이다.

$175\pi\text{ m}^3$의 물을 부었을 때 물의 높이가 $(2x-3)$ m이므로

$\pi x^2(2x-3)=175\pi$

$2x^3-3x^2-175=0$ …… ㉠

$f(x)=2x^3-3x^2-175$라 하면

$f(5)=250-75-175=0$

$x-5$는 $f(x)$의 인수이므로 조립제법을 이용하여 $f(x)$를 인수분해하면

5	2	−3	0	−175
		10	35	175
	2	7	35	0

$f(x)=(x-5)(2x^2+7x+35)$

따라서 ㉠에서

$(x-5)(2x^2+7x+35)=0$

$\therefore x=5$ 또는 $x=\dfrac{-7\pm\sqrt{231}i}{4}$

그런데 $x>\dfrac{3}{2}$이므로 $x=5$

따라서 수족관의 높이는 10 m이다.

419 답 10

작은 구의 반지름의 길이를 x라 하자.

큰 구의 반지름의 길이는 $2x+1$이고 두 구의 부피의 차가 $\dfrac{1264}{3}\pi$이므로

$\dfrac{4}{3}\pi(2x+1)^3-\dfrac{4}{3}\pi x^3=\dfrac{1264}{3}\pi$

$7x^3+12x^2+6x-315=0$ …… ㉠

$f(x)=7x^3+12x^2+6x-315$라 하면

$f(3)=189+108+18-315=0$

$x-3$은 $f(x)$의 인수이므로 조립제법을 이용하여 $f(x)$를 인수분해하면

3	7	12	6	−315
		21	99	315
	7	33	105	0

$f(x)=(x-3)(7x^2+33x+105)$

따라서 ㉠에서

$(x-3)(7x^2+33x+105)=0$

$\therefore x=3$ 또는 $x=\dfrac{-33\pm\sqrt{1851}i}{14}$

그런데 $x>0$이므로 $x=3$

$\therefore \overline{AB}=x+2x+1$

$=3x+1=10$

개념 확인 201쪽

420 답 (1) 6 (2) 12 (3) 20

(1) $\alpha+\beta+\gamma=-\dfrac{-6}{1}=6$

(2) $\alpha\beta+\beta\gamma+\gamma\alpha=\dfrac{12}{1}=12$

(3) $\alpha\beta\gamma=-\dfrac{-20}{1}=20$

421 답 (1) $-\dfrac{1}{2}$ (2) 0 (3) 4

(1) $\alpha+\beta+\gamma=-\dfrac{1}{2}$

(2) $\alpha\beta+\beta\gamma+\gamma\alpha=\dfrac{0}{2}=0$

(3) $\alpha\beta\gamma=-\dfrac{-8}{2}=4$

422 답 (1) $x^3-3x^2-6x+8=0$

(2) $x^3-19x-30=0$

(3) $x^3-7x^2+13x-3=0$

(4) $x^3-3x^2+x+5=0$

(1) 세 근이 -2, 1, 4이므로

(세 근의 합)$=-2+1+4=3$

(두 근끼리의 곱의 합)

$=-2\times1+1\times4+4\times(-2)=-6$

(세 근의 곱)$=-2\times1\times4=-8$

따라서 구하는 삼차방정식은

$x^3-3x^2-6x+8=0$

(2) 세 근이 -3, -2, 5이므로

(세 근의 합)$=-3+(-2)+5=0$

(두 근끼리의 곱의 합)

$=-3\times(-2)+(-2)\times5+5\times(-3)=-19$

(세 근의 곱)$=-3\times(-2)\times5=30$

따라서 구하는 삼차방정식은

$x^3-19x-30=0$

(3) 세 근이 3, $2+\sqrt{3}$, $2-\sqrt{3}$이므로

(세 근의 합)$=3+(2+\sqrt{3})+(2-\sqrt{3})=7$

(두 근끼리의 곱의 합)

$=3\times(2+\sqrt{3})+(2+\sqrt{3})(2-\sqrt{3})+(2-\sqrt{3})\times3$

$=13$

(세 근의 곱)$=3\times(2+\sqrt{3})(2-\sqrt{3})=3$

따라서 구하는 삼차방정식은

$x^3-7x^2+13x-3=0$

(4) 세 근이 -1, $2+i$, $2-i$이므로

(세 근의 합)$=-1+(2+i)+(2-i)=3$

(두 근끼리의 곱의 합)

$=-1\times(2+i)+(2+i)(2-i)+(2-i)\times(-1)$

$=1$

(세 근의 곱)$=-1\times(2+i)\times(2-i)=-5$

따라서 구하는 삼차방정식은

$x^3-3x^2+x+5=0$

유제 203~205쪽

423 답 (1) 27 (2) $-\frac{5}{6}$ (3) $\frac{3}{2}$

삼차방정식 $x^3+x^2+5x+6=0$의 세 근이 α, β, γ이므로 근과 계수의 관계에 의하여

$\alpha+\beta+\gamma=-1$, $\alpha\beta+\beta\gamma+\gamma\alpha=5$, $\alpha\beta\gamma=-6$

(1) $(\alpha+3)(\beta+3)(\gamma+3)$

$=\alpha\beta\gamma+3(\alpha\beta+\beta\gamma+\gamma\alpha)+9(\alpha+\beta+\gamma)+27$

$=-6+3\times5+9\times(-1)+27=27$

(2) $\frac{1}{\alpha}+\frac{1}{\beta}+\frac{1}{\gamma}=\frac{\beta\gamma+\gamma\alpha+\alpha\beta}{\alpha\beta\gamma}=\frac{5}{-6}=-\frac{5}{6}$

(3) $\frac{\gamma}{\alpha\beta}+\frac{\alpha}{\beta\gamma}+\frac{\beta}{\gamma\alpha}$

$=\frac{\gamma^2+\alpha^2+\beta^2}{\alpha\beta\gamma}$

$=\frac{(\alpha+\beta+\gamma)^2-2(\alpha\beta+\beta\gamma+\gamma\alpha)}{\alpha\beta\gamma}$

$=\frac{(-1)^2-2\times5}{-6}=\frac{3}{2}$

424 답 13

삼차방정식 $x^3-2x^2+3x+1=0$의 세 근이 α, β, γ이므로 근과 계수의 관계에 의하여

$\alpha+\beta+\gamma=2$, $\alpha\beta+\beta\gamma+\gamma\alpha=3$, $\alpha\beta\gamma=-1$

$\therefore \alpha^2\beta^2+\beta^2\gamma^2+\gamma^2\alpha^2$

$=(\alpha\beta+\beta\gamma+\gamma\alpha)^2-2(\alpha\beta^2\gamma+\alpha\beta\gamma^2+\alpha^2\beta\gamma)$

$=(\alpha\beta+\beta\gamma+\gamma\alpha)^2-2\alpha\beta\gamma(\alpha+\beta+\gamma)$

$=3^2-2\times(-1)\times2=13$

425 답 -1

삼차방정식 $x^3+(m+2)x^2-x+3m=0$의 세 근이 α, β, γ이므로 근과 계수의 관계에 의하여

$\alpha+\beta+\gamma=-m-2$, $\alpha\beta+\beta\gamma+\gamma\alpha=-1$,

$\alpha\beta\gamma=-3m$

$\frac{3}{\alpha\beta}+\frac{3}{\beta\gamma}+\frac{3}{\gamma\alpha}=-1$에서 $\frac{3(\alpha+\beta+\gamma)}{\alpha\beta\gamma}=-1$

$\frac{3(-m-2)}{-3m}=-1$

$-3m-6=3m \qquad \therefore m=-1$

426 답 33

삼차방정식 $x^3-ax^2+26x-b=0$의 세 근을 $\alpha-1$, α, $\alpha+1$ $(\alpha>1)$이라 하면 근과 계수의 관계에 의하여 두 근끼리의 곱의 합은

$(\alpha-1)\alpha+\alpha(\alpha+1)+(\alpha+1)(\alpha-1)=26$

$3\alpha^2=27$, $\alpha^2=9$

$\therefore \alpha=3$ $(\because \alpha>1)$

따라서 세 근이 2, 3, 4이므로 세 근의 합은

$2+3+4=a \qquad \therefore a=9$

세 근의 곱은

$2\times3\times4=b \qquad \therefore b=24$

$\therefore a+b=33$

427 답 (1) $x^3+6x^2-81=0$ (2) $9x^3-6x^2+1=0$

삼차방정식 $x^3-6x+9=0$의 세 근이 α, β, γ이므로 근과 계수의 관계에 의하여

$\alpha+\beta+\gamma=0$, $\alpha\beta+\beta\gamma+\gamma\alpha=-6$, $\alpha\beta\gamma=-9$

(1) 세 근 $\alpha\beta$, $\beta\gamma$, $\gamma\alpha$에 대하여

$\alpha\beta+\beta\gamma+\gamma\alpha=-6$

$\alpha\beta\times\beta\gamma+\beta\gamma\times\gamma\alpha+\gamma\alpha\times\alpha\beta=\alpha\beta\gamma(\alpha+\beta+\gamma)$

$=-9\times0=0$

$\alpha\beta\times\beta\gamma\times\gamma\alpha=(\alpha\beta\gamma)^2=(-9)^2=81$

따라서 구하는 삼차방정식은

$x^3+6x^2-81=0$

(2) 세 근 $\frac{1}{\alpha}$, $\frac{1}{\beta}$, $\frac{1}{\gamma}$에 대하여

$\frac{1}{\alpha}+\frac{1}{\beta}+\frac{1}{\gamma}=\frac{\alpha\beta+\beta\gamma+\gamma\alpha}{\alpha\beta\gamma}=\frac{-6}{-9}=\frac{2}{3}$

$\frac{1}{\alpha}\times\frac{1}{\beta}+\frac{1}{\beta}\times\frac{1}{\gamma}+\frac{1}{\gamma}\times\frac{1}{\alpha}=\frac{\alpha+\beta+\gamma}{\alpha\beta\gamma}$

$=\frac{0}{-9}=0$

$\frac{1}{\alpha}\times\frac{1}{\beta}\times\frac{1}{\gamma}=\frac{1}{\alpha\beta\gamma}=\frac{1}{-9}=-\frac{1}{9}$

따라서 구하는 삼차방정식은

$9\left(x^3-\frac{2}{3}x^2+\frac{1}{9}\right)=0$

$\therefore 9x^3-6x^2+1=0$

428 답 (1) $a=-9$, $b=4$
(2) $a=-1$, $b=10$

(1) 주어진 삼차방정식의 계수가 유리수이므로 $1+\sqrt{2}$가 근이면 $1-\sqrt{2}$도 근이다.
나머지 한 근을 α라 하면 삼차방정식의 근과 계수의 관계에 의하여 세 근의 합은
$(1+\sqrt{2})+(1-\sqrt{2})+\alpha=-2$
$\therefore \alpha=-4$
즉, 세 근이 $1+\sqrt{2}$, $1-\sqrt{2}$, -4이므로 두 근끼리의 곱의 합은
$$(1+\sqrt{2})(1-\sqrt{2})+(1-\sqrt{2})\times(-4)+(-4)\times(1+\sqrt{2})=a$$
$\therefore a=-9$
세 근의 곱은
$(1+\sqrt{2})(1-\sqrt{2})\times(-4)=b$
$\therefore b=4$

(2) 주어진 삼차방정식의 계수가 실수이므로 $1-3i$가 근이면 $1+3i$도 근이다.
나머지 한 근을 α라 하면 삼차방정식의 근과 계수의 관계에 의하여 두 근끼리의 곱의 합은
$(1-3i)(1+3i)+(1+3i)\times\alpha+\alpha(1-3i)=8$
$\therefore \alpha=-1$
즉, 세 근이 $1-3i$, $1+3i$, -1이므로 세 근의 합은
$(1-3i)+(1+3i)+(-1)=-a$
$\therefore a=-1$
세 근의 곱은
$(1-3i)(1+3i)\times(-1)=-b$
$\therefore b=10$

429 답 2

삼차방정식 $x^3+x^2-5x+2=0$의 세 근이 α, β, γ이므로 근과 계수의 관계에 의하여
$\alpha+\beta+\gamma=-1$, $\alpha\beta+\beta\gamma+\gamma\alpha=-5$, $\alpha\beta\gamma=-2$
세 근 $\frac{1}{\alpha\beta}$, $\frac{1}{\beta\gamma}$, $\frac{1}{\gamma\alpha}$에 대하여
$$\frac{1}{\alpha\beta}+\frac{1}{\beta\gamma}+\frac{1}{\gamma\alpha}=\frac{\alpha+\beta+\gamma}{\alpha\beta\gamma}=\frac{-1}{-2}=\frac{1}{2}$$
$$\frac{1}{\alpha\beta}\times\frac{1}{\beta\gamma}+\frac{1}{\beta\gamma}\times\frac{1}{\gamma\alpha}+\frac{1}{\gamma\alpha}\times\frac{1}{\alpha\beta}$$
$$=\frac{\alpha\beta+\beta\gamma+\gamma\alpha}{(\alpha\beta\gamma)^2}=\frac{-5}{(-2)^2}=-\frac{5}{4}$$
$$\frac{1}{\alpha\beta}\times\frac{1}{\beta\gamma}\times\frac{1}{\gamma\alpha}=\frac{1}{(\alpha\beta\gamma)^2}=\frac{1}{(-2)^2}=\frac{1}{4}$$
따라서 $\frac{1}{\alpha\beta}$, $\frac{1}{\beta\gamma}$, $\frac{1}{\gamma\alpha}$을 세 근으로 하고 x^3의 계수가 4인 삼차방정식은
$$4\left(x^3-\frac{1}{2}x^2-\frac{5}{4}x-\frac{1}{4}\right)=0$$
$\therefore 4x^3-2x^2-5x-1=0$
따라서 $a=-2$, $b=-5$, $c=-1$이므로
$a-b+c=2$

430 답 11

주어진 삼차방정식의 계수가 실수이므로 $-1-2i$가 근이면 $-1+2i$도 근이다.
나머지 한 근이 α이므로 삼차방정식의 근과 계수의 관계에 의하여 세 근의 곱은
$(-1-2i)(-1+2i)\alpha=-10$
$\therefore \alpha=-2$
즉, 세 근이 $-1-2i$, $-1+2i$, -2이므로 세 근의 합은
$(-1-2i)+(-1+2i)+(-2)=-a$
$\therefore a=4$
두 근끼리의 곱의 합은
$$(-1-2i)(-1+2i)+(-1+2i)\times(-2)+(-2)\times(-1-2i)=b$$
$\therefore b=9$
$\therefore \alpha+a+b=-2+4+9=11$

개념 확인

207쪽

431 답 (1) 1 (2) 3 (3) 0 (4) -1

$x^3=1$에서 $x^3-1=0$, $(x-1)(x^2+x+1)=0$
ω는 방정식 $x^3=1$의 한 허근이므로
$\omega^3=1$, $\omega^2+\omega+1=0$
이차방정식 $x^2+x+1=0$의 한 허근이 ω이므로 다른 한 근은 $\overline{\omega}$이다.
$\therefore \omega+\overline{\omega}=-1$, $\omega\overline{\omega}=1$
(1) $\omega^{48}=(\omega^3)^{16}=1$
(2) $\omega^6+\omega^9+\omega^{12}=(\omega^3)^2+(\omega^3)^3+(\omega^3)^4$
$=1+1+1=3$
(3) $\omega+\overline{\omega}+\omega\overline{\omega}=-1+1=0$
(4) $\omega^2+\omega=-1$

유제 209쪽

432 답 (1) 64 (2) 0 (3) 3

$x^3=1$에서 $x^3-1=0$, $(x-1)(x^2+x+1)=0$

ω는 방정식 $x^3=1$의 한 허근이므로

$\omega^3=1$, $\omega^2+\omega+1=0$

(1) $(1-\omega+\omega^2)^6=(-2\omega)^6=64\omega^6$ ◀ $\omega^2+\omega+1=0$ 이용

$=64(\omega^3)^2=64$ ◀ $\omega^3=1$ 이용

(2) $1+\omega+\omega^2+\omega^3+\cdots+\omega^8$

$=(1+\omega+\omega^2)+\omega^3(1+\omega+\omega^2)+\omega^6(1+\omega+\omega^2)$

$=0$ ◀ $\omega^2+\omega+1=0$ 이용

(3) 이차방정식 $x^2+x+1=0$의 한 허근이 ω이므로 다른 한 근은 $\overline{\omega}$이다.

이차방정식의 근과 계수의 관계에 의하여

$\omega+\overline{\omega}=-1$ $\quad\therefore \overline{\omega}=-1-\omega$

$\therefore (2+\omega^{10})(2+\overline{\omega})$

$=\{2+(\omega^3)^3\times\omega\}\{2+(-1-\omega)\}$

$=(2+\omega)(1-\omega)$ ◀ $\omega^3=1$ 이용

$=2-\omega-\omega^2$

$=2+1=3$ ◀ $\omega^2+\omega+1=0$ 이용

433 답 1

$x^3=-1$에서 $x^3+1=0$, $(x+1)(x^2-x+1)=0$

ω는 방정식 $x^3=-1$의 한 허근이므로

$\omega^3=-1$, $\omega^2-\omega+1=0$

이때 $\omega^2-\omega+1=0$에서 $\omega^2=\omega-1$

$\therefore 2\omega^3-4\omega^2+3\omega=-2-4\omega^2+3\omega$

$=-2-4(\omega-1)+3\omega=-\omega+2$

따라서 $a=-1$, $b=2$이므로 $a+b=1$

434 답 −2

$x^3+1=0$에서 $(x+1)(x^2-x+1)=0$

ω는 방정식 $x^3+1=0$의 한 허근이므로

$\omega^3=-1$, $\omega^2-\omega+1=0$

또 방정식 $x^3+1=0$의 한 허근이 ω이면 다른 한 근은 $\overline{\omega}$이므로

$\overline{\omega}^3=-1$, $\overline{\omega}^2-\overline{\omega}+1=0$

$\therefore \dfrac{\omega^{100}}{1+\omega^{50}}+\dfrac{\overline{\omega}^{100}}{1+\overline{\omega}^{50}}$

$=\dfrac{(\omega^3)^{33}\times\omega}{1+(\omega^3)^{16}\times\omega^2}+\dfrac{(\overline{\omega}^3)^{33}\times\overline{\omega}}{1+(\overline{\omega}^3)^{16}\times\overline{\omega}^2}$

$=\dfrac{-\omega}{1+\omega^2}+\dfrac{-\overline{\omega}}{1+\overline{\omega}^2}=\dfrac{-\omega}{\omega}+\dfrac{-\overline{\omega}}{\overline{\omega}}$

$=-1-1=-2$

435 답 8

$x^3-1=0$에서 $(x-1)(x^2+x+1)=0$

ω는 방정식 $x^3-1=0$의 한 허근이므로

$\omega^3=1$, $\omega^2+\omega+1=0$

또 이차방정식 $x^2+x+1=0$의 한 허근이 ω이므로 다른 한 근은 $\overline{\omega}$이다.

이차방정식의 근과 계수의 관계에 의하여

$\omega+\overline{\omega}=-1$, $\omega\overline{\omega}=1$

이차방정식 $x^2+ax+b=0$의 계수가 실수이므로 한 근이 2ω이면 다른 한 근은 $2\overline{\omega}$이다.

이차방정식의 근과 계수의 관계에 의하여

$2\omega+2\overline{\omega}=-a$, $2(\omega+\overline{\omega})=-a$ $\quad\therefore a=2$

$2\omega\times2\overline{\omega}=b$, $4\omega\overline{\omega}=b$ $\quad\therefore b=4$

$\therefore ab=8$

연습문제 210~212쪽

436 답 0

$x^3+27=0$의 좌변을 인수분해하면

$(x+3)(x^2-3x+9)=0$ ◀ $a^3+b^3=(a+b)(a^2-ab+b^2)$ 이용

$\therefore x=-3$ 또는 $x=\dfrac{3\pm3\sqrt{3}i}{2}$

따라서 $a=-3$, $b=\dfrac{3}{2}$, $c=\dfrac{3}{2}$이므로

$a+b+c=0$

437 답 ②

$f(x)=2x^4-9x^3+6x^2+11x-6$이라 하면

$f(-1)=2+9+6-11-6=0$

$f(2)=32-72+24+22-6=0$

$x+1$, $x-2$는 $f(x)$의 인수이므로 조립제법을 이용하여 $f(x)$를 인수분해하면

−1	2	−9	6	11	−6
		−2	11	−17	6
2	2	−11	17	−6	0
		4	−14	6	
	2	−7	3	0	

$f(x)=(x+1)(x-2)(2x^2-7x+3)$

$=(x+1)(x-2)(2x-1)(x-3)$

주어진 방정식은

$(x+1)(2x-1)(x-2)(x-3)=0$

$\therefore x=-1$ 또는 $x=\dfrac{1}{2}$ 또는 $x=2$ 또는 $x=3$

따라서 사차방정식 $2x^4-9x^3+6x^2+11x-6=0$의 근이 아닌 것은 ②이다.

438 답 **54**

$(x^2+3x+4)(x^2+3x+1)=40$에서

$x^2+3x=X$로 놓으면

$(X+4)(X+1)=40$

$X^2+5X-36=0$, $(X+9)(X-4)=0$

$\therefore X=-9$ 또는 $X=4$

(i) $X=-9$일 때,

$x^2+3x+9=0$이므로 이 이차방정식의 판별식을 D_1이라 하면

$D_1=9-36=-27<0$

따라서 서로 다른 두 허근을 갖는다.

(ii) $X=4$일 때,

$x^2+3x-4=0$이므로 이 이차방정식의 판별식을 D_2라 하면

$D_2=9+16=25>0$

따라서 서로 다른 두 실근을 갖는다.

(i), (ii)에서 주어진 방정식의 두 허근 α, β는 이차방정식 $x^2+3x+9=0$의 두 근이므로 근과 계수의 관계에 의하여

$\alpha+\beta=-3$, $\alpha\beta=9$

$\therefore \alpha^3+\beta^3=(\alpha+\beta)^3-3\alpha\beta(\alpha+\beta)$

$=(-3)^3-3\times9\times(-3)=54$

439 답 $\mathbf{4\sqrt{3}}$

$x^4-24x^2+36=0$에서

$(x^4+12x^2+36)-36x^2=0$

$(x^2+6)^2-(6x)^2=0$

$(x^2+6x+6)(x^2-6x+6)=0$

$\therefore x=-3\pm\sqrt{3}$ 또는 $x=3\pm\sqrt{3}$

이때 $\alpha<\beta<\gamma<\delta$이므로

$\alpha=-3-\sqrt{3}$, $\beta=-3+\sqrt{3}$, $\gamma=3-\sqrt{3}$, $\delta=3+\sqrt{3}$

$\therefore \delta-\gamma+\beta-\alpha=4\sqrt{3}$

440 답 **3**

삼차방정식 $x^3+ax^2-11x-12=0$의 한 근이 -1이므로 $x=-1$을 대입하면

$-1+a+11-12=0$ $\quad\therefore a=2$

이를 주어진 방정식에 대입하면

$x^3+2x^2-11x-12=0$

이 방정식의 한 근이 -1이므로 조립제법을 이용하여 좌변을 인수분해하면

-1	1	2	-11	-12
		-1	-1	12
	1	1	-12	0

$(x+1)(x^2+x-12)=0$

$(x+1)(x+4)(x-3)=0$

$\therefore x=-1$ 또는 $x=-4$ 또는 $x=3$

따라서 나머지 두 근 중 큰 수는 3이다.

441 답 **4**

$f(x)=x^3+2x^2+(a-8)x-2a$라 하면

$f(2)=8+8+2a-16-2a=0$

$x-2$는 $f(x)$의 인수이므로 조립제법을 이용하여 $f(x)$를 인수분해하면

2	1	2	$a-8$	$-2a$
		2	8	$2a$
	1	4	a	0

$f(x)=(x-2)(x^2+4x+a)$

이때 주어진 방정식이 실근만을 가지려면 이차방정식 $x^2+4x+a=0$이 실근을 가져야 한다.

이 이차방정식의 판별식을 D라 하면

$\frac{D}{4}=4-a\geq0$ $\quad\therefore a\leq4$

따라서 a의 최댓값은 4이다.

442 답 ③

삼차방정식 $2x^3-8x^2-5x-10=0$의 세 근이 α, β, γ이므로 근과 계수의 관계에 의하여

$\alpha+\beta+\gamma=4$, $\alpha\beta+\beta\gamma+\gamma\alpha=-\frac{5}{2}$, $\alpha\beta\gamma=5$

$\therefore \alpha^3+\beta^3+\gamma^3$

$=(\alpha+\beta+\gamma)(\alpha^2+\beta^2+\gamma^2-\alpha\beta-\beta\gamma-\gamma\alpha)+3\alpha\beta\gamma$

$=(\alpha+\beta+\gamma)\{(\alpha+\beta+\gamma)^2-3(\alpha\beta+\beta\gamma+\gamma\alpha)\}+3\alpha\beta\gamma$

$=4\times\left\{4^2-3\times\left(-\frac{5}{2}\right)\right\}+3\times5=109$

443 답 **10**

주어진 삼차방정식의 계수가 실수이므로 $3i$가 근이면 $-3i$도 근이다.

삼차방정식의 근과 계수의 관계에 의하여 세 근의 합은

$3i+(-3i)+\alpha=1$ $\quad\therefore \alpha=1$

즉, 세 근이 $3i$, $-3i$, 1이므로 세 근의 곱은

$3i\times(-3i)\times1=k$ $\quad\therefore k=9$

$\therefore k+\alpha=10$

444 답 ㄱ, ㄴ, ㄷ

$x^3+1=0$에서 $(x+1)(x^2-x+1)=0$

ω는 방정식 $x^3+1=0$의 한 허근이므로

$\omega^3=-1,\ \omega^2-\omega+1=0$

또 이차방정식 $x^2-x+1=0$의 한 허근이 ω이므로 다른 한 근은 $\overline{\omega}$이다.

이차방정식의 근과 계수의 관계에 의하여

$\omega+\overline{\omega}=1,\ \omega\overline{\omega}=1$

ㄱ. $\omega^{25}=(\omega^3)^8\times\omega=(-1)^8\times\omega=\omega$

ㄴ. $\omega+\overline{\omega}=1,\ \omega\overline{\omega}=1$이므로 $\omega+\overline{\omega}=\omega\overline{\omega}$

ㄷ. $1-\omega+\omega^2-\omega^3+\omega^4-\omega^5$

$=(1-\omega+\omega^2)-\omega^3(1-\omega+\omega^2)=0$

따라서 보기에서 옳은 것은 ㄱ, ㄴ, ㄷ이다.

445 답 18

$(x-2)(x-3)(x-4)(x-5)=80$에서

$\{(x-2)(x-5)\}\{(x-3)(x-4)\}=80$

$(x^2-7x+10)(x^2-7x+12)=80$

$x^2-7x=X$로 놓으면

$(X+10)(X+12)=80$

$X^2+22X+40=0,\ (X+2)(X+20)=0$

$\therefore X=-2$ 또는 $X=-20$

(i) $X=-2$일 때,

$x^2-7x+2=0$이므로 이 이차방정식의 판별식을 D_1이라 하면

$D_1=49-8=41>0$

따라서 서로 다른 두 실근을 갖는다.

(ii) $X=-20$일 때,

$x^2-7x+20=0$이므로 이 이차방정식의 판별식을 D_2라 하면

$D_2=49-80=-31<0$

따라서 서로 다른 두 허근을 갖는다.

(i), (ii)에서 주어진 방정식의 서로 다른 두 실근은 이차방정식 $x^2-7x+2=0$의 두 근이므로 근과 계수의 관계에 의하여 두 실근의 곱은

$a=2$

또 주어진 방정식의 서로 다른 두 허근은 이차방정식 $x^2-7x+20=0$의 두 근이므로 근과 계수의 관계에 의하여 두 허근의 곱은

$b=20$

$\therefore b-a=20-2=18$

446 답 8

$x^4-(2a-1)x^2+a^2-a-12=0$에서

$x^2=X$로 놓으면

$X^2-(2a-1)X+(a+3)(a-4)=0$

$\{X-(a+3)\}\{X-(a-4)\}=0$

$\therefore X=a+3$ 또는 $X=a-4$

즉, $x^2=a+3$ 또는 $x^2=a-4$이므로

$x=\pm\sqrt{a+3}$ 또는 $x=\pm\sqrt{a-4}$ ▸▸▸▸▸▸ ❶

(i) $a=-3$일 때,

$x=0$ 또는 $x=\pm\sqrt{7}i$이므로

$f(-3)=1$

(ii) $a=-1$일 때,

$x=\pm\sqrt{2}$ 또는 $x=\pm\sqrt{5}i$이므로

$f(-1)=2$

(iii) $a=2$일 때,

$x=\pm\sqrt{5}$ 또는 $x=\pm\sqrt{2}i$이므로

$f(2)=2$

(iv) $a=4$일 때,

$x=\pm\sqrt{7}$ 또는 $x=0$이므로

$f(4)=3$ ▸▸▸▸▸▸ ❷

(i)~(iv)에서

$f(-3)+f(-1)+f(2)+f(4)=1+2+2+3=8$

▸▸▸▸▸▸ ❸

단계	채점 기준	비율
❶	방정식의 해를 a에 대한 식으로 나타내기	50%
❷	a의 값에 따른 서로 다른 실근의 개수 구하기	40%
❸	$f(-3)+f(-1)+f(2)+f(4)$의 값 구하기	10%

447 답 1

$x\neq0$이므로 주어진 방정식의 양변을 x^2으로 나누면

$x^2-7x+8-\frac{7}{x}+\frac{1}{x^2}=0$

$x^2+\frac{1}{x^2}-7\left(x+\frac{1}{x}\right)+8=0$

$\left(x+\frac{1}{x}\right)^2-7\left(x+\frac{1}{x}\right)+6=0$

$x+\frac{1}{x}=X$로 놓으면

$X^2-7X+6=0,\ (X-1)(X-6)=0$

$\therefore X=1$ 또는 $X=6$

(i) $X=1$일 때,

$x+\frac{1}{x}-1=0$에서 $x^2-x+1=0$이므로 이 이차 방정식의 판별식을 D_1이라 하면

$D_1=1-4=-3<0$

따라서 서로 다른 두 허근을 갖는다.

(ii) $X=6$일 때,

$x+\frac{1}{x}-6=0$에서 $x^2-6x+1=0$이므로 이 이차 방정식의 판별식을 D_2라 하면

$\frac{D_2}{4}=9-1=8>0$

따라서 서로 다른 두 실근을 갖는다.

(i), (ii)에서 주어진 방정식의 서로 다른 두 허근은 이차방정식 $x^2-x+1=0$의 두 근이므로 근과 계수의 관계에 의하여 두 허근의 합은 1이다.

448 답 ③

$(x-a)\{x^2+(1-3a)x+4\}=0$에서

$x=a$ 또는 $x^2+(1-3a)x+4=0$ ⋯⋯ ㉠

이때 주어진 방정식의 한 근이 1이므로

(i) $a=1$일 때,

㉠의 이차방정식에서 $x^2-2x+4=0$

이 이차방정식의 판별식을 D라 하면

$\frac{D}{4}=1-4=-3<0$

따라서 서로 다른 두 허근을 가지므로 조건을 만족시키지 않는다.

(ii) $a\neq1$일 때,

이차방정식 $x^2+(1-3a)x+4=0$의 한 근이 1이므로 $x=1$을 대입하면

$1+1-3a+4=0$, $-3a+6=0$ $\therefore a=2$

이를 ㉠에 대입하면

$x=2$ 또는 $x^2-5x+4=0$

$x=2$ 또는 $(x-1)(x-4)=0$

$\therefore x=1$ 또는 $x=2$ 또는 $x=4$

따라서 주어진 방정식은 서로 다른 세 실근을 갖는다.

(i), (ii)에서 $\alpha=2$, $\beta=4$ 또는 $\alpha=4$, $\beta=2$이므로

$\alpha\beta=8$

449 답 ④

$f(x)=x^3-7x^2-3(k-2)x+3k$라 하면

$f(1)=1-7-3k+6+3k=0$

$x-1$은 $f(x)$의 인수이므로 조립제법을 이용하여 $f(x)$를 인수분해하면

1	1	-7	$-3k+6$	$3k$
		1	-6	$-3k$
	1	-6	$-3k$	0

$f(x)=(x-1)(x^2-6x-3k)$

이때 주어진 방정식이 오직 하나의 실근을 가지려면 이차방정식 $x^2-6x-3k=0$이 1을 중근으로 갖거나 허근을 가져야 한다.

(i) $x^2-6x-3k=0$이 1을 중근으로 갖는 경우

$x=1$을 대입하면 $1-6-3k=0$ $\therefore k=-\frac{5}{3}$

이를 방정식 $x^2-6x-3k=0$에 대입하면

$x^2-6x+5=0$, $(x-1)(x-5)=0$

$\therefore x=1$ 또는 $x=5$

즉, 1을 중근으로 갖지 않는다.

(ii) $x^2-6x-3k=0$이 허근을 갖는 경우

$x^2-6x-3k=0$의 판별식을 D라 하면

$\frac{D}{4}=9+3k<0$ $\therefore k<-3$

(i), (ii)에서 $k<-3$

따라서 정수 k의 최댓값은 -4이다.

450 답 3 mm

| 접근 방법 | 주어진 캡슐의 부피는 반구 2개의 부피와 원기둥의 부피의 합과 같다.

반구의 반지름의 길이를 x mm라 하면 주어진 캡슐의 부피가 90π mm^3이므로

$\frac{4}{3}\pi x^3+\pi x^2(12-2x)=90\pi$

$x^3-18x^2+135=0$ ⋯⋯ ㉠

$f(x)=x^3-18x^2+135$라 하면

$f(3)=27-162+135=0$

$x-3$은 $f(x)$의 인수이므로 조립제법을 이용하여 $f(x)$를 인수분해하면

3	1	-18	0	135
		3	-45	-135
	1	-15	-45	0

$f(x)=(x-3)(x^2-15x-45)$

따라서 ㉠에서

$(x-3)(x^2-15x-45)=0$

$\therefore x=3$ 또는 $x=\frac{15\pm9\sqrt{5}}{2}$

그런데 $0<x<6$이므로 $x=3$

따라서 반구의 반지름의 길이는 3 mm이다.

451 답 ②

$f(x)=x^3+ax^2+bx+c$ (a, b, c는 상수)라 하면

$f(0)=7$이므로 $c=7$

$\therefore\ f(x)=x^3+ax^2+bx+7$

$f(\alpha)=f(\beta)=f(\gamma)=4$에서

$f(\alpha)-4=f(\beta)-4=f(\gamma)-4=0$

따라서 α, β, γ는 삼차방정식 $f(x)-4=0$, 즉 $x^3+ax^2+bx+3=0$의 세 근이므로 근과 계수의 관계에 의하여 세 근의 곱은

$\alpha\beta\gamma=-3$

452 답 2

삼차방정식 $x^3+4x^2-3x+2=0$의 세 근이 α, β, γ이므로 근과 계수의 관계에 의하여

$\alpha+\beta+\gamma=-4$, $\alpha\beta+\beta\gamma+\gamma\alpha=-3$, $\alpha\beta\gamma=-2$

세 근 α^2, β^2, γ^2에 대하여

$$\alpha^2+\beta^2+\gamma^2=(\alpha+\beta+\gamma)^2-2(\alpha\beta+\beta\gamma+\gamma\alpha)$$
$$=(-4)^2-2\times(-3)=22$$

$$\alpha^2\beta^2+\beta^2\gamma^2+\gamma^2\alpha^2$$
$$=(\alpha\beta+\beta\gamma+\gamma\alpha)^2-2\alpha\beta\gamma(\alpha+\beta+\gamma)$$
$$=(-3)^2-2\times(-2)\times(-4)=-7$$

$\alpha^2\beta^2\gamma^2=(\alpha\beta\gamma)^2=(-2)^2=4$

따라서 α^2, β^2, γ^2을 세 근으로 하고 x^3의 계수가 1인 삼차방정식은

$x^3-22x^2-7x-4=0$

따라서 $a=22$, $b=7$, $c=4$이므로 $\dfrac{a}{b+c}=2$

453 답 $\frac{3}{2}$

$x^3=1$에서 $x^3-1=0$, $(x-1)(x^2+x+1)=0$

ω는 방정식 $x^3=1$의 한 허근이므로

$\omega^3=1$, $\omega^2+\omega+1=0$

$$\therefore\ \frac{1}{1+\omega^{20}}+\frac{1}{1+\omega^{21}}+\frac{1}{1+\omega^{22}}$$
$$=\frac{1}{1+(\omega^3)^6\times\omega^2}+\frac{1}{1+(\omega^3)^7}+\frac{1}{1+(\omega^3)^7\times\omega}$$
$$=\frac{1}{1+\omega^2}+\frac{1}{2}+\frac{1}{1+\omega}$$
$$=\frac{1}{-\omega}+\frac{1}{2}+\frac{1}{-\omega^2}\ (\because\ \omega^2+\omega+1=0)$$
$$=-\frac{\omega+1}{\omega^2}+\frac{1}{2}=-\frac{-\omega^2}{\omega^2}+\frac{1}{2}$$
$$=1+\frac{1}{2}=\frac{3}{2}$$

454 답 12

| 접근 방법 | 주어진 사차방정식의 좌변을 인수분해한 후 이 방정식이 서로 다른 세 실근을 가지려면 중근을 가져야 함을 이용한다.

$x^4+(2a+1)x^3+(3a+2)x^2+(a+2)x=0$에서

$x\{x^3+(2a+1)x^2+(3a+2)x+a+2\}=0$

$f(x)=x^3+(2a+1)x^2+(3a+2)x+a+2$라 하면

$f(-1)=-1+2a+1-3a-2+a+2=0$

$x+1$은 $f(x)$의 인수이므로 조립제법을 이용하여 $f(x)$를 인수분해하면

-1	1	$2a+1$	$3a+2$	$a+2$
		-1	$-2a$	$-a-2$
	1	$2a$	$a+2$	0

$f(x)=(x+1)(x^2+2ax+a+2)$

주어진 방정식은

$x(x+1)(x^2+2ax+a+2)=0$

이때 주어진 방정식이 서로 다른 세 실근을 가지려면 이차방정식 $x^2+2ax+a+2=0$이 0 또는 -1을 근으로 갖거나 0, -1이 아닌 중근을 가져야 한다.

(i) $x^2+2ax+a+2=0$이 0을 근으로 갖는 경우

$x=0$을 대입하면

$a+2=0\qquad\therefore\ a=-2$

이를 $x^2+2ax+a+2=0$에 대입하면

$x^2-4x=0$, $x(x-4)=0$

$\therefore\ x=0$ 또는 $x=4$

따라서 주어진 방정식은 서로 다른 세 실근을 갖는다.

(ii) $x^2+2ax+a+2=0$이 -1을 근으로 갖는 경우

$x=-1$을 대입하면

$1-2a+a+2=0$

$\therefore\ a=3$

이를 $x^2+2ax+a+2=0$에 대입하면

$x^2+6x+5=0$

$(x+1)(x+5)=0$

$\therefore\ x=-1$ 또는 $x=-5$

따라서 주어진 방정식은 서로 다른 세 실근을 갖는다.

(iii) $x^2+2ax+a+2=0$이 0, -1이 아닌 중근을 갖는 경우

$x^2+2ax+a+2=0$의 판별식을 D라 하면

$\dfrac{D}{4}=a^2-a-2=0$

$(a+1)(a-2)=0 \quad \therefore a=-1$ 또는 $a=2$

$a=-1$을 $x^2+2ax+a+2=0$에 대입하면

$x^2-2x+1=0$, $(x-1)^2=0 \quad \therefore x=1$ (중근)

이는 조건을 만족시킨다.

$a=2$를 $x^2+2ax+a+2=0$에 대입하면

$x^2+4x+4=0$, $(x+2)^2=0 \quad \therefore x=-2$ (중근)

이는 조건을 만족시킨다.

(i), (ii), (iii)에서

$a=-2$ 또는 $a=-1$ 또는 $a=2$ 또는 $a=3$

따라서 구하는 곱은

$-2\times(-1)\times2\times3=12$

455 답 $\frac{80}{9}$

| 접근 방법 | 주어진 삼차방정식의 좌변을 인수분해한 후 빗변의 길이가 될 수 있는 값을 찾는다.

$f(x)=x^3-8x^2+(12+k)x-2k$라 하면

$f(2)=8-32+24+2k-2k=0$

$x-2$는 $f(x)$의 인수이므로 조립제법을 이용하여 $f(x)$를 인수분해하면

2	1	−8	12+k	−2k
		2	−12	2k
	1	−6	k	0

$f(x)=(x-2)(x^2-6x+k)$

주어진 방정식은

$(x-2)(x^2-6x+k)=0$

이차방정식 $x^2-6x+k=0$이 2가 아닌 서로 다른 두 실근을 가지므로

$4-12+k\neq0 \quad \therefore k\neq8$ …… ㉠

또한 주어진 방정식의 판별식을 D라 하면

$\frac{D}{4}=9-k>0 \quad \therefore k<9$ …… ㉡

㉠, ㉡에서 $k<8$ 또는 $8<k<9$ …… ㉢

이차방정식 $x^2-6x+k=0$의 두 근을 α, $\beta\,(\alpha<\beta)$라 하면 근과 계수의 관계에 의하여

$\alpha+\beta=6$, $\alpha\beta=k$

2, α, β는 직각삼각형의 세 변의 길이이므로 빗변의 길이가 2 또는 β인 경우로 나누어 생각하자.

(i) 빗변의 길이가 2인 경우

$\alpha^2+\beta^2=4$이므로

$(\alpha+\beta)^2-2\alpha\beta=4$

$6^2-2k=4$

$\therefore k=16$

이는 ㉢을 만족시키지 않는다.

(ii) 빗변의 길이가 β인 경우

$\alpha^2+4=\beta^2$이므로

$\alpha^2-\beta^2=-4$

$(\alpha+\beta)(\alpha-\beta)=-4$

$6(\alpha-\beta)=-4$

$\therefore \alpha-\beta=-\frac{2}{3}$

$\alpha+\beta=6$, $\alpha-\beta=-\frac{2}{3}$를 연립하여 풀면

$\alpha=\frac{8}{3}$, $\beta=\frac{10}{3}$

$\therefore k=\frac{8}{3}\times\frac{10}{3}=\frac{80}{9}$

(i), (ii)에서 $k=\frac{80}{9}$ ◀ ㉢을 만족시킨다.

| 참고 | 2, α, β가 직각삼각형의 세 변의 길이이고, $\alpha<\beta$일 때 $\alpha+\beta=6$이면

$6-\beta<\beta \quad \therefore \beta>3$

따라서 β가 세 값 중 가장 크므로 빗변의 길이는 β이다.

456 답 8

| 접근 방법 | $\omega^3=-1$, $\omega^2-\omega+1=0$임을 이용하여 $\omega^m+\omega^n$이 될 수 있는 음수의 값을 찾는다.

$x^3=-1$에서 $x^3+1=0$, $(x+1)(x^2-x+1)=0$

ω는 방정식 $x^3=-1$의 한 허근이므로

$\omega^3=-1$, $\omega^2-\omega+1=0$

$\omega^m+\omega^n$의 값이 음수가 되려면 $\omega^m+\omega^n=-1$ 또는 $\omega^m+\omega^n=-2$이어야 한다.

$\omega^2-\omega=-1$이므로 $\omega^m+\omega^n=-1$을 만족시키는 자연수 m, n은 $m=6k-4$, $n=6l-2$ 또는 $m=6k-2$, $n=6l-4$ (k, l은 자연수) 꼴이고,

$\omega^3+\omega^3=-2$이므로 $\omega^m+\omega^n=-2$를 만족시키는 자연수 m, n은 $m=6k-3$, $n=6l-3$ (k, l은 자연수) 꼴이다.

(i) $m=6k-4$, $n=6l-2$ 또는 $m=6k-2$, $n=6l-4$ (k, l은 자연수) 꼴인 경우

조건을 만족시키는 9 이하의 자연수 m, n의 순서쌍 (m, n)은 $(2, 4)$, $(4, 2)$, $(4, 8)$, $(8, 4)$의 4개이다.

(ii) $m=6k-3$, $n=6l-3$ (k, l은 자연수) 꼴인 경우

조건을 만족시키는 9 이하의 자연수 m, n의 순서쌍 (m, n)은 $(3, 3)$, $(3, 9)$, $(9, 3)$, $(9, 9)$의 4개이다.

(i), (ii)에서 구하는 순서쌍 (m, n)의 개수는

$4+4=8$

02 연립이차방정식

유제 217~229쪽

457 답 (1) $\begin{cases} x=10 \\ y=-9 \end{cases}$

(2) $\begin{cases} x=-23 \\ y=-9 \end{cases}$ 또는 $\begin{cases} x=-5 \\ y=-3 \end{cases}$

(1) $x+y=1$에서

$y=-x+1$

이를 $x^2-y^2=19$에 대입하면

$x^2-(-x+1)^2=19$

$2x-1=19$

$\therefore x=10$

이를 $y=-x+1$에 대입하면

$y=-9$

따라서 주어진 연립방정식의 해는

$\begin{cases} x=10 \\ y=-9 \end{cases}$

(2) $x-3y=4$에서

$x=3y+4$

이를 $x^2-3xy+y^2=-11$에 대입하면

$(3y+4)^2-3(3y+4)y+y^2=-11$

$y^2+12y+27=0$

$(y+9)(y+3)=0$

$\therefore y=-9$ 또는 $y=-3$

이를 각각 $x=3y+4$에 대입하면

$y=-9$일 때 $x=-23$, $y=-3$일 때 $x=-5$

따라서 주어진 연립방정식의 해는

$\begin{cases} x=-23 \\ y=-9 \end{cases}$ 또는 $\begin{cases} x=-5 \\ y=-3 \end{cases}$

| 다른 풀이 |

(1) $x^2-y^2=14$에서 $(x+y)(x-y)=14$

$x+y=1$을 대입하면

$x-y=14$

$x-y=14$와 $x+y=1$을 연립하여 풀면

$x=\frac{15}{2}$, $y=-\frac{13}{2}$

458 답 ①

$2x-y=1$에서 $y=2x-1$

이를 $4x^2-x-y^2=5$에 대입하면

$4x^2-x-(2x-1)^2=5$

$3x-6=0$ $\therefore x=2$

이를 $y=2x-1$에 대입하면

$y=3$

따라서 $\alpha=2$, $\beta=3$이므로

$\alpha\beta=6$

459 답 1

$x-y=3$에서 $y=x-3$

이를 $x^2-5xy-y^2=13$에 대입하면

$x^2-5x(x-3)-(x-3)^2=13$

$5x^2-21x+22=0$

$(x-2)(5x-11)=0$

$\therefore x=2$ 또는 $x=\frac{11}{5}$

그런데 x는 정수이므로 $x=2$

이를 $y=x-3$에 대입하면 $y=-1$

$\therefore x+y=1$

460 답 100

$x+y=2$에서 $y=-x+2$

이를 $x^2+xy-y^2=-20$에 대입하면

$x^2+x(-x+2)-(-x+2)^2=-20$

$x^2-6x-16=0$

$(x+2)(x-8)=0$

$\therefore x=-2$ 또는 $x=8$

이를 각각 $y=-x+2$에 대입하면

$x=-2$일 때 $y=4$,

$x=8$일 때 $y=-6$

$\therefore x^2+y^2=20$ 또는 $x^2+y^2=100$

따라서 x^2+y^2의 최댓값은 100이다.

461 답 (1) $\begin{cases} x=-\sqrt{2} \\ y=2\sqrt{2} \end{cases}$ 또는 $\begin{cases} x=\sqrt{2} \\ y=-2\sqrt{2} \end{cases}$

또는 $\begin{cases} x=-\sqrt{6} \\ y=-\sqrt{6} \end{cases}$ 또는 $\begin{cases} x=\sqrt{6} \\ y=\sqrt{6} \end{cases}$

(2) $\begin{cases} x=-\sqrt{3} \\ y=\sqrt{3} \end{cases}$ 또는 $\begin{cases} x=\sqrt{3} \\ y=-\sqrt{3} \end{cases}$

또는 $\begin{cases} x=-2\sqrt{6} \\ y=\sqrt{6} \end{cases}$ 또는 $\begin{cases} x=2\sqrt{6} \\ y=-\sqrt{6} \end{cases}$

(1) $2x^2-xy-y^2=0$에서 $(2x+y)(x-y)=0$

$\therefore y=-2x$ 또는 $y=x$

(i) $y=-2x$일 때,

이를 $x^2+2y^2=18$에 대입하면

$x^2+8x^2=18$, $x^2=2$

$\therefore x=-\sqrt{2}$ 또는 $x=\sqrt{2}$

이를 각각 $y=-2x$에 대입하면

$x=-\sqrt{2}$일 때 $y=2\sqrt{2}$,

$x=\sqrt{2}$일 때 $y=-2\sqrt{2}$

(ii) $y=x$일 때,

이를 $x^2+2y^2=18$에 대입하면

$x^2+2x^2=18$, $x^2=6$

$\therefore x=-\sqrt{6}$ 또는 $x=\sqrt{6}$

이를 각각 $y=x$에 대입하면

$x=-\sqrt{6}$일 때 $y=-\sqrt{6}$,

$x=\sqrt{6}$일 때 $y=\sqrt{6}$

(i), (ii)에서 주어진 연립방정식의 해는

$\begin{cases} x=-\sqrt{2} \\ y=2\sqrt{2} \end{cases}$ 또는 $\begin{cases} x=\sqrt{2} \\ y=-2\sqrt{2} \end{cases}$

또는 $\begin{cases} x=-\sqrt{6} \\ y=-\sqrt{6} \end{cases}$ 또는 $\begin{cases} x=\sqrt{6} \\ y=\sqrt{6} \end{cases}$

(2) $x^2+3xy+2y^2=0$에서 $(x+y)(x+2y)=0$

$\therefore x=-y$ 또는 $x=-2y$

(i) $x=-y$일 때,

이를 $x^2+2xy-y^2=-6$에 대입하면

$y^2-2y^2-y^2=-6$, $y^2=3$

$\therefore y=-\sqrt{3}$ 또는 $y=\sqrt{3}$

이를 각각 $x=-y$에 대입하면

$y=-\sqrt{3}$일 때 $x=\sqrt{3}$,

$y=\sqrt{3}$일 때 $x=-\sqrt{3}$

(ii) $x=-2y$일 때,

이를 $x^2+2xy-y^2=-6$에 대입하면

$4y^2-4y^2-y^2=-6$, $y^2=6$

$\therefore y=-\sqrt{6}$ 또는 $y=\sqrt{6}$

이를 각각 $x=-2y$에 대입하면

$y=-\sqrt{6}$일 때 $x=2\sqrt{6}$

$y=\sqrt{6}$일 때 $x=-2\sqrt{6}$

(i), (ii)에서 주어진 연립방정식의 해는

$\begin{cases} x=-\sqrt{3} \\ y=\sqrt{3} \end{cases}$ 또는 $\begin{cases} x=\sqrt{3} \\ y=-\sqrt{3} \end{cases}$

또는 $\begin{cases} x=-2\sqrt{6} \\ y=\sqrt{6} \end{cases}$ 또는 $\begin{cases} x=2\sqrt{6} \\ y=-\sqrt{6} \end{cases}$

462 답 4

$x^2+xy-12y^2=0$에서 $(x+4y)(x-3y)=0$

$\therefore x=-4y$ 또는 $x=3y$

(i) $x=-4y$일 때,

이를 $x^2+4xy-3y^2=24$에 대입하면

$16y^2-16y^2-3y^2=24$

$y^2=-8$

$\therefore y=-2\sqrt{2}i$ 또는 $y=2\sqrt{2}i$

이를 각각 $x=-4y$에 대입하면

$y=-2\sqrt{2}i$일 때 $x=8\sqrt{2}i$,

$y=2\sqrt{2}i$일 때 $x=-8\sqrt{2}i$

(ii) $x=3y$일 때,

이를 $x^2+4xy-3y^2=24$에 대입하면

$9y^2+12y^2-3y^2=24$

$y^2=\frac{4}{3}$

$\therefore y=-\frac{2\sqrt{3}}{3}$ 또는 $y=\frac{2\sqrt{3}}{3}$

이를 각각 $x=3y$에 대입하면

$y=-\frac{2\sqrt{3}}{3}$일 때 $x=-2\sqrt{3}$,

$y=\frac{2\sqrt{3}}{3}$일 때 $x=2\sqrt{3}$

(i), (ii)에서 양의 실수 x, y는 $x=2\sqrt{3}$, $y=\frac{2\sqrt{3}}{3}$이므로

$xy=4$

463 답 10

$3x^2-4xy-4y^2=0$에서 $(3x+2y)(x-2y)=0$

$\therefore y=-\frac{3}{2}x$ 또는 $y=\frac{1}{2}x$

이때 $xy<0$에서 x, y의 부호가 서로 다르므로

$y=-\frac{3}{2}x$

이를 $x^2-y-10=0$에 대입하면

$x^2+\frac{3}{2}x-10=0$

$2x^2+3x-20=0$

$(x+4)(2x-5)=0$

$\therefore x=-4$ 또는 $x=\frac{5}{2}$

그런데 x는 정수이므로 $x=-4$

이를 $y=-\frac{3}{2}x$에 대입하면 $y=6$

$\therefore |x-y|=10$

464 답 $3\sqrt{2}$

$x^2-5xy+6y^2=0$에서 $(x-2y)(x-3y)=0$

$\therefore x=2y$ 또는 $x=3y$

(i) $x=2y$일 때,

이를 $2x^2+xy+y^2=22$에 대입하면

$8y^2+2y^2+y^2=22$, $y^2=2$

$\therefore y=-\sqrt{2}$ 또는 $y=\sqrt{2}$

이를 각각 $x=2y$에 대입하면

$y=-\sqrt{2}$일 때 $x=-2\sqrt{2}$,

$y=\sqrt{2}$일 때 $x=2\sqrt{2}$

$\therefore x+y=-3\sqrt{2}$ 또는 $x+y=3\sqrt{2}$

(ii) $x=3y$일 때,

이를 $2x^2+xy+y^2=22$에 대입하면

$18y^2+3y^2+y^2=22$, $y^2=1$

$\therefore y=-1$ 또는 $y=1$

이를 각각 $x=3y$에 대입하면

$y=-1$일 때 $x=-3$, $y=1$일 때 $x=3$

$\therefore x+y=-4$ 또는 $x+y=4$

(i), (ii)에서 $x+y$의 최댓값은 $3\sqrt{2}$이다.

465 답 (1) $\begin{cases} x=-4 \\ y=-2 \end{cases}$ 또는 $\begin{cases} x=-2 \\ y=-4 \end{cases}$ 또는 $\begin{cases} x=2 \\ y=4 \end{cases}$ 또는 $\begin{cases} x=4 \\ y=2 \end{cases}$

(2) $\begin{cases} x=-4 \\ y=1 \end{cases}$ 또는 $\begin{cases} x=1 \\ y=-4 \end{cases}$ 또는 $\begin{cases} x=1-\sqrt{15} \\ y=1+\sqrt{15} \end{cases}$ 또는 $\begin{cases} x=1+\sqrt{15} \\ y=1-\sqrt{15} \end{cases}$

(1) $x^2+y^2=(x+y)^2-2xy$이므로 주어진 연립방정식에서 $x+y=u$, $xy=v$로 놓으면

$\begin{cases} v=8 \\ u^2-2v=20 \end{cases}$

$v=8$을 $u^2-2v=20$에 대입하면 $u^2-16=20$

$u^2=36 \quad \therefore u=-6$ 또는 $u=6$

(i) $u=-6$, $v=8$, 즉 $x+y=-6$, $xy=8$일 때,

x, y는 이차방정식 $t^2+6t+8=0$의 두 근이므로

$(t+4)(t+2)=0 \quad \therefore t=-4$ 또는 $t=-2$

(ii) $u=6$, $v=8$, 즉 $x+y=6$, $xy=8$일 때,

x, y는 이차방정식 $t^2-6t+8=0$의 두 근이므로

$(t-2)(t-4)=0 \quad \therefore t=2$ 또는 $t=4$

(i), (ii)에서 주어진 연립방정식의 해는

$\begin{cases} x=-4 \\ y=-2 \end{cases}$ 또는 $\begin{cases} x=-2 \\ y=-4 \end{cases}$ 또는 $\begin{cases} x=2 \\ y=4 \end{cases}$

또는 $\begin{cases} x=4 \\ y=2 \end{cases}$

(2) $x^2+y^2-3(x+y)=(x+y)^2-2xy-3(x+y)$이므로 주어진 연립방정식에서 $x+y=u$, $xy=v$로 놓으면

$\begin{cases} 2u+v=-10 \\ u^2-2v-3u=26 \end{cases}$

$2u+v=-10$에서 $v=-2u-10$

이를 $u^2-2v-3u=26$에 대입하면

$u^2-2(-2u-10)-3u=26$

$u^2+u-6=0$, $(u+3)(u-2)=0$

$\therefore u=-3$ 또는 $u=2$

이를 각각 $v=-2u-10$에 대입하면

$u=-3$일 때 $v=-4$, $u=2$일 때 $v=-14$

(i) $u=-3$, $v=-4$, 즉 $x+y=-3$, $xy=-4$일 때,

x, y는 이차방정식 $t^2+3t-4=0$의 두 근이므로

$(t+4)(t-1)=0 \quad \therefore t=-4$ 또는 $t=1$

(ii) $u=2$, $v=-14$, 즉 $x+y=2$, $xy=-14$일 때,

x, y는 이차방정식 $t^2-2t-14=0$의 두 근이므로

$t=1\pm\sqrt{15}$

(i), (ii)에서 주어진 연립방정식의 해는

$\begin{cases} x=-4 \\ y=1 \end{cases}$ 또는 $\begin{cases} x=1 \\ y=-4 \end{cases}$ 또는 $\begin{cases} x=1-\sqrt{15} \\ y=1+\sqrt{15} \end{cases}$

또는 $\begin{cases} x=1+\sqrt{15} \\ y=1-\sqrt{15} \end{cases}$

466 답 ①

주어진 연립방정식에서 $x+y=u$, $xy=v$로 놓으면

$\begin{cases} u+v=8 \\ 2u-v=4 \end{cases}$

두 식을 연립하여 풀면 $u=4$, $v=4$

$\therefore x+y=4$, $xy=4$

x, y는 이차방정식 $t^2-4t+4=0$의 두 근이므로

$(t-2)^2=0 \quad \therefore t=2$

따라서 주어진 연립방정식의 해는 $\begin{cases} x=2 \\ y=2 \end{cases}$이므로

$\alpha=2$, $\beta=2 \quad \therefore \alpha^2+\beta^2=8$

467 답 (1, 3), (3, 1)

$x^2+y^2-(x+y)=(x+y)^2-2xy-(x+y)$이므로

주어진 연립방정식에서 $x+y=u$, $xy=v$로 놓으면

$\begin{cases} u-2v=-2 \\ u^2-2v-u=6 \end{cases}$

$u-2v=-2$에서 $v=\frac{u}{2}+1$

이를 $u^2-2v-u=6$에 대입하면

$u^2-2\left(\frac{u}{2}+1\right)-u=6$, $u^2-2u-8=0$

$(u+2)(u-4)=0$

$\therefore u=-2$ 또는 $u=4$

이를 각각 $v=\frac{u}{2}+1$에 대입하면

$u=-2$일 때 $v=0$, $u=4$일 때 $v=3$

(i) $u=-2$, $v=0$, 즉 $x+y=-2$, $xy=0$일 때,

x, y는 이차방정식 $t^2+2t=0$의 두 근이므로

$t(t+2)=0$

$\therefore t=-2$ 또는 $t=0$

(ii) $u=4$, $v=3$, 즉 $x+y=4$, $xy=3$일 때,

x, y는 이차방정식 $t^2-4t+3=0$의 두 근이므로

$(t-1)(t-3)=0$

$\therefore t=1$ 또는 $t=3$

(i), (ii)에서 주어진 연립방정식의 해는

$\begin{cases} x=-2 \\ y=0 \end{cases}$ 또는 $\begin{cases} x=0 \\ y=-2 \end{cases}$ 또는 $\begin{cases} x=1 \\ y=3 \end{cases}$ 또는 $\begin{cases} x=3 \\ y=1 \end{cases}$

따라서 자연수 x, y의 순서쌍 (x, y)는

$(1, 3)$, $(3, 1)$

468 답 4

$x^2-xy+y^2=(x+y)^2-3xy$이므로 주어진 연립방정식에서 $x+y=u$, $xy=v$로 놓으면

$\begin{cases} u-v=5 \\ u^2-3v=13 \end{cases}$

$u-v=5$에서 $v=u-5$

이를 $u^2-3v=13$에 대입하면

$u^2-3(u-5)=13$, $u^2-3u+2=0$

$(u-1)(u-2)=0$ $\quad\therefore u=1$ 또는 $u=2$

이를 각각 $v=u-5$에 대입하면

$u=1$일 때 $v=-4$, $u=2$일 때 $v=-3$

(i) $u=1$, $v=-4$, 즉 $x+y=1$, $xy=-4$일 때,

x, y는 이차방정식 $t^2-t-4=0$의 두 근이므로

$t=\frac{1\pm\sqrt{17}}{2}$

즉, $x=\frac{1-\sqrt{17}}{2}$, $y=\frac{1+\sqrt{17}}{2}$ 또는

$x=\frac{1+\sqrt{17}}{2}$, $y=\frac{1-\sqrt{17}}{2}$이므로

$|x-y|=\sqrt{17}$

(ii) $u=2$, $v=-3$, 즉 $x+y=2$, $xy=-3$일 때,

x, y는 이차방정식 $t^2-2t-3=0$의 두 근이므로

$(t+1)(t-3)=0$ $\quad\therefore t=-1$ 또는 $t=3$

즉, $x=-1$, $y=3$ 또는 $x=3$, $y=-1$이므로

$|x-y|=4$

(i), (ii)에서 $|x-y|$의 최솟값은 4이다.

469 답 −16

$4x+y=k$에서 $y=-4x+k$

이를 $x^2-3y=12$에 대입하면

$x^2-3(-4x+k)=12$

$x^2+12x-3k-12=0$ $\quad\cdots\cdots$ ㉠

주어진 연립방정식이 오직 한 쌍의 해를 가지려면 이차방정식 ㉠이 중근을 가져야 하므로 ㉠의 판별식을 D라 하면

$\frac{D}{4}=36+3k+12=0$ $\quad\therefore k=-16$

470 답 $k=5$, 공통근: 1

두 이차방정식의 공통근을 α라 하면

$\begin{cases} \alpha^2+k\alpha-6=0 & \cdots\cdots ㉠ \\ \alpha^2-6\alpha+k=0 & \cdots\cdots ㉡ \end{cases}$

㉠−㉡을 하면 $(k+6)\alpha-(k+6)=0$

$(k+6)(\alpha-1)=0$

$\therefore k=-6$ 또는 $\alpha=1$

(i) $k=-6$일 때,

두 이차방정식이 모두 $x^2-6x-6=0$이므로 공통근은 2개이다.

따라서 주어진 조건을 만족시키지 않는다.

(ii) $\alpha=1$일 때,

㉠에 $\alpha=1$을 대입하면

$1+k-6=0$ $\quad\therefore k=5$

(i), (ii)에서 $k=5$이고, 이때의 공통근은 1이다.

471 답 1

$x+y=2k$에서 $y=-x+2k$

이를 $x^2+y^2=2k^2-3k+5$에 대입하면

$x^2+(-x+2k)^2=2k^2-3k+5$

$2x^2-4kx+2k^2+3k-5=0$ $\quad\cdots\cdots$ ㉠

주어진 연립방정식이 실근을 가지려면 이차방정식 ㉠이 실근을 가져야 하므로 ㉠의 판별식을 D라 하면

$\frac{D}{4}=4k^2-2(2k^2+3k-5)\geq 0$

$-6k+10\geq 0 \quad \therefore k\leq \frac{5}{3}$

따라서 정수 k의 최댓값은 1이다.

472 답 $\frac{13}{6}$

두 이차방정식의 공통근을 α라 하면

$\begin{cases} \alpha^2+(k-4)\alpha-5k=0 & \cdots\cdots ㉠ \\ \alpha^2+(k-2)\alpha-9k=0 & \cdots\cdots ㉡ \end{cases}$

㉠−㉡을 하면 $-2\alpha+4k=0 \quad \therefore \alpha=2k$

이를 ㉠에 대입하면

$4k^2+(k-4)\times 2k-5k=0$

$6k^2-13k=0,\ k(6k-13)=0$

$\therefore k=0$ 또는 $k=\frac{13}{6}$

그런데 $k>0$이므로 $k=\frac{13}{6}$

473 답 $a=12,\ b=18$

두 정사각형의 둘레의 길이의 합이 120 cm이므로

$4a+4b=120,\ a+b=30$

$\therefore b=-a+30 \quad \cdots\cdots ㉠$

두 정사각형의 넓이의 차가 180 cm^2이므로

$b^2-a^2=180$

㉠을 대입하면

$(-a+30)^2-a^2=180$

$-60a+720=0 \quad \therefore a=12$

이를 ㉠에 대입하면 $b=18$

| 다른 풀이 |

두 정사각형의 둘레의 길이의 합이 120 cm이므로

$4a+4b=120$

$\therefore a+b=30 \quad \cdots\cdots ㉠$

두 정사각형의 넓이의 차가 180 cm^2이므로

$b^2-a^2=180$

$(b-a)(b+a)=180$

㉠을 대입하면

$30(b-a)=180$

$\therefore b-a=6 \quad \cdots\cdots ㉡$

㉠, ㉡을 연립하여 풀면

$a=12,\ b=18$

474 답 ⑤

$r+2h=8$에서 $r=-2h+8 \quad \cdots\cdots ㉠$

㉠을 $r^2-2h^2=8$에 대입하면

$(-2h+8)^2-2h^2=8$

$h^2-16h+28=0,\ (h-2)(h-14)=0$

$\therefore h=2$ 또는 $h=14$

그런데 $0<h<4$이므로 $h=2$

이를 ㉠에 대입하면

$r=4$

따라서 용기의 부피는

$\pi\times 4^2\times 2=32\pi$

475 답 18

직육면체 모양의 상자의 가로의 길이를 x, 세로의 길이를 y라 하면 모든 모서리의 길이의 합이 104이므로

$4x+4y+4x=104$

$\therefore y=-2x+26 \quad \cdots\cdots ㉠$

옆면의 넓이의 합이 288이므로

$2x^2+2xy=288$

$\therefore x^2+xy=144$

㉠을 대입하면

$x^2+x(-2x+26)=144$

$x^2-26x+144=0$

$(x-8)(x-18)=0 \quad \therefore x=8$ 또는 $x=18$

그런데 $0<x<13$이므로 $x=8$

이를 ㉠에 대입하면

$y=10$

따라서 상자의 가로, 세로의 길이는 각각 8, 10이므로 구하는 합은

$8+10=18$

476 답 53

십의 자리의 숫자를 x, 일의 자리의 숫자를 y라 하면 각 자리의 숫자의 제곱의 합이 34이므로

$x^2+y^2=34 \quad \cdots\cdots ㉠$

처음 자연수와 각 자리의 숫자의 순서를 바꾼 자연수의 합이 88이므로

$(10x+y)+(x+10y)=88,\ x+y=8$

$\therefore y=-x+8 \quad \cdots\cdots ㉡$

㉡을 ㉠에 대입하면

$x^2+(-x+8)^2=34$

$x^2-8x+15=0,\ (x-3)(x-5)=0$

$\therefore x=3$ 또는 $x=5$

이를 ㉡에 대입하면

$x=3$일 때 $y=5$, $x=5$일 때 $y=3$

이때 $x>y$이므로 $x=5$, $y=3$

따라서 처음 자연수는 53이다.

| 다른 풀이 |

십의 자리의 숫자를 x, 일의 자리의 숫자를 y라 하면 각 자리의 숫자의 제곱의 합이 34이므로

$x^2+y^2=34$ ...... ㉠

처음 자연수와 각 자리의 숫자의 순서를 바꾼 자연수의 합이 88이므로

$(10x+y)+(x+10y)=88$

$\therefore x+y=8$ ...... ㉡

$x^2+y^2=(x+y)^2-2xy$이므로 ㉠, ㉡에서

$x+y=u$, $xy=v$로 놓으면

$\begin{cases} u^2-2v=34 \\ u=8 \end{cases}$

$u=8$을 $u^2-2v=34$에 대입하면

$64-2v=34$ $\therefore v=15$

$\therefore x+y=8$, $xy=15$

x, y는 이차방정식 $t^2-8t+15=0$의 두 근이므로

$(t-3)(t-5)=0$ $\therefore t=3$ 또는 $t=5$

$\therefore x=5$, $y=3$ ($\because x>y$)

따라서 처음 자연수는 53이다.

477 답 $\begin{cases} x=-13 \\ y=0 \end{cases}$ 또는 $\begin{cases} x=-3 \\ y=-10 \end{cases}$ 또는 $\begin{cases} x=-1 \\ y=12 \end{cases}$ 또는 $\begin{cases} x=9 \\ y=2 \end{cases}$

$xy-x+2y=13$에서

$x(y-1)+2(y-1)=11$

$(x+2)(y-1)=11$

x, y가 정수이므로 $x+2$, $y-1$도 정수이다.

따라서 $(x+2)(y-1)=11$인 경우는

(i) $x+2=1$, $y-1=11$일 때,

$x=-1$, $y=12$

(ii) $x+2=11$, $y-1=1$일 때,

$x=9$, $y=2$

(iii) $x+2=-1$, $y-1=-11$일 때,

$x=-3$, $y=-10$

(iv) $x+2=-11$, $y-1=-1$일 때,

$x=-13$, $y=0$

(i)~(iv)에서 구하는 정수 x, y는

$\begin{cases} x=-13 \\ y=0 \end{cases}$ 또는 $\begin{cases} x=-3 \\ y=-10 \end{cases}$ 또는 $\begin{cases} x=-1 \\ y=12 \end{cases}$

또는 $\begin{cases} x=9 \\ y=2 \end{cases}$

478 답 $x=2$, $y=-4$

$3x^2+y^2-12x+8y+28=0$에서

$3(x^2-4x+4)+(y^2+8y+16)=0$

$3(x-2)^2+(y+4)^2=0$

x, y가 실수이므로 $x-2=0$, $y+4=0$

$\therefore x=2$, $y=-4$

| 다른 풀이 |

주어진 방정식의 좌변을 y에 대하여 내림차순으로 정리하면

$y^2+8y+3x^2-12x+28=0$ ...... ㉠

y에 대한 이차방정식 ㉠이 실근을 가져야 하므로 ㉠의 판별식을 D라 하면

$\frac{D}{4}=16-(3x^2-12x+28)\geq 0$

$x^2-4x+4\leq 0$, $(x-2)^2\leq 0$ $\therefore x=2$

이를 ㉠에 대입하면 $y^2+8y+16=0$

$(y+4)^2=0$ $\therefore y=-4$

479 답 4

정수인 두 근을 α, β $(\alpha\leq\beta)$라 하면 이차방정식의 근과 계수의 관계에 의하여

$\alpha+\beta=-a$ $\therefore a=-\alpha-\beta$ ...... ㉠

$\alpha\beta=a+2$ ...... ㉡

㉠을 ㉡에 대입하면 $\alpha\beta=-\alpha-\beta+2$

$\alpha\beta+\alpha+\beta=2$, $\alpha(\beta+1)+(\beta+1)=3$

$(\alpha+1)(\beta+1)=3$

α, β가 정수이므로 $\alpha+1$, $\beta+1$도 정수이고

$\alpha+1\leq\beta+1$이다.

따라서 $(\alpha+1)(\beta+1)=3$인 경우는

(i) $\alpha+1=1$, $\beta+1=3$일 때,

$\alpha=0$, $\beta=2$이므로 ㉠에서

$a=-2$

(ii) $\alpha+1=-3$, $\beta+1=-1$일 때,

$\alpha=-4$, $\beta=-2$이므로 ㉠에서

$a=6$

(i), (ii)에서 $a=-2$ 또는 $a=6$이므로 구하는 합은

$-2+6=4$

480 답 $\frac{5\sqrt{2}}{2}$

$x^2y^2-12xy+x^2+16y^2+4=0$에서

$(x^2y^2-4xy+4)+(x^2-8xy+16y^2)=0$

$(xy-2)^2+(x-4y)^2=0$

x, y가 실수이므로 $xy-2=0$, $x-4y=0$

$\therefore xy=2$, $x=4y$

$x=4y$를 $xy=2$에 대입하면

$4y^2=2$, $y^2=\frac{1}{2}$

$\therefore y=\frac{\sqrt{2}}{2}$ $(\because y>0)$

이를 $x=4y$에 대입하면 $x=2\sqrt{2}$

$\therefore x+y=\frac{5\sqrt{2}}{2}$

연습문제 230~232쪽

481 답 ③

$2x-y=1$에서 $y=2x-1$

이를 $5x^2-y^2=-5$에 대입하면

$5x^2-(2x-1)^2=-5$

$x^2+4x+4=0$, $(x+2)^2=0$

$\therefore x=-2$

이를 $y=2x-1$에 대입하면

$y=-5$

따라서 $\alpha=-2$, $\beta=-5$이므로

$\alpha-\beta=3$

482 답 ⑤

$x^2-3xy-4y^2=0$에서 $(x+y)(x-4y)=0$

$\therefore x=-y$ 또는 $x=4y$

(i) $x=-y$일 때,

이를 $x^2+y^2=68$에 대입하면

$y^2+y^2=68$, $y^2=34$

$\therefore y=-\sqrt{34}$ 또는 $y=\sqrt{34}$

이를 각각 $x=-y$에 대입하면

$y=-\sqrt{34}$일 때 $x=\sqrt{34}$,

$y=\sqrt{34}$일 때 $x=-\sqrt{34}$

(ii) $x=4y$일 때,

이를 $x^2+y^2=68$에 대입하면

$16y^2+y^2=68$, $y^2=4$

$\therefore y=-2$ 또는 $y=2$

이를 각각 $x=4y$에 대입하면

$y=-2$일 때 $x=-8$, $y=2$일 때 $x=8$

(i), (ii)에서 주어진 연립방정식의 양의 정수인 해는

$x=8$, $y=2$

따라서 $\alpha=8$, $\beta=2$이므로

$\alpha+\beta=10$

483 답 $-4\sqrt{2}$

주어진 연립방정식에서 $x+y=u$, $xy=v$로 놓으면

$$\begin{cases} u+v=-5 \\ uv=-6 \end{cases}$$

$u+v=-5$에서 $v=-u-5$

이를 $uv=-6$에 대입하면

$u(-u-5)=-6$, $u^2+5u-6=0$

$(u+6)(u-1)=0$

$\therefore u=-6$ 또는 $u=1$

이를 각각 $v=-u-5$에 대입하면

$u=-6$일 때 $v=1$, $u=1$일 때 $v=-6$

(i) $u=-6$, $v=1$, 즉 $x+y=-6$, $xy-1$일 때,

x, y는 이차방정식 $t^2+6t+1=0$의 두 근이므로

$t=-3\pm2\sqrt{2}$

즉, $x=-3-2\sqrt{2}$, $y=-3+2\sqrt{2}$ 또는

$x=-3+2\sqrt{2}$, $y=-3-2\sqrt{2}$이므로

$x-y=-4\sqrt{2}$ 또는 $x-y=4\sqrt{2}$

(ii) $u=1$, $v=-6$, 즉 $x+y=1$, $xy=-6$일 때,

x, y는 이차방정식 $t^2-t-6=0$의 두 근이므로

$(t+2)(t-3)=0$ $\therefore t=-2$ 또는 $t=3$

즉, $x=-2$, $y=3$ 또는 $x=3$, $y=-2$이므로

$x-y=-5$ 또는 $x-y=5$

(i), (ii)에서 $x-y$의 최솟값은 $-4\sqrt{2}$이다.

484 답 ④

$x+y=2k$에서 $y=-x+2k$

이를 $xy+2x-1=k^2+4$에 대입하면

$x(-x+2k)+2x-1=k^2+4$

$x^2-2(k+1)x+k^2+5=0$ ······ ㉠

주어진 연립방정식이 실근을 갖지 않으려면 이차방정식 ㉠이 실근을 갖지 않아야 하므로 ㉠의 판별식을 D라 하면

$\frac{D}{4}=\{-(k+1)\}^2-(k^2+5)<0$

$2k-4<0$ $\therefore k<2$

따라서 정수 k의 최댓값은 1이다.

485 답 6 cm

직사각형의 가로의 길이를 x cm, 세로의 길이를 y cm라 하면 대각선의 길이가 $2\sqrt{29}$ cm이므로

$x^2+y^2=116$ ······ ㉠

직사각형의 넓이가 40 cm²이므로

$xy=40$ ······ ㉡

$x^2+y^2=(x+y)^2-2xy$이므로 ㉠, ㉡에서

$x+y=u$, $xy=v$로 놓으면

$\begin{cases} u^2-2v=116 \\ v=40 \end{cases}$

$v=40$을 $u^2-2v=116$에 대입하면

$u^2-80=116$

$u^2=196$ $\quad\therefore u=14$ ($\because x+y>0$)

$\therefore x+y=14$, $xy=40$

x, y는 이차방정식 $t^2-14t+40=0$의 두 근이므로

$(t-4)(t-10)=0$ $\quad\therefore t=4$ 또는 $t=10$

$\therefore x=10$, $y=4$ ($\because x>y$)

따라서 직사각형의 가로, 세로의 길이는 각각 10 cm, 4 cm이므로 구하는 차는

$10-4=6$(cm)

486 답 ④

$xy+2x+2y-5=0$에서

$x(y+2)+2(y+2)=9$

$(x+2)(y+2)=9$

x, y가 정수이므로 $x+2$, $y+2$도 정수이다.

따라서 $(x+2)(y+2)=9$인 경우는

(i) $x+2=1$, $y+2=9$일 때,
$x=-1$, $y=7$이므로
$x+y=6$

(ii) $x+2=3$, $y+2=3$일 때,
$x=1$, $y=1$이므로
$x+y=2$

(iii) $x+2=9$, $y+2=1$일 때,
$x=7$, $y=-1$이므로
$x+y=6$

(iv) $x+2=-1$, $y+2=-9$일 때,
$x=-3$, $y=-11$이므로
$x+y=-14$

(v) $x+2=-3$, $y+2=-3$일 때,
$x=-5$, $y=-5$이므로
$x+y=-10$

(vi) $x+2=-9$, $y+2=-1$일 때,
$x=-11$, $y=-3$이므로
$x+y=-14$

(i)~(vi)에서 $x+y$의 최댓값은 6이다.

487 답 2

$5x^2-12xy+9y^2-12x+36=0$에서

$(4x^2-12xy+9y^2)+(x^2-12x+36)=0$

$(2x-3y)^2+(x-6)^2=0$

x, y는 실수이므로 $2x-3y=0$, $x-6=0$

$\therefore x=6$, $y=4$

$\therefore x-y=2$

488 답 12

| 접근 방법 | $x\geq y$일 때와 $x<y$일 때로 나누어 연립방정식의 해를 구한다.

(i) $x\geq y$일 때,

$<x, y>=x$, $[x, y]=y$이므로 주어진 연립방정식은

$\begin{cases} x+y=2x-1 \\ x^2-xy+y^2=y+10 \end{cases}$

$\therefore \begin{cases} x-y=1 \\ x^2-xy+y^2-y=10 \end{cases}$

$x-y=1$에서 $y=x-1$

이를 $x^2-xy+y^2-y=10$에 대입하면

$x^2-x(x-1)+(x-1)^2-(x-1)=10$

$x^2-2x-8=0$, $(x+2)(x-4)=0$

$\therefore x=-2$ 또는 $x=4$

이를 각각 $y=x-1$에 대입하면

$x=-2$일 때 $y=-3$, $x=4$일 때 $y=3$

$\therefore xy=6$ 또는 $xy=12$ ▸▸▸▸▸▸ ❶

(ii) $x<y$일 때,

$<x, y>=y$, $[x, y]=x$이므로 주어진 연립방정식은

$\begin{cases} x+y=2y-1 \\ x^2-xy+y^2=x+10 \end{cases}$

$\therefore \begin{cases} x-y=-1 \\ x^2-xy+y^2-x=10 \end{cases}$

$x-y=-1$에서 $y=x+1$

이를 $x^2-xy+y^2-x=10$에 대입하면

$x^2-x(x+1)+(x+1)^2-x=10$

$x^2=9$ $\quad\therefore x=-3$ 또는 $x=3$

이를 각각 $y=x+1$에 대입하면

$x=-3$일 때 $y=-2$, $x=3$일 때 $y=4$

$\therefore xy=6$ 또는 $xy=12$ ▸▸▸▸▸▸ ❷

(i), (ii)에서 xy의 최댓값은 12이다. ▸▸▸▸▸▸ ❸

단계	채점 기준	비율
❶	$x \geq y$일 때, xy의 값 구하기	40%
❷	$x < y$일 때, xy의 값 구하기	40%
❸	xy의 최댓값 구하기	20%

489 답 17

| 접근 방법 | $x+y=t$로 놓고 그 값을 구한 후 $x-y$의 값을 구하여 연립한다.

$x^2-y^2=8$에서 $(x+y)(x-y)=8$ ······ ㉠

$(x+y)^2-(x+y)=12$에서 $x+y=t$로 놓으면

$t^2-t-12=0$, $(t+3)(t-4)=0$

$\therefore t=-3$ 또는 $t=4$

$\therefore x+y=-3$ 또는 $x+y=4$

(i) $x+y=-3$일 때,

이를 ㉠에 대입하면

$-3(x-y)=8 \qquad \therefore x-y=-\frac{8}{3}$

$x+y=-3$, $x-y=-\frac{8}{3}$을 연립하여 풀면

$x=-\frac{17}{6}$, $y=-\frac{1}{6}$

(ii) $x+y=4$일 때,

이를 ㉠에 대입하면

$4(x-y)=8 \qquad \therefore x-y=2$

$x+y=4$, $x-y=2$를 연립하여 풀면

$x=3$, $y=1$

(i), (ii)에서 음수 x, y는 $x=-\frac{17}{6}$, $y=-\frac{1}{6}$이므로

$36xy=17$

490 답 5

두 연립방정식의 공통인 해가 존재하므로 그 해는 연립방정식 $\begin{cases} x+y=17 \\ x^2+y^2=145 \end{cases}$의 해와 같다.

$x^2+y^2=(x+y)^2-2xy$이므로 위의 연립방정식에서

$x+y=u$, $xy=v$로 놓으면

$\begin{cases} u=17 \\ u^2-2v=145 \end{cases}$

$u=17$을 $u^2-2v=145$에 대입하면

$289-2v=145 \qquad \therefore v=72$

$\therefore x+y=17$, $xy=72$

x, y는 이차방정식 $t^2-17t+72=0$의 두 근이므로

$(t-8)(t-9)=0 \qquad \therefore t=8$ 또는 $t=9$

(i) $x=8$, $y=9$일 때,

$ax-2y=-2$에 대입하면

$8a-18=-2 \qquad \therefore a=2$

$bx+y=33$에 대입하면

$8b+9=33 \qquad \therefore b=3$

(ii) $x=9$, $y=8$일 때,

$ax-2y=-2$에 대입하면

$9a-16=-2 \qquad \therefore a=\frac{14}{9}$

$bx+y=33$에 대입하면

$9b+8=33 \qquad \therefore b=\frac{25}{9}$

(i), (ii)에서 a, b는 자연수이므로 $a=2$, $b=3$

$\therefore a+b=5$

491 답 ⑤

$y-3x=1$에서 $y=3x+1$

이를 $-x^2+y^2=2k$에 대입하면

$-x^2+(3x+1)^2=2k$

$8x^2+6x+1-2k=0$ ······ ㉠

주어진 연립방정식이 오직 한 쌍의 해를 가지려면 이차방정식 ㉠이 중근을 가져야 하므로 ㉠의 판별식을 D라 하면

$\frac{D}{4}=9-8(1-2k)=0 \qquad \therefore k=-\frac{1}{16}$

이를 ㉠에 대입하면 $8x^2+6x+1+\frac{1}{8}=0$

$64x^2+48x+9=0$, $(8x+3)^2=0$

$\therefore x=-\frac{3}{8}$

이를 $y=3x+1$에 대입하면 $y=-\frac{1}{8}$

따라서 $\alpha=-\frac{3}{8}$, $\beta=-\frac{1}{8}$이므로

$k+\alpha+\beta=-\frac{1}{16}+\left(-\frac{3}{8}\right)+\left(-\frac{1}{8}\right)=-\frac{9}{16}$

492 답 3

두 이차방정식의 공통근을 α라 하면

$\begin{cases} \alpha^2+a^2\alpha+b^2-6a+8=0 & \cdots\cdots ㉠ \\ \alpha^2-6a\alpha+a^2+b^2+8=0 & \cdots\cdots ㉡ \end{cases}$

㉠$-$㉡을 하면

$(a^2+6a)\alpha-(a^2+6a)=0$

$(a^2+6a)(a-1)=0$, $a(a+6)(a-1)=0$

$\therefore a=0$ 또는 $a=-6$ 또는 $a=1$

(i) $a=0$일 때,

두 이차방정식이 모두 $x^2+b^2+8=0$이므로 공통근이 2개이다.

따라서 주어진 조건을 만족시키지 않는다.

(ii) $a=-6$일 때,

두 이차방정식이 모두 $x^2+36x+b^2+44=0$이므로 공통근이 2개이다.

따라서 주어진 조건을 만족시키지 않는다.

(iii) $a=1$일 때,

㉠에 $\alpha=1$을 대입하면 $1+a^2+b^2-6a+8=0$

$(a-3)^2+b^2=0$

이때 a, b는 실수이므로 $a-3=0$, $b=0$

$\therefore a=3, b=0$

(i), (ii), (iii)에서 $a=3$, $b=0$

$\therefore a+b=3$

493 답 ③

$\overline{AF}=\overline{AB}+\overline{EF}-\overline{EB}$이므로

$5=a+b-1 \qquad \therefore a+b=6 \qquad \cdots\cdots$ ㉠

직사각형 EBCI의 넓이가 정사각형 EFGH의 넓이의 $\frac{1}{4}$이므로

$1\times a=\frac{1}{4}b^2 \qquad \therefore a=\frac{1}{4}b^2$

이를 ㉠에 대입하면

$\frac{1}{4}b^2+b=6$, $b^2+4b-24=0$

$\therefore b=-2\pm2\sqrt{7}$

그런데 $b>0$이므로 $b=-2+2\sqrt{7}$

494 답 41

음의 정수인 두 근을 α, β $(\alpha\le\beta<0)$라 하면 이차방정식의 근과 계수의 관계에 의하여 두 근의 합은

$\alpha+\beta=-k+3$

$\therefore k=-\alpha-\beta+3 \qquad \cdots\cdots$ ㉠

두 근의 곱은 $\alpha\beta=4k+1$

㉠을 대입하면

$\alpha\beta=-4\alpha-4\beta+13$

$\alpha\beta+4\alpha+4\beta=13$, $\alpha(\beta+4)+4(\beta+4)=29$

$(\alpha+4)(\beta+4)=29$

α, β가 음의 정수이므로 $\alpha+4$, $\beta+4$도 정수이고 $\alpha+4\le\beta+4<4$이다.

따라서 $(\alpha+4)(\beta+4)=29$인 경우는 $\alpha+4=-29$, $\beta+4=-1$일 때 $\alpha=-33$, $\beta=-5$

㉠에서 $k=33+5+3=41$

495 답 9

x, y는 실수이므로

$2x^2+y^2-2y-21=0$, $x^2-4xy+3y^2=0$

$x^2-4xy+3y^2=0$에서 $(x-y)(x-3y)=0$

$\therefore x=y$ 또는 $x=3y$

(i) $x=y$일 때,

$2x^2+y^2-2y-21=0$에 대입하면

$2y^2+y^2-2y-21=0$

$3y^2-2y-21=0$, $(3y+7)(y-3)=0$

$\therefore y=-\frac{7}{3}$ 또는 $y=3$

그런데 y는 정수이므로 $y=3$

이를 $x=y$에 대입하면 $x=3$

$\therefore xy=9$

(ii) $x=3y$일 때,

$2x^2+y^2-2y-21=0$에 대입하면

$18y^2+y^2-2y-21=0$

$19y^2-2y-21=0$, $(y+1)(19y-21)=0$

$\therefore y=-1$ 또는 $y=\frac{21}{19}$

그런데 y는 정수이므로 $y=-1$

이를 $x=3y$에 대입하면 $x=-3$

$\therefore xy=3$

(i), (ii)에서 xy의 최댓값은 9이다.

496 답 −3

| 접근 방법 | 주어진 두 이차방정식의 공통근을 α라 하고 $x=\alpha$를 대입한 후 연립방정식을 풀어 조건을 만족시키는 p, q의 값을 구한다.

두 이차방정식의 공통근을 α라 하면

$\begin{cases}\alpha^2-p\alpha+2q=0 & \cdots\cdots ㉠\\ \alpha^2-q\alpha+2p=0 & \cdots\cdots ㉡\end{cases}$

㉠−㉡을 하면

$(-p+q)\alpha+2(-p+q)=0$

$(-p+q)(\alpha+2)=0 \qquad \therefore p=q$ 또는 $\alpha=-2$

(i) $p=q$일 때,

두 이차방정식이 모두 $x^2-px+2p=0$이므로 공통근이 2개이다.

따라서 주어진 조건을 만족시키지 않는다.

(ii) $a=-2$일 때,

이를 ㉠에 대입하면 $4+2p+2q=0$

$\therefore q=-p-2$ ⋯⋯ ㉢

㉢을 $x^2-px+2q=0$에 대입하면

$x^2-px-2p-4=0$

$(x+2)(x-p-2)=0$

$\therefore x=-2$ 또는 $x=p+2$

㉢을 $x^2-qx+2p=0$에 대입하면

$x^2+(p+2)x+2p=0$

$(x+2)(x+p)=0$

$\therefore x=-2$ 또는 $x=-p$

즉, 공통근이 아닌 두 근이 $p+2$, $-p$이므로

$-p(p+2)=-3$, $p^2+2p-3=0$

$(p+3)(p-1)=0$ $\therefore p=-3$ 또는 $p=1$

이를 ㉢에 각각 대입하면

$p=-3$일 때 $q=1$, $p=1$일 때 $q=-3$

(i), (ii)에서 $p=-3$, $q=1$ 또는 $p=1$, $q=-3$이므로

$pq=-3$

497 답 -15

| 접근 방법 | 어떤 정수를 n으로 놓고 식을 세운 후 (일차식)×(일차식)=(정수) 꼴로 나타낸다.

$m^2+2m-6=n^2$ (n은 정수)이라 하면

$(m^2+2m+1)-n^2-7=0$

$(m+1)^2-n^2=7$

$(m-n+1)(m+n+1)=7$

(i) $m-n+1=1$, $m+n+1=7$일 때,

$m-n=0$, $m+n=6$이므로 두 식을 연립하여 풀면

$m=3$, $n=3$

(ii) $m-n+1=7$, $m+n+1=1$일 때,

$m-n=6$, $m+n=0$이므로 두 식을 연립하여 풀면

$m=3$, $n=-3$

(iii) $m-n+1=-1$, $m+n+1=-7$일 때,

$m-n=-2$, $m+n=-8$이므로 두 식을 연립하여 풀면

$m=-5$, $n=-3$

(iv) $m-n+1=-7$, $m+n+1=-1$일 때,

$m-n=-8$, $m+n=-2$이므로 두 식을 연립하여 풀면

$m=-5$, $n=3$

(i)~(iv)에서 $m=3$ 또는 $m=-5$이므로 구하는 곱은

$3\times(-5)=-15$

01 연립일차부등식

개념 확인 237쪽

498 답 (1) $\begin{cases} a>0\text{일 때, } x\le 4 \\ a=0\text{일 때, 모든 실수} \\ a<0\text{일 때, } x\ge 4 \end{cases}$

(2) $\begin{cases} a>2\text{일 때, } x>\dfrac{1}{a-2} \\ a=2\text{일 때, 해는 없다.} \\ a<2\text{일 때, } x<\dfrac{1}{a-2} \end{cases}$

499 답 (1) $-2<x\le 1$ (2) $-3\le x<4$ (3) $x>2$ (4) $x<-3$

500 답 (1) $x=-2$ (2) 해는 없다. (3) 해는 없다. (4) 해는 없다.

유제 239~251쪽

501 답 (1) $\begin{cases} a>2\text{일 때, } x>3 \\ a=2\text{일 때, 해는 없다.} \\ a<2\text{일 때, } x<3 \end{cases}$ (2) 4

(1) $ax-3a>2x-6$에서 $(a-2)x>3a-6$

$\therefore (a-2)x>3(a-2)$

(i) $a-2>0$, 즉 $a>2$일 때,

$x>3$

(ii) $a-2=0$, 즉 $a=2$일 때,

$0\times x>0$에서 해는 없다.

(iii) $a-2<0$, 즉 $a<2$일 때,

$x<3$

(i), (ii), (iii)에서 주어진 부등식의 해는

$\begin{cases} a>2\text{일 때, } x>3 \\ a=2\text{일 때, 해는 없다.} \\ a<2\text{일 때, } x<3 \end{cases}$

(2) $ax-a^2\ge -3x-9$에서 $(a+3)x\ge a^2-9$

$\therefore (a+3)x\ge (a+3)(a-3)$ ⋯⋯ ㉠

이 부등식의 해가 $x\ge 1$이므로 $a+3>0$

㉠의 양변을 $a+3$으로 나누면

$x\ge a-3$

따라서 $a-3=1$이므로 $a=4$

502 답 $x<-5$

$ax-5b>bx-5a$에서 $(a-b)x>-5(a-b)$

$a<b$에서 $a-b<0$이므로 양변을 $a-b$로 나누면

$x<-5$

503 답 -2

$a^2x+3<4x+2a$에서 $(a^2-4)x<2a-3$

이 부등식이 해를 갖지 않으므로

$a^2-4=0,\ 2a-3\le 0$

(i) $a^2-4=0$에서

$(a+2)(a-2)=0 \quad \therefore a=-2$ 또는 $a=2$

(ii) $2a-3\le 0$에서

$2a\le 3 \quad \therefore a\le \frac{3}{2}$

(i), (ii)에서 $a=-2$

504 답 $x\ge -2$

$(2a+b)x+b-a\le 0$에서

$(2a+b)x\le a-b$ ······ ㉠

이 부등식의 해가 $x\ge 2$이므로

$2a+b<0$ ······ ㉡

㉠의 양변을 $2a+b$로 나누면 $x\ge \frac{a-b}{2a+b}$

따라서 $\frac{a-b}{2a+b}=2$이므로

$a-b=4a+2b \quad \therefore a=-b$ ······ ㉢

㉢을 ㉡에 대입하면

$-2b+b<0 \quad \therefore b>0$

㉢을 $b(x-2)\ge 4a$에 대입하면

$b(x-2)\ge -4b$

양변을 b로 나누면 $x-2\ge -4$

$\therefore x\ge -2$

505 답 (1) $x>1$ (2) $-3\le x<-2$

(1) $x+2<3x$를 풀면

$-2x<-2 \quad \therefore x>1$ ······ ㉠

$-(3-4x)\ge 2x-5$를 풀면

$-3+4x\ge 2x-5$

$2x\ge -2 \quad \therefore x\ge -1$ ······ ㉡

㉠, ㉡을 수직선 위에 나타내면 오른쪽 그림과 같으므로 주어진 연립부등식의 해는

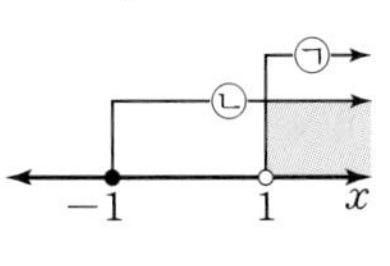

$x>1$

(2) $6x+2\ge 3(x-1)-4$를 풀면

$6x+2\ge 3x-3-4$

$3x\ge -9 \quad \therefore x\ge -3$ ······ ㉠

$1-(x+2)>4x+9$를 풀면

$1-x-2>4x+9$

$-5x>10 \quad \therefore x<-2$ ······ ㉡

㉠, ㉡을 수직선 위에 나타내면 오른쪽 그림과 같으므로 주어진 연립부등식의 해는

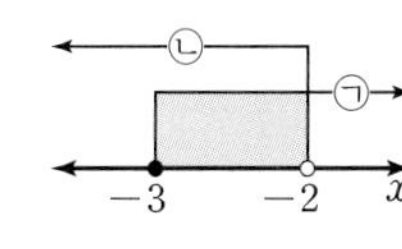

$-3\le x<-2$

506 답 (1) $5\le x<6$ (2) $x<5$

(1) $\frac{1}{4}x+2\le \frac{1}{2}x+\frac{3}{4}$을 풀면

$x+8\le 2x+3$

$-x\le -5 \quad \therefore x\ge 5$ ······ ㉠

$3(x+1)>4x-3$을 풀면

$3x+3>4x-3$

$-x>-6 \quad \therefore x<6$ ······ ㉡

㉠, ㉡을 수직선 위에 나타내면 오른쪽 그림과 같으므로 주어진 연립부등식의 해는 $5\le x<6$

(2) $\frac{x-1}{4}>\frac{x+1}{3}-1$을 풀면

$3(x-1)>4(x+1)-12$

$3x-3>4x+4-12$

$-x>-5 \quad \therefore x<5$ ······ ㉠

$0.9(x-2)<0.5x+1$을 풀면

$9(x-2)<5x+10$

$9x-18<5x+10$

$4x<28 \quad \therefore x<7$ ······ ㉡

㉠, ㉡을 수직선 위에 나타내면 오른쪽 그림과 같으므로 주어진 연립부등식의 해는 $x<5$

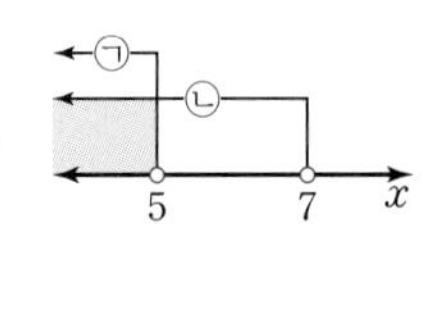

507 답 7

$\frac{2}{3}x+2>x-4$를 풀면

$2x+6>3x-12$

$-x>-18 \quad \therefore x<18$ ······ ㉠

$4x-5>3(x+2)$를 풀면

$4x-5>3x+6 \quad \therefore x>11 \quad \cdots\cdots$ ㉡

㉠, ㉡을 수직선 위에 나타내면 오른쪽 그림과 같으므로 주어진 연립부등식의 해는

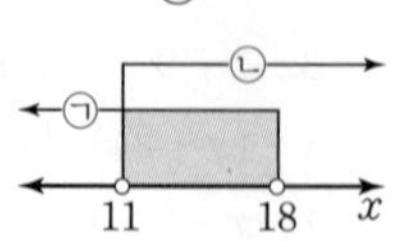

$11<x<18$

따라서 $a=11$, $b=18$이므로

$b-a=7$

508 답 4

$\frac{x+3}{3}>\frac{3-x}{6}$를 풀면

$2(x+3)>3-x$, $2x+6>3-x$

$3x>-3 \quad \therefore x>-1 \quad \cdots\cdots$ ㉠

$0.4x-0.6\le0.1x+0.3$을 풀면

$4x-6\le x+3$

$3x\le9 \quad \therefore x\le3 \quad \cdots\cdots$ ㉡

㉠, ㉡을 수직선 위에 나타내면 오른쪽 그림과 같으므로 주어진 연립부등식의 해는

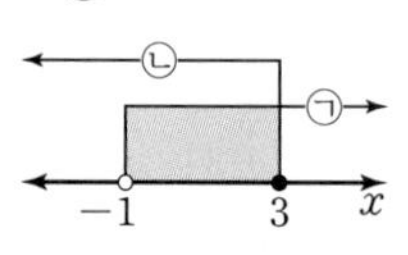

$-1<x\le3$

따라서 정수 x는 0, 1, 2, 3의 4개이다.

509 답 (1) $x\ge3$ (2) $1\le x\le5$

(1) 주어진 부등식은 $\begin{cases}2x+1<4x-3\\4x-3\le5x-6\end{cases}$으로 나타낼 수 있다.

$2x+1<4x-3$을 풀면

$-2x<-4 \quad \therefore x>2 \quad \cdots\cdots$ ㉠

$4x-3\le5x-6$을 풀면

$-x\le-3 \quad \therefore x\ge3 \quad \cdots\cdots$ ㉡

㉠, ㉡을 수직선 위에 나타내면 오른쪽 그림과 같으므로 주어진 부등식의 해는

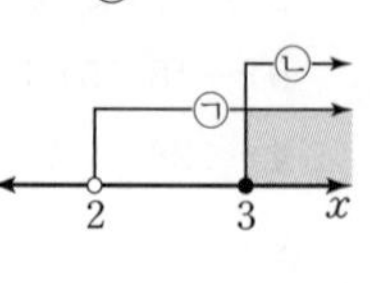

$x\ge3$

(2) 주어진 부등식은 $\begin{cases}-x+7\le3(x+2)-3\\3(x+2)-3\le2(x+4)\end{cases}$로 나타낼 수 있다.

$-x+7\le3(x+2)-3$을 풀면

$-x+7\le3x+6-3$

$-4x\le-4 \quad \therefore x\ge1 \quad \cdots\cdots$ ㉠

$3(x+2)-3\le2(x+4)$를 풀면

$3x+6-3\le2x+8 \quad \therefore x\le5 \quad \cdots\cdots$ ㉡

㉠, ㉡을 수직선 위에 나타내면 오른쪽 그림과 같으므로 주어진 부등식의 해는

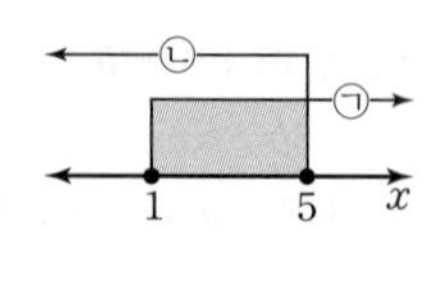

$1\le x\le5$

510 답 1

주어진 부등식은 $\begin{cases}\frac{x-4}{2}<1-x\\1-x\le-\frac{1}{4}(x-2)\end{cases}$로 나타낼 수 있다.

$\frac{x-4}{2}<1-x$를 풀면

$x-4<2(1-x)$, $x-4<2-2x$

$3x<6 \quad \therefore x<2 \quad \cdots\cdots$ ㉠

$1-x\le-\frac{1}{4}(x-2)$를 풀면

$4(1-x)\le-(x-2)$, $4-4x\le-x+2$

$-3x\le-2 \quad \therefore x\ge\frac{2}{3} \quad \cdots\cdots$ ㉡

㉠, ㉡을 수직선 위에 나타내면 오른쪽 그림과 같으므로 주어진 부등식의 해는

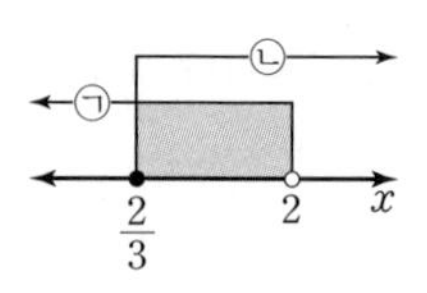

$\frac{2}{3}\le x<2$

따라서 정수 x의 값은 1이다.

511 답 -15

주어진 부등식은 $\begin{cases}x-3<\frac{3}{5}x-1\\\frac{3}{5}x-1<1.1x+0.5\end{cases}$로 나타낼 수 있다.

$x-3<\frac{3}{5}x-1$을 풀면

$5(x-3)<3x-5$, $5x-15<3x-5$

$2x<10 \quad \therefore x<5 \quad \cdots\cdots$ ㉠

$\frac{3}{5}x-1<1.1x+0.5$를 풀면

$6x-10<11x+5$

$-5x<15 \quad \therefore x>-3 \quad \cdots\cdots$ ㉡

㉠, ㉡을 수직선 위에 나타내면 오른쪽 그림과 같으므로 주어진 부등식의 해는

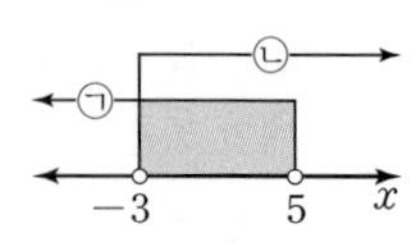

$-3<x<5$

따라서 $\alpha=-3$, $\beta=5$이므로 $\alpha\beta=-15$

512 답 3

주어진 부등식은 $\begin{cases} 2(x-2)\le\dfrac{x+3}{3} \\ \dfrac{x+3}{3}\le 0.1x+2.4 \end{cases}$ 로 나타낼 수 있다.

$2(x-2)\le\dfrac{x+3}{3}$을 풀면

$6(x-2)\le x+3$

$6x-12\le x+3$

$5x\le 15 \quad \therefore x\le 3 \quad \cdots\cdots$ ㉠

$\dfrac{x+3}{3}\le 0.1x+2.4$를 풀면

$10(x+3)\le 3x+72$

$10x+30\le 3x+72$

$7x\le 42 \quad \therefore x\le 6 \quad \cdots\cdots$ ㉡

㉠, ㉡을 수직선 위에 나타내면 오른쪽 그림과 같으므로 주어진 부등식의 해는

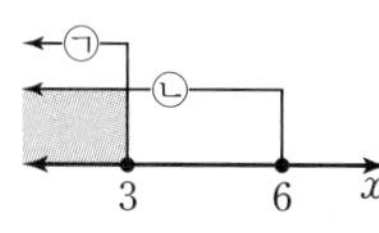

$x\le 3$

따라서 x의 최댓값은 3이다.

513 답 (1) $x=-1$ (2) 해는 없다.

(1) $-3x-2\ge x+2$를 풀면

$-4x\ge 4 \quad \therefore x\le -1 \quad \cdots\cdots$ ㉠

$x-3\ge\dfrac{x-7}{2}$을 풀면

$2(x-3)\ge x-7$

$2x-6\ge x-7 \quad \therefore x\ge -1 \quad \cdots\cdots$ ㉡

㉠, ㉡을 수직선 위에 나타내면 오른쪽 그림과 같으므로 주어진 연립부등식의 해는

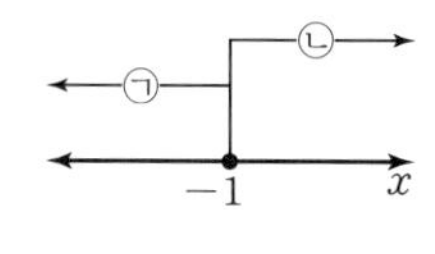

$x=-1$

(2) $4x+7\ge 3(x+3)$을 풀면

$4x+7\ge 3x+9 \quad \therefore x\ge 2 \quad \cdots\cdots$ ㉠

$2(x-4)>3x+2$를 풀면

$2x-8>3x+2$

$-x>10 \quad \therefore x<-10 \quad \cdots\cdots$ ㉡

㉠, ㉡을 수직선 위에 나타내면 오른쪽 그림과 같으므로 주어진 연립부등식의 해는 없다.

−10 2 x

514 답 $x=3$

주어진 부등식은 $\begin{cases} 4(x+1)\le 6x-2 \\ 6x-2\le 2(x+5) \end{cases}$ 로 나타낼 수 있다.

$4(x+1)\le 6x-2$를 풀면

$4x+4\le 6x-2$

$-2x\le -6 \quad \therefore x\ge 3 \quad \cdots\cdots$ ㉠

$6x-2\le 2(x+5)$를 풀면

$6x-2\le 2x+10$

$4x\le 12 \quad \therefore x\le 3 \quad \cdots\cdots$ ㉡

㉠, ㉡을 수직선 위에 나타내면 오른쪽 그림과 같으므로 주어진 부등식의 해는

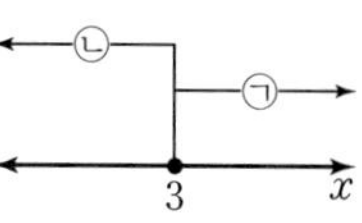

$x=3$

515 답 ⑤

$\dfrac{1}{2}x-2<\dfrac{3x-2}{2}$를 풀면

$x-4<3x-2$

$-2x<2 \quad \therefore x>-1 \quad \cdots\cdots$ ㉠

$-x+3>0.1x+4.1$을 풀면

$-10x+30>x+41$

$-11x>11 \quad \therefore x<-1 \quad \cdots\cdots$ ㉡

㉠, ㉡을 수직선 위에 나타내면 오른쪽 그림과 같으므로 주어진 연립부등식의 해는 없다.

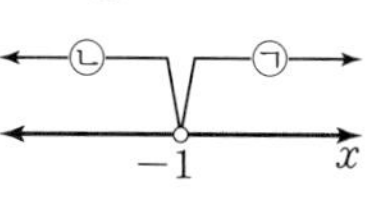

516 답 1

주어진 부등식은 $\begin{cases} \dfrac{x-4}{6}\le x+1 \\ x+1\le\dfrac{2x+1}{3} \end{cases}$ 로 나타낼 수 있다.

$\dfrac{x-4}{6}\le x+1$을 풀면

$x-4\le 6(x+1)$, $x-4\le 6x+6$

$-5x\le 10 \quad \therefore x\ge -2 \quad \cdots\cdots$ ㉠

$x+1\le\dfrac{2x+1}{3}$을 풀면

$3(x+1)\le 2x+1$

$3x+3\le 2x+1 \quad \therefore x\le -2 \quad \cdots\cdots$ ㉡

㉠, ㉡을 수직선 위에 나타내면 오른쪽 그림과 같으므로 주어진 부등식의 해는 $x=-2$

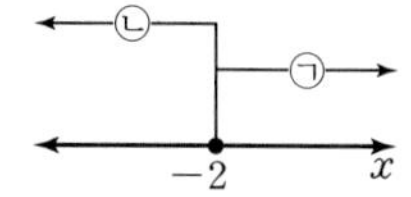

이를 $ax+6=4$에 대입하면

$-2a+6=4$, $-2a=-2 \quad \therefore a=1$

517 답 $a=7$, $b=-3$

$5x+1<2x+a$를 풀면

$3x<a-1 \quad \therefore x<\frac{a-1}{3}$ ...... ㉠

$x+1\le 2(x+2)$를 풀면

$x+1\le 2x+4$

$-x\le 3 \quad \therefore x\ge -3$ ...... ㉡

이때 주어진 연립부등식의 해가 존재하므로 ㉠, ㉡을 수직선 위에 나타내면 오른쪽 그림과 같다.

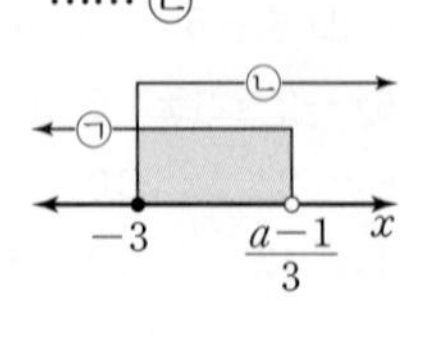

따라서 주어진 연립부등식의 해는

$-3\le x<\frac{a-1}{3}$

이는 $b\le x<2$와 같으므로

$b=-3$, $\frac{a-1}{3}=2 \quad \therefore a=7$, $b=-3$

518 답 6

$2x+3a<4x+a+2$를 풀면

$-2x<-2a+2 \quad \therefore x>a-1$ ...... ㉠

$5x+a<6x+4$를 풀면

$-x<-a+4 \quad \therefore x>a-4$ ...... ㉡

이때 $a-4<a-1$이므로 ㉠, ㉡을 수직선 위에 나타내면 오른쪽 그림과 같다.

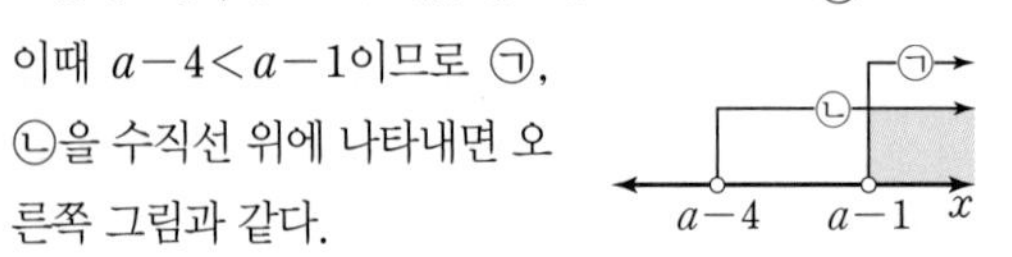

따라서 주어진 연립부등식의 해는

$x>a-1$

이는 $x>5$와 같으므로

$a-1=5 \quad \therefore a=6$

519 답 -5

주어진 부등식은 $\begin{cases} \frac{x-a}{2}<x+4 \\ x+4\le -x-2a \end{cases}$ 로 나타낼 수 있다.

$\frac{x-a}{2}<x+4$를 풀면

$x-a<2(x+4)$, $x-a<2x+8$

$-x<a+8 \quad \therefore x>-a-8$ ...... ㉠

$x+4\le -x-2a$를 풀면

$2x\le -2a-4 \quad \therefore x\le -a-2$ ...... ㉡

이때 $-a-8<-a-2$이므로 ㉠, ㉡을 수직선 위에 나타내면 오른쪽 그림과 같다.

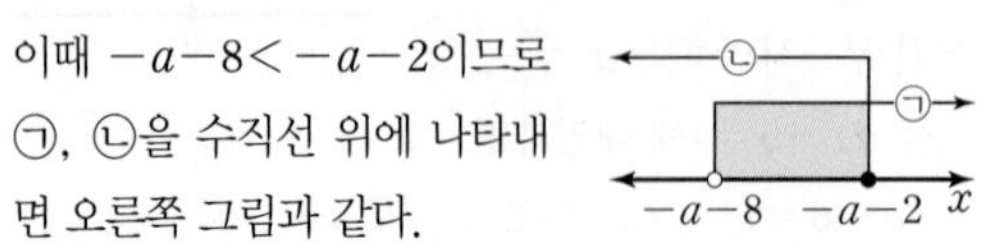

따라서 주어진 부등식의 해는

$-a-8<x\le -a-2$

이는 $-3<x\le 3$과 같으므로

$-a-8=-3 \quad \therefore a=-5$

520 답 8

$3(x-1)\le a+2$를 풀면

$3x-3\le a+2$

$3x\le a+5 \quad \therefore x\le \frac{a+5}{3}$

$1.2x-0.8b\ge x$를 풀면

$12x-8b\ge 10x$

$2x\ge 8b \quad \therefore x\ge 4b$

이때 주어진 연립부등식의 해가 $x=4$이므로

$\frac{a+5}{3}=4$, $4b=4 \quad \therefore a=7$, $b=1$

$\therefore a+b=8$

521 답 $a\le -18$

$\frac{1}{3}x+1\ge \frac{1}{2}x-1$을 풀면

$2x+6\ge 3x-6$

$-x\ge -12 \quad \therefore x\le 12$ ...... ㉠

$3(x-2)<4x+a$를 풀면

$3x-6<4x+a$

$-x<a+6 \quad \therefore x>-a-6$ ...... ㉡

주어진 연립부등식이 해를 갖지 않도록 ㉠, ㉡을 수직선 위에 나타내면 오른쪽 그림과 같으므로

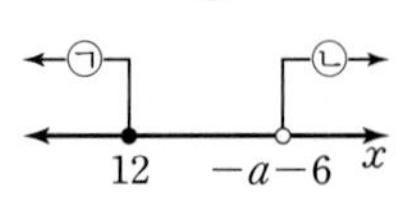

$-a-6\ge 12$

$\therefore a\le -18$

522 답 $-5<a\le -4$

$2x+3a>3x+2a$를 풀면

$-x>-a \quad \therefore x<a$ ...... ㉠

$7x+2\ge 5(x-2)$를 풀면

$7x+2\ge 5x-10$

$2x\ge -12 \quad \therefore x\ge -6$ ...... ㉡

주어진 연립부등식을 만족시키는 정수 x가 2개가 되도록 ㉠, ㉡을 수직선 위에 나타내면 오른쪽 그림과 같으므로

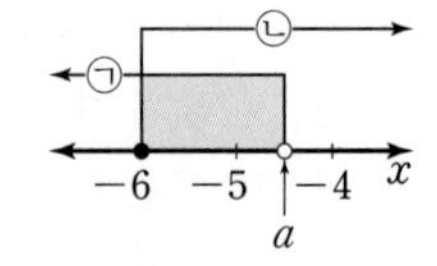

$-5<a\le -4$

523 답 2

주어진 부등식은 $\begin{cases} 2x-5\le 6x+7 \\ 6x+7<4x+a \end{cases}$로 나타낼 수 있다.

$2x-5\le 6x+7$을 풀면

$-4x\le 12 \quad \therefore x\ge -3 \quad \cdots\cdots$ ㉠

$6x+7<4x+a$를 풀면

$2x<a-7 \quad \therefore x<\dfrac{a-7}{2} \quad \cdots\cdots$ ㉡

주어진 부등식이 해를 갖도록 ㉠, ㉡을 수직선 위에 나타내면 오른쪽 그림과 같으므로

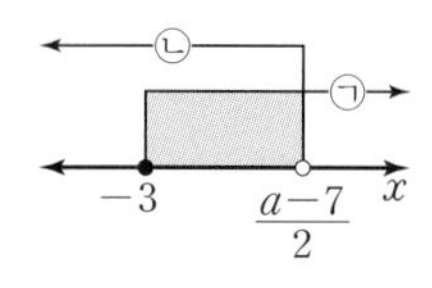

$\dfrac{a-7}{2}>-3 \quad \therefore a>1$

따라서 정수 a의 최솟값은 2이다.

524 답 ⑤

$x+2>3$을 풀면

$x>1 \quad \cdots\cdots$ ㉠

$3x<a+1$을 풀면

$x<\dfrac{a+1}{3} \quad \cdots\cdots$ ㉡

주어진 연립부등식을 만족시키는 정수 x의 값의 합이 9가 (└ $2+3+4=9$) 되도록 ㉠, ㉡을 수직선 위에 나타내면 오른쪽 그림과 같으므로

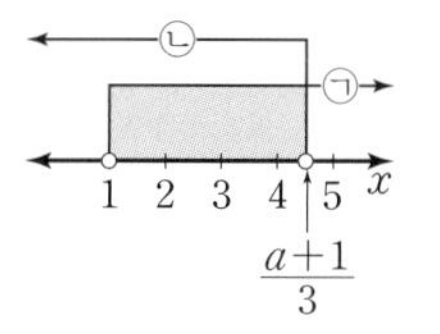

$4<\dfrac{a+1}{3}\le 5$

$12<a+1\le 15 \quad \therefore 11<a\le 14$

따라서 자연수 a의 최댓값은 14이다.

525 답 4

상자의 개수를 x라 하자.

한 상자에 공을 6개씩 담으면 공이 12개 남으므로 공의 개수는

$6x+12$

한 상자에 공을 8개씩 담으면 4개 이상 6개 미만의 공이 남으므로

$8x+4\le 6x+12<8x+6$

이 부등식은 $\begin{cases} 8x+4\le 6x+12 \\ 6x+12<8x+6 \end{cases}$으로 나타낼 수 있다.

$8x+4\le 6x+12$를 풀면

$2x\le 8 \quad \therefore x\le 4 \quad \cdots\cdots$ ㉠

$6x+12<8x+6$을 풀면

$-2x<-6 \quad \therefore x>3 \quad \cdots\cdots$ ㉡

㉠, ㉡을 수직선 위에 나타내면 오른쪽 그림과 같으므로

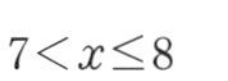

$3<x\le 4$

이때 상자의 개수는 자연수이므로 4이다.

526 답 12 cm 이상 15 cm 이하

세로의 길이를 x cm라 하면 가로의 길이는 $(3x-4)$ cm

직사각형의 둘레의 길이가 88 cm 이상 112 cm 이하이므로

$88\le 2\{(3x-4)+x\}\le 112$

$88\le 8x-8\le 112$

$96\le 8x\le 120$

$\therefore 12\le x\le 15$

따라서 세로의 길이는 12 cm 이상 15 cm 이하이다.

527 답 9

연속하는 세 정수를 $x-1$, x, $x+1$이라 하면

세 정수의 합은 21보다 크므로

$(x-1)+x+(x+1)>21$

$3x>21 \quad \therefore x>7 \quad \cdots\cdots$ ㉠

또 큰 두 수의 합에서 가장 작은 수를 뺀 값은 10보다 크지 않으므로

$x+(x+1)-(x-1)\le 10$

$x+2\le 10 \quad \therefore x\le 8 \quad \cdots\cdots$ ㉡

㉠, ㉡을 수직선 위에 나타내면 오른쪽 그림과 같으므로

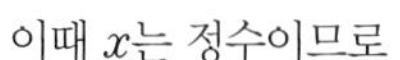

$7<x\le 8$

이때 x는 정수이므로

$x=8$

따라서 연속하는 세 정수는 7, 8, 9이므로 가장 큰 수는 9이다.

528 답 9

만들 수 있는 음료 A의 개수를 x라 하면 음료 B의 개수는 $10-x$이므로

$\begin{cases} 50x+100(10-x)\le 700 \\ 30x+10(10-x)\le 280 \end{cases}$

$50x+100(10-x)\le 700$을 풀면

$50x+1000-100x\le 700$

$-50x\le -300 \quad \therefore x\ge 6 \quad \cdots\cdots$ ㉠

$30x+10(10-x)\le 280$을 풀면

$30x+100-10x\le 280$

$20x\le 180 \quad \therefore x\le 9 \quad \cdots\cdots$ ㉡

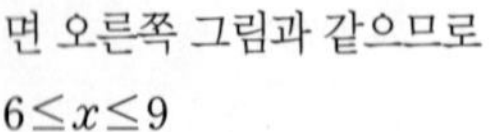

㉠, ㉡을 수직선 위에 나타내면 오른쪽 그림과 같으므로

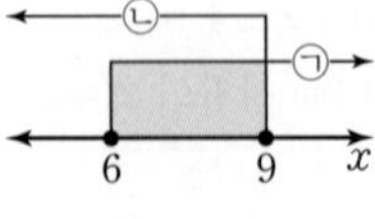

$6\le x\le 9$

따라서 만들 수 있는 음료 A의 최대 개수는 9이다.

개념 확인 253쪽

529 답 (1) $-1\le x\le 1$

(2) $x<-2$ 또는 $x>2$

(3) $x\le -4$ 또는 $x\ge 4$

(4) $-7<x<7$

(5) $-5\le x\le -2$ 또는 $2\le x\le 5$

(6) $-6\le x<-1$ 또는 $1<x\le 6$

530 답 (1) $-2\le x\le 6$

(2) $x<-3$ 또는 $x>1$

유제 255쪽

531 답 (1) $x<-\frac{1}{3}$ 또는 $x>3$

(2) $-\frac{3}{2}<x<-\frac{1}{2}$ 또는 $1<x<2$

(1) $|3x-4|>5$에서

$3x-4<-5$ 또는 $3x-4>5$

(i) $3x-4<-5$에서

$3x<-1 \quad \therefore x<-\frac{1}{3}$

(ii) $3x-4>5$에서

$3x>9 \quad \therefore x>3$

(i), (ii)에서 주어진 부등식의 해는

$x<-\frac{1}{3}$ 또는 $x>3$

(2) $3<|4x-1|<7$에서

$-7<4x-1<-3$ 또는 $3<4x-1<7$

(i) $-7<4x-1<-3$에서

$-6<4x<-2 \quad \therefore -\frac{3}{2}<x<-\frac{1}{2}$

(ii) $3<4x-1<7$에서

$4<4x<8 \quad \therefore 1<x<2$

(i), (ii)에서 주어진 부등식의 해는

$-\frac{3}{2}<x<-\frac{1}{2}$ 또는 $1<x<2$

532 답 (1) $-\frac{2}{3}\le x\le 4$ (2) $-5<x<4$

(1) (i) $x<\frac{1}{2}$일 때,

$|2x-1|=-(2x-1)$이므로

$-(2x-1)\le x+3$

$-3x\le 2 \quad \therefore x\ge -\frac{2}{3}$

그런데 $x<\frac{1}{2}$이므로

$-\frac{2}{3}\le x<\frac{1}{2}$

(ii) $x\ge \frac{1}{2}$일 때,

$|2x-1|=2x-1$이므로

$2x-1\le x+3 \quad \therefore x\le 4$

그런데 $x\ge \frac{1}{2}$이므로

$\frac{1}{2}\le x\le 4$

(i), (ii)에서 주어진 부등식의 해는

$-\frac{2}{3}\le x\le 4$

(2) (i) $x<-2$일 때,

$|x+2|=-(x+2)$, $|x-1|=-(x-1)$이므로

$-(x+2)-(x-1)<9$

$-2x<10 \quad \therefore x>-5$

그런데 $x<-2$이므로

$-5<x<-2$

(ii) $-2\le x<1$일 때,

$|x+2|=x+2$, $|x-1|=-(x-1)$이므로

$(x+2)-(x-1)<9$

$0\times x<6$이므로 해는 모든 실수이다.

그런데 $-2\le x<1$이므로

$-2\le x<1$

(ⅲ) $x\geq1$일 때,

$|x+2|=x+2$, $|x-1|=x-1$이므로

$(x+2)+(x-1)<9$

$2x<8$ $\quad\therefore x<4$

그런데 $x\geq1$이므로

$1\leq x<4$

(ⅰ), (ⅱ), (ⅲ)에서 주어진 부등식의 해는

$-5<x<4$

533 답 2

$1\leq|3x-2|<4$에서

$-4<3x-2\leq-1$ 또는 $1\leq3x-2<4$

(ⅰ) $-4<3x-2\leq-1$에서

$-2<3x\leq1$ $\quad\therefore -\frac{2}{3}<x\leq\frac{1}{3}$

(ⅱ) $1\leq3x-2<4$에서

$3\leq3x<6$ $\quad\therefore 1\leq x<2$

(ⅰ), (ⅱ)에서 주어진 부등식의 해는

$-\frac{2}{3}<x\leq\frac{1}{3}$ 또는 $1\leq x<2$

따라서 정수 x는 0, 1의 2개이다.

534 답 -4

(ⅰ) $x<-\frac{1}{2}$일 때,

$|2x+1|=-(2x+1)$, $|x-1|=-(x-1)$이므로

$-(2x+1)-(x-1)\leq6$

$-3x\leq6$ $\quad\therefore x\geq-2$

그런데 $x<-\frac{1}{2}$이므로 $-2\leq x<-\frac{1}{2}$

(ⅱ) $-\frac{1}{2}\leq x<1$일 때,

$|2x+1|=2x+1$, $|x-1|=-(x-1)$이므로

$(2x+1)-(x-1)\leq6$

$\therefore x\leq4$

그런데 $-\frac{1}{2}\leq x<1$이므로 $-\frac{1}{2}\leq x<1$

(ⅲ) $x\geq1$일 때,

$|2x+1|=2x+1$, $|x-1|=x-1$이므로

$(2x+1)+(x-1)\leq6$

$3x\leq6$ $\quad\therefore x\leq2$

그런데 $x\geq1$이므로 $1\leq x\leq2$

(ⅰ), (ⅱ), (ⅲ)에서 주어진 부등식의 해는 $-2\leq x\leq2$

따라서 x의 최댓값은 2, 최솟값은 -2이므로 구하는 곱은

$2\times(-2)=-4$

연습문제 256~258쪽

535 답 -5

$a^2x-2\geq25x+a$에서 $(a^2-25)x\geq a+2$

이 부등식의 해가 모든 실수이므로

$a^2-25=0$, $a+2\leq0$

(ⅰ) $a^2-25=0$에서

$(a+5)(a-5)=0$ $\quad\therefore a=-5$ 또는 $a=5$

(ⅱ) $a+2\leq0$에서 $a\leq-2$

(ⅰ), (ⅱ)에서 $a=-5$

536 답 ②

$3x\geq2x+3$을 풀면

$x\geq3$ …… ㉠

$x-10\leq-x$를 풀면

$2x\leq10$ $\quad\therefore x\leq5$ …… ㉡

㉠, ㉡을 수직선 위에 나타내면 오른쪽 그림과 같으므로 주어진 연립부등식의 해는

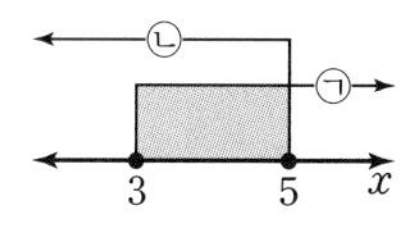

$3\leq x\leq5$

따라서 정수 x의 값은 3, 4, 5이므로 구하는 합은

$3+4+5=12$

537 답 ②

ㄱ. $4x+1<9$를 풀면

$4x<8$ $\quad\therefore x<2$ …… ㉠

$2x-3>x-7$을 풀면

$x>-4$ …… ㉡

㉠, ㉡을 수직선 위에 나타내면 오른쪽 그림과 같으므로 주어진 연립부등식의 해는

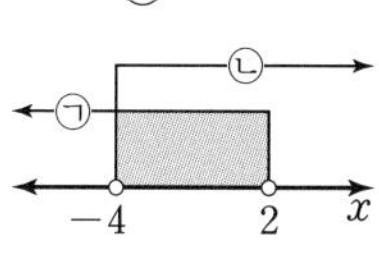

$-4<x<2$

ㄴ. $-3x+1\geq1$을 풀면

$-3x\geq0$ $\quad\therefore x\leq0$ …… ㉢

$2x-5>x-5$를 풀면

$x>0$ …… ㉣

㉢, ㉣을 수직선 위에 나타내면 오른쪽 그림과 같으므로 주어진 연립부등식의 해는 없다.

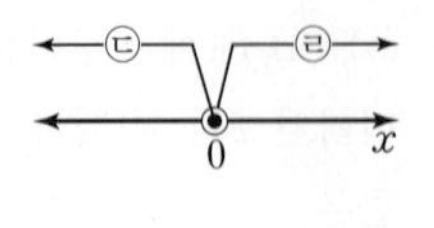

ㄷ. $\frac{1}{3}x+2<\frac{7}{3}$을 풀면

$x+6<7 \quad \therefore x<1$ ...... ㉤

$9-x\le 2x$를 풀면

$-3x\le -9 \quad \therefore x\ge 3$ ...... ㉥

㉤, ㉥을 수직선 위에 나타내면 오른쪽 그림과 같으므로 주어진 연립부등식의 해는 없다.

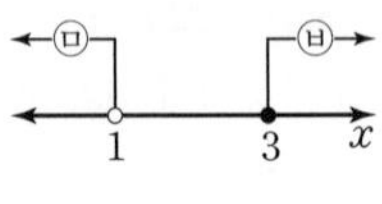

ㄹ. $0.2(x-1)\le -1$을 풀면

$2(x-1)\le -10,\ 2x-2\le -10$

$2x\le -8 \quad \therefore x\le -4$ ...... ㉦

$5x+8\ge 4x-1$을 풀면

$x\ge -9$ ...... ㉧

㉦, ㉧을 수직선 위에 나타내면 오른쪽 그림과 같으므로 주어진 연립부등식의 해는

$-9\le x\le -4$

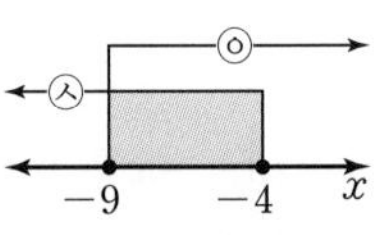

따라서 해가 없는 것은 ㄴ, ㄷ이다.

538 답 ②

$\frac{5}{4}x-2\le x+a$를 풀면

$5x-8\le 4x+4a \quad \therefore x\le 4a+8$

$3x+12\ge b-x$를 풀면

$4x\ge b-12 \quad \therefore x\ge \frac{b-12}{4}$

주어진 그림에서 $x\le 4,\ x\ge -4$이므로

$4a+8=4,\ \frac{b-12}{4}=-4 \quad \therefore a=-1,\ b=-4$

$\therefore a+b=-5$

539 답 ③

$4(x+2)-1\ge a+x$를 풀면 $4x+8-1\ge a+x$

$3x\ge a-7 \quad \therefore x\ge \frac{a-7}{3}$

$3x-1\le x+5$를 풀면 $2x\le 6 \quad \therefore x\le 3$

이때 주어진 연립부등식의 해가 $x=3$이므로

$\frac{a-7}{3}=3 \quad \therefore a=16$

540 답 7

$2x+5\le 9$를 풀면

$2x\le 4 \quad \therefore x\le 2$ ...... ㉠

$|x-3|\le 7$을 풀면

$-7\le x-3\le 7 \quad \therefore -4\le x\le 10$ ...... ㉡

㉠, ㉡을 수직선 위에 나타내면 오른쪽 그림과 같으므로 주어진 연립부등식의 해는

$-4\le x\le 2$

따라서 정수 x는 $-4,\ -3,\ -2,\ -1,\ 0,\ 1,\ 2$의 7개이다.

541 답 ②

(i) $x<-\frac{1}{2}$일 때,

$|2x+1|=-(2x+1)$이므로

$-(2x+1)>3x+5$

$-5x>6 \quad \therefore x<-\frac{6}{5}$

그런데 $x<-\frac{1}{2}$이므로 $x<-\frac{6}{5}$

(ii) $x\ge -\frac{1}{2}$일 때,

$|2x+1|=2x+1$이므로

$2x+1>3x+5$

$-x>4 \quad \therefore x<-4$

그런데 $x\ge -\frac{1}{2}$이므로 이 범위에서 부등식이 해를 갖지 않는다.

(i), (ii)에서 주어진 부등식의 해가 $x<-\frac{6}{5}$이므로 이를 만족시키는 정수 x의 최댓값은 -2이다.

542 답 ①

$(a-b)x+3a-4b\le 0$에서

$(a-b)x\le -3a+4b$

이 부등식이 해를 갖지 않으므로

$a-b=0,\ -3a+4b<0$

$a-b=0$에서 $a=b$ ...... ㉠

㉠을 $-3a+4b<0$에 대입하면

$-3b+4b<0 \quad \therefore b<0$

㉠을 $2(a+b)x+9b-a>0$에 대입하면

$4bx+8b>0,\ 4bx>-8b$

$b<0$에서 $4b<0$이므로 양변을 $4b$로 나누면

$x<-2$

543 답 8

$5x-a<3x+b$를 풀면

$2x<a+b \quad \therefore x<\frac{a+b}{2}$ ...... ㉠

$-x+\frac{b}{4}>\frac{a-6x}{4}$를 풀면

$-4x+b>a-6x$

$2x>a-b \quad \therefore x>\frac{a-b}{2}$ ...... ㉡

이때 $a>0$, $b>0$에서

$\frac{a-b}{2}<\frac{a+b}{2}$이므로

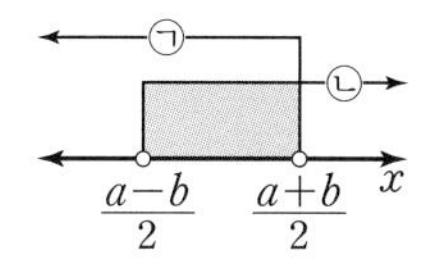

㉠, ㉡을 수직선 위에 나타내면 오른쪽 그림과 같다.

따라서 주어진 연립부등식의 해는

$\frac{a-b}{2}<x<\frac{a+b}{2}$

이는 $-1<x<3$과 같으므로

$\frac{a-b}{2}=-1$, $\frac{a+b}{2}=3$

$\therefore a-b=-2$, $a+b=6$

두 식을 연립하여 풀면 $a=2$, $b=4$

$\therefore ab=8$

544 답 ④

$3x+5>2x-a$를 풀면

$x>-a-5$ ...... ㉠

$x-a+6>-x+a+4$를 풀면

$2x>2a-2 \quad \therefore x>a-1$ ...... ㉡

(i) $-a-5<a-1$, 즉 $a>-2$일 때,

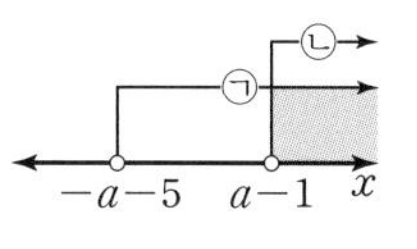

㉠, ㉡을 수직선 위에 나타내면 오른쪽 그림과 같으므로 주어진 연립부등식의 해는 $x>a-1$

이는 $x>3$과 같으므로 $a-1=3 \quad \therefore a=4$

(ii) $-a-5\geq a-1$, 즉 $a\leq -2$일 때,

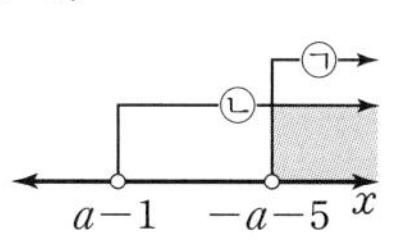

㉠, ㉡을 수직선 위에 나타내면 오른쪽 그림과 같으므로 주어진 연립부등식의 해는 $x>-a-5$

이는 $x>3$과 같으므로

$-a-5=3 \quad \therefore a=-8$

(i), (ii)에서 $a=-8$ 또는 $a=4$

따라서 모든 a의 값의 합은 $-8+4=-4$

545 답 9

주어진 부등식은 $\begin{cases} 5(x+1)+2\leq 3x+1 \\ 3x+1\leq \frac{7}{2}x+a-2 \end{cases}$로 나타낼 수 있다.

$5(x+1)+2\leq 3x+1$을 풀면

$5x+5+2\leq 3x+1$

$2x\leq -6 \quad \therefore x\leq -3$ ...... ㉠

$3x+1\leq \frac{7}{2}x+a-2$를 풀면

$6x+2\leq 7x+2a-4$

$-x\leq 2a-6 \quad \therefore x\geq -2a+6$ ...... ㉡

주어진 부등식이 해를 갖도록 ㉠, ㉡을 수직선 위에 나타내면 오른쪽 그림과 같으므로

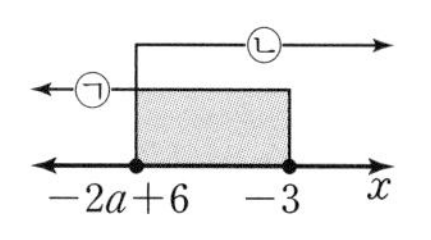

$-2a+6\leq -3$

$-2a\leq -9 \quad \therefore a\geq \frac{9}{2}$

따라서 정수 a의 최솟값은 5이므로 $m=5$

또 주어진 부등식이 해를 갖지 않도록 ㉠, ㉡을 수직선 위에 나타내면 오른쪽 그림과 같으므로

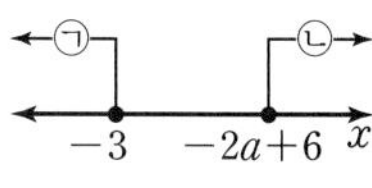

$-2a+6>-3$

$-2a>-9 \quad \therefore a<\frac{9}{2}$

따라서 정수 a의 최댓값은 4이므로 $M=4$

$\therefore M+m=4+5=9$

546 답 9

주어진 부등식은 $\begin{cases} 3x-1<5x+3 \\ 5x+3\leq 4x+a \end{cases}$로 나타낼 수 있다.

$3x-1<5x+3$을 풀면

$-2x<4 \quad \therefore x>-2$ ...... ㉠

$5x+3\leq 4x+a$를 풀면 $x\leq a-3$ ...... ㉡

주어진 부등식을 만족시키는 정수 x가 8개가 되도록 ㉠, ㉡을 수직선 위에 나타내면 다음 그림과 같다.

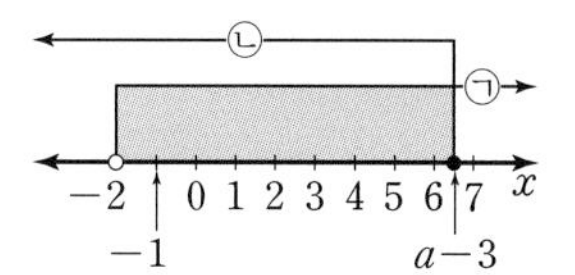

따라서 $6\leq a-3<7$이므로 $9\leq a<10$

즉, 자연수 a의 값은 9이다.

547 답 50 g 이상 300 g 이하

| 접근 방법 | 농도가 a %인 소금물 A g이 있을 때

$$(\text{소금의 양})=\frac{a}{100}A(\text{g})$$

임을 이용하여 소금의 양에 대한 부등식을 세운다.

섞어야 하는 5 %의 소금물의 양을 x g이라 하면

$$(200+x)\times\frac{9}{100}\le 200\times\frac{15}{100}+x\times\frac{5}{100}\le(200+x)\times\frac{13}{100}$$

$1800+9x\le 3000+5x\le 2600+13x$

$1800+9x\le 3000+5x$를 풀면

$4x\le 1200$ $\quad\therefore x\le 300$ $\quad\cdots\cdots$ ㉠

$3000+5x\le 2600+13x$를 풀면

$-8x\le -400$ $\quad\therefore x\ge 50$ $\quad\cdots\cdots$ ㉡

㉠, ㉡을 수직선 위에 나타내면 오른쪽 그림과 같으므로

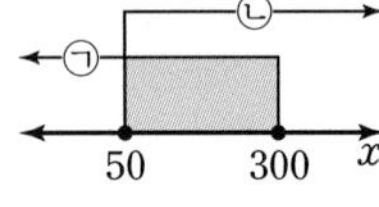

$50\le x\le 300$

따라서 섞어야 하는 5 %의 소금물의 양은 50 g 이상 300 g 이하이다.

548 답 ①

$|3x+a|<6$에서

$-6<3x+a<6$, $-a-6<3x<-a+6$

$\therefore -\frac{a+6}{3}<x<-\frac{a-6}{3}$

이를 만족시키는 정수 x의 최댓값이 4이려면 오른쪽 그림과 같아야 하므로

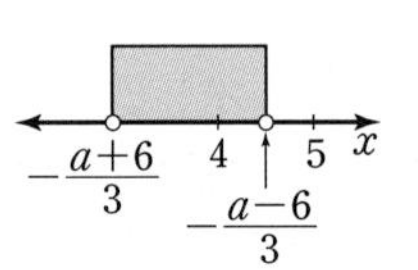

$4<-\frac{a-6}{3}\le 5$, $-15\le a-6<-12$

$\therefore -9\le a<-6$

따라서 정수 a의 값은 -9, -8, -7이므로 구하는 합은

$-9+(-8)+(-7)=-24$

549 답 ⑤

(i) $x<\frac{1}{3}$일 때,

$|3x-1|=-(3x-1)$이므로

$-(3x-1)<x+a$

$-4x<a-1$ $\quad\therefore x>-\frac{a-1}{4}$

$a>0$에서 $-\frac{a-1}{4}<\frac{1}{4}$이고 $x<\frac{1}{3}$이므로

$-\frac{a-1}{4}<x<\frac{1}{3}$

(ii) $x\ge\frac{1}{3}$일 때,

$|3x-1|=3x-1$이므로

$3x-1<x+a$

$2x<a+1$ $\quad\therefore x<\frac{a+1}{2}$

$a>0$에서 $\frac{a+1}{2}>\frac{1}{2}$이고 $x\ge\frac{1}{3}$이므로

$\frac{1}{3}\le x<\frac{a+1}{2}$

(i), (ii)에서 주어진 부등식의 해는

$-\frac{a-1}{4}<x<\frac{a+1}{2}$

따라서 $\frac{a+1}{2}=3$이므로 $a+1=6$ $\quad\therefore a=5$

550 답 ④

$\sqrt{x^2+2x+1}=\sqrt{(x+1)^2}=|x+1|$이므로 주어진 부등식은

$|x-2|+2|x+1|\le 9$

(i) $x<-1$일 때,

$|x-2|=-(x-2)$, $|x+1|=-(x+1)$이므로

$-(x-2)-2(x+1)\le 9$

$-3x\le 9$ $\quad\therefore x\ge -3$

그런데 $x<-1$이므로 $-3\le x<-1$

(ii) $-1\le x<2$일 때,

$|x-2|=-(x-2)$, $|x+1|=x+1$이므로

$-(x-2)+2(x+1)\le 9$ $\quad\therefore x\le 5$

그런데 $-1\le x<2$이므로 $-1\le x<2$

(iii) $x\ge 2$일 때,

$|x-2|=x-2$, $|x+1|=x+1$이므로

$(x-2)+2(x+1)\le 9$

$3x\le 9$ $\quad\therefore x\le 3$

그런데 $x\ge 2$이므로 $2\le x\le 3$

(i), (ii), (iii)에서 주어진 부등식의 해는 $-3\le x\le 3$

따라서 정수 x는 -3, -2, -1, 0, 1, 2, 3의 7개이다.

551 답 67

| 접근 방법 | 의자의 개수를 미지수로 놓고 마지막 의자에 앉을 수 있는 학생의 수를 이용하여 부등식으로 나타낸다.

의자의 개수를 x라 하자.

한 의자에 8명씩 앉으면 학생이 5명 남으므로 학생의 수는

$8x+5$

한 의자에 9명씩 앉아서 빈 의자 6개가 남으면 의자 $(x-7)$개에는 9명씩 앉고 마지막 의자에는 최소 1명, 최대 9명이 앉으므로

$9(x-7)+1\le 8x+5\le 9(x-7)+9$ ▸▸▸▸▸▸ ❶

이 부등식은 $\begin{cases}9(x-7)+1\le 8x+5\\8x+5\le 9(x-7)+9\end{cases}$로 나타낼 수 있다.

$9(x-7)+1\le 8x+5$를 풀면

$9x-63+1\le 8x+5$ $\therefore x\le 67$ …… ㉠

$8x+5\le 9(x-7)+9$를 풀면

$8x+5\le 9x-63+9$

$-x\le -59$ $\therefore x\ge 59$ …… ㉡

㉠, ㉡을 수직선 위에 나타내면 오른쪽 그림과 같으므로

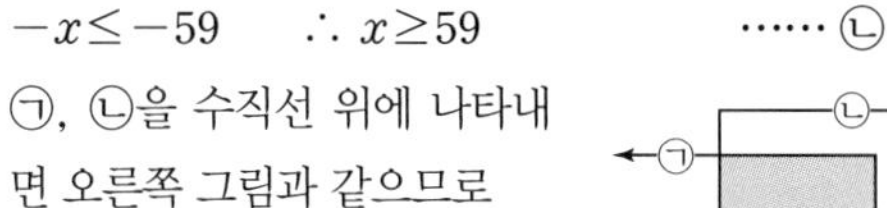

$59\le x\le 67$ ▸▸▸▸▸▸ ❷

따라서 의자의 최대 개수는 67이다. ▸▸▸▸▸▸ ❸

단계	채점 기준	비율
❶	부등식 세우기	30%
❷	의자의 개수의 범위 구하기	50%
❸	의자의 최대 개수 구하기	20%

552 답 ⑤

| 접근 방법 | $3|x-1|+|x+4|$의 값의 범위를 구하여 이를 포함하는 a의 값의 범위를 구한다.

$f(x)=3|x-1|+|x+4|$라 하자.

(i) $x<-4$일 때,

$|x-1|=-(x-1)$, $|x+4|=-(x+4)$이므로

$f(x)=-3(x-1)-(x+4)=-4x-1$

그런데 $x<-4$이므로 $-4x-1>15$

$\therefore f(x)>15$

(ii) $-4\le x<1$일 때,

$|x-1|=-(x-1)$, $|x+4|=x+4$이므로

$f(x)=-3(x-1)+(x+4)=-2x+7$

그런데 $-4\le x<1$이므로 $5<-2x+7\le 15$

$\therefore 5<f(x)\le 15$

(iii) $x\ge 1$일 때,

$|x-1|=x-1$, $|x+4|=x+4$이므로

$f(x)=3(x-1)+(x+4)=4x+1$

그런데 $x\ge 1$이므로 $4x+1\ge 5$

$\therefore f(x)\ge 5$

(i), (ii), (iii)에서 $f(x)\ge 5$

따라서 주어진 부등식이 해를 가지려면 $a\ge 5$

01 이차부등식

개념 확인 263쪽

553 답 (1) $-2<x<2$ (2) $-2\le x\le 2$
(3) $x<-2$ 또는 $x>2$
(4) $x\le -2$ 또는 $x\ge 2$

554 답 (1) 해는 없다. (2) $x=-3$
(3) $x\ne -3$인 모든 실수 (4) 모든 실수

555 답 (1) 해는 없다. (2) 해는 없다.
(3) 모든 실수 (4) 모든 실수

556 답 (1) $x<1$ 또는 $x>3$ (2) $1\le x\le 3$
(3) $x\ne -\frac{1}{3}$인 모든 실수
(4) $x=-\frac{1}{3}$ (5) 모든 실수
(6) 해는 없다.

557 답 (1) $x^2-5x-6<0$
(2) $x^2+3x-4>0$

유제 265~277쪽

558 답 (1) $-4\le x\le 3$ (2) $x\le -1$ 또는 $x\ge 4$
(3) $x<-4$ 또는 $0<x<3$ 또는 $x>5$

(1) 부등식 $f(x)\le 0$의 해는 이차함수 $y=f(x)$의 그래프가 x축보다 아래쪽에 있거나 만나는 부분의 x의 값의 범위이므로

$-4\le x\le 3$

(2) 부등식 $f(x)\ge g(x)$의 해는 이차함수 $y=f(x)$의 그래프가 이차함수 $y=g(x)$의 그래프보다 위쪽에 있거나 만나는 부분의 x의 값의 범위이므로

$x\le -1$ 또는 $x\ge 4$

(3) $f(x)g(x)<0$이면

$f(x)>0$, $g(x)<0$ 또는 $f(x)<0$, $g(x)>0$

(i) $f(x)>0$, $g(x)<0$일 때,

$f(x)>0$을 만족시키는 x의 값의 범위는

$x<-4$ 또는 $x>3$ …… ㉠

$g(x)<0$을 만족시키는 x의 값의 범위는

$x<0$ 또는 $x>5$ …… ㉡

㉠, ㉡의 공통부분은 $x<-4$ 또는 $x>5$

(ii) $f(x)<0$, $g(x)>0$일 때,

$f(x)<0$을 만족시키는 x의 값의 범위는

$-4<x<3$ …… ㉢

$g(x)>0$을 만족시키는 x의 값의 범위는

$0<x<5$ …… ㉣

㉢, ㉣의 공통부분은 $0<x<3$

(i), (ii)에서 구하는 부등식의 해는

$x<-4$ 또는 $0<x<3$ 또는 $x>5$

559 답 $-2\le x\le \frac{1}{2}$

$f(x)-g(x)\le 0$에서 $f(x)\le g(x)$

이 부등식의 해는 이차함수 $y=f(x)$의 그래프가 직선 $y=g(x)$보다 아래쪽에 있거나 만나는 부분의 x의 값의 범위이므로

$-2\le x\le \frac{1}{2}$

560 답 $-4<x<-2$ 또는 $1<x<2$

$\frac{f(x)}{g(x)}>0$이면

$f(x)>0$, $g(x)>0$ 또는 $f(x)<0$, $g(x)<0$

(i) $f(x)>0$, $g(x)>0$일 때,

$f(x)>0$을 만족시키는 x의 값의 범위는

$x<-2$ 또는 $x>2$ …… ㉠

$g(x)>0$을 만족시키는 x의 값의 범위는

$-4<x<1$ …… ㉡

㉠, ㉡의 공통부분은 $-4<x<-2$

(ii) $f(x)<0$, $g(x)<0$일 때,

$f(x)<0$을 만족시키는 x의 값의 범위는

$-2<x<2$ …… ㉢

$g(x)<0$을 만족시키는 x의 값의 범위는

$x<-4$ 또는 $x>1$ …… ㉣

㉢, ㉣의 공통부분은 $1<x<2$

(i), (ii)에서 구하는 부등식의 해는

$-4<x<-2$ 또는 $1<x<2$

561 답 $-2\le x\le \frac{5}{2}$

$ax^2+(b-m)x+c-n\ge 0$에서

$ax^2+bx+c\ge mx+n$

이 부등식의 해는 이차함수 $y=ax^2+bx+c$의 그래프가 직선 $y=mx+n$보다 위쪽에 있거나 만나는 부분의 x의 값의 범위이므로

$-2\le x\le \frac{5}{2}$

562 답 (1) $x<3$ 또는 $x>4$ (2) $x=\frac{2}{3}$ (3) 모든 실수

(1) $-x^2-12<-7x$에서

$x^2-7x+12>0$

$(x-3)(x-4)>0$

$\therefore x<3$ 또는 $x>4$

(2) $9x^2-12x+4\le 0$에서

$(3x-2)^2\le 0$

$\therefore x=\frac{2}{3}$

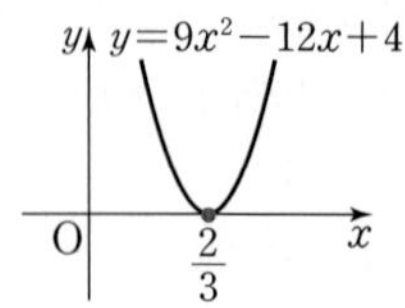

(3) $2x^2+4x+6>0$에서

$2(x+1)^2+4>0$

따라서 주어진 부등식의 해는 모든 실수이다.

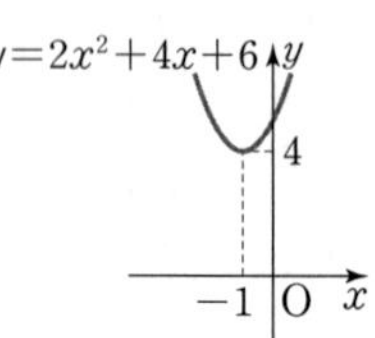

563 답 (1) $x\le -2$ 또는 $x\ge 2$ (2) $-2<x<4$

(1) (i) $x<0$일 때,

$|x|=-x$이므로 $x^2+x-2\ge 0$

$(x+2)(x-1)\ge 0$

$\therefore x\le -2$ 또는 $x\ge 1$

그런데 $x<0$이므로 $x\le -2$

(ii) $x\ge 0$일 때,

$|x|=x$이므로 $x^2-x-2\ge 0$

$(x+1)(x-2)\ge 0$

$\therefore x\le -1$ 또는 $x\ge 2$

그런데 $x\ge 0$이므로 $x\ge 2$

(i), (ii)에서 주어진 부등식의 해는

$x\le -2$ 또는 $x\ge 2$

(2) (i) $x<1$일 때,

$|x-1|=-(x-1)$이므로

$x^2-2x-2<-2(x-1)$

$x^2-4<0$, $(x+2)(x-2)<0$

$\therefore -2<x<2$

그런데 $x<1$이므로 $-2<x<1$

(ii) $x\ge 1$일 때,

$|x-1|=x-1$이므로

$x^2-2x-2<2(x-1)$

$x^2-4x<0$, $x(x-4)<0$

$\therefore 0<x<4$

그런데 $x\ge 1$이므로 $1\le x<4$

(i), (ii)에서 주어진 부등식의 해는 $-2<x<4$

| 다른 풀이 |

(1) $x^2=|x|^2$이므로 $x^2-|x|-2\ge0$에서

$|x|^2-|x|-2\ge0$, $(|x|+1)(|x|-2)\ge0$

$\therefore$ $|x|\le-1$ 또는 $|x|\ge2$

그런데 $|x|\ge0$이므로 $|x|\ge2$

$\therefore$ $x\le-2$ 또는 $x\ge2$

564 답 9

$3x^2-18x+21<0$에서 $3(x^2-6x+7)<0$

이차방정식 $x^2-6x+7=0$의 해는 $x=3\pm\sqrt{2}$이므로

$x^2-6x+7<0$의 해는 $3-\sqrt{2}<x<3+\sqrt{2}$

따라서 정수 x의 값은 2, 3, 4이므로 구하는 합은

$2+3+4=9$

| 참고 | $1<\sqrt{2}<2$이므로 $4<3+\sqrt{2}<5$, $-2<-\sqrt{2}<-1$이므로 $1<3-\sqrt{2}<2$임을 이용한다.

565 답 8

(i) $x<\frac{1}{2}$일 때,

$|2x-1|=-(2x-1)$이므로

$x^2+(2x-1)\le x+5$

$x^2+x-6\le0$, $(x+3)(x-2)\le0$

$\therefore$ $-3\le x\le2$

그런데 $x<\frac{1}{2}$이므로 $-3\le x<\frac{1}{2}$

(ii) $x\ge\frac{1}{2}$일 때,

$|2x-1|=2x-1$이므로

$x^2-(2x-1)\le x+5$

$x^2-3x-4\le0$, $(x+1)(x-4)\le0$

$\therefore$ $-1\le x\le4$

그런데 $x\ge\frac{1}{2}$이므로 $\frac{1}{2}\le x\le4$

(i), (ii)에서 주어진 부등식의 해는 $-3\le x\le4$

따라서 정수 x는 -3, -2, -1, 0, 1, 2, 3, 4의 8개이다.

566 답 10 m

산책로의 폭을 x m라 하면 산책로의 넓이가 1400 m^2 이상이 되어야 하므로

$(30+2x)(20+2x)-30\times20\ge1400$

$x^2+25x-350\ge0$, $(x+35)(x-10)\ge0$

$\therefore$ $x\le-35$ 또는 $x\ge10$

그런데 $x>0$이므로 $x\ge10$

따라서 산책로의 최소 폭은 10 m이다.

567 답 2초

물체의 높이가 40 m 이상이면

$30t-5t^2\ge40$

$5t^2-30t+40\le0$, $t^2-6t+8\le0$

$(t-2)(t-4)\le0$ $\quad\therefore$ $2\le t\le4$

따라서 물체의 높이가 40 m 이상인 시간은

$4-2=2$(초) 동안이다.

| 참고 | $h\ge0$이어야 하므로 $30t-5t^2\ge0$

$5t(t-6)\le0$ $\quad\therefore$ $0\le t\le6$

따라서 부등식의 해 $2\le t\le4$는 $0\le t\le6$에 포함된다.

568 답 9 m 이상 13 m 이하

철문의 가로의 길이를 x m라 하면 세로의 길이는 $(22-x)$ m이므로 철문의 넓이가 117 m^2 이상이려면

$x(22-x)\ge117$, $x^2-22x+117\le0$

$(x-9)(x-13)\le0$ $\quad\therefore$ $9\le x\le13$

따라서 가로의 길이의 범위는 9 m 이상 13 m 이하이다.

569 답 ③

라면 한 그릇의 가격을 내리는 횟수를 x라 하자.

라면 한 그릇의 가격을 $100x$원씩 내릴 때마다 하루 판매량은 $20x$그릇씩 늘어나므로 하루의 라면 판매액의 합계가 442000원 이상이 되려면

$(2000-100x)(200+20x)\ge442000$

$2000x^2-20000x+42000\le0$

$x^2-10x+21\le0$, $(x-3)(x-7)\le0$

$\therefore$ $3\le x\le7$

따라서 라면 한 그릇의 가격의 최댓값은 $x=3$일 때이므로

$2000-100\times3=1700$(원)

570 답 (1) $a=8$, $b=8$ (2) $3<x<7$

(1) 해가 $-2\le x\le1$이고 x^2의 계수가 1인 이차부등식은

$(x+2)(x-1)\le0$

$\therefore$ $x^2+x-2\le0$ $\quad\cdots\cdots$ ㉠

㉠과 주어진 이차부등식 $ax^2+bx-16\le0$의 부등호의 방향이 같으므로 $a>0$

㉠의 양변에 a를 곱하면 $ax^2+ax-2a\le0$

이 부등식이 $ax^2+bx-16\le0$과 일치하므로

$b=a$, $-16=-2a$

$\therefore$ $a=8$, $b=8$

(2) 해가 $x<2$ 또는 $x>5$이고 x^2의 계수가 1인 이차부등식은

$(x-2)(x-5)>0$

$\therefore x^2-7x+10>0$ ...... ㉠

㉠과 주어진 이차부등식 $ax^2+bx+c<0$의 부등호의 방향이 다르므로 $a<0$

㉠의 양변에 a를 곱하면 $ax^2-7ax+10a<0$

이 부등식이 $ax^2+bx+c<0$과 일치하므로

$b=-7a$, $c=10a$ ...... ㉡

㉡을 $ax^2-cx-3b>0$에 대입하면

$ax^2-10ax+21a>0$

이때 $a<0$이므로 양변을 a로 나누면

$x^2-10x+21<0$, $(x-3)(x-7)<0$

$\therefore 3<x<7$

571 답 ①

해가 $b\le x\le 6$이고 x^2의 계수가 1인 이차부등식은

$(x-b)(x-6)\le 0$

$\therefore x^2-(b+6)x+6b\le 0$

이 부등식이 $x^2-8x+a\le 0$과 일치하므로

$-8=-(b+6)$, $a=6b$ $\therefore a=12$, $b=2$

$\therefore a+b=14$

572 답 -24

$|x+3|<4$에서 $-4<x+3<4$ $\therefore -7<x<1$

해가 $-7<x<1$이고 x^2의 계수가 1인 이차부등식은

$(x+7)(x-1)<0$

$\therefore x^2+6x-7<0$

양변에 2를 곱하면 $2x^2+12x-14<0$

이 부등식이 $2x^2+ax+7b<0$과 일치하므로

$a=12$, $7b=-14$ $\therefore a=12$, $b=-2$

$\therefore ab=-24$

573 답 $-2\le x\le \frac{3}{2}$

해가 $x=-1$이고 x^2의 계수가 1인 이차부등식은

$(x+1)^2\le 0$

$\therefore x^2+2x+1\le 0$ ...... ㉠

㉠과 주어진 이차부등식 $ax^2+bx+c\ge 0$의 부등호의 방향이 다르므로 $a<0$

㉠의 양변에 a를 곱하면 $ax^2+2ax+a\ge 0$

이 부등식이 $ax^2+bx+c\ge 0$과 일치하므로

$b=2a$, $c=a$ ...... ㉡

㉡을 $2cx^2+ax-3b\ge 0$에 대입하면

$2ax^2+ax-6a\ge 0$

이때 $a<0$이므로 양변을 a로 나누면

$2x^2+x-6\le 0$, $(x+2)(2x-3)\le 0$

$\therefore -2\le x\le \frac{3}{2}$

574 답 (1) $-\frac{1}{4}\le a\le 1$ (2) $0\le a\le 1$

(1) 이차방정식 $x^2+4ax+3a+1\ge 0$의 판별식을 D라 하면

$\frac{D}{4}=4a^2-(3a+1)\le 0$

$4a^2-3a-1\le 0$, $(4a+1)(a-1)\le 0$

$\therefore -\frac{1}{4}\le a\le 1$

(2) (i) $a=0$일 때,

$0\times x^2+0\times x+4\ge 0$에서 $4\ge 0$

즉, 부등식 $ax^2+2ax-3a+4\ge 0$은 모든 실수 x에 대하여 성립한다.

(ii) $a\ne 0$일 때,

모든 실수 x에 대하여 부등식 $ax^2+2ax-3a+4\ge 0$이 성립하려면 이차함수 $y=ax^2+2ax-3a+4$의 그래프가 아래로 볼록해야 하므로

$a>0$ ...... ㉠

또 이차방정식 $ax^2+2ax-3a+4=0$의 판별식을 D라 하면

$\frac{D}{4}=a^2-a(-3a+4)\le 0$

$4a^2-4a\le 0$, $4a(a-1)\le 0$

$\therefore 0\le a\le 1$ ...... ㉡

㉠, ㉡의 공통부분은

$0<a\le 1$

(i), (ii)에서 a의 값의 범위는

$0\le a\le 1$

575 답 15

이차부등식 $-x^2+(a+4)x+2a-4<0$의 해가 모든 실수가 되려면 모든 실수 x에 대하여 주어진 부등식이 성립해야 한다.

이차방정식 $-x^2+(a+4)x+2a-4=0$의 판별식을 D라 하면

$D=(a+4)^2+4(2a-4)<0$

$a^2+16a<0$, $a(a+16)<0$

$\therefore -16<a<0$

따라서 정수 a는 -15, -14, -13, $\dots$, -1의 15개이다.

576 답 -3

(i) $a+3=0$, 즉 $a=-3$일 때,

$0\times x^2-0\times x-1<0$에서 $-1<0$

즉, 부등식 $(a+3)x^2-2(a+3)x-1<0$은 모든 실수 x에 대하여 성립한다.

(ii) $a+3\neq 0$, 즉 $a\neq -3$일 때,

모든 실수 x에 대하여 부등식 $(a+3)x^2-2(a+3)x-1<0$이 성립하려면 이차함수 $y=(a+3)x^2-2(a+3)x-1$의 그래프가 위로 볼록해야 하므로

$a+3<0 \quad \therefore a<-3 \quad \cdots\cdots$ ㉠

또 이차방정식 $(a+3)x^2-2(a+3)x-1=0$의 판별식을 D라 하면

$\frac{D}{4}=(a+3)^2+(a+3)<0$

$a^2+7a+12<0$, $(a+4)(a+3)<0$

$\therefore -4<a<-3 \quad \cdots\cdots$ ㉡

㉠, ㉡의 공통부분은

$-4<a<-3$

(i), (ii)에서 a의 값의 범위는

$-4<a\le -3$

따라서 a의 최댓값은 -3이다.

577 답 $a<-1$ 또는 $a>\frac{5}{3}$

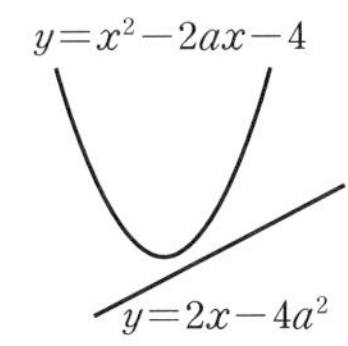

이차함수 $y=x^2-2ax-4$의 그래프가 직선 $y=2x-4a^2$보다 항상 위쪽에 있으려면 모든 실수 x에 대하여 이차부등식 $x^2-2ax-4>2x-4a^2$, 즉 $x^2-2(a+1)x+4a^2-4>0$이 성립해야 한다.

따라서 이차방정식 $x^2-2(a+1)x+4a^2-4=0$의 판별식을 D라 하면

$\frac{D}{4}=(a+1)^2-(4a^2-4)<0$

$-3a^2+2a+5<0$

$3a^2-2a-5>0$, $(a+1)(3a-5)>0$

$\therefore a<-1$ 또는 $a>\frac{5}{3}$

578 답 (1) $a<0$ 또는 $a>20$ (2) $a>9$

(1) 이차부등식 $ax^2-ax+5<0$이 해를 가지려면 이차함수 $y=ax^2-ax+5$의 그래프가 x축보다 아래쪽에 있는 부분이 존재해야 한다.

(i) $a>0$일 때,

이차방정식 $ax^2-ax+5=0$의 판별식을 D라 하면

$D=a^2-20a>0$

$a(a-20)>0$

$\therefore a<0$ 또는 $a>20$

그런데 $a>0$이므로 $a>20$

(ii) $a<0$일 때,

주어진 이차부등식은 항상 해를 갖는다.

(i), (ii)에서 a의 값의 범위는

$a<0$ 또는 $a>20$

(2) 이차부등식 $ax^2+6x-8+a\le 0$이 해를 갖지 않으려면 모든 실수 x에 대하여 $ax^2+6x-8+a>0$이 성립해야 하므로

$a>0 \quad \cdots\cdots$ ㉠

또 이차방정식 $ax^2+6x-8+a=0$의 판별식을 D라 하면

$\frac{D}{4}=9-a(-8+a)<0$

$-a^2+8a+9<0$

$a^2-8a-9>0$

$(a+1)(a-9)>0$

$\therefore a<-1$ 또는 $a>9 \quad \cdots\cdots$ ㉡

㉠, ㉡의 공통부분은 $a>9$

579 답 12

이차부등식 $-x^2+2(a+3)x+2a+3\ge 0$이 해를 가지려면 이차함수 $y=-x^2+2(a+3)x+2a+3$의 그래프가 x축보다 위쪽에 있거나 만나는 부분이 존재해야 한다.

이차방정식 $-x^2+2(a+3)x+2a+3=0$의 판별식을 D라 하면

$\frac{D}{4}=(a+3)^2+(2a+3)\ge 0$

$a^2+8a+12\ge 0$

$(a+6)(a+2)\ge 0$

$\therefore a\le -6$ 또는 $a\ge -2$

따라서 $\alpha=-6$, $\beta=-2$이므로

$\alpha\beta=12$

580 답 5

이차부등식 $(a-2)x^2+2(a-2)x-5>0$이 해를 갖지 않으려면 모든 실수 x에 대하여

$(a-2)x^2+2(a-2)x-5\le 0$이 성립해야 하므로

$a-2<0 \quad \therefore a<2 \quad \cdots\cdots$ ㉠

또 이차방정식 $(a-2)x^2+2(a-2)x-5=0$의 판별식을 D라 하면

$\frac{D}{4}=(a-2)^2+5(a-2)\le 0$

$a^2+a-6\le 0,\ (a+3)(a-2)\le 0$

$\therefore -3\le a\le 2 \quad \cdots\cdots$ ㉡

㉠, ㉡의 공통부분은

$-3\le a<2$

따라서 정수 a는 $-3, -2, -1, 0, 1$의 5개이다.

581 답 4

$ax^2+2x\le x^2+2ax-3$에서

$(a-1)x^2+2(1-a)x+3\le 0$

이차부등식 $(a-1)x^2+2(1-a)x+3\le 0$이 오직 하나의 해를 가지려면 이차함수

$y=(a-1)x^2+2(1-a)x+3$의 그래프가 아래로 볼록하면서 x축과 접해야 하므로

$a-1>0 \quad \therefore a>1 \quad \cdots\cdots$ ㉠

또 이차방정식 $(a-1)x^2+2(1-a)x+3=0$의 판별식을 D라 하면

$\frac{D}{4}=(1-a)^2-3(a-1)=0$

$a^2-5a+4=0,\ (a-1)(a-4)=0$

$\therefore a=1$ 또는 $a=4$

그런데 ㉠에서 $a>1$이므로

$a=4$

582 답 (1) $a>2$ (2) $a\le -4$ 또는 $a\ge 2$

(1) $f(x)=x^2-2x-3+2a$라 하면

$f(x)=(x-1)^2-4+2a$

$-2\le x\le 3$에서 이차부등식 $f(x)>0$이 항상 성립하려면 이차함수 $y=f(x)$의 그래프가 오른쪽 그림과 같아야 하므로

$f(1)>0$

$-4+2a>0 \quad \therefore a>2$

(2) $f(x)=x^2-ax-a^2+4$라 할 때, $0\le x\le 2$에서 이차부등식 $f(x)\le 0$이 항상 성립하려면 이차함수 $y=f(x)$의 그래프가 오른쪽 그림과 같아야 하므로

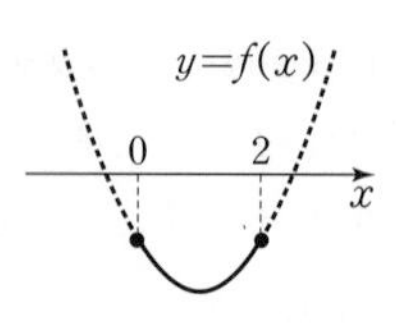

$f(0)\le 0,\ f(2)\le 0$

$f(0)\le 0$에서 $-a^2+4\le 0$

$a^2-4\ge 0,\ (a+2)(a-2)\ge 0$

$\therefore a\le -2$ 또는 $a\ge 2 \quad \cdots\cdots$ ㉠

$f(2)\le 0$에서 $-a^2-2a+8\le 0$

$a^2+2a-8\ge 0,\ (a+4)(a-2)\ge 0$

$\therefore a\le -4$ 또는 $a\ge 2 \quad \cdots\cdots$ ㉡

㉠, ㉡의 공통부분은 $a\le -4$ 또는 $a\ge 2$

583 답 10

$-x^2+5x+a^2-5a\le 0$에서

$x^2-5x-a^2+5a\ge 0$

$f(x)=x^2-5x-a^2+5a$라 하면

$f(x)=\left(x-\frac{5}{2}\right)^2-a^2+5a-\frac{25}{4}$

$-1\le x\le 1$에서 이차부등식 $f(x)\ge 0$이 항상 성립하려면 이차함수 $y=f(x)$의 그래프가 오른쪽 그림과 같아야 하므로

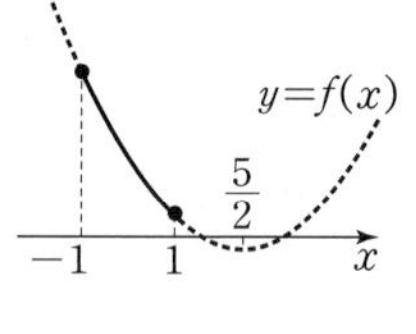

$f(1)\ge 0$

$-a^2+5a-4\ge 0,\ a^2-5a+4\le 0$

$(a-1)(a-4)\le 0 \quad \therefore 1\le a\le 4$

따라서 정수 a는 1, 2, 3, 4이므로 구하는 합은

$1+2+3+4=10$

584 답 $-\frac{1}{2}<a<0$ 또는 $0<a<\frac{1}{5}$

$x^2-3x\le 0$에서 $x(x-3)\le 0 \quad \therefore 0\le x\le 3$

$f(x)=a^2x^2+ax+a^2-1$이라 할 때, $0\le x\le 3$에서 이차부등식 $f(x)<0$이 항상 성립하려면 이차함수 $y=f(x)$의 그래프가 오른쪽 그림과 같아야 하므로

$f(0)<0,\ f(3)<0$

$f(0)<0$에서 $a^2-1<0$

$(a+1)(a-1)<0$

$\therefore -1<a<1 \quad \cdots\cdots$ ㉠

$f(3)<0$에서 $10a^2+3a-1<0$

$(2a+1)(5a-1)<0$

$\therefore -\frac{1}{2}<a<\frac{1}{5}$ ...... ㉡

㉠, ㉡의 공통부분은 $-\frac{1}{2}<a<\frac{1}{5}$

그런데 $a^2\neq0$에서 $a\neq0$이므로

$-\frac{1}{2}<a<0$ 또는 $0<a<\frac{1}{5}$

585 답 3

$-1\leq x\leq3$에서 이차함수 $y=x^2-ax-3a$의 그래프가 직선 $y=x-2$보다 아래쪽에 있으려면 $-1\leq x\leq3$에서 이차부등식 $x^2-ax-3a<x-2$, 즉 $x^2-(a+1)x-3a+2<0$이 항상 성립해야 한다.

$f(x)=x^2-(a+1)x-3a+2$라 할 때, $-1\leq x\leq3$에서 이차부등식 $f(x)<0$이 항상 성립하려면 이차함수 $y=f(x)$의 그래프가 오른쪽 그림과 같아야 하므로

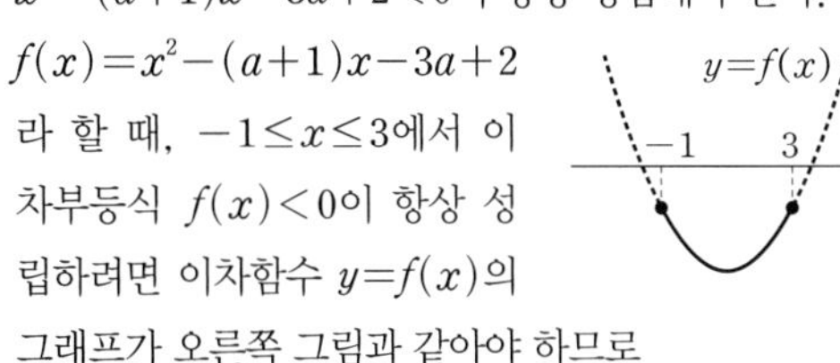

$f(-1)<0$, $f(3)<0$

$f(-1)<0$에서 $-2a+4<0$

$\therefore a>2$ ...... ㉠

$f(3)<0$에서 $-6a+8<0$

$\therefore a>\frac{4}{3}$ ...... ㉡

㉠, ㉡의 공통부분은 $a>2$

따라서 정수 a의 최솟값은 3이다.

연습문제 278~280쪽

586 답 $x<-2$ 또는 $1<x<5$ 또는 $x>6$

$f(x)\{f(x)-g(x)\}>0$이면

$f(x)>0$, $\underline{f(x)>g(x)}$ ($f(x)-g(x)>0$)

또는 $f(x)<0$, $\underline{f(x)<g(x)}$ ($f(x)-g(x)<0$)

(i) $f(x)>0$, $f(x)>g(x)$일 때,

$f(x)>0$을 만족시키는 x의 값의 범위는

$-2<x<5$ ...... ㉠

$f(x)>g(x)$를 만족시키는 x의 값의 범위는

$1<x<6$ ...... ㉡

㉠, ㉡의 공통부분은

$1<x<5$

(ii) $f(x)<0$, $f(x)<g(x)$일 때,

$f(x)<0$을 만족시키는 x의 값의 범위는

$x<-2$ 또는 $x>5$ ...... ㉢

$f(x)<g(x)$를 만족시키는 x의 값의 범위는

$x<1$ 또는 $x>6$ ...... ㉣

㉢, ㉣의 공통부분은

$x<-2$ 또는 $x>6$

(i), (ii)에서 구하는 부등식의 해는

$x<-2$ 또는 $1<x<5$ 또는 $x>6$

587 답 ④

① $x^2-x-6>0$에서 $(x+2)(x-3)>0$

$\therefore x<-2$ 또는 $x>3$

② $x^2-8x+16\leq0$에서 $(x-4)^2\leq0$

따라서 주어진 부등식의 해는 $x=4$이다.

③ $4x+3>-2x^2$에서 $2x^2+4x+3>0$

$\therefore 2(x+1)^2+1>0$

따라서 주어진 부등식의 해는 모든 실수이다.

④ $3x^2-6x<-3$에서 $3x^2-6x+3<0$

$\therefore 3(x-1)^2<0$

따라서 주어진 부등식의 해는 없다.

⑤ $4x^2-x>3x-1$에서 $4x^2-4x+1>0$

$\therefore (2x-1)^2>0$

따라서 주어진 부등식의 해는 $x\neq\frac{1}{2}$인 모든 실수이다.

따라서 해가 없는 것은 ④이다.

588 답 12

(i) $x<0$일 때,

$|x|=-x$이므로 $x^2+5x-6<0$

$(x+6)(x-1)<0$

$\therefore -6<x<1$

그런데 $x<0$이므로 $-6<x<0$

(ii) $x\geq0$일 때,

$|x|=x$이므로 $x^2-5x-6<0$

$(x+1)(x-6)<0$

$\therefore -1<x<6$

그런데 $x\geq0$이므로 $0\leq x<6$

(i), (ii)에서 주어진 부등식의 해는 $-6<x<6$

따라서 $\alpha=-6$, $\beta=6$이므로

$\beta-\alpha=12$

589 답 16

해가 $-2\leq x\leq 4$이고 x^2의 계수가 1인 이차부등식은

$(x+2)(x-4)\leq 0$

$\therefore x^2-2x-8\leq 0$

이 부등식이 $x^2+ax+b\leq 0$과 일치하므로

$a=-2,\ b=-8$

$\therefore ab=16$

590 답 ③

ㄱ. $x^2-2x-48<0$에서

$(x+6)(x-8)<0 \qquad \therefore -6<x<8$

따라서 주어진 부등식은 $-6<x<8$에서만 성립한다.

ㄴ. $2x-1\leq x^2$에서 $x^2-2x+1\geq 0$

$(x-1)^2\geq 0$

따라서 주어진 부등식의 해는 모든 실수이므로 모든 실수 x에 대하여 성립한다.

ㄷ. $2x^2+3x+5>0$에서

$2\left(x+\frac{3}{4}\right)^2+\frac{31}{8}>0$

따라서 주어진 부등식의 해는 모든 실수이므로 모든 실수 x에 대하여 성립한다.

ㄹ. $-9x^2+6x-1\geq 0$에서 $9x^2-6x+1\leq 0$

$(3x-1)^2\leq 0$

따라서 주어진 부등식의 해는 $x=\frac{1}{3}$이므로

$x=\frac{1}{3}$에서만 성립한다.

따라서 보기에서 모든 실수 x에 대하여 성립하는 부등식인 것은 ㄴ, ㄷ이다.

591 답 −3

이차부등식 $-x^2+2ax+a-6>0$이 해를 갖지 않으려면 모든 실수 x에 대하여 $-x^2+2ax+a-6\leq 0$이 성립해야 한다.

이차방정식 $-x^2+2ax+a-6=0$의 판별식을 D라 하면

$\frac{D}{4}=a^2+a-6\leq 0$

$(a+3)(a-2)\leq 0$

$\therefore -3\leq a\leq 2$

따라서 정수 a는 $-3,\ -2,\ -1,\ 0,\ 1,\ 2$이므로 구하는 합은

$-3+(-2)+(-1)+0+1+2=-3$

592 답 ②

$f(x)=x^2-4x-4k+3$이라 하면

$f(x)=(x-2)^2-4k-1$

$3\leq x\leq 5$에서 이차부등식 $f(x)\leq 0$이 항상 성립하려면 이차함수 $y=f(x)$의 그래프가 오른쪽 그림과 같아야 하므로

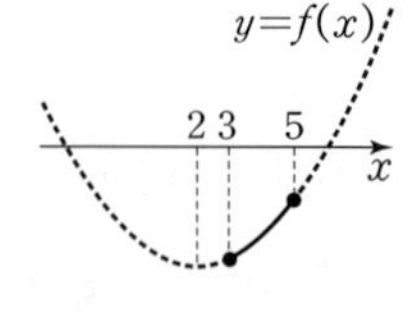

$f(5)\leq 0$

$-4k+8\leq 0$

$\therefore k\geq 2$

따라서 k의 최솟값은 2이다.

593 답 ①

$3x^2+24\geq 4x^2-2x$에서

$x^2-2x-24\leq 0$

$(x+4)(x-6)\leq 0$

$\therefore -4\leq x\leq 6 \qquad \cdots\cdots$ ㉠

$|x+a|\leq b$에서

$-b\leq x+a\leq b\ (\because b>0)$

$\therefore -a-b\leq x\leq -a+b$

이 부등식이 ㉠과 일치하므로

$-a-b=-4,\ -a+b=6$

두 식을 연립하여 풀면

$a=-1,\ b=5$

$\therefore ab=-5$

594 답 $-3<x<2$

이차함수 $y=f(x)$의 그래프가 위로 볼록하고, x축과 만나는 점의 x좌표가 $-4,\ 3$이므로

$f(x)=a(x+4)(x-3)\ (a<0)$

이라 하자.

이때 $f(0)=6$이므로

$-12a=6 \qquad \therefore a=-\frac{1}{2}$

$\therefore f(x)=-\frac{1}{2}(x+4)(x-3)$

$f(x)>3$에서

$-\frac{1}{2}(x+4)(x-3)>3$

$x^2+x-12<-6$

$x^2+x-6<0$

$(x+3)(x-2)<0$

$\therefore -3<x<2$

595 답 25

새로 만든 직사각형의 가로, 세로의 길이는 각각 $(30-x)$ cm, $(15+x)$ cm이므로 넓이가 200 cm^2 이상이 되려면

$(30-x)(15+x) \geq 200$

$x^2-15x-250 \leq 0$

$(x+10)(x-25) \leq 0$

$\therefore -10 \leq x \leq 25$

그런데 $0<x<30$이므로

$0<x \leq 25$

따라서 x의 최댓값은 25이다.

596 답 3

해가 $-2<x<-1$이고 x^2의 계수가 1인 이차부등식은

$(x+2)(x+1)<0$

$\therefore x^2+3x+2<0$ ······ ㉠

㉠과 주어진 이차부등식

$(a+b)x^2+(b+c)x+c+a>0$의 부등호의 방향이 다르므로

$a+b<0$

㉠의 양변에 $a+b$를 곱하면

$(a+b)x^2+3(a+b)x+2(a+b)>0$

이 부등식이 $(a+b)x^2+(b+c)x+c+a>0$과 일치하므로

$b+c=3(a+b)$, $c+a=2(a+b)$

$\therefore 3a+2b=c$, $a+2b=c$

각 변끼리 빼면

$2a=0 \quad \therefore a=0$ ······ ㉡

㉡을 $a+2b=c$에 대입하면

$2b=c$ ······ ㉢

㉡, ㉢을 $bx^2+cx+a \geq 0$에 대입하면

$bx^2+2bx \geq 0$

이때 $a+b<0$, 즉 $b<0$이므로 양변을 b로 나누면

$x^2+2x \leq 0$

$x(x+2) \leq 0 \quad \therefore -2 \leq x \leq 0$

따라서 정수 x는 -2, -1, 0의 3개이다.

597 답 (1) $f(x)=a(x-2)(x-6)$ (단, $a<0$)

(2) $1 \leq x \leq \frac{7}{3}$ (3) 3

(1) 해가 $2<x<6$이고 x^2의 계수가 1인 이차부등식은

$(x-2)(x-6)<0$

이 부등식과 이차부등식 $f(x)>0$의 부등호의 방향이 다르고 이차항의 계수가 a이므로

$f(x)=a(x-2)(x-6)$ (단, $a<0$) ······ ㉠

▸▸▸▸▸▸ ❶

(2) $f(3x-1)=a(3x-1-2)(3x-1-6)$

$=a(3x-3)(3x-7)$

$=3a(x-1)(3x-7)$

즉, $f(3x-1) \geq 0$에서 $3a(x-1)(3x-7) \geq 0$

이때 ㉠에서 $a<0$이므로

$3(x-1)(3x-7) \leq 0$

$\therefore 1 \leq x \leq \frac{7}{3}$ ▸▸▸▸▸▸ ❷

(3) $1 \leq x \leq \frac{7}{3}$을 만족시키는 정수 x는 1, 2이므로 구하는 합은 $1+2=3$ ▸▸▸▸▸▸ ❸

단계	채점 기준	비율
❶	$f(x)$의 식 구하기	30%
❷	$f(3x-1) \geq 0$의 해 구하기	50%
❸	모든 정수 x의 값의 합 구하기	20%

598 답 ⑤

모든 실수 x에 대하여 $\sqrt{x^2+2(a-1)x+a+11}$이 실수가 되려면 모든 실수 x에 대하여 이차부등식 $x^2+2(a-1)x+a+11 \geq 0$이 성립해야 한다.

이차방정식 $x^2+2(a-1)x+a+11=0$의 판별식을 D라 하면

$\frac{D}{4}=(a-1)^2-(a+11) \leq 0$, $a^2-3a-10 \leq 0$

$(a+2)(a-5) \leq 0 \quad \therefore -2 \leq a \leq 5$

따라서 a의 최댓값은 5, 최솟값은 -2이므로 구하는 합은

$5+(-2)=3$

599 답 ③

$x^2+3x-4 \leq k(x-a)$에서

$x^2-(k-3)x+ak-4 \leq 0$

이 이차부등식이 항상 해를 가지려면 이차함수 $y=x^2-(k-3)x+ak-4$의 그래프가 x축보다 아래쪽에 있거나 만나는 부분이 존재해야 한다.

이차방정식 $x^2-(k-3)x+ak-4=0$의 판별식을 D_1이라 하면

$D_1=(k-3)^2-4(ak-4) \geq 0$

$\therefore k^2-2(3+2a)k+25 \geq 0$

k의 값에 관계없이 이 부등식이 항상 성립하므로 k에 대한 이차방정식 $k^2-2(3+2a)k+25=0$의 판별식을 D_2라 하면

$\frac{D_2}{4}=(3+2a)^2-25\le 0$

$4a^2+12a-16\le 0$, $a^2+3a-4\le 0$

$(a+4)(a-1)\le 0$

$\therefore -4\le a\le 1$

따라서 $\alpha=-4$, $\beta=1$이므로

$\beta-\alpha=5$

600 답 ④

부등식 $(a-2)x^2-2(a-2)x+4\le 0$이 해를 갖지 않으려면 모든 실수 x에 대하여

$(a-2)x^2-2(a-2)x+4>0$이 성립해야 한다.

(i) $a=2$일 때,

$0\times x^2-0\times x+4>0$에서 $4>0$이므로 모든 실수 x에 대하여 $(a-2)x^2-2(a-2)x+4>0$이 성립한다.

(ii) $a\ne 2$일 때,

모든 실수 x에 대하여

$(a-2)x^2-2(a-2)x+4>0$이 성립하려면

$a-2>0$ $\quad\therefore a>2$ $\quad\cdots\cdots$ ㉠

또 이차방정식 $(a-2)x^2-2(a-2)x+4=0$의 판별식을 D라 하면

$\frac{D}{4}=(a-2)^2-4(a-2)<0$

$a^2-8a+12<0$, $(a-2)(a-6)<0$

$\therefore 2<a<6$ $\quad\cdots\cdots$ ㉡

㉠, ㉡의 공통부분은 $2<a<6$

(i), (ii)에서 $2\le a<6$

따라서 정수 a는 2, 3, 4, 5의 4개이다.

601 답 1

$f(x)\le g(x)$에서

$x^2-2ax+3a-4\le -x^2+2ax-a^2$

$2x^2-4ax+a^2+3a-4\le 0$

$h(x)=2x^2-4ax+a^2+3a-4$

라 할 때, $0\le x\le 2$에서 이차부등식 $h(x)\le 0$이 항상 성립하려면 이차함수 $y=h(x)$의 그래프가 오른쪽 그림과 같아야 하므로

$y=h(x)$ 0 2 x

$h(0)\le 0$, $h(2)\le 0$

$h(0)\le 0$에서

$a^2+3a-4\le 0$, $(a+4)(a-1)\le 0$

$\therefore -4\le a\le 1$ $\quad\cdots\cdots$ ㉠

$h(2)\le 0$에서

$a^2-5a+4\le 0$, $(a-1)(a-4)\le 0$

$\therefore 1\le a\le 4$ $\quad\cdots\cdots$ ㉡

㉠, ㉡의 공통부분은 $a=1$

602 답 20

처음 수강료를 p원, 그때의 학원생의 수를 q라 하면 한 달 수입은

pq(원)

처음 수강료보다 x % 인하한 수강료는

$p\left(1-\frac{x}{100}\right)$(원)

처음 학원생의 수보다 $1.5x$ % 증가한 학원생의 수는

$q\left(1+\frac{3}{200}x\right)$ $\quad \frac{1.5}{100}=\frac{15}{1000}=\frac{3}{200}$

이때의 한 달 수입은

$pq\left(1-\frac{x}{100}\right)\left(1+\frac{3}{200}x\right)$(원)

한 달 수입이 4 % 이상 증가하려면

$pq\left(1-\frac{x}{100}\right)\left(1+\frac{3}{200}x\right)\ge pq\left(1+\frac{4}{100}\right)$

$(100-x)(200+3x)\ge 20800$ ($\because pq>0$)

$3x^2-100x+800\le 0$, $(3x-40)(x-20)\le 0$

$\therefore \frac{40}{3}\le x\le 20$

따라서 x의 최댓값은 20이다.

603 답 ⑤

| 접근 방법 | $f(ax+b)\le 0$의 해가 $\alpha\le x\le\beta$로 주어지면 $ax+b=t$로 놓고 x에 대한 식으로 정리한 후 $\alpha\le x\le\beta$에 대입하여 부등식 $f(t)\le 0$의 해를 구한다.

(가)에서 $\frac{1-x}{4}=t$라 하면 $x=1-4t$

부등식 $f(t)\le 0$의 해가 $-7\le x\le 9$이므로

$-7\le 1-4t\le 9$

$-8\le -4t\le 8$ $\quad\therefore -2\le t\le 2$ — 부등식 $f(x)\le 0$의 해가 $-2\le x\le 2$이다.

해가 $-2\le x\le 2$이고 x^2의 계수가 1인 이차부등식은

$(x+2)(x-2)\le 0$ $\quad\therefore x^2-4\le 0$

이 부등식과 이차부등식 $f(x)\le 0$의 부등호의 방향이 같으므로

$f(x)=a(x^2-4)$ $(a>0)$

라 하자.

(나)에서 이차부등식 $a(x^2-4)\ge 2x-\frac{13}{3}$, 즉

$ax^2-2x-4a+\frac{13}{3}\ge 0$이 모든 실수 x에 대하여 성립하고 $a>0$이므로 이차방정식

$ax^2-2x-4a+\frac{13}{3}=0$의 판별식을 D라 하면

$\frac{D}{4}=1-a\left(-4a+\frac{13}{3}\right)\le 0$

$4a^2-\frac{13}{3}a+1\le 0$

$12a^2-13a+3\le 0$, $(3a-1)(4a-3)\le 0$

$\therefore \frac{1}{3}\le a\le \frac{3}{4}$ ...... ㉠

$f(3)=a(9-4)=5a$이므로 ㉠에서

$\frac{5}{3}\le 5a\le \frac{15}{4}$

따라서 $f(3)$의 최댓값은 $M=\frac{15}{4}$, 최솟값은 $m=\frac{5}{3}$ 이므로

$M-m=\frac{25}{12}$

604 답 ③

$x^2-(n+5)x+5n\le 0$에서

$(x-n)(x-5)\le 0$ ...... ㉠

(i) $n<5$일 때,

㉠에서 $n\le x\le 5$

이를 만족시키는 정수 x가 3개이려면 오른쪽 그림과 같아야 하므로

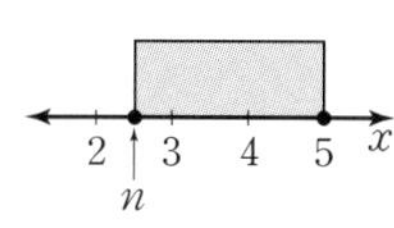

$2<n\le 3$

이때 n은 자연수이므로

$n=3$

(ii) $n=5$일 때,

㉠에서 $x=5$이므로 조건을 만족시키지 않는다.

(iii) $n>5$일 때,

㉠에서 $5\le x\le n$

이를 만족시키는 정수 x가 3개이려면 오른쪽 그림과 같아야 하므로

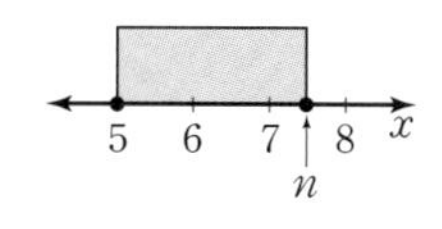

$7\le n<8$

이때 n은 자연수이므로

$n=7$

(i), (ii), (iii)에서 $n=3$ 또는 $n=7$

따라서 모든 자연수 n의 값의 합은

$3+7=10$

02 연립이차부등식

개념 확인 281쪽

605 답 $-2\le x<5$

$3x\ge -6$을 풀면 $x\ge -2$ ...... ㉠

$(x+3)(x-5)<0$을 풀면 $-3<x<5$ ...... ㉡

㉠, ㉡의 공통부분을 구하면 $-2\le x<5$

유제 283~293쪽

606 답 (1) $-2<x<\frac{2}{3}$ (2) $3<x\le 4$

(1) $|3x+2|<4$를 풀면

$-4<3x+2<4$, $-6<3x<2$

$\therefore -2<x<\frac{2}{3}$ ...... ㉠

$x^2-6x+5\ge 0$을 풀면

$(x-1)(x-5)\ge 0$

$\therefore x\le 1$ 또는 $x\ge 5$ ...... ㉡

㉠, ㉡을 수직선 위에 나타내면 오른쪽 그림과 같으므로 주어진 연립부등식의 해는

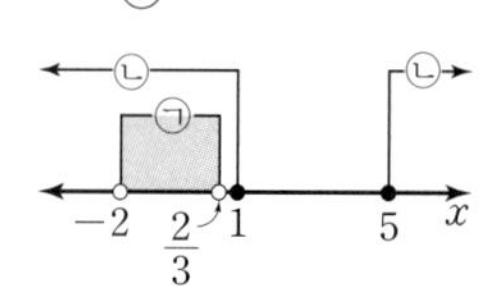

$-2<x<\frac{2}{3}$

(2) $x^2-x-6>0$을 풀면

$(x+2)(x-3)>0$

$\therefore x<-2$ 또는 $x>3$ ...... ㉠

$3x^2-8x-16\le 0$을 풀면

$(3x+4)(x-4)\le 0$

$\therefore -\frac{4}{3}\le x\le 4$ ...... ㉡

㉠, ㉡을 수직선 위에 나타내면 오른쪽 그림과 같으므로 주어진 연립부등식의 해는

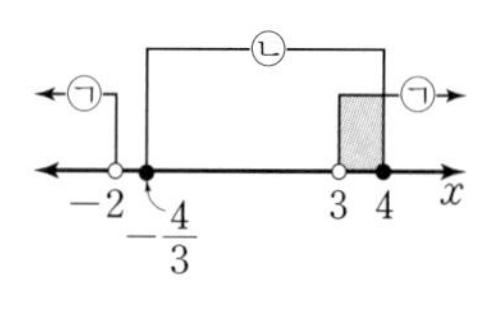

$3<x\le 4$

607 답 5

$3x-2<x^2+x-5$를 풀면

$x^2-2x-3>0$, $(x+1)(x-3)>0$

$\therefore x<-1$ 또는 $x>3$ ...... ㉠

$x^2+x-5<-x+10$을 풀면
$x^2+2x-15<0$, $(x+5)(x-3)<0$
$\therefore -5<x<3$ …… ㉡
㉠, ㉡을 수직선 위에 나타내면 오른쪽 그림과 같으므로 주어진 부등식의 해는 $-5<x<-1$
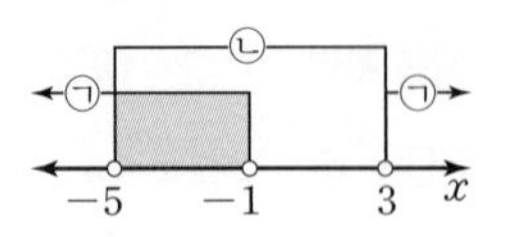
따라서 $\alpha=-5$, $\beta=-1$이므로 $\alpha\beta=5$

608 답 5
$x^2-3x+2>0$을 풀면
$(x-1)(x-2)>0$
$\therefore x<1$ 또는 $x>2$ …… ㉠
$x^2+|x|-12\le0$을 풀면
(i) $x<0$일 때,
$|x|=-x$이므로 $x^2-x-12\le0$
$(x+3)(x-4)\le0$ $\therefore -3\le x\le4$
그런데 $x<0$이므로 $-3\le x<0$
(ii) $x\ge0$일 때,
$|x|=x$이므로 $x^2+x-12\le0$
$(x+4)(x-3)\le0$ $\therefore -4\le x\le3$
그런데 $x\ge0$이므로 $0\le x\le3$
(i), (ii)에서 $-3\le x\le3$ …… ㉡
㉠, ㉡을 수직선 위에 나타내면 오른쪽 그림과 같으므로 주어진 연립부등식의 해는 $-3\le x<1$ 또는 $2<x\le3$
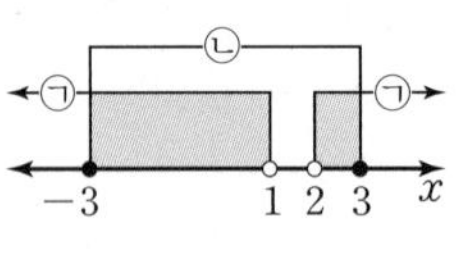
따라서 정수 x는 -3, -2, -1, 0, 3의 5개이다.

609 답 23
$x^2-8x+15\ge0$을 풀면
$(x-3)(x-5)\ge0$
$\therefore x\le3$ 또는 $x\ge5$ …… ㉠
$x^2-11x+28\le0$을 풀면
$(x-4)(x-7)\le0$ $\therefore 4\le x\le7$ …… ㉡
㉠, ㉡을 수직선 위에 나타내면 오른쪽 그림과 같으므로 주어진 연립부등식의 해는 $5\le x\le7$
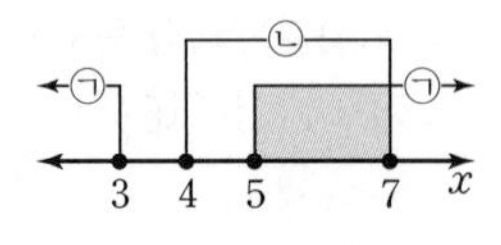
해가 $5\le x\le7$이고 x^2의 계수가 1인 이차부등식은
$(x-5)(x-7)\le0$ $\therefore x^2-12x+35\le0$
이 부등식이 $x^2+ax+b\le0$과 일치하므로
$a=-12$, $b=35$ $\therefore a+b=23$

610 답 $-2\le a\le5$
$x^2+3x-10>0$을 풀면
$(x+5)(x-2)>0$
$\therefore x<-5$ 또는 $x>2$ …… ㉠
$x^2-(4-a)x-4a\le0$을 풀면
$(x+a)(x-4)\le0$
$$\therefore \begin{cases} -a<4\text{일 때, } -a\le x\le4 \\ -a=4\text{일 때, } x=4 \\ -a>4\text{일 때, } 4\le x\le -a \end{cases}$$ …… ㉡
㉠, ㉡의 공통부분이 $2<x\le4$가 되도록 수직선 위에 나타내면 오른쪽 그림과 같으므로 ㉡은 $-a\le x\le4$이고 a의 값의 범위는
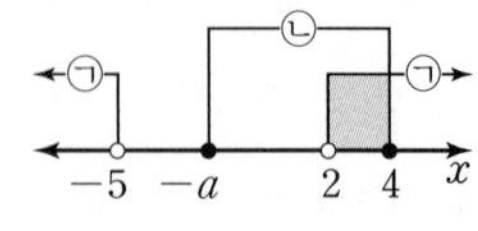
$-5\le -a\le2$
$\therefore -2\le a\le5$

611 답 $a\ge2$
$x^2-4\le0$을 풀면
$(x+2)(x-2)\le0$
$\therefore -2\le x\le2$ …… ㉠
$2x^2+(2a-3)x-3a>0$을 풀면
$(x+a)(2x-3)>0$
$$\therefore \begin{cases} -a<\frac{3}{2}\text{일 때, } x<-a \text{ 또는 } x>\frac{3}{2} \\ -a=\frac{3}{2}\text{일 때, } x\ne\frac{3}{2}\text{인 모든 실수} \\ -a>\frac{3}{2}\text{일 때, } x<\frac{3}{2} \text{ 또는 } x>-a \end{cases}$$ …… ㉡
㉠, ㉡의 공통부분에 속하는 정수가 2뿐이도록 수직선 위에 나타내면 오른쪽 그림과 같으므로 ㉡은
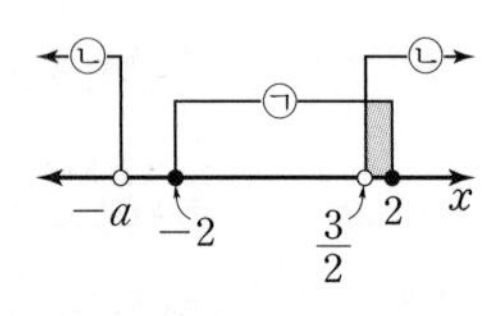
$x<-a$ 또는 $x>\frac{3}{2}$이고 a의 값의 범위는
$-a\le-2$
$\therefore a\ge2$

612 답 4
주어진 연립부등식의 해가 $-2<x\le2$ 또는 $6\le x<10$이려면 오른쪽 그림과 같아야 한다.
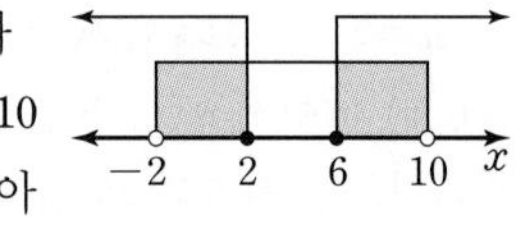

$x^2-8x+a\geq0$은 해가 $x\leq2$ 또는 $x\geq6$이고 x^2의 계수가 1인 이차부등식이므로

$(x-2)(x-6)\geq0$ $\quad\therefore x^2-8x+12\geq0$

$\therefore a=12$

$x^2-bx-20<0$은 해가 $-2<x<10$이고 x^2의 계수가 1인 이차부등식이므로

$(x+2)(x-10)<0$ $\quad\therefore x^2-8x-20<0$

$\therefore b=8$

$\therefore a-b=12-8=4$

613 답 ①

$|x-5|<1$을 풀면

$-1<x-5<1$ $\quad\therefore 4<x<6$ $\quad\cdots\cdots$ ㉠

$x^2-4ax+3a^2>0$을 풀면

$(x-a)(x-3a)>0$

이때 a는 자연수이므로

$x<a$ 또는 $x>3a$ $\quad\cdots\cdots$ ㉡

㉠, ㉡의 공통부분이 존재하지 않도록 수직선 위에 나타내면 오른쪽 그림과 같으므로

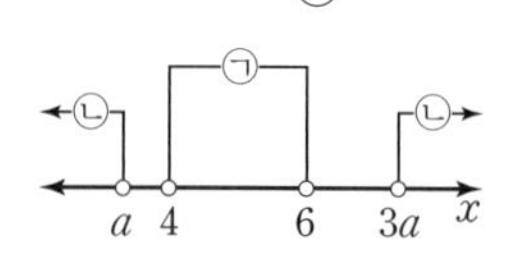

$a\leq4$, $3a\geq6$

따라서 $a\leq4$, $a\geq2$이므로

$2\leq a\leq4$

따라서 자연수 a는 2, 3, 4의 3개이다.

614 답 $x>8$

삼각형의 세 변의 길이는 양수이므로

$2x-1>0$ $\quad\therefore x>\frac{1}{2}$ $\quad\cdots\cdots$ ㉠

삼각형의 가장 긴 변의 길이는 나머지 두 변의 길이의 합보다 작아야 하므로

$2x+1<x+(2x-1)$ $\quad\therefore x>2$ $\quad\cdots\cdots$ ㉡

예각삼각형이 되려면 가장 긴 변의 길이의 제곱이 나머지 두 변의 길이의 제곱의 합보다 작아야 하므로

$(2x+1)^2<x^2+(2x-1)^2$

$x^2-8x>0$, $x(x-8)>0$

$\therefore x<0$ 또는 $x>8$ $\quad\cdots\cdots$ ㉢

㉠, ㉡, ㉢을 수직선 위에 나타내면 오른쪽 그림과 같으므로

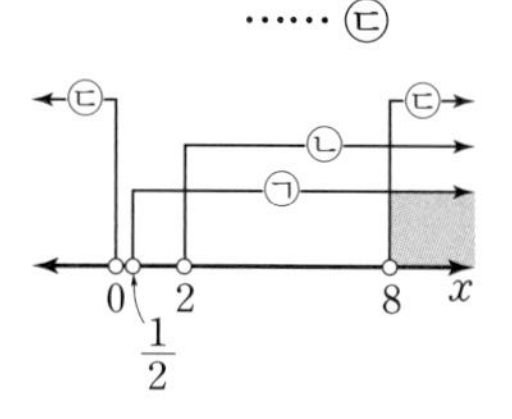

$x>8$

615 답 12 cm

처음 정사각형의 한 변의 길이를 x cm라 하면 직사각형의 가로의 길이는 $(x+3)$ cm, 세로의 길이는 $(x+5)$ cm이다.

직사각형의 넓이가 35 cm^2 이상 255 cm^2 이하이므로

$35\leq(x+3)(x+5)\leq255$

$35\leq(x+3)(x+5)$를 풀면

$x^2+8x-20\geq0$, $(x+10)(x-2)\geq0$

$\therefore x\leq-10$ 또는 $x\geq2$

그런데 $x>0$이므로 $x\geq2$ $\quad\cdots\cdots$ ㉠

$(x+3)(x+5)\leq255$를 풀면

$x^2+8x-240\leq0$, $(x+20)(x-12)\leq0$

$\therefore -20\leq x\leq12$

그런데 $x>0$이므로 $0<x\leq12$ $\quad\cdots\cdots$ ㉡

㉠, ㉡을 수직선 위에 나타내면 오른쪽 그림과 같으므로

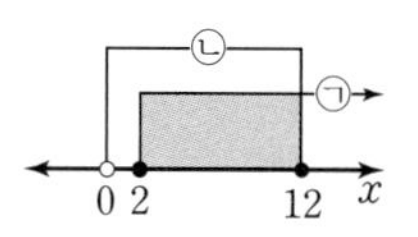

$2\leq x\leq12$

따라서 처음 정사각형의 한 변의 길이의 최댓값은 12 cm이다.

616 답 3 cm

직육면체의 밑면의 가로의 길이를 x cm, 세로의 길이를 y cm라 하면 모든 모서리의 길이의 합이 80 cm이므로

$4(x+y+10)=80$ $\quad\therefore y=10-x$

직육면체의 부피가 210 cm^3보다 작지 않으므로

$10x(10-x)\geq210$

$x^2-10x+21\leq0$, $(x-3)(x-7)\leq0$

$\therefore 3\leq x\leq7$ $\quad\cdots\cdots$ ㉠

밑면의 가로의 길이가 세로의 길이보다 짧으므로

$x<10-x$

$2x<10$ $\quad\therefore x<5$ $\quad\cdots\cdots$ ㉡

㉠, ㉡을 수직선 위에 나타내면 오른쪽 그림과 같으므로

$3\leq x<5$

따라서 밑면의 가로의 길이의 최솟값은 3 cm이다.

617 답 4 이상 7 이하

$\overline{AE}=x$라 하면 색칠한 부분의 둘레의 길이가 46 이하이므로

$4x+2(x+2)\leq46$

$6x\leq42$ $\quad\therefore x\leq7$

그런데 $x>0$이므로 $0<x\leq 7$ …… ㉠
넓이가 24 이상이므로
$x^2+2x\geq 24$
$x^2+2x-24\geq 0$, $(x+6)(x-4)\geq 0$
$\therefore x\leq -6$ 또는 $x\geq 4$
그런데 $x>0$이므로 $x\geq 4$ …… ㉡
㉠, ㉡을 수직선 위에 나타내면 오른쪽 그림과 같으므로
$4\leq x\leq 7$
따라서 선분 AE의 길이는 4 이상 7 이하이다.

618 답 (1) $k\leq -4$ (2) $2\leq k<\frac{9}{4}$ (3) $k>\frac{9}{4}$

이차방정식 $x^2+2(k-1)x-4k+9=0$의 두 실근을 α, β, 판별식을 D라 하면
$\alpha+\beta=-2(k-1)$, $\alpha\beta=-4k+9$
$\frac{D}{4}=(k-1)^2-(-4k+9)=k^2+2k-8$
$=(k+4)(k-2)$
(1) (i) $D\geq 0$이어야 하므로
$(k+4)(k-2)\geq 0$
$\therefore k\leq -4$ 또는 $k\geq 2$ …… ㉠
(ii) $\alpha+\beta>0$이어야 하므로
$-2(k-1)>0$ $\therefore k<1$ …… ㉡
(iii) $\alpha\beta>0$이어야 하므로
$-4k+9>0$ $\therefore k<\frac{9}{4}$ …… ㉢
㉠, ㉡, ㉢을 수직선 위에 나타내면 오른쪽 그림과 같으므로
$k\leq -4$

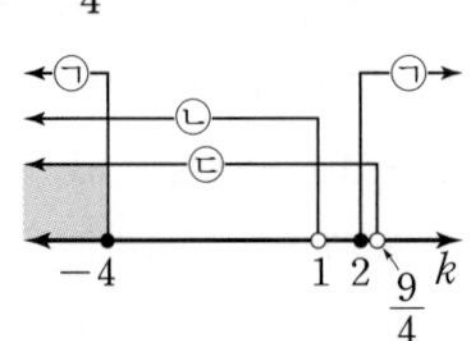

(2) (i) $D\geq 0$이어야 하므로
$(k+4)(k-2)\geq 0$
$\therefore k\leq -4$ 또는 $k\geq 2$ …… ㉠
(ii) $\alpha+\beta<0$이어야 하므로
$-2(k-1)<0$ $\therefore k>1$ …… ㉡
(iii) $\alpha\beta>0$이어야 하므로
$-4k+9>0$ $\therefore k<\frac{9}{4}$ …… ㉢
㉠, ㉡, ㉢을 수직선 위에 나타내면 오른쪽 그림과 같으므로
$2\leq k<\frac{9}{4}$

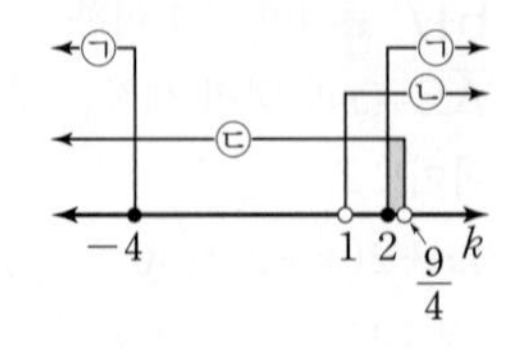

(3) $\alpha\beta<0$이어야 하므로
$-4k+9<0$ $\therefore k>\frac{9}{4}$

619 답 1

이차방정식 $x^2-kx+3k^2-12=0$의 두 실근을 α, β라 하면 두 근의 부호가 서로 다르므로 $\alpha\beta<0$에서
$3k^2-12<0$
$3(k+2)(k-2)<0$
$\therefore -2<k<2$
따라서 정수 k의 최댓값은 1이다.

620 답 3

이차방정식 $x^2+(k^2-9)x+k^2-6k+5=0$의 두 실근을 α, β라 하면 두 근의 부호가 서로 다르므로
$\alpha\beta<0$에서
$k^2-6k+5<0$
$(k-1)(k-5)<0$
$\therefore 1<k<5$ …… ㉠
또 두 근의 절댓값이 같으므로 $\alpha+\beta=0$에서
$-(k^2-9)=0$, $k^2=9$
$\therefore k=-3$ 또는 $k=3$
그런데 ㉠에서 $k=3$

621 답 5

이차방정식 $x^2+(k^2-4k-12)x+3k-28=0$의 두 실근을 α, β라 하면 두 근의 부호가 서로 다르므로
$\alpha\beta<0$에서
$3k-28<0$
$\therefore k<\frac{28}{3}$ …… ㉠
양수인 근이 음수인 근의 절댓값보다 크므로
$\alpha+\beta>0$에서
$-(k^2-4k-12)>0$
$k^2-4k-12<0$, $(k+2)(k-6)<0$
$\therefore -2<k<6$ …… ㉡
㉠, ㉡을 수직선 위에 나타내면 오른쪽 그림과 같으므로 k의 값의 범위는
$-2<k<6$

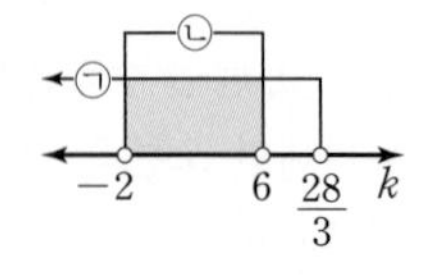

따라서 자연수 k는 1, 2, 3, 4, 5의 5개이다.

622 답 $k\le1$

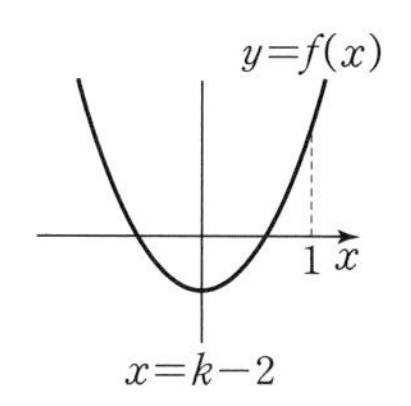

$f(x)=x^2-2(k-2)x+k$라 할 때, 이차함수 $y=f(x)$의 그래프의 축의 방정식은 $x=k-2$이므로 이차방정식 $f(x)=0$의 두 근이 모두 1보다 작으려면 $y=f(x)$의 그래프는 오른쪽 그림과 같아야 한다.

(i) 이차방정식 $f(x)=0$의 판별식을 D라 하면

$\frac{D}{4}=(k-2)^2-k\ge0$

$k^2-5k+4\ge0$

$(k-1)(k-4)\ge0$

$\therefore k\le1$ 또는 $k\ge4$ …… ㉠

(ii) $f(1)>0$에서

$1-2(k-2)+k>0$ $\quad\therefore k<5$ …… ㉡

(iii) $k-2<1$에서 $k<3$ …… ㉢

㉠, ㉡, ㉢을 수직선 위에 나타내면 오른쪽 그림과 같으므로

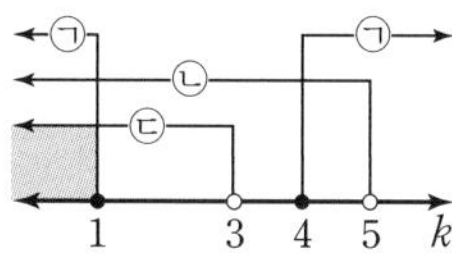

$k\le1$

623 답 $k<-3$ 또는 $k>3$

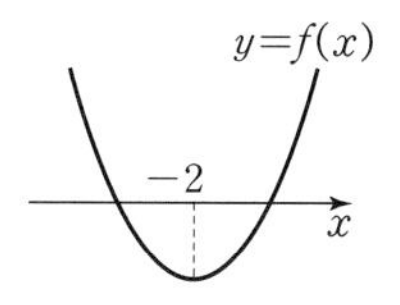

$f(x)=x^2+3x-k^2+11$이라 할 때, 이차방정식 $f(x)=0$의 두 근 사이에 -2가 있으려면 오른쪽 그림과 같아야 하므로

$f(-2)<0$에서

$4-6-k^2+11<0$

$k^2-9>0$, $(k+3)(k-3)>0$

$\therefore k<-3$ 또는 $k>3$

624 답 3

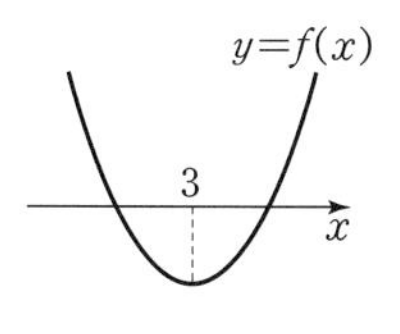

$f(x)=x^2-2kx+k^2-4$라 할 때, 이차방정식 $f(x)=0$의 한 근은 3보다 크고, 다른 한 근은 3보다 작으려면 두 근 사이에 3이 있어야 하므로 오른쪽 그림에서

$f(3)<0$

$9-6k+k^2-4<0$, $k^2-6k+5<0$

$(k-1)(k-5)<0$

$\therefore 1<k<5$

따라서 정수 k는 2, 3, 4의 3개이다.

625 답 1

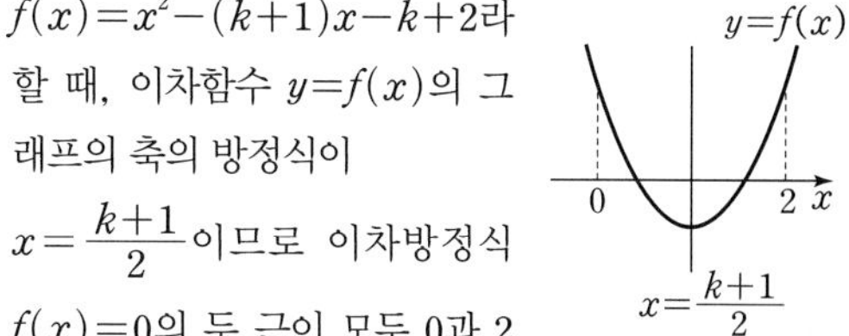

$f(x)=x^2-(k+1)x-k+2$라 할 때, 이차함수 $y=f(x)$의 그래프의 축의 방정식이

$x=\frac{k+1}{2}$이므로 이차방정식 $f(x)=0$의 두 근이 모두 0과 2 사이에 있으려면 $y=f(x)$의 그래프는 위의 그림과 같아야 한다.

(i) 이차방정식 $f(x)=0$의 판별식을 D라 하면

$D=(k+1)^2-4(-k+2)\ge0$

$k^2+6k-7\ge0$, $(k+7)(k-1)\ge0$

$\therefore k\le-7$ 또는 $k\ge1$ …… ㉠

(ii) $f(0)>0$에서

$-k+2>0$ $\quad\therefore k<2$ …… ㉡

$f(2)>0$에서

$4-2(k+1)-k+2>0$

$-3k>-4$ $\quad\therefore k<\frac{4}{3}$ …… ㉢

㉡, ㉢의 공통부분은 $k<\frac{4}{3}$ …… ㉣

(iii) $0<\frac{k+1}{2}<2$에서 $-1<k<3$ …… ㉤

㉠, ㉣, ㉤을 수직선 위에 나타내면 오른쪽 그림과 같으므로

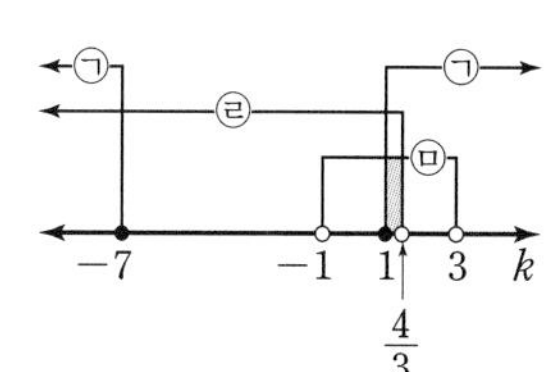

$1\le k<\frac{4}{3}$

따라서 k의 최솟값은 1이다.

연습문제 295~296쪽

626 답 15

$3x-12\ge0$을 풀면

$3x\ge12$ $\quad\therefore x\ge4$ …… ㉠

$x^2-8x+12\le0$을 풀면

$(x-2)(x-6)\le0$

$\therefore 2\le x\le6$ …… ㉡

㉠, ㉡을 수직선 위에 나타내면 오른쪽 그림과 같으므로 주어진 연립부등식의 해는

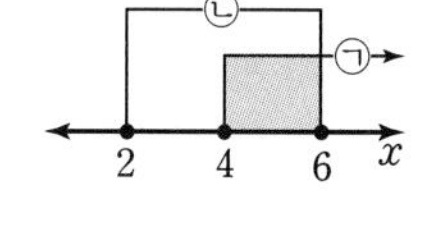

$4\le x\le6$

따라서 자연수 x는 4, 5, 6이므로 구하는 합은

$4+5+6=15$

627 답 ③

$6x^2-5x+1>0$을 풀면

$(3x-1)(2x-1)>0$

$\therefore x<\frac{1}{3}$ 또는 $x>\frac{1}{2}$ ...... ㉠

$x^2-5|x|+6\leq0$을 풀면

(i) $x<0$일 때,

$|x|=-x$이므로 $x^2+5x+6\leq0$

$(x+3)(x+2)\leq0$

$\therefore -3\leq x\leq-2$ ◀ $x<0$을 만족시킨다.

(ii) $x\geq0$일 때,

$|x|=x$이므로 $x^2-5x+6\leq0$

$(x-2)(x-3)\leq0$

$\therefore 2\leq x\leq3$ ◀ $x\geq0$을 만족시킨다.

(i), (ii)에서

$-3\leq x\leq-2$ 또는 $2\leq x\leq3$ ...... ㉡

㉠, ㉡을 수직선 위에 나타내면 오른쪽 그림과 같으므로 주어진 연립부등식의 해는

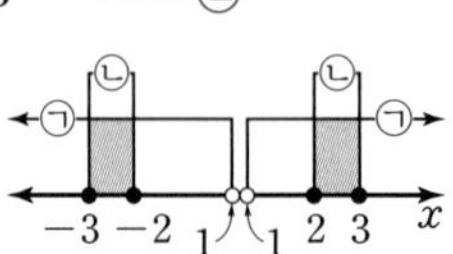

$-3\leq x\leq-2$ 또는 $2\leq x\leq3$

따라서 주어진 연립부등식을 만족시키는 x의 값이 아닌 것은 ③이다.

628 답 5

$x^2+4x-7<2x^2-4$를 풀면

$x^2-4x+3>0$, $(x-1)(x-3)>0$

$\therefore x<1$ 또는 $x>3$ ...... ㉠

$2x^2-4<7x+18$을 풀면

$2x^2-7x-22<0$, $(x+2)(2x-11)<0$

$\therefore -2<x<\frac{11}{2}$ ...... ㉡

㉠, ㉡을 수직선 위에 나타내면 오른쪽 그림과 같으므로 주어진 부등식의 해는

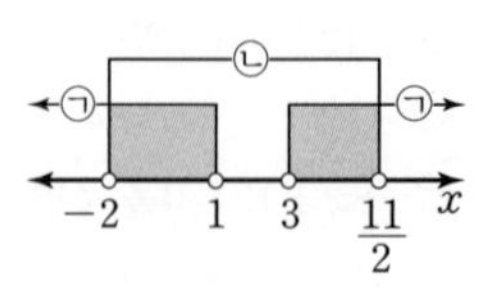

$-2<x<1$ 또는 $3<x<\frac{11}{2}$

따라서 정수 x의 최댓값은 5이다.

629 답 $a\leq0$

$x^2-5x<0$을 풀면 $x(x-5)<0$

$\therefore 0<x<5$ ...... ㉠

$(x-a)(x-1)\geq0$을 풀면

$$\begin{cases} a<1\text{일 때, } x\leq a \text{ 또는 } x\geq1 \\ a=1\text{일 때, 모든 실수} \\ a>1\text{일 때, } x\leq1 \text{ 또는 } x\geq a \end{cases}$$ ...... ㉡

㉠, ㉡의 공통부분이 $1\leq x<5$가 되도록 수직선 위에 나타내면 오른쪽 그림과 같으므로 ㉡은 $x\leq a$ 또는 $x\geq1$이고 a의 값의 범위는 $a\leq0$

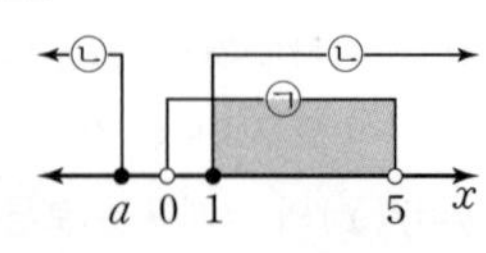

630 답 ④

$|x-k|\leq5$를 풀면 $-5\leq x-k\leq5$

$\therefore k-5\leq x\leq k+5$ ...... ㉠

$x^2-x-12>0$을 풀면 $(x+3)(x-4)>0$

$\therefore x<-3$ 또는 $x>4$ ...... ㉡

㉠, ㉡의 공통부분에 속하는 정수 x의 값의 합이 7이 되도록 수직선 위에 나타내면 다음 그림과 같다.

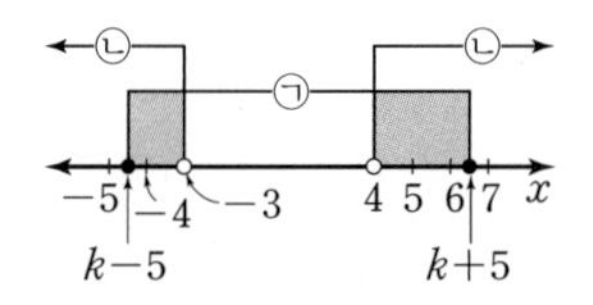

따라서 $-5<k-5\leq-4$, $6\leq k+5<7$이므로

$0<k\leq1$, $1\leq k<2$ $\therefore k=1$

631 답 12

주어진 연립부등식의 해가 $-3\leq x<1$ 또는 $3<x\leq4$이려면 오른쪽 그림과 같아야 한다.

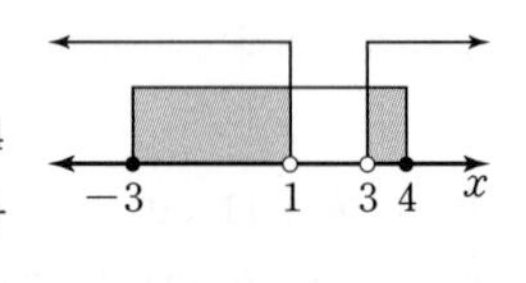

$x^2+(a+b)x+ab>0$을 풀면 $(x+b)(x+a)>0$

$\therefore x<-b$ 또는 $x>-a$ ($\because -b<-a$)

이는 $x<1$ 또는 $x>3$과 같으므로

$-b=1$, $-a=3$ $\therefore a=-3$, $b=-1$ ▸▸▸▸▸▸ ❶

$x^2-(a+c)x+ac\leq0$을 풀면 $(x-a)(x-c)\leq0$

$\therefore a\leq x\leq c$ ($\because a<c$)

이는 $-3\leq x\leq4$와 같으므로 $c=4$ ▸▸▸▸▸▸ ❷

$\therefore abc=-3\times(-1)\times4=12$ ▸▸▸▸▸▸ ❸

단계	채점 기준	비율
❶	a, b의 값 구하기	50%
❷	c의 값 구하기	40%
❸	abc의 값 구하기	10%

632 답 ④

$x^2-2x-3\geq0$을 풀면

$(x+1)(x-3)\geq0$

$\therefore x\leq-1$ 또는 $x\geq3$ ...... ㉠

$x^2-(5+k)x+5k\leq0$을 풀면

$(x-k)(x-5)\leq0$

$\therefore \begin{cases} k<5\text{일 때, } k\leq x\leq5 \\ k=5\text{일 때, } x=5 \\ k>5\text{일 때, } 5\leq x\leq k \end{cases}$ ...... ㉡

㉠, ㉡의 공통부분에 속하는 정수가 5개가 되려면 다음과 같아야 한다.

(i) $k<5$일 때,

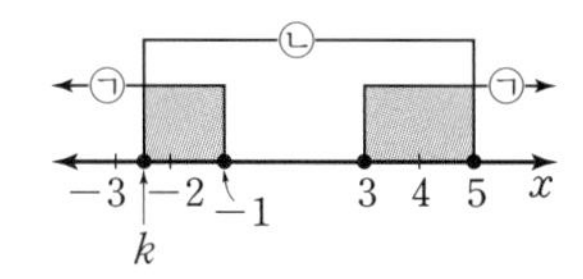

$\therefore -3<k\leq-2$

이때 k는 정수이므로 $k=-2$

(ii) $k>5$일 때,

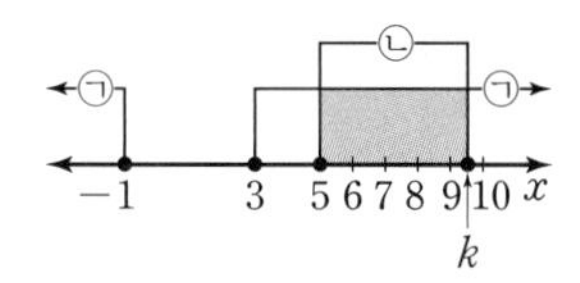

$\therefore 9\leq k<10$

이때 k는 정수이므로 $k=9$

(i), (ii)에서 $k=-2$ 또는 $k=9$

따라서 모든 정수 k의 값의 곱은

$-2\times9=-18$

633 답 5

$x^2-3x-40\geq0$을 풀면

$(x+5)(x-8)\geq0$

$\therefore x\leq-5$ 또는 $x\geq8$ ...... ㉠

$x^2-4x-k^2-4k<0$을 풀면

$(x+k)(x-k-4)<0$

$\therefore -k<x<k+4$ ($\because k>0$) ...... ㉡

㉠, ㉡의 공통부분이 존재하도록 수직선 위에 나타내면 오른쪽 그림과 같으므로

$-k<-5$ 또는 $k+4>8$

즉, $k>5$ 또는 $k>4$이므로 $k>4$

따라서 자연수 k의 최솟값은 5이다.

634 답 15

점 A의 좌표는 $(0,\ k^2+4)$이므로 점 A를 지나고 x축에 평행한 직선의 방정식은

$y=k^2+4$

이 직선과 함수 $y=f(x)$의 그래프가 만나는 점의 x좌표는

$-x^2+2kx+k^2+4=k^2+4$

$x(x-2k)=0$

$\therefore x=0$ 또는 $x=2k$

$\therefore$ B$(2k,\ k^2+4)$, C$(2k,\ 0)$

사각형 OCBA의 둘레의 길이가 $g(k)$이므로

$g(k)=2\{2k+(k^2+4)\}$

$=2k^2+4k+8$

$14\leq2k^2+4k+8\leq78$에서

$14\leq2k^2+4k+8$을 풀면

$2k^2+4k-6\geq0$

$k^2+2k-3\geq0$

$(k+3)(k-1)\geq0$ $\quad\therefore k\leq-3$ 또는 $k\geq1$

이때 $k>0$이므로 $k\geq1$ ...... ㉠

$2k^2+4k+8\leq78$을 풀면

$2k^2+4k-70\leq0$

$k^2+2k-35\leq0$

$(k+7)(k-5)\leq0$ $\quad\therefore -7\leq k\leq5$

이때 $k>0$이므로 $0<k\leq5$ ...... ㉡

㉠, ㉡을 수직선 위에 나타내면 오른쪽 그림과 같으므로

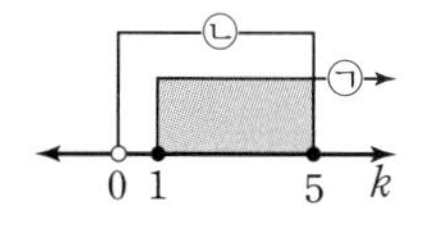

$1\leq k\leq5$

따라서 자연수 k는 1, 2, 3, 4, 5이므로 구하는 합은

$1+2+3+4+5=15$

635 답 $k>4$

이차방정식 $x^2+2(k+1)x+k^2+3=0$의 판별식을 D_1이라 하면

$\frac{D_1}{4}=(k+1)^2-(k^2+3)\geq0$

$2k-2\geq0$ $\quad\therefore k\geq1$ ...... ㉠

한편 $(k-2)x^2+2kx+2k=0$이 이차방정식이므로 $k\neq2$이고, 이 이차방정식의 판별식을 D_2라 하면

$\frac{D_2}{4}=k^2-2k(k-2)<0$

$-k^2+4k<0$

$k(k-4)>0$

$\therefore k<0$ 또는 $k>4$ ...... ㉡

㉠, ㉡을 수직선 위에 나타내면 오른쪽 그림과 같으므로

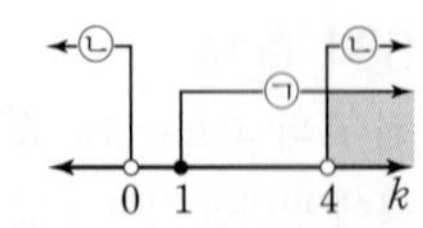

$k>4$

636 답 5

이차방정식 $x^2-(k^2-3k-18)x-5k+24=0$의 두 실근을 α, β라 하면 두 근의 부호가 서로 다르므로 $\alpha\beta<0$에서

$-5k+24<0$

$\therefore k>\dfrac{24}{5}$ …… ㉠

음수인 근의 절댓값이 양수인 근보다 크므로

$\alpha+\beta<0$에서 $k^2-3k-18<0$

$(k+3)(k-6)<0$

$\therefore -3<k<6$ …… ㉡

㉠, ㉡을 수직선 위에 나타내면 오른쪽 그림과 같으므로

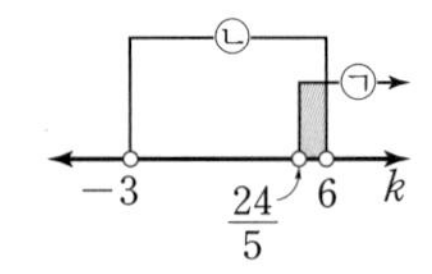

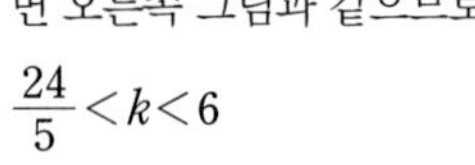

$\dfrac{24}{5}<k<6$

따라서 정수 k의 값은 5이다.

637 답 5

$f(x)=x^2-kx-4$라 할 때, 이차방정식 $f(x)=0$의 한 근이 -2와 -1 사이에 있고 다른 한 근이 3과 4 사이에 있으려면 오른쪽 그림과 같아야 하므로

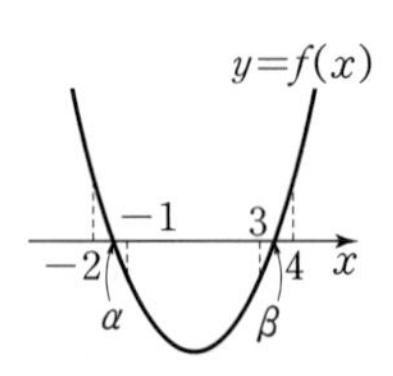

$f(-2)f(-1)<0$, $f(3)f(4)<0$

$f(-2)f(-1)<0$에서

$(4+2k-4)(1+k-4)<0$

$2k(k-3)<0$

$\therefore 0<k<3$ …… ㉠

$f(3)f(4)<0$에서

$(9-3k-4)(16-4k-4)<0$

$4(3k-5)(k-3)<0$

$\therefore \dfrac{5}{3}<k<3$ …… ㉡

㉠, ㉡을 수직선 위에 나타내면 오른쪽 그림과 같으므로

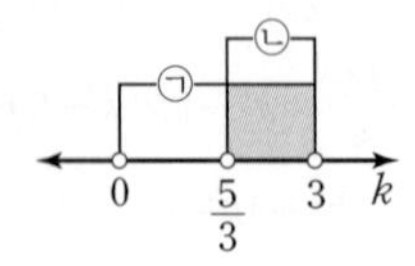

$\dfrac{5}{3}<k<3$

따라서 $a=\dfrac{5}{3}$, $b=3$이므로 $ab=5$

638 답 $\dfrac{4}{5}<a\le 6$

모든 실수 x에 대하여 $-ax^2+2ax<x^2+4x+a$, 즉 $(a+1)x^2-2(a-2)x+a>0$이 성립해야 한다.

(ⅰ) $a=-1$일 때,

$6x-1>0$이므로 $x>\dfrac{1}{6}$일 때만 부등식이 성립한다.

따라서 모든 실수 x에 대하여 부등식이 성립하는 것은 아니다.

(ⅱ) $a\ne-1$일 때,

모든 실수 x에 대하여

$(a+1)x^2-2(a-2)x+a>0$이 성립하려면

$a+1>0 \quad \therefore a>-1$ …… ㉠

또 이차방정식 $(a+1)x^2-2(a-2)x+a=0$의 판별식을 D_1이라 하면

$\dfrac{D_1}{4}=(a-2)^2-a(a+1)<0$

$-5a+4<0 \quad \therefore a>\dfrac{4}{5}$ …… ㉡

㉠, ㉡의 공통부분은 $a>\dfrac{4}{5}$

(ⅰ), (ⅱ)에서 $a>\dfrac{4}{5}$ …… ㉢

또 모든 실수 x에 대하여 $x^2+4x+a\le 2x^2+ax+7$, 즉 $x^2+(a-4)x-a+7\ge0$이 성립해야 한다.

이차방정식 $x^2+(a-4)x-a+7=0$의 판별식을 D_2라 하면 $D_2=(a-4)^2-4(-a+7)\le0$

$a^2-4a-12\le0$

$(a+2)(a-6)\le0$

$\therefore -2\le a\le 6$ …… ㉣

㉢, ㉣의 공통부분은 $\dfrac{4}{5}<a\le6$

639 답 0

| 접근 방법 | 이차함수의 그래프의 축의 위치에 따라 경우를 나눈 후 조건을 만족시키는 a의 값의 범위를 구한다.

$x^2-2x=0$에서

$x(x-2)=0 \quad \therefore x=0$ 또는 $x=2$

$f(x)=x^2-(a+2)x-a+1$이라 하면 이차함수 $y=f(x)$의 그래프의 축의 방정식은 $x=\dfrac{a+2}{2}$이므로 축의 위치에 따라 경우를 나누면 다음과 같다.

(ⅰ) $\dfrac{a+2}{2}\le0$ 또는 $\dfrac{a+2}{2}\ge2$, 즉 $a\le-2$ 또는 $a\ge2$일 때,

이차함수 $y=f(x)$의 그래프는 다음 그림과 같다.

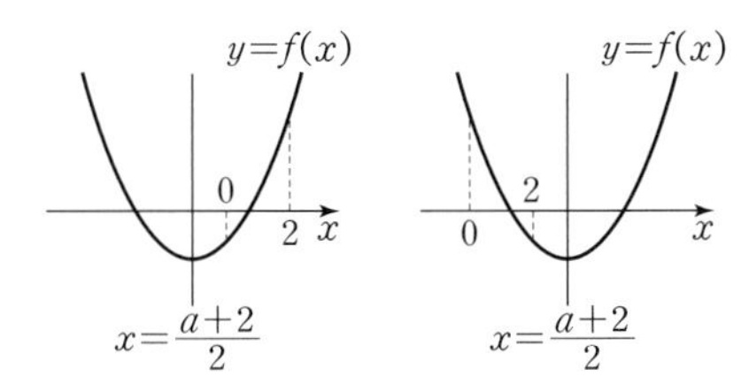

즉, $f(0)f(2)<0$이어야 하므로

$(-a+1)\{4-2(a+2)-a+1\}<0$

$(a-1)(3a-1)<0$

$\therefore \frac{1}{3}<a<1$

그런데 $a\le-2$ 또는 $a\ge2$이므로 조건을 만족시키지 않는다.

(ii) $0<\frac{a+2}{2}<1$, 즉 $-2<a<0$일 때,

이차함수 $y=f(x)$의 그래프는 오른쪽 그림과 같다.

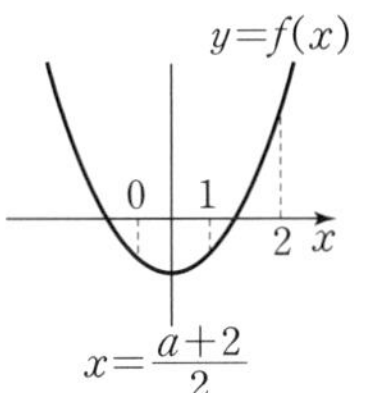

즉, 이차방정식 $f(x)=0$이 실근을 가져야 하므로 판별식을 D라 하면

$D=(a+2)^2-4(-a+1)\ge0$

$a^2+8a\ge0$, $a(a+8)\ge0$

$\therefore a\le-8$ 또는 $a\ge0$ ...... ㉠

또 $f(0)<f(2)$이므로 $f(2)>0$에서

$4-2(a+2)-a+1>0$

$-3a+1>0$ $\therefore a<\frac{1}{3}$ ...... ㉡

㉠, ㉡의 공통부분은 $a\le-8$ 또는 $0\le a<\frac{1}{3}$

그런데 $-2<a<0$이므로 조건을 만족시키지 않는다.

(iii) $1\le\frac{a+2}{2}<2$, 즉 $0\le a<2$일 때,

이차함수 $y=f(x)$의 그래프는 오른쪽 그림과 같다.

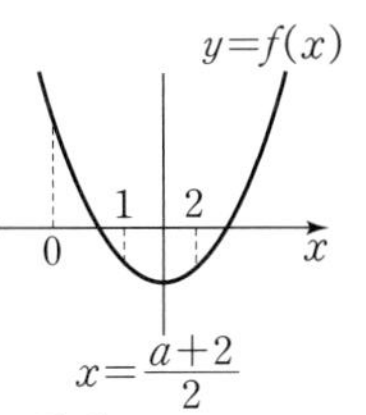

즉, 이차방정식 $f(x)=0$이 실근을 가져야 하므로 ㉠과 같다.

또 $f(0)\ge f(2)$이므로 $f(0)>0$에서

$-a+1>0$ $\therefore a<1$ ...... ㉢

㉠, ㉢의 공통부분은 $a\le-8$ 또는 $0\le a<1$

그런데 $0\le a<2$이므로 $0\le a<1$

(i), (ii), (iii)에서 $0\le a<1$

따라서 a의 최솟값은 0이다.

Ⅲ. 경우의 수

Ⅲ-1. 경우의 수와 순열

01 합의 법칙과 곱의 법칙

개념 확인 299쪽

640 답 (1) **6** (2) **6**

641 답 **12**

642 답 **8**

유제 301~311쪽

643 답 **8**

두 눈의 수의 합이 2인 경우는

(1, 1)의 1가지

두 눈의 수의 합이 5인 경우는

(1, 4), (2, 3), (3, 2), (4, 1)의 4가지

두 눈의 수의 합이 10인 경우는

(4, 6), (5, 5), (6, 4)의 3가지

따라서 두 눈의 수의 합이 10의 약수인 경우의 수는

$1+4+3=8$

644 답 **24**

두 눈의 수의 차가 0인 경우는

(1, 1), (2, 2), (3, 3), (4, 4), (5, 5), (6, 6)의 6가지

두 눈의 수의 차가 1인 경우는

(1, 2), (2, 3), (3, 4), (4, 5), (5, 6), (6, 5), (5, 4), (4, 3), (3, 2), (2, 1)의 10가지

두 눈의 수의 차가 2인 경우는

(1, 3), (2, 4), (3, 5), (4, 6), (6, 4), (5, 3), (4, 2), (3, 1)의 8가지

따라서 두 눈의 수의 차가 3 미만인 경우의 수는

$6+10+8=24$

645 답 **22**

세 수의 합이 3인 경우는

(1, 1, 1)의 1가지

세 수의 합이 5인 경우는

(1, 1, 3), (1, 2, 2), (1, 3, 1), (2, 1, 2), (2, 2, 1), (3, 1, 1)의 6가지

세 수의 합이 7인 경우는

$(1, 2, 4)$, $(1, 3, 3)$, $(1, 4, 2)$, $(2, 1, 4)$,
$(2, 2, 3)$, $(2, 3, 2)$, $(2, 4, 1)$, $(3, 1, 3)$,
$(3, 2, 2)$, $(3, 3, 1)$, $(4, 1, 2)$, $(4, 2, 1)$의
12가지

세 수의 합이 11인 경우는

$(3, 4, 4)$, $(4, 3, 4)$, $(4, 4, 3)$의 3가지

따라서 세 수의 합이 소수인 경우의 수는

$1+6+12+3=22$

646 답 33

1부터 100까지의 자연수 중에서

(i) 4로 나누어떨어지는 수
   4의 배수이므로 4, 8, 12, …, 100의 25개

(ii) 6으로 나누어떨어지는 수
   6의 배수이므로 6, 12, 18, …, 96의 16개

(iii) 4와 6으로 모두 나누어떨어지는 수
   4와 6의 최소공배수인 12의 배수이므로
   12, 24, 36, …, 96의 8개

(i), (ii), (iii)에서 구하는 자연수의 개수는

$25+16-8=33$ ◀ 8개의 12의 배수를 두 번씩 세었으므로 8을 뺀다.

647 답 6

x, y, z가 자연수이므로 $x\geq1$, $y\geq1$, $z\geq1$

$x+3y+5z=18$ …… ㉠

이때 z의 계수가 가장 크므로 z가 될 수 있는 자연수를 구하면

$5z<18$

$\therefore$ $z=1$ 또는 $z=2$ 또는 $z=3$

(i) $z=1$일 때,
   ㉠에서 $x+3y=13$
   따라서 순서쌍 (x, y)는 $(10, 1)$, $(7, 2)$, $(4, 3)$, $(1, 4)$의 4개

(ii) $z=2$일 때,
   ㉠에서 $x+3y=8$
   따라서 순서쌍 (x, y)는 $(5, 1)$, $(2, 2)$의 2개

(iii) $z=3$일 때,
   ㉠에서 $x+3y=3$
   따라서 이를 만족시키는 순서쌍 (x, y)는 없다.

(i), (ii), (iii)에서 구하는 순서쌍 (x, y, z)의 개수는

$4+2=6$

648 답 16

x, y, z가 음이 아닌 정수이므로

$x\geq0$, $y\geq0$, $z\geq0$

$4x+2y+z=13$ …… ㉠

이때 x의 계수가 가장 크므로 x가 될 수 있는 정수를 구하면

$4x\leq13$

$\therefore$ $x=0$ 또는 $x=1$ 또는 $x=2$ 또는 $x=3$

(i) $x=0$일 때,
   ㉠에서 $2y+z=13$
   따라서 순서쌍 (y, z)는 $(0, 13)$, $(1, 11)$, $(2, 9)$, $(3, 7)$, $(4, 5)$, $(5, 3)$, $(6, 1)$의 7개

(ii) $x=1$일 때,
   ㉠에서 $2y+z=9$
   따라서 순서쌍 (y, z)는 $(0, 9)$, $(1, 7)$, $(2, 5)$, $(3, 3)$, $(4, 1)$의 5개

(iii) $x=2$일 때,
   ㉠에서 $2y+z=5$
   따라서 순서쌍 (y, z)는 $(0, 5)$, $(1, 3)$, $(2, 1)$의 3개

(iv) $x=3$일 때,
   ㉠에서 $2y+z=1$
   따라서 순서쌍 (y, z)는 $(0, 1)$의 1개

(i)~(iv)에서 구하는 순서쌍 (x, y, z)의 개수는

$7+5+3+1=16$

649 답 6

x, y가 자연수이므로

$x\geq1$, $y\geq1$

$x+2y\leq6$ …… ㉠

이때 y의 계수가 가장 크므로 y가 될 수 있는 자연수를 구하면

$2y<6$

$\therefore$ $y=1$ 또는 $y=2$

(i) $y=1$일 때,
   ㉠에서 $x\leq4$이므로 x는 1, 2, 3, 4의 4개

(ii) $y=2$일 때,
   ㉠에서 $x\leq2$이므로 x는 1, 2의 2개

(i), (ii)에서 구하는 순서쌍 (x, y)의 개수는

$4+2=6$

650 답 7

한 개의 가격이 500원, 1000원, 5000원인 과자를 각각 x개, y개, z개 산다고 할 때, 그 금액의 합이 12000원이므로

$500x+1000y+5000z=12000$

$\therefore x+2y+10z=24$ ······ ㉠

이때 세 종류의 과자를 적어도 하나씩 사야 하므로 x, y, z는 $x\geq1$, $y\geq1$, $z\geq1$이어야 한다.

즉, 구하는 경우의 수는 방정식 ㉠을 만족시키는 자연수 x, y, z의 순서쌍 (x, y, z)의 개수와 같다.

㉠에서 $10z<24$

$\therefore z=1$ 또는 $z=2$

(i) $z=1$일 때,
㉠에서 $x+2y=14$이므로 순서쌍 (x, y)는
$(12, 1)$, $(10, 2)$, $(8, 3)$, $(6, 4)$, $(4, 5)$, $(2, 6)$의 6개

(ii) $z=2$일 때,
㉠에서 $x+2y=4$이므로 순서쌍 (x, y)는 $(2, 1)$의 1개

(i), (ii)에서 구하는 경우의 수는

$6+1=7$

651 답 40

백의 자리에 올 수 있는 숫자는 4, 8의 2가지

십의 자리에 올 수 있는 숫자는 1, 2, 4, 8의 4가지

일의 자리에 올 수 있는 숫자는 1, 3, 5, 7, 9의 5가지

따라서 구하는 자연수의 개수는

$2\times4\times5=40$

652 답 (1) 6 (2) 24

(1) $(a+b)(x+y+z)$를 전개하면 a, b에 x, y, z를 각각 곱하여 항이 만들어지므로 구하는 항의 개수는 $2\times3=6$

(2) $(a+b+c+d)(p+q+r)(x+y)$를 전개하면 a, b, c, d에 p, q, r를 각각 곱하여 항이 만들어지고, 그것에 다시 x, y를 각각 곱하여 항이 만들어지므로 구하는 항의 개수는 $4\times3\times2=24$

653 답 27

나오는 세 눈의 수의 곱이 홀수인 경우는 세 눈의 수가 모두 홀수인 경우이므로 그 경우의 수는

$3\times3\times3=27$

654 답 13

$(a+b+c)(p+q+r)$를 전개하면 a, b, c에 p, q, r를 각각 곱하여 항이 만들어지므로 항의 개수는

$3\times3=9$

$(x+y)(m-n)$을 전개하면 x, y에 m, n을 각각 곱하여 항이 만들어지므로 항의 개수는 $2\times2=4$

이때 곱해지는 각 항이 모두 서로 다른 문자이므로 구하는 항의 개수는

$9+4=13$

655 답 24

540을 소인수분해하면

$540=2^2\times3^3\times5$

2^2의 양의 약수는 1, 2, 2^2의 3개

3^3의 양의 약수는 1, 3, 3^2, 3^3의 4개

5의 양의 약수는 1, 5의 2개

따라서 구하는 약수의 개수는

$3\times4\times2=24$

656 답 13

A 지점에서 C 지점으로 가는 경우는

A → B → C 또는 A → D → C

(i) A → B → C로 가는 경우의 수는 $3\times3=9$

(ii) A → D → C로 가는 경우의 수는 $2\times2=4$

(i), (ii)에서 구하는 경우의 수는

$9+4=13$

657 답 6

90과 252를 각각 소인수분해하면

$90=2\times3^2\times5$, $252=2^2\times3^2\times7$

90과 252의 최대공약수는 2×3^2

2의 양의 약수는 1, 2의 2개

3^2의 양의 약수는 1, 3, 3^2의 3개

따라서 구하는 공약수의 개수는

$2\times3=6$

658 답 108

(i) 지민이가 A → B → C로 가는 경우의 수는
$3\times2=6$
세희가 A → D → C로 가는 경우의 수는
$3\times3=9$
따라서 지민이는 B 지점을 거쳐서 가고 세희는 D 지점을 거쳐서 가는 경우의 수는
$6\times9=54$

(ii) 지민이가 A → D → C로 가는 경우의 수는

$3\times3=9$

세희가 A → B → C로 가는 경우의 수는

$3\times2=6$

따라서 지민이는 D 지점을 거쳐서 가고 세희는 B 지점을 거쳐서 가는 경우의 수는 $9\times6=54$

(i), (ii)에서 구하는 경우의 수는

$54+54=108$

659 답 48

가장 많은 영역과 인접하고 있는 영역 D부터 칠하고, A → B → C의 순서로 칠하는 경우의 수를 구한다.

D에 칠할 수 있는 색은 4가지

A에 칠할 수 있는 색은 D에 칠한 색을 제외한

$4-1=3$(가지)

B에 칠할 수 있는 색은 A와 D에 칠한 색을 제외한

$4-2=2$(가지)

C에 칠할 수 있는 색은 B와 D에 칠한 색을 제외한

$4-2=2$(가지)

따라서 구하는 경우의 수는

$4\times3\times2\times2=48$

660 답 6

주어진 그림에서 A 또는 C가 가장 많은 영역과 인접하고 있으므로 영역 A부터 칠하고, B → C → D의 순서로 칠하는 경우의 수를 구한다.

A에 칠할 수 있는 색은 3가지

B에 칠할 수 있는 색은 A에 칠한 색을 제외한

$3-1=2$(가지)

C에 칠할 수 있는 색은 A와 B에 칠한 색을 제외한

$3-2=1$(가지)

D에 칠할 수 있는 색은 A와 C에 칠한 색을 제외한

$3-2=1$(가지)

따라서 구하는 경우의 수는

$3\times2\times1\times1=6$

661 답 ②

오른쪽 그림과 같이 5개의 행정 구역을 각각 A, B, C, D, E로 나타내면 가장 많은 구역과 인접하고 있는 구역 B부터 칠하고, A → C → E → D의 순서로 칠하는 경우의 수를 구한다.

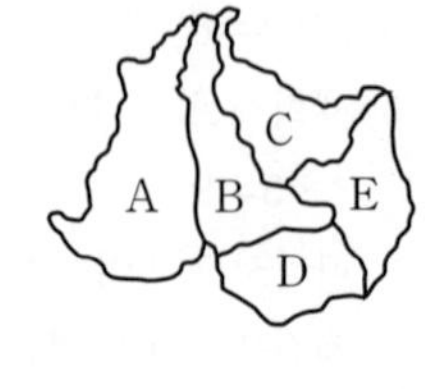

B에 칠할 수 있는 색은 4가지

A에 칠할 수 있는 색은 B에 칠한 색을 제외한

$4-1=3$(가지)

C에 칠할 수 있는 색은 B에 칠한 색을 제외한

$4-1=3$(가지)

E에 칠할 수 있는 색은 B와 C에 칠한 색을 제외한

$4-2=2$(가지)

D에 칠할 수 있는 색은 B와 E에 칠한 색을 제외한

$4-2=2$(가지)

따라서 구하는 경우의 수는

$4\times3\times3\times2\times2=144$

662 답 260

같은 색을 중복하여 칠할 수 있으므로 칠하는 경우의 수는 다음과 같이 두 경우로 나누어 구할 수 있다.

(i) B와 D에 서로 다른 색을 칠하는 경우

B에 칠할 수 있는 색은 5가지

A에 칠할 수 있는 색은 B에 칠한 색을 제외한

$5-1=4$(가지)

D에 칠할 수 있는 색은 A와 B에 칠한 색을 제외한

$5-2=3$(가지)

C에 칠할 수 있는 색은 B와 D에 칠한 색을 제외한

$5-2=3$(가지)

따라서 B와 D에 서로 다른 색을 칠하는 경우의 수는 $5\times4\times3\times3=180$

(ii) B와 D에 서로 같은 색을 칠하는 경우

B에 칠할 수 있는 색은 5가지

D에 칠할 수 있는 색은 B에 칠한 색과 같은 색인 1가지

A에 칠할 수 있는 색은 B와 D에 칠한 색을 제외한

$5-1=4$(가지)

C에 칠할 수 있는 색은 B와 D에 칠한 색을 제외한

$5-1=4$(가지)

따라서 B와 D에 서로 같은 색을 칠하는 경우의 수는 $5\times1\times4\times4=80$

(i), (ii)에서 구하는 경우의 수는

$180+80=260$

663 답 (1) 23 (2) 17

(1) 500원짜리 동전 1개로 지불할 수 있는 방법은

0개, 1개의 2가지

100원짜리 동전 3개로 지불할 수 있는 방법은
0개, 1개, 2개, 3개의 4가지
50원짜리 동전 2개로 지불할 수 있는 방법은
0개, 1개, 2개의 3가지
이때 0원을 지불하는 경우는 제외해야 하므로 지불하는 방법의 수는
$2\times4\times3-1=23$

(2) 500원짜리 동전 1개로 만들 수 있는 금액은
0원, 500원의 2가지
100원짜리 동전 3개로 만들 수 있는 금액은
0원, 100원, 200원, 300원의 4가지 …… ㉠
50원짜리 동전 2개로 만들 수 있는 금액은
0원, 50원, 100원의 3가지 …… ㉡
그런데 ㉠, ㉡에서 100원을 만들 수 있는 경우가 중복되므로 100원짜리 동전 3개를 50원짜리 동전 6개로 바꾸어 생각하면 지불할 수 있는 금액의 수는 500원짜리 동전 1개, 50원짜리 동전 8개로 지불할 수 있는 금액의 수와 같다.
500원짜리 동전 1개로 만들 수 있는 금액은
0원, 500원의 2가지
50원짜리 동전 8개로 만들 수 있는 금액은
0원, 50원, 100원, 150원, 200원, 250원, 300원, 350원, 400원의 9가지
이때 0원을 지불하는 경우는 제외해야 하므로 지불할 수 있는 금액의 수는
$2\times9-1=17$

664 답 (1) 44 (2) 34

(1) 1000원짜리 지폐 2장으로 지불할 수 있는 방법은
0장, 1장, 2장의 3가지
500원짜리 동전 2개로 지불할 수 있는 방법은
0개, 1개, 2개의 3가지
100원짜리 동전 4개로 지불할 수 있는 방법은
0개, 1개, 2개, 3개, 4개의 5가지
이때 0원을 지불하는 경우는 제외해야 하므로 지불하는 방법의 수는
$3\times3\times5-1=44$

(2) 1000원짜리 지폐 2장으로 만들 수 있는 금액은
0원, 1000원, 2000원의 3가지 …… ㉠
500원짜리 동전 2개로 만들 수 있는 금액은
0원, 500원, 1000원의 3가지 …… ㉡
100원짜리 동전 4개로 만들 수 있는 금액은
0원, 100원, 200원, 300원, 400원의 5가지
그런데 ㉠, ㉡에서 1000원을 만들 수 있는 경우가 중복되므로 1000원짜리 지폐 2장을 500원짜리 동전 4개로 바꾸어 생각하면 지불할 수 있는 금액의 수는 500원짜리 동전 6개, 100원짜리 동전 4개로 지불할 수 있는 금액의 수와 같다.
500원짜리 동전 6개로 만들 수 있는 금액은
0원, 500원, 1000원, 1500원, 2000원, 2500원, 3000원의 7가지
100원짜리 동전 4개로 만들 수 있는 금액은
0원, 100원, 200원, 300원, 400원의 5가지
이때 0원을 지불하는 경우는 제외해야 하므로 지불할 수 있는 금액의 수는
$7\times5-1=34$

665 답 87

500원짜리 동전 1개로 만들 수 있는 금액은
0원, 500원의 2가지 …… ㉠
100원짜리 동전 5개로 만들 수 있는 금액은
0원, 100원, 200원, 300원, 400원, 500원의 6가지 …… ㉡
50원짜리 동전 1개로 만들 수 있는 금액은
0원, 50원의 2가지
10원짜리 동전 3개로 만들 수 있는 금액은
0원, 10원, 20원, 30원의 4가지
그런데 ㉠, ㉡에서 500원을 만들 수 있는 경우가 중복되므로 500원짜리 동전 1개를 100원짜리 동전 5개로 바꾸어 생각하면 지불할 수 있는 금액의 수는 100원짜리 동전 10개, 50원짜리 동전 1개, 10원짜리 동전 3개로 지불할 수 있는 금액의 수와 같다.
100원짜리 동전 10개로 만들 수 있는 금액은
0원, 100원, 200원, 300원, 400원, 500원, 600원, 700원, 800원, 900원, 1000원의 11가지
50원짜리 동전 1개로 만들 수 있는 금액은
0원, 50원의 2가지
10원짜리 동전 3개로 만들 수 있는 금액은
0원, 10원, 20원, 30원의 4가지
이때 0원을 지불하는 경우는 제외해야 하므로 지불할 수 있는 금액의 수는
$11\times2\times4-1=87$

666 답 39

100원짜리 동전 3개로 지불할 수 있는 방법은
0개, 1개, 2개, 3개의 4가지
50원짜리 동전 n개로 지불할 수 있는 방법은
0개, 1개, 2개, ..., n개의 $(n+1)$가지
10원짜리 동전 3개로 지불할 수 있는 방법은
0개, 1개, 2개, 3개의 4가지
이때 지불하는 방법의 수가 63이고 0원을 지불하는 경우는 제외해야 하므로
$4\times(n+1)\times4-1=63$ $\quad\therefore n=3$
100원짜리 동전 3개로 만들 수 있는 금액은
0원, 100원, 200원, 300원의 4가지 ······ ㉠
50원짜리 동전 3개로 만들 수 있는 금액은
0원, 50원, 100원, 150원의 4가지 ······ ㉡
10원짜리 동전 3개로 만들 수 있는 금액은
0원, 10원, 20원, 30원의 4가지
그런데 ㉠, ㉡에서 100원을 만들 수 있는 경우가 중복되므로 100원짜리 동전 3개를 50원짜리 동전 6개로 바꾸어 생각하면 지불할 수 있는 금액의 수는 50원짜리 동전 9개, 10원짜리 동전 3개로 지불할 수 있는 금액의 수와 같다.
50원짜리 동전 9개로 만들 수 있는 금액은
0원, 50원, 100원, 150원, 200원, 250원, 300원, 350원, 400원, 450원의 10가지
10원짜리 동전 3개로 만들 수 있는 금액은
0원, 10원, 20원, 30원의 4가지
이때 0원을 지불하는 경우는 제외해야 하므로 지불할 수 있는 금액의 수는 $10\times4-1=39$

연습문제

312~314쪽

667 답 6

두 눈의 수의 차가 4인 경우는
(1, 5), (2, 6), (5, 1), (6, 2)의 4가지
두 눈의 수의 차가 5인 경우는
(1, 6), (6, 1)의 2가지
따라서 두 눈의 수의 차가 4 이상인 경우의 수는
$4+2=6$

668 답 ①

x, y가 자연수이므로
(i) $x+2y=4$일 때,
순서쌍 (x, y)는 (2, 1)의 1개
(ii) $x+2y=5$일 때,
순서쌍 (x, y)는 (1, 2), (3, 1)의 2개
(iii) $x+2y=6$일 때,
순서쌍 (x, y)는 (2, 2), (4, 1)의 2개
(iv) $x+2y=7$일 때,
순서쌍 (x, y)는 (1, 3), (3, 2), (5, 1)의 3개
(i)~(iv)에서 구하는 순서쌍 (x, y)의 개수는
$1+2+2+3=8$

669 답 ②

십의 자리에 올 수 있는 숫자는 1, 2, 3, 6의 4가지
일의 자리에 올 수 있는 숫자는 0, 2, 4, 6, 8의 5가지
따라서 구하는 자연수의 개수는
$4\times5=20$

670 답 ⑤

$(a+b)(p+q+r)(x+y)^2$
$=(a+b)(p+q+r)(x^2+2xy+y^2)$
이므로 전개하면 a, b에 p, q, r를 각각 곱하여 항이 만들어지고, 그것에 다시 x^2, $2xy$, y^2을 각각 곱하여 항이 만들어지므로 구하는 항의 개수는
$2\times3\times3=18$

671 답 ③

$2520=2^3\times3^2\times5\times7$
2^3의 양의 약수는 1, 2, 2^2, 2^3의 4개
3^2의 양의 약수는 1, 3, 3^2의 3개
5의 양의 약수는 1, 5의 2개
7의 양의 약수는 1, 7의 2개
따라서 구하는 약수의 개수는
$4\times3\times2\times2=48$

672 답 24

집 → 학교 → 학원 → 집으로 가는 경우의 수는
$2\times4\times3=24$

673 답 16

세 수의 곱이 6인 경우는
(1, 1, 6), (1, 2, 3), (1, 3, 2), (1, 6, 1),
(2, 1, 3), (2, 3, 1), (3, 1, 2), (3, 2, 1),
(6, 1, 1)의 9가지

세 수의 곱이 8인 경우는

$(1, 2, 4)$, $(1, 4, 2)$, $(2, 1, 4)$, $(2, 2, 2)$,

$(2, 4, 1)$, $(4, 1, 2)$, $(4, 2, 1)$의 7가지

따라서 세 수의 곱이 6 또는 8인 경우의 수는

$9+7=16$

674 답 57

1부터 100까지의 자연수 중에서

(i) 3으로 나누어떨어지는 수

3의 배수이므로 3, 6, 9, …, 99의 33개

(ii) 7로 나누어떨어지는 수

7의 배수이므로 7, 14, 21, …, 98의 14개

(iii) 3과 7로 모두 나누어떨어지는 수

3과 7의 최소공배수인 21의 배수이므로

21, 42, 63, 84의 4개

(i), (ii), (iii)에서 3 또는 7로 나누어떨어지는 수의 개수는 $33+14-4=43$

따라서 구하는 자연수의 개수는 $100-43=57$

675 답 12

$a\le b\le c$이므로 $c\ge 8$

삼각형의 가장 긴 변의 길이는 나머지 두 변의 길이의 합보다 작아야 하므로

$c<a+b$ …… ㉠

$a+b+c=24$에서 $a+b=24-c$이므로 ㉠에 대입하면 $c<24-c$

$2c<24$ $\therefore c<12$

따라서 $8\le c<12$이므로 c가 될 수 있는 자연수를 구하면

$c=8$ 또는 $c=9$ 또는 $c=10$ 또는 $c=11$

(i) $c=8$일 때,

$a+b=16$이므로 순서쌍 (a, b)는 $(8, 8)$의 1개

(ii) $c=9$일 때,

$a+b=15$이므로 순서쌍 (a, b)는 $(6, 9)$, $(7, 8)$의 2개

(iii) $c=10$일 때,

$a+b=14$이므로 순서쌍 (a, b)는 $(4, 10)$, $(5, 9)$, $(6, 8)$, $(7, 7)$의 4개

(iv) $c=11$일 때,

$a+b=13$이므로 순서쌍 (a, b)는 $(2, 11)$, $(3, 10)$, $(4, 9)$, $(5, 8)$, $(6, 7)$의 5개

(i)~(iv)에서 구하는 삼각형의 개수는 순서쌍 (a, b, c)의 개수와 같으므로 $1+2+4+5=12$

676 답 10

이차방정식 $x^2+ax+2b=0$이 실근을 가지므로 이 이차방정식의 판별식을 D라 하면

$D=a^2-8b\ge 0$ $\therefore a^2\ge 8b$

(i) $b=1$일 때,

$a^2\ge 8$, 즉 $a\ge 2\sqrt{2}$이므로 a는 3, 4, 5, 6의 4개

(ii) $b=2$일 때,

$a^2\ge 16$, 즉 $a\ge 4$이므로 a는 4, 5, 6의 3개

(iii) $b=3$일 때,

$a^2\ge 24$, 즉 $a\ge 2\sqrt{6}$이므로 a는 5, 6의 2개

(iv) $b=4$일 때,

$a^2\ge 32$, 즉 $a\ge 4\sqrt{2}$이므로 a는 6의 1개

(v) $b\ge 5$일 때,

$a^2\ge 40$, 즉 $a\ge 2\sqrt{10}$이므로 a의 값은 존재하지 않는다.

(i)~(v)에서 구하는 순서쌍 (a, b)의 개수는

$4+3+2+1=10$

677 답 ④

A가 먼저 빵과 우유를 각각 하나씩 주문하고, B가 빵과 우유를 각각 하나씩 주문하는 경우의 수가 360이므로

$n\times 4\times (n-1)\times 3=360$

$n(n-1)=30=6\times 5$

$\therefore n=6$

678 답 3

$1350=2\times 3^3\times 5^2$ ▸▸▸▸▸▸ ❶

1350의 양의 약수 중에서 홀수는 2를 소인수로 갖지 않는 수이므로 3^3의 양의 약수와 5^2의 양의 약수에서 각각 하나씩 택하여 곱한 것과 같다.

3^3의 양의 약수는 $1, 3, 3^2, 3^3$의 4개

5^2의 양의 약수는 $1, 5, 5^2$의 3개

따라서 홀수의 개수는

$a=4\times 3=12$ ▸▸▸▸▸▸ ❷

1350의 양의 약수 중에서 6의 배수는 2×3을 소인수로 갖는 수이므로 3^2의 양의 약수와 5^2의 양의 약수에서 각각 하나씩 택하여 곱한 것에 2×3을 곱한 것과 같다.

3^2의 양의 약수는 $1, 3, 3^2$의 3개

5^2의 양의 약수는 $1, 5, 5^2$의 3개

따라서 6의 배수의 개수는 $b=3\times 3=9$ ▸▸▸▸▸▸ ❸

$\therefore a-b=3$ ▸▸▸▸▸▸ ❹

단계	채점 기준	비율
❶	1350을 소인수분해하기	10%
❷	a의 값 구하기	40%
❸	b의 값 구하기	40%
❹	$a-b$의 값 구하기	10%

679 답 5

B 지점과 D 지점 사이에 x개의 도로를 추가한다고 하면

(i) A → B → C로 가는 경우의 수는

$2\times3=6$

(ii) A → D → C로 가는 경우의 수는

$4\times2=8$

(iii) A → B → D → C로 가는 경우의 수는

$2\times x\times2=4x$

(iv) A → D → B → C로 가는 경우의 수는

$4\times x\times3=12x$

(i)~(iv)에서 A 지점에서 출발하여 C 지점으로 가는 경우의 수는

$6+8+4x+12x=16x+14$

이 경우의 수가 94가 되어야 하므로

$16x+14=94 \quad \therefore x=5$

따라서 추가해야 하는 도로의 개수는 5이다.

680 답 36

오른쪽 그림과 같이 5개의 영역을 A, B, C, D, E라 하자.

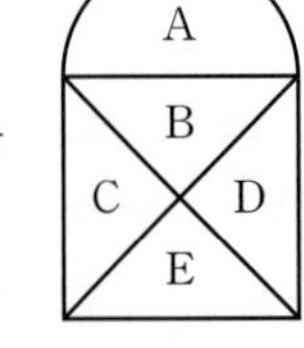

(i) C와 D에 서로 다른 색을 칠하는 경우

B에 칠할 수 있는 색은 3가지

A에 칠할 수 있는 색은 B에 칠한 색을 제외한 $3-1=2$(가지)

C에 칠할 수 있는 색은 B에 칠한 색을 제외한 $3-1=2$(가지)

D에 칠할 수 있는 색은 B와 C에 칠한 색을 제외한 $3-2=1$(가지)

E에 칠할 수 있는 색은 C와 D에 칠한 색을 제외한 $3-2=1$(가지)

따라서 C와 D에 서로 다른 색을 칠하는 경우의 수는 $3\times2\times2\times1\times1=12$

(ii) C와 D에 서로 같은 색을 칠하는 경우

B에 칠할 수 있는 색은 3가지

A에 칠할 수 있는 색은 B에 칠한 색을 제외한 $3-1=2$(가지)

C에 칠할 수 있는 색은 B에 칠한 색을 제외한 $3-1=2$(가지)

D에 칠할 수 있는 색은 C에 칠한 색과 같은 색인 1가지

E에 칠할 수 있는 색은 C와 D에 칠한 색을 제외한 $3-1=2$(가지)

따라서 C와 D에 서로 같은 색을 칠하는 경우의 수는 $3\times2\times2\times1\times2=24$

(i), (ii)에서 구하는 경우의 수는 $12+24=36$

681 답 18

(i) 지불하는 방법의 수

10000원짜리 지폐 3장으로 지불할 수 있는 방법은 0장, 1장, 2장, 3장의 4가지

5000원짜리 지폐 3장으로 지불할 수 있는 방법은 0장, 1장, 2장, 3장의 4가지

1000원짜리 지폐 2장으로 지불할 수 있는 방법은 0장, 1장, 2장의 3가지

이때 0원을 지불하는 경우는 제외해야 하므로 지불하는 방법의 수는

$a=4\times4\times3-1=47$

(ii) 지불할 수 있는 금액의 수

10000원짜리 지폐 3장으로 만들 수 있는 금액은 0원, 10000원, 20000원, 30000원의 4가지 …… ㉠

5000원짜리 지폐 3장으로 만들 수 있는 금액은 0원, 5000원, 10000원, 15000원 …… ㉡

1000원짜리 지폐 2장으로 만들 수 있는 금액은 0원, 1000원, 2000원의 3가지

그런데 ㉠, ㉡에서 10000원을 만들 수 있는 경우가 중복되므로 10000원짜리 지폐 3장을 5000원짜리 지폐 6장으로 바꾸어 생각하면 지불할 수 있는 금액의 수는 5000원짜리 지폐 9장, 1000원짜리 지폐 2장으로 지불할 수 있는 금액의 수와 같다.

5000원짜리 지폐 9장으로 만들 수 있는 금액은 0원, 5000원, 10000원, 15000원, 20000원, 25000원, 30000원, 35000원, 40000원, 45000원의 10가지

1000원짜리 지폐 2장으로 만들 수 있는 금액은 0원, 1000원, 2000원의 3가지

이때 0원을 지불하는 경우는 제외해야 하므로 지불할 수 있는 금액의 수는

$b=10\times3-1=29$

(i), (ii)에서 $a-b=47-29=18$

682 답 ④

| 접근 방법 | 이차함수 $y=f(x)$의 그래프가 x축과 만나지 않으면 이차방정식 $f(x)=0$의 판별식 D에 대하여 $D<0$임을 이용하여 식을 세운다.

이차함수 $y=x^2+(a-b)x-ab+1$의 그래프가 x축과 만나지 않으므로 이차방정식

$x^2+(a-b)x-ab+1=0$의 판별식을 D라 하면

$D=(a-b)^2-4(-ab+1)<0$

$a^2+2ab+b^2-4<0$

$(a+b)^2<4 \qquad \therefore -2<a+b<2$

(i) $a+b=-1$일 때,

순서쌍 (a, b)는 $(-2, 1)$, $(-1, 0)$, $(0, -1)$, $(1, -2)$의 4개

(ii) $a+b=0$일 때,

순서쌍 (a, b)는 $(-2, 2)$, $(-1, 1)$, $(0, 0)$, $(1, -1)$, $(2, -2)$의 5개

(iii) $a+b=1$일 때,

순서쌍 (a, b)는 $(-2, 3)$, $(-1, 2)$, $(0, 1)$, $(1, 0)$, $(2, -1)$, $(3, -2)$의 6개

(i), (ii), (iii)에서 구하는 순서쌍 (a, b)의 개수는

$4+5+6=15$

683 답 ③

| 접근 방법 | $a+b+c+abc$의 값이 짝수가 되도록 하는 $a+b+c$와 abc의 값을 기준으로 경우를 나눈다.

$a+b+c+abc$의 값이 짝수가 되려면 $a+b+c$와 abc의 값의 합이 짝수이어야 한다.

(i) $a+b+c$와 abc의 값이 모두 홀수인 경우

abc의 값이 홀수이므로 a, b, c가 모두 홀수이다.

이때 a, b, c의 값이 모두 홀수이면 $a+b+c$의 값도 홀수이므로 그 경우의 수는

$3\times3\times3=27$

(ii) $a+b+c$와 abc의 값이 모두 짝수인 경우

abc의 값이 짝수이므로 a, b, c 중에서 1개 이상이 짝수이다.

이때 $a+b+c$의 값이 짝수이므로 a, b, c의 값이 모두 짝수이거나 a, b, c 중에서 1개만 짝수이어야 한다.

ⓘ a, b, c의 값이 모두 짝수인 경우의 수는

$3\times3\times3=27$

ⓘⓘ a, b, c 중에서 1개만 짝수인 경우는 세 수 a, b, c가 각각 짝수, 홀수, 홀수 또는 홀수, 짝수, 홀수 또는 홀수, 홀수, 짝수인 경우이므로

$3\times(3\times3\times3)=81$

ⓘ, ⓘⓘ에서 경우의 수는 $27+81=108$

(i), (ii)에서 구하는 경우의 수는 $27+108=135$

684 답 35

각 카드에 적혀 있는 숫자를 곱하여 만들 수 있는 자연수를 N이라 하면

$N=1\times2^p\times3^q\times7^r$

$(p=0, 1, 2, q=0, 1, 2, 3, r=0, 1, 2)$

꼴로 나타낼 수 있다.

이때 2장 이상의 카드를 뽑아서 만들 수 있는 자연수는 $2^2\times3^3\times7^2$의 양의 약수 중에서 1을 제외한 것과 같다.

2^2의 양의 약수는 $1, 2, 2^2$의 3개

3^3의 양의 약수는 $1, 3, 3^2, 3^3$의 4개

7^2의 양의 약수는 $1, 7, 7^2$의 3개

따라서 구하는 자연수의 개수는

$3\times4\times3-1=35$

685 답 ④

| 접근 방법 | A만 자신의 휴대 전화를 꺼내는 경우의 수를 구한 후 B, C, D, E만 자신의 휴대 전화를 꺼내는 경우로 확장하여 생각한다.

5명의 학생 A, B, C, D, E의 휴대 전화를 각각 a, b, c, d, e라 할 때, A만 자신의 휴대 전화를 꺼내는 경우를 수형도로 나타내면 다음과 같다.

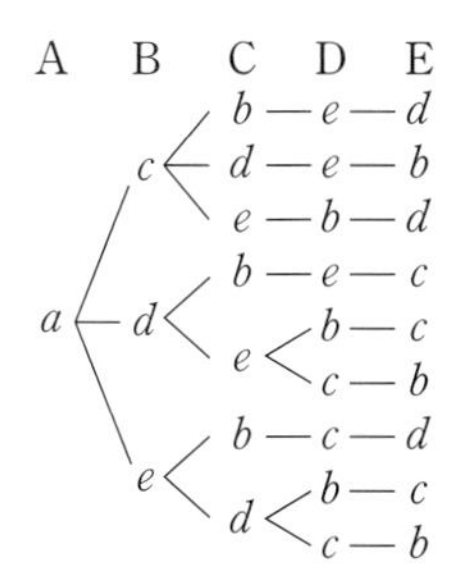

이때 B만 자신의 휴대 전화를 꺼내는 경우, C만 자신의 휴대 전화를 꺼내는 경우, D만 자신의 휴대 전화를 꺼내는 경우, E만 자신의 휴대 전화를 꺼내는 경우도 각각 9가지이므로 구하는 경우의 수는 $9\times5=45$

02 순열

개념 확인 317쪽

686 답 (1) **4** (2) **120** (3) **56**

687 답 (1) **1** (2) **6** (3) **720**

유제 319~329쪽

688 답 (1) **6** (2) **4** (3) **7**

(1) ${}_n\mathrm{P}_3=20n$에서
$n(n-1)(n-2)=20n$
$n\ge3$이므로 양변을 n으로 나누면
$(n-1)(n-2)=20$
$20=5\times4$이므로
$(n-1)(n-2)=5\times4$
따라서 $n-1=5$이므로
$n=6$

(2) ${}_7\mathrm{P}_r\times3!=5040$에서 $3!=3\times2\times1=6$이므로
${}_7\mathrm{P}_r\times6=5040$
$\therefore {}_7\mathrm{P}_r=840$
$840=7\times6\times5\times4$이므로
$r=4$

(3) ${}_{n+2}\mathrm{P}_4=72\times{}_n\mathrm{P}_2$에서
$(n+2)(n+1)n(n-1)=72n(n-1)$
$n\ge2$이므로 양변을 $n(n-1)$로 나누면
$(n+2)(n+1)=72$
$72=9\times8$이므로
$(n+2)(n+1)=9\times8$
따라서 $n+2=9$이므로
$n=7$

689 답 **4**

${}_{n+3}\mathrm{P}_4 : {}_{n+2}\mathrm{P}_3=7:1$에서
${}_{n+3}\mathrm{P}_4=7\times{}_{n+2}\mathrm{P}_3$
$(n+3)(n+2)(n+1)n=7(n+2)(n+1)n$
$n\ge1$이므로 양변을 $(n+2)(n+1)n$으로 나누면
$n+3=7$
$\therefore n=4$

690 답 **10**

${}_n\mathrm{P}_3-4\times{}_n\mathrm{P}_2=5\times{}_{n-1}\mathrm{P}_2$에서
$n(n-1)(n-2)-4n(n-1)=5(n-1)(n-2)$
$n\ge3$이므로 양변을 $n-1$로 나누면
$n(n-2)-4n=5(n-2)$
$n^2-11n+10=0$
$(n-1)(n-10)=0$
$\therefore n=1$ 또는 $n=10$
그런데 $n\ge3$이므로
$n=10$

691 답 **6**

${}_5\mathrm{P}_r\ge3\times{}_5\mathrm{P}_{r-1}$에서
$\frac{5!}{(5-r)!}\ge3\times\frac{5!}{\{5-(r-1)\}!}$
$\frac{(6-r)!}{(5-r)!}\ge3$, $6-r\ge3$
$\therefore r\le3$
따라서 자연수 r의 값은 1, 2, 3이므로 구하는 합은
$1+2+3=6$

692 답 (1) **720** (2) **360** (3) **30**

(1) 서로 다른 6개에서 6개를 택하는 순열의 수와 같으므로
${}_6\mathrm{P}_6=6!=6\times5\times4\times3\times2\times1=720$

(2) 서로 다른 6개에서 4개를 택하는 순열의 수와 같으므로
${}_6\mathrm{P}_4=6\times5\times4\times3=360$

(3) 서로 다른 6개에서 2개를 택하는 순열의 수와 같으므로
${}_6\mathrm{P}_2=6\times5=30$

693 답 **990**

서로 다른 11개에서 3개를 택하는 순열의 수와 같으므로
${}_{11}\mathrm{P}_3=11\times10\times9=990$

694 답 **720**

서로 다른 10개에서 3개를 택하는 순열의 수와 같으므로
${}_{10}\mathrm{P}_3=10\times9\times8=720$

695 답 8

서로 다른 n개에서 3개를 택하는 순열의 수가 336이므로

${}_{n}P_{3}=336$

$336=8\times7\times6$이므로

$n(n-1)(n-2)=8\times7\times6$

$\therefore n=8$ ($\because$ n은 자연수)

696 답 240

모음 i와 e를 한 묶음으로 생각하여 나머지 문자 4개와 함께 일렬로 배열하는 경우의 수는

$5!=5\times4\times3\times2\times1=120$

i와 e의 자리를 바꾸는 경우의 수는

$2!=2\times1=2$

따라서 구하는 경우의 수는

$120\times2=240$

697 답 3600

C, D, E, F, G를 일렬로 배열하는 경우의 수는

$5!=5\times4\times3\times2\times1=120$

배열한 C, D, E, F, G 사이사이와 양 끝의 6개의 자리에 A, B를 배열하는 경우의 수는

${}_{6}P_{2}=6\times5=30$

따라서 구하는 경우의 수는

$120\times30=3600$

698 답 5

어른 3명을 한 묶음으로 생각하여 아이 n명과 함께 일렬로 세우는 경우의 수는

$(n+1)!$

어른 3명이 자리를 바꾸는 경우의 수는

$3!=3\times2\times1=6$

이때 어른 3명이 서로 이웃하도록 세우는 경우의 수가 4320이므로

$(n+1)!\times6=4320$

$(n+1)!=720$

$720=6\times5\times4\times3\times2\times1$이므로

$(n+1)!=6!$

따라서 $n+1=6$이므로

$n=5$

699 답 72

남학생과 여학생이 각각 3명으로 같으므로 남학생과 여학생을 교대로 세우는 경우는 다음 그림과 같이 남학생이 맨 앞에 오거나 여학생이 맨 앞에 오는 2가지가 있다.

남	여	남	여	남	여
여	남	여	남	여	남

각각의 경우에 대하여 남학생 3명을 일렬로 세우는 경우의 수는

$3!=3\times2\times1=6$

여학생 3명을 일렬로 세우는 경우의 수는

$3!=3\times2\times1=6$

따라서 구하는 경우의 수는

$2\times6\times6=72$

700 답 (1) 12 (2) 24

(1) 양 끝에 남학생 2명을 세우는 경우의 수는

$2!=2\times1=2$

나머지 자리에 여학생 3명을 세우는 경우의 수는

$3!=3\times2\times1=6$

따라서 구하는 경우의 수는

$2\times6=12$

(2) 여학생 3명 중에서 2명을 뽑아 남학생 2명 사이에 일렬로 세우는 경우의 수는

${}_{3}P_{2}=3\times2=6$

남학생 2명과 그 사이의 여학생 2명을 한 묶음으로 생각하여 나머지 1명의 여학생과 함께 일렬로 세우는 경우의 수는

$2!=2\times1=2$

남학생 2명이 자리를 바꾸는 경우의 수는

$2!=2\times1=2$

따라서 구하는 경우의 수는

$6\times2\times2=24$

701 답 2640

(i) 7명을 일렬로 세우는 경우의 수는

$7!=7\times6\times5\times4\times3\times2\times1=5040$

(ii) 양 끝에 1학년 학생 5명 중에서 2명을 뽑아 세우는 경우의 수는

${}_{5}P_{2}=5\times4=20$

나머지 자리에 5명을 일렬로 세우는 경우의 수는

$5!=5\times4\times3\times2\times1=120$

따라서 양 끝에 1학년 학생만 오도록 세우는 경우의 수는

$20\times120=2400$

(i), (ii)에서 구하는 경우의 수는

$5040-2400=2640$

702 답 ⑤

홀수 1, 3, 5가 적힌 3개의 의자 중에서 2개의 의자를 택하여 아버지, 어머니가 앉는 경우의 수는

${}_3P_2=3\times2=6$

나머지 3개의 의자에 할머니, 아들, 딸이 앉는 경우의 수는

$3!=3\times2\times1=6$

따라서 구하는 경우의 수는

$6\times6=36$

703 답 3600

(i) 7개의 문자를 일렬로 배열하는 경우의 수는

$7!=7\times6\times5\times4\times3\times2\times1=5040$

(ii) 자음인 m, p, r, v의 4개의 문자를 일렬로 배열하는 경우의 수는

$4!=4\times3\times2\times1=24$

자음 사이사이와 양 끝의 5개의 자리에 i, o, e의 모음 3개를 배열하는 경우의 수는

${}_5P_3=5\times4\times3=60$

따라서 모음끼리 서로 이웃하지 않도록 배열하는 경우의 수는

$24\times60=1440$

(i), (ii)에서 구하는 경우의 수는

$5040-1440=3600$

704 답 (1) 48 (2) 18

(1) 백의 자리에는 0이 올 수 없으므로 백의 자리에 올 수 있는 숫자는 1, 2, 3, 4의 4가지

나머지 자리에 백의 자리에 온 숫자를 제외한 4개의 숫자 중에서 2개를 택하여 일렬로 배열하는 경우의 수는

${}_4P_2=4\times3=12$

따라서 구하는 자연수의 개수는

$4\times12=48$

(2) 홀수이려면 일의 자리의 숫자가 홀수이어야 한다.

즉, 일의 자리에 올 수 있는 숫자는 1, 3이다.

(i) 일의 자리의 숫자가 1인 경우

백의 자리에는 0과 1이 올 수 없으므로 백의 자리에 올 수 있는 숫자는 2, 3, 4의 3가지

십의 자리에 백의 자리에 온 숫자와 1을 제외한 3개의 숫자 중에서 1개를 택하여 배열하는 경우의 수는

${}_3P_1=3$

따라서 홀수의 개수는

$3\times3=9$

(ii) 일의 자리의 숫자가 3인 경우

(i)과 같은 방법으로 하면 홀수의 개수는 9이다.

(i), (ii)에서 구하는 홀수의 개수는

$9+9=18$

705 답 (1) 72 (2) 108

(1) 4의 배수는 끝의 두 자리의 수가 4의 배수이므로

□□04, □□12, □□20, □□24, □□32, □□40, □□52 꼴이어야 한다.

(i) □□12, □□24, □□32, □□52 꼴인 경우

각각의 경우에 대하여 천의 자리에는 0이 올 수 없으므로 천의 자리에 올 수 있는 숫자는 0과 십의 자리, 일의 자리에 온 숫자를 제외한 3가지

백의 자리에 올 수 있는 숫자는 천의 자리와 십의 자리, 일의 자리에 온 숫자를 제외한 3가지

따라서 4의 배수의 개수는

$4\times3\times3=36$

(ii) □□04, □□20, □□40 꼴인 경우

나머지 자리에 십의 자리와 일의 자리에 온 숫자를 제외한 4개의 숫자 중에서 2개를 택하여 일렬로 배열하면 되므로 4의 배수의 개수는

$3\times{}_4P_2=3\times4\times3=36$

(i), (ii)에서 구하는 4의 배수의 개수는

$36+36=72$

(2) 5의 배수는 일의 자리의 숫자가 0 또는 5이다.

(i) 일의 자리의 숫자가 0인 경우

나머지 자리에 0을 제외한 5개의 숫자 중에서 3개를 택하여 일렬로 배열하면 되므로 5의 배수의 개수는

${}_5P_3=5\times4\times3=60$

(ⅱ) 일의 자리의 숫자가 5인 경우
천의 자리에 올 수 있는 숫자는 0과 5를 제외한 4가지
나머지 자리에 천의 자리에 온 숫자와 5를 제외한 4개의 숫자 중에서 2개를 택하여 일렬로 배열하는 경우의 수는
${}_4P_2=4\times3=12$
따라서 5의 배수의 개수는
$4\times12=48$
(ⅰ), (ⅱ)에서 구하는 5의 배수의 개수는
$60+48=108$

706 답 36

(ⅰ) 5개의 숫자 2, 3, 4, 5, 6 중에서 서로 다른 3개를 택하여 만들 수 있는 세 자리의 자연수의 개수는
${}_5P_3=5\times4\times3=60$

(ⅱ) 3의 배수는 모든 자리의 숫자의 합이 3의 배수이므로 5개의 숫자 2, 3, 4, 5, 6 중에서 서로 다른 3개를 택할 때, 그 합이 3의 배수가 되는 경우는
(2, 3, 4), (2, 4, 6), (3, 4, 5), (4, 5, 6)의 4가지
각각의 경우에 대하여 만들 수 있는 자연수의 개수는 $3!=3\times2\times1=6$
따라서 3의 배수의 개수는
$4\times6=24$

(ⅰ), (ⅱ)에서 구하는 3의 배수가 아닌 것의 개수는
$60-24=36$

707 답 168

(ⅰ) 각 자리의 숫자가 모두 홀수인 경우
홀수 1, 3, 5, 7 중에서 서로 다른 3개를 택하여 만들 수 있는 세 자리의 자연수의 개수는
${}_4P_3=4\times3\times2=24$

(ⅱ) 두 자리의 숫자는 짝수, 한 자리의 숫자는 홀수인 경우

ⓘ (짝수, 짝수, 홀수)인 경우
일의 자리에 올 수 있는 숫자는 홀수 1, 3, 5, 7의 4가지
나머지 자리에 짝수 2, 4, 6, 8 중에서 2개를 택하여 일렬로 배열하는 경우의 수는
${}_4P_2=4\times3=12$
따라서 자연수의 개수는 $4\times12=48$

ⓘⓘ (짝수, 홀수, 짝수)인 경우
일의 자리에 올 수 있는 숫자는 짝수 2, 4, 6, 8의 4가지
십의 자리에 올 수 있는 숫자는 홀수 1, 3, 5, 7의 4가지
백의 자리에 올 수 있는 숫자는 일의 자리에 온 숫자를 제외한 3가지
따라서 자연수의 개수는 $4\times4\times3=48$

ⓘⓘⓘ (홀수, 짝수, 짝수)인 경우
백의 자리에 올 수 있는 숫자는 홀수 1, 3, 5, 7의 4가지
나머지 자리에 짝수 2, 4, 6, 8 중에서 2개를 택하여 일렬로 배열하는 경우의 수는
${}_4P_2=4\times3=12$
따라서 자연수의 개수는 $4\times12=48$

ⓘ, ⓘⓘ, ⓘⓘⓘ에서 자연수의 개수는
$48+48+48=144$

(ⅰ), (ⅱ)에서 구하는 자연수의 개수는
$24+144=168$

708 답 (1) 424번째 (2) $cabefd$

(1) a□□□□□ 꼴인 문자열의 개수는
$5!=5\times4\times3\times2\times1=120$
b□□□□□ 꼴인 문자열의 개수는
$5!=5\times4\times3\times2\times1=120$
c□□□□□ 꼴인 문자열의 개수는
$5!=5\times4\times3\times2\times1=120$
da□□□□ 꼴인 문자열의 개수는
$4!=4\times3\times2\times1=24$
db□□□□ 꼴인 문자열의 개수는
$4!=4\times3\times2\times1=24$
dca□□□ 꼴인 문자열의 개수는
$3!=3\times2\times1=6$
dcb□□□ 꼴인 문자열의 개수는
$3!=3\times2\times1=6$
$dcea$□□ 꼴인 문자열의 개수는
$2!=2\times1=2$
$dcea$□□ 꼴인 문자열을 순서대로 배열하면
$dcebaf$, $dcebfa$
따라서 $dceb$□□ 꼴인 문자열에서 $dcebfa$는 두 번째이므로 $dcebfa$가 나타나는 순서는
$120+120+120+24+24+6+6+2+2=424$(번째)

(2) $a\square\square\square\square\square$ 꼴인 문자열의 개수는

$5!=5\times4\times3\times2\times1=120$

$b\square\square\square\square\square$ 꼴인 문자열의 개수는

$5!=5\times4\times3\times2\times1=120$

이때 $120+120=240$이므로 244번째로 나타나는 문자열은 $c\square\square\square\square\square$ 꼴인 문자열 중에서 네 번째이다.

$c\square\square\square\square\square$ 꼴인 문자열을 순서대로 배열하면

$cabdef$, $cabdfe$, $cabedf$, $cabefd$, …

따라서 244번째로 나타나는 문자열은 $cabefd$이다.

709 답 81번째

ㄱ□□□□ 꼴인 문자열의 개수는

$4!=4\times3\times2\times1=24$

ㄴ□□□□ 꼴인 문자열의 개수는

$4!=4\times3\times2\times1=24$

ㄷ□□□□ 꼴인 문자열의 개수는

$4!=4\times3\times2\times1=24$

ㄹㄱ□□□ 꼴인 문자열의 개수는

$3!=3\times2\times1=6$

ㄹㄴㄱ□□ 꼴인 문자열의 개수는

$2!=2\times1=2$

ㄹㄴㄷ□□ 꼴인 문자열을 순서대로 배열하면

ㄹㄴㄷㄱㅁ, ㄹㄴㄷㅁㄱ

따라서 ㄹㄴㄷ□□ 꼴인 문자열에서 ㄹㄴㄷㄱㅁ은 첫 번째이므로 ㄹㄴㄷㄱㅁ이 나타나는 순서는

$24+24+24+6+2+1=81$(번째)

710 답 31042

1□□□□ 꼴인 자연수의 개수는

$4!=4\times3\times2\times1=24$

2□□□□ 꼴인 자연수의 개수는

$4!=4\times3\times2\times1=24$

30□□□ 꼴인 자연수의 개수는

$3!=3\times2\times1=6$

이때 $24+24+6=54$이므로 56번째 수는 31□□□ 꼴인 수 중에서 두 번째 수이다.

31□□□ 꼴인 다섯 자리의 자연수를 순서대로 배열하면

31024, 31042, …

따라서 56번째 수는 31042이다.

711 답 4135

1□□□ 꼴인 자연수의 개수는

${}_5P_3=5\times4\times3=60$

2□□□ 꼴인 자연수의 개수는

${}_5P_3=5\times4\times3=60$

3□□□ 꼴인 자연수의 개수는

${}_5P_3=5\times4\times3=60$

40□□ 꼴인 자연수의 개수는

${}_4P_2=4\times3=12$

이때 $60+60+60+12=192$이므로 201번째로 작은 수는 41□□ 꼴인 수 중에서 9번째 수이다.

41□□ 꼴인 네 자리의 자연수를 순서대로 배열하면

4102, 4103, 4105, 4120, 4123, 4125, 4130, 4132, 4135, …

따라서 201번째로 작은 수는 4135이다.

연습문제 330~332쪽

712 답 ③

${}_{n+1}P_4-3\times{}_{n+1}P_3-7\times{}_nP_2\le0$에서

$$(n+1)n(n-1)(n-2)-3(n+1)n(n-1)-7n(n-1)\le0$$

$n\ge3$이므로 양변을 $n(n-1)$로 나누면

$(n+1)(n-2)-3(n+1)-7\le0$

$n^2-4n-12\le0$, $(n+2)(n-6)\le0$

$\therefore 3\le n\le6$ ($\because n\ge3$)

따라서 자연수 n의 최댓값은 6이다.

713 답 ④

서로 다른 n개에서 2개를 택하는 순열의 수가 210이므로

${}_nP_2=210$

$210=15\times14$이므로

$n(n-1)=15\times14$

$\therefore n=15$ ($\because n$은 자연수)

714 답 288

같은 성별의 학생을 한 묶음으로 생각하여 2묶음을 일렬로 세우는 경우의 수는

$2!=2\times1=2$

남학생 3명이 자리를 바꾸는 경우의 수는

$3!=3\times2\times1=6$

여학생 4명이 자리를 바꾸는 경우의 수는

$4!=4\times3\times2\times1=24$

따라서 구하는 경우의 수는

$2\times6\times24=288$

715 답 2880

학생과 부모님을 교대로 세우려면 학생이 맨 앞에 와야 한다.

학생 5명을 일렬로 세우는 경우의 수는

$5!=5\times4\times3\times2\times1=120$

부모님 4명을 일렬로 세우는 경우의 수는

$4!=4\times3\times2\times1=24$

따라서 구하는 경우의 수는

$120\times24=2880$

716 답 24

민호가 3등을 하는 경우의 수는 민호를 3등에 고정시키고 민호를 제외한 4명의 학생을 1, 2, 4, 5등에 일렬로 세우는 경우의 수와 같으므로 구하는 경우의 수는

$4!=4\times3\times2\times1=24$

717 답 ④

vis를 한 묶음으로 생각하여 나머지 3개의 문자와 함께 일렬로 배열하는 경우의 수는

$4!=4\times3\times2\times1=24$

v와 s의 자리를 바꾸는 경우의 수는

$2!=2\times1=2$

따라서 구하는 경우의 수는

$24\times2=48$

718 답 240

짝수 2, 4, 6, 8의 4개 중에서 2개를 택하여 천의 자리와 백의 자리에 일렬로 배열하는 경우의 수는

${}_4P_2=4\times3=12$

나머지 자리에 천의 자리와 백의 자리에 온 숫자를 제외한 5개의 숫자 중에서 2개를 택하여 일렬로 배열하는 경우의 수는

${}_5P_2=5\times4=20$

따라서 구하는 자연수의 개수는

$12\times20=240$

719 답 960

농구 선수 2명을 한 묶음으로 생각하여 야구 선수 3명과 함께 일렬로 세우는 경우의 수는

$4!=4\times3\times2\times1=24$

농구 선수 2명이 자리를 바꾸는 경우의 수는

$2!=2\times1=2$

농구 선수 한 묶음 및 야구 선수 사이사이와 양 끝의 5개의 자리에 축구 선수 2명을 세우는 경우의 수는

${}_5P_2=5\times4=20$

따라서 구하는 경우의 수는

$24\times2\times20=960$

720 답 ③

2학년 학생 4명이 일렬로 앉는 경우의 수는

$4!=4\times3\times2\times1=24$

2학년 학생 사이사이의 3개의 자리에 1학년 학생 2명이 앉는 경우의 수는

└ 2학년 학생이 양 끝에 앉아야 하므로 사이사이의 자리만 생각한다.

${}_3P_2=3\times2=6$

따라서 구하는 경우의 수는 $24\times6=144$

|다른 풀이|

양 끝에 있는 의자에 2학년 학생 4명 중에서 2명이 앉는 경우의 수는 ${}_4P_2=4\times3=12$

나머지 4개의 의자에 1학년 학생끼리는 서로 이웃하지 않도록 앉는 경우는 오른쪽 그림과 같이 3가지가 있다.

1	2	1	2
1	2	2	1
2	1	2	1

각각의 경우에 대하여 1학년 학생 2명이 앉는 경우의 수는 $2!=2\times1=2$

2학년 학생 2명이 앉는 경우의 수는 $2!=2\times1=2$

따라서 구하는 경우의 수는 $12\times3\times2\times2=144$

721 답 ⑤

A, B가 앉는 줄을 선택하는 경우의 수는

$2!=2\times1=2$

한 줄에 놓인 3개의 좌석 중에서 2개의 좌석을 택하여 A, B가 앉는 경우의 수는

${}_3P_2=3\times2=6$

나머지 세 명이 맞은편 줄의 좌석에 앉는 경우의 수는

$3!=3\times2\times1=6$

따라서 구하는 경우의 수는

$2\times6\times6=72$

722 답 11

(ⅰ) $(n+4)$명의 회원 중에서 회장과 부회장을 각각 한 명씩 뽑는 경우의 수는

$_{n+4}P_2=(n+4)(n+3)$ ▸▸▸▸▸▸ ❶

(ⅱ) 여자 회원 n명 중에서 회장과 부회장을 각각 한 명씩 뽑는 경우의 수는

$_nP_2=n(n-1)$ ▸▸▸▸▸▸ ❷

(ⅰ), (ⅱ)에서 적어도 한 명은 남자 회원을 뽑는 경우의 수가 100이므로

$(n+4)(n+3)-n(n-1)=100$

$8n+12=100 \quad \therefore n=11$ ▸▸▸▸▸▸ ❸

단계	채점 기준	비율
❶	전체 회원 중에서 회장, 부회장을 뽑는 경우의 수 구하기	30%
❷	여자 회원 중에서 회장, 부회장을 뽑는 경우의 수 구하기	30%
❸	n의 값 구하기	40%

723 답 ③

(ⅰ) 7명을 일렬로 세우는 경우의 수는

$7!=7\times6\times5\times4\times3\times2\times1=5040$

(ⅱ) 선생님 사이에 학생을 세우지 않는 경우

선생님끼리 이웃하도록 세우는 경우와 같으므로 선생님 2명을 한 묶음으로 생각하여 학생 5명과 함께 일렬로 세우는 경우의 수는

$6!=6\times5\times4\times3\times2\times1=720$

선생님 2명이 자리를 바꾸는 경우의 수는

$2!=2\times1=2$

따라서 선생님 사이에 학생을 세우지 않는 경우의 수는 $720\times2=1440$

(ⅲ) 선생님 사이에 학생 1명만 세우는 경우

학생 5명 중에서 1명을 택하여 선생님 사이에 세우는 경우의 수는 5

선생님 2명이 자리를 바꾸는 경우의 수는

$2!=2\times1=2$

선생님과 선생님 사이의 학생 1명을 한 묶음으로 생각하여 나머지 4명의 학생과 함께 일렬로 세우는 경우의 수는 $5!=5\times4\times3\times2\times1=120$

따라서 선생님 사이에 학생 1명만 세우는 경우의 수는 $5\times2\times120=1200$

(ⅰ), (ⅱ), (ⅲ)에서 구하는 경우의 수는

$5040-1440-1200=2400$

724 답 ③

(ⅰ) 일의 자리의 숫자가 0인 경우

나머지 자리에 0을 제외한 5개의 숫자 중에서 2개를 택하여 일렬로 배열하면 되므로 자연수의 개수는 $_5P_2=5\times4=20$

(ⅱ) 일의 자리의 숫자가 1인 경우

백의 자리에 올 수 있는 숫자는 2, 3, 4, 5의 4가지

십에 자리에 올 수 있는 숫자는 백의 자리에 온 숫자와 1을 제외한 4가지

따라서 자연수의 개수는 $4\times4=16$

(ⅲ) 일의 자리의 숫자가 2인 경우

백의 자리에 올 수 있는 숫자는 3, 4, 5의 3가지

십에 자리에 올 수 있는 숫자는 백의 자리에 온 숫자와 2를 제외한 4가지

따라서 자연수의 개수는 $3\times4=12$

(ⅳ) 일의 자리의 숫자가 3인 경우

백의 자리에 올 수 있는 숫자는 4, 5의 2가지

십에 자리에 올 수 있는 숫자는 백의 자리에 온 숫자와 3을 제외한 4가지

따라서 자연수의 개수는 $2\times4=8$

(ⅴ) 일의 자리의 숫자가 4인 경우

백의 자리에 올 수 있는 숫자는 5의 1가지

십에 자리에 올 수 있는 숫자는 백의 자리에 온 숫자와 4를 제외한 4가지

따라서 자연수의 개수는 $1\times4=4$

(ⅰ)~(ⅴ)에서 구하는 자연수의 개수는

$20+16+12+8+4=60$

725 답 156

43□□ 꼴인 자연수의 개수는

$_4P_2=4\times3=12$

45□□ 꼴인 자연수의 개수는

$_4P_2=4\times3=12$

46□□ 꼴인 자연수의 개수는

$_4P_2=4\times3=12$

5□□□ 꼴인 자연수의 개수는

$_5P_3=5\times4\times3=60$

6□□□ 꼴인 자연수의 개수는

$_5P_3=5\times4\times3=60$

따라서 4300보다 큰 수의 개수는

$12+12+12+60+60=156$

726 답 selmi

s, m, i, l, e를 사전식으로 배열하면 e, i, l, m, s의 순서이다.
e□□□□ 꼴인 문자열의 개수는
$4!=4\times3\times2\times1=24$
i□□□□ 꼴인 문자열의 개수는
$4!=4\times3\times2\times1=24$
l□□□□ 꼴인 문자열의 개수는
$4!=4\times3\times2\times1=24$
m□□□□ 꼴인 문자열의 개수는
$4!=4\times3\times2\times1=24$
이때 $24+24+24+24=96$이므로 100번째로 나타나는 문자열은 s□□□□ 꼴인 문자열 중에서 네 번째이다.
s□□□□ 꼴인 문자열을 순서대로 배열하면
seilm, seiml, selim, selmi, …
따라서 100번째로 나타나는 문자열은 selmi이다.

727 답 ③

| 접근 방법 | 어느 2명도 서로 이웃하지 않으려면 학생 사이에 반드시 빈 의자가 있어야 한다.

의자 9개 중에서 4개에 학생이 앉으므로 빈 의자는 5개이다.
빈 의자 사이사이와 양 끝의 6개의 자리에 학생이 앉는 의자 4개를 놓으면 되므로 구하는 경우의 수는
${}_6P_4=6\times5\times4\times3=360$

728 답 336

| 접근 방법 | 모든 경우의 수에서 각 자리의 수 중 두 수의 합이 9가 되는 경우의 수를 뺀다.

(i) 9개의 숫자 중에서 3개를 택하여 만들 수 있는 세 자리의 자연수의 개수는
${}_9P_3=9\times8\times7=504$
(ii) 각 자리의 수 중에서 두 수의 합이 9가 되는 경우는 $(1, 8)$, $(2, 7)$, $(3, 6)$, $(4, 5)$의 4가지
각각의 경우에 대하여 이미 택한 2개의 숫자를 제외한 나머지 7개의 숫자 중에서 1개를 택하여 일렬로 배열하여 만들 수 있는 세 자리의 자연수의 개수는
$4\times{}_7P_1\times3!=4\times7\times(3\times2\times1)=168$
(i), (ii)에서 구하는 자연수의 개수는
$504-168=336$

01 조합

개념 확인 337쪽

729 답 (1) 1 (2) 1 (3) 21 (4) 56

730 답 (1) 4 (2) 2 (3) 5 (4) 5

731 답 (가) $n-r$ (나) n

유제 339~347쪽

732 답 (1) 10 (2) 4 (3) 7

(1) ${}_nC_6={}_nC_{n-6}$이므로
${}_nC_{n-6}={}_nC_4$
따라서 $n-6=4$이므로 $n=10$
(2) ${}_{n+4}C_n={}_{n+4}C_4$이므로
${}_{n+4}C_4=70$
$\frac{(n+4)(n+3)(n+2)(n+1)}{4\times3\times2\times1}=70$
$(n+4)(n+3)(n+2)(n+1)=1680$
$1680=8\times7\times6\times5$이므로
$(n+4)(n+3)(n+2)(n+1)=8\times7\times6\times5$
이때 n은 자연수이므로 $n+4=8$
$\therefore n=4$
(3) ${}_{n+2}C_2={}_nC_2+{}_{n-1}C_2$에서
$\frac{(n+2)(n+1)}{2\times1}=\frac{n(n-1)}{2\times1}+\frac{(n-1)(n-2)}{2\times1}$
$n^2+3n+2=n^2-n+n^2-3n+2$
$n^2-7n=0$, $n(n-7)=0$
$\therefore n=0$ 또는 $n=7$
그런데 $n\geq3$이므로 $n=7$
└ ${}_{n-1}C_2$에서 $n-1\geq2$이므로 $n\geq3$

733 답 6

$2\times{}_nP_2+3\times{}_nC_3={}_nP_3$에서
$2n(n-1)+3\times\frac{n(n-1)(n-2)}{3\times2\times1}$
$=n(n-1)(n-2)$
이때 $n\geq3$이므로 양변을 $n(n-1)$로 나누면
└ ${}_nC_3$에서 $n\geq3$
$2+\frac{n-2}{2}=n-2$
$\frac{n-2}{2}=n-4$, $n-2=2n-8$
$\therefore n=6$

734 답 5

${}_{n}\mathrm{C}_{n-3}+{}_{n+1}\mathrm{C}_{n-1}=5n$에서

${}_{n}\mathrm{C}_{3}+{}_{n+1}\mathrm{C}_{2}=5n$

$$\frac{n(n-1)(n-2)}{3\times2\times1}+\frac{(n+1)n}{2\times1}=5n$$

이때 $n\geq3$이므로 양변을 n으로 나누면

└ ${}_{n}\mathrm{C}_{n-3}$에서 $n\geq3$

$$\frac{(n-1)(n-2)}{6}+\frac{n+1}{2}=5$$

$n^2-3n+2+3(n+1)=30$

$n^2=25 \qquad \therefore n=5\ (\because n\geq3)$

735 답 8

이차방정식의 근과 계수의 관계에 의하여

$-6+4=-\frac{{}_{n}\mathrm{C}_{r}}{5},\ -6\times4=-\frac{2}{5}\times{}_{n}\mathrm{P}_{r}$

$\therefore {}_{n}\mathrm{C}_{r}=10,\ {}_{n}\mathrm{P}_{r}=60$

이때 ${}_{n}\mathrm{C}_{r}=\frac{{}_{n}\mathrm{P}_{r}}{r!}$이므로

$10=\frac{60}{r!},\ r!=6$

$6=3\times2\times1$이므로

$r!=3\times2\times1 \qquad \therefore r=3$

${}_{n}\mathrm{P}_{3}=60$에서

$n(n-1)(n-2)=60$

$60=5\times4\times3$이므로

$n(n-1)(n-2)=5\times4\times3$

이때 n은 자연수이므로 $n=5$

$\therefore n+r=5+3=8$

| 참고 | 이차방정식 $ax^2+bx+c=0$의 두 근을 $\alpha,\ \beta$라 하면 근과 계수의 관계에 의하여 다음이 성립한다.

$\alpha+\beta=-\frac{b}{a},\ \alpha\beta=\frac{c}{a}$

736 답 (1) 220 (2) 350 (3) 22

(1) 12권의 문제집 중에서 3권을 택하는 경우의 수는

$${}_{12}\mathrm{C}_{3}=\frac{12\times11\times10}{3\times2\times1}=220$$

(2) 수학 문제집 7권 중에서 4권을 택하는 경우의 수는

$${}_{7}\mathrm{C}_{4}={}_{7}\mathrm{C}_{3}=\frac{7\times6\times5}{3\times2\times1}=35$$

영어 문제집 5권 중에서 2권을 택하는 경우의 수는

$${}_{5}\mathrm{C}_{2}=\frac{5\times4}{2\times1}=10$$

따라서 구하는 경우의 수는

$35\times10=350$

(3) 수학 문제집 7권 중에서 5권을 택하는 경우의 수는

$${}_{7}\mathrm{C}_{5}={}_{7}\mathrm{C}_{2}=\frac{7\times6}{2\times1}=21$$

영어 문제집 5권 중에서 5권을 택하는 경우의 수는

${}_{5}\mathrm{C}_{5}=1$

따라서 구하는 경우의 수는

$21+1=22$

737 답 101

1학년 학생 5명 중에서 3명을 뽑는 경우의 수는

$${}_{5}\mathrm{C}_{3}={}_{5}\mathrm{C}_{2}=\frac{5\times4}{2\times1}=10$$

2학년 학생 8명 중에서 3명을 뽑는 경우의 수는

$${}_{8}\mathrm{C}_{3}=\frac{8\times7\times6}{3\times2\times1}=56$$

3학년 학생 7명 중에서 3명을 뽑는 경우의 수는

$${}_{7}\mathrm{C}_{3}=\frac{7\times6\times5}{3\times2\times1}=35$$

따라서 구하는 경우의 수는

$10+56+35=101$

738 답 4

$(n+3)$켤레 중에서 4켤레를 택하는 경우의 수가 35이므로

${}_{n+3}\mathrm{C}_{4}=35$

$$\frac{(n+3)(n+2)(n+1)n}{4\times3\times2\times1}=35$$

$(n+3)(n+2)(n+1)n=840$

$840=7\times6\times5\times4$이므로

$(n+3)(n+2)(n+1)n=7\times6\times5\times4$

이때 n은 자연수이므로 $n=4$

739 답 16

시합에 참가한 선수의 수를 n이라 하면 선수들끼리 각각 한 번씩 악수를 하는 경우의 수는 n명 중에서 2명을 택하는 경우의 수와 같다.

즉, ${}_{n}\mathrm{C}_{2}=120$이므로

$$\frac{n(n-1)}{2\times1}=120$$

$n(n-1)=240$

$240=16\times15$이므로

$n(n-1)=16\times15$

이때 n은 자연수이므로 $n=16$

따라서 시합에 참가한 선수의 수는 16이다.

740 답 (1) 28 (2) 56

(1) 특정한 여자 3명을 이미 뽑았다고 생각하고 나머지 8명 중에서 2명을 뽑는 경우의 수이므로

$${}_{8}C_{2}=\frac{8\times7}{2\times1}=28$$

(2) 특정한 남자 3명을 제외하고 나머지 8명 중에서 5명을 뽑는 경우의 수이므로

$${}_{8}C_{5}={}_{8}C_{3}=\frac{8\times7\times6}{3\times2\times1}=56$$

741 답 63

(i) 9송이의 꽃 중에서 3송이를 고르는 경우의 수는

$${}_{9}C_{3}=\frac{9\times8\times7}{3\times2\times1}=84$$

(ii) 3송이를 모두 빨간색 꽃만 고르거나 파란색 꽃만 고르는 경우의 수는

$${}_{6}C_{3}+{}_{3}C_{3}=\frac{6\times5\times4}{3\times2\times1}+1$$
$$=20+1=21$$

(i), (ii)에서 구하는 경우의 수는

$84-21=63$

742 답 140

A와 B 중에서 1명을 뽑는 경우의 수는

${}_{2}C_{1}=2$

A, B를 제외한 나머지 8명 중에서 4명을 뽑는 경우의 수는

$${}_{8}C_{4}=\frac{8\times7\times6\times5}{4\times3\times2\times1}=70$$

따라서 구하는 경우의 수는

$2\times70=140$

743 답 215

(i) 11명의 학생 중에서 4명을 뽑는 경우의 수는

$${}_{11}C_{4}=\frac{11\times10\times9\times8}{4\times3\times2\times1}=330$$

(ii) 4명을 모두 중학생만 뽑는 경우의 수는

$${}_{6}C_{4}={}_{6}C_{2}=\frac{6\times5}{2\times1}=15$$

(iii) 중학생 중에서 3명, 고등학생 중에서 1명을 뽑는 경우의 수는

$${}_{6}C_{3}\times{}_{5}C_{1}=\frac{6\times5\times4}{3\times2\times1}\times5=100$$

(i), (ii), (iii)에서 구하는 경우의 수는

$330-(15+100)=215$

744 답 (1) 4800 (2) 7200

(1) 남학생 5명 중에서 2명을 뽑고 여학생 4명 중에서 3명을 뽑는 경우의 수는

$${}_{5}C_{2}\times{}_{4}C_{3}={}_{5}C_{2}\times{}_{4}C_{1}=\frac{5\times4}{2\times1}\times4=40$$

뽑은 5명을 일렬로 세우는 경우의 수는

$5!=120$

따라서 구하는 경우의 수는

$40\times120=4800$

(2) 남학생 5명 중에서 4명을 뽑고 여학생 4명 중에서 2명을 뽑는 경우의 수는

$${}_{5}C_{4}\times{}_{4}C_{2}={}_{5}C_{1}\times{}_{4}C_{2}=5\times\frac{4\times3}{2\times1}=30$$

여학생 2명을 한 묶음으로 생각하여 남학생 4명과 함께 일렬로 세우는 경우의 수는

$5!=120$

여학생 2명이 자리를 바꾸는 경우의 수는 $2!=2$

따라서 구하는 경우의 수는

$30\times120\times2=7200$

745 답 144

a, b를 이미 택했다고 생각하고 나머지 4개의 문자 중에서 2개를 택하는 경우의 수는

$${}_{4}C_{2}=\frac{4\times3}{2\times1}=6$$

4개의 문자를 일렬로 배열하는 경우의 수는 $4!=24$

따라서 구하는 문자열의 개수는

$6\times24=144$

746 답 90

1을 택했다고 생각하고 8을 제외한 6개의 숫자 중에서 2개를 택하는 경우의 수는

$${}_{6}C_{2}=\frac{6\times5}{2\times1}=15$$

3개의 숫자를 일렬로 배열하는 경우의 수는 $3!=6$

따라서 구하는 자연수의 개수는

$15\times6=90$

747 답 336

민규와 지영이를 이미 뽑았다고 생각하고 나머지 8명의 학생 중에서 2명을 뽑는 경우의 수는

$${}_{8}C_{2}=\frac{8\times7}{2\times1}=28$$

민규와 지영이를 한 묶음으로 생각하여 다른 학생 2명과 함께 일렬로 세우는 경우의 수는

$3!=6$

민규와 지영이가 자리를 바꾸는 경우의 수는

$2!=2$

따라서 구하는 경우의 수는

$28\times6\times2=336$

748 답 (1) 23 (2) 52

(1) 8개의 점 중에서 2개를 택하는 경우의 수는

$${}_8C_2=\frac{8\times7}{2\times1}=28$$

한 직선 위에 있는 4개의 점 중에서 2개를 택하는 경우의 수는

$${}_4C_2=\frac{4\times3}{2\times1}=6$$

그런데 한 직선 위에 있는 점으로는 1개의 직선만 만들 수 있으므로 구하는 직선의 개수는

$28-6+1=23$

(2) 8개의 점 중에서 3개를 택하는 경우의 수는

$${}_8C_3=\frac{8\times7\times6}{3\times2\times1}=56$$

한 직선 위에 있는 4개의 점 중에서 3개를 택하는 경우의 수는

${}_4C_3={}_4C_1=4$

그런데 한 직선 위에 있는 점으로는 삼각형을 만들 수 없으므로 구하는 삼각형의 개수는

$56-4=52$

749 답 150

가로 방향의 5개의 직선 중에서 2개를 택하는 경우의 수는

$${}_5C_2=\frac{5\times4}{2\times1}=10$$

세로 방향의 6개의 직선 중에서 2개를 택하는 경우의 수는

$${}_6C_2=\frac{6\times5}{2\times1}=15$$

따라서 구하는 평행사변형의 개수는

$10\times15=150$

750 답 200

12개의 점 중에서 3개를 택하는 경우의 수는

$${}_{12}C_3=\frac{12\times11\times10}{3\times2\times1}=220$$

가로 방향의 직선은 3개이고 각각에 대하여 한 직선 위에 있는 4개의 점 중에서 3개를 택하는 경우의 수는

$3\times{}_4C_3=3\times{}_4C_1=3\times4=12$

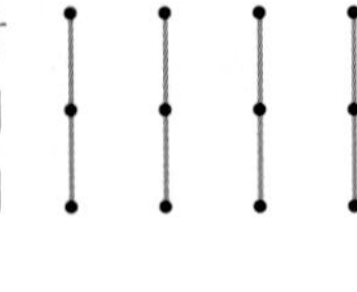

세로 방향의 직선은 4개이고 각각에 대하여 한 직선 위에 있는 3개의 점 중에서 3개를 택하는 경우의 수는

$4\times{}_3C_3=4\times1=4$

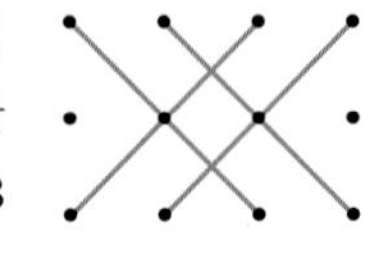

3개의 점을 지나는 대각선 방향의 직선은 4개이고 각각에 대하여 한 직선 위에 있는 3개의 점 중에서 3개를 택하는 경우의 수는

$4\times{}_3C_3=4\times1=4$

따라서 구하는 삼각형의 개수는

$220-12-4-4=200$

751 답 (1) 30 (2) 70

(1) 간격 하나의 길이를 1이라 하면

한 변의 길이가 1인 정사각형의 개수는 16

한 변의 길이가 2인 정사각형의 개수는 9

한 변의 길이가 3인 정사각형의 개수는 4

한 변의 길이가 4인 정사각형의 개수는 1

따라서 모든 정사각형의 개수는

$16+9+4+1=30$

(2) 5개의 가로줄 중에서 2개를 택하고 5개의 세로줄 중에서 2개를 택하면 하나의 직사각형이 만들어지므로 직사각형의 개수는

$${}_5C_2\times{}_5C_2=\frac{5\times4}{2\times1}\times\frac{5\times4}{2\times1}=100$$

이 중에서 정사각형이 30개 있으므로 정사각형이 아닌 직사각형의 개수는

$100-30=70$

연습문제

349~350쪽

752 답 5

${}_nC_r=\frac{{}_nP_r}{r!}$이므로

$56=\frac{336}{r!}$, $r!=6$

$6=3\times2\times1$이므로

$r!=3\times2\times1$ $\therefore r=3$

${}_{n}P_{3}=336$에서 $n(n-1)(n-2)=336$

$336=8\times7\times6$이므로

$n(n-1)(n-2)=8\times7\times6$

이때 n은 자연수이므로 $n=8$

$\therefore n-r=8-3=5$

753 답 60

1학년 6명 중에서 4명을 뽑는 경우의 수는

${}_{6}C_{4}={}_{6}C_{2}=\frac{6\times5}{2\times1}=15$

2학년 4명 중에서 3명을 뽑는 경우의 수는

${}_{4}C_{3}={}_{4}C_{1}=4$

따라서 구하는 경우의 수는

$15\times4=60$

754 답 4

4가 적힌 공은 이미 꺼냈다고 생각하고 홀수 1, 3, 5, 7, 9를 제외한 4개의 숫자가 적힌 공 중에서 3개를 택하는 경우의 수는

${}_{4}C_{3}={}_{4}C_{1}=4$

755 답 ⑤

빵 6개 중에서 2개를 택하고 쿠키 5개 중에서 2개를 택하는 경우의 수는

${}_{6}C_{2}\times{}_{5}C_{2}=\frac{6\times5}{2\times1}\times\frac{5\times4}{2\times1}=150$

택한 4개를 일렬로 진열하는 경우의 수는

$4!=24$

따라서 구하는 경우의 수는

$150\times24=3600$

756 답 ④

팔각형의 8개의 꼭짓점 중에서 2개를 택하여 이으면 변 또는 대각선이 그려진다.

8개의 꼭짓점 중에서 2개를 택하는 경우의 수는

${}_{8}C_{2}=\frac{8\times7}{2\times1}=28$

팔각형의 변의 개수는 8이므로 구하는 대각선의 개수는

$28-8=20$

757 답 155

10개의 점 중에서 4개를 택하는 경우의 수는

${}_{10}C_{4}=\frac{10\times9\times8\times7}{4\times3\times2\times1}=210$

한 직선 위에 있는 5개의 점 중에서 4개를 택하는 경우의 수는

${}_{5}C_{4}={}_{5}C_{1}=5$

한 직선 위에 있는 5개의 점 중에서 3개를 택하고 한 직선 위에 있지 않은 5개의 점 중에서 1개를 택하는 경우의 수는 ◀ 삼각형인 경우

${}_{5}C_{3}\times{}_{5}C_{1}={}_{5}C_{2}\times{}_{5}C_{1}=\frac{5\times4}{2\times1}\times5=50$

따라서 구하는 사각형의 개수는

$210-5-50=155$

758 답 ④

ㄱ. $n\times{}_{n-1}P_{r-1}=n\times\frac{(n-1)!}{\{n-1-(r-1)\}!}$

$=\frac{n!}{(n-r)!}={}_{n}P_{r}$

$\therefore {}_{n}P_{r}=n\times{}_{n-1}P_{r-1}$ (단, $1\le r\le n$)

ㄴ. $r\times{}_{n}C_{r}=r\times\frac{n!}{r!(n-r)!}$

$=\frac{n!}{(r-1)!(n-r)!}$

$=n\times\frac{(n-1)!}{(r-1)!\{n-1-(r-1)\}!}$

$=n\times{}_{n-1}C_{r-1}$

$\therefore r\times{}_{n}C_{r}=n\times{}_{n-1}C_{r-1}$ (단, $1\le r\le n$)

ㄷ. ${}_{n}C_{k}\times{}_{n-k}C_{r-k}$

$=\frac{n!}{k!(n-k)!}\times\frac{(n-k)!}{(r-k)!\{n-k-(r-k)\}!}$

$=\frac{n!}{k!(n-k)!}\times\frac{(n-k)!}{(r-k)!(n-r)!}$

$=\frac{n!}{r!(n-r)!}\times\frac{r!}{k!(r-k)!}$

$={}_{n}C_{r}\times{}_{r}C_{k}$

$\therefore {}_{n}C_{r}\times{}_{r}C_{k}={}_{n}C_{k}\times{}_{n-k}C_{r-k}$ (단, $0\le k\le r\le n$)

따라서 보기에서 옳은 것은 ㄱ, ㄷ이다.

759 답 56

남학생과 여학생의 수를 각각 n이라 하자.

전체에서 3명을 택하는 경우의 수는 ${}_{2n}C_{3}$

남학생 중에서 3명을 택하는 경우의 수는 ${}_{n}C_{3}$

전체에서 3명을 택하는 경우의 수는 남학생 중에서 3명을 택하는 경우의 수의 10배이므로

${}_{2n}C_{3}=10\times{}_{n}C_{3}$

$\frac{2n(2n-1)(2n-2)}{3\times2\times1}=10\times\frac{n(n-1)(n-2)}{3\times2\times1}$

이때 $n \geq 3$이므로 양변을 $n(n-1)$로 나누면

$2(2n-1)=5(n-2)$

$\therefore n=8$

따라서 남학생과 여학생의 수는 각각 8이므로 여학생 중에서 3명을 택하는 경우의 수는

${}_8C_3=\frac{8\times7\times6}{3\times2\times1}=56$

760 답 240

6곳의 학교 중에서 4곳을 택하는 경우의 수는

${}_6C_4={}_6C_2=\frac{6\times5}{2\times1}=15$

택한 각각의 학교의 학생 2명 중에서 1명을 택하는 경우의 수는

${}_2C_1=2$

따라서 구하는 경우의 수는

$15\times2\times2\times2\times2=240$

761 답 ③

(i) $a=5$일 때

$c<b<5$이므로 1, 2, 3, 4 중에서 2개를 뽑아 큰 수를 b, 작은 수를 c로 정하는 경우의 수는

${}_4C_2=\frac{4\times3}{2\times1}=6$

(ii) $a=6$일 때

$c<b<6$이므로 1, 2, 3, 4, 5 중에서 2개를 뽑아 큰 수를 b, 작은 수를 c로 정하는 경우의 수는

${}_5C_2=\frac{5\times4}{2\times1}=10$

(i), (ii)에서 구하는 자연수의 개수는

$6+10=16$

762 답 5

11명 중에서 3명을 뽑는 경우의 수는

${}_{11}C_3=\frac{11\times10\times9}{3\times2\times1}=165$

여자 선수의 수를 n이라 할 때, 여자 선수 n명 중에서 3명을 뽑는 경우의 수는

${}_nC_3$

따라서 남자 선수를 적어도 1명은 포함하여 뽑는 경우의 수는

$165-{}_nC_3=145$ ▸▸▸▸▸▸ ❶

${}_nC_3=20$이므로

$\frac{n(n-1)(n-2)}{3\times2\times1}=20$

$n(n-1)(n-2)=120$

$120=6\times5\times4$이므로

$n(n-1)(n-2)=6\times5\times4$

이때 n은 자연수이므로 $n=6$ ▸▸▸▸▸▸ ❷

따라서 남자 선수의 수는

$11-6=5$ ▸▸▸▸▸▸ ❸

단계	채점 기준	비율
❶	주어진 경우의 수를 이용하여 식 세우기	50%
❷	여자 선수의 수 구하기	40%
❸	남자 선수의 수 구하기	10%

763 답 ④

오른쪽 그림과 같이 선분 BC 위의 네 점을 각각 D, E, F, G라 하자.

또 선분 AB 위의 세 점과 선분 AC 위의 세 점을 연결하는 3개의 선분을 각각 l_1, l_2, l_3이라 하자.

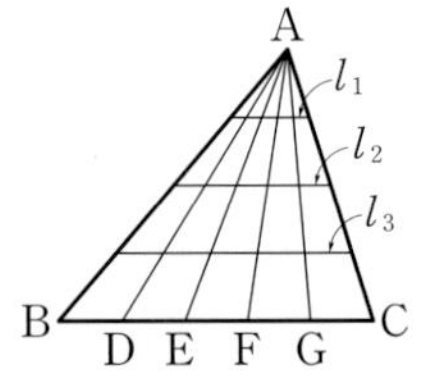

이때 이 도형의 선들로 삼각형을 만들려면 점 A를 삼각형의 한 꼭짓점으로 해야 한다.

따라서 꼭짓점 A를 지나는 6개의 선분 AB, AD, AE, AF, AG, AC 중에서 2개를 택하고 4개의 선분 l_1, l_2, l_3, BC 중에서 1개를 택하면 삼각형이 만들어지므로 구하는 삼각형의 개수는

${}_6C_2\times{}_4C_1=\frac{6\times5}{2\times1}\times4=60$

764 답 34

| 접근 방법 | 계단의 개수는
(두 단씩 오르는 횟수)×2+(한 단씩 오르는 횟수)이므로 두 단씩 오르는 횟수를 정하는 대로 한 단씩 오르는 횟수도 정해진다.

8단의 계단을 한 걸음에 두 단씩 올라가는 횟수는 0, 1, 2, 3, 4의 5가지이고 그 각각에 대하여 나머지는 모두 한 단씩 올라가면 된다.

(i) 두 단씩 올라가는 횟수가 0인 경우

계단을 오르는 8걸음 중에서 두 단을 오르는 경우는 없으므로 경우의 수는 1

(ii) 두 단씩 올라가는 횟수가 1인 경우

계단을 오르는 7걸음 중에서 두 단을 오르는 1걸음을 고르는 경우의 수는

$_7C_1=7$

(iii) 두 단씩 올라가는 횟수가 2인 경우

계단을 오르는 6걸음 중에서 두 단을 오르는 2걸음을 고르는 경우의 수는

$_6C_2=\frac{6\times5}{2\times1}=15$

(iv) 두 단씩 올라가는 횟수가 3인 경우

계단을 오르는 5걸음 중에서 두 단을 오르는 3걸음을 고르는 경우의 수는

$_5C_3={}_5C_2=\frac{5\times4}{2\times1}=10$

(v) 두 단씩 올라가는 횟수가 4인 경우

계단을 오르는 4걸음 중에서 두 단을 오르는 경우의 수는 1

(i)~(v)에서 구하는 경우의 수는

$1+7+15+10+1=34$

765 답 18

| 접근 방법 | 원주각의 성질을 이용하여 원 위의 점을 꼭짓점으로 하는 직각삼각형과 직사각형을 만드는 방법을 생각한다.

원의 지름과 원 위의 점을 이으면 직각삼각형이므로 직각삼각형의 개수는 원의 지름 4개 중에서 1개를 택하고 지름을 이루는 2개의 점을 제외한 6개의 점 중에서 1개를 택하는 경우의 수와 같다.

따라서 직각삼각형의 개수는

$a={}_4C_1\times{}_6C_1=4\times6=24$

서로 다른 원의 지름 2개가 직사각형의 대각선이 되도록 하는 원 위의 4개의 점을 이으면 직사각형이므로 직사각형의 개수는 원의 지름 4개 중에서 2개를 택하는 경우의 수와 같다.

따라서 직사각형의 개수는

$b={}_4C_2=\frac{4\times3}{2\times1}=6$

$\therefore a-b=24-6=18$

| 참고 | 원주각의 성질

(1) 한 원에서 한 호에 대한 원주각의 크기는 모두 같다.

(2) 반원에 대한 원주각의 크기는 90°이다.

Ⅳ. 행렬

Ⅳ-1. 행렬의 연산

01 행렬의 덧셈, 뺄셈과 실수배

개념 확인 353쪽

766 답 (1) 0, −3, −1 (2) 4, 0, 5 (3) 0 (4) 4

(4) $a_{31}-a_{12}=5-1=4$

767 답 (1) $a=-1$, $b=3$ (2) $a=3$, $b=4$

(1) $a+2=1$이므로 $a=-1$

$5=-1+2b$이므로 $b=3$

(2) $2a=6$이므로 $a=3$

$5=b+1$이므로 $b=4$

유제 355~357쪽

768 답 (1) $\begin{pmatrix}1&-1&-3\\4&2&0\end{pmatrix}$ (2) $\begin{pmatrix}0&-3&-8\\3&0&-5\\8&5&0\end{pmatrix}$

(1) $a_{11}=3\times1-2\times1=1$

$a_{12}=3\times1-2\times2=-1$

$a_{13}=3\times1-2\times3=-3$

$a_{21}=3\times2-2\times1=4$

$a_{22}=3\times2-2\times2=2$

$a_{23}=3\times2-2\times3=0$

$\therefore A=\begin{pmatrix}1&-1&-3\\4&2&0\end{pmatrix}$

(2) $i=j$이면 $a_{ij}=0$이므로

$a_{11}=0$, $a_{22}=0$, $a_{33}=0$

$i\neq j$이면 $a_{ij}=i^2-j^2$이므로

$a_{12}=1^2-2^2=-3$, $a_{13}=1^2-3^2=-8$

$a_{21}=2^2-1^2=3$, $a_{23}=2^2-3^2=-5$

$a_{31}=3^2-1^2=8$, $a_{32}=3^2-2^2=5$

$\therefore A=\begin{pmatrix}0&-3&-8\\3&0&-5\\8&5&0\end{pmatrix}$

769 답 −5

$a_{12}=1^2+2\times2-3=2$, $a_{22}=2^2+2\times2-3=5$

$a_{32}=3^2+2\times2-3=10$, $a_{33}=3^2+2\times3-3=12$

$\therefore a_{12}-a_{22}+a_{32}-a_{33}=2-5+10-12=-5$

770 답 **22**

$a_{11}=2\times1+1+1=4$, $a_{12}=2\times1+2+1=5$

$a_{21}=2\times2+1+1=6$, $a_{22}=2\times2+2+1=7$

따라서 행렬 A의 모든 성분의 합은

$a_{11}+a_{12}+a_{21}+a_{22}=4+5+6+7=22$

771 답 $\begin{pmatrix} \mathbf{0} & \mathbf{2} \\ \mathbf{0} & \mathbf{3} \end{pmatrix}$

행렬 A는 2×2 행렬이므로

$a_{11}=(1-1)\times(1+1)=0$

$a_{12}=(1-1)\times(2+1)=0$

$a_{21}=(2-1)\times(1+1)=2$

$a_{22}=(2-1)\times(2+1)=3$

$b_{ij}=a_{ji}$이므로

$b_{11}=a_{11}=0$, $b_{12}=a_{21}=2$

$b_{21}=a_{12}=0$, $b_{22}=a_{22}=3$

$\therefore B=\begin{pmatrix} 0 & 2 \\ 0 & 3 \end{pmatrix}$

772 답 $\begin{pmatrix} \mathbf{0} & \mathbf{0} & \mathbf{1} \\ \mathbf{1} & \mathbf{1} & \mathbf{1} \\ \mathbf{2} & \mathbf{1} & \mathbf{0} \end{pmatrix}$

$a_{11}=0$, $a_{12}=0$, $a_{13}=1$, $a_{21}=1$, $a_{22}=1$, $a_{23}=1$

$a_{31}=2$, $a_{32}=1$, $a_{33}=0$

따라서 구하는 행렬은

$\begin{pmatrix} 0 & 0 & 1 \\ 1 & 1 & 1 \\ 2 & 1 & 0 \end{pmatrix}$

773 답 (1) $\boldsymbol{a=6, b=7, c=-1}$

(2) $\boldsymbol{a=-3, b=-1, c=4}$

(1) 두 행렬이 서로 같으면 대응하는 성분이 각각 같으므로

$a+b=13$, $a-b=c$, $b-c=8$, $b+c=5-c$

$b-c=8$, $b+2c=5$를 연립하여 풀면

$b=7$, $c=-1$

$a+b=13$에서 $a=6$

(2) 두 행렬이 서로 같으면 대응하는 성분이 각각 같으므로

$a^2+1=10$, $c=-4b$, $b-1=-2$,

$a^2+a=bc+10$

$a^2+1=10$에서 $a^2=9$

$\therefore a=-3$ 또는 $a=3$ ...... ㉠

$b-1=-2$에서 $b=-1$이므로

$c=-4b=-4\times(-1)=4$

$a^2+a=bc+10$에서 $a^2+a=-4+10$

$a^2+a-6=0$, $(a+3)(a-2)=0$

$\therefore a=-3$ 또는 $a=2$ ...... ㉡

㉠, ㉡에서 $a=-3$

774 답 $\begin{pmatrix} \mathbf{0} & \mathbf{1} & \mathbf{0} \\ \mathbf{0} & \mathbf{1} & \mathbf{1} \\ \mathbf{1} & \mathbf{1} & \mathbf{1} \end{pmatrix}$

1번 버스는 S_2 역에만 정차하므로

$a_{11}=0$, $a_{12}=1$, $a_{13}=0$

2번 버스는 S_2, S_3 역에 정차하므로

$a_{21}=0$, $a_{22}=1$, $a_{23}=1$

3번 버스는 모든 역에 정차하므로

$a_{31}=1$, $a_{32}=1$, $a_{33}=1$

$\therefore A=\begin{pmatrix} 0 & 1 & 0 \\ 0 & 1 & 1 \\ 1 & 1 & 1 \end{pmatrix}$

775 답 ③

두 행렬이 서로 같으면 대응하는 성분이 각각 같으므로

$1-x=y-2$, $x+y=xy+1$, $xy=4-xy$

$1-x=y-2$에서 $x+y=3$

$xy=4-xy$에서 $xy=2$

$\therefore x^3+y^3=(x+y)^3-3xy(x+y)$

$=3^3-3\times2\times3=9$

개념 확인

359쪽

776 답 (1) $\begin{pmatrix} \mathbf{2} & \mathbf{3} \\ \mathbf{0} & \mathbf{4} \end{pmatrix}$ (2) $\begin{pmatrix} \mathbf{1} & \mathbf{3} & \mathbf{-3} \\ \mathbf{-1} & \mathbf{3} & \mathbf{7} \end{pmatrix}$

(3) $\begin{pmatrix} \mathbf{-2} & \mathbf{-1} \\ \mathbf{-1} & \mathbf{-7} \end{pmatrix}$ (4) $\begin{pmatrix} \mathbf{-7} & \mathbf{-8} \\ \mathbf{3} & \mathbf{-2} \\ \mathbf{-8} & \mathbf{-2} \end{pmatrix}$

777 답 (1) $\begin{pmatrix} \mathbf{-5} & \mathbf{12} \\ \mathbf{8} & \mathbf{6} \end{pmatrix}$ (2) $\begin{pmatrix} \mathbf{5} & \mathbf{10} \\ \mathbf{-2} & \mathbf{-10} \end{pmatrix}$

(1) $X=\begin{pmatrix} -2 & 8 \\ 10 & 5 \end{pmatrix}-\begin{pmatrix} 3 & -4 \\ 2 & -1 \end{pmatrix}=\begin{pmatrix} -5 & 12 \\ 8 & 6 \end{pmatrix}$

(2) $X=\begin{pmatrix} 6 & 7 \\ 3 & -2 \end{pmatrix}-\begin{pmatrix} 1 & -3 \\ 5 & 8 \end{pmatrix}=\begin{pmatrix} 5 & 10 \\ -2 & -10 \end{pmatrix}$

778 답 (1) $\begin{pmatrix} \mathbf{6} & \mathbf{18} \\ \mathbf{-6} & \mathbf{-12} \end{pmatrix}$ (2) $\begin{pmatrix} \mathbf{-1} & \mathbf{-3} \\ \mathbf{1} & \mathbf{2} \end{pmatrix}$

779 답 $\begin{pmatrix} -2 & -1 \\ -3 & 3 \end{pmatrix}$

$$2A-3B-(A-2B)=A-B$$
$$=\begin{pmatrix} 2 & -2 \\ -3 & 1 \end{pmatrix}-\begin{pmatrix} 4 & -1 \\ 0 & -2 \end{pmatrix}$$
$$=\begin{pmatrix} -2 & -1 \\ -3 & 3 \end{pmatrix}$$

780 답 $\begin{pmatrix} -1 & 0 \\ -1 & 2 \end{pmatrix}$

$2(A+2B+X)=5X+3B$에서

$3X=2A+B$

$\therefore X=\frac{2}{3}A+\frac{1}{3}B$

$$=\frac{2}{3}\begin{pmatrix} 1 & -3 \\ -2 & 4 \end{pmatrix}+\frac{1}{3}\begin{pmatrix} -5 & 6 \\ 1 & -2 \end{pmatrix}$$
$$=\begin{pmatrix} \frac{2}{3} & -2 \\ -\frac{4}{3} & \frac{8}{3} \end{pmatrix}+\begin{pmatrix} -\frac{5}{3} & 2 \\ \frac{1}{3} & -\frac{2}{3} \end{pmatrix}$$
$$=\begin{pmatrix} -1 & 0 \\ -1 & 2 \end{pmatrix}$$

781 답 $\begin{pmatrix} 6 & 26 \\ 10 & 8 \end{pmatrix}$

$2(A+3B)-3(A-C)-3B$

$=-A+3B+3C$

$$=-\begin{pmatrix} 3 & -2 \\ -1 & 1 \end{pmatrix}+3\begin{pmatrix} -1 & 5 \\ 1 & 2 \end{pmatrix}+3\begin{pmatrix} 4 & 3 \\ 2 & 1 \end{pmatrix}$$
$$=\begin{pmatrix} -3 & 2 \\ 1 & -1 \end{pmatrix}+\begin{pmatrix} -3 & 15 \\ 3 & 6 \end{pmatrix}+\begin{pmatrix} 12 & 9 \\ 6 & 3 \end{pmatrix}$$
$$=\begin{pmatrix} 6 & 26 \\ 10 & 8 \end{pmatrix}$$

782 답 9

$A-2B+3X=2(A+X)-C$에서

$X=A+2B-C$

$$=\begin{pmatrix} 2 & 0 \\ 1 & 1 \end{pmatrix}+2\begin{pmatrix} -2 & 1 \\ 2 & 1 \end{pmatrix}-\begin{pmatrix} 1 & -1 \\ -1 & 0 \end{pmatrix}$$
$$=\begin{pmatrix} 2 & 0 \\ 1 & 1 \end{pmatrix}+\begin{pmatrix} -4 & 2 \\ 4 & 2 \end{pmatrix}-\begin{pmatrix} 1 & -1 \\ -1 & 0 \end{pmatrix}$$
$$=\begin{pmatrix} -3 & 3 \\ 6 & 3 \end{pmatrix}$$

따라서 행렬 X의 모든 성분의 합은

$-3+3+6+3=9$

783 답 $A=\begin{pmatrix} -1 & -1 \\ 3 & -1 \end{pmatrix}$, $B=\begin{pmatrix} 2 & 3 \\ -8 & 5 \end{pmatrix}$

$A+B=\begin{pmatrix} 1 & 2 \\ -5 & 4 \end{pmatrix}$ ...... ㉠

$3A+B=\begin{pmatrix} -1 & 0 \\ 1 & 2 \end{pmatrix}$ ...... ㉡

㉡－㉠을 하면

$$2A=\begin{pmatrix} -1 & 0 \\ 1 & 2 \end{pmatrix}-\begin{pmatrix} 1 & 2 \\ -5 & 4 \end{pmatrix}=\begin{pmatrix} -2 & -2 \\ 6 & -2 \end{pmatrix}$$
$$\therefore A=\frac{1}{2}\begin{pmatrix} -2 & -2 \\ 6 & -2 \end{pmatrix}=\begin{pmatrix} -1 & -1 \\ 3 & -1 \end{pmatrix}$$

이를 ㉠에 대입하면

$$\begin{pmatrix} -1 & -1 \\ 3 & -1 \end{pmatrix}+B=\begin{pmatrix} 1 & 2 \\ -5 & 4 \end{pmatrix}$$
$$\therefore B=\begin{pmatrix} 1 & 2 \\ -5 & 4 \end{pmatrix}-\begin{pmatrix} -1 & -1 \\ 3 & -1 \end{pmatrix}=\begin{pmatrix} 2 & 3 \\ -8 & 5 \end{pmatrix}$$

784 답 $x=-2$, $y=1$

$x\begin{pmatrix} 1 & 2 \\ 0 & 1 \end{pmatrix}+y\begin{pmatrix} -1 & 0 \\ 1 & -4 \end{pmatrix}=\begin{pmatrix} -3 & -4 \\ 1 & -6 \end{pmatrix}$에서

$$\begin{pmatrix} x-y & 2x \\ y & x-4y \end{pmatrix}=\begin{pmatrix} -3 & -4 \\ 1 & -6 \end{pmatrix}$$

행렬이 서로 같을 조건에 의하여

$2x=-4$, $y=1$

$\therefore x=-2$, $y=1$

785 답 ②

$A+B=\begin{pmatrix} -3 & 4 \\ 2 & 3 \end{pmatrix}$ ...... ㉠

$A-2B=\begin{pmatrix} -2 & 3 \\ 1 & 4 \end{pmatrix}$ ...... ㉡

㉠－㉡을 하면

$$3B=\begin{pmatrix} -3 & 4 \\ 2 & 3 \end{pmatrix}-\begin{pmatrix} -2 & 3 \\ 1 & 4 \end{pmatrix}=\begin{pmatrix} -1 & 1 \\ 1 & -1 \end{pmatrix}$$
$$\therefore B=\frac{1}{3}\begin{pmatrix} -1 & 1 \\ 1 & -1 \end{pmatrix}=\begin{pmatrix} -\frac{1}{3} & \frac{1}{3} \\ \frac{1}{3} & -\frac{1}{3} \end{pmatrix}$$

$B=\begin{pmatrix} -\frac{1}{3} & \frac{1}{3} \\ \frac{1}{3} & -\frac{1}{3} \end{pmatrix}$을 ㉡의 양변에 더하면

$$A-B=(A-2B)+B$$
$$=\begin{pmatrix} -2 & 3 \\ 1 & 4 \end{pmatrix}+\begin{pmatrix} -\frac{1}{3} & \frac{1}{3} \\ \frac{1}{3} & -\frac{1}{3} \end{pmatrix}=\begin{pmatrix} -\frac{7}{3} & \frac{10}{3} \\ \frac{4}{3} & \frac{11}{3} \end{pmatrix}$$

따라서 행렬 $A-B$의 모든 성분의 합은

$-\frac{7}{3}+\frac{10}{3}+\frac{4}{3}+\frac{11}{3}=6$

786 답 1

$x\begin{pmatrix} 2 & k \\ 0 & -1 \end{pmatrix}+y\begin{pmatrix} -1 & 3 \\ 0 & 3 \end{pmatrix}=\begin{pmatrix} 7 & -5 \\ 0 & -11 \end{pmatrix}$에서

$\begin{pmatrix} 2x-y & kx+3y \\ 0 & -x+3y \end{pmatrix}=\begin{pmatrix} 7 & -5 \\ 0 & -11 \end{pmatrix}$

행렬이 서로 같을 조건에 의하여

$2x-y=7,\ -x+3y=-11$

두 식을 연립하여 풀면 $x=2,\ y=-3$

$kx+3y=-5$이므로 $2k-9=-5$ $\quad\therefore k=2$

$\therefore k+x+y=2+2+(-3)=1$

연습문제 364~365쪽

787 답 ④

ㄷ. $j=1$인 성분은 $a_{11}=3,\ a_{21}=-4$이므로 그 합은
$3+(-4)=-1$

ㄹ. $i=j$인 성분은 $a_{11}=3,\ a_{22}=5$이므로 그 곱은
$3\times5=15$

따라서 보기에서 옳은 것은 ㄱ, ㄴ, ㄷ이다.

788 답 ③

i가 홀수이면 $a_{ij}=3i+j$이므로

$a_{11}=3\times1+1=4,\ a_{12}=3\times1+2=5$

i가 짝수이면 $a_{ij}=3i-j$이므로

$a_{21}=3\times2-1=5,\ a_{22}=3\times2-2=4$

따라서 행렬 A의 모든 성분의 합은

$4+5+5+4=18$

789 답 −5

행렬이 서로 같을 조건에 의하여

$-3x=x^2+2,\ xy=-6,\ 4y-3=y^2$

$-3x=x^2+2$에서 $x^2+3x+2=0$

$(x+1)(x+2)=0$ $\quad\therefore x=-2$ 또는 $x=-1$

$4y-3=y^2$에서 $y^2-4y+3=0$

$(y-1)(y-3)=0$ $\quad\therefore y=1$ 또는 $y=3$

이때 $xy=-6$이므로 $x=-2,\ y=3$

$\therefore x-y=-5$

790 답 −12

$2(A+3B)-3(3A+B)$

$=-7A+3B$

$=-7\begin{pmatrix} 1 & 3 \\ -3 & 2 \end{pmatrix}+3\begin{pmatrix} 0 & 1 \\ -1 & 3 \end{pmatrix}$

$=\begin{pmatrix} -7 & -21 \\ 21 & -14 \end{pmatrix}+\begin{pmatrix} 0 & 3 \\ -3 & 9 \end{pmatrix}$

$=\begin{pmatrix} -7 & -18 \\ 18 & -5 \end{pmatrix}$

따라서 구하는 모든 성분의 합은

$-7+(-18)+18+(-5)=-12$

791 답 −1

$x\begin{pmatrix} -1 & -2 \\ 1 & 1 \end{pmatrix}+y\begin{pmatrix} 1 & -4 \\ 2 & -1 \end{pmatrix}=3\begin{pmatrix} -1 & 2 \\ -1 & 1 \end{pmatrix}$에서

$\begin{pmatrix} -x+y & -2x-4y \\ x+2y & x-y \end{pmatrix}=\begin{pmatrix} -3 & 6 \\ -3 & 3 \end{pmatrix}$

행렬이 서로 같을 조건에 의하여

$x+2y=-3,\ x-y=3$

두 식을 연립하여 풀면 $x=1,\ y=-2$

$\therefore x+y=-1$

792 답 $\begin{pmatrix} 5 & 6 & 8 \\ 6 & 2 & 4 \\ 8 & 4 & 2 \end{pmatrix}$

각 도형 $P_1,\ P_2,\ P_3$에 의하여 정사각형이 나누어지는 영역의 개수는 각각 5, 2, 2이므로

$a_{11}=5,\ a_{22}=2,\ a_{33}=2$

두 도형 $P_1,\ P_2$에 의하여 정사각형이 나누어지는 영역의 개수는 6이므로

$a_{12}=6,\ a_{21}=6$

두 도형 $P_1,\ P_3$에 의하여 정사각형이 나누어지는 영역의 개수는 8이므로

$a_{13}=8,\ a_{31}=8$

두 도형 $P_2,\ P_3$에 의하여 정사각형이 나누어지는 영역의 개수는 4이므로

$a_{23}=4,\ a_{32}=4$

$\therefore A=\begin{pmatrix} 5 & 6 & 8 \\ 6 & 2 & 4 \\ 8 & 4 & 2 \end{pmatrix}$

793 답 ③

행렬이 서로 같을 조건에 의하여

$a=4-b,\ b=\frac{2}{a}$

따라서 $a+b=4$, $ab=2$이므로

$$\frac{a^2}{b}+\frac{b^2}{a}=\frac{a^3+b^3}{ab}=\frac{(a+b)^3-3ab(a+b)}{ab}$$
$$=\frac{4^3-3\times2\times4}{2}=20$$

794 답 -7

$\alpha\begin{pmatrix}\alpha & 1\\ \beta & 0\end{pmatrix}+\beta\begin{pmatrix}\beta & 1\\ \alpha & 0\end{pmatrix}=\begin{pmatrix}19 & 5\\ 2\alpha\beta & 0\end{pmatrix}$에서

$\begin{pmatrix}\alpha^2+\beta^2 & \alpha+\beta\\ 2\alpha\beta & 0\end{pmatrix}=\begin{pmatrix}19 & 5\\ 2\alpha\beta & 0\end{pmatrix}$

행렬이 서로 같을 조건에 의하여

$\alpha^2+\beta^2=19$, $\alpha+\beta=5$

$(\alpha+\beta)^2=\alpha^2+\beta^2+2\alpha\beta$이므로

$5^2=19+2\alpha\beta$, $2\alpha\beta=6$

$\therefore\ \alpha\beta=3$

이차방정식 $x^2+ax+b=0$에서 근과 계수의 관계에 의하여

$a=-(\alpha+\beta)=-5$, $b=\alpha\beta=3$

$\therefore\ 2a+b=2\times(-5)+3=-7$

795 답 $\frac{33}{5}$

$X-2Y=A$ ⋯⋯ ㉠

$2X+Y=B$ ⋯⋯ ㉡

㉠$+2\times$㉡을 하면

$5X=A+2B$

$\therefore\ X=\frac{1}{5}(A+2B)$

이를 ㉡에 대입하면

$\frac{2}{5}(A+2B)+Y=B$

$\therefore\ Y=-\frac{2}{5}A+\frac{1}{5}B$

$$\therefore\ X+Y=\left(\frac{1}{5}A+\frac{2}{5}B\right)+\left(-\frac{2}{5}A+\frac{1}{5}B\right)$$
$$=-\frac{1}{5}A+\frac{3}{5}B$$
$$=-\frac{1}{5}\begin{pmatrix}2 & -4\\ 8 & 4\end{pmatrix}+\frac{3}{5}\begin{pmatrix}6 & 5\\ -2 & 1\end{pmatrix}$$
$$=\begin{pmatrix}-\frac{2}{5} & \frac{4}{5}\\ -\frac{8}{5} & -\frac{4}{5}\end{pmatrix}+\begin{pmatrix}\frac{18}{5} & 3\\ -\frac{6}{5} & \frac{3}{5}\end{pmatrix}$$
$$=\begin{pmatrix}\frac{16}{5} & \frac{19}{5}\\ -\frac{14}{5} & -\frac{1}{5}\end{pmatrix}$$

따라서 행렬 $X+Y$의 성분 중 가장 큰 수와 가장 작은 수의 차는

$\frac{19}{5}-\left(-\frac{14}{5}\right)=\frac{33}{5}$

796 답 -6

$x\begin{pmatrix}1 & 2\\ 4 & -2\end{pmatrix}+y\begin{pmatrix}-2 & 1\\ 3 & 1\end{pmatrix}=\begin{pmatrix}0 & 5\\ z & w\end{pmatrix}$에서

$\begin{pmatrix}x-2y & 2x+y\\ 4x+3y & -2x+y\end{pmatrix}=\begin{pmatrix}0 & 5\\ z & w\end{pmatrix}$

행렬이 서로 같을 조건에 의하여

$x-2y=0$, $2x+y=5$

두 식을 연립하여 풀면

$x=2$, $y=1$

따라서 $z=4x+3y=4\times2+3\times1=11$,

$w=-2x+y=-2\times2+1=-3$이므로

$$xy-z-w=2\times1-11-(-3)$$
$$=-6$$

797 답 14

| 접근 방법 | 두 행렬 A, B의 성분을 특정 문자로 놓고 주어진 조건을 이용하여 행렬을 완성한다.

$a_{11}=x$, $a_{12}=a_{21}=y$, $a_{22}=z$라 하면

$A=\begin{pmatrix}x & y\\ y & z\end{pmatrix}$

$b_{11}=-b_{11}$, $b_{22}=-b_{22}$이므로 $b_{11}=b_{22}=0$

$b_{12}=-b_{21}$이므로 $b_{12}=w$라 하면

$B=\begin{pmatrix}0 & w\\ -w & 0\end{pmatrix}$

$A+B=\begin{pmatrix}8 & 15\\ -1 & 7\end{pmatrix}$에서

$\begin{pmatrix}x & y\\ y & z\end{pmatrix}+\begin{pmatrix}0 & w\\ -w & 0\end{pmatrix}=\begin{pmatrix}8 & 15\\ -1 & 7\end{pmatrix}$

$\begin{pmatrix}x & y+w\\ y-w & z\end{pmatrix}=\begin{pmatrix}8 & 15\\ -1 & 7\end{pmatrix}$

행렬이 서로 같을 조건에 의하여

$x=8$, $y+w=15$, $y-w=-1$, $z=7$

$y+w=15$, $y-w=-1$을 연립하여 풀면

$y=7$, $w=8$

$$\therefore\ a_{21}+a_{22}=y+z$$
$$=7+7=14$$

798 답 45

P(−2, 4), Q(−5, −2), R(3, 2)이므로

$A=\begin{pmatrix} -2 & 4 \\ -5 & -2 \end{pmatrix}$, $B=\begin{pmatrix} 3 & 2 \\ -2 & 4 \end{pmatrix}$ ▸▸▸▸▸▸ ❶

$3X-B=2(X-A)+4B$에서

$X=-2A+5B$

$=-2\begin{pmatrix} -2 & 4 \\ -5 & -2 \end{pmatrix}+5\begin{pmatrix} 3 & 2 \\ -2 & 4 \end{pmatrix}$

$=\begin{pmatrix} 4 & -8 \\ 10 & 4 \end{pmatrix}+\begin{pmatrix} 15 & 10 \\ -10 & 20 \end{pmatrix}$

$=\begin{pmatrix} 19 & 2 \\ 0 & 24 \end{pmatrix}$ ▸▸▸▸▸▸ ❷

따라서 행렬 X의 모든 성분의 합은

$19+2+24=45$ ▸▸▸▸▸▸ ❸

단계	채점 기준	비율
❶	행렬 A, B 구하기	30%
❷	행렬 X 구하기	50%
❸	행렬 X의 모든 성분의 합 구하기	20%

02 행렬의 곱셈

개념 확인 367쪽

799 답 (1) (-14) (2) (-15) (3) $(0\ \ 1)$

(4) $(4\ \ -4)$ (5) $\begin{pmatrix} 0 & 10 \\ 0 & -2 \end{pmatrix}$

(6) $\begin{pmatrix} -12 & 2 \\ -18 & 3 \end{pmatrix}$ (7) $\begin{pmatrix} -7 \\ -14 \end{pmatrix}$ (8) $\begin{pmatrix} -3 \\ -9 \end{pmatrix}$

(9) $\begin{pmatrix} 3 & 2 \\ -12 & -9 \end{pmatrix}$ (10) $\begin{pmatrix} -16 & -17 \\ -5 & -7 \end{pmatrix}$

800 답 (1) $\begin{pmatrix} 9 & 1 \\ 0 & 4 \end{pmatrix}$ (2) $\begin{pmatrix} 27 & 7 \\ 0 & -8 \end{pmatrix}$

(1) $A^2=AA=\begin{pmatrix} 3 & 1 \\ 0 & -2 \end{pmatrix}\begin{pmatrix} 3 & 1 \\ 0 & -2 \end{pmatrix}$

$=\begin{pmatrix} 9 & 1 \\ 0 & 4 \end{pmatrix}$

(2) $A^3=A^2A=\begin{pmatrix} 9 & 1 \\ 0 & 4 \end{pmatrix}\begin{pmatrix} 3 & 1 \\ 0 & -2 \end{pmatrix}$

$=\begin{pmatrix} 27 & 7 \\ 0 & -8 \end{pmatrix}$

유제 369~373쪽

801 답 (1) $\begin{pmatrix} 0 & -18 \\ 0 & -12 \end{pmatrix}$ (2) $\begin{pmatrix} 12 & -18 \\ -8 & -12 \end{pmatrix}$

(1) $A+B=\begin{pmatrix} 1 & 3 \\ 2 & -4 \end{pmatrix}+\begin{pmatrix} -1 & 3 \\ -2 & 0 \end{pmatrix}=\begin{pmatrix} 0 & 6 \\ 0 & -4 \end{pmatrix}$

이므로

$B(A+B)=\begin{pmatrix} -1 & 3 \\ -2 & 0 \end{pmatrix}\begin{pmatrix} 0 & 6 \\ 0 & -4 \end{pmatrix}=\begin{pmatrix} 0 & -18 \\ 0 & -12 \end{pmatrix}$

(2) $BA=\begin{pmatrix} -1 & 3 \\ -2 & 0 \end{pmatrix}\begin{pmatrix} 1 & 3 \\ 2 & -4 \end{pmatrix}=\begin{pmatrix} 5 & -15 \\ -2 & -6 \end{pmatrix}$

$AB=\begin{pmatrix} 1 & 3 \\ 2 & -4 \end{pmatrix}\begin{pmatrix} -1 & 3 \\ -2 & 0 \end{pmatrix}=\begin{pmatrix} -7 & 3 \\ 6 & 6 \end{pmatrix}$

$\therefore BA-AB$

$=\begin{pmatrix} 5 & -15 \\ -2 & -6 \end{pmatrix}-\begin{pmatrix} -7 & 3 \\ 6 & 6 \end{pmatrix}=\begin{pmatrix} 12 & -18 \\ -8 & -12 \end{pmatrix}$

802 답 −7

$\begin{pmatrix} 3 & a \\ 4 & -2 \end{pmatrix}\begin{pmatrix} 1 & -1 \\ b & 2 \end{pmatrix}=\begin{pmatrix} 3+ab & -3+2a \\ 4-2b & -8 \end{pmatrix}$,

$\begin{pmatrix} 3 & 1 \\ x & 2 \end{pmatrix}+\begin{pmatrix} 0 & 6 \\ 1 & y \end{pmatrix}=\begin{pmatrix} 3 & 7 \\ x+1 & y+2 \end{pmatrix}$이므로

$\begin{pmatrix} 3+ab & -3+2a \\ 4-2b & -8 \end{pmatrix}=\begin{pmatrix} 3 & 7 \\ x+1 & y+2 \end{pmatrix}$

행렬이 서로 같을 조건에 의하여

$3+ab=3$, $-3+2a=7$, $4-2b=x+1$,

$-8=y+2$

$-3+2a=7$에서 $a=5$

$3+ab=3$에서 $ab=0$, $5b=0$ $\therefore b=0$

$4-2b=x+1$에서 $4=x+1$ $\therefore x=3$

$-8=y+2$에서 $y=-10$

$\therefore x+y=-7$

803 답 ②

$X+AB=B$에서

$X=B-AB$

$=\begin{pmatrix} 0 & 1 \\ 1 & 0 \end{pmatrix}-\begin{pmatrix} 1 & -1 \\ 1 & -1 \end{pmatrix}\begin{pmatrix} 0 & 1 \\ 1 & 0 \end{pmatrix}$

$=\begin{pmatrix} 0 & 1 \\ 1 & 0 \end{pmatrix}-\begin{pmatrix} -1 & 1 \\ -1 & 1 \end{pmatrix}$

$=\begin{pmatrix} 1 & 0 \\ 2 & -1 \end{pmatrix}$

따라서 행렬 X의 모든 성분의 합은

$1+0+2+(-1)=2$

804 답 12

$AB=\begin{pmatrix} -1 & x \\ 2 & -4 \end{pmatrix}\begin{pmatrix} y & 2 \\ 3 & 1 \end{pmatrix}=\begin{pmatrix} 3x-y & x-2 \\ 2y-12 & 0 \end{pmatrix}$

$AB=O$이므로 $\begin{pmatrix} 3x-y & x-2 \\ 2y-12 & 0 \end{pmatrix}=\begin{pmatrix} 0 & 0 \\ 0 & 0 \end{pmatrix}$

행렬이 서로 같을 조건에 의하여

$x-2=0,\ 2y-12=0 \qquad \therefore x=2,\ y=6$

$\therefore xy=12$

805 답 $\begin{pmatrix} -2 & -8 \\ -4 & -10 \end{pmatrix}$

$A+B=\begin{pmatrix} 0 & 2 \\ -2 & 4 \end{pmatrix} \quad \cdots\cdots ㉠$

$A-B=\begin{pmatrix} 2 & 2 \\ 4 & 2 \end{pmatrix} \quad \cdots\cdots ㉡$

㉠+㉡을 하면

$2A=\begin{pmatrix} 0 & 2 \\ -2 & 4 \end{pmatrix}+\begin{pmatrix} 2 & 2 \\ 4 & 2 \end{pmatrix}=\begin{pmatrix} 2 & 4 \\ 2 & 6 \end{pmatrix}$

$\therefore A=\frac{1}{2}\begin{pmatrix} 2 & 4 \\ 2 & 6 \end{pmatrix}=\begin{pmatrix} 1 & 2 \\ 1 & 3 \end{pmatrix}$

㉠−㉡을 하면

$2B=\begin{pmatrix} 0 & 2 \\ -2 & 4 \end{pmatrix}-\begin{pmatrix} 2 & 2 \\ 4 & 2 \end{pmatrix}=\begin{pmatrix} -2 & 0 \\ -6 & 2 \end{pmatrix}$

$\therefore B=\frac{1}{2}\begin{pmatrix} -2 & 0 \\ -6 & 2 \end{pmatrix}=\begin{pmatrix} -1 & 0 \\ -3 & 1 \end{pmatrix}$

$\therefore B^2-A^2=\begin{pmatrix} -1 & 0 \\ -3 & 1 \end{pmatrix}\begin{pmatrix} -1 & 0 \\ -3 & 1 \end{pmatrix}-\begin{pmatrix} 1 & 2 \\ 1 & 3 \end{pmatrix}\begin{pmatrix} 1 & 2 \\ 1 & 3 \end{pmatrix}$

$=\begin{pmatrix} 1 & 0 \\ 0 & 1 \end{pmatrix}-\begin{pmatrix} 3 & 8 \\ 4 & 11 \end{pmatrix}=\begin{pmatrix} -2 & -8 \\ -4 & -10 \end{pmatrix}$

806 답 −9

$A^2=AA=\begin{pmatrix} a & -4 \\ 2 & b \end{pmatrix}\begin{pmatrix} a & -4 \\ 2 & b \end{pmatrix}$

$=\begin{pmatrix} a^2-8 & -4a-4b \\ 2a+2b & b^2-8 \end{pmatrix}$

$A^2=\begin{pmatrix} 1 & 0 \\ 0 & 1 \end{pmatrix}$이므로

$\begin{pmatrix} a^2-8 & -4a-4b \\ 2a+2b & b^2-8 \end{pmatrix}=\begin{pmatrix} 1 & 0 \\ 0 & 1 \end{pmatrix}$

행렬이 서로 같을 조건에 의하여

$a^2-8=1,\ 2a+2b=0,\ b^2-8=1$

$a^2=9,\ b^2=9$이므로 $a^2b^2=81$

$\therefore ab=-9$ 또는 $ab=9$

$2a+2b=0$에서 $a=-b$이므로 $ab<0$

$\therefore ab=-9$

807 답 −3

$A^2=AA=\begin{pmatrix} k & 3 \\ -1 & 1 \end{pmatrix}\begin{pmatrix} k & 3 \\ -1 & 1 \end{pmatrix}$

$=\begin{pmatrix} k^2-3 & 3k+3 \\ -k-1 & -2 \end{pmatrix}$

행렬 A^2의 모든 성분의 합이 0이므로

$(k^2-3)+(3k+3)+(-k-1)-2=0$

$k^2+2k-3=0,\ (k+3)(k-1)=0$

$\therefore k=-3$ 또는 $k=1$

따라서 모든 실수 k의 값의 곱은

$-3\times1=-3$

808 답 ④

$A^2=AA=\begin{pmatrix} a & 1 \\ -4 & -2 \end{pmatrix}\begin{pmatrix} a & 1 \\ -4 & -2 \end{pmatrix}$

$=\begin{pmatrix} a^2-4 & a-2 \\ -4a+8 & 0 \end{pmatrix}$

$A^3=A^2A=\begin{pmatrix} a^2-4 & a-2 \\ -4a+8 & 0 \end{pmatrix}\begin{pmatrix} a & 1 \\ -4 & -2 \end{pmatrix}$

$=\begin{pmatrix} a^3-8a+8 & a^2-2a \\ -4a^2+8a & -4a+8 \end{pmatrix}$

이때 $A^3=O$이므로

$\begin{pmatrix} a^3-8a+8 & a^2-2a \\ -4a^2+8a & -4a+8 \end{pmatrix}=\begin{pmatrix} 0 & 0 \\ 0 & 0 \end{pmatrix}$

행렬이 서로 같을 조건에 의하여

$-4a+8=0 \qquad \therefore a=2$

| 참고 | $a=2$이면 $a^3-8a+8=0,\ a^2-2a=0,$
$-4a^2+8a=0$이므로 $A^3=O$를 만족시킨다.

809 답 $\begin{pmatrix} 1 & 0 \\ 250 & 1 \end{pmatrix}$

$A^2=AA=\begin{pmatrix} 1 & 0 \\ 5 & 1 \end{pmatrix}\begin{pmatrix} 1 & 0 \\ 5 & 1 \end{pmatrix}=\begin{pmatrix} 1 & 0 \\ 10 & 1 \end{pmatrix}$

$A^3=A^2A=\begin{pmatrix} 1 & 0 \\ 10 & 1 \end{pmatrix}\begin{pmatrix} 1 & 0 \\ 5 & 1 \end{pmatrix}=\begin{pmatrix} 1 & 0 \\ 15 & 1 \end{pmatrix}$

$A^4=A^3A=\begin{pmatrix} 1 & 0 \\ 15 & 1 \end{pmatrix}\begin{pmatrix} 1 & 0 \\ 5 & 1 \end{pmatrix}=\begin{pmatrix} 1 & 0 \\ 20 & 1 \end{pmatrix}$

⋮

(2, 1) 성분만 5씩 커지므로 자연수 n에 대하여

$A^n=\begin{pmatrix} 1 & 0 \\ 5n & 1 \end{pmatrix}$

따라서 구하는 행렬은

$A^{50}=\begin{pmatrix} 1 & 0 \\ 5\times50 & 1 \end{pmatrix}=\begin{pmatrix} 1 & 0 \\ 250 & 1 \end{pmatrix}$

810 답 -5^9

$A^2=AA=\begin{pmatrix}1&-3\\2&-6\end{pmatrix}\begin{pmatrix}1&-3\\2&-6\end{pmatrix}$

$=\begin{pmatrix}-5&15\\-10&30\end{pmatrix}=-5\begin{pmatrix}1&-3\\2&-6\end{pmatrix}$

$=-5A$

$A^3=A^2A=(-5A)A=-5A^2$

$=-5(-5A)=(-5)^2A$

$A^4=A^3A=\{(-5)^2A\}A=(-5)^2A^2$

$=(-5)^2(-5A)=(-5)^3A$

$\vdots$

$\therefore A^n=(-5)^{n-1}A$ (단, $n\ge2$인 자연수)

따라서 $A^{10}=(-5)^9A$이므로

$k=-5^9$

811 답 8

$A^2=AA=\begin{pmatrix}1&0\\0&2\end{pmatrix}\begin{pmatrix}1&0\\0&2\end{pmatrix}=\begin{pmatrix}1&0\\0&2^2\end{pmatrix}$

$A^3=A^2A=\begin{pmatrix}1&0\\0&2^2\end{pmatrix}\begin{pmatrix}1&0\\0&2\end{pmatrix}=\begin{pmatrix}1&0\\0&2^3\end{pmatrix}$

$A^4=A^3A=\begin{pmatrix}1&0\\0&2^3\end{pmatrix}\begin{pmatrix}1&0\\0&2\end{pmatrix}=\begin{pmatrix}1&0\\0&2^4\end{pmatrix}$

$\vdots$

$(2, 2)$ 성분만 2배씩 커지므로 자연수 n에 대하여

$A^n=\begin{pmatrix}1&0\\0&2^n\end{pmatrix}$

행렬 A^n의 모든 성분의 합이 257이므로

$1+2^n=257$, $2^n=256=2^8$

$\therefore n=8$

812 답 $\begin{pmatrix}0&5\\0&0\end{pmatrix}$

$A^2=AA=\begin{pmatrix}-1&-1\\0&-1\end{pmatrix}\begin{pmatrix}-1&-1\\0&-1\end{pmatrix}=\begin{pmatrix}1&2\\0&1\end{pmatrix}$

$A^3=A^2A=\begin{pmatrix}1&2\\0&1\end{pmatrix}\begin{pmatrix}-1&-1\\0&-1\end{pmatrix}=\begin{pmatrix}-1&-3\\0&-1\end{pmatrix}$

$=-\begin{pmatrix}1&3\\0&1\end{pmatrix}$

$A^4=A^3A=\begin{pmatrix}-1&-3\\0&-1\end{pmatrix}\begin{pmatrix}-1&-1\\0&-1\end{pmatrix}=\begin{pmatrix}1&4\\0&1\end{pmatrix}$

$\vdots$

$\therefore A^n=(-1)^n\begin{pmatrix}1&n\\0&1\end{pmatrix}$ (단, n은 자연수)

$\therefore A+A^2+A^3+\cdots+A^{10}$

$=(A+A^2)+(A^3+A^4)+\cdots+(A^9+A^{10})$

$=\left\{\begin{pmatrix}-1&-1\\0&-1\end{pmatrix}+\begin{pmatrix}1&2\\0&1\end{pmatrix}\right\}$

$+\left\{\begin{pmatrix}-1&-3\\0&-1\end{pmatrix}+\begin{pmatrix}1&4\\0&1\end{pmatrix}\right\}+\cdots$

$+\left\{\begin{pmatrix}-1&-9\\0&-1\end{pmatrix}+\begin{pmatrix}1&10\\0&1\end{pmatrix}\right\}$

$=\begin{pmatrix}0&1\\0&0\end{pmatrix}+\begin{pmatrix}0&1\\0&0\end{pmatrix}+\cdots+\begin{pmatrix}0&1\\0&0\end{pmatrix}$

$=5\begin{pmatrix}0&1\\0&0\end{pmatrix}=\begin{pmatrix}0&5\\0&0\end{pmatrix}$

개념 확인 375쪽

813 답 (1) $\begin{pmatrix}4&0\\0&4\end{pmatrix}$ (2) $\begin{pmatrix}1&0\\0&1\end{pmatrix}$ (3) $\begin{pmatrix}-1&0\\0&-1\end{pmatrix}$ (4) $\begin{pmatrix}0&0\\0&0\end{pmatrix}$

(3) $(-E)^7=-E=\begin{pmatrix}-1&0\\0&-1\end{pmatrix}$

(4) $E^{101}+(-E)^{103}=E+(-E)=\begin{pmatrix}0&0\\0&0\end{pmatrix}$

유제 377~382쪽

814 답 (1) $\begin{pmatrix}6&9\\50&31\end{pmatrix}$ (2) $\begin{pmatrix}-2&0\\-2&2\end{pmatrix}$

(1) $CAC+BAC=(C+B)AC$

두 행렬 $C+B$, AC를 각각 구하면

$C+B=\begin{pmatrix}2&3\\-1&4\end{pmatrix}+\begin{pmatrix}1&0\\-2&1\end{pmatrix}=\begin{pmatrix}3&3\\-3&5\end{pmatrix}$

$AC=\begin{pmatrix}-2&1\\3&-1\end{pmatrix}\begin{pmatrix}2&3\\-1&4\end{pmatrix}=\begin{pmatrix}-5&-2\\7&5\end{pmatrix}$

$\therefore CAC+BAC=(C+B)AC$

$=\begin{pmatrix}3&3\\-3&5\end{pmatrix}\begin{pmatrix}-5&-2\\7&5\end{pmatrix}$

$=\begin{pmatrix}6&9\\50&31\end{pmatrix}$

(2) $A(B+C)-B(A+C)-(A-B)C$

$=AB+AC-BA-BC-AC+BC$

$=AB-BA$ $\cdots\cdots$ ㉠

두 행렬 AB, BA를 각각 구하면

$AB=\begin{pmatrix}-2&1\\3&-1\end{pmatrix}\begin{pmatrix}1&0\\-2&1\end{pmatrix}=\begin{pmatrix}-4&1\\5&-1\end{pmatrix}$

$$BA=\begin{pmatrix} 1 & 0 \\ -2 & 1 \end{pmatrix}\begin{pmatrix} -2 & 1 \\ 3 & -1 \end{pmatrix}=\begin{pmatrix} -2 & 1 \\ 7 & -3 \end{pmatrix}$$

따라서 ㉠에서 구하는 행렬은

$$AB-BA=\begin{pmatrix} -4 & 1 \\ 5 & -1 \end{pmatrix}-\begin{pmatrix} -2 & 1 \\ 7 & -3 \end{pmatrix}$$

$$=\begin{pmatrix} -2 & 0 \\ -2 & 2 \end{pmatrix}$$

815 답 $\begin{pmatrix} \mathbf{40} & \mathbf{-29} \\ \mathbf{40} & \mathbf{-41} \end{pmatrix}$

$X+2A^2B=BAB$에서

$X=BAB-2A^2B=BAB-(2A)AB$

$=(B-2A)AB$ ...... ㉠

$$B-2A=\begin{pmatrix} 0 & -1 \\ 4 & -7 \end{pmatrix}-2\begin{pmatrix} -5 & 1 \\ -3 & 0 \end{pmatrix}$$

$$=\begin{pmatrix} 10 & -3 \\ 10 & -7 \end{pmatrix}$$

$$AB=\begin{pmatrix} -5 & 1 \\ -3 & 0 \end{pmatrix}\begin{pmatrix} 0 & -1 \\ 4 & -7 \end{pmatrix}=\begin{pmatrix} 4 & -2 \\ 0 & 3 \end{pmatrix}$$

따라서 ㉠에서 구하는 행렬은

$$X=(B-2A)AB=\begin{pmatrix} 10 & -3 \\ 10 & -7 \end{pmatrix}\begin{pmatrix} 4 & -2 \\ 0 & 3 \end{pmatrix}$$

$$=\begin{pmatrix} 40 & -29 \\ 40 & -41 \end{pmatrix}$$

816 답 20

$(A+B)^2=A^2+AB+BA+B^2$이므로

$A^2+B^2=(A+B)^2-(AB+BA)$

$$=\begin{pmatrix} 3 & 1 \\ 2 & -1 \end{pmatrix}\begin{pmatrix} 3 & 1 \\ 2 & -1 \end{pmatrix}-\begin{pmatrix} -3 & 4 \\ 1 & -2 \end{pmatrix}$$

$$=\begin{pmatrix} 11 & 2 \\ 4 & 3 \end{pmatrix}-\begin{pmatrix} -3 & 4 \\ 1 & -2 \end{pmatrix}=\begin{pmatrix} 14 & -2 \\ 3 & 5 \end{pmatrix}$$

따라서 구하는 모든 성분의 합은

$14+(-2)+3+5=20$

817 답 $\begin{pmatrix} \mathbf{-2} & \mathbf{-2} \\ \mathbf{5} & \mathbf{1} \end{pmatrix}$

$(2A-B)(3A+2B)$

$=6A^2+4AB-3BA-2B^2$

$=6A^2-2B^2+(4AB-3BA)$

이므로

$4AB-3BA=(2A-B)(3A+2B)-(6A^2-2B^2)$

$$=\begin{pmatrix} 2 & 4 \\ -1 & 1 \end{pmatrix}-\begin{pmatrix} 0 & 1 \\ 2 & 1 \end{pmatrix}=\begin{pmatrix} 2 & 3 \\ -3 & 0 \end{pmatrix}$$

$\therefore (2A+B)(3A-2B)$

$=6A^2-4AB+3BA-2B^2$

$=(6A^2-2B^2)-(4AB-3BA)$

$$=\begin{pmatrix} 0 & 1 \\ 2 & 1 \end{pmatrix}-\begin{pmatrix} 2 & 3 \\ -3 & 0 \end{pmatrix}$$

$$=\begin{pmatrix} -2 & -2 \\ 5 & 1 \end{pmatrix}$$

818 답 −5

$(A-B)^2=A^2-2AB+B^2$에서

$A^2-AB-BA+B^2=A^2-2AB+B^2$

$AB+BA=2AB \quad \therefore AB=BA$ ...... ㉠

$$AB=\begin{pmatrix} 1 & x \\ 3 & -1 \end{pmatrix}\begin{pmatrix} 1 & 2 \\ y & 3 \end{pmatrix}=\begin{pmatrix} 1+xy & 2+3x \\ 3-y & 3 \end{pmatrix}$$

$$BA=\begin{pmatrix} 1 & 2 \\ y & 3 \end{pmatrix}\begin{pmatrix} 1 & x \\ 3 & -1 \end{pmatrix}=\begin{pmatrix} 7 & x-2 \\ y+9 & xy-3 \end{pmatrix}$$

㉠에서 $\begin{pmatrix} 1+xy & 2+3x \\ 3-y & 3 \end{pmatrix}=\begin{pmatrix} 7 & x-2 \\ y+9 & xy-3 \end{pmatrix}$

행렬이 서로 같을 조건에 의하여

$2+3x=x-2$, $3-y=y+9$

따라서 $x=-2$, $y=-3$이므로

$x+y=-5$

819 답 $\begin{pmatrix} \mathbf{16} \\ \mathbf{11} \end{pmatrix}$

$$\begin{pmatrix} -2a+3c \\ -2b+3d \end{pmatrix}=\begin{pmatrix} -2a \\ -2b \end{pmatrix}+\begin{pmatrix} 3c \\ 3d \end{pmatrix}=-2\begin{pmatrix} a \\ b \end{pmatrix}+3\begin{pmatrix} c \\ d \end{pmatrix}$$

이므로

$$A\begin{pmatrix} -2a+3c \\ -2b+3d \end{pmatrix}=-2A\begin{pmatrix} a \\ b \end{pmatrix}+3A\begin{pmatrix} c \\ d \end{pmatrix}$$

$$=-2\begin{pmatrix} -2 \\ 2 \end{pmatrix}+3\begin{pmatrix} 4 \\ 5 \end{pmatrix}$$

$$=\begin{pmatrix} 16 \\ 11 \end{pmatrix}$$

820 답 82

$(A+B)(A-B)=A^2-B^2$에서

$A^2-AB+BA-B^2=A^2-B^2$

$AB-BA=O \quad \therefore AB=BA$ ...... ㉠

$$AB=\begin{pmatrix} -1 & x \\ 3 & 0 \end{pmatrix}\begin{pmatrix} -2 & 3 \\ y & 1 \end{pmatrix}=\begin{pmatrix} xy+2 & x-3 \\ -6 & 9 \end{pmatrix}$$

$$BA=\begin{pmatrix} -2 & 3 \\ y & 1 \end{pmatrix}\begin{pmatrix} -1 & x \\ 3 & 0 \end{pmatrix}=\begin{pmatrix} 11 & -2x \\ 3-y & xy \end{pmatrix}$$

㉠에서 $\begin{pmatrix} xy+2 & x-3 \\ -6 & 9 \end{pmatrix}=\begin{pmatrix} 11 & -2x \\ 3-y & xy \end{pmatrix}$

행렬이 서로 같을 조건에 의하여

$x-3=-2x$, $-6=3-y$

따라서 $x=1$, $y=9$이므로

$x^2+y^2=1^2+9^2=82$

821 답 ②

$$A\begin{pmatrix} 1 \\ 2 \end{pmatrix}=A\begin{pmatrix} 1 \\ 0 \end{pmatrix}+A\begin{pmatrix} 0 \\ 2 \end{pmatrix}=A\begin{pmatrix} 1 \\ 0 \end{pmatrix}+2A\begin{pmatrix} 0 \\ 1 \end{pmatrix}$$

$$=\begin{pmatrix} 2 \\ 3 \end{pmatrix}+2\begin{pmatrix} -1 \\ 2 \end{pmatrix}=\begin{pmatrix} 0 \\ 7 \end{pmatrix}$$

따라서 $p=0$, $q=7$이므로 $p+q=7$

822 답 4

$(A+E)(A^2-A+E)$

$=A^3-A^2+AE+EA^2-EA+E^2$

$=A^3-A^2+A+A^2-A+E$

$=A^3+E$

$$A^2=AA=\begin{pmatrix} 0 & -1 \\ -2 & 2 \end{pmatrix}\begin{pmatrix} 0 & -1 \\ -2 & 2 \end{pmatrix}$$

$$=\begin{pmatrix} 2 & -2 \\ -4 & 6 \end{pmatrix}$$

$$A^3=A^2A=\begin{pmatrix} 2 & -2 \\ -4 & 6 \end{pmatrix}\begin{pmatrix} 0 & -1 \\ -2 & 2 \end{pmatrix}$$

$$=\begin{pmatrix} 4 & -6 \\ -12 & 16 \end{pmatrix}$$

$$\therefore A^3+E=\begin{pmatrix} 4 & -6 \\ -12 & 16 \end{pmatrix}+\begin{pmatrix} 1 & 0 \\ 0 & 1 \end{pmatrix}$$

$$=\begin{pmatrix} 5 & -6 \\ -12 & 17 \end{pmatrix}$$

따라서 구하는 모든 성분의 합은

$5+(-6)+(-12)+17=4$

823 답 4

$$A^2=AA=\begin{pmatrix} 1 & 2 \\ -1 & -1 \end{pmatrix}\begin{pmatrix} 1 & 2 \\ -1 & -1 \end{pmatrix}$$

$$=\begin{pmatrix} -1 & 0 \\ 0 & -1 \end{pmatrix}=-E$$

$A^3=A^2A=(-E)A=-A$

$A^4=A^3A=(-A)A=-A^2=E$

따라서 $A^n=E$를 만족시키는 자연수 n의 최솟값은 4이다.

824 답 −6

$(A+E)(A-E)=E$에서

$A^2-AE+EA-E^2=E$

$A^2-A+A-E=E$

$A^2-E=E \quad \therefore A^2=2E \quad \cdots\cdots$ ㉠

$$A^2=AA=\begin{pmatrix} a & 2 \\ -2 & b \end{pmatrix}\begin{pmatrix} a & 2 \\ -2 & b \end{pmatrix}$$

$$=\begin{pmatrix} a^2-4 & 2a+2b \\ -2a-2b & b^2-4 \end{pmatrix}$$

이므로 ㉠에서

$$\begin{pmatrix} a^2-4 & 2a+2b \\ -2a-2b & b^2-4 \end{pmatrix}=\begin{pmatrix} 2 & 0 \\ 0 & 2 \end{pmatrix}$$

행렬이 서로 같을 조건에 의하여

$a^2-4=2$, $2a+2b=0$, $b^2-4=2$

$a^2-4=2$에서 $a^2=6$

$\therefore a=-\sqrt{6}$ 또는 $a=\sqrt{6} \quad \cdots\cdots$ ㉡

$b^2-4=2$에서 $b^2=6$

$\therefore b=-\sqrt{6}$ 또는 $b=\sqrt{6} \quad \cdots\cdots$ ㉢

$2a+2b=0$에서 $a=-b$이므로 $ab<0$

따라서 ㉡, ㉢에서 $a=-\sqrt{6}$, $b=\sqrt{6}$ 또는 $a=\sqrt{6}$, $b=-\sqrt{6}$이므로 $ab=-6$

825 답 −13

$$A^2=AA=\begin{pmatrix} 3 & -13 \\ 1 & -4 \end{pmatrix}\begin{pmatrix} 3 & -13 \\ 1 & -4 \end{pmatrix}$$

$$=\begin{pmatrix} -4 & 13 \\ -1 & 3 \end{pmatrix}$$

$$A^3=A^2A=\begin{pmatrix} -4 & 13 \\ -1 & 3 \end{pmatrix}\begin{pmatrix} 3 & -13 \\ 1 & -4 \end{pmatrix}$$

$$=\begin{pmatrix} 1 & 0 \\ 0 & 1 \end{pmatrix}=E$$

이때

$$A+A^2+A^3=\begin{pmatrix} 3 & -13 \\ 1 & -4 \end{pmatrix}+\begin{pmatrix} -4 & 13 \\ -1 & 3 \end{pmatrix}+\begin{pmatrix} 1 & 0 \\ 0 & 1 \end{pmatrix}$$

$$=O$$

이고 $A=A^4=A^7=\cdots$, $A^2=A^5=A^8=\cdots$,

$A^3=A^6=A^9=\cdots=E$이므로

$A+A^2+A^3+\cdots+A^{100}$

$=A+A\underbrace{(A+A^2+A^3)}_{O}+\cdots+A^{97}\underbrace{(A+A^2+A^3)}_{O}$

$$=A=\begin{pmatrix} 3 & -13 \\ 1 & -4 \end{pmatrix}$$

따라서 구하는 모든 성분의 합은

$3+(-13)+1+(-4)=-13$

826 답 $p=7,\ q=1$

행렬 $A=\begin{pmatrix} -7 & 2 \\ 4 & -1 \end{pmatrix}$에서 케일리-해밀턴 정리에 의하여

$A^2-(-7-1)A+\{(-7)\times(-1)-2\times4\}E=O$

$\therefore\ A^2+8A-E=O$

$A^2+8A=E$이므로

$$A^3+8A^2+6A+E=A(A^2+8A)+6A+E$$
$$=AE+6A+E$$
$$=7A+E$$

$\therefore\ p=7,\ q=1$

연습문제 383~384쪽

827 답 ㄱ, ㄴ, ㅁ

A는 1×2 행렬, B는 2×1 행렬, C는 2×2 행렬이다.

ㄱ. AB는 1×1 행렬로 정의된다.

ㄴ. AC는 1×2 행렬로 정의된다.

ㄷ. BC는 정의되지 않는다.

ㄹ. CA는 정의되지 않는다.

ㅁ. CB는 2×1 행렬로 정의된다.

따라서 보기에서 연산이 정의되는 행렬은 ㄱ, ㄴ, ㅁ이다.

828 답 $-\frac{1}{2}$

$$AB=\begin{pmatrix} 1 & -2 \\ -3 & 1 \end{pmatrix}\begin{pmatrix} 1 & -1 \\ x & y \end{pmatrix}$$
$$=\begin{pmatrix} 1-2x & -1-2y \\ -3+x & 3+y \end{pmatrix}$$

$$BA=\begin{pmatrix} 1 & -1 \\ x & y \end{pmatrix}\begin{pmatrix} 1 & -2 \\ -3 & 1 \end{pmatrix}$$
$$=\begin{pmatrix} 4 & -3 \\ x-3y & -2x+y \end{pmatrix}$$

$AB=BA$에서

$$\begin{pmatrix} 1-2x & -1-2y \\ -3+x & 3+y \end{pmatrix}=\begin{pmatrix} 4 & -3 \\ x-3y & -2x+y \end{pmatrix}$$

행렬이 서로 같을 조건에 의하여

$1-2x=4,\ -1-2y=-3$

따라서 $x=-\frac{3}{2},\ y=1$이므로

$x+y=-\frac{1}{2}$

829 답 $\begin{pmatrix} -8 & 1 \\ 23 & -10 \end{pmatrix}$

$(A-B)^2=A^2-AB-BA+B^2$이므로

$$AB+BA=A^2+B^2-(A-B)^2$$
$$=\begin{pmatrix} -4 & 1 \\ 5 & 6 \end{pmatrix}-\begin{pmatrix} 2 & 0 \\ -3 & 4 \end{pmatrix}\begin{pmatrix} 2 & 0 \\ -3 & 4 \end{pmatrix}$$
$$=\begin{pmatrix} -4 & 1 \\ 5 & 6 \end{pmatrix}-\begin{pmatrix} 4 & 0 \\ -18 & 16 \end{pmatrix}$$
$$=\begin{pmatrix} -8 & 1 \\ 23 & -10 \end{pmatrix}$$

830 답 5

$(A+B)(A-B)=A^2-B^2$에서

$A^2-AB+BA-B^2=A^2-B^2$

$AB-BA=O\qquad \therefore\ AB=BA\qquad \cdots\cdots$ ㉠

$$AB=\begin{pmatrix} 1 & 2 \\ 1 & 3 \end{pmatrix}\begin{pmatrix} k & -2 \\ -1 & 3 \end{pmatrix}=\begin{pmatrix} k-2 & 4 \\ k-3 & 7 \end{pmatrix}$$

$$BA=\begin{pmatrix} k & -2 \\ -1 & 3 \end{pmatrix}\begin{pmatrix} 1 & 2 \\ 1 & 3 \end{pmatrix}=\begin{pmatrix} k-2 & 2k-6 \\ 2 & 7 \end{pmatrix}$$

㉠에서 $\begin{pmatrix} k-2 & 4 \\ k-3 & 7 \end{pmatrix}=\begin{pmatrix} k-2 & 2k-6 \\ 2 & 7 \end{pmatrix}$

행렬이 서로 같을 조건에 의하여

$k-3=2\qquad \therefore\ k=5$

831 답 $\begin{pmatrix} 3 \\ 1 \end{pmatrix}$

$\begin{pmatrix} a+2c \\ b+2d \end{pmatrix}=\begin{pmatrix} a \\ b \end{pmatrix}+\begin{pmatrix} 2c \\ 2d \end{pmatrix}=\begin{pmatrix} a \\ b \end{pmatrix}+2\begin{pmatrix} c \\ d \end{pmatrix}$이므로

$$A\begin{pmatrix} a+2c \\ b+2d \end{pmatrix}=A\begin{pmatrix} a \\ b \end{pmatrix}+2A\begin{pmatrix} c \\ d \end{pmatrix}$$
$$=\begin{pmatrix} 5 \\ -3 \end{pmatrix}+2\begin{pmatrix} -1 \\ 2 \end{pmatrix}=\begin{pmatrix} 3 \\ 1 \end{pmatrix}$$

832 답 -1

$$A^2=AA=\begin{pmatrix} -3 & 2 \\ 2 & -1 \end{pmatrix}\begin{pmatrix} -3 & 2 \\ 2 & -1 \end{pmatrix}$$
$$=\begin{pmatrix} 13 & -8 \\ -8 & 5 \end{pmatrix}$$

$A^2=xB+yE$에서

$$\begin{pmatrix} 13 & -8 \\ -8 & 5 \end{pmatrix}=x\begin{pmatrix} 5 & -4 \\ -4 & 1 \end{pmatrix}+y\begin{pmatrix} 1 & 0 \\ 0 & 1 \end{pmatrix}$$

$$\begin{pmatrix} 13 & -8 \\ -8 & 5 \end{pmatrix}=\begin{pmatrix} 5x+y & -4x \\ -4x & x+y \end{pmatrix}$$

행렬이 서로 같을 조건에 의하여

$-4x=-8,\ x+y=5$

$-4x=-8$에서 $x=2$

이를 $x+y=5$에 대입하면 $2+y=5$ $\therefore y=3$

$\therefore x-y=-1$

833 답 34

$A^2=AA=\begin{pmatrix}1&0\\3&1\end{pmatrix}\begin{pmatrix}1&0\\3&1\end{pmatrix}=\begin{pmatrix}1&0\\6&1\end{pmatrix}$

$A^3=A^2A=\begin{pmatrix}1&0\\6&1\end{pmatrix}\begin{pmatrix}1&0\\3&1\end{pmatrix}=\begin{pmatrix}1&0\\9&1\end{pmatrix}$

$A^4=A^3A=\begin{pmatrix}1&0\\9&1\end{pmatrix}\begin{pmatrix}1&0\\3&1\end{pmatrix}=\begin{pmatrix}1&0\\12&1\end{pmatrix}$

⋮

(2, 1) 성분만 3씩 커지므로 자연수 n에 대하여

$A^n=\begin{pmatrix}1&0\\3n&1\end{pmatrix}$

행렬 A^n의 (2, 1) 성분은 $3n$이므로 $a_n=3n$

$a_n>100$에서 $3n>100$ $\therefore n>\frac{100}{3}$

따라서 자연수 n의 최솟값은 34이다.

834 답 ②

소설책과 시집의 4월 판매 금액의 총합은

$c\times x+d\times y$

이때 $AB=\begin{pmatrix}a&b\\c&d\end{pmatrix}\begin{pmatrix}x\\y\end{pmatrix}=\begin{pmatrix}ax+by\\cx+dy\end{pmatrix}$,

$BC=\begin{pmatrix}x\\y\end{pmatrix}(x\quad y)=(x^2+y^2)$,

$CA=(x\quad y)\begin{pmatrix}a&b\\c&d\end{pmatrix}=(ax+cy\quad bx+dy)$이므로

$c\times x+d\times y$와 같은 것은 AB의 (2, 1) 성분이다.

835 답 3

$(A^2-A+E)(A^2+A+E)$

$=A^4+A^3+A^2E-A^3-A^2-AE+EA^2+EA+E^2$

$=A^4+A^3+A^2-A^3-A^2-A+A^2+A+E$

$=A^4+A^2+E$ ▸▸▸▸▸▸ ❶

$A^4=A^2A^2=\begin{pmatrix}2&1\\-1&k\end{pmatrix}\begin{pmatrix}2&1\\-1&k\end{pmatrix}$

$=\begin{pmatrix}3&k+2\\-k-2&k^2-1\end{pmatrix}$이므로

A^4+A^2+E

$=\begin{pmatrix}3&k+2\\-k-2&k^2-1\end{pmatrix}+\begin{pmatrix}2&1\\-1&k\end{pmatrix}+\begin{pmatrix}1&0\\0&1\end{pmatrix}$

$=\begin{pmatrix}6&k+3\\-k-3&k^2+k\end{pmatrix}$ ▸▸▸▸▸▸ ❷

위의 행렬의 모든 성분의 합이 18이므로

$6+(k+3)+(-k-3)+(k^2+k)=18$

$k^2+k-12=0$, $(k+4)(k-3)=0$

$\therefore k=3$ ($\because k>0$) ▸▸▸▸▸▸ ❸

단계	채점 기준	비율
❶	주어진 행렬을 간단히 나타내기	20%
❷	주어진 행렬의 성분을 k에 대하여 나타내기	50%
❸	k의 값 구하기	30%

836 답 ②

$A+B=E$에서 $B=-A+E$

이를 $AB=E$에 대입하면

$A(-A+E)=E$, $-A^2+A=E$

$\therefore A^2-A+E=O$ ······ ㉠

양변에 $A+E$를 곱하면

$(A+E)(A^2-A+E)=O$

$A^3+E=O$ $\therefore A^3=-E$

또 $A+B=E$에서 $A=-B+E$

이를 $AB=E$에 대입하면

$(-B+E)B=E$, $-B^2+B=E$

$\therefore B^2-B+E=O$ ······ ㉡

양변에 $B+E$를 곱하면

$(B+E)(B^2-B+E)=O$

$B^3+E=O$ $\therefore B^3=-E$

$\therefore A^{2012}+B^{2012}=(A^3)^{670}A^2+(B^3)^{670}B^2$

$=(-E)^{670}A^2+(-E)^{670}B^2$

$=A^2+B^2$

이때 ㉠, ㉡에서 $A^2=A-E$, $B^2=B-E$이므로

$A^{2012}+B^{2012}=A^2+B^2=(A-E)+(B-E)$

$=A+B-2E=E-2E$

$=-E$

| 참고 | ㉠에서 $A^2=A-E$이므로 다음과 같이 $A^3=-E$임을 알 수도 있다.

$A^3=A^2A=(A-E)A=A^2-A$

$=(A-E)-A=-E$

837 답 ③

ㄱ. $A+B=E$이면 $B=E-A$이므로

$AB=A(E-A)=-A^2+A$

$BA=(E-A)A=-A^2+A$

$\therefore AB=BA$

ㄴ. $A=\begin{pmatrix} 0 & 1 \\ 0 & 0 \end{pmatrix}$, $B=\begin{pmatrix} 1 & 0 \\ 0 & 0 \end{pmatrix}$이면

$AB=\begin{pmatrix} 0 & 1 \\ 0 & 0 \end{pmatrix}\begin{pmatrix} 1 & 0 \\ 0 & 0 \end{pmatrix}=\begin{pmatrix} 0 & 0 \\ 0 & 0 \end{pmatrix}=O$, $B\neq O$이지만 $A\neq O$이다.

ㄷ. $AB=A$, $BA=B$이면

$B^2=(BA)(BA)=B(AB)A$
$=BAA=(BA)A$
$=BA=B$

따라서 보기에서 옳은 것은 ㄱ, ㄷ이다.

838 답 350

| 접근 방법 | $AB=BA$임을 확인한 후, 이를 이용하여 주어진 식을 간단히 한다.

$AB=\begin{pmatrix} 3 & 0 \\ 0 & 1 \end{pmatrix}\begin{pmatrix} 1 & 0 \\ 0 & -1 \end{pmatrix}=\begin{pmatrix} 3 & 0 \\ 0 & -1 \end{pmatrix}$,

$BA=\begin{pmatrix} 1 & 0 \\ 0 & -1 \end{pmatrix}\begin{pmatrix} 3 & 0 \\ 0 & 1 \end{pmatrix}=\begin{pmatrix} 3 & 0 \\ 0 & -1 \end{pmatrix}$에서

$AB=BA$이므로

$A^3B^3=(AB)^3$, $A^4B^4=(AB)^4$, $A^5B^5=(AB)^5$

이때

$(AB)^2=(AB)(AB)=\begin{pmatrix} 3 & 0 \\ 0 & -1 \end{pmatrix}\begin{pmatrix} 3 & 0 \\ 0 & -1 \end{pmatrix}$
$=\begin{pmatrix} 3^2 & 0 \\ 0 & (-1)^2 \end{pmatrix}$

$(AB)^3=(AB)^2(AB)=\begin{pmatrix} 3^2 & 0 \\ 0 & (-1)^2 \end{pmatrix}\begin{pmatrix} 3 & 0 \\ 0 & -1 \end{pmatrix}$
$=\begin{pmatrix} 3^3 & 0 \\ 0 & (-1)^3 \end{pmatrix}$

⋮

$\therefore (AB)^n=\begin{pmatrix} 3^n & 0 \\ 0 & (-1)^n \end{pmatrix}$ (단, n은 자연수)

$\therefore A^3B^3+A^4B^4+A^5B^5$
$=(AB)^3+(AB)^4+(AB)^5$
$=\begin{pmatrix} 3^3 & 0 \\ 0 & (-1)^3 \end{pmatrix}+\begin{pmatrix} 3^4 & 0 \\ 0 & (-1)^4 \end{pmatrix}+\begin{pmatrix} 3^5 & 0 \\ 0 & (-1)^5 \end{pmatrix}$
$=\begin{pmatrix} 27 & 0 \\ 0 & -1 \end{pmatrix}+\begin{pmatrix} 81 & 0 \\ 0 & 1 \end{pmatrix}+\begin{pmatrix} 243 & 0 \\ 0 & -1 \end{pmatrix}$
$=\begin{pmatrix} 351 & 0 \\ 0 & -1 \end{pmatrix}$

따라서 구하는 행렬의 모든 성분의 합은 350이다.

839 답 6

| 접근 방법 | 두 행렬 A, B의 거듭제곱을 차례대로 구하여 단위행렬 E가 나오는 경우를 먼저 찾는다.

$A=\begin{pmatrix} -3 & -1 \\ 13 & 4 \end{pmatrix}$에서

$A^2=AA$
$=\begin{pmatrix} -3 & -1 \\ 13 & 4 \end{pmatrix}\begin{pmatrix} -3 & -1 \\ 13 & 4 \end{pmatrix}$
$=\begin{pmatrix} -4 & -1 \\ 13 & 3 \end{pmatrix}$

$A^3=A^2A$
$=\begin{pmatrix} -4 & -1 \\ 13 & 3 \end{pmatrix}\begin{pmatrix} -3 & -1 \\ 13 & 4 \end{pmatrix}$
$=\begin{pmatrix} -1 & 0 \\ 0 & -1 \end{pmatrix}=-E$

$A^4=A^3A=(-E)A=-A$

$A^5=A^4A=(-A)A=-A^2$

$A^6=(A^3)^2=(-E)^2=E$

$B=\begin{pmatrix} -1 & -2 \\ 1 & 1 \end{pmatrix}$에서

$B^2=BB$
$=\begin{pmatrix} -1 & -2 \\ 1 & 1 \end{pmatrix}\begin{pmatrix} -1 & -2 \\ 1 & 1 \end{pmatrix}$
$=\begin{pmatrix} -1 & 0 \\ 0 & -1 \end{pmatrix}=-E$

$B^3=B^2B=(-E)B=-B$

$B^4=(B^2)^2=(-E)^2=E$

따라서 $B=B^5=B^9=\cdots$, $B^2=B^6=B^{10}=\cdots=-E$

$B^3=B^7=B^{11}=\cdots=-B$,

$B^4=B^8=B^{12}=\cdots=E$이므로

$A+B\neq O$

$A^2+B^2=A^2-E\neq O$

$A^3+B^3=-E-B\neq O$

$A^4+B^4=-A+E\neq O$

$A^5+B^5=-A^2+B$
$=\begin{pmatrix} 4 & 1 \\ -13 & -3 \end{pmatrix}+\begin{pmatrix} -1 & -2 \\ 1 & 1 \end{pmatrix}$
$\neq O$

$A^6+B^6=E+(-E)=O$

따라서 $A^n+B^n=O$를 만족시키는 자연수 n의 최솟값은 6이다.

memo